混凝土结构设计相关规范
条文速查手册

李国胜　编

中国建筑工业出版社

图书在版编目（CIP）数据

混凝土结构设计相关规范条文速查手册/李国胜编.
北京:中国建筑工业出版社，2013.2
ISBN 978-7-112-15123-3

Ⅰ.①混…　Ⅱ.①李…　Ⅲ.①混凝土结构-结构设计-
建筑规范-技术手册　Ⅳ.①TU370.4-65

中国版本图书馆CIP数据核字（2013）第038787号

本书根据新修订的《建筑抗震设计规范》GB 50011—2010、《混凝土结构设计规范》GB
50010—2010、《高层建筑混凝土结构技术规程》JGJ 3—2010、《建筑地基基础设计规范》GB
50007—2011、《建筑结构荷载规范》GB 50009—2012、《建筑桩基技术规范》JGJ 94—2008
及《2009全国民用建筑工程设计技术措施：结构（混凝土结构）》、《北京地区建筑地基基础
勘察设计规范》DBJ 11—501—2009等标准规范中有关混凝土结构设计的常用条文内容编写
而成。全书共14章，包括：荷载和地震作用，结构设计基本规定，结构计算分析，场地、
地基和基础、地下室结构设计，混凝土构件承载能力计算，混凝土构件裂缝、挠度验算及有
关构造，框架结构设计，剪力墙结构设计，框架-剪力墙结构设计，部分框支剪力墙结构设
计，板柱-剪力墙结构设计，简体结构设计，复杂高层建筑结构设计，混合结构设计。本书
仅把各规范、规程中常用相关内容的条文分类列出，便于迅速查阅，其中完全一致的不重
复，并引入重要的相关条文说明，便于读者了解有关概念和背景资料。

本书可供建筑结构设计人员应用，也可供建筑结构施工图文件审查、施工及监理人员
和大专院校土建专业师生参考。

＊　　　＊　　　＊

责任编辑：刘瑞霞　武晓涛
责任设计：赵明霞
责任校对：陈晶晶　刘　钰

混凝土结构设计相关规范条文速查手册

李国胜　编

＊

中国建筑工业出版社出版、发行（北京西郊百万庄）

各地新华书店、建筑书店经销

北京红光制版公司制版

北京市密东印刷有限公司印刷

＊

开本：787×1092毫米　1/16　印张：30　字数：746千字
2013年3月第一版　2013年3月第一次印刷
定价：**68.00**元
ISBN 978-7-112-15123-3
（23105）

前　言

新修订的《建筑抗震设计规范》GB 50011—2010（简称《抗规》）《混凝土结构设计规范》GB 50010—2010（简称《混凝土规范》）、《高层建筑混凝土结构技术规程》JGJ 3—2010（简称《高规》）、《建筑地基基础设计规范》GB 50007—2011（简称《地基规范》）、《建筑结构荷载规范》GB 50009—2012（简称《荷载规范》）、《建筑桩基技术规范》JGJ 94—2008（简称《桩基规范》）及《2009 全国民用建筑工程设计技术措施：结构（混凝土结构）》（2012 年 4 月简称《技术措施》）、《北京地区建筑地基基础勘察设计规范》DBJ 11—501—2009（简称《北京地基规范》）等相继颁布施行，本书是为建筑结构设计及相关人员急需了解和掌握上述标准中有关混凝土结构设计的常用条文内容而编写的。全书共 14 章，包括：荷载和地震作用，结构设计基本规定，结构计算分析，场地、地基和基础、地下室结构设计，混凝土构件承载能力计算，混凝土构件裂缝、挠度验算及有关构造，框架结构设计，剪力墙结构设计，框架-剪力墙结构设计，部分框支剪力墙结构设计，板柱-剪力墙结构设计，筒体结构设计，复杂高层建筑结构设计，混合结构设计。

本书仅把各规范、规程中常用相关内容的条文分类列出，便于迅速查阅，其中完全一致的不重复，并引入重要的相关条文说明，便于读者了解有关概念和背景资料。《技术措施》、《北京地基规范》是国家及行业标准的延伸和补充，更具有可操作性，其有关条文列出便于读者参考应用。

本书可供建筑结构设计人员应用，也可供建筑结构施工图文件审查、施工及监理人员和大专院校土建专业师生参考。

限于编者的水平，有不当或错误之处在所难免，热忱盼望读者指正，编者将不胜感激。

目　　录

第1章　荷载和地震作用 ………………………………………………………………… 1

一、荷载 …………………………………………………………………………………… 1

  1.《荷载规范》 ……………………………………………………………………………… 1

    （1）荷载分类和荷载组合 ………………………………………………………………… 1

    （2）永久荷载 ……………………………………………………………………………… 4

    （3）楼面和屋面活荷载 …………………………………………………………………… 5

    （4）雪荷载标准值及基本雪压 …………………………………………………………… 10

    （5）风荷载 ………………………………………………………………………………… 11

    （6）温度作用 ……………………………………………………………………………… 22

    （7）偶然荷载 ……………………………………………………………………………… 23

    （8）附录 …………………………………………………………………………………… 25

  2.《高规》 …………………………………………………………………………………… 37

    （1）竖向荷载 ……………………………………………………………………………… 37

    （2）风荷载 ………………………………………………………………………………… 37

二、地震作用 ……………………………………………………………………………… 39

  1.《高规》 …………………………………………………………………………………… 39

  2.《抗规》 …………………………………………………………………………………… 46

第2章　结构设计基本规定 …………………………………………………………… 51

一、一般规定 ……………………………………………………………………………… 51

  1.《混凝土规范》 …………………………………………………………………………… 51

  2.《抗规》 …………………………………………………………………………………… 52

  3.《高规》 …………………………………………………………………………………… 53

  4.《民用建筑设计通则》GB 50352—2005 ……………………………………………… 54

  5.《工程结构可靠性设计统一标准》GB 50153—2008 ………………………………… 54

二、结构方案 ……………………………………………………………………………… 56

  1.《混凝土规范》 …………………………………………………………………………… 56

  2.《抗规》 …………………………………………………………………………………… 56

  3.《高规》 …………………………………………………………………………………… 57

三、材料 …………………………………………………………………………………… 58

  1.《混凝土规范》 …………………………………………………………………………… 58

  2.《抗规》 …………………………………………………………………………………… 63

  3.《高规》 …………………………………………………………………………………… 64

  4.《技术措施》 ……………………………………………………………………………… 65

四、房屋适用高度和高宽比 ……………………………………………………………… 65

　　　　1.《抗规》 ………………………………………………………… 65
　　　　2.《高规》 ………………………………………………………… 66
　　五、结构平面及竖向布置 …………………………………………… 67
　　　　1.《抗规》 ………………………………………………………… 67
　　　　2.《高规》 ………………………………………………………… 73
　　六、水平位移限值和舒适度要求 …………………………………… 79
　　　　1.《抗规》 ………………………………………………………… 79
　　　　2.《高规》 ………………………………………………………… 82
　　七、承载能力极限状态计算 ………………………………………… 87
　　　　1.《混凝土规范》 ………………………………………………… 87
　　　　2.《高规》 ………………………………………………………… 88
　　八、正常使用极限状态验算（《混凝土规范》）…………………… 89
　　九、抗震等级 ………………………………………………………… 91
　　　　1.《抗规》 ………………………………………………………… 91
　　　　2.《高规》 ………………………………………………………… 94
　　十、耐久性设计（《混凝土规范》）………………………………… 97
　　十一、抗连续倒塌设计 ……………………………………………… 100
　　　　1.《混凝土规范》 ………………………………………………… 100
　　　　2.《高规》 ………………………………………………………… 102
　　十二、既有结构设计原则（《混凝土规范》）……………………… 103
　　十三、建筑抗震性能化设计 ………………………………………… 105
　　　　1.《抗规》 ………………………………………………………… 105
　　　　2.《高规》 ………………………………………………………… 109
　　十四、《抗规》的其他规定 ………………………………………… 114
　　　　1. 非结构构件 …………………………………………………… 114
　　　　2. 隔震与消能减震设计 ………………………………………… 114
　　　　3. 建筑物地震反应观测系统 …………………………………… 115
第3章　结构计算分析 …………………………………………………… 116
　一、《混凝土规范》 ………………………………………………… 116
　　　1. 基本原则 ………………………………………………………… 116
　　　2. 分析模型 ………………………………………………………… 116
　　　3. 弹性分析 ………………………………………………………… 117
　　　4. 塑性内力重分布分析 …………………………………………… 118
　　　5. 弹塑性分析 ……………………………………………………… 118
　　　6. 塑性极限分析 …………………………………………………… 119
　　　7. 间接作用分析 …………………………………………………… 119
　二、《高规》 ………………………………………………………… 119
　　　1. 一般规定 ………………………………………………………… 119
　　　2. 计算参数 ………………………………………………………… 120

3. 计算简图处理 ·· 121

4. 重力二阶效应及结构稳定 ································ 121

5. 结构弹塑性分析及薄弱层弹塑性变形验算 ············· 123

6. 荷载组合和地震作用组合的效应 ····················· 124

第4章　场地、地基和基础、地下室结构设计 ················· 126

一、基本规定 ··· 126

1.《地基规范》 ·· 126

2.《抗规》 ·· 129

二、地基岩土的分类及工程特性 ······························ 129

1.《地基规范》 ·· 129

2.《抗规》 ·· 132

三、基础埋置深度 ··· 138

1.《地基规范》 ·· 138

2.《高规》 ·· 140

3.《北京地基规范》 ·· 140

四、承载力计算 ·· 141

1.《地基规范》 ·· 141

2.《抗规》 ·· 144

3.《北京地基规范》 ·· 145

五、变形计算(《地基规范》) ··································· 149

六　稳定计算(《地基规范》) ··································· 152

七、天然地基基础设计 ·· 153

(一) 无筋扩展基础(《地基规范》) ······················· 153

(二) 扩展基础 ··· 155

1.《地基规范》 ·· 155

2.《北京地基规范》 ·· 161

(三) 柱下条形基础 ··· 163

1.《地基规范》 ·· 163

2.《北京地基规范》 ·· 164

(四) 高层建筑筏形基础 ····································· 165

1.《地基规范》 ·· 165

2.《高规》 ·· 173

3.《北京地基规范》 ·· 175

八、桩基础 ·· 182

(一) 基本设计规定 ··· 182

1.《桩基规范》 ·· 182

2.《北京地基规范》 ·· 189

(二) 桩基构造(《桩基规范》) ····························· 192

1. 灌注桩 ·· 192

2. 混凝土预制桩 ····· 193

3. 预应力混凝土空心桩 ····· 193

4. 钢桩 ····· 194

5. 承台构造 ····· 195

（三）桩基计算（《桩基规范》） ····· 196

1. 桩顶作用效应计算 ····· 196

2. 桩基竖向承载力计算 ····· 197

3. 单桩竖向极限承载力 ····· 199

4. 特殊条件下桩基竖向承载力验算 ····· 207

5. 桩基沉降计算 ····· 211

6. 软土地基减沉复合疏桩基础 ····· 215

7. 桩基水平承载力与位移计算 ····· 216

8. 桩身承载力与裂缝控制计算 ····· 221

（四）承台计算（《桩基规范》） ····· 225

1. 受弯计算 ····· 225

2. 受冲切计算 ····· 226

3. 受剪计算 ····· 230

4. 局部受压计算 ····· 232

5. 抗震验算 ····· 232

（五）附录（《桩基规范》） ····· 232

1. 附录 A　桩型与成桩工艺选择 ····· 232

2. 附录 B　预应力混凝土空心桩基本参数 ····· 233

九、地下室设计（《高规》） ····· 236

十、地基处理——水泥粉煤灰碎石桩法（《北京地基规范》） ····· 237

第 5 章　混凝土构件承载能力计算 ····· 240

《混凝土规范》 ····· 240

1. 一般规定 ····· 240

2. 正截面承载力计算 ····· 240

3. 斜截面承载力计算 ····· 253

4. 扭曲截面承载力计算 ····· 258

5. 受冲切承载力计算 ····· 264

6. 局部受压承载力计算 ····· 267

第 6 章　混凝土构件裂缝、挠度验算及有关构造 ····· 269

《混凝土规范》 ····· 269

1. 裂缝控制验算 ····· 269

2. 受弯构件挠度验算 ····· 273

3. 伸缩缝 ····· 275

4. 混凝土保护层 ····· 276

5. 钢筋的锚固 ····· 276

　　　6. 钢筋的连接 ·· 278
　　　7. 纵向受力钢筋的最小配筋率 ·· 280
　　　8. 板 ·· 280
　　　9. 梁 ·· 283
　　　10. 柱、梁柱节点及牛腿 ··· 287
　　　11. 墙 ·· 292
　　　12. 附录 G　深受弯构件 ·· 293
　　　13. 《技术措施》中关于荷载作用下的受力裂缝控制 ·············· 297

第 7 章　框架结构设计 ·· 300
　一、适宜高度及抗震等级(《技术措施》) ·································· 300
　　　1. 适宜高度 ··· 300
　　　2. 抗震等级 ··· 302
　二、结构布置(《高规》) ··· 303
　三、计算要点(《高规》) ··· 305
　四、框架梁构造要求 ··· 310
　　　1. 《高规》 ·· 310
　　　2. 《混凝土规范》 ·· 311
　五、框架柱构造要求 ··· 313
　　　1. 《高规》 ·· 313
　　　2. 《混凝土规范》 ·· 317
　六、框架梁柱节点 ·· 319
　　　1. 《混凝土规范》 ·· 319
　　　2. 《高规》 ·· 323

第 8 章　剪力墙结构设计 ··· 326
　一、适用高度及抗震等级(《技术措施》) ·································· 326
　二、设计要点及底部加强部位高度 ·· 328
　　　1. 《高规》 ·· 328
　　　2. 《抗规》 ·· 331
　　　3. 《技术措施》 ··· 332
　三、截面设计及构造 ··· 333
　　　1. 《高规》 ·· 333
　　　2. 《抗规》 ·· 340
　　　3. 《技术措施》 ··· 340
　四、边缘构件 ··· 345
　　　1. 《高规》 ·· 345
　　　2. 《抗规》 ·· 347
　　　3. 《技术措施》 ··· 348
　五、连梁设计及构造 ··· 350
　　　1. 《高规》 ·· 350

2.《混凝土规范》 …………………………………………………… 353

六、多层剪力墙结构(《技术措施》) ……………………………… 356

第9章　框架-剪力墙结构设计 …………………………………… 362

一、一般规定 ………………………………………………………… 362

1.《高规》 …………………………………………………………… 362

2.《抗规》 …………………………………………………………… 365

3.《技术措施》 ……………………………………………………… 365

二、截面设计及构造 ………………………………………………… 367

1.《高规》 …………………………………………………………… 367

2.《抗规》 …………………………………………………………… 368

3.《技术措施》 ……………………………………………………… 368

第10章　部分框支剪力墙结构设计 ……………………………… 370

一、适用高度及抗震等级(《技术措施》) ………………………… 370

二、结构布置 ………………………………………………………… 372

1.《高规》 …………………………………………………………… 372

2.《技术措施》 ……………………………………………………… 375

三、计算要点 ………………………………………………………… 376

1.《高规》 …………………………………………………………… 376

2.《技术措施》 ……………………………………………………… 381

四、构造 ……………………………………………………………… 384

1.《高规》 …………………………………………………………… 384

2.《技术措施》 ……………………………………………………… 385

第11章　板柱-剪力墙结构设计 ………………………………… 388

一、适用高度及抗震等级(《技术措施》) ………………………… 388

二、结构布置 ………………………………………………………… 389

1.《技术措施》 ……………………………………………………… 389

2.《高规》 …………………………………………………………… 390

3.《抗规》 …………………………………………………………… 391

三、计算要点 ………………………………………………………… 391

1.《抗规》 …………………………………………………………… 391

2.《高规》 …………………………………………………………… 391

3.《混凝土规范》 …………………………………………………… 392

4.《技术措施》 ……………………………………………………… 392

四、抗冲切计算 ……………………………………………………… 394

1.《混凝土规范》 …………………………………………………… 394

2.《技术措施》 ……………………………………………………… 398

五、构造要求 ………………………………………………………… 403

1.《抗规》 …………………………………………………………… 403

2.《高规》 …………………………………………………………… 404

3.《混凝土规范》 ……………………………………………………………… 404

4.《技术措施》 ………………………………………………………………… 404

第 12 章 筒体结构设计 ……………………………………………………… 411

一、一般规定 ……………………………………………………………………… 411

1.《高规》 ……………………………………………………………………… 411

2.《抗规》 ……………………………………………………………………… 413

二、适用高度及抗震等级(《技术措施》) ……………………………………… 413

三、框架-核心筒结构 …………………………………………………………… 416

1.《高规》 ……………………………………………………………………… 416

2.《抗规》 ……………………………………………………………………… 417

3.《技术措施》 ………………………………………………………………… 417

四、筒中筒结构 …………………………………………………………………… 418

1.《高规》 ……………………………………………………………………… 418

2.《技术措施》 ………………………………………………………………… 420

第 13 章 复杂高层建筑结构设计 …………………………………………… 422

一、一般规定 ……………………………………………………………………… 422

1.《高规》 ……………………………………………………………………… 422

2.《技术措施》 ………………………………………………………………… 422

二、带加强层高层建筑结构 ……………………………………………………… 426

1.《高规》 ……………………………………………………………………… 426

2.《技术措施》 ………………………………………………………………… 428

三、错层结构 ……………………………………………………………………… 429

1.《高规》 ……………………………………………………………………… 429

2.《技术措施》 ………………………………………………………………… 430

四、连体结构 ……………………………………………………………………… 431

1.《高规》 ……………………………………………………………………… 431

2.《技术措施》 ………………………………………………………………… 433

五、竖向体型收进、悬挑结构 …………………………………………………… 433

1.《高规》 ……………………………………………………………………… 433

2.《技术措施》 ………………………………………………………………… 436

第 14 章 混合结构设计 ……………………………………………………… 438

一、一般规定 ……………………………………………………………………… 438

1.《高规》 ……………………………………………………………………… 438

2.《技术措施》 ………………………………………………………………… 439

二、结构布置 ……………………………………………………………………… 444

1.《高规》 ……………………………………………………………………… 444

2.《技术措施》 ………………………………………………………………… 445

三、结构计算 ……………………………………………………………………… 446

1.《高规》 ……………………………………………………………………… 446

2.《技术措施》 446
四、构件设计 448
1.《高规》 448
2.《高规》附录 F 圆形钢管混凝土构件设计 454
3.《技术措施》 462
参考文献 467

第 1 章　荷载和地震作用

一、荷　　载

1.《荷载规范》

（1）荷载分类和荷载组合

1）荷载分类和荷载代表值

3. 1. 1　建筑结构的荷载可分为下列三类：

1　永久荷载，包括结构自重、土压力、预应力等。

2　可变荷载，包括楼面活荷载、屋面活荷载和积灰荷载、吊车荷载、风荷载、雪荷载、温度作用等。

3　偶然荷载，包括爆炸力、撞击力等。

条文说明：《工程结构可靠性设计统一标准》GB 50153 指出，结构上的作用可按随时间或空间的变异分类，还可按结构的反应性质分类，其中最基本的是按随时间的变异分类。在分析结构可靠度时，它关系到概率模型的选择；在按各类极限状态设计时，它还关系到荷载代表值及其效应组合形式的选择。

本规范中的永久荷载和可变荷载，类同于以往所谓的恒荷载和活荷载；而偶然荷载也相当于 50 年代规范中的特殊荷载。

土压力和预应力作为永久荷载是因为它们都是随时间单调变化而能趋于限值的荷载，其标准值都是依其可能出现的最大值来确定。在建筑结构设计中，有时也会遇到有水压力作用的情况，对水位不变的水压力可按永久荷载考虑，而水位变化的水压力应按可变荷载考虑。

地震作用（包括地震力和地震加速度等）由《建筑抗震设计规范》GB 50011 具体规定。

偶然荷载，如撞击、爆炸等是由各部门以其专业本身特点，一般按经验确定采用。本次修订增加了偶然荷载一章，偶然荷载的标准值可按该章规定的方法确定采用。

3. 1. 2　建筑结构设计时，应按下列规定对不同荷载采用不同的代表值：

1　对永久荷载应采用标准值作为代表值；

2　对可变荷载应根据设计要求采用标准值、组合值、频遇值或准永久值作为代表值；

3　对偶然荷载应按建筑结构使用的特点确定其代表值。

条文说明：结构设计中采用何种荷载代表将直接影响到荷载的取值和大小，关系结构设计的安全，要以强制性条文给以规定。

虽然任何荷载都具有不同性质的变异性，但在设计中，不可能直接引用反映荷载变异性的各种统计参数，通过复杂的概率运算进行具体设计。因此，在设计时，除了采用能便于设计者使用的设计表达式外，对荷载仍应赋予一个规定的量值，称为荷载代表值。荷载可根据不同的设计要求，规定不同的代表值，以使之能更确切地反映它在设计中的特点。本规范给出荷载的四种代表值：标准值、组合值、频遇值和准永久值。荷载标准值是荷载的基本代表值，而其他代表值都可在标准值的基础上乘以相应的系数后得出。

荷载标准值是指其在结构的使用期间可能出现的最大荷载值。由于荷载本身的随机性，因而使用期间的最大荷载也是随机变量，原则上也可用它的统计分布来描述。按《工程结构可靠性设计统一标准》GB 50153 的规定，荷载标准值统一由设计基准期最大荷载概率分布的某个分位值来确定，设计基准期统一规定为 50 年，而对该分位值的百分位未作统一规定。

3.1.3   确定可变荷载代表值时应采用 50 年设计基准期。

3.1.4   荷载的标准值，应按本规范各章的规定采用。

3.1.5   承载能力极限状态设计或正常使用极限状态按标准组合设计时，对可变荷载应按规定的荷载组合采用荷载的组合值或标准值作为其荷载代表值。可变荷载的组合值，应为可变荷载的标准值乘以荷载组合值系数。

3.1.6   正常使用极限状态按频遇组合设计时，应采用可变荷载的频遇值或准永久值作为其荷载代表值；按准永久组合设计时，应采用可变荷载的准永久值作为其荷载代表值。可变荷载的频遇值，应为可变荷载标准值乘以频遇值系数。可变荷载准永久值，应为可变荷载标准值乘以准永久值系数。

2）载组合

3.2.1   建筑结构设计应根据使用过程中在结构上可能同时出现的荷载，按承载能力极限状态和正常使用极限状态分别进行荷载组合，并应取各自的最不利的组合进行设计。

3.2.2   对于承载能力极限状态，应按荷载的基本组合或偶然组合计算荷载组合的效应设计值，并应采用下列设计表达式进行设计：

$$\gamma_0 S_d \leqslant R_d \tag{3.2.2}$$

式中：γ_0 ——结构重要性系数，应按各有关建筑结构设计规范的规定采用；

　　　S_d ——荷载组合的效应设计值；

　　　R_d ——结构构件抗力的设计值，应按各有关建筑结构设计规范的规定确定。

条文说明：当整个结构或结构的一部分超过某一特定状态，而不能满足设计规定的某一功能要求时，则称此特定状态为结构对该功能的极限状态。设计中的极限状态往往以结构的某种荷载效应，如内力、应力、变形、裂缝等超过相应规定的标志为依据。根据设计中要求考虑的结构功能，结构的极限状态在总体上可分为两大类，即承载能力极限状态和正常使用极限状态。对承载能力极限状态，一般是以结构的内力超过其承载能力为依据；对正常使用极限状态，一般是以结构的变形、裂缝、振动参数超过设计允许的限值为依据。在当前的设计中，有时也通过结构应力的控制来保证结构满足正常使用的要求，例如地基承载应力的控制。

对所考虑的极限状态，在确定其荷载效应时，应对所有可能同时出现的诸荷载作用加以组合，求得组合后在结构中的总效应。考虑荷载出现的变化性质，包括出现与否和不同的作用方向，这种组合可以多种多样，因此还必须在所有可能组合中，取其中最不利的一组作为该极限状态的设计依据。

3.2.3 荷载基本组合的效应设计值 S_d，应从下列荷载组合值中取用最不利的效应设计值确定：

    1 由可变荷载控制的效应设计值，应按下式进行计算：

$$S_d = \sum_{j=1}^{m} \gamma_{G_j} S_{G_j k} + \gamma_{Q_1} \gamma_{L_1} S_{Q_1 k} + \sum_{i=2}^{n} \gamma_{Q_i} \gamma_{L_i} \psi_{c_i} S_{Q_i k} \qquad (3.2.3-1)$$

式中：γ_{G_j} ——第 j 个永久荷载的分项系数，应按本规范第 3.2.4 条采用；

      γ_{Q_i} ——第 i 个可变荷载的分项系数，其中 γ_{Q_1} 为主导可变荷载 Q_1 的分项系数，应按本规范第 3.2.4 条采用；

      γ_{L_i} ——第 i 个可变荷载考虑设计使用年限的调整系数，其中 γ_{L_1} 为主导可变荷载 Q_1 考虑设计使用年限的调整系数；

      $S_{G_j k}$ ——按第 j 个永久荷载标准值 G_{jk} 计算的荷载效应值；

      $S_{Q_i k}$ ——按第 i 个可变荷载标准值 Q_{ik} 计算的荷载效应值，其中 $S_{Q_1 k}$ 为诸可变荷载效应中起控制作用者；

      ψ_{c_i} ——第 i 个可变荷载 Q_i 的组合值系数；

      m ——参与组合的永久荷载数；

      n ——参与组合的可变荷载数。

    2 由永久荷载控制的效应设计值，应按下式进行计算：

$$S_d = \sum_{j=1}^{m} \gamma_{G_j} S_{G_j k} + \sum_{i=1}^{n} \gamma_{Q_i} \gamma_{L_i} \psi_{c_i} S_{Q_i k} \qquad (3.2.3-2)$$

注：1 基本组合中的效应设计值仅适用于荷载与荷载效应为线性的情况；

    2 当对 $S_{Q_1 k}$ 无法明显判断时，应轮次以各可变荷载效应作为 $S_{Q_1 k}$，并选取其中最不利的荷载组合的效应设计值。

3.2.4 基本组合的荷载分项系数，应按下列规定采用：

    1 永久荷载的分项系数应符合下列规定：

    1） 当永久荷载效应对结构不利时，对由可变荷载效应控制的组合应取 1.2，对由永久荷载效应控制的组合应取 1.35；

    2） 当永久荷载效应对结构有利时，不应大于1.0。

    2 可变荷载的分项系数应符合下列规定：

    1） 对标准值大于 4kN/m² 的工业房屋楼面结构的活荷载，应取 1.3；

    2） 其他情况，应取 1.4。

    3 对结构的倾覆、滑移或漂浮验算，荷载的分项系数应满足有关的建筑结构设计规范的规定。

3.2.5 可变荷载考虑设计使用年限的调整系数 γ_L 应按下列规定采用：

    1 楼面和屋面活荷载考虑设计使用年限的调整系数 γ_L 应按表 3.2.5 采用。

表 3.2.5 楼面和屋面活荷载考虑设计使用年限的调整系数 γ_L

结构设计使用年限（年）	5	50	100
γ_L	0.9	1.0	1.1

注：1 当设计使用年限不为表中数值时，调整系数 γ_L 可按线性内插确定；

    2 对于荷载标准值可控制的活荷载，设计使用年限调整系数 γ_L 取1.0。

2 对雪荷载和风荷载，应取重现期为设计使用年限，按本规范第 E.3.3 条的规定确定基本雪压和基本风压，或按有关规范的规定采用。

3.2.6 荷载偶然组合的效应设计值 S_d 可按下列规定采用：

1 用于承载能力极限状态计算的效应设计值，应按下式进行计算：

$$S_d = \sum_{j=1}^{m} S_{G_jk} + S_{A_d} + \psi_{f_1} S_{Q_1k} + \sum_{i=2}^{n} \psi_{q_i} S_{Q_ik} \qquad (3.2.6\text{-}1)$$

式中：S_{A_d} ——按偶然荷载标准值 A_d 计算的荷载效应值；

ψ_{f_1} ——第 1 个可变荷载的频遇值系数；

ψ_{q_i} ——第 i 个可变荷载的准永久值系数。

2 用于偶然事件发生后受损结构整体稳固性验算的效应设计值，应按下式进行计算：

$$S_d = \sum_{j=1}^{m} S_{G_jk} + \psi_{f_1} S_{Q_1k} + \sum_{i=2}^{n} \psi_{q_i} S_{Q_ik} \qquad (3.2.6\text{-}2)$$

注：组合中的设计值仅适用于荷载与荷载效应为线性的情况。

3.2.7 对于正常使用极限状态，应根据不同的设计要求，采用荷载的标准组合、频遇组合或准永久组合，并应按下列设计表达式进行设计：

$$S_d \leqslant C \qquad (3.2.7)$$

式中：C——结构或结构构件达到正常使用要求的规定限值，例如变形、裂缝、振幅、加速度、应力等的限值，应按各有关建筑结构设计规范的规定采用。

3.2.8 荷载标准组合的效应设计值 S_d 应按下式进行计算：

$$S_d = \sum_{j=1}^{m} S_{G_jk} + S_{Q_1k} + \sum_{i=2}^{n} \psi_{c_i} S_{Q_ik} \qquad (3.2.8)$$

注：组合中的设计值仅适用于荷载与荷载效应为线性的情况。

3.2.9 荷载频遇组合的效应设计值 S_d 应按下式进行计算：

$$S_d = \sum_{j=1}^{m} S_{G_jk} + \psi_{f_1} S_{Q_1k} + \sum_{i=2}^{n} \psi_{q_i} S_{Q_ik} \qquad (3.2.9)$$

注：组合中的设计值仅适用于荷载与荷载效应为线性的情况。

3.2.10 荷载准永久组合的效应设计值 S_d 应按下式进行计算：

$$S_d = \sum_{j=1}^{m} S_{G_jk} + \sum_{i=1}^{n} \psi_{q_i} S_{Q_ik} \qquad (3.2.10)$$

注：组合中的设计值仅适用于荷载与荷载效应为线性的情况。

（2）永久荷载

4.0.1 永久荷载应包括结构构件、围护构件、面层及装饰、固定设备、长期储物的自重、土压力、水压力，以及其他需要按永久荷载考虑的荷载。

4.0.2 结构自重的标准值可按结构构件的设计尺寸与材料单位体积的自重计算确定。

4.0.3 一般材料和构件的单位自重可取其平均值，对于自重变异较大的材料和构件，自重的标准值应根据对结构的不利或有利状态，分别取上限值或下限值。常用材料和构件单位体积的自重可按本规范附录 A 采用。

条文说明：结构或非承重构件的自重是建筑结构的主要永久荷载，由于其变异性不大，而且多为正态分布，一般以其分布的均值作为荷载标准值，由此，即可按结构设计规定的尺寸和材料或结构构件单位体积的自重（或单位面积的自重）平均值确定。对于自重变异性较大的材料，如现场制作的保温材料、混凝土薄壁构件等，尤其是制作屋面的轻质材料，考虑到结构的可靠性，在设计中应根据该荷载对结构有利或不利，分别取其自重的下限值或上限值。在附录 A 中，对某些变异性较大的材料，都分别给出其自重的上限和下限值。

对于在附录 A 中未列出的材料或构件的自重，应根据生产厂家提供的资料或设计经验确定。

4.0.4 固定隔墙的自重可按永久荷载考虑，位置可灵活布置的隔墙自重应按可变荷载考虑。

（3）楼面和屋面活荷载
1）民用建筑楼面均布活荷载

5.1.1 民用建筑楼面均布活荷载的标准值及其组合值系数、频遇值系数和准永久值系数的取值，不应小于表 5.1.1 的规定。

表 5.1.1 民用建筑楼面均布活荷载标准值及
其组合值、频遇值和准永久值系数

项次	类 别			标准值（kN/m²）	组合值系数 ψ_c	频遇值系数 ψ_f	准永久值系数 ψ_q
1	（1）住宅、宿舍、旅馆、办公楼、医院病房、托儿所、幼儿园			2.0	0.7	0.5	0.4
	（2）试验室、阅览室、会议室、医院门诊室			2.0	0.7	0.6	0.5
2	教室、食堂、餐厅、一般资料档案室			2.5	0.7	0.6	0.5
3	（1）礼堂、剧场、影院、有固定座位的看台			3.0	0.7	0.5	0.3
	（2）公共洗衣房			3.0	0.7	0.5	0.5
4	（1）商店、展览厅、车站、港口、机场大厅及其旅客等候室			3.5	0.7	0.6	0.5
	（2）无固定座位的看台			3.5	0.7	0.5	0.3
5	（1）健身房、演出舞台			4.0	0.7	0.6	0.5
	（2）运动场、舞厅			4.0	0.7	0.6	0.3
6	（1）书库、档案库、贮藏室			5.0	0.9	0.9	0.8
	（2）密集柜书库			12.0	0.9	0.9	0.8
7	通风机房、电梯机房			7.0	0.9	0.9	0.8
8	汽车通道及客车停车库	（1）单向板楼盖（板跨不小于2m）和双向板楼盖（板跨不小于3m×3m）	客车	4.0	0.7	0.7	0.6
			消防车	35.0	0.7	0.5	0.0
		（2）双向板楼盖（板跨不小于6m×6m）和无梁楼盖（柱网不小于6m×6m）	客车	2.5	0.7	0.7	0.6
			消防车	20.0	0.7	0.5	0.0

续表 5.1.1

项次		类 别	标准值 (kN/m²)	组合值 系数ψ_c	频遇值 系数ψ_f	准永久值 系数ψ_q
9	厨房	(1) 餐厅	4.0	0.7	0.7	0.7
		(2) 其他	2.0	0.7	0.6	0.5
10	浴室、卫生间、盥洗室		2.5	0.7	0.6	0.5
11	走廊、门厅	(1) 宿舍、旅馆、医院病房、托儿所、幼儿园、住宅	2.0	0.7	0.5	0.4
		(2) 办公楼、餐厅、医院门诊部	2.5	0.7	0.6	0.5
		(3) 教学楼及其他可能出现人员密集的情况	3.5	0.7	0.5	0.3
12	楼梯	(1) 多层住宅	2.0	0.7	0.5	0.4
		(2) 其他	3.5	0.7	0.5	0.3
13	阳台	(1) 可能出现人员密集的情况	3.5	0.7	0.6	0.5
		(2) 其他	2.5	0.7	0.6	0.5

注：1 本表所给各项活荷载适用于一般使用条件，当使用荷载较大、情况特殊或有专门要求时，应按实际情况采用；

2 第6项书库活荷载当书架高度大于2m时，书库活荷载尚应按每米书架高度不小于 2.5kN/m² 确定；

3 第8项中的客车活荷载仅适用于停放载人少于9人的客车；消防车活荷载适用于满载总重为 300kN 的大型车辆；当不符合本表的要求时，应将车轮的局部荷载按结构效应的等效原则，换算为等效均布荷载；

4 第8项消防车活荷载，当双向板楼盖板跨介于 3m×3m～6m×6m 之间时，应按跨度线性插值确定；

5 第12项楼梯活荷载，对预制楼梯踏步平板，尚应按 1.5kN 集中荷载验算；

6 本表各项荷载不包括隔墙自重和二次装修荷载；对固定隔墙的自重应按永久荷载考虑，当隔墙位置可灵活自由布置时，非固定隔墙的自重应取不小于 1/3 的每延米长墙重（kN/m）作为楼面活荷载的附加值（kN/m²）计入，且附加值不应小于 1.0kN/m²。

条文说明：作为强制性条文，本次修订明确规定表5.1.1中列入的民用建筑楼面均布活荷载的标准值及其组合值系数、频遇值系数和准永久值系数为设计时必须遵守的最低要求。如设计中有特殊需要，荷载标准值及其组合值、频遇值和准永久值系数的取值可以适当提高。

本次修订，对不同类别的楼面均布活荷载，除调整和增加个别项目外，大部分的标准值仍保持原有水平。主要修订内容为：

1）提高教室活荷载标准值。原规范教室活荷载取值偏小，目前教室除传统的讲台、课桌椅外，投影仪、计算机、音响设备、控制柜等多媒体教学设备显著增加；班级学生人数可能出现超员情况。本次修订将教室活荷载取值由 2.0kN/m² 提高至 2.5kN/m²。

2）增加运动场的活荷载标准值。现行规范中尚未包括体育馆中运动场的活荷载标准值。运动场除应考虑举办运动会、开闭幕式、大型集会等密集人流的活动外，还应考虑跑步、跳跃等冲击力的影响。本次修订运动场活荷载标准值取为 4.0kN/m²。

3）第8项的类别修改为汽车通道及"客车"停车库，明确本项荷载不适用于消防车的停车库；增加了板跨为 3m×3m 的双向板楼盖停车库活荷载标准值。在原规范中，对板跨小于 6m×6m 的双向板楼盖和柱网小于 6m×6m 的无梁楼盖的消防车活荷载未作出具体规定。由于消防车活荷载本身较大，对结构构件截面尺寸、层高与经济性影响显著，设计人员使用不方便，故在本次修订中予以增加。

根据研究与大量试算，在表注 4 中明确规定板跨在 3m×3m 至 6m×6m 之间的双向板，可以按线性插值方法确定活荷载标准值。

对板上有覆土的消防车活荷载，明确规定可以考虑覆土的影响，一般可在原消防车轮压作用范围的基础上，取扩散角为 35°，以扩散后的作用范围按等效均布方法确定活荷载标准值。新增加附录 B，给出常用板跨消防车活荷载覆土厚度折减系数。

4）提高原规范第 10 项第 1 款浴室和卫生间的活荷载标准值。近年来，在浴室、卫生间中安装浴缸、坐便器等卫生设备的情况越来越普遍，故在本次修订中，将浴室和卫生间的活荷载统一规定为 $2.5kN/m^2$。

5）楼梯单列一项，提高除多层住宅外其他建筑楼梯的活荷载标准值。在发生特殊情况时，楼梯对于人员疏散与逃生的安全性具有重要意义。汶川地震后，楼梯的抗震构造措施已经大大加强。在本次修订中，除了使用人数较少的多层住宅楼梯活荷载仍按 $2.0kN/m^2$ 取值外，其余楼梯活荷载取值均改为 $3.5kN/m^2$。

对藏书库和档案库，根据 20 世纪 70 年代初期的调查，其荷载一般为 $3.5kN/m^2$ 左右，个别超过 $4kN/m^2$，而最重的可达 $5.5kN/m^2$（按书架高 2.3m，净距 0.6m，放 7 层精装书籍估计）。GBJ 9-87 修订时参照 ISO 2103 的规定采用为 $5kN/m^2$，并在表注中又给出按书架每米高度不少于 $2.5kN/m^2$ 的补充规定。对于采用密集柜的无过道书库规定荷载标准值为 $12kN/m^2$。

客车停车库及车道的活荷载仅考虑由小轿车、吉普车、小型旅行车（载人少于 9 人）的车轮局部荷载以及其他必要的维修设备荷载。在 ISO 2103 中，停车库活荷载标准值取 $2.5kN/m^2$。按荷载最不利布置核算其等效均布荷载后，表明该荷载值只适用于板跨不小于 6m 的双向板或无梁楼盖。对国内目前常用的单向板楼盖，当板跨不小于 2m 时，应取 $4.0kN/m^2$ 比较合适。当结构情况不符合上述条件时，可直接按车轮局部荷载计算楼板内力，局部荷载取 4.5kN，分布在 0.2m×0.2m 的局部面积上。该局部荷载也可作为验算结构局部效应的依据（如抗冲切等）。对其他车的车库和车道，应按车辆最大轮压作为局部荷载确定。

目前常见的中型消防车总质量小于 15t，重型消防车总质量一般在（20～30）t。对于住宅、宾馆等建筑物，灭火时以中型消防车为主，当建筑物总高在 30m 以上或建筑物面积较大时，应考虑重型消防车。消防车楼面活荷载按等效均布活荷载确定，本次修订对消防车活荷载进行了更加广泛的研究和计算，扩大了楼板跨度的取值范围，考虑了覆土厚度影响。计算中选用的消防车为重型消防车，全车总重 300kN，前轴重为 60kN，后轴重为 2×120kN，有 2 个前轮与 4 个后轮，轮压作用尺寸均为 0.2m×0.6m。选择的楼板跨度为 2m～4m 的单向板和跨度为 3m～6m 的双向板。计算中综合考虑了消防车台数、楼板跨度、板长宽比以及覆土厚度等因素的影响，按照荷载最不利布置原则确定消防车位置，采用有限元软件分析了在消防车轮压作用下不同板跨单向板和双向板的等效均布活荷载值。

根据单向板和双向板的等效均布活荷载值计算结果，本次修订规定板跨在 3m～6m 之间的双向板，活荷载可根据板跨按线性插值确定。当单向板楼盖板跨介于 2m～4m 之间时，活荷载可按跨度在（35～25）kN/m^2 范围内线性插值确定。

当板顶有覆土时，可根据覆土厚度对活荷载进行折减，在新增的附录 B 中，给出了不同板跨、不同覆土厚度的活荷载折减系数。

在计算折算覆土厚度的公式（B.0.2）中，假定覆土应力扩散角为 35°，常数 1.43 为 tan35°的倒数。使用者可以根据具体情况采用实际的覆土应力扩散角 θ，按此式计算折算覆土厚度。

对于消防车不经常通行的车道，也即除消防站以外的车道，适当降低了其荷载的频遇值和准永久值系数。

对民用建筑楼面可根据在楼面上活动的人和设施的不同状况，可以粗略将其标准值分成以下七个档次：

(1) 活动的人很少 $L_K=2.0 \text{kN/m}^2$；

(2) 活动的人较多且有设备 $L_K=2.5 \text{kN/m}^2$；

(3) 活动的人很多且有较重的设备 $L_K=3.0 \text{kN/m}^2$；

(4) 活动的人很集中，有时很挤或有较重的设备 $L_K=3.5 \text{kN/m}^2$；

(5) 活动的性质比较剧烈 $L_K=4.0 \text{kN/m}^2$；

(6) 储存物品的仓库 $L_K=5.0 \text{kN/m}^2$；

(7) 有大型的机械设备 $L_K=(6\sim7.5) \text{kN/m}^2$。

对于在表 5.1.1 中没有列出的项目可对照上述类别和档次选用，但当有特别重的设备时应另行考虑。

作为办公楼的荷载还应考虑会议室、档案室和资料室等的不同要求，一般应在（2.0～2.5）kN/m^2 范围内采用。

对于洗衣房、通风机房以及非固定隔墙的楼面均布活荷载，均系参照国内设计经验和国外规范的有关内容酌情增添的。其中非固定隔墙的荷载应按活荷载考虑，可采用每延米长度的墙重（kN/m）的 1/3 作为楼面活荷载的附加值（kN/m^2），该附加值建议不小于 1.0kN/m^2，但对于楼面活荷载大于 4.0kN/m^2 的情况，不小于 0.5kN/m^2。

走廊、门厅和楼梯的活荷载标准值一般应按相连通房屋的活荷载标准值采用，但对有可能出现密集人流的情况，活荷载标准值不应低于 3.5kN/m^2。可能出现密集人流的建筑主要是指学校、公共建筑和高层建筑的消防楼梯等。

5.1.2 设计楼面梁、墙、柱及基础时，本规范表 **5.1.1** 中楼面活荷载标准值的折减系数取值不应小于下列规定：

1 设计楼面梁时：

1) 第 1（1）项当楼面梁从属面积超过 25m² 时，应取 **0.9**；

2) 第 1（2）～7 项当楼面梁从属面积超过 50m² 时，应取 **0.9**；

3) 第 8 项对单向板楼盖的次梁和槽形板的纵肋应取 **0.8**，对单向板楼盖的主梁应取 **0.6**，对双向板楼盖的梁应取 **0.8**；

4) 第 9～13 项应采用与所属房屋类别相同的折减系数。

2 设计墙、柱和基础时：

1) 第 1（1）项应按表 **5.1.2** 规定采用；

2) 第 1（2）～7 项应采用与其楼面梁相同的折减系数；

3) 第 8 项的客车，对单向板楼盖应取 **0.5**，对双向板楼盖和无梁楼盖应取 **0.8**；

4) 第 9～13 项应采用与所属房屋类别相同的折减系数。

注：楼面梁的从属面积应按梁两侧各延伸二分之一梁间距的范围内的实际面积确定。

表 5.1.2　活荷载按楼层的折减系数

墙、柱、基础计算截面以上的层数	1	2~3	4~5	6~8	9~20	>20
计算截面以上各楼层活荷载总和的折减系数	1.00 (0.90)	0.85	0.70	0.65	0.60	0.55

注：当楼面梁的从属面积超过 25m² 时，应采用括号内的系数。

5.1.3 设计墙、柱时，本规范表 5.1.1 中第 8 项的消防车活荷载可按实际情况考虑；设计基础时可不考虑消防车荷载。常用板跨的消防车活荷载按覆土厚度的折减系数可按附录 B 规定采用。

5.1.4 楼面结构上的局部荷载可按本规范附录 C 的规定，换算为等效均布活荷载。

2）屋面活荷载

5.3.1 房屋建筑的屋面，其水平投影面上的屋面均布活荷载的标准值及其组合值系数、频遇值系数和准永久值系数的取值，不应小于表 5.3.1 的规定。

表 5.3.1　屋面均布活荷载标准值及其组合值系数、频遇值系数和准永久值系数

项次	类　别	标准值 (kN/m²)	组合值系数 ψ_c	频遇值系数 ψ_f	准永久值系数 ψ_q
1	不上人的屋面	0.5	0.7	0.5	0.0
2	上人的屋面	2.0	0.7	0.5	0.4
3	屋顶花园	3.0	0.7	0.6	0.5
4	屋顶运动场地	3.0	0.7	0.6	0.4

注：1　不上人的屋面，当施工或维修荷载较大时，应按实际情况采用；对不同类型的结构应按有关设计规范的规定采用，但不得低于 0.3kN/m²；

2　当上人的屋面兼作其他用途时，应按相应楼面活荷载采用；

3　对于因屋面排水不畅、堵塞等引起的积水荷载，应采取构造措施加以防止；必要时，应按积水的可能深度确定屋面活荷载；

4　屋顶花园活荷载不应包括花圃土石等材料自重。

5.3.2 屋面直升机停机坪荷载应按下列规定采用：

1 屋面直升机停机坪荷载应按局部荷载考虑，或根据局部荷载换算为等效均布荷载考虑。局部荷载标准值应按直升机实际最大起飞重量确定，当没有机型技术资料时，可按表 5.3.2 的规定选用局部荷载标准值及作用面积。

表 5.3.2　屋面直升机停机坪局部荷载标准值及作用面积

类型	最大起飞重量 (t)	局部荷载标准值 (kN)	作用面积
轻型	2	20	0.20m×0.20m
中型	4	40	0.25m×0.25m
重型	6	60	0.30m×0.30m

2 屋面直升机停机坪的等效均布荷载标准值不应低于 5.0kN/m²。

3 屋面直升机停机坪荷载的组合值系数应取 0.7，频遇值系数应取 0.6，准永久值系数应取 0。

5.3.3 不上人的屋面均布活荷载，可不与雪荷载和风荷载同时组合。

3) 施工和检修荷载及栏杆荷载

5.5.1 施工和检修荷载应按下列规定采用：

1 设计屋面板、檩条、钢筋混凝土挑檐、悬挑雨篷和预制小梁时，施工或检修集中荷载标准值不应小于 1.0kN，并应在最不利位置处进行验算；

2 对于轻型构件或较宽的构件，应按实际情况验算，或应加垫板、支撑等临时设施；

3 计算挑檐、悬挑雨篷的承载力时，应沿板宽每隔 1.0m 取一个集中荷载；在验算挑檐、悬挑雨篷的倾覆时，应沿板宽每隔 2.5m～3.0m 取一个集中荷载。

5.5.2 楼梯、看台、阳台和上人屋面等的栏杆活荷载标准值，不应小于下列规定：

1 住宅、宿舍、办公楼、旅馆、医院、托儿所、幼儿园，栏杆顶部的水平荷载应取 1.0 kN/m；

2 学校、食堂、剧场、电影院、车站、礼堂、展览馆或体育场，栏杆顶部的水平荷载应取 1.0 kN/m，竖向荷载应取 1.2kN/m，水平荷载与竖向荷载应分别考虑。

5.5.3 施工荷载、检修荷载及栏杆荷载的组合值系数应取 0.7，频遇值系数应取 0.5，准永久值系数应取 0。

4) 动力系数

5.6.1 建筑结构设计的动力计算，在有充分依据时，可将重物或设备的自重乘以动力系数后，按静力计算方法设计。

5.6.2 搬运和装卸重物以及车辆启动和刹车的动力系数，可采用 1.1～1.3；其动力荷载只传至楼板和梁。

5.6.3 直升机在屋面上的荷载，也应乘以动力系数，对具有液压轮胎起落架的直升机可取 1.4；其动力荷载只传至楼板和梁。

（4）雪荷载标准值及基本雪压

7.1.1 屋面水平投影面上的雪荷载标准值应按下式计算：

$$s_k = \mu_r s_0 \tag{7.1.1}$$

式中：s_k——雪荷载标准值（kN/m^2）；

μ_r——屋面积雪分布系数；

s_0——基本雪压（kN/m^2）。

7.1.2 基本雪压应采用按本规范规定的方法确定的 50 年重现期的雪压；对雪荷载敏感的结构，应采用 100 年重现期的雪压。

7.1.3 全国各城市的基本雪压值应按本规范附录 E 中表 E.5 重现期 R 为 50 年的值采用。当城市或建设地点的基本雪压值在本规范表 E.5 中没有给出时，基本雪压值应按本规范附录 E 规定的方法，根据当地年最大雪压或雪深资料，按基本雪压定义，通过统计分析确定，分析时应考虑样本数量的影响。当地没有雪压和雪深资料时，可根据附近地区规定的基本雪压或长期资料，通过气象和地形条件的对比分析确定；也可比照本规范附录 E 中附图 E.6.1 全国基本雪压分布图近似确定。

7.1.4 山区的雪荷载应通过实际调查后确定。当无实测资料时，可按当地邻近空旷平坦地面的雪荷载值乘以系数 1.2 采用。

7.1.5 雪荷载的组合值系数可取 0.7；频遇值系数可取 0.6；准永久值系数应按雪荷载分区Ⅰ、Ⅱ和Ⅲ的不同，分别取 0.5、0.2 和 0；雪荷载分区应按本规范附录 E.5 或附图 E.6.2 的规定采用。

（5）风荷载

1）风荷载标准值及基本风压

8.1.1 垂直于建筑物表面上的风荷载标准值，应按下列规定确定：

1 计算主要受力结构时，应按下式计算：

$$w_k = \beta_z \mu_s \mu_z w_0 \tag{8.1.1-1}$$

式中：w_k——风荷载标准值（kN/m^2）；

β_z——高度 z 处的风振系数；

μ_s——风荷载体型系数；

μ_z——风压高度变化系数；

w_0——基本风压（kN/m^2）。

2 计算围护结构时，应按下式计算：

$$w_k = \beta_{gz} \mu_{sl} \mu_z w_0 \tag{8.1.1-2}$$

式中：β_{gz}——高度 z 处的阵风系数；

μ_{sl}——风荷载局部体型系数。

8.1.2 基本风压应采用按本规范规定的方法确定的 **50 年**重现期的风压，但不得小于 **0.3kN/m²**。对于高层建筑、高耸结构以及对风荷载比较敏感的其他结构，基本风压的取值应适当提高，并应符合有关结构设计规范的规定。

8.1.3 全国各城市的基本风压值应按本规范附录 E 中表 E.5 重现期 R 为 50 年的值采用。当城市或建设地点的基本风压值在本规范表 E.5 没有给出时，基本风压值应按本规范附录 E 规定的方法，根据基本风压的定义和当地年最大风速资料，通过统计分析确定，分析时应考虑样本数量的影响。当地没有风速资料时，可根据附近地区规定的基本风压或长期资料，通过气象和地形条件的对比分析确定；也可比照本规范附录 E 中附图 E.6.3 全国基本风压分布图近似确定。

8.1.4 风荷载的组合值系数、频遇值系数和准永久值系数可分别取 0.6、0.4 和 0.0。

2）风压高度变化系数

8.2.1 对于平坦或稍有起伏的地形，风压高度变化系数应根据地面粗糙度类别按表 8.2.1 确定。地面粗糙度可分为 A、B、C、D 四类：A 类指近海海面和海岛、海岸、湖岸及沙漠地区；B 类指田野、乡村、丛林、丘陵以及房屋比较稀疏的乡镇；C 类指有密集建筑群的城市市区；D 类指有密集建筑群且房屋较高的城市市区。

表 8.2.1　风压高度变化系数 μ_z

离地面或海平面高度（m）	地面粗糙度类别			
	A	B	C	D
5	1.09	1.00	0.65	0.51

续表 8.2.1

离地面或海平面高度 (m)	地面粗糙度类别			
	A	B	C	D
10	1.28	1.00	0.65	0.51
15	1.42	1.13	0.65	0.51
20	1.52	1.23	0.74	0.51
30	1.67	1.39	0.88	0.51
40	1.79	1.52	1.00	0.60
50	1.89	1.62	1.10	0.69
60	1.97	1.71	1.20	0.77
70	2.05	1.79	1.28	0.84
80	2.12	1.87	1.36	0.91
90	2.18	1.93	1.43	0.98
100	2.23	2.00	1.50	1.04
150	2.46	2.25	1.79	1.33
200	2.64	2.46	2.03	1.58
250	2.78	2.63	2.24	1.81
300	2.91	2.77	2.43	2.02
350	2.91	2.91	2.60	2.22
400	2.91	2.91	2.76	2.40
450	2.91	2.91	2.91	2.58
500	2.91	2.91	2.91	2.74
≥550	2.91	2.91	2.91	2.91

条文说明：在大气边界层内，风速随离地面高度增加而增大。当气压场随高度不变时，风速随高度增大的规律，主要取决于地面粗糙度和温度垂直梯度。通常认为在离地面高度为 300m～550m 时，风速不再受地面粗糙度的影响，也即达到所谓"梯度风速"，该高度称之梯度风高度 H_G。地面粗糙度等级低的地区，其梯度风高度比等级高的地区为低。

随着国内城市发展，尤其是诸如北京、上海、广州等超大型城市群的发展，城市涵盖的范围越来越大，使得城市地貌下的大气边界层厚度与原来相比有显著增加。本次修订在保持划分 4 类粗糙度类别不变的情况下，适当提高了 C、D 两类粗糙度类别的梯度风高度，由 400m 和 450m 分别修改为 450m 和 550m。

针对 4 类地貌，风压高度变化系数分别规定了各自的截断高度，对应 A、B、C、D 类分别取为 5m、10m、15m 和 30m，即高度变化系数取值分别不小于 1.09、1.00、0.65 和 0.51。

在确定城区的地面粗糙度类别时，若无 α 的实测可按下述原则近似确定：

1　以拟建房 2km 为半径的迎风半圆影响范围内的房屋高度和密集度来区分粗糙度类别，风向原则上应以该地区最大风的风向为准，但也可取其主导风；

2　以半圆影响范围内建筑物的平均高度 $\bar{h}$ 来划分地面粗糙度类别，当 $\bar{h} \geq 18m$，为 D 类，$9m < \bar{h} < 18m$，为 C 类，$\bar{h} \leq 9m$，为 B 类；

3 影响范围内不同高度的面域可按下述原则确定，即每座建筑物向外延伸距离为其高度的面域内均为该高度，当不同高度的面域相交时，交叠部分的高度取大者；

4 平均高度 $\bar{h}$ 取各面域面积为权数计算。

8.2.2 对于山区的建筑物，风压高度变化系数除可按平坦地面的粗糙度类别由本规范表8.2.1确定外，还应考虑地形条件的修正，修正系数 η 应按下列规定采用：

1 对于山峰和山坡，修正系数应按下列规定采用：

　　1） 顶部 B 处的修正系数可按下式计算：

$$\eta_{B} = \left[1 + \kappa \tan\alpha \left(1 - \frac{z}{2.5H}\right)\right]^{2} \qquad (8.2.2)$$

式中：$\tan\alpha$ ——山峰或山坡在迎风面一侧的坡度；当 $\tan\alpha$ 大于 0.3 时，取 0.3；

　　　　κ ——系数，对山峰取 2.2，对山坡取 1.4；

　　　　H ——山顶或山坡全高（m）；

　　　　z ——建筑物计算位置离建筑物地面的高度（m）；当 $z > 2.5H$ 时，取 $z = 2.5H$。

　　2） 其他部位的修正系数，可按图 8.2.2 所示，取 A、C 处的修正系数 η_{A}、η_{C} 为 1，AB 间和 BC 间的修正系数按 η 的线性插值确定。

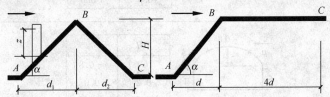

图 8.2.2　山峰和山坡的示意

2 对于山间盆地、谷地等闭塞地形，η 可在 0.75～0.85 选取。

3 对于与风向一致的谷口、山口，η 可在 1.20～1.50 选取。

8.2.3 对于远海海面和海岛的建筑物或构筑物，风压高度变化系数除可按 A 类粗糙度类别由本规范表 8.2.1 确定外，还应考虑表 8.2.3 中给出的修正系数。

表 8.2.3　远海海面和海岛的修正系数 η

距海岸距离（km）	η
<40	1.0
40～60	1.0～1.1
60～100	1.1～1.2

3）风荷载体型系数

8.3.1 房屋和构筑物的风荷载体型系数，可按下列规定采用：

1 房屋和构筑物与表 8.3.1 中的体型类同时，可按表 8.3.1 的规定采用；

2 房屋和构筑物与表 8.3.1 中的体型不同时，可按有关资料采用；当无资料时，宜由风洞试验确定；

3 对于重要且体型复杂的房屋和构筑物，应由风洞试验确定。

表 8.3.1　风荷载体型系数

项次	类别	体型及体型系数 μ_s	备注
1	封闭式落地双坡屋面	α 0° → μ_s 0.0；30° → +0.2；≥60° → +0.8	中间值按线性插值法计算
2	封闭式双坡屋面	α ≤15° → −0.6；30° → 0.0；≥60° → +0.8	1 中间值按线性插值法计算；2 μ_s 的绝对值不小于0.1
3	封闭式落地拱形屋面	f/l 0.1 → +0.1；0.2 → +0.2；0.5 → +0.6	中间值按线性插值法计算
4	封闭式拱形屋面	f/l 0.1 → −0.8；0.2 → 0.0；0.5 → +0.6	1 中间值按线性插值法计算；2 μ_s 的绝对值不小于0.1
5	封闭式单坡屋面		迎风坡面的 μ_s 按第2项采用
6	封闭式高低双坡屋面		迎风坡面的 μ_s 按第2项采用
7	封闭式带天窗双坡屋面		带天窗的拱形屋面可按照本图采用
26	单面开敞式双坡屋面	(a)开口迎风　(b)开口背风	迎风坡面的 μ_s 按第2项采用

续表 8.3.1

项次	类别	体型及体型系数 μ_s	备注
27	双面开敞及四面开敞式双坡屋面	(a) 两端有山墙　(b) 四面开敞 体型系数 μ_s 　α　|　μ_{s1}　|　μ_{s2} $\leqslant 10°$　|　-1.3　|　-0.7 $30°$　|　$+1.6$　|　$+0.4$	1　中间值按线性插值法计算； 2　本图屋面对风作用敏感，风压时正时负，设计时应考虑 μ_s 值变号的情况； 3　纵向风荷载对屋面所引起的总水平力，当 $\alpha \geqslant 30°$ 时，为 $0.05 A w_h$；当 $\alpha < 30°$ 时，为 $0.10 A w_h$；其中，A 为屋面的水平投影面积，w_h 为屋面高度 h 处的风压； 4　当室内堆放物品或房屋处于山坡时，屋面吸力应增大，可按第 26 项（a）采用
28	前后纵墙半开敞双坡屋面		1　迎风坡面的 μ_s 按第 2 项采用； 2　本图适用于墙的上部集中开敞面积 $\geqslant 10\%$ 且 $< 50\%$ 的房屋； 3　当开敞面积达 50% 时，背风墙面的系数改为 -1.1

续表8.3.1

项次	类　别	体型及体型系数 μ_s	备　注
30	封闭式房屋和构筑物	(a) 正多边形（包括矩形）平面 (b) Y形平面 (c) L形平面　　(d) Π形平面 (e) 十字形平面　　(f) 截角三边形平面	—
31	高度超过45m的矩形截面高层建筑	 | D/B	$\leqslant 1$	1.2	2	$\geqslant 4$
μ_{s1}	-0.6	-0.5	-0.4	-0.3
μ_{s2}	-0.7					—
32	各种截面的杆件	$\mu=+1.3$	—
33	桁架	单榀桁架的体型系数 $\mu_{st} = \phi \mu_s$	

8.3.2 当多个建筑物，特别是群集的高层建筑，相互间距较近时，宜考虑风力相互干扰的群体效应；一般可将单独建筑物的体型系数 μ_s 乘以相互干扰系数。相互干扰系数可按下列规定确定：

1 对矩形平面高层建筑，当单个施扰建筑与受扰建筑高度相近时，根据施扰建筑的位置，对顺风向风荷载可在 1.00～1.10 范围内选取，对横风向风荷载可在 1.00～1.20 范围内选取；

2 其他情况可比照类似条件的风洞试验资料确定，必要时宜通过风洞试验确定。

8.3.3 计算围护构件及其连接的风荷载时，可按下列规定采用局部体型系数 μ_{sl}：

1 封闭式矩形平面房屋的墙面及屋面可按表 8.3.3 的规定采用；

2 檐口、雨篷、遮阳板、边棱处的装饰条等突出构件，取 −2.0；

3 其他房屋和构筑物可按本规范第 8.3.1 条规定体型系数的 1.25 倍取值。

表 8.3.3   封闭式矩形平面房屋的局部体型系数

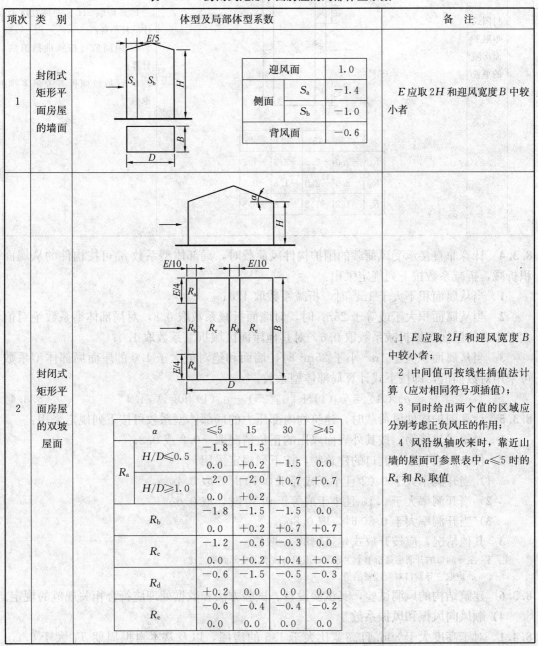

项次	类 别	体型及局部体型系数	备 注
1	封闭式矩形平面房屋的墙面	（图示）迎风面 1.0；侧面 S_a −1.4，S_b −1.0；背风面 −0.6	E 应取 $2H$ 和迎风宽度 B 中较小者
2	封闭式矩形平面房屋的双坡屋面	（图示及下表）	1 E 应取 $2H$ 和迎风宽度 B 中较小者；2 中间值可按线性插值法计算（应对相同符号项插值）；3 同时给出两个值的区域应分别考虑正负风压的作用；4 风沿纵轴吹来时，靠近山墙的屋面可参照表中 $\alpha\leqslant5$ 时的 R_a 和 R_b 取值

	α	$\leqslant5$	15	30	$\geqslant45$
R_a	$H/D\leqslant0.5$	−1.8	−1.5	−1.5	0.0
		0.0	+0.2	0.0	0.0
	$H/D\geqslant1.0$	−2.0	−2.0	+0.7	+0.7
		0.0	+0.2	0.0	0.0
R_b		−1.8	−1.5	−1.5	0.0
		0.0	+0.2	+0.7	+0.7
R_c		−1.2	−0.6	−0.3	0.0
		0.0	+0.2	+0.4	+0.6
R_d		−0.6	−1.5	−0.5	−0.3
		+0.2	0.0	0.0	0.0
R_e		−0.6	−0.4	−0.4	−0.2
		0.0	0.0	0.0	0.0

续表8.3.3

项次	类别	体型及局部体型系数	备注
3	封闭式矩形平面房屋的单坡屋面	 | α	$\leqslant 5$	15	30	$\geqslant 45$
---	---	---	---	---
R_a	-2.0	-2.5	-2.3	-1.2
R_b	-2.0	-2.0	-1.5	-0.5
R_c	-1.2	-1.2	-0.8	-0.5		1　E 应取 $2H$ 和迎风宽度 B 中的较小者; 2　中间值可按线性插值法计算; 3　迎风坡面可参考第2项取值

8.3.4　计算非直接承受风荷载的围护构件风荷载时,局部体型系数 μ_{sl} 可按构件的从属面积折减,折减系数按下列规定采用:

1　当从属面积不大于 $1m^2$ 时,折减系数取 1.0;

2　当从属面积大于或等于 $25m^2$ 时,对墙面折减系数取 0.8,对局部体型系数绝对值大于 1.0 的屋面区域折减系数取 0.6,对其他屋面区域折减系数取 1.0;

3　当从属面积大于 $1m^2$ 小于 $25m^2$ 时,墙面和绝对值大于 1.0 的屋面局部体型系数可采用对数插值,即按下式计算局部体型系数:

$$\mu_{sl}(A) = \mu_{sl}(1) + [\mu_{sl}(25) - \mu_{sl}(1)]\log A / 1.4 \qquad (8.3.4)$$

8.3.5　计算围护构件风荷载时,建筑物内部压力的局部体型系数可按下列规定采用:

1　封闭式建筑物,按其外表面风压的正负情况取 -0.2 或 0.2;

2　仅一面墙有主导洞口的建筑物,按下列规定采用:

1)　当开洞率大于 0.02 且小于或等于 0.10 时,取 $0.4\mu_{sl}$;

2)　当开洞率大于 0.10 且小于或等于 0.30 时,取 $0.6\mu_{sl}$;

3)　当开洞率大于 0.30 时,取 $0.8\mu_{sl}$。

3　其他情况,应按开放式建筑物的 μ_{sl} 取值。

注:　1　主导洞口的开洞率是指单个主导洞口面积与该墙面全部面积之比;

　　　2　μ_{sl} 应取主导洞口对应位置的值。

8.3.6　建筑结构的风洞试验,其试验设备、试验方法和数据处理应符合相关规范的规定。

4) 顺风向风振和风振系数

8.4.1　对于高度大于 30m 且高宽比大于 1.5 的房屋,以及基本自振周期 T_1 大于 0.25s

的各种高耸结构，应考虑风压脉动对结构产生顺风向风振的影响。顺风向风振响应计算应按结构随机振动理论进行。对于符合本规范第 8.4.3 条规定的结构，可采用风振系数法计算其顺风向风荷载。

> 注：1 结构的自振周期应按结构动力学计算；近似的基本自振周期 T_1 可按附录 F 计算；
>
> 　　2 高层建筑顺风向风振加速度可按本规范附录 J 计算。

8.4.2 对于风敏感的或跨度大于 36m 的柔性屋盖结构，应考虑风压脉动对结构产生风振的影响。屋盖结构的风振响应，宜依据风洞试验结果按随机振动理论计算确定。

8.4.3 对于一般竖向悬臂型结构，例如高层建筑和构架、塔架、烟囱等高耸结构，均可仅考虑结构第一振型的影响，结构的顺风向风荷载可按公式（8.1.1-1）计算。z 高度处的风振系数 β_z 可按下式计算：

$$\beta_z = 1 + 2gI_{10}B_z\sqrt{1+R^2} \qquad (8.4.3)$$

式中：g ——峰值因子，可取 2.5；

I_{10} ——10m 高度名义湍流强度，对应 A、B、C 和 D 类地面粗糙度，可分别取 0.12、0.14、0.23 和 0.39；

R ——脉动风荷载的共振分量因子；

B_z ——脉动风荷载的背景分量因子。

8.4.4 脉动风荷载的共振分量因子可按下列公式计算：

$$R = \sqrt{\frac{\pi}{6\zeta_1}\frac{x_1^2}{(1+x_1^2)^{4/3}}} \qquad (8.4.4\text{-}1)$$

$$x_1 = \frac{30f_1}{\sqrt{k_w w_0}}, x_1 > 5 \qquad (8.4.4\text{-}2)$$

式中：f_1 ——结构第 1 阶自振频率（Hz）；

k_w ——地面粗糙度修正系数，对 A 类、B 类、C 类和 D 类地面粗糙度分别取 1.28、1.0、0.54 和 0.26；

ζ_1 ——结构阻尼比，对钢结构可取 0.01，对有填充墙的钢结构房屋可取 0.02，对钢筋混凝土及砌体结构可取 0.05，对其他结构可根据工程经验确定。

8.4.5 脉动风荷载的背景分量因子可按下列规定确定：

1 对体型和质量沿高度均匀分布的高层建筑和高耸结构，可按下式计算：

$$B_z = kH^{a_1}\rho_x\rho_z\frac{\phi_1(z)}{\mu_z} \qquad (8.4.5)$$

式中：$\phi_1(z)$ ——结构第 1 阶振型系数；

H ——结构总高度（m），对 A、B、C 和 D 类地面粗糙度，H 的取值分别不应大于 300m、350m、450m 和 550m；

ρ_x ——脉动风荷载水平方向相关系数；

ρ_z ——脉动风荷载竖直方向相关系数；

k、a_1 ——系数，按表 8.4.5-1 取值。

表 8.4.5-1　系数 k 和 a_1

粗糙度类别		A	B	C	D
高层建筑	k	0.944	0.670	0.295	0.112
	a_1	0.155	0.187	0.261	0.346
高耸结构	k	1.276	0.910	0.404	0.155
	a_1	0.186	0.218	0.292	0.376

2　对迎风面和侧风面的宽度沿高度按直线或接近直线变化，而质量沿高度按连续规律变化的高耸结构，式（8.4.5）计算的背景分量因子 B_z 应乘以修正系数 θ_B 和 θ_v。θ_B 为结构物在 z 高度处的迎风面宽度 $B(z)$ 与底部宽度 $B(0)$ 的比值；θ_v 可按表 8.4.5-2 确定。

表 8.4.5-2　修正系数 θ_v

$B(H)/B(0)$	1	0.9	0.8	0.7	0.6	0.5	0.4	0.3	0.2	≤0.1
θ_v	1.00	1.10	1.20	1.32	1.50	1.75	2.08	2.53	3.30	5.60

8.4.6　脉动风荷载的空间相关系数可按下列规定确定：

1　竖直方向的相关系数可按下式计算：

$$\rho_z = \frac{10\sqrt{H + 60e^{-H/60} - 60}}{H} \tag{8.4.6-1}$$

式中：H——结构总高度（m）；对 A、B、C 和 D 类地面粗糙度，H 的取值分别不应大于 300m、350m、450m 和 550m。

2　水平方向相关系数可按下式计算：

$$\rho_x = \frac{10\sqrt{B + 50e^{-B/50} - 50}}{B} \tag{8.4.6-2}$$

式中：B——结构迎风面宽度（m），$B \leqslant 2H$。

3　对迎风面宽度较小的高耸结构，水平方向相关系数可取 $\rho_x = 1$。

8.4.7　振型系数应根据结构动力计算确定。对外形、质量、刚度沿高度按连续规律变化的竖向悬臂型高耸结构及沿高度比较均匀的高层建筑，振型系数 $\phi_1(z)$ 也可根据相对高度 z/H 按本规范附录 G 确定。

5）横风向和扭转风振

8.5.1　对于横风向风振作用效应明显的高层建筑以及细长圆形截面构筑物，宜考虑横风向风振的影响。

8.5.2　横风向风振的等效风荷载可按下列规定采用：

1　对于平面或立面体型较复杂的高层建筑和高耸结构，横风向风振的等效风荷载 w_{Lk} 宜通过风洞试验确定，也可比照有关资料确定；

2　对于圆形截面高层建筑及构筑物，其由跨临界强风共振（旋涡脱落）引起的横风向风振等效风荷载 w_{Lk} 可按本规范附录 **H.1** 确定；

3　对于矩形截面及凹角或削角矩形截面的高层建筑，其横风向风振等效风荷载 w_{Lk} 可按本规范附录 **H.2** 确定。

注：高层建筑横风向风振加速度可按本规范附录 J 计算。

8.5.3　对圆形截面的结构，应按下列规定对不同雷诺数 Re 的情况进行横风向风振（旋涡脱落）的校核：

1 当 $Re < 3 \times 10^5$ 且结构顶部风速 v_H 大于 v_{cr} 时，可发生亚临界的微风共振。此时，可在构造上采取防振措施，或控制结构的临界风速 v_{cr} 不小于 15m/s。

2 当 $Re \geqslant 3.5 \times 10^6$ 且结构顶部风速 v_H 的 1.2 倍大于 v_{cr} 时，可发生跨临界的强风共振，此时应考虑横风向风振的等效风荷载。

3 当雷诺数为 $3 \times 10^5 \leqslant Re < 3.5 \times 10^6$ 时，则发生超临界范围的风振，可不作处理。

4 雷诺数 Re 可按下列公式确定：

$$Re = 69000vD \qquad (8.5.3\text{-}1)$$

式中：v——计算所用风速，可取临界风速值 v_{cr}；

D——结构截面的直径（m），当结构的截面沿高度缩小时（倾斜度不大于 0.02），可近似取 2/3 结构高度处的直径。

5 临界风速 v_{cr} 和结构顶部风速 v_H 可按下列公式确定：

$$v_{cr} = \frac{D}{T_i St} \qquad (8.5.3\text{-}2)$$

$$v_H = \sqrt{\frac{2000\mu_H w_0}{\rho}} \qquad (8.5.3\text{-}3)$$

式中：T_i——结构第 i 振型的自振周期，验算亚临界微风共振时取基本自振周期 T_1；

St——斯脱罗哈数，对圆截面结构取 0.2；

μ_H——结构顶部风压高度变化系数；

w_0——基本风压（kN/m²）；

ρ——空气密度（kg/m³）。

8.5.4 对于扭转风振作用效应明显的高层建筑及高耸结构，宜考虑扭转风振的影响。

8.5.5 扭转风振等效风荷载可按下列规定采用：

1 对于体型较复杂以及质量或刚度有显著偏心的高层建筑，扭转风振等效风荷载 w_{Tk} 宜通过风洞试验确定，也可比照有关资料确定；

2 对于质量和刚度较对称的矩形截面高层建筑，其扭转风振等效风荷载 w_{Tk} 可按本规范附录 H.3 确定。

8.5.6 顺风向风荷载、横风向风振及扭转风振等效风荷载宜按表 8.5.6 考虑风荷载组合工况。表 8.5.6 中的单位高度风力 F_{Dk}、F_{Lk} 及扭矩 T_{Tk} 标准值应按下列公式计算：

$$F_{Dk} = (w_{k1} - w_{k2})B \qquad (8.5.6\text{-}1)$$

$$F_{Lk} = w_{Lk}B \qquad (8.5.6\text{-}2)$$

$$T_{Tk} = w_{Tk}B^2 \qquad (8.5.6\text{-}3)$$

式中：F_{Dk}——顺风向单位高度风力标准值（kN/m）；

F_{Lk}——横风向单位高度风力标准值（kN/m）；

T_{Tk}——单位高度风致扭矩标准值（kN·m/m）；

w_{k1}、w_{k2}——迎风面、背风面风荷载标准值（kN/m²）；

w_{Lk}、w_{Tk}——横风向风振和扭转风振等效风荷载标准值（kN/m²）；

B——迎风面宽度（m）。

表8.5.6　风荷载组合工况

工况	顺风向风荷载	横风向风振等效风荷载	扭转风振等效风荷载
1	F_{Dk}	—	—
2	$0.6F_{Dk}$	F_{Lk}	—
3	—	—	T_{Tk}

6）阵风系数

8.6.1　计算围护结构（包括门窗）风荷载时的阵风系数应按表8.6.1确定。

表8.6.1　阵风系数 β_{gz}

离地面高度 （m）	地面粗糙度类别			
	A	B	C	D
5	1.65	1.70	2.05	2.40
10	1.60	1.70	2.05	2.40
15	1.57	1.66	2.05	2.40
20	1.55	1.63	1.99	2.40
30	1.53	1.59	1.90	2.40
40	1.51	1.57	1.85	2.29
50	1.49	1.55	1.81	2.20
60	1.48	1.54	1.78	2.14
70	1.48	1.52	1.75	2.09
80	1.47	1.51	1.73	2.04
90	1.46	1.50	1.71	2.01
100	1.46	1.50	1.69	1.98
150	1.43	1.47	1.63	1.87
200	1.42	1.45	1.59	1.79
250	1.41	1.43	1.57	1.74
300	1.40	1.42	1.54	1.70
350	1.40	1.41	1.53	1.67
400	1.40	1.41	1.51	1.64
450	1.40	1.41	1.50	1.62
500	1.40	1.41	1.50	1.60
550	1.40	1.41	1.50	1.59

（6）温度作用

1）一般规定

9.1.1　温度作用应考虑气温变化、太阳辐射及使用热源等因素，作用在结构或构件上的温度作用应采用其温度的变化来表示。

9.1.2　计算结构或构件的温度作用效应时，应采用材料的线膨胀系数 α_T。常用材料的线膨胀系数可按表9.1.2采用。

表 9.1.2 常用材料的线膨胀系数 α_T

材　料	线膨胀系数 α_T（$\times 10^{-6}/℃$）
轻骨料混凝土	7
普通混凝土	10
砌体	6～10
钢，锻铁，铸铁	12
不锈钢	16
铝，铝合金	24

9.1.3 温度作用的组合值系数、频遇值系数和准永久值系数可分别取 0.6、0.5 和 0.4。

2）基本气温

9.2.1 基本气温可采用按本规范附录 E 规定的方法确定的 50 年重现期的月平均最高气温 T_{max} 和月平均最低气温 T_{min}。全国各城市的基本气温值可按本规范附录 E 中表 E.5 采用。当城市或建设地点的基本气温值在本规范附录 E 中没有给出时，基本气温值可根据当地气象台站记录的气温资料，按附录 E 规定的方法通过统计分析确定。当地没有气温资料时，可根据附近地区规定的基本气温，通过气象和地形条件的对比分析确定；也可比照本规范附录 E 中图 E.6.4 和图 E.6.5 近似确定。

9.2.2 对金属结构等对气温变化较敏感的结构，宜考虑极端气温的影响，基本气温 T_{max} 和 T_{min} 可根据当地气候条件适当增加或降低。

3）均匀温度作用

9.3.1 均匀温度作用的标准值应按下列规定确定：

1 对结构最大温升的工况，均匀温度作用标准值按下式计算：

$$\Delta T_k = T_{s,max} - T_{0,min} \tag{9.3.1-1}$$

式中：ΔT_k——均匀温度作用标准值（℃）；

$T_{s,max}$——结构最高平均温度（℃）；

$T_{0,min}$——结构最低初始平均温度（℃）。

2 对结构最大温降的工况，均匀温度作用标准值按下式计算：

$$\Delta T_k = T_{s,min} - T_{0,max} \tag{9.3.1-2}$$

式中：$T_{s,min}$——结构最低平均温度（℃）；

$T_{0,max}$——结构最高初始平均温度（℃）。

9.3.2 结构最高平均温度 $T_{s,max}$ 和最低平均温度 $T_{s,min}$ 宜分别根据基本气温 T_{max} 和 T_{min} 按热工学的原理确定。对于有围护的室内结构，结构平均温度应考虑室内外温差的影响；对于暴露于室外的结构或施工期间的结构，宜依据结构的朝向和表面吸热性质考虑太阳辐射的影响。

9.3.3 结构的最高初始平均温度 $T_{0,max}$ 和最低初始平均温度 $T_{0,min}$ 应根据结构的合拢或形成约束的时间确定，或根据施工时结构可能出现的温度按不利情况确定。

（7）偶然荷载

1）一般规定

10.1.1 偶然荷载应包括爆炸、撞击、火灾及其他偶然出现的灾害引起的荷载。本章规定仅适用于爆炸和撞击荷载。

10.1.2　当采用偶然荷载作为结构设计的主导荷载时，在允许结构出现局部构件破坏的情况下，应保证结构不致因偶然荷载引起连续倒塌。

10.1.3　偶然荷载的荷载设计值可直接取用按本章规定的方法确定的偶然荷载标准值。

2) 爆炸

10.2.1　由炸药、燃气、粉尘等引起的爆炸荷载宜按等效静力荷载采用。

10.2.2　在常规炸药爆炸动荷载作用下，结构构件的等效均布静力荷载标准值，可按下式计算：

$$q_{ce} = K_{dc} p_c \tag{10.2.2}$$

式中：q_{ce}——作用在结构构件上的等效均布静力荷载标准值；

p_c——作用在结构构件上的均布动荷载最大压力，可按国家标准《人民防空地下室设计规范》GB 50038-2005 中第 4.3.2 条和第 4.3.3 条的有关规定采用；

K_{dc}——动力系数，根据构件在均布动荷载作用下的动力分析结果，按最大内力等效的原则确定。

注：其他原因引起的爆炸，可根据其等效 TNT 装药量，参考本条方法确定等效均布静力荷载。

10.2.3　对于具有通口板的房屋结构，当通口板面积 A_V 与爆炸空间体积 V 之比在 0.05～0.15 之间且体积 V 小于 1000m³ 时，燃气爆炸的等效均布静力荷载 p_k 可按下列公式计算并取其较大值：

$$p_k = 3 + p_V \tag{10.2.3-1}$$

$$p_k = 3 + 0.5 p_V + 0.04 \left(\frac{A_V}{V}\right)^2 \tag{10.2.3-2}$$

式中：p_V——通口板（一般指窗口的平板玻璃）的额定破坏压力（kN/m²）；

A_V——通口板面积（m²）；

V——爆炸空间的体积（m³）。

3) 撞击

10.3.1　电梯竖向撞击荷载标准值可在电梯总重力荷载的(4～6)倍范围内选取。

10.3.2　汽车的撞击荷载可按下列规定采用：

1　顺行方向的汽车撞击力标准值 P_k(kN) 可按下式计算：

$$P_k = \frac{mv}{t} \tag{10.3.2}$$

式中：m——汽车质量（t），包括车自重和载重；

v——车速（m/s）；

t——撞击时间（s）。

2　撞击力计算参数 m、v、t 和荷载作用点位置宜按照实际情况采用；当无数据时，汽车质量可取 15t，车速可取 22.2m/s，撞击时间可取 1.0s，小型车和大型车的撞击力荷载作用点位置可分别取位于路面以上 0.5m 和 1.5m 处。

3　垂直行车方向的撞击力标准值可取顺行方向撞击力标准值的 0.5 倍，二者可不考虑同时作用。

10.3.3　直升飞机非正常着陆的撞击荷载可按下列规定采用：

1 竖向等效静力撞击力标准值 P_k（kN）可按下式计算：

$$P_k = C\sqrt{m} \tag{10.3.3}$$

式中：C——系数，取 $3kN \cdot kg^{-0.5}$；

m——直升飞机的质量（kg）。

2 竖向撞击力的作用范围宜包括停机坪内任何区域以及停机坪边缘线 7m 之内的屋顶结构。

3 竖向撞击力的作用区域宜取 2m×2m。

（8）附录

1）附录 B 消防车活荷载考虑覆土厚度影响的折减系数

B. 0. 1 当考虑覆土对楼面消防车活荷载的影响时，可对楼面消防车活荷载标准值进行折减，折减系数可按表 B. 0. 1、表 B. 0. 2 采用。

表 B. 0. 1 单向板楼盖楼面消防车活荷载折减系数

折算覆土厚度 $\bar{s}$（m）	楼板跨度（m）		
	2	3	4
0	1.00	1.00	1.00
0.5	0.94	0.94	0.94
1.0	0.88	0.88	0.88
1.5	0.82	0.80	0.81
2.0	0.70	0.70	0.71
2.5	0.56	0.60	0.62
3.0	0.46	0.51	0.54

表 B. 0. 2 双向板楼盖楼面消防车活荷载折减系数

折算覆土厚度 $\bar{s}$（m）	楼板跨度（m）			
	3×3	4×4	5×5	6×6
0	1.00	1.00	1.00	1.00
0.5	0.95	0.96	0.99	1.00
1.0	0.88	0.93	0.98	1.00
1.5	0.79	0.83	0.93	1.00
2.0	0.67	0.72	0.81	0.92
2.5	0.57	0.62	0.70	0.81
3.0	0.48	0.54	0.61	0.71

B. 0. 2 板顶折算覆土厚度 $\bar{s}$ 应按下式计算：

$$\bar{s} = 1.43s\tan\theta \tag{B.0.2}$$

式中：s——覆土厚度（m）；

θ——覆土应力扩散角，不大于 45°。

2）附录 C 楼面等效均布活荷载的确定方法

C. 0. 1 楼面（板、次梁及主梁）的等效均布活荷载，应在其设计控制部位上，根据需要按内力、变形及裂缝的等值要求来确定。在一般情况下，可仅按内力的等值来确定。

C. 0. 2   连续梁、板的等效均布活荷载，可按单跨简支计算。但计算内力时，仍应按连续考虑。

C. 0. 3   由于生产、检修、安装工艺以及结构布置的不同，楼面活荷载差别较大时，应划分区域分别确定等效均布活荷载。

C. 0. 4   单向板上局部荷载（包括集中荷载）的等效均布活荷载可按下列规定计算：

1   等效均布活荷载 q_e 可按下式计算：

$$q_e = \frac{8M_{max}}{bl^2}$$
(C. 0. 4-1)

式中：l——板的跨度；

　　　b——板上荷载的有效分布宽度，按本附录 C.0.5 确定；

　　M_{max}——简支单向板的绝对最大弯矩，按设备的最不利布置确定。

2   计算 M_{max} 时，设备荷载应乘以动力系数，并扣去设备在该板跨内所占面积上由操作荷载引起的弯矩。

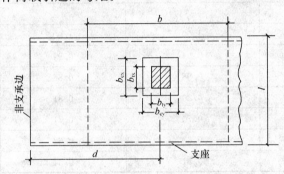

图 C.0.5-1   简支板上局部荷载的有效分布宽度
（荷载作用面的长边平行于板跨）

C. 0. 5   单向板上局部荷载的有效分布宽度 b，可按下列规定计算：

1   当局部荷载作用面的长边平行于板跨时，简支板上荷载的有效分布宽度 b 为（图 C.0.5-1）：

当 $b_{cx} \geqslant b_{cy}$，$b_{cy} \leqslant 0.6l$，$b_{cx} \leqslant l$ 时：

$$b = b_{cy} + 0.7l \quad (C. 0. 5-1)$$

当 $b_{cx} \geqslant b_{cy}$，$0.6l < b_{cy} \leqslant l$，$b_{cx} \leqslant l$ 时：

$$b = 0.6b_{cy} + 0.94l \quad (C. 0. 5-2)$$

2   当荷载作用面的长边垂直于板跨时，简支板上荷载的有效分布宽度 b 按下列规定确定（图 C.0.5-2）：

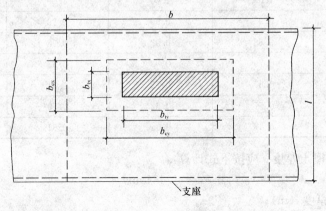

图 C.0.5-2   简支板上局部荷载的有效分布宽度
（荷载作用面的长边垂直于板跨）

　　　1）当 $b_{cx}<b_{cy}$，$b_{cy}\leqslant 2.2l$，$b_{cx}\leqslant l$ 时：

$$b=\frac{2}{3}b_{cy}+0.73l \qquad (C.0.5-3)$$

　　　2）当 $b_{cx}<b_{cy}$，$b_{cy}>2.2l$，$b_{cx}\leqslant l$ 时：

$$b=b_{cy} \qquad (C.0.5-4)$$

式中：l——板的跨度；

　b_{cx}、b_{cy}——荷载作用面平行和垂直于板跨的计算宽度，分别取 $b_{cx}=b_{tx}+2s+h$，$b_{cy}=b_{ty}$ $+2s+h$。其中 b_{tx} 为荷载作用面平行于板跨的宽度，b_{ty} 为荷载作用面垂直于板跨的宽度，s 为垫层厚度，h 为板的厚度。

　　3　当局部荷载作用在板的非支承边附近，即 $d<\dfrac{b}{2}$ 时（图 C.0.5-1），荷载的有效分布宽度应予折减，可按下式计算：

$$b'=\frac{b}{2}+d \qquad (C.0.5-5)$$

式中：b'——折减后的有效分布宽度；

　　　d——荷载作用面中心至非支承边的距离。

　　4　当两个局部荷载相邻且 $e<b$ 时（图 C.0.5-3），荷载的有效分布宽度应予折减，可按下式计算：

$$b'=\frac{b}{2}+\frac{e}{2} \qquad (C.0.5-6)$$

式中：e——相邻两个局部荷载的中心间距。

　　5　悬臂板上局部荷载的有效分布宽度（图 C.0.5-4）按下式计算：

$$b=b_{cy}+2x \qquad (C.0.5-7)$$

式中：x——局部荷载作用面中心至支座的距离。

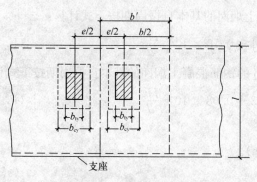

图 C.0.5-3　相邻两个局部荷载的
有效分布宽度

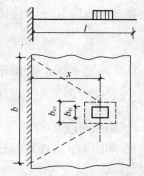

图 C.0.5-4　悬臂板上局部
荷载的有效分布宽度

C.0.6　双向板的等效均布荷载可按与单向板相同的原则，按四边简支板的绝对最大弯矩等值来确定。

C.0.7　次梁（包括槽形板的纵肋）上的局部荷载应按下列规定确定等效均布活荷载：

　　1　等效均布活荷载应取按弯矩和剪力等效的均布活荷载中的较大者，按弯矩和剪力等效的均布活荷载分别按下列公式计算：

$$q_{eM} = \frac{8M_{max}}{sl^2}$$ (C. 0. 7-1)

$$q_{eV} = \frac{2V_{max}}{sl}$$ (C. 0. 7-2)

式中： s——次梁间距；

l——次梁跨度；

M_{max}、V_{max}——简支次梁的绝对最大弯矩与最大剪力，按设备的最不利布置确定。

2 按简支梁计算 M_{max} 与 V_{max} 时，除了直接传给次梁的局部荷载外，还应考虑邻近板面传来的活荷载（其中设备荷载应考虑动力影响，并扣除设备所占面积上的操作荷载），以及两侧相邻次梁卸荷作用。

C. 0. 8 当荷载分布比较均匀时，主梁上的等效均布活荷载可由全部荷载总和除以全部受荷面积求得。

C. 0. 9 柱、基础上的等效均布活荷载，在一般情况下，可取与主梁相同。

3）附录 F 结构基本自振周期的经验公式

①高耸结构

F. 1. 1 一般高耸结构的基本自振周期，钢结构可取下式计算的较大值，钢筋混凝土结构可取下式计算的较小值：

$$T_1 = (0.007 \sim 0.013)H$$ (F. 1. 1)

式中：H——结构的高度（m）。

F. 1. 2 烟囱和塔架等具体结构的基本自振周期可按下列规定采用：

1 烟囱的基本自振周期可按下列规定计算：

1）高度不超过 60m 的砖烟囱的基本自振周期按下式计算：

$$T_1 = 0.23 + 0.22 \times 10^{-2} \frac{H^2}{d}$$ (F. 1. 2-1)

2）高度不超过 150m 的钢筋混凝土烟囱的基本自振周期按下式计算：

$$T_1 = 0.41 + 0.10 \times 10^{-2} \frac{H^2}{d}$$ (F. 1. 2-2)

3）高度超过 150m，但低于 210m 的钢筋混凝土烟囱的基本自振周期按下式计算：

$$T_1 = 0.53 + 0.08 \times 10^{-2} \frac{H^2}{d}$$ (F. 1. 2-3)

式中：H——烟囱高度（m）；

d——烟囱 1/2 高度处的外径（m）。

②高层建筑

F. 2. 1 一般情况下，高层建筑的基本自振周期可根据建筑总层数近似地按下列规定采用：

1 钢结构的基本自振周期按下式计算：

$$T_1 = (0.10 \sim 0.15)n$$ (F. 2. 1-1)

式中：n——建筑总层数。

2 钢筋混凝土结构的基本自振周期按下式计算：

$$T_1 = (0.05 \sim 0.10)n$$ (F. 2. 1-2)

F.2.2 钢筋混凝土框架、框剪和剪力墙结构的基本自振周期可按下列规定采用：

1 钢筋混凝土框架和框剪结构的基本自振周期按下式计算：

$$T_1 = 0.25 + 0.53 \times 10^{-3} \frac{H^2}{\sqrt[3]{B}}$$ (F.2.2-1)

2 钢筋混凝土剪力墙结构的基本自振周期按下式计算：

$$T_1 = 0.03 + 0.03 \frac{H}{\sqrt[3]{B}}$$ (F.2.2-2)

式中：H——房屋总高度（m）；

B——房屋宽度（m）。

4）附录 G 结构振型系数的近似值

G.0.1 结构振型系数应按实际工程由结构动力学计算得出。一般情况下，对顺风向响应可仅考虑第 1 振型的影响，对圆截面高层建筑及构筑物横风向的共振响应，应验算第 1 至第 4 振型的响应。本附录列出相应的前 4 个振型系数。

G.0.2 迎风面宽度远小于其高度的高耸结构，其振型系数可按表 G.0.2 采用。

表 G.0.2 高耸结构的振型系数

相对高度	振 型 序 号			
z/H	1	2	3	4
0.1	0.02	−0.09	0.23	−0.39
0.2	0.06	−0.30	0.61	−0.75
0.3	0.14	−0.53	0.76	−0.43
0.4	0.23	−0.68	0.53	0.32
0.5	0.34	−0.71	0.02	0.71
0.6	0.46	−0.59	−0.48	0.33
0.7	0.59	−0.32	−0.66	−0.40
0.8	0.79	0.07	−0.40	−0.64
0.9	0.86	0.52	0.23	−0.05
1.0	1.00	1.00	1.00	1.00

G.0.3 迎风面宽度较大的高层建筑，当剪力墙和框架均起主要作用时，其振型系数可按表 G.0.3 采用。

表 G.0.3 高层建筑的振型系数

相对高度	振 型 序 号			
z/H	1	2	3	4
0.1	0.02	−0.09	0.22	−0.38
0.2	0.08	−0.30	0.58	−0.73
0.3	0.17	−0.50	0.70	−0.40
0.4	0.27	−0.68	0.46	0.33
0.5	0.38	−0.63	−0.03	0.68
0.6	0.45	−0.48	−0.49	0.29
0.7	0.67	−0.18	−0.63	−0.47
0.8	0.74	0.17	−0.34	−0.62
0.9	0.86	0.58	0.27	−0.02
1.0	1.00	1.00	1.00	1.00

G. 0. 4　对截面沿高度规律变化的高耸结构，其第 1 振型系数可按表 G. 0. 4 采用。

表 G. 0. 4　高耸结构的第 1 振型系数

相对高度 z/H	高 耸 结 构				
	$B_H/B_0=1.0$	0. 8	0. 6	0. 4	0. 2
0. 1	0. 02	0. 02	0. 01	0. 01	0. 01
0. 2	0. 06	0. 06	0. 05	0. 04	0. 03
0. 3	0. 14	0. 12	0. 11	0. 09	0. 07
0. 4	0. 23	0. 21	0. 19	0. 16	0. 13
0. 5	0. 34	0. 32	0. 29	0. 26	0. 21
0. 6	0. 46	0. 44	0. 41	0. 37	0. 31
0. 7	0. 59	0. 57	0. 55	0. 51	0. 45
0. 8	0. 79	0. 71	0. 69	0. 66	0. 61
0. 9	0. 86	0. 86	0. 85	0. 83	0. 80
1. 0	1. 00	1. 00	1. 00	1. 00	1. 00

注：表中 B_H、B_0 分别为结构顶部和底部的宽度。

5）附录 H　横风向及扭转风振的等效风荷载

①圆形截面结构横风向风振等效风荷载

H. 1. 1　跨临界强风共振引起在 z 高度处振型 j 的等效风荷载标准值可按下列规定确定：

1　等效风荷载标准值 $w_{Lk,j}$（kN/m^2）可按下式计算：

$$w_{Lk,j} = |\lambda_j| v_{cr}^2 \phi_j(z)/12800\zeta_j \qquad (H.1.1\text{-}1)$$

式中：λ_j——计算系数；

　　　v_{cr}——临界风速，按本规范公式（8.5.3-2）计算；

　　$\phi_j(z)$——结构的第 j 振型系数，由计算确定或按本规范附录 G 确定；

　　　ζ_j——结构第 j 振型的阻尼比；对第 1 振型，钢结构取 0.01，房屋钢结构取 0.02，混凝土结构取 0.05；对高阶振型的阻尼比，若无相关资料，可近似按第 1 振型的值取用。

2　临界风速起始点高度 H_1 可按下式计算：

$$H_1 = H \times \left(\frac{v_{cr}}{1.2v_H}\right)^{1/\alpha} \qquad (H.1.1\text{-}2)$$

式中：α——地面粗糙度指数，对 A、B、C 和 D 四类地面粗糙度分别取 0.12、0.15、0.22 和 0.30；

　　　v_H——结构顶部风速（m/s），按本规范公式（8.5.3-3）计算。

注：横风向风振等效风荷载所考虑的高阶振型序号不大于 4，对一般悬臂型结构，可只取第 1 或第 2 阶振型。

3　计算系数 λ_j 可按表 H. 1. 1 采用。

表 H. 1. 1　λ_j 计算用表

结构类型	振型序号	H_1/H										
		0	0.1	0.2	0.3	0.4	0.5	0.6	0.7	0.8	0.9	1.0
高耸结构	1	1.56	1.55	1.54	1.49	1.42	1.31	1.15	0.94	0.68	0.37	0
	2	0.83	0.82	0.76	0.60	0.37	0.09	−0.16	−0.33	−0.38	−0.27	0
	3	0.52	0.48	0.32	0.06	−0.19	−0.30	−0.21	0.00	0.20	0.23	0
	4	0.30	0.33	0.02	−0.20	−0.23	0.03	0.16	0.15	−0.05	−0.18	0
高层建筑	1	1.56	1.56	1.54	1.49	1.41	1.28	1.12	0.91	0.65	0.35	0
	2	0.73	0.72	0.63	0.45	0.19	−0.11	−0.36	−0.52	−0.53	−0.36	0

② 矩形截面结构横风向风振等效风荷载

H. 2. 1　矩形截面高层建筑当满足下列条件时，可按本节的规定确定其横风向风振等效风荷载：

1　建筑的平面形状和质量在整个高度范围内基本相同；

2　高宽比 $H/\sqrt{BD}$ 在 $4\sim8$ 之间，深宽比 D/B 在 $0.5\sim2$ 之间，其中 B 为结构的迎风面宽度，D 为结构平面的进深（顺风向尺寸）；

3　$v_H T_{L1}/\sqrt{BD} \leqslant 10$，$T_{L1}$ 为结构横风向第 1 阶自振周期，v_H 为结构顶部风速。

H. 2. 2　矩形截面高层建筑横风向风振等效风荷载标准值可按下式计算：

$$w_{Lk} = g w_0 \mu_z C'_L \sqrt{1 + R_L^2} \qquad (H. 2. 2)$$

式中：w_{Lk}——横风向风振等效风荷载标准值（kN/m^2），计算横风向风力时应乘以迎风面的面积；

g——峰值因子，可取 2.5；

C'_L——横风向风力系数；

R_L——横风向共振因子。

H. 2. 3　横风向风力系数可按下列公式计算：

$$C'_L = (2 + 2\alpha) C_m \gamma_{CM} \qquad (H. 2. 3-1)$$

$$\gamma_{CM} = C_R - 0.019 \left(\frac{D}{B}\right)^{-2.54} \qquad (H. 2. 3-2)$$

式中：C_m——横风向风力角沿修正系数，可按本附录第 H. 2. 5 条的规定采用；

α——风速剖面指数，对应 A、B、C 和 D 类粗糙度分别取 0.12、0.15、0.22 和 0.30；

C_R——地面粗糙度系数，对应 A、B、C 和 D 类粗糙度分别取 0.236、0.211、0.202 和 0.197。

H. 2. 4　横风向共振因子可按下列规定确定：

1　横风向共振因子 R_L 可按下列公式计算：

$$R_{\mathrm{L}} = K_{\mathrm{L}} \sqrt{\frac{\pi S_{\mathrm{F_L}} C_{\mathrm{sm}}/\gamma_{\mathrm{CM}}^2}{4(\zeta_1 + \zeta_{\mathrm{a1}})}} \tag{H.2.4-1}$$

$$K_{\mathrm{L}} = \frac{1.4}{(\alpha + 0.95)C_{\mathrm{m}}} \cdot \left(\frac{z}{H}\right)^{-2\alpha+0.9} \tag{H.2.4-2}$$

$$\zeta_{\mathrm{a1}} = \frac{0.0025(1-T_{\mathrm{L1}}^{*2})T_{\mathrm{L1}}^* + 0.000125T_{\mathrm{L1}}^{*2}}{(1-T_{\mathrm{L1}}^{*2})^2 + 0.0291T_{\mathrm{L1}}^{*2}} \tag{H.2.4-3}$$

$$T_{\mathrm{L1}}^* = \frac{v_{\mathrm{H}} T_{\mathrm{L1}}}{9.8B} \tag{H.2.4-4}$$

式中：$S_{\mathrm{F_L}}$——无量纲横风向广义风力功率谱；

　　　C_{sm}——横风向风力功率谱的角沿修正系数，可按本附录第 H.2.5 条的规定采用；

　　　ζ_1——结构第 1 阶振型阻尼比；

　　　K_{L}——振型修正系数；

　　　ζ_{a1}——结构横风向第 1 阶振型气动阻尼比；

　　　T_{L1}^*——折算周期。

2　无量纲横风向广义风力功率谱 $S_{\mathrm{F_L}}$，可根据深宽比 D/B 和折算频率 f_{L1}^* 按图 H.2.4 确定。折算频率 f_{L1}^* 按下式计算：

$$f_{\mathrm{L1}}^* = f_{\mathrm{L1}} B/v_{\mathrm{H}} \tag{H.2.4-5}$$

式中：f_{L1}——结构横风向第 1 阶振型的频率（Hz）。

H.2.5　角沿修正系数 C_{m} 和 C_{sm} 可按下列规定确定：

1　对于横截面为标准方形或矩形的高层建筑，C_{m} 和 C_{sm} 取 1.0；

2　对于图 H.2.5 所示的削角或凹角矩形截面，横风向风力系数的角沿修正系数 C_{m} 可按下式计算：

$$C_{\mathrm{m}} = \begin{cases} 1.00 - 81.6\left(\dfrac{b}{B}\right)^{1.5} + 301\left(\dfrac{b}{B}\right)^2 - 290\left(\dfrac{b}{B}\right)^{2.5} \\ \qquad\qquad 0.05 \leqslant b/B \leqslant 0.2 \quad 凹角 \\ 1.00 - 2.05\left(\dfrac{b}{B}\right)^{0.5} + 24\left(\dfrac{b}{B}\right)^{1.5} - 36.8\left(\dfrac{b}{B}\right)^2 \\ \qquad\qquad 0.05 \leqslant b/B \leqslant 0.2 \quad 削角 \end{cases} \tag{H.2.5}$$

式中：b——削角或凹角修正尺寸（m）（图 H.2.5）。

3　对于图 H.2.5 所示的削角或凹角矩形截面，横风向广义风力功率谱的角沿修正系数 C_{sm} 可按表 H.2.5 取值。

③矩形截面结构扭转风振等效风荷载

H.3.1　矩形截面高层建筑当满足下列条件时，可按本节的规定确定其扭转风振等效风荷载：

1　建筑的平面形状在整个高度范围内基本相同；

2　刚度及质量的偏心率（偏心距/回转半径）小于 0.2；

3　$\dfrac{H}{\sqrt{BD}} \leqslant 6$，$D/B$ 在 $1.5 \sim 5$ 范围内，$\dfrac{T_{\mathrm{T1}} v_{\mathrm{H}}}{\sqrt{BD}} \leqslant 10$，其中 T_{T1} 为结构第 1 阶扭转振型的周期（s），应按结构动力计算确定。

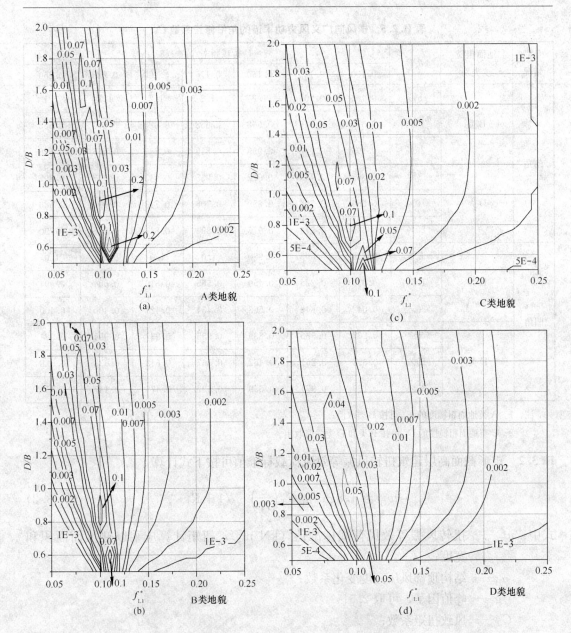

图 H.2.4　无量纲横风向广义风力功率谱

图 H.2.5　截面削角和凹角示意图

表 H. 2. 5　横风向广义风力功率谱的角沿修正系数 C_{sm}

角沿情况	地面粗糙度类别	b/B	折减频率（f^*_L）						
			0.100	0.125	0.150	0.175	0.200	0.225	0.250
削角	B类	5%	0.183	0.905	1.2	1.2	1.2	1.2	1.1
		10%	0.070	0.349	0.568	0.653	0.684	0.670	0.653
		20%	0.106	0.902	0.953	0.819	0.743	0.667	0.626
	D类	5%	0.368	0.749	0.922	0.955	0.943	0.917	0.897
		10%	0.256	0.504	0.659	0.706	0.713	0.697	0.686
		20%	0.339	0.974	0.977	0.894	0.841	0.805	0.790
凹角	B类	5%	0.106	0.595	0.980	1.0	1.0	1.0	1.0
		10%	0.033	0.228	0.450	0.565	0.610	0.604	0.594
		20%	0.042	0.842	0.563	0.451	0.421	0.400	0.400
	D类	5%	0.267	0.586	0.839	0.955	0.987	0.991	0.984
		10%	0.091	0.261	0.452	0.567	0.613	0.633	0.628
		20%	0.169	0.954	0.659	0.527	0.475	0.447	0.453

注：1　A 类地面粗糙度的 C_{sm} 可按 B 类取值；

　　2　C 类地面粗糙度的 C_{sm} 可按 B 类和 D 类插值取用。

H. 3. 2　矩形截面高层建筑扭转风振等效风荷载标准值可按下式计算：

$$w_{Tk} = 1.8gw_0\mu_H C'_T\left(\frac{z}{H}\right)^{0.9}\sqrt{1+R_T^2} \qquad (H.3.2)$$

式中：w_{Tk}——扭转风振等效风荷载标准值（kN/m²），扭矩计算应乘以迎风面面积和宽度；

　　　　μ_H——结构顶部风压高度变化系数；

　　　　g——峰值因子，可取 2.5；

　　　　C'_T——风致扭矩系数；

　　　　R_T——扭转共振因子。

H. 3. 3　风致扭矩系数可按下式计算：

$$C'_T = \{0.0066+0.015(D/B)^2\}^{0.78} \qquad (H.3.3)$$

H. 3. 4　扭转共振因子可按下列规定确定：

1　扭转共振因子可按下列公式计算：

$$R_T = K_T\sqrt{\frac{\pi F_T}{4\zeta_1}} \qquad (H.3.4-1)$$

$$K_T = \frac{(B^2+D^2)}{20r^2}\left(\frac{z}{H}\right)^{-0.1} \qquad (H.3.4-2)$$

式中：F_T——扭矩谱能量因子；

　　　K_T——扭转振型修正系数；

　　　r——结构的回转半径（m）。

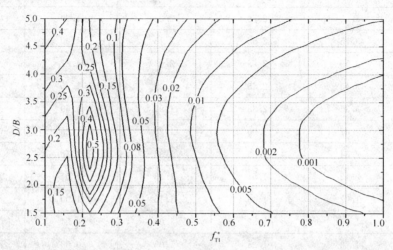

图 H.3.4　扭矩谱能量因子

2　扭矩谱能量因子 F_T 可根据深宽比 D/B 和扭转折算频率 f_{T1}^* 按图 H.3.4 确定。扭转折算频率 f_{T1}^* 按下式计算：

$$f_{T1}^* = \frac{f_{T1}\sqrt{BD}}{v_H} \qquad (\text{H.3.4-3})$$

式中：f_{T1}——结构第 1 阶扭转自振频率（Hz）。

6）附录 J　高层建筑顺风向和横风向风振加速度计算

①顺风向风振加速度计算

J.1.1　体型和质量沿高度均匀分布的高层建筑，顺风向风振加速度可按下式计算：

$$a_{D,z} = \frac{2gI_{10}w_R\mu_s\mu_zB_z\eta_a B}{m} \qquad (\text{J.1.1})$$

式中，$a_{D,z}$——高层建筑 z 高度顺风向风振加速度（m/s²）；

　　　g——峰值因子，可取 2.5；

　　　I_{10}——10m 高度名义湍流度，对应 A、B、C 和 D 类地面粗糙度，可分别取 0.12、0.14、0.23 和 0.39；

　　　w_R——重现期为 R 年的风压（kN/m²），可按本规范附录 E 公式（E.3.3）计算；

　　　B——迎风面宽度（m）；

　　　m——结构单位高度质量（t/m）；

　　　μ_z——风压高度变化系数；

　　　μ_s——风荷载体型系数；

　　　B_z——脉动风荷载的背景分量因子，按本规范公式（8.4.5）计算；

　　　η_a——顺风向风振加速度的脉动系数。

J.1.2　顺风向风振加速度的脉动系数 η_a 可根据结构阻尼比 ζ_1 和系数 x_1，按表 J.1.2 确定。系数 x_1 按本规范公式（8.4.4-2）计算。

表 J.1.2　顺风向风振加速度的脉动系数 η_a

x_1	$\zeta_1 = 0.01$	$\zeta_1 = 0.02$	$\zeta_1 = 0.03$	$\zeta_1 = 0.04$	$\zeta_1 = 0.05$
5	4.14	2.94	2.41	2.10	1.88
6	3.93	2.79	2.28	1.99	1.78
7	3.75	2.66	2.18	1.90	1.70
8	3.59	2.55	2.09	1.82	1.63
9	3.46	2.46	2.02	1.75	1.57
10	3.35	2.38	1.95	1.69	1.52
20	2.67	1.90	1.55	1.35	1.21
30	2.34	1.66	1.36	1.18	1.06
40	2.12	1.51	1.23	1.07	0.96
50	1.97	1.40	1.15	1.00	0.89
60	1.86	1.32	1.08	0.94	0.84
70	1.76	1.25	1.03	0.89	0.80
80	1.69	1.20	0.98	0.85	0.76
90	1.62	1.15	0.94	0.82	0.74
100	1.56	1.11	0.91	0.79	0.71
120	1.47	1.05	0.86	0.74	0.67
140	1.40	0.99	0.81	0.71	0.63
160	1.34	0.95	0.78	0.68	0.61
180	1.29	0.91	0.75	0.65	0.58
200	1.24	0.88	0.72	0.63	0.56
220	1.20	0.85	0.70	0.61	0.55
240	1.17	0.83	0.68	0.59	0.53
260	1.14	0.81	0.66	0.58	0.52
280	1.11	0.79	0.65	0.56	0.50
300	1.09	0.77	0.63	0.55	0.49

② 横风向风振加速度计算

J.2.1　体型和质量沿高度均匀分布的矩形截面高层建筑，横风向风振加速度可按下式计算：

$$a_{L,z} = \frac{2.8 g w_R \mu_H B}{m} \phi_{L1}(z) \sqrt{\frac{\pi S_{F_L} C_{sm}}{4(\zeta_1 + \zeta_{a1})}} \tag{J.2.1}$$

式中：$a_{L,z}$ —— 高层建筑 z 高度横风向风振加速度（m/s^2）；

　　　　g —— 峰值因子，可取 2.5；

　　　w_R —— 重现期为 R 年的风压（kN/m^2），可按本规范附录 E 第 E.3.3 条的规定计算；

B——迎风面宽度（m）；

m——结构单位高度质量（t/m）；

μ_H——结构顶部风压高度变化系数；

S_{F_L}——无量纲横风向广义风力功率谱，可按本规范附录 H 第 H.2.4 条确定；

C_{sm}——横风向风力谱的角沿修正系数，可按本规范附录 H 第 H.2.5 条的规定采用；

$\phi_{L1}(z)$——结构横风向第 1 阶振型系数；

ζ_1——结构横风向第 1 阶振型阻尼比；

ζ_{a1}——结构横风向第 1 阶振型气动阻尼比，可按本规范附录 H 公式（H.2.4-3）计算。

2.《高规》

（1）竖向荷载

4.1.1 高层建筑的自重荷载、楼（屋）面活荷载及屋面雪荷载等应按现行国家标准《建筑结构荷载规范》GB 50009 的有关规定采用。

4.1.2 施工中采用附墙塔、爬塔等对结构受力有影响的起重机械或其他施工设备时，应根据具体情况确定对结构产生的施工荷载。

4.1.3 旋转餐厅轨道和驱动设备的自重应按实际情况确定。

4.1.4 擦窗机等清洗设备应按其实际情况确定其自重的大小和作用位置。

4.1.5 直升机平台的活荷载应采用下列两款中能使平台产生最大内力的荷载：

1 直升机总重量引起的局部荷载，按由实际最大起飞重量决定的局部荷载标准值乘以动力系数确定。对具有液压轮胎起落架的直升机，动力系数可取 1.4；当没有机型技术资料时，局部荷载标准值及其作用面积可根据直升机类型按表 4.1.5 取用。

表 4.1.5 局部荷载标准值及其作用面积

直升机类型	局部荷载标准值（kN）	作用面积（m²）
轻型	20.0	0.20×0.20
中型	40.0	0.25×0.25
重型	60.0	0.30×0.30

2 等效均布活荷载 5kN/m²。

条文说明：直升机平台的活荷载是根据现行国家标准《建筑结构荷载规范》GB 50009 的有关规定确定的。部分直升机的有关参数见表 3。

（2）风荷载

4.2.1 主体结构计算时，风荷载作用面积应取垂直于风向的最大投影面积，垂直于建筑物表面的单位面积风荷载标准值应按下式计算：

$$w_k = \beta_z \mu_s \mu_z w_0 \tag{4.2.1}$$

式中：w_k——风荷载标准值（kN/m²）；

w_0——基本风压（kN/m²），应按本规程第 4.2.2 条的规定采用；

μ_z——风压高度变化系数，应按现行国家标准《建筑结构荷载规范》GB 50009 的有关规定采用；

μ_s——风荷载体型系数，应按本规程第 4.2.3 条的规定采用；

β_z——z 高度处的风振系数，应按现行国家标准《建筑结构荷载规范》GB 50009 的有关规定采用。

表 3　部分轻型直升机的技术数据

机　型	生产国	空重 (kN)	最大起飞重 (kN)	尺　寸			
				旋翼直径 (m)	机长 (m)	机宽 (m)	机高 (m)
Z-9（直 9）	中　国	19.75	40.00	11.68	13.29		3.31
SA360 海豚	法　国	18.23	34.00	11.68	11.40		3.50
SA315 美洲驼	法　国	10.14	19.50	11.02	12.92		3.09
SA350 松鼠	法　国	12.88	24.00	10.69	12.99	1.08	3.02
SA341 小羚羊	法　国	9.17	18.00	10.50	11.97		3.15
BK-117	德　国	16.50	28.50	11.00	13.00	1.60	3.36
BO-105	德　国	12.56	24.00	9.84	8.56		3.00
山猫	英、法	30.70	45.35	12.80	12.06		3.66
S-76	美　国	25.40	46.70	13.41	13.22	2.13	4.41
贝尔-205	美　国	22.55	43.09	14.63	17.40		4.42
贝尔-206	美　国	6.60	14.51	10.16	9.50		2.91
贝尔-500	美　国	6.64	13.61	8.05	7.49	2.71	2.59
贝尔-222	美　国	22.04	35.60	12.12	12.50	3.18	3.51
A109A	意大利	14.66	24.50	11.00	13.05	1.42	3.30

注：直 9 机主轮距 2.03m，前后轮距 3.61m。

4.2.2　基本风压应按照现行国家标准《建筑结构荷载规范》GB 50009 的规定采用。对风荷载比较敏感的高层建筑，承载力设计时应按基本风压的 **1.1** 倍采用。

4.2.3　计算主体结构的风荷载效应时，风荷载体型系数 μ_s 可按下列规定采用：

1　圆形平面建筑取 0.8；

2　正多边形及截角三角形平面建筑，由下式计算：

$$\mu_s = 0.8 + 1.2/\sqrt{n} \qquad (4.2.3)$$

式中：n——多边形的边数。

3　高宽比 H/B 不大于 4 的矩形、方形、十字形平面建筑取 1.3；

4　下列建筑取 1.4：

1）V 形、Y 形、弧形、双十字形、井字形平面建筑；

2）L 形、槽形和高宽比 H/B 大于 4 的十字形平面建筑；

3）高宽比 H/B 大于 4，长宽比 L/B 不大于 1.5 的矩形、鼓形平面建筑。

5　在需要更细致进行风荷载计算的场合，风荷载体型系数可按本规程附录 B 采用，或由风洞试验确定。

4.2.4 当多栋或群集的高层建筑相互间距较近时，宜考虑风力相互干扰的群体效应。一般可将单栋建筑的体型系数 μ_s 乘以相互干扰增大系数，该系数可参考类似条件的试验资料确定；必要时宜通过风洞试验确定。

4.2.5 横风向振动效应或扭转风振效应明显的高层建筑，应考虑横风向风振或扭转风振的影响。横风向风振或扭转风振的计算范围、方法以及顺风向与横风向效应的组合方法应符合现行国家标准《建筑结构荷载规范》GB 50009 的有关规定。

4.2.6 考虑横风向风振或扭转风振影响时，结构顺风向及横风向的侧向位移应分别符合本规程第 3.7.3 条的规定。

4.2.7 房屋高度大于 200m 或有下列情况之一时，宜进行风洞试验判断确定建筑物的风荷载：

1 平面形状或立面形状复杂；

2 立面开洞或连体建筑；

3 周围地形和环境较复杂。

4.2.8 檐口、雨篷、遮阳板、阳台等水平构件，计算局部上浮风荷载时，风荷载体型系数 μ_s 不宜小于 2.0。

4.2.9 设计高层建筑的幕墙结构时，风荷载应按国家现行标准《建筑结构荷载规范》GB 50009、《玻璃幕墙工程技术规范》JGJ 102、《金属与石材幕墙工程技术规范》JGJ 133 的有关规定采用。

二、地 震 作 用

1. 《高规》

4.3.1 各抗震设防类别高层建筑的地震作用，应符合下列规定：

1 甲类建筑：应按批准的地震安全性评价结果且高于本地区抗震设防烈度的要求确定；

2 乙、丙类建筑：应按本地区抗震设防烈度计算。

4.3.2 高层建筑结构的地震作用计算应符合下列规定：

1 一般情况下，应至少在结构两个主轴方向分别计算水平地震作用；有斜交抗侧力构件的结构，当相交角度大于 15°时，应分别计算各抗侧力构件方向的水平地震作用。

2 质量与刚度分布明显不对称的结构，应计算双向水平地震作用下的扭转影响；其他情况，应计算单向水平地震作用下的扭转影响。

3 高层建筑中的大跨度、长悬臂结构，7 度（0.15g）、8 度抗震设计时应计入竖向地震作用。

4 9 度抗震设计时应计算竖向地震作用。

4.3.3 计算单向地震作用时应考虑偶然偏心的影响。每层质心沿垂直于地震作用方向的偏移值可按下式采用：

$$e_i = \pm 0.05 L_i \tag{4.3.3}$$

式中：e_i——第 i 层质心偏移值（m），各楼层质心偏移方向相同；

L_i——第 i 层垂直于地震作用方向的建筑物总长度（m）。

条文说明：本条规定主要是考虑结构地震动力反应过程中可能由于地面扭转运动、结构实际的刚度和质量分布相对于计算假定值的偏差，以及在弹塑性反应过程中各抗侧力结构刚度退化程度不同等原因引起的扭转反应增大；特别是目前对地面运动扭转分量的强震实测记录很少，地震作用计算中还不能考虑输入地面运动扭转分量。采用附加偶然偏心作用计算是一种实用方法。美国、新西兰和欧洲等抗震规范都规定计算地震作用时应考虑附加偶然偏心，偶然偏心距的取值多为 0.05L。对于平面规则（包括对称）的建筑结构需附加偶然偏心；对于平面布置不规则的结构，除其自身已存在的偏心外，还需附加偶然偏心。

本条规定直接取各层质量偶然偏心为 $0.05L_i$（L_i 为垂直于地震作用方向的建筑物总长度）来计算单向水平地震作用。实际计算时，可将每层质心沿主轴的同一方向（正向或负向）偏移。

采用底部剪力法计算地震作用时，也应考虑偶然偏心的不利影响。

当计算双向地震作用时，可不考虑偶然偏心的影响，但应与单向地震作用考虑偶然偏心的计算结果进行比较，取不利的情况进行设计。

关于各楼层垂直于地震作用方向的建筑物总长度 L_i 的取值，当楼层平面有局部突出时，可按回转半径相等的原则，

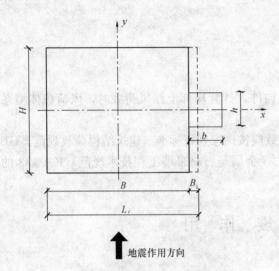

图 3　平面局部突出示例

简化为无局部突出的规则平面，以近似确定垂直于地震计算方向的建筑物边长 L_i。如图 3 所示平面，当计算 y 向地震作用时，若 b/B 及 h/H 均不大于 1/4，可认为是局部突出；此时用于确定偶然偏心的边长可近似按下式计算：

$$L_i = B + \frac{bh}{H}\left(1 + \frac{3b}{B}\right)$$

4.3.4 高层建筑结构应根据不同情况，分别采用下列地震作用计算方法：

1 高层建筑结构宜采用振型分解反应谱法；对质量和刚度不对称、不均匀的结构以及高度超过 100m 的高层建筑结构应采用考虑扭转耦联振动影响的振型分解反应谱法。

2 高度不超过 40m、以剪切变形为主且质量和刚度沿高度分布比较均匀的高层建筑结构，可采用底部剪力法。

3 7～9 度抗震设防的高层建筑，下列情况应采用弹性时程分析法进行多遇地震下的补充计算：

1）甲类高层建筑结构；

2）表 4.3.4 所列的乙、丙类高层建筑结构；

3）不满足本规程第 3.5.2～3.5.6 条规定的高层建筑结构；

4）本规程第 10 章规定的复杂高层建筑结构。

表 4.3.4 采用时程分析法的高层建筑结构

设防烈度、场地类别	建筑高度范围
8 度Ⅰ、Ⅱ类场地和 7 度	>100m
8 度Ⅲ、Ⅳ类场地	>80m
9 度	>60m

注：场地类别应按现行国家标准《建筑抗震设计规范》GB 50011 的规定采用。

4.3.5 进行结构时程分析时，应符合下列要求：

1 应按建筑场地类别和设计地震分组选取实际地震记录和人工模拟的加速度时程曲线，其中实际地震记录的数量不应少于总数量的 2/3，多组时程曲线的平均地震影响系数曲线应与振型分解反应谱法所采用的地震影响系数曲线在统计意义上相符；弹性时程分析时，每条时程曲线计算所得结构底部剪力不应小于振型分解反应谱法计算结果的 65%，多条时程曲线计算所得结构底部剪力的平均值不应小于振型分解反应谱法计算结果的 80%。

2 地震波的持续时间不宜小于建筑结构基本自振周期的 5 倍和 15s，地震波的时间间距可取 0.01s 或 0.02s。

3 输入地震加速度的最大值可按表 4.3.5 采用。

表 4.3.5 时程分析时输入地震加速度的最大值（cm/s²）

设防烈度	6 度	7 度	8 度	9 度
多遇地震	18	35（55）	70（110）	140
设防地震	50	100（150）	200（300）	400
罕遇地震	125	220（310）	400（510）	620

注：7、8 度时括号内数值分别用于设计基本地震加速度为 0.15g 和 0.30g 的地区，此处 g 为重力加速度。

4 当取三组时程曲线进行计算时，结构地震作用效应宜取时程法计算结果的包络值与振型分解反应谱法计算结果的较大值；当取七组及七组以上时程曲线进行计算时，结构地震作用效应可取时程法计算结果的平均值与振型分解反应谱法计算结果的较大值。

4.3.6 计算地震作用时，建筑结构的重力荷载代表值应取永久荷载标准值和可变荷载组合值之和。可变荷载的组合值系数应按下列规定采用：

1 雪荷载取 0.5；

2 楼面活荷载按实际情况计算时取 1.0；按等效均布活荷载计算时，藏书库、档案库、库房取 0.8，一般民用建筑取 0.5。

4.3.7 建筑结构的地震影响系数应根据烈度、场地类别、设计地震分组和结构自振周期及阻尼比确定。其水平地震影响系数最大值 α_{max} 应按表 4.3.7-1 采用；特征周期应根据场地类别和设计地震分组按表 4.3.7-2 采用，计算罕遇地震作用时，特征周期应增加 0.05s。

注：周期大于 6.0s 的高层建筑结构所采用的地震影响系数应作专门研究。

表 4.3.7-1　水平地震影响系数最大值 α_{max}

地震影响	6 度	7 度	8 度	9 度
多遇地震	0.04	0.08 (0.12)	0.16 (0.24)	0.32
设防地震	0.12	0.23 (0.34)	0.45 (0.68)	0.90
罕遇地震	0.28	0.50 (0.72)	0.90 (1.20)	1.40

注：7、8 度时括号内数值分别用于设计基本地震加速度为 $0.15g$ 和 $0.30g$ 的地区。

表 4.3.7-2　特征周期值 T_g（s）

设计地震分组　　　场地类别	I_0	I_1	II	III	IV
第一组	0.20	0.25	0.35	0.45	0.65
第二组	0.25	0.30	0.40	0.55	0.75
第三组	0.30	0.35	0.45	0.65	0.90

4.3.8　高层建筑结构地震影响系数曲线（图 4.3.8）的形状参数和阻尼调整应符合下列规定：

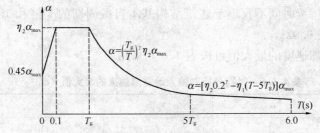

图 4.3.8　地震影响系数曲线

α—地震影响系数；α_{max}—地震影响系数最大值；T—结构自振周期；T_g—特征周期；γ—衰减指数；η_1—直线下降段下降斜率调整系数；η_2—阻尼调整系数

1　除有专门规定外，钢筋混凝土高层建筑结构的阻尼比应取 0.05，此时阻尼调整系数 η_2 应取 1.0，形状参数应符合下列规定：

1）直线上升段，周期小于 0.1s 的区段；

2）水平段，自 0.1s 至特征周期 T_g 的区段，地震影响系数应取最大值 α_{max}；

3）曲线下降段，自特征周期至 5 倍特征周期的区段，衰减指数 γ 应取 0.9；

4）直线下降段，自 5 倍特征周期至 6.0s 的区段，下降斜率调整系数 η_1 应取 0.02。

2　当建筑结构的阻尼比不等于 0.05 时，地震影响系数曲线的分段情况与本条第 1 款相同，但其形状参数和阻尼调整系数 η_2 应符合下列规定：

1）曲线下降段的衰减指数应按下式确定：

$$\gamma = 0.9 + \frac{0.05 - \zeta}{0.3 + 6\zeta} \tag{4.3.8-1}$$

式中：γ——曲线下降段的衰减指数；

　　　　ζ——阻尼比。

2）直线下降段的下降斜率调整系数应按下式确定：

$$\eta_1 = 0.02 + \frac{0.05 - \zeta}{4 + 32\zeta} \quad (4.3.8\text{-}2)$$

式中：η_1——直线下降段的斜率调整系数，小于 0 时应取 0。

3）阻尼调整系数应按下式确定：

$$\eta_2 = 1 + \frac{0.05 - \zeta}{0.08 + 1.6\zeta} \quad (4.3.8\text{-}3)$$

式中：η_2——阻尼调整系数，当 η_2 小于 0.55 时，应取 0.55。

4.3.9 采用振型分解反应谱方法时，对于不考虑扭转耦联振动影响的结构，应按下列规定进行地震作用和作用效应的计算：

1 结构第 j 振型 i 层的水平地震作用的标准值应按下列公式确定：

$$F_{ji} = \alpha_j \gamma_j X_{ji} G_i \quad (4.3.9\text{-}1)$$

$$\gamma_j = \frac{\sum_{i=1}^{n} X_{ji} G_i}{\sum_{i=1}^{n} X_{ji}^2 G_i} \quad (i = 1, 2, \cdots, n; j = 1, 2, \cdots, m) \quad (4.3.9\text{-}2)$$

式中：G_i——i 层的重力荷载代表值，应按本规程第 4.3.6 条的规定确定；

F_{ji}——第 j 振型 i 层水平地震作用的标准值；

α_j——相应于 j 振型自振周期的地震影响系数，应按本规程第 4.3.7、4.3.8 条确定；

X_{ji}——j 振型 i 层的水平相对位移；

γ_j——j 振型的参与系数；

n——结构计算总层数，小塔楼宜每层作为一个质点参与计算；

m——结构计算振型数。规则结构可取 3，当建筑较高、结构沿竖向刚度不均匀时可取 5～6。

2 水平地震作用效应，当相邻振型的周期比小于 0.85 时，可按下式计算：

$$S = \sqrt{\sum_{j=1}^{m} S_j^2} \quad (4.3.9\text{-}3)$$

式中：S——水平地震作用标准值的效应；

S_j——j 振型的水平地震作用标准值的效应（弯矩、剪力、轴向力和位移等）。

4.3.10 考虑扭转影响的平面、竖向不规则结构，按扭转耦联振型分解法计算时，各楼层可取两个正交的水平位移和一个转角位移共三个自由度，并应按下列规定计算地震作用和作用效应。确有依据时，可采用简化计算方法确定地震作用。

1 j 振型 i 层的水平地震作用标准值，应按下列公式确定：

$$F_{xji} = \alpha_j \gamma_{tj} X_{ji} G_i$$
$$F_{yji} = \alpha_j \gamma_{tj} Y_{ji} G_i \quad (i = 1, 2, \cdots, n; j = 1, 2, \cdots, m) \quad (4.3.10\text{-}1)$$
$$F_{tji} = \alpha_j \gamma_{tj} r_i^2 \varphi_{ji} G_i$$

式中：F_{xji}、F_{yji}、F_{tji}——分别为 j 振型 i 层的 x 方向、y 方向和转角方向的地震作用标准值；

X_{ji}、Y_{ji}——分别为 j 振型 i 层质心在 x、y 方向的水平相对位移；

φ_{ji} —— j 振型 i 层的相对扭转角；

r_i —— i 层转动半径，取 i 层绕质心的转动惯量除以该层质量的商的正二次方根；

α_j —— 相应于第 j 振型自振周期 T_j 的地震影响系数，应按本规程第 4.3.7、4.3.8 条确定；

γ_{tj} —— 考虑扭转的 j 振型参与系数，可按本规程公式（4.3.10-2）～（4.3.10-4）确定；

n —— 结构计算总质点数，小塔楼宜每层作为一个质点参加计算；

m —— 结构计算振型数，一般情况下可取 9～15，多塔楼建筑每个塔楼的振型数不宜小于 9。

当仅考虑 x 方向地震作用时：

$$\gamma_{tj} = \sum_{i=1}^{n} X_{ji}G_i \Big/ \sum_{i=1}^{n} (X_{ji}^2 + Y_{ji}^2 + \varphi_{ji}^2 r_i^2)G_i \qquad (4.3.10\text{-}2)$$

当仅考虑 y 方向地震作用时：

$$\gamma_{tj} = \sum_{i=1}^{n} Y_{ji}G_i \Big/ \sum_{i=1}^{n} (X_{ji}^2 + Y_{ji}^2 + \varphi_{ji}^2 r_i^2)G_i \qquad (4.3.10\text{-}3)$$

当考虑与 x 方向夹角为 θ 的地震作用时：

$$\gamma_{tj} = \gamma_{xj}\cos\theta + \gamma_{yj}\sin\theta \qquad (4.3.10\text{-}4)$$

式中：γ_{xj}、γ_{yj} —— 分别为由式（4.3.10-2）、（4.3.10-3）求得的振型参与系数。

2 单向水平地震作用下，考虑扭转耦联的地震作用效应，应按下列公式确定：

$$S = \sqrt{\sum_{j=1}^{m} \sum_{k=1}^{m} \rho_{jk}S_jS_k} \qquad (4.3.10\text{-}5)$$

$$\rho_{jk} = \frac{8\sqrt{\zeta_j\zeta_k}(\zeta_j + \lambda_T\zeta_k)\lambda_T^{1.5}}{(1-\lambda_T^2)^2 + 4\zeta_j\zeta_k(1+\lambda_T^2)\lambda_T + 4(\zeta_j^2 + \zeta_k^2)\lambda_T^2} \qquad (4.3.10\text{-}6)$$

式中：S —— 考虑扭转的地震作用标准值的效应；

S_j、S_k —— 分别为 j、k 振型地震作用标准值的效应；

ρ_{jk} —— j 振型与 k 振型的耦联系数；

λ_T —— k 振型与 j 振型的自振周期比；

ζ_j、ζ_k —— 分别为 j、k 振型的阻尼比。

3 考虑双向水平地震作用下的扭转地震作用效应，应按下列公式中的较大值确定：

$$S = \sqrt{S_x^2 + (0.85S_y)^2} \qquad (4.3.10\text{-}7)$$

或

$$S = \sqrt{S_y^2 + (0.85S_x)^2} \qquad (4.3.10\text{-}8)$$

式中：S_x —— 仅考虑 x 向水平地震作用时的地震作用效应，按式（4.3.10-5）计算；

S_y —— 仅考虑 y 向水平地震作用时的地震作用效应，按式（4.3.10-5）计算。

4.3.11 采用底部剪力法计算结构的水平地震作用时，可按本规程附录 C 执行。

4.3.12 多遇地震水平地震作用计算时，结构各楼层对应于地震作用标准值的剪力应符合下式要求：

$$V_{Eki} \geqslant \lambda \sum_{j=i}^{n} G_j \qquad (4.3.12)$$

式中：V_{Eki}——第 i 层对应于水平地震作用标准值的剪力；

λ——水平地震剪力系数，不应小于表 4.3.12 规定的值；对于竖向不规则结构的薄弱层，尚应乘以 1.15 的增大系数；

G_j——第 j 层的重力荷载代表值；

n——结构计算总层数。

表 4.3.12 楼层最小地震剪力系数值

类 别	6 度	7 度	8 度	9 度
扭转效应明显或基本周期小于 3.5s 的结构	0.008	0.016（0.024）	0.032（0.048）	0.064
基本周期大于 5.0s 的结构	0.006	0.012（0.018）	0.024（0.036）	0.048

注：1 基本周期介于 3.5s 和 5.0s 之间的结构，应允许线性插入取值；

2 7、8 度时括号内数值分别用于设计基本地震加速度为 0.15g 和 0.30g 的地区。

4.3.13 结构竖向地震作用标准值可采用时程分析方法或振型分解反应谱方法计算，也可按下列规定计算（图 4.3.13）：

1 结构总竖向地震作用标准值可按下列公式计算：

$$F_{Evk} = \alpha_{vmax} G_{eq} \qquad (4.3.13-1)$$

$$G_{eq} = 0.75 G_E \qquad (4.3.13-2)$$

$$\alpha_{vmax} = 0.65 \alpha_{max} \qquad (4.3.13-3)$$

式中：F_{Evk}——结构总竖向地震作用标准值；

α_{vmax}——结构竖向地震影响系数最大值；

G_{eq}——结构等效总重力荷载代表值；

G_E——计算竖向地震作用时，结构总重力荷载代表值，应取各质点重力荷载代表值之和。

2 结构质点 i 的竖向地震作用标准值可按下式计算：

$$F_{vi} = \frac{G_i H_i}{\sum_{j=1}^{n} G_j H_j} F_{Evk} \qquad (4.3.13-4)$$

式中：F_{vi}——质点 i 的竖向地震作用标准值；

G_i、G_j——分别为集中于质点 i、j 的重力荷载代表值，应按本规程第 4.3.6 条的规定计算；

H_i、H_j——分别为质点 i、j 的计算高度。

3 楼层各构件的竖向地震作用效应可按各构件承受的重力荷载代表值比例分配，并宜乘以增大系数 1.5。

4.3.14 跨度大于 24m 的楼盖结构、跨度大于 12m 的转换结构和连体结构、悬挑长度大于 5m 的悬挑结构，结构竖向地震作用效应标准值宜采用时程分析方法或振型分解反应谱方法进行计算。时程分析计算时输入的地震加速度最大值可按规定的水平输入最大值的 65% 采用，反应谱分析时结构竖向地震影响系数最大值可按水平地震

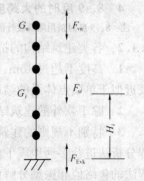

图 4.3.13 结构竖向地震作用计算示意

影响系数最大值的 65% 采用，但设计地震分组可按第一组采用。

4.3.15 高层建筑中，大跨度结构、悬挑结构、转换结构、连体结构的连接体的竖向地震作用标准值，不宜小于结构或构件承受的重力荷载代表值与表 4.3.15 所规定的竖向地震作用系数的乘积。

表 4.3.15 竖向地震作用系数

设防烈度	7度	8度		9度
设计基本地震加速度	0.15g	0.20g	0.30g	0.40g
竖向地震作用系数	0.08	0.10	0.15	0.20

注：g 为重力加速度。

4.3.16 计算各振型地震影响系数所采用的结构自振周期应考虑非承重墙体的刚度影响予以折减。

4.3.17 当非承重墙体为砌体墙时，高层建筑结构的计算自振周期折减系数可按下列规定取值：

1 框架结构可取 0.6~0.7；

2 框架-剪力墙结构可取 0.7~0.8；

3 框架-核心筒结构可取 0.8~0.9；

4 剪力墙结构可取 0.8~1.0。

对于其他结构体系或采用其他非承重墙体时，可根据工程情况确定周期折减系数。

2. 《抗规》

5.1.1 各类建筑结构的地震作用，应符合下列规定：

1 一般情况下，应至少在建筑结构的两个主轴方向分别计算水平地震作用，各方向的水平地震作用应由该方向抗侧力构件承担。

2 有斜交抗侧力构件的结构，当相交角度大于 **15°** 时，应分别计算各抗侧力构件方向的水平地震作用。

3 质量和刚度分布明显不对称的结构，应计入双向水平地震作用下的扭转影响；其他情况，应允许采用调整地震作用效应的方法计入扭转影响。

4 **8、9** 度时的大跨度和长悬臂结构及 **9** 度时的高层建筑，应计算竖向地震作用。

注：8、9 度时采用隔震设计的建筑结构，应按有关规定计算竖向地震作用。

5.1.2 各类建筑结构的抗震计算，应采用下列方法：

1 高度不超过 40m、以剪切变形为主且质量和刚度沿高度分布比较均匀的结构，以及近似于单质点体系的结构，可采用底部剪力法等简化方法。

2 除 1 款外的建筑结构，宜采用振型分解反应谱法。

3 特别不规则的建筑、甲类建筑和表 5.1.2-1 所列高度范围的高层建筑，应采用时程分析法进行多遇地震下的补充计算；当取三组加速度时程曲线输入时，计算结果宜取时程法的包络值和振型分解反应谱法的较大值；当取七组及七组以上的时程曲线时，计算结果可取时程法的平均值和振型分解反应谱法的较大值。

采用时程分析法时，应按建筑场地类别和设计地震分组选用实际强震记录和人工模拟的加速度时程曲线，其中实际强震记录的数量不应少于总数的 2/3，多组时程曲线的平均地震影响系数曲线应与振型分解反应谱法所采用的地震影响系数曲线在统计意义上相符，其加速度时程的最大值可按表 5.1.2-2 采用。弹性时程分析时，每条时程曲线计算所得结构底部剪力不应小于振型分解反应谱法计算结果的 65%，多条时程曲线计算所得结构底部剪力的平均值不应小于振型分解反应谱法计算结果的 80%。

表 5.1.2-1　采用时程分析的房屋高度范围

烈度、场地类别	房屋高度范围（m）
8 度Ⅰ、Ⅱ类场地和 7 度	>100
8 度Ⅲ、Ⅳ类场地	>80
9 度	>60

表 5.1.2-2　时程分析所用地震加速度时程的最大值（cm/s²）

地震影响	6 度	7 度	8 度	9 度
多遇地震	18	35(55)	70(110)	140
罕遇地震	125	220(310)	400(510)	620

注：括号内数值分别用于设计基本地震加速度为 0.15g 和 0.30g 的地区。

4　计算罕遇地震下结构的变形，应按本规范第 5.5 节规定，采用简化的弹塑性分析方法或弹塑性时程分析法。

5　平面投影尺度很大的空间结构，应根据结构形式和支承条件，分别按单点一致、多点、多向单点或多向多点输入进行抗震计算。按多点输入计算时，应考虑地震行波效应和局部场地效应。6 度和 7 度Ⅰ、Ⅱ类场地的支承结构、上部结构和基础的抗震验算可采用简化方法，根据结构跨度、长度不同，其短边构件可乘以附加地震作用效应系数 1.15～1.30；7 度Ⅲ、Ⅳ类场地和 8、9 度时，应采用时程分析方法进行抗震验算。

6　建筑结构的隔震和消能减震设计，应采用本规范第 12 章规定的计算方法。

7　地下建筑结构应采用本规范第 14 章规定的计算方法。

5.1.3　计算地震作用时，建筑的重力荷载代表值应取结构和构配件自重标准值和各可变荷载组合值之和。各可变荷载的组合值系数，应按表 5.1.3 采用。

表 5.1.3　组合值系数

可变荷载种类		组合值系数
雪荷载		0.5
屋面积灰荷载		0.5
屋面活荷载		不计入
按实际情况计算的楼面活荷载		1.0
按等效均布荷载计算的楼面活荷载	藏书库、档案库	0.8
	其他民用建筑	0.5
起重机悬吊物重力	硬钩吊车	0.3
	软钩吊车	不计入

注：硬钩吊车的吊重较大时，组合值系数应按实际情况采用。

5.1.4　建筑结构的地震影响系数应根据烈度、场地类别、设计地震分组和结构自振周期以及阻尼比确定。其水平地震影响系数最大值应按表 5.1.4-1 采用；特征周期应根据场地

类别和设计地震分组按表 5.1.4-2 采用，计算罕遇地震作用时，特征周期应增加 0.05s。

注：周期大于 6.0s 的建筑结构所采用的地震影响系数应专门研究。

表 5.1.4-1　水平地震影响系数最大值

地震影响	6 度	7 度	8 度	9 度
多遇地震	0.04	0.08(0.12)	0.16(0.24)	0.32
罕遇地震	0.28	0.50(0.72)	0.90(1.20)	1.40

注：括号中数值分别用于设计基本地震加速度为 0.15g 和 0.30g 的地区。

表 5.1.4-2　特征周期值(s)

设计地震分组	场　地　类　别				
	I_0	I_1	II	III	IV
第一组	0.20	0.25	0.35	0.45	0.65
第二组	0.25	0.30	0.40	0.55	0.75
第三组	0.30	0.35	0.45	0.65	0.90

5.1.6　结构的截面抗震验算，应符合下列规定：

1　6 度时的建筑(不规则建筑及建造于 IV 类场地上较高的高层建筑除外)，以及生土房屋和木结构房屋等，应符合有关的抗震措施要求，但应允许不进行截面抗震验算。

2　6 度时不规则建筑、建造于 IV 类场地上较高的高层建筑，7 度和 7 度以上的建筑结构(生土房屋和木结构房屋等除外)，应进行多遇地震作用下的截面抗震验算。

注：采用隔震设计的建筑结构，其抗震验算应符合有关规定。

5.1.7　符合本规范第 5.5 节规定的结构，除按规定进行多遇地震作用下的截面抗震验算外，尚应进行相应的变形验算。

5.2.1　采用底部剪力法时，各楼层可仅取一个自由度，结构的水平地震作用标准值，应按下列公式确定(图 5.2.1)：

$$F_{Ek} = \alpha_1 G_{eq} \quad (5.2.1\text{-}1)$$

$$F_i = \frac{G_i H_i}{\sum\limits_{j=1}^{n} G_j H_j} F_{Ek}(1-\delta_n) \quad (i=1,2,\cdots n) \quad (5.2.1\text{-}2)$$

$$\Delta F_n = \delta_n F_{Ek} \quad (5.2.1\text{-}3)$$

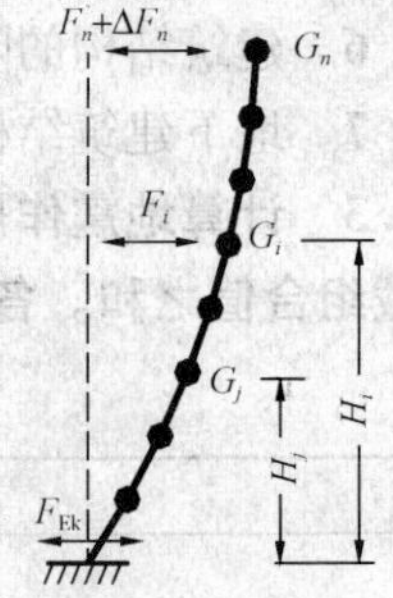

图 5.2.1　结构水平
地震作用计算简图

式中：F_{Ek}——结构总水平地震作用标准值；

α_1——相应于结构基本自振周期的水平地震影响系数值，应按本规范第 5.1.4、第 5.1.5 条确定，多层砌体房屋、底部框架砌体房屋，宜取水平地震影响系数最大值；

G_{eq}——结构等效总重力荷载，单质点应取总重力荷载代表值，多质点可取总重力荷载代表值的 85%；

F_i——质点 i 的水平地震作用标准值；

G_i、G_j——分别为集中于质点 i、j 的重力荷载代表值，应按本规范第 5.1.3 条确定；

H_i、H_j——分别为质点 i、j 的计算高度；

δ_n——顶部附加地震作用系数，多层钢筋混凝土和钢结构房屋可按表 5.2.1 采用，其他房屋可采用 0.0；

ΔF_n——顶部附加水平地震作用。

表 5.2.1 顶部附加地震作用系数

$T_g(s)$	$T_1 > 1.4T_g$	$T_1 \leqslant 1.4T_g$
$T_g \leqslant 0.35$	$0.08T_1 + 0.07$	
$0.35 < T_g \leqslant 0.55$	$0.08T_1 + 0.01$	0.0
$T_g > 0.55$	$0.08T_1 - 0.02$	

注：T_1 为结构基本自振周期。

5.2.3 水平地震作用下，建筑结构的扭转耦联地震效应应符合下列要求：

1 规则结构不进行扭转耦联计算时，平行于地震作用方向的两个边榀各构件，其地震作用效应应乘以增大系数。一般情况下，短边可按 1.15 采用，长边可按 1.05 采用；当扭转刚度较小时，周边各构件宜按不小于 1.3 采用。角部构件宜同时乘以两个方向各自的增大系数。

2 按扭转耦联振型分解法计算时，各楼层可取两个正交的水平位移和一个转角共三个自由度，并应按下列公式计算结构的地震作用和作用效应。确有依据时，尚可采用简化计算方法确定地震作用效应。

（j 振型 i 层的水平地震作用标准值的计算同《高规》）

5.2.6 结构的楼层水平地震剪力，应按下列原则分配：

1 现浇和装配整体式混凝土楼、屋盖等刚性楼、屋盖建筑，宜按抗侧力构件等效刚度的比例分配。

2 木楼盖、木屋盖等柔性楼、屋盖建筑，宜按抗侧力构件从属面积上重力荷载代表值的比例分配。

3 普通的预制装配式混凝土楼、屋盖等半刚性楼、屋盖的建筑，可取上述两种分配结果的平均值。

4 计入空间作用、楼盖变形、墙体弹塑性变形和扭转的影响时，可按本规范各有关规定对上述分配结果作适当调整。

5.2.7 结构抗震计算，一般情况下可不计入地基与结构相互作用的影响；8 度和 9 度时建造于Ⅲ、Ⅳ类场地，采用箱基、刚性较好的筏基和桩箱联合基础的钢筋混凝土高层建筑，当结构基本自振周期处于特征周期的 1.2 倍至 5 倍范围时，若计入地基与结构动力相互作用的影响，对刚性地基假定计算的水平地震剪力可按下列规定折减，其层间变形可按折减后的楼层剪力计算。

1 高宽比小于 3 的结构，各楼层水平地震剪力的折减系数，可按下式计算：

$$\psi = \left(\frac{T_1}{T_1 + \Delta T} \right)^{0.9} \tag{5.2.7}$$

式中：ψ——计入地基与结构动力相互作用后的地震剪力折减系数；

T_1——按刚性地基假定确定的结构基本自振周期(s)；

ΔT——计入地基与结构动力相互作用的附加周期(s)，可按表 5.2.7 采用。

表 5.2.7　附加周期(s)

烈　　度	场 地 类 别	
	Ⅲ类	Ⅳ类
8	0.08	0.20
9	0.10	0.25

　　2　高宽比不小于 3 的结构，底部的地震剪力按第 1 款规定折减，顶部不折减，中间各层按线性插入值折减。

　　3　折减后各楼层的水平地震剪力，应符合本规范第 5.2.5 条的规定。

5.3.2　跨度、长度小于本规范第 5.1.2 条第 5 款规定且规则的平板型网架屋盖和跨度大于 24m 的屋架、屋盖横梁及托架的竖向地震作用标准值，宜取其重力荷载代表值和竖向地震作用系数的乘积；竖向地震作用系数可按表 5.3.2 采用。

表 5.3.2　竖向地震作用系数

结构类型	烈度	场 地 类 别		
		Ⅰ	Ⅱ	Ⅲ、Ⅳ
平板型网架、 钢屋架	8	可不计算(0.10)	0.08(0.12)	0.10(0.15)
	9	0.15	0.15	0.20
钢筋混凝土屋架	8	0.10(0.15)	0.13(0.19)	0.13(0.19)
	9	0.20	0.25	0.25

　　注：括号中数值用于设计基本地震加速度为 0.30g 的地区。

第 2 章　结构设计基本规定

一、一　般　规　定

1. 《混凝土规范》

3.1.1 混凝土结构设计应包括下列内容：

1 结构方案设计，包括结构选型、构件布置及传力途径；

2 作用及作用效应分析；

3 结构的极限状态设计；

4 结构及构件的构造、连接措施；

5 耐久性及施工的要求；

6 满足特殊要求结构的专门性能设计。

3.1.2 本规范采用以概率理论为基础的极限状态设计方法，以可靠指标度量结构构件的可靠度，采用分项系数的设计表达式进行设计。

条文说明： 本规范根据现行国家标准《工程结构可靠性设计统一标准》GB 50153 及《建筑结构可靠度设计统一标准》GB 50068 的规定，采用概率极限状态设计方法，以分项系数的形式表达。包括结构重要性系数、荷载分项系数、材料性能分项系数（材料分项系数，有时直接以材料的强度设计值表达）、抗力模型不定性系数（构件承载力调整系数）等。对难于定量计算的间接作用和耐久性等，仍采用基于经验的定性方法进行设计。

本规范中的荷载分项系数应按现行国家标准《建筑结构荷载规范》GB 50009 的规定取用。

3.1.3 混凝土结构的极限状态设计应包括：

1 承载能力极限状态：结构或结构构件达到最大承载力、出现疲劳破坏、发生不适于继续承载的变形或因结构局部破坏而引发的连续倒塌；

2 正常使用极限状态：结构或结构构件达到正常使用的某项规定限值或耐久性能的某种规定状态。

3.1.4 结构上的直接作用（荷载）应根据现行国家标准《建筑结构荷载规范》GB 50009 及相关标准确定；地震作用应根据现行国家标准《建筑抗震设计规范》GB 50011 确定。

间接作用和偶然作用应根据有关的标准或具体情况确定。

直接承受吊车荷载的结构构件应考虑吊车荷载的动力系数。预制构件制作、运输及安装时应考虑相应的动力系数。对现浇结构，必要时应考虑施工阶段的荷载。

条文说明： 本条规定了确定结构上作用的原则，直接作用根据现行国家标准《建筑结构荷载规范》GB 50009 确定；地震作用根据现行国家标准《建筑抗震设计规范》GB 50011 确定；对于直接承受吊车荷载的构件以及预制构件、现浇结构等，应按不同工况确定相应的动力系数或施工荷载。

对于混凝土结构的疲劳问题，主要是吊车梁构件的疲劳验算。其设计方法与吊车的工作级别和材料的疲劳强度有关，近年均有较大变化。当设计直接承受重级工作制吊车的吊车梁时，建议根据工程经验采用钢结构的形式。

本次修订增加了对间接作用的规定。间接作用包括温度变化、混凝土收缩与徐变、强迫位移、环境引起材料性能劣化等造成的影响，设计时应根据有关标准、工程特点及具体情况确定，通常仍采用经验性的构造措施进行设计。

对于罕遇自然灾害以及爆炸、撞击、火灾等偶然作用以及非常规的特殊作用，应根据有关标准或由具体条件和设计要求确定。

3.1.5　混凝土结构的安全等级和设计使用年限应符合现行国家标准《工程结构可靠性设计统一标准》GB 50153 的规定。

混凝土结构中各类结构构件的安全等级，宜与整个结构的安全等级相同。对其中部分结构构件的安全等级，可根据其重要程度适当调整。对于结构中重要构件和关键传力部位，宜适当提高其安全等级。

3.1.6　混凝土结构设计应考虑施工技术水平以及实际工程条件的可行性。有特殊要求的混凝土结构，应提出相应的施工要求。

3.1.7　设计应明确结构的用途，在设计使用年限内未经技术鉴定或设计许可，不得改变结构的用途和使用环境。

条文说明：各类建筑结构的设计使用年限并不一致，应按《建筑结构可靠度设计统一标准》GB 50068 的规定取用，相应的荷载设计值及耐久性措施均应依据设计使用年限确定。改变用途和使用环境（如超载使用、结构开洞、改变使用功能、使用环境恶化等）的情况均会影响其安全及使用年限。任何对结构的改变（无论是在建结构或既有结构）均须经设计许可或技术鉴定，以保证结构在设计使用年限内的安全和使用功能。

2.《抗规》

3.1.1　抗震设防的所有建筑应按现行国家标准《建筑工程抗震设防分类标准》GB 50223 确定其抗震设防类别及其抗震设防标准。

条文说明：多遇地震、设防地震和罕遇地震，一般按地震基本烈度区划或地震动参数区划对当地的规定采用，分别为 50 年超越概率 63%、10% 和 2%～3% 的地震，重现期分别为 50 年、475 年和 1600～2400 年的地震。

在需要提高设防标准的建筑中，乙类需按提高一度的要求加强其抗震措施；甲类在提高一度的要求加强其抗震措施基础上，"地震作用应按高于本地区设防烈度计算，其值应按批准的地震安全性评价结果确定"。地震安全性评价通常包括给定年限内不同超越率的地震动参数，应由具备资质的单位按相关标准执行并对其评价报告负责。

3.1.2　抗震设防烈度为 6 度时，除本规范有具体规定外，对乙、丙、丁类的建筑可不进行地震作用计算。

3.2.1　建筑所在地区遭受的地震影响，应采用相应于抗震设防烈度的设计基本地震加速度和特征周期表征。

3.2.2　抗震设防烈度和设计基本地震加速度取值的对应关系，应符合表 3.2.2 的规定。设计基本地震加速度为 0.15g 和 0.30g 地区内的建筑，除本规范另有规定外，应分别按抗震设防烈度 7 度和 8 度的要求进行抗震设计。

表 3.2.2 抗震设防烈度和设计基本地震加速度值的对应关系

抗震设防烈度	6	7	8	9
设计基本地震加速度值	0.05g	0.10(0.15)g	0.20(0.30)g	0.40g

注：g 为重力加速度。

3.2.3 地震影响的特征周期应根据建筑所在地的设计地震分组和场地类别确定。本规范的设计地震共分为三组，其特征周期应按本规范第 5 章的有关规定采用。

3.2.4 我国主要城镇（县级及县级以上城镇）中心地区的抗震设防烈度、设计基本地震加速度值和所属的设计地震分组，可按本规范附录 A 采用。

3.3.1 选择建筑场地时，应根据工程需要和地震活动情况、工程地质和地震地质的有关资料，对抗震有利、一般、不利和危险地段做出综合评价。对不利地段，应提出避开要求；当无法避开时应采取有效的措施。对危险地段，严禁建造甲、乙类的建筑，不应建造丙类的建筑。

3.3.2 建筑场地为 I 类时，对甲、乙类的建筑应允许仍按本地区抗震设防烈度的要求采取抗震构造措施；对丙类的建筑应允许按本地区抗震设防烈度降低一度的要求采取抗震构造措施，但抗震设防烈度为 6 度时仍应按本地区抗震设防烈度的要求采取抗震构造措施。

3.3.3 建筑场地为 III、IV 类时，对设计基本地震加速度为 0.15g 和 0.30g 的地区，除本规范另有规定外，宜分别按抗震设防烈度 8 度（0.20g）和 9 度（0.40g）时各抗震设防类别建筑的要求采取抗震构造措施。

3.3.4 地基和基础设计应符合下列要求：

1 同一结构单元的基础不宜设置在性质截然不同的地基上。

2 同一结构单元不宜部分采用天然地基部分采用桩基；当采用不同基础类型或基础埋深显著不同时，应根据地震时两部分地基基础的沉降差异，在基础、上部结构的相关部位采取相应措施。

3 地基为软弱黏性土、液化土、新近填土或严重不均匀土时，应根据地震时地基不均匀沉降和其他不利影响，采取相应的措施。

3.3.5 山区建筑的场地和地基基础应符合下列要求：

1 山区建筑场地勘察应有边坡稳定性评价和防治方案建议；应根据地质、地形条件和使用要求，因地制宜设置符合抗震设防要求的边坡工程。

2 边坡设计应符合现行国家标准《建筑边坡工程技术规范》GB 50330 的要求；其稳定性验算时，有关的摩擦角应按设防烈度的高低相应修正。

3 边坡附近的建筑基础应进行抗震稳定性设计。建筑基础与土质、强风化岩质边坡的边缘应留有足够的距离，其值应根据设防烈度的高低确定，并采取措施避免地震时地基基础破坏。

3. 《高规》

3.1.1 高层建筑的抗震设防烈度必须按照国家规定的权限审批、颁发的文件（图件）确定。一般情况下，抗震设防烈度应采用根据中国地震动参数区划图确定的地震基本烈度。

3.1.2　抗震设计的高层混凝土建筑应按现行国家标准《建筑工程抗震设防分类标准》GB 50223 的规定确定其抗震设防类别。

注：本规程中甲类建筑、乙类建筑、丙类建筑分别为现行国家标准《建筑工程抗震设防分类标准》GB 50223 中特殊设防类、重点设防类、标准设防类的简称。

3.1.4　高层建筑不应采用严重不规则的结构体系，并应符合下列规定：

1　应具有必要的承载能力、刚度和延性；

2　应避免因部分结构或构件的破坏而导致整个结构丧失承受重力荷载、风荷载和地震作用的能力；

3　对可能出现的薄弱部位，应采取有效的加强措施。

3.1.5　高层建筑的结构体系尚宜符合下列规定：

1　结构的竖向和水平布置宜使结构具有合理的刚度和承载力分布，避免因刚度和承载力局部突变或结构扭转效应而形成薄弱部位；

2　抗震设计时宜具有多道防线。

3.1.6　高层建筑混凝土结构宜采取措施减小混凝土收缩、徐变、温度变化、基础差异沉降等非荷载效应的不利影响。房屋高度不低于 150m 的高层建筑外墙宜采用各类建筑幕墙。

3.1.7　高层建筑的填充墙、隔墙等非结构构件宜采用各类轻质材料，构造上应与主体结构可靠连接，并应满足承载力、稳定和变形要求。

4. 《民用建筑设计通则》GB 50352—2005

3.1.1　民用建筑按使用功能可分为居住建筑和公共建筑两大类。

3.1.2　民用建筑按地上层数或高度分类划分应符合下列规定：

1　住宅建筑按层数分类：一层至三层为低层住宅，四层至六层为多层住宅，七层至九层为中高层住宅，十层及十层以上为高层住宅；

2　除住宅建筑之外的民用建筑高度不大于 24m 者为单层和多层建筑，大于 24m 者为高层建筑（不包括建筑高度大于 24m 的单层公共建筑）；

3　建筑高度大于 100m 的民用建筑为超高层建筑。

注：本条建筑层数和建筑高度计算应符合防火规范的有关规定。

3.1.3　民用建筑等级分类划分应符合有关标准或行业主管部门的规定。

3.2.1　民用建筑的设计使用年限应符合表 3.2.1 的规定。

表 3.2.1　设计使用年限分类

类　别	设计使用年限（年）	示　　例
1	5	临时性建筑
2	25	易于替换结构构件的建筑
3	50	普通建筑和构筑物
4	100	纪念性建筑和特别重要的建筑

5. 《工程结构可靠性设计统一标准》GB 50153—2008

3.2.1　工程结构设计时，应根据结构破坏可能产生的后果（危及人的生命、造成经济损失、对社会或环境产生影响等）的严重性，采用不同的安全等级。工程结构安全等级的划分应符合表 3.2.1 的规定。

表 3.2.1 工程结构的安全等级

安全等级	破坏后果
一级	很严重
二级	严重
三级	不严重

注：对重要的结构，其安全等级应取为一级；对一般的结构，其安全等级宜取为二级；对次要的结构，其安全等级可取为三级。

3.2.2 工程结构中各类结构构件的安全等级，宜与结构的安全等级相同，对其中部分结构构件的安全等级可进行调整，但不得低于三级。

3.2.3 可靠度水平的设置应根据结构构件的安全等级、失效模式和经济因素等确定。对结构的安全性和适用性可采用不同的可靠度水平。

3.2.4 当有充分的统计数据时，结构构件的可靠度宜采用可靠指标 β 度量。结构构件设计时采用的可靠指标，可根据对现有结构构件的可靠度分析，并结合使用经验和经济因素等确定。

3.2.5 各类结构构件的安全等级每相差一级，其可靠指标的取值宜相差 0.5。

3.3.1 工程结构设计时，应规定结构的设计使用年限。

3.3.2 房屋建筑结构、铁路桥涵结构、公路桥涵结构和港口工程结构的设计使用年限应符合附录 A 的规定。

注：1 其他工程结构的设计使用年限应符合国家现行标准的有关规定；
　　2 特殊工程结构的设计使用年限可另行规定。

3.3.3 工程结构设计时应对环境影响进行评估，当结构所处的环境对其耐久性有较大影响时，应根据不同的环境类别采用相应的结构材料、设计构造、防护措施、施工质量要求等，并应制定结构在使用期间的定期检修和维护制度，使结构在设计使用年限内不致因材料的劣化而影响其安全或正常使用。

3.3.4 环境对结构耐久性的影响，可根据工程经验、试验研究、计算或综合分析等方法进行评估。

3.3.5 环境类别的划分和相应的设计、施工、使用及维护的要求等，应遵守国家现行有关标准的规定。

3.4.1 为保证工程结构具有规定的可靠度，除应进行必要的设计计算外，还应对结构的材料性能、施工质量、使用和维护等进行相应的控制。控制的具体措施，应符合附录 B 和有关的勘察、设计、施工及维护等标准的专门规定。

3.4.2 工程结构的设计必须由具有相应资格的技术人员担任。

3.4.3 工程结构的设计应符合国家现行的有关荷载、抗震、地基基础和各种材料结构设计规范的规定。

3.4.4 工程结构的设计应对结构可能受到的偶然作用、环境影响等采取必要的防护措施。

3.4.5 对工程结构所采用的材料及施工、制作过程应进行质量控制，并按国家现行有关标准的规定进行竣工验收。

3.4.6　工程结构应按设计规定的用途使用，并应定期检查结构状况，进行必要的维护和维修；当需变更使用用途时，应进行设计复核和采取必要的安全措施。

二、结　构　方　案

1.《混凝土规范》

3.2.1　混凝土结构的设计方案应符合下列要求：

　　1　选用合理的结构体系、构件形式和布置；

　　2　结构的平、立面布置宜规则，各部分的质量和刚度宜均匀、连续；

　　3　结构传力途径应简捷、明确，竖向构件宜连续贯通、对齐；

　　4　宜采用超静定结构，重要构件和关键传力部位应增加冗余约束或有多条传力途径；

　　5　宜采取减小偶然作用影响的措施。

3.2.2　混凝土结构中结构缝的设计应符合下列要求：

　　1　应根据结构受力特点及建筑尺度、形状、使用功能要求，合理确定结构缝的位置和构造形式；

　　2　宜控制结构缝的数量，并应采取有效措施减少设缝对使用功能的不利影响；

　　3　可根据需要设置施工阶段的临时性结构缝。

3.2.3　结构构件的连接应符合下列要求：

　　1　连接部位的承载力应保证被连接构件之间的传力性能；

　　2　当混凝土构件与其他材料构件连接时，应采取可靠的措施；

　　3　应考虑构件变形对连接节点及相邻结构或构件造成的影响。

3.2.4　混凝土结构设计应符合节省材料、方便施工、降低能耗与保护环境的要求。

2.《抗规》

3.5.1　结构体系应根据建筑的抗震设防类别、抗震设防烈度、建筑高度、场地条件、地基、结构材料和施工等因素，经技术、经济和使用条件综合比较确定。

3.5.2　结构体系应符合下列各项要求：

　　1　应具有明确的计算简图和合理的地震作用传递途径。

　　2　应避免因部分结构或构件破坏而导致整个结构丧失抗震能力或对重力荷载的承载能力。

　　3　应具备必要的抗震承载力，良好的变形能力和消耗地震能量的能力。

　　4　对可能出现的薄弱部位，应采取措施提高其抗震能力。

3.5.3　结构体系尚宜符合下列各项要求：

　　1　宜有多道抗震防线。

　　2　宜具有合理的刚度和承载力分布，避免因局部削弱或突变形成薄弱部位，产生过大的应力集中或塑性变形集中。

　　3　结构在两个主轴方向的动力特性宜相近。

3.5.4　结构构件应符合下列要求：

　　1　砌体结构应按规定设置钢筋混凝土圈梁和构造柱、芯柱，或采用约束砌体、配筋砌体等。

2 混凝土结构构件应控制截面尺寸和受力钢筋、箍筋的设置，防止剪切破坏先于弯曲破坏、混凝土的压溃先于钢筋的屈服、钢筋的锚固粘结破坏先于钢筋破坏。

3 预应力混凝土的构件，应配有足够的非预应力钢筋。

4 钢结构构件的尺寸应合理控制，避免局部失稳或整个构件失稳。

5 多、高层的混凝土楼、屋盖宜优先采用现浇混凝土板。当采用预制装配式混凝土楼、屋盖时，应从楼盖体系和构造上采取措施确保各预制板之间连接的整体性。

3.5.5 结构各构件之间的连接，应符合下列要求：

1 构件节点的破坏，不应先于其连接的构件。

2 预埋件的锚固破坏，不应先于连接件。

3 装配式结构构件的连接，应能保证结构的整体性。

4 预应力混凝土构件的预应力钢筋，宜在节点核心区以外锚固。

3.5.6 装配式单层厂房的各种抗震支撑系统，应保证地震时厂房的整体性和稳定性。

3. 《高规》

3.1.3 高层建筑混凝土结构可采用框架、剪力墙、框架-剪力墙、板柱-剪力墙和筒体结构等结构体系。

3.6.1 房屋高度超过 50m 时，框架-剪力墙结构、筒体结构及本规程第 10 章所指的复杂高层建筑结构应采用现浇楼盖结构，剪力墙结构和框架结构宜采用现浇楼盖结构。

3.6.2 房屋高度不超过 50m 时，8、9 度抗震设计时宜采用现浇楼盖结构；6、7 度抗震设计时可采用装配整体式楼盖，且应符合下列要求：

1 无现浇叠合层的预制板，板端搁置在梁上的长度不宜小于 50mm。

2 预制板板端宜预留胡子筋，其长度不宜小于 100mm。

3 预制空心板孔端应有堵头，堵头深度不宜小于 60mm，并应采用强度等级不低于 C20 的混凝土浇灌密实。

4 楼盖的预制板板缝上缘宽度不宜小于 40mm，板缝大于 40mm 时应在板缝内配置钢筋，并宜贯通整个结构单元。现浇板缝、板缝梁的混凝土强度等级宜高于预制板的混凝土强度等级。

5 楼盖每层宜设置钢筋混凝土现浇层。现浇层厚度不应小于 50mm，并应双向配置直径不小于 6mm、间距不大于 200mm 的钢筋网，钢筋应锚固在梁或剪力墙内。

3.6.3 房屋的顶层、结构转换层、大底盘多塔楼结构的底盘顶层、平面复杂或开洞过大的楼层、作为上部结构嵌固部位的地下室楼层应采用现浇楼盖结构。一般楼层现浇楼板厚度不应小于 80mm，当板内预埋暗管时不宜小于 100mm；顶层楼板厚度不宜小于 120mm，宜双层双向配筋；转换层楼板应符合本规程第 10 章的有关规定；普通地下室顶板厚度不宜小于 160mm；作为上部结构嵌固部位的地下室楼层的顶楼盖应采用梁板结构，楼板厚度不宜小于 180mm，应采用双层双向配筋，且每层每个方向的配筋率不宜小于 0.25%。

3.6.4 现浇预应力混凝土楼板厚度可按跨度的 1/45～1/50 采用，且不宜小于 150mm。

3.6.5 现浇预应力混凝土板设计中应采取措施防止或减小主体结构对楼板施加预应力的阻碍作用。

三、材　　料

1.《混凝土规范》

4.1.1 混凝土强度等级应按立方体抗压强度标准值确定。立方体抗压强度标准值系指按标准方法制作、养护的边长为150mm的立方体试件，在28d或设计规定龄期以标准试验方法测得的具有95%保证率的抗压强度值。

4.1.2 素混凝土结构的混凝土强度等级不应低于C15；钢筋混凝土结构的混凝土强度等级不应低于C20；采用强度等级400MPa及以上的钢筋时，混凝土强度等级不应低于C25。

预应力混凝土结构的混凝土强度等级不宜低于C40，且不应低于C30。

承受重复荷载的钢筋混凝土构件，混凝土强度等级不应低于C30。

4.1.3 混凝土轴心抗压强度的标准值 f_{ck} 应按表4.1.3-1采用；轴心抗拉强度的标准值 f_{tk} 应按表4.1.3-2采用。

表4.1.3-1　混凝土轴心抗压强度标准值（N/mm²）

强度	混凝土强度等级													
	C15	C20	C25	C30	C35	C40	C45	C50	C55	C60	C65	C70	C75	C80
f_{ck}	10.0	13.4	16.7	20.1	23.4	26.8	29.6	32.4	35.5	38.5	41.5	44.5	47.4	50.2

表4.1.3-2　混凝土轴心抗拉强度标准值（N/mm²）

强度	混凝土强度等级													
	C15	C20	C25	C30	C35	C40	C45	C50	C55	C60	C65	C70	C75	C80
f_{tk}	1.27	1.54	1.78	2.01	2.20	2.39	2.51	2.64	2.74	2.85	2.93	2.99	3.05	3.11

4.1.4 混凝土轴心抗压强度的设计值 f_c 应按表4.1.4-1采用；轴心抗拉强度的设计值 f_t 应按表4.1.4-2采用。

表4.1.4-1　混凝土轴心抗压强度设计值（N/mm²）

强度	混凝土强度等级													
	C15	C20	C25	C30	C35	C40	C45	C50	C55	C60	C65	C70	C75	C80
f_c	7.2	9.6	11.9	14.3	16.7	19.1	21.1	23.1	25.3	27.5	29.7	31.8	33.8	35.9

表4.1.4-2　混凝土轴心抗拉强度设计值（N/mm²）

强度	混凝土强度等级													
	C15	C20	C25	C30	C35	C40	C45	C50	C55	C60	C65	C70	C75	C80
f_t	0.91	1.10	1.27	1.43	1.57	1.71	1.80	1.89	1.96	2.04	2.09	2.14	2.18	2.22

4.1.5 混凝土受压和受拉的弹性模量 E_c 宜按表 4.1.5 采用。

混凝土的剪切变形模量 G_c 可按相应弹性模量值的 40% 采用。

混凝土泊松比 ν_c 可按 0.2 采用。

表 4.1.5　混凝土的弹性模量（$\times 10^4 \mathrm{N/mm}^2$）

混凝土强度等级	C15	C20	C25	C30	C35	C40	C45	C50	C55	C60	C65	C70	C75	C80
E_c	2.20	2.55	2.80	3.00	3.15	3.25	3.35	3.45	3.55	3.60	3.65	3.70	3.75	3.80

注：1　当有可靠试验依据时，弹性模量可根据实测数据确定；

　　2　当混凝土中掺有大量矿物掺合料时，弹性模量可按规定龄期根据实测数据确定。

4.1.8 当温度在 0℃～100℃ 范围内时，混凝土的热工参数可按下列规定取值：

线膨胀系数 α_c：$1 \times 10^{-5}/℃$；

导热系数 λ：$10.6\mathrm{kJ/(m \cdot h \cdot ℃)}$；

比热容 c：$0.96\mathrm{kJ/(kg \cdot ℃)}$。

4.2.1 混凝土结构的钢筋应按下列规定选用：

　1　纵向受力普通钢筋宜采用 HRB400、HRB500、HRBF400、HRBF500 钢筋，也可采用 HPB300、HRB335、HRBF335、RRB400 钢筋；

　2　梁、柱纵向受力普通钢筋应采用 HRB400、HRB500、HRBF400、HRBF500 钢筋；

　3　箍筋宜采用 HRB400、HRBF400、HPB300、HRB500、HRBF500 钢筋，也可采用 HRB335、HRBF335 钢筋；

　4　预应力筋宜采用预应力钢丝、钢绞线和预应力螺纹钢筋。

4.2.2 钢筋的强度标准值应具有不小于 **95%** 的保证率。

普通钢筋的屈服强度标准值 f_{yk}、极限强度标准值 f_{stk} 应按表 4.2.2-1 采用；预应力钢丝、钢绞线和预应力螺纹钢筋的屈服强度标准值 f_{pyk}、极限强度标准值 f_{ptk} 应按表 4.2.2-2 采用。

表 4.2.2-1　普通钢筋强度标准值（$\mathrm{N/mm}^2$）

牌　号	符　号	公称直径 d（mm）	屈服强度标准值 f_{yk}	极限强度标准值 f_{stk}
HPB300	Φ	6～22	300	420
HRB335 HRBF335	$\underline{\Phi}$ $\underline{\Phi}^F$	6～50	335	455
HRB400 HRBF400 RRB400	$\underline{\Phi}$ $\underline{\Phi}^F$ $\underline{\Phi}^R$	6～50	400	540
HRB500 HRBF500	Φ Φ^F	6～50	500	630

表 4.2.2-2 预应力筋强度标准值（N/mm²）

种　　类		符号	公称直径 d（mm）	屈服强度标准值 f_{pyk}	极限强度标准值 f_{ptk}
中强度预应力钢丝	光面	ϕ^{PM}	5、7、9	620	800
				780	970
	螺旋肋	ϕ^{HM}		980	1270
预应力螺纹钢筋	螺纹	ϕ^{T}	18、25、32、40、50	785	980
				930	1080
				1080	1230
消除应力钢丝	光面	ϕ^{P}	5	—	1570
				—	1860
	螺旋肋	ϕ^{H}	7	—	1570
			9	—	1470
				—	1570
钢绞线	1×3（三股）	ϕ^{S}	8.6、10.8、12.9	—	1570
				—	1860
				—	1960
	1×7（七股）		9.5、12.7、15.2、17.8	—	1720
				—	1860
				—	1960
			21.6	—	1860

注：极限强度标准值为 1960N/mm² 的钢绞线作后张预应力配筋时，应有可靠的工程经验。

4.2.3　普通钢筋的抗拉强度设计值 f_y、抗压强度设计值 f'_y 应按表 4.2.3-1 采用；预应力筋的抗拉强度设计值 f_{py}、抗压强度设计值 f'_{py} 应按表 4.2.3-2 采用。

当构件中配有不同种类的钢筋时，每种钢筋应采用各自的强度设计值。横向钢筋的抗拉强度设计值 f_{yv} 应按表中 f_y 的数值采用；当用作受剪、受扭、受冲切承载力计算时，其数值大于 360N/mm² 时应取 360N/mm²。

表 4.2.3-1 普通钢筋强度设计值（N/mm²）

牌　　号	抗拉强度设计值 f_y	抗压强度设计值 f'_y
HPB300	270	270
HRB335、HRBF335	300	300
HRB400、HRBF400、RRB400	360	360
HRB500、HRBF500	435	410

表 4.2.3-2　预应力筋强度设计值（N/mm²）

种　类	极限强度标准值 f_{ptk}	抗拉强度设计值 f_{py}	抗压强度设计值 f'_{py}
中强度预应力钢丝	800	510	410
	970	650	
	1270	810	
消除应力钢丝	1470	1040	410
	1570	1110	
	1860	1320	
钢绞线	1570	1110	390
	1720	1220	
	1860	1320	
	1960	1390	
预应力螺纹钢筋	980	650	410
	1080	770	
	1230	900	

注：当预应力筋的强度标准值不符合表 4.2.3-2 的规定时，其强度设计值应进行相应的比例换算。

4.2.4　普通钢筋及预应力筋在最大力下的总伸长率 δ_{gt} 不应小于表 4.2.4 规定的数值。

表 4.2.4　普通钢筋及预应力筋在最大力下的总伸长率限值

钢筋品种	普　通　钢　筋			预应力筋
	HPB300	HRB335、HRBF335、HRB400、HRBF400、HRB500、HRBF500	RRB400	
δ_{gt}（%）	10.0	7.5	5.0	3.5

4.2.5　普通钢筋和预应力筋的弹性模量 E_s 应按表 4.2.5 采用。

表 4.2.5　钢筋的弹性模量（×10⁵ N/mm²）

牌号或种类	弹性模量 E_s
HPB300 钢筋	2.10
HRB335、HRB400、HRB500 钢筋	2.00
HRBF335、HRBF400、HRBF500 钢筋	
RRB400 钢筋	
预应力螺纹钢筋	
消除应力钢丝、中强度预应力钢丝	2.05
钢绞线	1.95

注：必要时可采用实测的弹性模量。

4.2.7　构件中的钢筋可采用并筋的配置形式。直径 28mm 及以下的钢筋并筋数量不应超过 3 根；直径 32mm 的钢筋并筋数量宜为 2 根；直径 36mm 及以上的钢筋不应采用并筋。并筋应按单根等效钢筋进行计算，等效钢筋的等效直径应按截面面积相等的原则换算确定。

条文说明：相同直径的二并筋等效直径可取为 1.41 倍单根钢筋直径；三并筋等效直

径可取为 1.73 倍单根钢筋直径。二并筋可按纵向或横向的方式布置；三并筋宜按品字形布置，并均按并筋的重心作为等效钢筋的重心。

4.2.8 当进行钢筋代换时，除应符合设计要求的构件承载力、最大力下的总伸长率、裂缝宽度验算以及抗震规定以外，尚应满足最小配筋率、钢筋间距、保护层厚度、钢筋锚固长度、接头面积百分率及搭接长度等构造要求。

4.2.9 当构件中采用预制的钢筋焊接网片或钢筋骨架配筋时，应符合国家现行有关标准的规定。

4.2.10 各种公称直径的普通钢筋、预应力筋的公称截面面积及理论重量应按本规范附录 A 采用。

附录 A　钢筋的公称直径、公称截面面积及理论重量

表 A.0.1　钢筋的公称直径、公称截面面积及理论重量

公称直径（mm）	不同根数钢筋的公称截面面积（mm²）									单根钢筋理论重量（kg/m）
	1	2	3	4	5	6	7	8	9	
6	28.3	57	85	113	142	170	198	226	255	0.222
8	50.3	101	151	201	252	302	352	402	453	0.395
10	78.5	157	236	314	393	471	550	628	707	0.617
12	113.1	226	339	452	565	678	791	904	1017	0.888
14	153.9	308	461	615	769	923	1077	1231	1385	1.21
16	201.1	402	603	804	1005	1206	1407	1608	1809	1.58
18	254.5	509	763	1017	1272	1527	1781	2036	2290	2.00(2.11)
20	314.2	628	942	1256	1570	1884	2199	2513	2827	2.47
22	380.1	760	1140	1520	1900	2281	2661	3041	3421	2.98
25	490.9	982	1473	1964	2454	2945	3436	3927	4418	3.85(4.10)
28	615.8	1232	1847	2463	3079	3695	4310	4926	5542	4.83
32	804.2	1609	2413	3217	4021	4826	5630	6434	7238	6.31(6.65)
36	1017.9	2036	3054	4072	5089	6107	7125	8143	9161	7.99
40	1256.6	2513	3770	5027	6283	7540	8796	10053	11310	9.87(10.34)
50	1963.5	3928	5892	7856	9820	11784	13748	15712	17676	15.42(16.28)

注：括号内为预应力螺纹钢筋的数值。

表 A.0.2　钢绞线的公称直径、公称截面面积及理论重量

种　类	公称直径（mm）	公称截面面积（mm²）	理论重量（kg/m）
1×3	8.6	37.7	0.296
	10.8	58.9	0.462
	12.9	84.8	0.666
1×7标准型	9.5	54.8	0.430
	12.7	98.7	0.775
	15.2	140	1.101
	17.8	191	1.500
	21.6	285	2.237

表 A. 0. 3　钢丝的公称直径、公称截面面积及理论重量

公称直径（mm）	公称截面面积（mm²）	理论重量（kg/m）
5.0	19.63	0.154
7.0	38.48	0.302
9.0	63.62	0.499

2. 《抗规》

3.9.1 抗震结构对材料和施工质量的特别要求，应在设计文件上注明。

3.9.2 结构材料性能指标，应符合下列最低要求：

1 砌体结构材料应符合下列规定：

1）普通砖和多孔砖的强度等级不应低于 MU10，其砌筑砂浆强度等级不应低于 M5；

2）混凝土小型空心砌块的强度等级不应低于 MU7.5，其砌筑砂浆强度等级不应低于 Mb7.5。

2 混凝土结构材料应符合下列规定：

1）混凝土的强度等级，框支梁、框支柱及抗震等级为一级的框架梁、柱、节点核芯区，不应低于 C30；构造柱、芯柱、圈梁及其他各类构件不应低于 C20；

2）抗震等级为一、二、三级的框架和斜撑构件（含梯段），其纵向受力钢筋采用普通钢筋时，钢筋的抗拉强度实测值与屈服强度实测值的比值不应小于 1.25；钢筋的屈服强度实测值与屈服强度标准值的比值不应大于 1.3，且钢筋在最大拉力下的总伸长率实测值不应小于 9%。

3 钢结构的钢材应符合下列规定：

1）钢材的屈服强度实测值与抗拉强度实测值的比值不应大于 0.85；

2）钢材应有明显的屈服台阶，且伸长率不应小于 20%；

3）钢材应有良好的焊接性和合格的冲击韧性。

3.9.3 结构材料性能指标，尚宜符合下列要求：

1 普通钢筋宜优先采用延性、韧性和焊接性较好的钢筋；普通钢筋的强度等级，纵向受力钢筋宜选用符合抗震性能指标的不低于 HRB400 级的热轧钢筋，也可采用符合抗震性能指标的 HRB335 级热轧钢筋；箍筋宜选用符合抗震性能指标的不低于 HRB335 级的热轧钢筋，也可选用 HPB300 级热轧钢筋。

注：钢筋的检验方法应符合现行国家标准《混凝土结构工程施工质量验收规范》GB 50204 的规定。

2 混凝土结构的混凝土强度等级，抗震墙不宜超过 C60，其他构件，9 度时不宜超过 C60，8 度时不宜超过 C70。

3 钢结构的钢材宜采用 Q235 等级 B、C、D 的碳素结构钢及 Q345 等级 B、C、D、E 的低合金高强度结构钢；当有可靠依据时，尚可采用其他钢种和钢号。

条文说明：对钢筋混凝土结构中的混凝土强度等级有所限制，这是因为高强度混凝土具有脆性性质，且随强度等级提高而增加，在抗震设计中应考虑此因素，根据现有的试验研究和工程经验，现阶段混凝土墙体的强度等级不宜超过 C60；其他构件，9 度时不宜超过 C60，8 度时不宜超过 C70。当耐久性有要求时，混凝土的最低强度等级，应遵守有关

的规定。

3.9.4　在施工中，当需要以强度等级较高的钢筋替代原设计中的纵向受力钢筋时，应按照钢筋受拉承载力设计值相等的原则换算，并应满足最小配筋率要求。

3.9.5　采用焊接连接的钢结构，当接头的焊接拘束度较大、钢板厚度不小于 40mm 且承受沿板厚方向的拉力时，钢板厚度方向截面收缩率不应小于国家标准《厚度方向性能钢板》GB/T 5313 关于 Z15 级规定的容许值。

3.9.6　钢筋混凝土构造柱和底部框架-抗震墙房屋中的砌体抗震墙，其施工应先砌墙后浇构造柱和框架梁柱。

3.9.7　混凝土墙体、框架柱的水平施工缝，应采取措施加强混凝土的结合性能。对于抗震等级一级的墙体和转换层楼板与落地混凝土墙体的交接处，宜验算水平施工缝截面的受剪承载力。

3. 《高规》

3.2.1　高层建筑混凝土结构宜采用高强高性能混凝土和高强钢筋；构件内力较大或抗震性能有较高要求时，宜采用型钢混凝土、钢管混凝土构件。

　　条文说明：型钢混凝土柱截面含型钢一般为 5%～8%，可使柱截面面积减小 30% 左右。由于型钢骨架要求钢结构的制作、安装能力，因此目前较多用在高层建筑的下层部位柱、转换层以下的框支柱等；在较高的高层建筑中也有全部采用型钢混凝土梁、柱的实例。

　　钢管混凝土可使柱混凝土处于有效侧向约束下，形成三向应力状态，因而延性和承载力提高较多。钢管混凝土柱如用高强混凝土浇筑，可以使柱截面减小至原截面面积的 50% 左右。钢管混凝土柱与钢筋混凝土梁的节点构造十分重要，也比较复杂。钢管混凝土柱设计及构造可按本规程第 11 章的有关规定执行。

3.2.2　各类结构用混凝土的强度等级均不应低于 C20，并应符合下列规定：

　　1　抗震设计时，一级抗震等级框架梁、柱及其节点的混凝土强度等级不应低于C30；

　　2　筒体结构的混凝土强度等级不宜低于 C30；

　　3　作为上部结构嵌固部位的地下室楼盖的混凝土强度等级不宜低于 C30；

　　4　转换层楼板、转换梁、转换柱、箱形转换结构以及转换厚板的混凝土强度等级均不应低于 C30；

　　5　预应力混凝土结构的混凝土强度等级不宜低于 C40、不应低于 C30；

　　6　型钢混凝土梁、柱的混凝土强度等级不宜低于 C30；

　　7　现浇非预应力混凝土楼盖结构的混凝土强度等级不宜高于 C40；

　　8　抗震设计时，框架柱的混凝土强度等级，9 度时不宜高于 C60，8 度时不宜高于C70；剪力墙的混凝土强度等级不宜高于 C60。

3.2.3　高层建筑混凝土结构的受力钢筋及其性能应符合现行国家标准《混凝土结构设计规范》GB 50010 的有关规定。按一、二、三级抗震等级设计的框架和斜撑构件，其纵向受力钢筋尚应符合下列规定：

　　1　钢筋的抗拉强度实测值与屈服强度实测值的比值不应小于 1.25；

　　2　钢筋的屈服强度实测值与屈服强度标准值的比值不应大于 1.30；

3 钢筋最大拉力下的总伸长率实测值不应小于 9%。

3.2.4 抗震设计时混合结构中钢材应符合下列规定：

1 钢材的屈服强度实测值与抗拉强度实测值的比值不应大于 0.85；

2 钢材应有明显的屈服台阶，且伸长率不应小于 20%；

3 钢材应有良好的焊接性和合格的冲击韧性。

3.2.5 混合结构中的型钢混凝土竖向构件的型钢及钢管混凝土的钢管宜采用 Q345 和 Q235 等级的钢材，也可采用 Q390、Q420 等级或符合结构性能要求的其他钢材；型钢梁宜采用 Q235 和 Q345 等级的钢材。

4.《技术措施》

2.6.4 混凝土构件的强度选择

剪力墙混凝土强度宜控制不超过 C40，挡土墙混凝土强度不超过 C30，楼板一般不超过 C35。超高层建筑如果需要可以采用较高强度。

除柱外，墙尽量少用高强混凝土，因不易养护。一般情况下，不要因位移不够采用超过 C40 的墙体混凝土，更不要因连梁不够而用超过 C40 的混凝土，C60 混凝土的弹性模量只比 C40 提高 10%左右，对减小整体伴移的贡献有限。

地下室挡土墙一般长度较大且对混凝土强度的要求不高，因此混凝土强度不宜超过 C30。

有的工程地下室有五层，所有墙体：包括挡土墙和上部落下的剪力墙都采用 C50，这样设计很不合理，因为施工中很容易出现干缩裂缝，关键是根本没有必要用这么高强度。

楼板一般不宜超过 C30，否则容易裂。

有的施工图上注明：梁 C40，板 C30，这是无法施工的。

如混凝土墙体因抗震抗剪承载力不够需要采用高强度等级混凝土，则必须注意加强施工措施。例如有一个工程，混凝土墙体因为抗震抗剪承载力算不够，不得已采用了高强度等级混凝土，设计人员和施工单位都高度重视，各项施工措施完善，墙体施工后未出现开裂问题。该工程采用了 90 天强度，并有一项施工规定：拆模前螺栓松动后，立即从墙面上大量向模板内浇水。拆模后用塑料薄膜包严，防止水分蒸发，效果很好。

对于超长或高强度混凝土结构，避免裂缝问题的关键点在于设计精心、施工到位。

四、房屋适用高度和高宽比

1.《抗规》

6.1.1 本章适用的现浇钢筋混凝土房屋的结构类型和最大高度应符合表 6.1.1 的要求。平面和竖向均不规则的结构，适用的最大高度宜适当降低。

注：本章"抗震墙"指结构抗侧力体系中的钢筋混凝土剪力墙，不包括只承担重力荷载的混凝土墙。

条文说明：仅有个别墙体不落地，例如不落地的截面面积不大于总截面面积的 10%，只要框支部分的设计合理且不致加大扭转不规则，仍可视为抗震墙结构，其适用最大高度仍可按全部落地的抗震墙结构确定。

表 6.1.1　现浇钢筋混凝土房屋适用的最大高度（m）

结构类型		烈　　度				
		6	7	8（0.2g）	8（0.3g）	9
框架		60	50	40	35	24
框架-抗震墙		130	120	100	80	50
抗震墙		140	120	100	80	60
部分框支抗震墙		120	100	80	50	不应采用
筒体	框架-核心筒	150	130	100	90	70
	筒中筒	180	150	120	100	80
板柱-抗震墙		80	70	55	40	不应采用

注：1　房屋高度指室外地面到主要屋面板板顶的高度（不包括局部突出屋顶部分）；

　　2　框架-核心筒结构指周边稀柱框架与核心筒组成的结构；

　　3　部分框支抗震墙结构指首层或底部两层为框支层的结构，不包括仅个别框支墙的情况；

　　4　表中框架，不包括异形柱框架；

　　5　板柱-抗震墙结构指板柱、框架和抗震墙组成抗侧力体系的结构；

　　6　乙类建筑可按本地区抗震设防烈度确定其适用的最大高度；

　　7　超过表内高度的房屋，应进行专门研究和论证，采取有效的加强措施。

2. 《高规》

3.3.1　钢筋混凝土高层建筑结构的最大适用高度应区分为 A 级和 B 级。A 级高度钢筋混凝土乙类和丙类高层建筑的最大适用高度应符合表 3.3.1-1 的规定，B 级高度钢筋混凝土乙类和丙类高层建筑的最大适用高度应符合表 3.3.1-2 的规定。

　　平面和竖向均不规则的高层建筑结构，其最大适用高度宜适当降低。

表 3.3.1-1　A 级高度钢筋混凝土高层建筑的最大适用高度（m）

结构体系		非抗震设计	抗震设防烈度				
			6 度	7 度	8 度		9 度
					0.20g	0.30g	
框架		70	60	50	40	35	—
框架-剪力墙		150	130	120	100	80	50
剪力墙	全部落地剪力墙	150	140	120	100	80	60
	部分框支剪力墙	130	120	100	80	50	不应采用
筒　体	框架-核心筒	160	150	130	100	90	70
	筒中筒	200	180	150	120	100	80
板柱-剪力墙		110	80	70	55	40	不应采用

注：1　表中框架不含异形柱框架；

　　2　部分框支剪力墙结构指地面以上有部分框支剪力墙的剪力墙结构；

　　3　甲类建筑，6、7、8 度时宜按本地区抗震设防烈度提高一度后符合本表的要求，9 度时应专门研究；

　　4　框架结构、板柱-剪力墙结构以及 9 度抗震设防的表列其他结构，当房屋高度超过本表数值时，结构设计应有可靠依据，并采取有效的加强措施。

表 3.3.1-2　B 级高度钢筋混凝土高层建筑的最大适用高度（m）

结构体系		非抗震设计	抗震设防烈度			
			6 度	7 度	8 度	
					0.20g	0.30g
框架-剪力墙		170	160	140	120	100
剪力墙	全部落地剪力墙	180	170	150	130	110
	部分框支剪力墙	150	140	120	100	80
筒体	框架-核心筒	220	210	180	140	120
	筒中筒	300	280	230	170	150

注：1　部分框支剪力墙结构指地面以上有部分框支剪力墙的剪力墙结构；
　　2　甲类建筑，6、7 度时宜按本地区设防烈度提高一度后符合本表的要求，8 度时应专门研究；
　　3　当房屋高度超过表中数值时，结构设计应有可靠依据，并采取有效的加强措施。

条文说明： 框架-核心筒结构中，除周边框架外，内部带有部分仅承受竖向荷载的柱与无梁楼板时，不属于本条所列的板柱-剪力墙结构。对于部分框支剪力墙结构，仅有个别墙体不落地，只要框支部分的设计安全合理，其适用的最大高度可按一般剪力墙结构确定。

3.3.2 钢筋混凝土高层建筑结构的高宽比不宜超过表 3.3.2 的规定。

表 3.3.2　钢筋混凝土高层建筑结构适用的最大高宽比

结构体系	非抗震设计	抗震设防烈度		
		6 度、7 度	8 度	9 度
框架	5	4	3	—
板柱-剪力墙	6	5	4	—
框架-剪力墙、剪力墙	7	6	5	4
框架-核心筒	8	7	6	4
筒中筒	8	8	7	5

条文说明： 高层建筑的高宽比，是对结构刚度、整体稳定、承载能力和经济合理性的宏观控制；在结构设计满足本规程规定的承载力、稳定、抗倾覆、变形和舒适度等基本要求后，仅从结构安全角度讲高宽比限值不是必须满足的，主要影响结构设计的经验性。

在复杂体型的高层建筑中，如何计算高宽比是比较难以确定的问题。对带有裙房的高层建筑，当裙房的面积和刚度相对于上部塔楼的面积和刚度较大时，计算高宽比的房屋高度和宽度可按裙房以上塔楼结构考虑。

五、结构平面及竖向布置

1.《抗规》

3.4.1 建筑设计应根据抗震概念设计的要求明确建筑形体的规则性。不规则的建筑应按规定采取加强措施；特别不规则的建筑应进行专门研究和论证，采取特别的加强措施；严

重不规则的建筑不应采用。

注：形体指建筑平面形状和立面、竖向剖面的变化。

条文说明：合理的建筑形体和布置（configuration）在抗震设计中是头等重要的。提倡平、立面简单对称。因为震害表明，简单、对称的建筑在地震时较不容易破坏。而且道理也很清楚，简单、对称的结构容易估计其地震时的反应，容易采取抗震构造措施和进行细部处理。"规则"包含了对建筑的平、立面外形尺寸，抗侧力构件布置、质量分布，直至承载力分布等诸多因素的综合要求。"规则"的具体界限，随着结构类型的不同而异，需要建筑师和结构工程师互相配合，才能设计出抗震性能良好的建筑。

本条主要对建筑师设计的建筑方案的规则性提出了强制性要求。在 2008 年局部修订时，为提高建筑设计和结构设计的协调性，明确规定：首先，建筑形体和布置应依据抗震概念设计原则划分为规则与不规则两大类；对于具有不规则的建筑，针对其不规程的具体情况，明确提出不同的要求；强调应避免采用严重不规则的设计方案。

概念设计的定义见本规范第 2.1.9 条。规则性是其中的一个重要概念。

规则的建筑方案体现在体型（平面和立面的形状）简单，抗侧力体系的刚度和承载力上下变化连续、均匀，平面布置基本对称。即在平立面、竖向剖面或抗侧力体系上，没有明显的、实质的不连续（突变）。

规则与不规则的区分，本规范在第 3.4.3 条规定了一些定量的参考界限，但实际上引起建筑不规则的因素还有很多，特别是复杂的建筑体型，很难一一用若干简化的定量指标来划分不规则程度并规定限制范围，但是，有经验的、有抗震知识素养的建筑设计人员，应该对所设计的建筑的抗震性能有所估计，要区分不规则、特别不规则和严重不规则等不规则程度，避免采用抗震性能差的严重不规则的设计方案。

三种不规则程度的主要划分方法如下：

不规则，指的是超过表 3.4.3-1 和表 3.4.3-2 中一项及以上的不规则指标；

特别不规则，指具有较明显的抗震薄弱部位，可能引起不良后果者，其参考界限可参见《超限高层建筑工程抗震设防专项审查技术要点》，通常有三类：其一，同时具有本规范表 3.4.3 所列六个主要不规则类型的三个或三个以上；其二，具有表 1 所列的一项不规则；其三，具有本规范表 3.4.3 所列两个方面的基本不规则且其中有一项接近表 1 的不规则指标。

表 1 特别不规则的项目举例

序	不规则类型	简 要 涵 义
1	扭转偏大	裙房以上有较多楼层考虑偶然偏心的扭转位移比大于 1.4
2	抗扭刚度弱	扭转周期比大于 0.9，混合结构扭转周期比大于 0.85
3	层刚度偏小	本层侧向刚度小于相邻上层的 50%
4	高位转换	框支墙体的转换构件位置：7 度超过 5 层，8 度超过 3 层
5	厚板转换	7~9 度设防的厚板转换结构
6	塔楼偏置	单塔或多塔合质心与大底盘的质心偏心距大于底盘相应边长 20%
7	复杂连接	各部分层数、刚度、布置不同的错层或连体两端塔楼显著不规则的结构
8	多重复杂	同时具有转换层、加强层、错层、连体和多塔类型中的 2 种以上

对于特别不规则的建筑方案，只要不属于严重不规则，结构设计应采取比本规范第3.4.4条等的要求更加有效的措施。

严重不规则，指的是形体复杂，多项不规则指标超过本规范3.4.4条上限值或某一项大大超过规定值，具有现有技术和经济条件不能克服的严重的抗震薄弱环节，可能导致地震破坏的严重后果者。

3.4.2 建筑设计应重视其平面、立面和竖向剖面的规则性对抗震性能及经济合理性的影响，宜择优选用规则的形体，其抗侧力构件的平面布置宜规则对称、侧向刚度沿竖向宜均匀变化、竖向抗侧力构件的截面尺寸和材料强度宜自下而上逐渐减小、避免侧向刚度和承载力突变。

不规则建筑的抗震设计应符合本规范第3.4.4条的有关规定。

3.4.3 建筑形体及其构件布置的平面、竖向不规则性，应按下列要求划分：

1 混凝土房屋、钢结构房屋和钢-混凝土混合结构房屋存在表3.4.3-1所列举的某项平面不规则类型或表3.4.3-2所列举的某项竖向不规则类型以及类似的不规则类型，应属于不规则的建筑。

表 3.4.3-1　平面不规则的主要类型

不规则类型	定义和参考指标
扭转不规则	在规定的水平力作用下，楼层的最大弹性水平位移（或层间位移），大于该楼层两端弹性水平位移（或层间位移）平均值的1.2倍
楼板局部不连续	楼板的尺寸和平面刚度急剧变化，例如，有效楼板宽度小于该层楼板典型宽度的50%，或开洞面积大于该层楼面面积的30%，或较大的楼层错层

表 3.4.3-2　竖向不规则的主要类型

不规则类型	定义和参考指标
侧向刚度不规则	该层的侧向刚度小于相邻上一层的70%，或小于其上相邻三个楼层侧向刚度平均值的80%；除顶层或出屋面小建筑外，局部收进的水平向尺寸大于相邻下一层的25%
竖向抗侧力构件不连续	竖向抗侧力构件（柱、抗震墙、抗震支撑）的内力由水平转换构件（梁、桁架等）向下传递
楼层承载力突变	抗侧力结构的层间受剪承载力小于相邻上一楼层的80%

2 砌体房屋、单层工业厂房、单层空旷房屋、大跨屋盖建筑和地下建筑的平面和竖向不规则性的划分，应符合本规范有关章节的规定。

3 当存在多项不规则或某项不规则超过规定的参考指标较多时，应属于特别不规则的建筑。

条文说明： 2001规范考虑了当时89规范和《钢筋混凝土高层建筑结构设计与施工规范》JGJ 3-91的相应规定，并参考了美国UBC（1997）日本BSL（1987年版）和欧洲规范8。上述五本规范对不规则结构的条文规定有以下三种方式：

1 规定了规则结构的准则，不规定不规则结构的相应设计规定，如89规范和《钢筋混凝土高层建筑结构设计与施工规范》JGJ 3-91。

2 对结构的不规则性作出限制，如日本 BSL。

3 对规则与不规则结构作出了定量的划分，并规定了相应的设计计算要求，如美国 UBC 及欧洲规范8。

本规范基本上采用了第3种方式，但对容易避免或危害性较小的不规则问题未作规定。

对于结构扭转不规则，按刚性楼盖计算，当最大层间位移与其平均值的比值为1.2时，相当于一端为1.0，另一端为1.45；当比值1.5时，相当于一端为1.0，另一端为3。美国 FEMA 的 NEHRP 规定，限1.4。

对于较大错层，如超过梁高的错层，需按楼板开洞对待；当错层面积大于该层总面积30%时，则属于楼板局部不连续。楼板典型宽度按楼板外形的基本宽度计算。

上层缩进尺寸超过相邻下层对应尺寸的1/4，属于用尺寸衡量的刚度不规则的范畴。侧向刚度可取地震作用下的层剪力与层间位移之比值计算，刚度突变上限（如框支层）在有关章节规定。

除了表3.4.3所列的不规则，UBC 的规定中，对平面不规则尚有抗侧力构件上下错位、与主轴斜交或不对称布置，对竖向不规则尚有相邻楼层质量比大于150%或竖向抗侧力构件在平面内收进的尺寸大于构件的长度（如棋盘式布置）等。

图1～图6为典型示例，以便理解本规范表3.4.3-1和表3.4.3-2中所列的不规则类型。

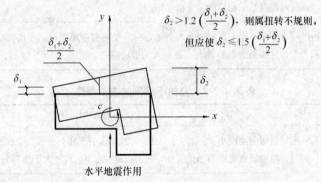

图1　建筑结构平面的扭转不规则示例

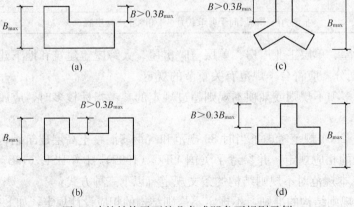

图2　建筑结构平面的凸角或凹角不规则示例

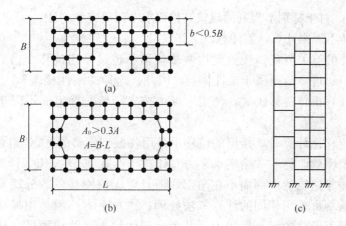

图 3 建筑结构平面的局部不连续示例（大开洞及错层）

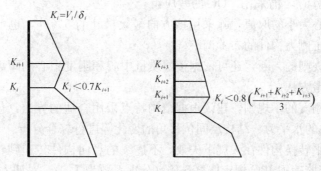

图 4 沿竖向的侧向刚度不规则（有软弱层）

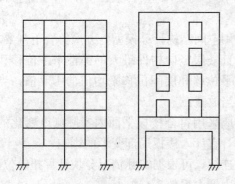

图 5 竖向抗侧力构件不连续示例

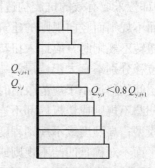

图 6 竖向抗侧力结构屈服抗剪强度非均匀化（有薄弱层）

本规范 3.4.3 条 1 款的规定，主要针对钢筋混凝土和钢结构的多层和高层建筑所作的不规则性的限制，对砌体结构多层房屋和单层工业厂房的不规则性应符合本规范有关章节的专门规定。

本次修订的变化如下：

1 明确规定表 3.4.3 所列的不规则类型是主要的而不是全部不规则，所列的指标是概念设计的参考性数值而不是严格的数值，使用时需要综合判断。明确规定按不规则类型的数量和程度，采取不同的抗震措施。不规则的程度和设计的上限控制，可根据设防烈度的高低适当调整。对于特别不规则的建筑结构要求专门研究和论证。

    2 对于扭转不规则计算，需注意以下几点：

      1）按国外的有关规定，楼盖周边两端位移不超过平均位移 2 倍的情况称为刚性楼盖，超过 2 倍则属于柔性楼盖。因此，这种"刚性楼盖"，并不是刚度无限大。计算扭转位移比时，楼盖刚度可按实际情况确定而不限于刚度无限大假定。

      2）扭转位移比计算时，楼层的位移不采用各振型位移的 CQC 组合计算，按国外的规定明确改为取"给定水平力"计算，可避免有时 CQC 计算的最大位移出现在楼盖边缘的中部而不在角部，而且对无限刚楼盖、分块无限刚楼盖和弹性楼盖均可采用相同的计算方法处理；该水平力一般采用振型组合后的楼层地震剪力换算的水平作用力，并考虑偶然偏心；结构楼层位移和层间位移控制值验算时，仍采用 CQC 的效应组合。

      3）偶然偏心大小的取值，除采用该方向最大尺寸的 5% 外，也可考虑具体的平面形状和抗侧力构件的布置调整。

      4）扭转不规则的判断，还可依据楼层质量中心和刚度中心的距离用偏心率的大小作为参考方法。

    3 对于侧向刚度的不规则，建议根据结构特点采用合适的方法，包括楼层标高处产生单位位移所需要的水平力、结构层间位移角的变化等进行综合分析。

    4 为避免水平转换构件在大震下失效，不连续的竖向构件传递到转换构件的小震地震内力应加大，借鉴美国 IBC 规定取 2.5 倍（分项系数为 1.0），对增大系数作了调整。

3.4.4 建筑形体及其构件布置不规则时，应按下列要求进行地震作用计算和内力调整，并应对薄弱部位采取有效的抗震构造措施：

    1 平面不规则而竖向规则的建筑，应采用空间结构计算模型，并应符合下列要求：

      1）扭转不规则时，应计入扭转影响，且楼层竖向构件最大的弹性水平位移和层间位移分别不宜大于楼层两端弹性水平位移和层间位移平均值的 1.5 倍，当最大层间位移远小于规范限值时，可适当放宽；

      2）凹凸不规则或楼板局部不连续时，应采用符合楼板平面内实际刚度变化的计算模型；高烈度或不规则程度较大时，宜计入楼板局部变形的影响；

      3）平面不对称且凹凸不规则或局部不连续，可根据实际情况分块计算扭转位移比，对扭转较大的部位应采用局部的内力增大系数。

    2 平面规则而竖向不规则的建筑，应采用空间结构计算模型，刚度小的楼层的地震剪力应乘以不小于 1.15 的增大系数，其薄弱层应按本规范有关规定进行弹塑性变形分析，并应符合下列要求：

      1）竖向抗侧力构件不连续时，该构件传递给水平转换构件的地震内力应根据烈度高低和水平转换构件的类型、受力情况、几何尺寸等，乘以 1.25～2.0 的增大系数；

      2）侧向刚度不规则时，相邻层的侧向刚度比应依据其结构类型符合本规范相关章节的规定；

      3）楼层承载力突变时，薄弱层抗侧力结构的受剪承载力不应小于相邻上一楼层的 65%。

3 平面不规则且竖向不规则的建筑，应根据不规则类型的数量和程度，有针对性地采取不低于本条 1、2 款要求的各项抗震措施。特别不规则的建筑，应经专门研究，采取更有效的加强措施或对薄弱部位采用相应的抗震性能化设计方法。

3.4.5 体型复杂、平立面不规则的建筑，应根据不规则程度、地基基础条件和技术经济等因素的比较分析，确定是否设置防震缝，并分别符合下列要求：

1 当不设置防震缝时，应采用符合实际的计算模型，分析判明其应力集中、变形集中或地震扭转效应等导致的易损部位，采取相应的加强措施。

2 当在适当部位设置防震缝时，宜形成多个较规则的抗侧力结构单元。防震缝应根据抗震设防烈度、结构材料种类、结构类型、结构单元的高度和高差以及可能的地震扭转效应的情况，留有足够的宽度，其两侧的上部结构应完全分开。

3 当设置伸缩缝和沉降缝时，其宽度应符合防震缝的要求。

条文说明： 体型复杂的建筑并不一概提倡设置防震缝。由于是否设置防震缝各有利弊，历来有不同的观点，总体倾向是：

1 可设缝、可不设缝时，不设缝。设置防震缝可使结构抗震分析模型较为简单，容易估计其地震作用和采取抗震措施，但需考虑扭转地震效应，并按本规范各章的规定确定缝宽，使防震缝两侧在预期的地震（如中震）下不发生碰撞或减轻碰撞引起的局部损坏。

2 当不设置防震缝时，结构分析模型复杂，连接处局部应力集中需要加强，而且需仔细估计地震扭转效应等可能导致的不利影响。

2. 《高规》

3.4.1 在高层建筑的一个独立结构单元内，结构平面形状宜简单、规则，质量、刚度和承载力分布宜均匀。不应采用严重不规则的平面布置。

3.4.2 高层建筑宜选用风作用效应较小的平面形状。

条文说明： 高层建筑承受较大的风力。在沿海地区，风力成为高层建筑的控制性荷载，采用风压较小的平面形状有利于抗风设计。

对抗风有利的平面形状是简单规则的凸平面，如圆形、正多边形、椭圆形、鼓形等平面。对抗风不利的平面是有较多凹凸的复杂形状平面，如 V 形、Y 形、H 形、弧形等平面。

3.4.3 抗震设计的混凝土高层建筑，其平面布置宜符合下列规定：

1 平面宜简单、规则、对称，减少偏心；

2 平面长度不宜过长（图 3.4.3），L/B 宜符合表 3.4.3 的要求；

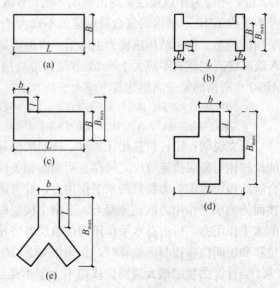

图 3.4.3　建筑平面示意

表3.4.3　平面尺寸及突出部位尺寸的比值限值

设防烈度	L/B	l/B_{max}	l/b
6、7度	≤6.0	≤0.35	≤2.0
8、9度	≤5.0	≤0.30	≤1.5

3　平面突出部分的长度 l 不宜过大、宽度 b 不宜过小（图3.4.3），l/B_{max}、l/b 宜符合表3.4.3的要求；

4　建筑平面不宜采用角部重叠或细腰形平面布置。

条文说明：平面过于狭长的建筑物在地震时由于两端地震波输入有位相差而容易产生不规则振动，产生较大的震害，表3.4.3给出了 L/B 的最大限值。在实际工程中，L/B 在6、7度抗震设计时最好不超过4；在8、9度抗震设计时最好不超过3。

平面有较长的外伸时，外伸段容易产生局部振动而引发凹角处应力集中和破坏，外伸部分 l/b 的限值在表3.4.3中已列出，但在实际工程设计中最好控制 l/b 不大于1。

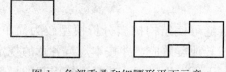

图1　角部重叠和细腰形平面示意

角部重叠和细腰形的平面图形（图1），在中央部位形成狭窄部分，在地震中容易产生震害，尤其在凹角部位，因为应力集中容易使楼板开裂、破坏，不宜采用。如采用，这些部位应采取加大楼板厚度、增加板内配筋、设置集中配筋的边梁、配置45°斜向钢筋等方法予以加强。

需要说明的是，表3.4.3中，三项尺寸的比例关系是独立的规定，一般不具有关联性。

3.4.4　抗震设计时，B级高度钢筋混凝土高层建筑、混合结构高层建筑及本规程第10章所指的复杂高层建筑结构，其平面布置应简单、规则，减少偏心。

3.4.5　结构平面布置应减少扭转的影响。在考虑偶然偏心影响的规定水平地震力作用下，楼层竖向构件最大的水平位移和层间位移，A级高度高层建筑不宜大于该楼层平均值的1.2倍，不应大于该楼层平均值的1.5倍；B级高度高层建筑、超过A级高度的混合结构及本规程第10章所指的复杂高层建筑不宜大于该楼层平均值的1.2倍，不应大于该楼层平均值的1.4倍。结构扭转为主的第一自振周期 T_t 与平动为主的第一自振周期 T_1 之比，A级高度高层建筑不应大于0.9，B级高度高层建筑、超过A级高度的混合结构及本规程第10章所指的复杂高层建筑不应大于0.85。

注：当楼层的最大层间位移角不大于本规程第3.7.3条规定的限值的40%时，该楼层竖向构件的最大水平位移和层间位移与该楼层平均值的比值可适当放松，但不应大于1.6。

条文说明：扭转位移比计算时，楼层的位移可取"规定水平地震力"计算，由此得到的位移比与楼层扭转效应之间存在明确的相关性。"规定水平地震力"一般可采用振型组合后的楼层地震剪力换算的水平作用力，并考虑偶然偏心。水平作用力的换算原则：每一楼面处的水平作用力取该楼面上、下两个楼层的地震剪力差的绝对值；连体下一层各塔楼的水平作用力，可由总水平作用力按该层各塔楼的地震剪力大小进行分配计算。结构楼层位移和层间位移控制值验算时，仍采用CQC的效应组合。

当计算的楼层最大层间位移角不大于本楼层层间位移角限值的40%时，该楼层的扭转位移比的上限可适当放松，但不应大于1.6。扭转位移比为1.6时，该楼层的扭转变形已很大，相当于一端位移为1，另一端位移为4。

扭转耦联振动的主振型，可通过计算振型方向因子来判断。在两个平动和一个扭转方向因子中，当扭转方向因子大于0.5时，则该振型可认为是扭转为主的振型。高层结构沿两个正交方向各有一个平动为主的第一振型周期，本条规定的 T_t 是指刚度较弱方向的平动为主的第一振型周期，对刚度较强方向的平动为主的第一振型周期与扭转为主的第一振型周期 T_t 的比值，本条未规定限值，主要考虑对抗扭刚度的控制不致过于严格。有的工程如两个方向的第一振型周期与 T_t 的比值均能满足限值要求，其抗扭刚度更为理想。周期比计算时，可直接计算结构的固有自振特征，不必附加偶然偏心。

3.4.6 当楼板平面比较狭长、有较大的凹入或开洞时，应在设计中考虑其对结构产生的不利影响。有效楼板宽度不宜小于该层楼面宽度的50%；楼板开洞总面积不宜超过楼面面积的30%；在扣除凹入或开洞后，楼板在任一方向的最小净宽度不宜小于5m，且开洞后每一边的楼板净宽度不应小于2m。

　　条文说明：目前在工程设计中应用的多数计算分析方法和计算机软件，大多假定楼板在平面内不变形，平面内刚度为无限大，这对于大多数工程来说是可以接受的。但当楼板平面比较狭长、有较大的凹入和开洞而使楼板有较大削弱时，楼板可能产生显著的面内变形，这时宜采用考虑楼板变形影响的计算方法，并应采取相应的加强措施。

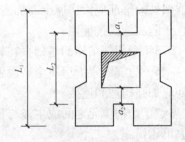

图 2　楼板净宽度要求示意

　　楼板有较大凹入或开有大面积洞口后，被凹口或洞口划分开的各部分之间的连接较为薄弱，在地震中容易相对振动而使削弱部位产生震害，因此对凹入或洞口的大小加以限制。设计中应同时满足本条规定的各项要求。以图2所示平面为例，L_2 不宜小于 $0.5L_1$，a_1 与 a_2 之和不宜小于 $0.5L_2$ 且不宜小于5m，a_1 和 a_2 均不应小于2m，开洞面积不宜大于楼面面积的30%。

3.4.7 ++字形、井字形等外伸长度较大的建筑，当中央部分楼板有较大削弱时，应加强楼板以及连接部位墙体的构造措施，必要时可在外伸段凹槽处设置连接梁或连接板。

3.4.8 楼板开大洞削弱后，宜采取下列措施：

　　1　加厚洞口附近楼板，提高楼板的配筋率，采用双层双向配筋；

　　2　洞口边缘设置边梁、暗梁；

　　3　在楼板洞口角部集中配置斜向钢筋。

3.4.9 抗震设计时，高层建筑宜调整平面形状和结构布置，避免设置防震缝。体型复杂、平立面不规则的建筑，应根据不规则程度、地基基础条件和技术经济等因素的比较分析，确定是否设置防震缝。

　　条文说明：在地震作用时，由于结构开裂、局部损坏和进入弹塑性变形，其水平位移比弹性状态下增大很多。因此，伸缩缝和沉降缝的两侧很容易发生碰撞。1976年唐山地震中，调查了35幢高层建筑的震害，除新北京饭店（缝净宽600mm）外，许多高层建筑都是有缝必碰，轻的装修、女儿墙碰碎，面砖剥落，重的顶层结构损坏，天津友谊宾馆（8层框架）缝净宽达150mm也发生严重碰撞而致顶层结构破坏；2008年汶川地震中也有数多类似震害实例。另外，设缝后，常带来建筑、结构及设备设计上的许多困难，基础防水也不容易处理。近年来，国内较多的高层建筑结构，从设计和施工等方面采取了有效措施后，不设或少设缝，从实践上看来是成功的、可行的。抗震设计时，如果结构平面或竖向布置不规则且不能调整时，则宜设置防震缝将其划分为较简单的几个结构单元。

3.4.10　设置防震缝时，应符合下列规定：

1　防震缝宽度应符合下列规定：

1）框架结构房屋，高度不超过 15m 时不应小于 100mm；超过 15m 时，6 度、7 度、8 度和 9 度分别每增加高度 5m、4m、3m 和 2m，宜加宽 20mm；

2）框架-剪力墙结构房屋不应小于本款 1）项规定数值的 70%，剪力墙结构房屋不应小于本款 1）项规定数值的 50%，且二者均不宜小于 100mm。

2　防震缝两侧结构体系不同时，防震缝宽度应按不利的结构类型确定；

3　防震缝两侧的房屋高度不同时，防震缝宽度可按较低的房屋高度确定；

4　8、9 度抗震设计的框架结构房屋，防震缝两侧结构层高相差较大时，防震缝两侧框架柱的箍筋应沿房屋全高加密，并可根据需要沿房屋全高在缝两侧各设置不少于两道垂直于防震缝的抗撞墙；

5　当相邻结构的基础存在较大沉降差时，宜增大防震缝的宽度；

6　防震缝宜沿房屋全高设置，地下室、基础可不设防震缝，但在与上部防震缝对应处应加强构造和连接；

7　结构单元之间或主楼与裙房之间不宜采用牛腿托梁的做法设置防震缝，否则应采取可靠措施。

条文说明：抗震设计时，建筑物各部分之间的关系应明确：如分开，则彻底分开；如相连，则连接牢固。不宜采用似分不分、似连不连的结构方案。为防止建筑物在地震中相碰，防震缝必须留有足够宽度。防震缝净宽度原则上应大于两侧结构允许的地震水平位移之和。2008 年汶川地震进一步表明，02 规程规定的防震缝宽度偏小，容易造成相邻建筑的相互碰撞，因此将防震缝的最小宽度由 70mm 改为 100mm。本条规定是最小值，在强烈地震作用下，防震缝两侧的相邻结构仍可能局部碰撞而损坏。本条规定的防震缝宽度要求与现行国家标准《建筑抗震设计规范》GB 50011 是一致的。

天津友谊宾馆主楼（8 层框架）与单层餐厅采用了餐厅层屋面梁支承在主框架牛腿上加以钢筋焊接，在唐山地震中由于振动不同步，牛腿拉断、压碎，产生严重震害，证明这种连接方式对抗震是不利的；必须采用时，应针对具体情况，采取有效措施避免地震时破坏。

3.4.11　抗震设计时，伸缩缝、沉降缝的宽度均应符合本规程第 3.4.10 条关于防震缝宽度的要求。

3.4.12　高层建筑结构伸缩缝的最大间距宜符合表 3.4.12 的规定。

表 3.4.12　伸缩缝的最大间距

结构体系	施工方法	最大间距（m）
框架结构	现浇	55
剪力墙结构	现浇	45

注：1　框架-剪力墙的伸缩缝间距可根据结构的具体布置情况取表中框架结构与剪力墙结构之间的数值；

　　2　当屋面无保温或隔热措施、混凝土的收缩较大或室内结构因施工外露时间较长时，伸缩缝间距应适当减小；

　　3　位于气候干燥地区、夏季炎热且暴雨频繁地区的结构，伸缩缝的间距宜适当减小。

条文说明：本条是依据现行国家标准《混凝土结构设计规范》GB 50010制定的。考虑到近年来高层建筑伸缩缝间距已有许多工程超出了表中规定（如北京昆仑饭店为剪力墙结构，总长114m；北京京伦饭店为剪力墙结构，总长138m），所以规定在有充分依据或有可靠措施时，可以适当加大伸缩缝间距。当然，一般情况下，无专门措施时则不宜超过表中规定的数值。

如屋面无保温、隔热措施，或室内结构在露天中长期放置，在温度变化和混凝土收缩的共同影响下，结构容易开裂；工程中采用收缩性较大的混凝土（如矿渣水泥混凝土等），则收缩应力较大，结构也容易产生开裂。因此这些情况下伸缩缝的间距均应比表中数值适当减小。

3.4.13　当采用有效的构造措施和施工措施减小温度和混凝土收缩对结构的影响时，可适当放宽伸缩缝的间距。这些措施可包括但不限于下列方面：

1　顶层、底层、山墙和纵墙端开间等受温度变化影响较大的部位提高配筋率；

2　顶层加强保温隔热措施，外墙设置外保温层；

3　每30m～40m间距留出施工后浇带，带宽800mm～1000mm，钢筋采用搭接接头，后浇带混凝土宜在45d后浇筑；

4　采用收缩小的水泥、减少水泥用量、在混凝土中加入适宜的外加剂；

5　提高每层楼板的构造配筋率或采用部分预应力结构。

条文说明：提高配筋率可以减小温度和收缩裂缝的宽度，并使其分布较均匀，避免出现明显的集中裂缝；在普通外墙设置外保温层是减少主体结构受温度变化影响的有效措施。

施工后浇带的作用在于减少混凝土的收缩应力，并不直接减少使用阶段的温度应力。所以通过后浇带的板、墙钢筋宜断开搭接，以便两部分的混凝土各自自由收缩；梁主筋断开问题较多，可不断开。后浇带应从受力影响小的部位通过（如梁、板1/3跨度处，连梁跨中等部位），不必在同一截面上，可曲折而行，只要将建筑物分开为两段即可。混凝土收缩需要相当长时间才能完成，一般在45d后收缩大约可以完成60%，能更有效地限制收缩裂缝。

3.5.1　高层建筑的竖向体型宜规则、均匀，避免有过大的外挑和收进。结构的侧向刚度宜下大上小，逐渐均匀变化。

条文说明：历次地震震害表明：结构刚度沿竖向突变、外形外挑或内收等，都会产生某些楼层的变形过分集中，出现严重震害甚至倒塌。所以设计中应力求使结构刚度自下而上逐渐均匀减小，体形均匀、不突变。1995年阪神地震中，大阪和神户市不少建筑产生中部楼层严重破坏的现象，其中一个原因就是结构侧向刚度在中部楼层产生突变。有些是柱截面尺寸和混凝土强度在中部楼层突然减小，有些是由于使用要求使剪力墙在中部楼层突然取消，这些都引发了楼层刚度的突变而产生严重震害。柔弱底层建筑物的严重破坏在国内外的大地震中更是普遍存在。

3.5.2　抗震设计时，高层建筑相邻楼层的侧向刚度变化应符合下列规定：

1　对框架结构，楼层与其相邻上层的侧向刚度比 γ_1 可按式（3.5.2-1）计算，且本层与相邻上层的比值不宜小于0.7，与相邻上部三层刚度平均值的比值不宜小于0.8。

$$\gamma_1 = \frac{V_i \Delta_{i+1}}{V_{i+1} \Delta_i} \qquad\qquad (3.5.2-1)$$

式中：γ_1 ——楼层侧向刚度比；

V_i、V_{i+1} ——第 i 层和第 $i+1$ 层的地震剪力标准值（kN）；

Δ_i、Δ_{i+1} ——第 i 层和第 $i+1$ 层在地震作用标准值作用下的层间位移（m）。

2 对框架-剪力墙、板柱-剪力墙结构、剪力墙结构、框架-核心筒结构、筒中筒结构，楼层与其相邻上层的侧向刚度比 γ_2 可按式（3.5.2-2）计算，且本层与相邻上层的比值不宜小于 0.9；当本层层高大于相邻上层层高的 1.5 倍时，该比值不宜小于 1.1；对结构底部嵌固层，该比值不宜小于 1.5。

$$\gamma_2 = \frac{V_i \Delta_{i+1}}{V_{i+1} \Delta_i} \frac{h_i}{h_{i+1}} \qquad\qquad (3.5.2-2)$$

式中：γ_2 ——考虑层高修正的楼层侧向刚度比。

条文说明：正常设计的高层建筑下部楼层侧向刚度宜大于上部楼层的侧向刚度，否则变形会集中于刚度小的下部楼层而形成结构软弱层，所以应对下层与相邻上层的侧向刚度比值进行限制。

本次修订，对楼层侧向刚度变化的控制方法进行了修改。中国建筑科学研究院的振动台试验研究表明，规定框架结构楼层与上部相邻楼层的侧向刚度比 γ_1 不宜小于 0.7，与上部相邻三层侧向刚度平均值的比值不宜小于 0.8 是合理的。

对框架-剪力墙结构、板柱-剪力墙结构、剪力墙结构、框架-核心筒结构、筒中筒结构，楼面体系对侧向刚度贡献较小，当层高变化时刚度变化不明显，可按本条式（3.5.2-2）定义的楼层侧向刚度比作为判定侧向刚度变化的依据，但控制指标也应做相应的改变，一般情况按不小于 0.9 控制；层高变化较大时，对刚度变化提出更高的要求，按 1.1 控制；底部嵌固楼层层间位移角结果较小，因此对底部嵌固楼层与上一层侧向刚度变化作了更严格的规定，按 1.5 控制。

3.5.3 A 级高度高层建筑的楼层抗侧力结构的层间受剪承载力不宜小于其相邻上一层受剪承载力的 80%，不应小于其相邻上一层受剪承载力的 65%；B 级高度高层建筑的楼层抗侧力结构的层间受剪承载力不应小于其相邻上一层受剪承载力的 75%。

注：楼层抗侧力结构的层间受剪承载力是指在所考虑的水平地震作用方向上，该层全部柱、剪力墙、斜撑的受剪承载力之和。

3.5.4 抗震设计时，结构竖向抗侧力构件宜上、下连续贯通。

条文说明：抗震设计时，若结构竖向抗侧力构件上、下不连续，则对结构抗震不利，属于竖向不规则结构。在南斯拉夫斯可比耶地震（1964 年）、罗马尼亚布加勒斯特地震（1977 年）中，底层全部为柱子、上层为剪力墙的结构大都严重破坏，因此在地震区不应采用这种结构。部分竖向抗侧力构件不连续，也易使结构形成薄弱部位，也有不少震害实例，抗震设计时应采取有效措施。本规程所述底部带转换层的大空间结构就属于竖向不规则结构，应按本规程第 10 章的有关规定进行设计。

3.5.5 抗震设计时，当结构上部楼层收进部位到室外地面的高度 H_1 与房屋高度 H 之比大于 0.2 时，上部楼层收进后的水平尺寸 B_1 不宜小于下部楼层水平尺寸 B 的 75%（图 3.5.5a、b）；当上部结构楼层相对于下部楼层外挑时，上部楼层水平尺寸 B_1 不宜大于下部楼层的水平尺寸 B 的 1.1 倍，且水平外挑尺寸 a 不宜大于 4m（图 3.5.5c、d）。

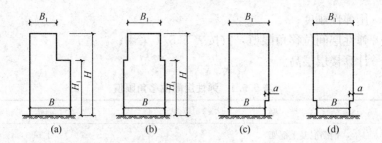

图 3.5.5　结构竖向收进和外挑示意

条文说明： 1995 年日本阪神地震、2010 年智利地震震害以及中国建筑科学研究院的试验研究表明，当结构上部楼层相对于下部楼层收进时，收进的部位越高、收进后的平面尺寸越小，结构的高振型反应越明显，因此对收进后的平面尺寸加以限制。当上部结构楼层相对于下部楼层外挑时，结构的扭转效应和竖向地震作用效应明显，对抗震不利，因此对其外挑尺寸加以限制，设计上应考虑竖向地震作用影响。

3.5.6　楼层质量沿高度宜均匀分布，楼层质量不宜大于相邻下部楼层质量的 1.5 倍。

条文说明： 本条为新增条文，规定了高层建筑中质量沿竖向分布不规则的限制条件，与美国有关规范的规定一致。

3.5.7　不宜采用同一楼层刚度和承载力变化同时不满足本规程第 3.5.2 条和 3.5.3 条规定的高层建筑结构。

条文说明： 本条为新增条文。如果高层建筑结构同一楼层的刚度和承载力变化均不规则，该层极有可能同时是软弱层和薄弱层，对抗震十分不利，因此应尽量避免，不宜采用。

3.5.8　侧向刚度变化、承载力变化、竖向抗侧力构件连续性不符合本规程第 3.5.2、3.5.3、3.5.4 条要求的楼层，其对应于地震作用标准值的剪力应乘以 1.25 的增大系数。

3.5.9　结构顶层取消部分墙、柱形成空旷房间时，宜进行弹性或弹塑性时程分析补充计算并采取有效的构造措施。

条文说明： 顶层取消部分墙、柱而形成空旷房间时，其楼层侧向刚度和承载力可能比其下部楼层相差较多，是不利于抗震的结构，应进行更详细的计算分析，并采取有效的构造措施。如采用弹性或弹塑性时程分析方法进行补充计算、柱子箍筋全长加密配置、大跨度屋面构件要考虑竖向地震产生的不利影响等。

六、水平位移限值和舒适度要求

1.《抗规》

5.5.1　表 5.5.1 所列各类结构应进行多遇地震作用下的抗震变形验算，其楼层内最大的弹性层间位移应符合下式要求：

$$\Delta u_e \leqslant [\theta_e]h \tag{5.5.1}$$

式中：Δu_e——多遇地震作用标准值产生的楼层内最大的弹性层间位移；计算时，除以弯曲变形为主的高层建筑外，可不扣除结构整体弯曲变形；应计入扭转变形，各作用分项系数均应采用 1.0；钢筋混凝土结构构件的截面刚度可采用弹性刚度；

$[\theta_{e}]$——弹性层间位移角限值，宜按表 5.5.1 采用；

h——计算楼层层高。

表 5.5.1 弹性层间位移角限值

结 构 类 型	$[\theta_{e}]$
钢筋混凝土框架	1/550
钢筋混凝土框架-抗震墙、板柱-抗震墙、框架-核心筒	1/800
钢筋混凝土抗震墙、筒中筒	1/1000
钢筋混凝土框支层	1/1000
多、高层钢结构	1/250

5.5.2 结构在罕遇地震作用下薄弱层的弹塑性变形验算，应符合下列要求：

1 下列结构应进行弹塑性变形验算：

1）8度Ⅲ、Ⅳ类场地和9度时，高大的单层钢筋混凝土柱厂房的横向排架；

2）7～9度时楼层屈服强度系数小于 0.5 的钢筋混凝土框架结构和框排架结构；

3）高度大于 150m 的结构；

4）甲类建筑和9度时乙类建筑中的钢筋混凝土结构和钢结构；

5）采用隔震和消能减震设计的结构。

2 下列结构宜进行弹塑性变形验算：

1）本规范表 5.1.2-1 所列高度范围且属于本规范表 3.4.3-2 所列竖向不规则类型的高层建筑结构；

2）7度Ⅲ、Ⅳ类场地和8度时乙类建筑中的钢筋混凝土结构和钢结构；

3）板柱-抗震墙结构和底部框架砌体房屋；

4）高度不大于 150m 的其他高层钢结构；

5）不规则的地下建筑结构及地下空间综合体。

注：楼层屈服强度系数为按钢筋混凝土构件实际配筋和材料强度标准值计算的楼层受剪承载力和按罕遇地震作用标准值计算的楼层弹性地震剪力的比值；对排架柱，指按实际配筋面积、材料强度标准值和轴向力计算的正截面受弯承载力与按罕遇地震作用标准值计算的弹性地震弯矩的比值。

5.5.3 结构在罕遇地震作用下薄弱层（部位）弹塑性变形计算，可采用下列方法：

1 不超过 12 层且层刚度无突变的钢筋混凝土框架和框排架结构、单层钢筋混凝土柱厂房可采用本规范第 5.5.4 条的简化计算法；

2 除 1 款以外的建筑结构，可采用静力弹塑性分析方法或弹塑性时程分析法等；

3 规则结构可采用弯剪层模型或平面杆系模型，属于本规范第 3.4 节规定的不规则结构应采用空间结构模型。

5.5.4 结构薄弱层（部位）弹塑性层间位移的简化计算，宜符合下列要求：

1 结构薄弱层（部位）的位置可按下列情况确定：

1）楼层屈服强度系数沿高度分布均匀的结构，可取底层；

2）楼层屈服强度系数沿高度分布不均匀的结构，可取该系数最小的楼层（部位）和相对较小的楼层，一般不超过 2～3 处；

3）单层厂房，可取上柱。

2 弹塑性层间位移可按下列公式计算：

$$\Delta u_p = \eta_p \Delta u_e \tag{5.5.4-1}$$

或

$$\Delta u_p = \mu \Delta u_y = \frac{\eta_p}{\xi_y} \Delta u_y \tag{5.5.4-2}$$

式中：Δu_p——弹塑性层间位移；

Δu_y——层间屈服位移；

μ——楼层延性系数；

Δu_e——罕遇地震作用下按弹性分析的层间位移；

η_p——弹塑性层间位移增大系数，当薄弱层（部位）的屈服强度系数不小于相邻层（部位）该系数平均值的 0.8 时，可按表 5.5.4 采用。当不大于该平均值的 0.5 时，可按表内相应数值的 1.5 倍采用；其他情况可采用内插法取值；

ξ_y——楼层屈服强度系数。

表 5.5.4 弹塑性层间位移增大系数

结构类型	总层数 n 或部位	ξ_y		
		0.5	0.4	0.3
多层均匀框架结构	2～4	1.30	1.40	1.60
	5～7	1.50	1.65	1.80
	8～12	1.80	2.00	2.20
单层厂房	上柱	1.30	1.60	2.00

5.5.5 结构薄弱层（部位）弹塑性层间位移应符合下式要求：

$$\Delta u_p \leqslant [\theta_p] h \tag{5.5.5}$$

式中：$[\theta_p]$——弹塑性层间位移角限值，可按表 5.5.5 采用；对钢筋混凝土框架结构，当轴压比小于 0.40 时，可提高 10%；当柱子全高的箍筋构造比本规范第 6.3.9 条规定的体积配箍率大 30% 时，可提高 20%，但累计不超过 25%；

h——薄弱层楼层高度或单层厂房上柱高度。

表 5.5.5 弹塑性层间位移角限值

结构类型	$[\theta_p]$
单层钢筋混凝土柱排架	1/30
钢筋混凝土框架	1/50
底部框架砌体房屋中的框架-抗震墙	1/100
钢筋混凝土框架-抗震墙、板柱-抗震墙、框架-核心筒	1/100
钢筋混凝土抗震墙、筒中筒	1/120
多、高层钢结构	1/50

2. 《高规》

3.7.1   在正常使用条件下，高层建筑结构应具有足够的刚度，避免产生过大的位移而影响结构的承载力、稳定性和使用要求。

条文说明：高层建筑层数多、高度大，为保证高层建筑结构具有必要的刚度，应对其楼层位移加以控制。侧向位移控制实际上是对构件截面大小、刚度大小的一个宏观指标。

在正常使用条件下，限制高层建筑结构层间位移的主要目的有两点：

1   保证主结构基本处于弹性受力状态，对钢筋混凝土结构来讲，要避免混凝土墙或柱出现裂缝；同时，将混凝土梁等楼面构件的裂缝数量、宽度和高度限制在规范允许范围之内。

2   保证填充墙、隔墙和幕墙等非结构构件的完好，避免产生明显损伤。

迄今，控制层间变形的参数有三种：即层间位移与层高之比（层间位移角）；有害层间位移角；区格广义剪切变形。其中层间位移角是过去应用最广泛，最为工程技术人员所熟知的，原规程 JGJ 3-91 也采用了这个指标。

1）层间位移与层高之比（即层间位移角）

$$\theta_i = \frac{\Delta u_i}{h_i} = \frac{u_i - u_{i-1}}{h_i} \tag{1}$$

2）有害层间位移角

$$\theta_{id} = \frac{\Delta u_{id}}{h_i} = \theta_i - \theta_{i-1} = \frac{u_i - u_{i-1}}{h_i} - \frac{u_{i-1} - u_{i-2}}{h_{i-1}} \tag{2}$$

式中，θ_i，θ_{i-1} 为 i 层上、下楼盖的转角，即 i 层、$i-1$ 层的层间位移角。

3）区格的广义剪切变形（简称剪切变形）

$$\gamma_{ij} = \theta_i - \theta_{i-1,j} = \frac{u_i - u_{i-1}}{h_i} + \frac{v_{i-1,j} - v_{i-1,j-1}}{l_j} \tag{3}$$

式中，γ_{ij} 为区格 ij 剪切变形，其中脚标 i 表示区格所在层次，j 表示区格序号；$\theta_{i-1,j}$ 为区格 ij 下楼盖的转角，以顺时针方向为正；l_j 为区格 ij 的宽度；$v_{i-1,j-1}$、$v_{i-1,j}$ 为相应节点的竖向位移。

如上所述，从结构受力与变形的相关性来看，参数 γ_{ij} 即剪切变形较符合实际情况；但就结构的宏观控制而言，参数 θ_i 即层间位移角又较简便。

考虑到层间位移控制是一个宏观的侧向刚度指标，为便于设计人员在工程设计中应用，本规程采用了层间最大位移与层高之比 $\Delta u/h$，即层间位移角 θ 作为控制指标。

3.7.2   正常使用条件下，结构的水平位移应按本规程第 4 章规定的风荷载、地震作用和第 5 章规定的弹性方法计算。

条文说明：目前，高层建筑结构是按弹性阶段进行设计的。地震按小震考虑；结构构件的刚度采用弹性阶段的刚度；内力与位移分析不考虑弹塑性变形。因此所得出的位移相应也是弹性阶段的位移，比在大震作用下弹塑性阶段的位移小得多，因而位移的控制指标也比较严。

3.7.3 按弹性方法计算的风荷载或多遇地震标准值作用下的楼层层间最大水平位移与层高之比 $\Delta u/h$ 宜符合下列规定：

1 高度不大于 150m 的高层建筑，其楼层层间最大位移与层高之比 $\Delta u/h$ 不宜大于表3.7.3 的限值。

表 3.7.3 楼层层间最大位移与层高之比的限值

结构体系	$\Delta u/h$ 限值
框架	1/550
框架-剪力墙、框架-核心筒、板柱-剪力墙	1/800
筒中筒、剪力墙	1/1000
除框架结构外的转换层	1/1000

2 高度不小于 250m 的高层建筑，其楼层层间最大位移与层高之比 $\Delta u/h$ 不宜大于 1/500。

3 高度在 150m～250m 之间的高层建筑，其楼层层间最大位移与层高之比 $\Delta u/h$ 的限值可按本条第1款和第2款的限值线性插入取用。

注：楼层层间最大位移 Δu 以楼层竖向构件最大的水平位移差计算，不扣除整体弯曲变形。抗震设计时，本条规定的楼层位移计算可不考虑偶然偏心的影响。

条文说明： 本规程采用层间位移角 $\Delta u/h$ 作为刚度控制指标，不扣除整体弯曲转角产生的侧移，即直接采用内力位移计算的位移输出值。

高度不大于 150m 的常规高度高层建筑的整体弯曲变形相对影响较小，层间位移角 $\Delta u/h$ 的限值按不同的结构体系在 1/550～1/1000 之间分别取值。但当高度超过 150m 时，弯曲变形产生的侧移有较快增长，所以超过 250m 高度的建筑，层间位移角限值按 1/500 作为限值。150m～250m 之间的高层建筑按线性插入考虑。

本条层间位移角 $\Delta u/h$ 的限值指最大层间位移与层高之比，第 i 层的 $\Delta u/h$ 指第 i 层和第 $i-1$ 层在楼层平面各处位移差 $\Delta u_i = u_i - u_{i-1}$ 中的最大值。由于高层建筑结构在水平力作用下几乎都会产生扭转，所以 Δu 的最大值一般在结构单元的尽端处。

本次修订，表 3.7.3 中将"框支层"改为"除框架外的转换层"，包括了框架-剪力墙结构和筒体结构的托柱或托墙转换以及部分框支剪力墙结构的框支层；明确了水平位移限值针对的是风荷载或多遇地震作用标准值作用下结构分析所得到的位移计算值。

3.7.4 高层建筑结构在罕遇地震作用下的薄弱层弹塑性变形验算，应符合下列规定：

1 下列结构应进行弹塑性变形验算：

1) 7～9 度时楼层屈服强度系数小于 0.5 的框架结构；

2) 甲类建筑和 9 度抗震设防的乙类建筑结构；

3) 采用隔震和消能减震设计的建筑结构；

4) 房屋高度大于 150m 的结构。

2 下列结构宜进行弹塑性变形验算：

1) 本规程表 4.3.4 所列高度范围且不满足本规程第 3.5.2～3.5.6 条规定的竖向不规则高层建筑结构；

2) 7 度 Ⅲ、Ⅳ 类场地和 8 度抗震设防的乙类建筑结构；

3）板柱-剪力墙结构。

注：楼层屈服强度系数为按构件实际配筋和材料强度标准值计算的楼层受剪承载力与按罕遇地震作用计算的楼层弹性地震剪力的比值。

条文说明：震害表明，结构如果存在薄弱层，在强烈地震作用下，结构薄弱部位将产生较大的弹塑性变形，会引起结构严重破坏甚至倒塌。本条对不同高层建筑结构的薄弱层弹塑性变形验算提出了不同要求，第 1 款所列的结构应进行弹塑性变形验算，第 2 款所列的结构必要时宜进行弹塑性变形验算，这主要考虑到高层建筑结构弹塑性变形计算的复杂性。

本次修订，本条第 1 款增加高度大于 150m 的结构应验算罕遇地震下结构的弹塑性变形的要求。主要考虑到，150m 以上的高层建筑一般都比较重要，数量相对不是很多，且目前结构弹塑性分析技术和软件已有较大发展和进步，适当扩大结构弹塑性分析范围已具备一定条件。

3.7.5　结构薄弱层（部位）层间弹塑性位移应符合下式规定：

$$\Delta u_{\mathrm{p}} \leqslant [\theta_{\mathrm{p}}] h \tag{3.7.5}$$

式中：Δu_{p}——层间弹塑性位移；

$[\theta_{\mathrm{p}}]$——层间弹塑性位移角限值，可按表 3.7.5 采用；对框架结构，当轴压比小于 0.40 时，可提高 10%；当柱子全高的箍筋构造采用比本规程中框架柱箍筋最小配箍特征值大 30% 时，可提高 20%，但累计提高不宜超过 25%；

h——层高。

表 3.7.5　层间弹塑性位移角限值

结构体系	$[\theta_{\mathrm{p}}]$
框架结构	1/50
框架-剪力墙结构、框架-核心筒结构、板柱-剪力墙结构	1/100
剪力墙结构和筒中筒结构	1/120
除框架结构外的转换层	1/120

3.7.6　房屋高度不小于 150m 的高层混凝土建筑结构应满足风振舒适度要求。在现行国家标准《建筑结构荷载规范》GB 50009 规定的 10 年一遇的风荷载标准值作用下，结构顶点的顺风向和横风向振动最大加速度计算值不应超过表 3.7.6 的限值。结构顶点的顺风向和横风向振动最大加速度可按现行行业标准《高层民用建筑钢结构技术规程》JGJ 99 的有关规定计算，也可通过风洞试验结果判断确定，计算时结构阻尼比宜取 0.01～0.02。

表 3.7.6　结构顶点风振加速度限值 $a_{\lim}$

使用功能	$a_{\lim}$（m/s²）
住宅、公寓	0.15
办公、旅馆	0.25

条文说明：高层建筑物在风荷载作用下将产生振动，过大的振动加速度将使在高楼内居住的人们感觉不舒适，甚至不能忍受，两者的关系见表 2。

表 2 舒适度与风振加速度关系

不舒适的程度	建筑物的加速度
无感觉	$<0.005g$
有感	$0.005g\sim0.015g$
扰人	$0.015g\sim0.05g$
十分扰人	$0.05g\sim0.15g$
不能忍受	$>0.15g$

对照国外的研究成果和有关标准，要求高层建筑混凝土结构应具有良好的使用条件，满足舒适度的要求，按现行国家标准《建筑结构荷载规范》GB 50009 规定的 10 年一遇的风荷载取值计算或专门风洞试验确定的结构顶点最大加速度 a_{max} 不应超过本规程表 3.7.6 的限值，对住宅、公寓 a_{max} 不大于 0.15m/s^2，对办公楼、旅馆 a_{max} 不大于 0.25m/s^2。

高层建筑的风振反应加速度包括顺风向最大加速度、横风向最大加速度和扭转角速度。关于顺风向最大加速度和横风向最大加速度的研究工作虽然较多，但各国的计算方法并不统一，互相之间也存在明显的差异。建议可按现行行业标准《高层民用建筑钢结构技术规程》JGJ 99 的相关规定进行计算。

本次修订，明确了计算舒适度时结构阻尼比的取值要求。一般情况，对混凝土结构取 0.02，对混合结构可根据房屋高度和结构类型取 0.01～0.02。

3.7.7 楼盖结构应具有适宜的舒适度。楼盖结构的竖向振动频率不宜小于 3Hz，竖向振动加速度峰值不应超过表 3.7.7 的限值。楼盖结构竖向振动加速度可按本规程附录 A 计算。

表 3.7.7 楼盖竖向振动加速度限值

人员活动环境	峰值加速度限值（m/s²）	
	竖向自振频率不大于 2Hz	竖向自振频率不小于 4Hz
住宅、办公	0.07	0.05
商场及室内连廊	0.22	0.15

注：楼盖结构竖向自振频率为 2Hz～4Hz 时，峰值加速度限值可按线性插值选取。

附录 A 楼盖结构竖向振动加速度计算

A.0.1 楼盖结构的竖向振动加速度宜采用时程分析方法计算。

A.0.2 人行走引起的楼盖振动峰值加速度可按下列公式近似计算：

$$a_p = \frac{F_p}{\beta w}g \tag{A.0.2-1}$$

$$F_p = p_0 e^{-0.35f_n} \tag{A.0.2-2}$$

式中：a_p —— 楼盖振动峰值加速度（m/s²）；

$\quad F_p$ —— 接近楼盖结构自振频率时人行走产生的作用力（kN）；

$\quad p_0$ —— 人们行走产生的作用力（kN），按表 A.0.2 采用；

$\quad f_n$ —— 楼盖结构竖向自振频率（Hz）；

$\quad \beta$ —— 楼盖结构阻尼比，按表 A.0.2 采用；

$\quad w$ —— 楼盖结构阻抗有效重量（kN），可按本附录 A.0.3 条计算；

g——重力加速度，取 9.8m/s²。

表 A.0.2 人行走作用力及楼盖结构阻尼比

人员活动环境	人员行走作用力 p_0（kN）	结构阻尼比 β
住宅，办公，教堂	0.3	0.02～0.05
商场	0.3	0.02
室内人行天桥	0.42	0.01～0.02
室外人行天桥	0.42	0.01

注：1 表中阻尼比用于钢筋混凝土楼盖结构和钢-混凝土组合楼盖结构；
　　2 对住宅、办公、教堂建筑，阻尼比 0.02 可用于无家具和非结构构件情况，如无纸化电子办公区、开敞办公区和教堂；阻尼比 0.03 可用于有家具、非结构构件，带少量可拆卸隔断的情况；阻尼比 0.05 可用于含全高填充墙的情况；
　　3 对室内人行天桥，阻尼比 0.02 可用于天桥带干挂吊顶的情况。

A.0.3 楼盖结构的阻抗有效重量 w 可按下列公式计算：

$$w = \overline{w}BL \tag{A.0.3-1}$$

$$B = CL \tag{A.0.3-2}$$

式中：$\overline{w}$——楼盖单位面积有效重量（kN/m²），取恒载和有效分布活荷载之和。楼层有效分布活荷载：对办公建筑可取 0.55kN/m²，对住宅可取 0.3kN/m²；
　　　L——梁跨度（m）；
　　　B——楼盖阻抗有效质量的分布宽度（m）；
　　　C——垂直于梁跨度方向的楼盖受弯连续性影响系数，对边梁取 1.0，对中间梁取 2。

《高规》第 3.7.6 条规定，高度超过 150m 的高层建筑结构应具有良好的使用条件，满足舒适度要求，按 10 年一遇的风荷载取值计算的顺风向与横风向结构顶点最大加速度 a_{max} 不应超过表 3.7.6 中数值。

超高层建筑风振反应加速度包括顺风向最大加速度、横风向最大加速度的和扭转角速度。结构顶点的顺风向和横风向振动最大加速度可按下列公式计算，也可通过风洞试验结果判断确定，计算时阻尼比宜取：混凝土结构取 0.02，混合结构根据房屋高度和结构类型取 0.01～0.02。

1）顺风向顶点最大加速度

$$a_{w} = \xi \nu \frac{\mu_{s}\mu_{r}w_{0}A}{m_{tot}}$$

式中 a_w——顺风向顶点最大加速度（m/s²）；
　　　μ_s——风荷载体型系数；
　　　μ_r——重现期调整系数，取重现期为 10 年时的系数 0.76；
　　　w_0——基本风压，取 0.55kN/m²，对重要建筑和 B 级筒体结构，另乘系数 1.1；
　　　ξ、ν——分别为脉动增大系数和脉动影响系数，按《荷载规范》（2006 年版）的规定采用；

A——建筑物总迎风面积（m^2）；

m_{tot}——建筑物总质量（t）。

2）横风向顶点最大加速度

$$a_{tr}=\frac{b_r}{T_t^2}\cdot\frac{\sqrt{BL}}{\gamma_B\sqrt{\zeta_{t,cr}}}$$

$$b_r=2.05\times10^{-4}\left(\frac{v_{n,m}T_t}{\sqrt{BL}}\right)^{3.3}\quad(kN/m^3)$$

式中　a_{tr}——横风向顶点最大加速（m/s^2）；

$v_{n,m}$——建筑物顶点平均风速（m/s），$v_{n,m}=40\sqrt{\mu_s\mu_z w_0}$；

μ_z——风压高度变化系数；

γ_B——建筑物所受的平均重度（kN/m^3）；

$\zeta_{t,cr}$——建筑物横风向的临界阻尼比值；

T_t——建筑物横风向第一自振周期（s）；

B、L——分别为建筑物平面的宽度和长度（m）。

楼盖结构宜具有适宜的刚度、质量及阻尼，其竖向振动舒适度应符合《高规》3.7.7条的规定。

七、承载能力极限状态计算

1. 《混凝土规范》

3.3.1 混凝土结构的承载能力极限状态计算应包括下列内容：

1 结构构件应进行承载力（包括失稳）计算；

2 直接承受重复荷载的构件应进行疲劳验算；

3 有抗震设防要求时，应进行抗震承载力计算；

4 必要时尚应进行结构的倾覆、滑移、漂浮验算；

5 对于可能遭受偶然作用，且倒塌可能引起严重后果的重要结构，宜进行防连续倒塌设计。

条文说明： 本条列出了各类设计状况下的结构构件承载能力极限状态计算应考虑的内容。

对只承受安装或检修用吊车的构件，根据使用情况和设计经验可不作疲劳验算。

在各种偶然作用（罕遇自然灾害、人为过失以及爆炸、撞击、火灾等人为灾害）下，混凝土结构应能保证必要的整体稳固性。因此本次修订对倒塌可能引起严重后果的特别重要结构，增加了防连续倒塌设计的要求。

3.3.2 对持久设计状况、短暂设计状况和地震设计状况，当用内力的形式表达时，结构构件应采用下列承载能力极限状态设计表达式：

$$\gamma_0 S\leqslant R \tag{3.3.2-1}$$

$$R=R(f_c,f_s,a_k,\cdots)/\gamma_{Rd} \tag{3.3.2-2}$$

式中：γ_0——结构重要性系数：在持久设计状况和短暂设计状况下，对安全等级为一级的

结构构件不应小于 **1.1**，对安全等级为二级的结构构件不应小于 **1.0**，对安全等级为三级的结构构件不应小于 **0.9**；对地震设计状况下应取 **1.0**；

S——承载能力极限状态下作用组合的效应设计值：对持久设计状况和短暂设计状况应按作用的基本组合计算；对地震设计状况应按作用的地震组合计算；

R——结构构件的抗力设计值；

$R\ (\cdot)$——结构构件的抗力函数；

γ_{Rd}——结构构件的抗力模型不定性系数：静力设计取 **1.0**，对不确定性较大的结构构件根据具体情况取大于 **1.0** 的数值；抗震设计应用承载力抗震调整系数 γ_{RE} 代替 γ_{Rd}；

f_c、f_s——混凝土、钢筋的强度设计值，应根据本规范第 **4.1.4** 条及第 **4.2.3** 条的规定取值；

a_k——几何参数的标准值，当几何参数的变异性对结构性能有明显的不利影响时，应增减一个附加值。

注：公式（3.3.2-1）中的 $\gamma_0 S$ 为内力设计值，在本规范各章中用 N、M、V、T 等表达。

条文说明：本条为承载能力极限状态设计的基本表达式，适用于本规范结构构件的承载力计算。

当几何参数的变异性对结构性能有明显影响时，需考虑其不利影响。例如，薄板的截面有效高度的变异性对薄板正截面承载力有明显影响，在计算截面有效高度时宜考虑施工允许偏差带来的不利影响。

3.3.3 对二维、三维混凝土结构构件，当按弹性或弹塑性方法分析并以应力形式表达时，可将混凝土应力按区域等代成内力设计值，按本规范第3.3.2条进行计算；也可直接采用多轴强度准则进行设计验算。

3.3.4 对偶然作用下的结构进行承载能力极限状态设计时，公式（3.3.2-1）中的作用效应设计值 S 按偶然组合计算，结构重要性系数 γ_0 取不小于 1.0 的数值；公式（3.3.2-2）中混凝土、钢筋的强度设计值 f_c、f_s 改用强度标准值 f_{ck}、f_{yk}（或 f_{pyk}）。

当进行结构防连续倒塌验算时，结构构件的承载力函数应按本规范第3.6节的原则确定。

3.3.5 对既有结构的承载能力极限状态设计，应按下列规定进行：

1 对既有结构进行安全复核、改变用途或延长使用年限而需验算承载能力极限状态时，宜符合本规范第3.3.2条的规定；

2 对既有结构进行改建、扩建或加固改造而重新设计时，承载能力极限状态的计算应符合本规范第3.7节的规定。

2.《高规》

3.8.1 高层建筑结构构件的承载力应按下列公式验算：

持久设计状况、短暂设计状况

$$\gamma_0 S_d \leqslant R_d \qquad (3.8.1\text{-}1)$$

地震设计状况 $$S_d \leqslant R_d / \gamma_{RE} \qquad (3.8.1\text{-}2)$$

式中：γ_0——结构重要性系数，对安全等级为一级的结构构件不应小于 **1.1**，对安全等级为二级的结构构件不应小于 **1.0**；

S_d——作用组合的效应设计值，应符合本规程第 5.6.1~5.6.4 条的规定；

R_d——构件承载力设计值；

γ_{RE}——构件承载力抗震调整系数。

3.8.2 抗震设计时，钢筋混凝土构件的承载力抗震调整系数应按表 3.8.2 采用；型钢混凝土构件和钢构件的承载力抗震调整系数应按本规程第 11.1.7 条的规定采用。当仅考虑竖向地震作用组合时，各类结构构件的承载力抗震调整系数均应取为 1.0。

表 3.8.2　承载力抗震调整系数

构件类别	梁	轴压比小于 0.15 的柱	轴压比不小于 0.15 的柱	剪力墙		各类构件	节点
受力状态	受弯	偏压	偏压	偏压	局部承压	受剪、偏拉	受剪
γ_{RE}	0.75	0.75	0.80	0.85	1.0	0.85	0.85

八、正常使用极限状态验算（《混凝土规范》）

3.4.1 混凝土结构构件应根据其使用功能及外观要求，按下列规定进行正常使用极限状态验算：

1 对需要控制变形的构件，应进行变形验算；

2 对不允许出现裂缝的构件，应进行混凝土拉应力验算；

3 对允许出现裂缝的构件，应进行受力裂缝宽度验算；

4 对舒适度有要求的楼盖结构，应进行竖向自振频率验算。

3.4.2 对于正常使用极限状态，钢筋混凝土构件、预应力混凝土构件应分别按荷载的准永久组合并考虑长期作用的影响或标准组合并考虑长期作用的影响，采用下列极限状态设计表达式进行验算：

$$S \leqslant C \tag{3.4.2}$$

式中：S——正常使用极限状态荷载组合的效应设计值；

C——结构构件达到正常使用要求所规定的变形、应力、裂缝宽度和自振频率等的限值。

条文说明： 对正常使用极限状态，89 版规范规定按荷载的持久性采用两种组合：短期效应组合和长期效应组合。02 版规范根据《建筑结构可靠度设计统一标准》GB 50068 的规定，将荷载的短期效应组合、长期效应组合改称为荷载效应的标准组合、准永久组合。在标准组合中，含有起控制作用的一个可变荷载标准值效应；在准永久组合中，含有可变荷载准永久值效应。这就使荷载效应组合的名称与荷载代表值的名称相对应。

本次修订对构件挠度、裂缝宽度计算采用的荷载组合进行了调整，对钢筋混凝土构件改为采用荷载准永久组合并考虑长期作用的影响；对预应力混凝土构件仍采用荷载标准组合并考虑长期作用的影响。

3.4.3 钢筋混凝土受弯构件的最大挠度应按荷载的准永久组合，预应力混凝土受弯构件的最大挠度应按荷载的标准组合，并均应考虑荷载长期作用的影响进行计算，其计算值不应超过表 3.4.3 规定的挠度限值。

表 3.4.3 受弯构件的挠度限值

构件类型		挠度限值
吊车梁	手动吊车	$l_0/500$
	电动吊车	$l_0/600$
屋盖、楼盖及楼梯构件	当 $l_0<7\text{m}$ 时	$l_0/200$（$l_0/250$）
	当 $7\text{m}\leqslant l_0\leqslant 9\text{m}$ 时	$l_0/250$（$l_0/300$）
	当 $l_0>9\text{m}$ 时	$l_0/300$（$l_0/400$）

注：1 表中 l_0 为构件的计算跨度；计算悬臂构件的挠度限值时，其计算跨度 l_0 按实际悬臂长度的2倍取用；
　　2 表中括号内的数值适用于使用上对挠度有较高要求的构件；
　　3 如果构件制作时预先起拱，且使用上也允许，则在验算挠度时，可将计算所得的挠度值减去起拱值；对预应力混凝土构件，尚可减去预加力所产生的反拱值；
　　4 构件制作时的起拱值和预加力所产生的反拱值，不宜超过构件在相应荷载组合作用下的计算挠度值。

条文说明： 构件变形挠度的限值应以不影响结构使用功能、外观及与其他构件的连接等要求为目的。工程实践表明，原规范验算的挠度限值基本合适，本次修订未作改动。

3.4.4 结构构件正截面的受力裂缝控制等级分为三级，等级划分及要求应符合下列规定：

一级——严格要求不出现裂缝的构件，按荷载标准组合计算时，构件受拉边缘混凝土不应产生拉应力。

二级——一般要求不出现裂缝的构件，按荷载标准组合计算时，构件受拉边缘混凝土拉应力不应大于混凝土抗拉强度的标准值。

三级——允许出现裂缝的构件：对钢筋混凝土构件，按荷载准永久组合并考虑长期作用影响计算时，构件的最大裂缝宽度不应超过本规范表3.4.5规定的最大裂缝宽度限值。对预应力混凝土构件，按荷载标准组合并考虑长期作用的影响计算时，构件的最大裂缝宽度不应超过本规范第3.4.5条规定的最大裂缝宽度限值；对二 a 类环境的预应力混凝土构件，尚应按荷载准永久组合计算，且构件受拉边缘混凝土的拉应力不应大于混凝土的抗拉强度标准值。

3.4.5 结构构件应根据结构类型和本规范第3.5.2条规定的环境类别，按表3.4.5的规定选用不同的裂缝控制等级及最大裂缝宽度限值 $w_{\lim}$。

表 3.4.5 结构构件的裂缝控制等级及最大裂缝宽度的限值（mm）

环境类别	钢筋混凝土结构		预应力混凝土结构	
	裂缝控制等级	$w_{\lim}$	裂缝控制等级	$w_{\lim}$
一	三级	0.30（0.40）	三级	0.20
二 a		0.20		0.10
二 b			二级	—
三 a、三 b			一级	—

注：1 对处于年平均相对湿度小于60％地区一类环境下的受弯构件，其最大裂缝宽度限值可采用括号内的数值；
　　2 在一类环境下，对钢筋混凝土屋架、托架及需作疲劳验算的吊车梁，其最大裂缝宽度限值应取为0.20mm；对钢筋混凝土屋面梁和托梁，其最大裂缝宽度限值应取为0.30mm；
　　3 在一类环境下，对预应力混凝土屋架、托架及双向板体系，应按二级裂缝控制等级进行验算；对一类环境下的预应力混凝土屋面梁、托梁、单向板，应按表中二 a 类环境的要求进行验算；在一类和二 a 类环境下需作疲劳验算的预应力混凝土吊车梁，应按裂缝控制等级不低于二级的构件进行验算；
　　4 表中规定的预应力混凝土构件的裂缝控制等级和最大裂缝宽度限值仅适用于正截面的验算；预应力混凝土构件的斜截面裂缝控制验算应符合本规范第7章的有关规定；
　　5 对于烟囱、筒仓和处于液体压力下的结构，其裂缝控制要求应符合专门标准的有关规定；
　　6 对于处于四、五类环境下的结构构件，其裂缝控制要求应符合专门标准的有关规定；
　　7 表中的最大裂缝宽度限值为用于验算荷载作用引起的最大裂缝宽度。

条文说明：本条对于裂缝宽度限值的要求基本依据原规范，并按新增的环境类别进行了调整。

室内正常环境条件（一类环境）下钢筋混凝土构件最大裂缝剖形观察结果表明，不论裂缝宽度大小、使用时间长短、地区湿度高低，凡钢筋上不出现结露或水膜，则其裂缝处钢筋基本上未发现明显的锈蚀现象；国外的一些工程调查结果也表明了同样的观点。因此对于采用普通钢筋配筋的混凝土结构构件的裂缝宽度限值，考虑了现行国内外规范的有关规定，并参考了耐久性专题研究组对裂缝的调查结果，规定了裂缝宽度的限值。而对钢筋混凝土屋架、托架、主要屋面承重结构等构件，根据以往的工程经验，裂缝宽度限值宜从严控制；对吊车梁的裂缝宽度限值，也适当从严控制，分别在表注中作出了具体规定。

对处于露天或室内潮湿环境（二类环境）条件下的钢筋混凝土构件，剖形观察结果表明，裂缝处钢筋都有不同程度的表面锈蚀，而当裂缝宽度小于或等于 0.2mm 时，裂缝处钢筋上只有轻微的表面锈蚀。根据上述情况，并参考国内外有关资料，规定最大裂缝宽度限值采用 0.20mm。

对使用除冰盐等的三类环境，锈蚀试验及工程实践表明，钢筋混凝土结构构件的受力裂缝宽度对耐久性的影响不是太大，故仍允许存在受力裂缝。参考国内外有关规范，规定最大裂缝宽度限值为 0.2mm。

对采用预应力钢丝、钢绞线及预应力螺纹钢筋的预应力混凝土构件，考虑到钢丝直径较小等原因，一旦出现裂缝会影响结构耐久性，故适当加严。本条规定在室内正常环境下控制裂缝宽度采用 0.20mm；在露天环境（二 a 类）下控制裂缝宽度 0.10mm。

需指出，当混凝土保护层较大时，虽然受力裂缝宽度计算值也较大，但较大的混凝土保护层厚度对防止裂缝锈蚀是有利的。因此，对混凝土保护层厚度较大的构件，当在外观的要求上允许时，可根据实践经验，对表 3.4.5 中规范的裂缝宽度允许值作适当放大。

3.4.6 对混凝土楼盖结构应根据使用功能的要求进行竖向自振频率验算，并宜符合下列要求：

1 住宅和公寓不宜低于 5Hz；

2 办公楼和旅馆不宜低于 4Hz；

3 大跨度公共建筑不宜低于 3Hz。

条文说明：本条提出了控制楼盖竖向自振频率的限值。对跨度较大的楼盖及业主有要求时，可按本条执行。一般楼盖的竖向自振频率可采用简化方法计算。对有特殊要求工业建筑，可参照现行国家标准《多层厂房楼盖结构抗微振设计规范》GB 50190 进行验算。

九、抗　震　等　级

1.《抗规》

6.1.2 钢筋混凝土房屋应根据设防类别、烈度、结构类型和房屋高度采用不同的抗震等级，并应符合相应的计算和构造措施要求。丙类建筑的抗震等级应按表 **6.1.2** 确定。

表6.1.2　现浇钢筋混凝土房屋的抗震等级

结构类型			设防烈度									
			6		**7**			**8**			**9**	
框架结构	高度（m）		≤24	>24	≤24	>24		≤24	>24		≤24	
	框架		四	三	三	二		二	一		一	
	大跨度框架		三		二			一			一	
框架-抗震墙结构	高度（m）		≤60	>60	≤24	25~60	>60	≤24	25~60	>60	≤24	25~50
	框架		四	三	四	三	二	三	二	一	二	一
	抗震墙		三		三		二	二		一	一	
抗震墙结构	高度（m）		≤80	>80	≤24	25~80	>80	≤24	25~80	>80	≤24	25~60
	剪力墙		四	三	四	三	二	三	二	一	二	一
部分框支抗震墙结构	高度（m）		≤80	>80	≤24	25~80	>80	≤24	25~80			
	抗震墙	一般部位	四	三	四	三	二	三	二			
		加强部位	三	二	三	二	一	二	一			
	框支层框架		二		二			二				
框架-核心筒结构	框架		三		二			一			一	
	核心筒		二		二			一			一	
筒中筒结构	外筒		三		二			一			一	
	内筒		三		二			一			一	
板柱-抗震墙结构	高度（m）		≤35	>35	≤35	>35		≤35	>35			
	框架、板柱的柱		三	二	二	二		二	一			
	抗震墙		二	二	二	二		二	二			

注：1　建筑场地为Ⅰ类时，除6度外应允许按表内降低一度所对应的抗震等级采取抗震构造措施，但相应的计算要求不应降低；

　　2　接近或等于高度分界时，应允许结合房屋不规则程度及场地、地基条件确定抗震等级；

　　3　大跨度框架指跨度不小于18m的框架；

　　4　高度不超过60m的框架-核心筒结构按框架-抗震墙的要求设计时，应按表中框架-抗震墙结构的规定确定其抗震等级。

条文说明：钢筋混凝土房屋结构应根据抗震等级采取相应的抗震措施。抗震措施包括抗震计算时的内力调整措施和各种抗震构造措施。因此，乙类建筑应提高一度查表6.1.2确定其抗震等级。

6.1.3　钢筋混凝土房屋抗震等级的确定，尚应符合下列要求：

　　1　设置少量抗震墙的框架结构，在规定的水平力作用下，底层框架部分所承担的地震倾覆力矩大于结构总地震倾覆力矩的50%时，其框架的抗震等级应按框架结构确定，抗震墙的抗震等级可与其框架的抗震等级相同。

注：底层指计算嵌固端所在的层。

2 裙房与主楼相连，除应按裙房本身确定抗震等级外，相关范围不应低于主楼的抗震等级；主楼结构在裙房顶板对应的相邻上下各一层应适当加强抗震构造措施。裙房与主楼分离时，应按裙房本身确定抗震等级。

3 当地下室顶板作为上部结构的嵌固部位时，地下一层的抗震等级应与上部结构相同，地下一层以下抗震构造措施的抗震等级可逐层降低一级，但不应低于四级。地下室中无上部结构的部分，抗震构造措施的抗震等级可根据具体情况采用三级或四级。

4 当甲乙类建筑按规定提高一度确定其抗震等级而房屋的高度超过本规范表 6.1.2 相应规定的上界时，应采取比一级更有效的抗震构造措施。

注：本章"一、二、三、四级"即"抗震等级为一、二、三、四级"的简称。

条文说明：本条是关于混凝土结构抗震等级的进一步补充规定。

1 关于框架和抗震墙组成的结构的抗震等级。设计中有三种情况：其一，个别或少量框架，此时结构属于抗震墙体系的范畴，其抗震墙的抗震等级，仍按抗震墙结构确定；框架的抗震等级可参照框架-抗震墙结构的框架确定。其二，当框架-抗震墙结构有足够的抗震墙时，其框架部分是次要抗侧力构件，按本规范表 6.1.2 框架-抗震墙结构确定抗震等级；89 规范要求其抗震墙底部承受的地震倾覆力矩不小于结构底部总地震倾覆力矩的 50％。其三，墙体很少，即 2001 规范规定"在基本振型地震作用下，框架部分承受的地震倾覆力矩大于结构总地震倾覆力矩的 50％"，其框架部分的抗震等级应按框架结构确定。对于这类结构，本次修订进一步明确以下几点：一是将"在基本振型地震作用下"改为"在规定的水平力作用下"，"规定的水平力"的含义见本规范第 3.4 节；二是明确底层框架部分所承担的地震倾覆力矩大于结构总地震倾覆力矩的 50％时仍属于框架结构范畴；三是删除了"最大适用高度可比框架结构适当增加"的规定；四是补充规定了其抗震墙的抗震等级。

框架部分按刚度分配的地震倾覆力矩的计算公式，保持 2001 规范的规定不变：

$$M_c = \sum_{i=1}^{n} \sum_{j=1}^{m} V_{ij} h_i$$

式中：M_c——框架-抗震墙结构在规定的侧向力作用下框架部分分配的地震倾覆力矩；

n——结构层数；

m——框架 i 层的柱根数；

V_{ij}——第 i 层第 j 根框架柱的计算地震剪力；

h_i——第 i 层层高。

在框架结构中设置少量抗震墙，往往是为了增大框架结构的刚度、满足层间位移角限值的要求，仍然属于框架结构范畴，但层间位移角限值需按底层框架部分承担倾覆力矩的大小，在框架结构和框架-抗震墙结构两者的层间位移角限值之间偏于安全内插。

2 关于裙房的抗震等级。裙房与主楼相连，主楼结构在裙房顶板对应的上下各一层受刚度与承载力突变影响较大，抗震构造措施需要适当加强。裙房与主楼之间设防震缝，在大震作用下可能发生碰撞，该部位也需要采取加强措施。

裙房与主楼相连的相关范围，一般可从主楼周边外延 3 跨且不小于 20m，相关范围以外的区域可按裙房自身的结构类型确定其抗震等级。裙房偏置时，其端部有较大扭转效应，也需要加强。

3 关于地下室的抗震等级。带地下室的多层和高层建筑，当地下室结构的刚度和受剪承载力比上部楼层相对较大时（参见本规范第 6.1.14 条），地下室顶板可视作嵌固部位，在地震作用下的屈服部位将发生在地上楼层，同时将影响到地下一层。地面以下地震响应逐渐减小，规定地下一层的抗震等级不能降低；而地下一层以下不要求计算地震作用，规定其抗震构造措施的抗震等级可逐层降低（图 11）。

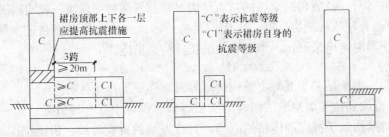

图 11 裙房和地下室的抗震等级

4 关于乙类建筑的抗震等级。根据《建筑工程抗震设防分类标准》GB 50223 的规定，乙类建筑应按提高一度查本规范表 6.1.2 确定抗震等级（内力调整和构造措施）。本规范第 6.1.1 条规定，乙类建筑的钢筋混凝土房屋可按本地区抗震设防烈度确定其适用的最大高度，于是可能出现 7 度乙类的框支结构房屋和 8 度乙类的框架结构、框架-抗震墙结构、部分框支抗震墙结构、板柱-抗震墙结构的房屋提高一度后，其高度超过本规范表 6.1.2 中抗震等级为一级的高度上界。此时，内力调整不提高，只要求抗震构造措施"高于一级"，大体与《高层建筑混凝土结构技术规程》JGJ 3 中特一级的构造要求相当。

2.《高规》

3.9.1 各抗震设防类别的高层建筑结构，其抗震措施应符合下列要求：

1 甲类、乙类建筑：应按本地区抗震设防烈度提高一度的要求加强其抗震措施，但抗震设防烈度为 9 度时应按比 9 度更高的要求采取抗震措施；当建筑场地为 I 类时，应允许仍按本地区抗震设防烈度的要求采取抗震构造措施。

2 丙类建筑：应按本地区抗震设防烈度确定其抗震措施；当建筑场地为 I 类时，除 6 度外，应允许按本地区抗震设防烈度降低一度的要求采取抗震构造措施。

3.9.2 当建筑场地为 III、IV 类时，对设计基本地震加速度为 0.15g 和 0.30g 的地区，宜分别按抗震设防烈度 8 度（0.20g）和 9 度（0.40g）时各类建筑的要求采取抗震构造措施。

3.9.3 抗震设计时，高层建筑钢筋混凝土结构构件应根据抗震设防分类、烈度、结构类型和房屋高度采用不同的抗震等级，并应符合相应的计算和构造措施要求。A 级高度丙类建筑钢筋混凝土结构的抗震等级应按表 3.9.3 确定。当本地区的设防烈度为 9 度时，A 级高度乙类建筑的抗震等级应按特一级采用，甲类建筑应采取更有效的抗震措施。

注：本规程"特一级和一、二、三、四级"即"抗震等级为特一级和一、二、三、四级"的简称。

表 3.9.3　A 级高度的高层建筑结构抗震等级

结构类型		烈　　度						
		6 度		7 度		8 度		9 度
框架结构		三		二		一		一
框架-剪力墙结构	高度（m）	≤60	>60	≤60	>60	≤60	>60	≤50
	框架	四	三	三	二	二	一	一
	剪力墙	三		三	二	二	一	一
剪力墙结构	高度（m）	≤80	>80	≤80	>80	≤80	>80	≤60
	剪力墙	四	三	三	二	二	一	一
部分框支剪力墙结构	非底部加强部位的剪力墙	四	三	三	二	二		
	底部加强部位的剪力墙	三	二	二	一	一		
	框支框架	二	一	一	一			
筒体结构	框架-核心筒 框架	三		二		一		一
	框架-核心筒 核心筒	二		二		一		一
	筒中筒 内筒	三		二		一		一
	筒中筒 外筒	三		二		一		一
板柱-剪力墙结构	高度	≤35	>35	≤35	>35	≤35	>35	
	框架、板柱及柱上板带	三	二	二	二	一	一	
	剪力墙	二	二	二	二	二	一	

注：1　接近或等于高度分界时，应结合房屋不规则程度及场地、地基条件适当确定抗震等级；
　　2　底部带转换层的筒体结构，其转换框架的抗震等级应按表中部分框支剪力墙结构的规定采用；
　　3　当框架-核心筒结构的高度不超过 60m 时，其抗震等级应允许按框架-剪力墙结构采用。

3.9.4　抗震设计时，B 级高度丙类建筑钢筋混凝土结构的抗震等级应按表 3.9.4 确定。

表 3.9.4　B 级高度的高层建筑结构抗震等级

结 构 类 型		烈　　度		
		6 度	7 度	8 度
框架-剪力墙	框架	二	一	一
	剪力墙	二	一	特一
剪力墙	剪力墙	二	一	一
部分框支剪力墙	非底部加强部位剪力墙	二	一	一
	底部加强部位剪力墙	一	一	特一
	框支框架	一	特一	特一

续表 3.9.4

结构类型		烈 度		
		6 度	7 度	8 度
框架-核心筒	框架	二	—	—
	筒体	二	—	特一
简中筒	外筒	二	—	特一
	内筒	二	—	特一

注：底部带转换层的简体结构，其转换框架和底部加强部位简体的抗震等级应按表中部分框支剪力墙结构的规定采用。

3.9.5 抗震设计的高层建筑，当地下室顶层作为上部结构的嵌固端时，地下一层相关范围的抗震等级应按上部结构采用，地下一层以下抗震构造措施的抗震等级可逐层降低一级，但不应低于四级；地下室中超出上部主楼相关范围且无上部结构的部分，其抗震等级可根据具体情况采用三级或四级。

条文说明："相关范围"一般指主楼周边外延 1～2 跨的地下室范围。

3.9.6 抗震设计时，与主楼连为整体的裙房的抗震等级，除应按裙房本身确定外，相关范围不应低于主楼的抗震等级；主楼结构在裙房顶板上、下各一层应适当加强抗震构造措施。裙房与主楼分离时，应按裙房本身确定抗震等级。

条文说明："相关范围"，一般指主楼周边外延不少于三跨的裙房结构，相关范围以外的裙房可按裙房自身的结构类型确定抗震等级。

3.9.7 甲、乙类建筑按本规程第 3.9.1 条提高一度确定抗震措施时，或Ⅲ、Ⅳ类场地且设计基本地震加速度为 0.15g 和 0.30g 的丙类建筑按本规程第 3.9.2 条提高一度确定抗震构造措施时，如果房屋高度超过提高一度后对应的房屋最大适用高度，则应采取比对应抗震等级更有效的抗震构造措施。

3.10.1 特一级抗震等级的钢筋混凝土构件除应符合一级钢筋混凝土构件的所有设计要求外，尚应符合本节的有关规定。

3.10.2 特一级框架柱应符合下列规定：

    1 宜采用型钢混凝土柱、钢管混凝土柱；

    2 柱端弯矩增大系数 η_c、柱端剪力增大系数 η_{vc} 应增大 20%；

    3 钢筋混凝土柱柱端加密区最小配箍特征值 λ_v 应按本规程表 6.4.7 规定的数值增加 0.02 采用；全部纵向钢筋构造配筋百分率，中、边柱不应小于 1.4%，角柱不应小于 1.6%。

3.10.3 特一级框架梁应符合下列规定：

    1 梁端剪力增大系数 η_{vb} 应增大 20%；

    2 梁端加密区箍筋最小面积配筋率应增大 10%。

3.10.4 特一级框支柱应符合下列规定：

　　1　宜采用型钢混凝土柱、钢管混凝土柱。

　　2　底层柱下端及与转换层相连的柱上端的弯矩增大系数取 1.8，其余层柱端弯矩增大系数 η_c 应增大 20%；柱端剪力增大系数 η_{vc} 应增大 20%；地震作用产生的柱轴力增大系数取 1.8，但计算柱轴压比时可不计该项增大。

　　3　钢筋混凝土柱柱端加密区最小配箍特征值 λ_v 应按本规程表 6.4.7 的数值增大 0.03 采用，且箍筋体积配箍率不应小于 1.6%；全部纵向钢筋最小构造配筋百分率取 1.6%。

3.10.5　特一级剪力墙、筒体墙应符合下列规定：

　　1　底部加强部位的弯矩设计值应乘以 1.1 的增大系数，其他部位的弯矩设计值应乘以 1.3 的增大系数；底部加强部位的剪力设计值，应按考虑地震作用组合的剪力计算值的 1.9 倍采用，其他部位的剪力设计值，应按考虑地震作用组合的剪力计算值的 1.4 倍采用。

　　2　一般部位的水平和竖向分布钢筋最小配筋率应取为 0.35%，底部加强部位的水平和竖向分布钢筋的最小配筋率应取为 0.40%。

　　3　约束边缘构件纵向钢筋最小构造配筋率应取为 1.4%，配箍特征值宜增大 20%；构造边缘构件纵向钢筋的配筋率不应小于 1.2%。

　　4　框支剪力墙结构的落地剪力墙底部加强部位边缘构件宜配置型钢，型钢宜向上、下各延伸一层。

　　5　连梁的要求同一级。

十、耐久性设计（《混凝土规范》）

3.5.1　混凝土结构应根据设计使用年限和环境类别进行耐久性设计，耐久性设计包括下列内容：

　　1　确定结构所处的环境类别；

　　2　提出对混凝土材料的耐久性基本要求；

　　3　确定构件中钢筋的混凝土保护层厚度；

　　4　不同环境条件下的耐久性技术措施；

　　5　提出结构使用阶段的检测与维护要求。

　　注：对临时性的混凝土结构，可不考虑混凝土的耐久性要求。

　　条文说明：混凝土结构的耐久性按正常使用极限状态控制，特点是随时间发展因材料劣化而引起性能衰减。耐久性极限状态表现为：钢筋混凝土构件表面出现锈胀裂缝；预应力筋开始锈蚀；结构表面混凝土出现可见的耐久性损伤（酥裂、粉化等）。材料劣化进一步发展还可能引起构件承载力问题，甚至发生破坏。

　　由于影响混凝土结构材料性能劣化的因素比较复杂，其规律不确定性很大，一般建筑结构的耐久性设计只能采用经验性的定性方法解决。参考现行国家标准《混凝土结构耐久性设计规范》GB/T 50476 的规定，根据调查研究及我国国情，并考虑房屋建筑混凝土结构的特点加以简化和调整，本规范规定了混凝土结构耐久性定性设计的基本内容。

3.5.2　混凝土结构暴露的环境类别应按表 3.5.2 的要求划分。

表 3.5.2　混凝土结构的环境类别

环境类别	条　件
一	室内干燥环境； 无侵蚀性静水浸没环境
二 a	室内潮湿环境； 非严寒和非寒冷地区的露天环境； 非严寒和非寒冷地区与无侵蚀性的水或土壤直接接触的环境； 严寒和寒冷地区的冰冻线以下与无侵蚀性的水或土壤直接接触的环境
二 b	干湿交替环境； 水位频繁变动环境； 严寒和寒冷地区的露天环境； 严寒和寒冷地区冰冻线以上与无侵蚀性的水或土壤直接接触的环境
三 a	严寒和寒冷地区冬季水位变动区环境； 受除冰盐影响环境； 海风环境
三 b	盐渍土环境； 受除冰盐作用环境； 海岸环境
四	海水环境
五	受人为或自然的侵蚀性物质影响的环境

注：　1　室内潮湿环境是指构件表面经常处于结露或湿润状态的环境；
　　　2　严寒和寒冷地区的划分应符合现行国家标准《民用建筑热工设计规范》GB 50176 的有关规定；
　　　3　海岸环境和海风环境宜根据当地情况，考虑主导风向及结构所处迎风、背风部位等因素的影响，由调查研究和工程经验确定；
　　　4　受除冰盐影响环境是指受到除冰盐盐雾影响的环境；受除冰盐作用环境是指被除冰盐溶液溅射的环境以及使用除冰盐地区的洗车房、停车楼等建筑；
　　　5　暴露的环境是指混凝土结构表面所处的环境。

条文说明：环境类别是指混凝土暴露表面所处的环境条件，设计可根据实际情况确定适当的环境类别。

干湿交替主要指室内潮湿、室外露天、地下水浸润、水位变动的环境。由于水和氧的反复作用，容易引起钢筋锈蚀和混凝土材料劣化。

非严寒和非寒冷地区与严寒和寒冷地区的区别主要在于有无冰冻及冻融循环现象。关于严寒和寒冷地区的定义，《民用建筑热工设计规范》GB 50176－93规定如下：严寒地区：最冷月平均温度低于或等于－10℃，日平均温度低于或等于 5℃的天数不少于 145d 的地区；寒冷地区：最冷月平均温度高于－10℃、低于或等于 0℃，日平均温度低于或等于 5℃的天数不少于 90d 且少于 145d 的地区。也可参考该规范的附录采用。各地可根据当地气象台站的气象参数确定所属气候区域，也可根据《建筑气象参数标准》JGJ 35 提供的参数确定所属气候区域。

三类环境主要是指近海海风、盐渍土及使用除冰盐的环境。滨海室外环境与盐渍土地区的地下结构、北方城市冬季依靠喷洒盐水消除冰雪而对立交桥、周边结构及停车楼，都可能造成钢筋腐蚀的影响。

四类和五类环境的详细划分和耐久性设计方法不再列入本规范，它们由有关的标准规范解决。

3.5.3 设计使用年限为 50 年的混凝土结构，其混凝土材料宜符合表 3.5.3 的规定。

表 3.5.3 结构混凝土材料的耐久性基本要求

环境等级	最大水胶比	最低强度等级	最大氯离子含量（%）	最大碱含量（kg/m³）
一	0.60	C20	0.30	不限制
二 a	0.55	C25	0.20	
二 b	0.50（0.55）	C30（C25）	0.15	
三 a	0.45（0.50）	C35（C30）	0.15	3.0
三 b	0.40	C40	0.10	

注：1 氯离子含量系指其占胶凝材料总量的百分比；
    2 预应力构件混凝土中的最大氯离子含量为 0.06%；其最低混凝土强度等级宜按表中的规定提高两个等级；
    3 素混凝土构件的水胶比及最低强度等级的要求可适当放松；
    4 有可靠工程经验时，二类环境中的最低混凝土强度等级可降低一个等级；
    5 处于严寒和寒冷地区二 b、三 a 类环境中的混凝土应使用引气剂，并可采用括号中的有关参数；
    6 当使用非碱活性骨料时，对混凝土中的碱含量可不作限制。

条文说明： 混凝土材料的质量是影响结构耐久性的内因。根据对既有混凝土结构耐久性状态的调查结果和混凝土材料性能的研究，从材料抵抗性能退化的角度，表 3.5.3 提出了设计使用年限为 50 年的结构混凝土材料耐久性的基本要求。

影响耐久性的主要因素是：混凝土的水胶比、强度等级、氯离子含量和碱含量。近年来水泥中多加入不同的掺合料，有效胶凝材料含量不确定性较大，故配合比设计的水灰比难以反映有效成分的影响。本次修订改用胶凝材料总量作水胶比及各种含量的控制，原规范中的"水灰比"改成"水胶比"，并删去了对于"最小水泥用量"的限制。混凝土的强度反映了其密实度而影响耐久性，故也提出了相应的要求。

试验研究及工程实践均表明，在冻融循环环境中采用引气剂的混凝土抗冻性能可显著改善。故对采用引气剂抗冻的混凝土，可以适当降低强度等级的要求，采用括号中的数值。

长期受到水作用的混凝土结构，可能引发碱骨料反应。对一类环境中的房屋建筑混凝土结构则可不作碱含量限制；对其他环境中混凝土结构应考虑碱含量的影响，计算方法可参考协会标准《混凝土碱含量限值标准》CECS 53：93。

试验研究及工程实践均表明：混凝土的碱性可使钢筋表面钝化，免遭锈蚀；而氯离子引起钢筋脱钝和电化学腐蚀，会严重影响混凝土结构的耐久性。本次修订加严了氯离子含量的限值。为控制氯离子含量，应严格限制使用含功能性氯化物的外加剂（例如含氯化钙的促凝剂等）。

3.5.4 混凝土结构及构件尚应采取下列耐久性技术措施：

1 预应力混凝土结构中的预应力筋应根据具体情况采取表面防护、孔道灌浆、加大混凝土保护层厚度等措施，外露的锚固端应采取封锚和混凝土表面处理等有效措施；

2 有抗渗要求的混凝土结构，混凝土的抗渗等级应符合有关标准的要求；

3 严寒及寒冷地区的潮湿环境中，结构混凝土应满足抗冻要求，混凝土抗冻等级应符合有关标准的要求；

4 处于二、三类环境中的悬臂构件宜采用悬臂梁-板的结构形式，或在其上表面增设防护层；

5 处于二、三类环境中的结构构件，其表面的预埋件、吊钩、连接件等金属部件应采取可靠的防锈措施，对于后张预应力混凝土外露金属锚具，其防护要求见本规范第10.3.13条；

6 处在三类环境中的混凝土结构构件，可采用阻锈剂、环氧树脂涂层钢筋或其他具有耐腐蚀性能的钢筋、采取阴极保护措施或采用可更换的构件等措施。

3.5.5 一类环境中，设计使用年限为100年的混凝土结构应符合下列规定：

1 钢筋混凝土结构的最低强度等级为C30；预应力混凝土结构的最低强度等级为C40；

2 混凝土中的最大氯离子含量为0.06%；

3 宜使用非碱活性骨料，当使用碱活性骨料时，混凝土中的最大碱含量为3.0kg/m³；

4 混凝土保护层厚度应符合本规范第8.2.1条的规定；当采取有效的表面防护措施时，混凝土保护层厚度可适当减小。

3.5.6 二、三类环境中，设计使用年限100年的混凝土结构应采取专门的有效措施。

条文说明： 调查分析表明，国内实际使用超过100年的混凝土结构不多，但室内正常环境条件下实际使用70～80年的房屋建筑混凝土结构大多基本完好。因此在适当加严混凝土材料的控制、提高混凝土强度等级和保护层厚度并补充规定建立定期检查、维修制度的条件下，一类环境中混凝土结构的实际使用年限达到100年是可以得到保证的。而对于不利环境条件下的设计使用年限100年的结构，由于缺乏研究及工程经验，由专门设计解决。

3.5.7 耐久性环境类别为四类和五类的混凝土结构，其耐久性要求应符合有关标准的规定。

条文说明： 更恶劣环境（海水环境、直接接触除冰盐的环境及其他侵蚀性环境）中混凝土结构耐久性的设计，可参考现行国家标准《混凝土结构耐久性设计规范》GB/T 50476。四类环境可参考现行国家行业标准《港口工程混凝土结构设计规范》JTJ 267；五类环境可参考现行国家标准《工业建筑防腐蚀设计规范》GB 50046。

3.5.8 混凝土结构在设计使用年限内尚应遵守下列规定：

1 建立定期检测、维修制度；

2 设计中可更换的混凝土构件应按规定更换；

3 构件表面的防护层，应按规定维护或更换；

4 结构出现可见的耐久性缺陷时，应及时进行处理。

十一、抗连续倒塌设计

1. 《混凝土规范》

3.6.1 混凝土结构防连续倒塌设计宜符合下列要求：

1 采取减小偶然作用效应的措施；

2 采取使重要构件及关键传力部位避免直接遭受偶然作用的措施；

3 在结构容易遭受偶然作用影响的区域增加冗余约束，布置备用的传力途径；

4 增强疏散通道、避难空间等重要结构构件及关键传力部位的承载力和变形性能；

5 配置贯通水平、竖向构件的钢筋，并与周边构件可靠地锚固；

6 设置结构缝，控制可能发生连续倒塌的范围。

条文说明： 房屋结构在遭受偶然作用时如发生连续倒塌，将造成人员伤亡和财产损失，是对安全的最大威胁。总结结构倒塌和未倒塌的规律，采取针对性的措施加强结构的整体稳固性，就可以提高结构的抗灾性能，减少结构连续倒塌的可能性。

混凝土结构防连续倒塌是提高结构综合抗灾能力的重要内容。在特定类型的偶然作用发生时或发生后，结构能够承受这种作用，或当结构体系发生局部垮塌时，依靠剩余结构体系仍能继续承载，避免发生与作用不相匹配的大范围破坏或连续倒塌。这就是结构防连续倒塌设计的目标。无法抗拒的地质灾害破坏作用，不包括在防连续倒塌设计的范围内。

结构防连续倒塌设计涉及作用回避、作用宣泄、障碍防护等问题，本规范仅提出混凝土结构防连续倒塌的设计基本原则和概念设计的要求。

结构防连续倒塌设计的难度和代价很大，一般结构只须进行防连续倒塌的概念设计。本条给出了结构防连续倒塌概念设计的基本原则，以定性设计的方法增强结构的整体稳固性，控制发生连续倒塌和大范围破坏。当结构发生局部破坏时，如不引发大范围倒塌，即认为结构具有整体稳定性。结构和材料的延性、传力途径的多重性以及超静定结构体系，均能加强结构的整体稳定性。

设置竖直方向和水平方向通长的纵向钢筋并应采取有效的连接、锚固措施，将整个结构连系成一个整体，是提供结构整体稳定性的有效方法之一。此外，加强楼梯、避难室、底层边墙、角柱等重要构件；在关键传力部位设置缓冲装置（防撞墙、裙房等）或泄能通道（开敞式布置或轻质墙体、屋盖等）；布置分割缝以控制房屋连续倒塌的范围；增加重要构件及关键传力部位的冗余约束及备用传力途径（斜撑、拉杆）等，都是结构防连续倒塌概念设计的有效措施。

3.6.2 重要结构的防连续倒塌设计可采用下列方法：

1 局部加强法：提高可能遭受偶然作用而发生局部破坏的竖向重要构件和关键传力部位的安全储备，也可直接考虑偶然作用进行设计。

2 拉结构件法：在结构局部竖向构件失效的条件下，可根据具体情况分别按梁-拉结模型、悬索-拉结模型和悬臂-拉结模型进行承载力验算，维持结构的整体稳固性。

3 拆除构件法：按一定规则拆除结构的主要受力构件，验算剩余结构体系的极限承载力；也可采用倒塌全过程分析进行设计。

3.6.3 当进行偶然作用下结构防连续倒塌的验算时，作用宜考虑结构相应部位倒塌冲击引起的动力系数。在抗力函数的计算中，混凝土强度取强度标准值 f_{ck}；普通钢筋强度取极限强度标准值 f_{stk}，预应力筋强度取极限强度标准值 f_{ptk} 并考虑锚具的影响。宜考虑偶然作用下结构倒塌对结构几何参数的影响。必要时尚应考虑材料性能在动力作用下的强化和脆性，并取相应的强度特征值。

2. 《高规》

3. 12. 1　安全等级为一级的高层建筑结构应满足抗连续倒塌概念设计要求；有特殊要求时，可采用拆除构件方法进行抗连续倒塌设计。

　　条文说明： 高层建筑结构应具有在偶然作用发生时适宜的抗连续倒塌能力。我国现行国家标准《工程结构可靠性设计统一标准》GB 50153 和《建筑结构可靠度设计统一标准》GB 50068 对偶然设计状态均有定性规定。在 GB 50153 中规定，"当发生爆炸、撞击、人为错误等偶然事件时，结构能保持必需的整体稳固性，不出现与起因不相称的破坏后果，防止出现结构的连续倒塌"。在 GB 50068 中规定，"对偶然状况，建筑结构可采用下列原则之一按承载能力极限状态进行设计：1）按作用效应的偶然组合进行设计或采取保护措施，使主要承重结构不致因出现设计规定的偶然事件而丧失承载能力；2）允许主要承重结构因出现设计规定的偶然事件而局部破坏，但其剩余部分具有在一段时间内不发生连续倒塌的可靠度"。

　　结构连续倒塌是指结构因突发事件或严重超载而造成局部结构破坏失效，继而引起与失效破坏构件相连的构件连续破坏，最终导致相对于初始局部破坏更大范围的倒塌破坏。结构产生局部构件失效后，破坏范围可能沿水平方向和竖直方向发展，其中破坏沿竖向发展影响更为突出。当偶然因素导致局部结构破坏失效时，如果整体结构不能形成有效的多重荷载传递路径，破坏范围就可能沿水平或者竖直方向蔓延，最终导致结构发生大范围的倒塌甚至是整体倒塌。

　　结构连续倒塌事故在国内外并不罕见，英国 Ronan Point 公寓煤气爆炸倒塌，美国 AlfredP. Murrah 联邦大楼、WTC 世贸大楼倒塌，我国湖南衡阳大厦特大火灾后倒塌，法国戴高乐机场候机厅倒塌等都是比较典型的结构连续倒塌事故。每一次事故都造成了重大人员伤亡和财产损失，给地区乃至整个国家都造成了严重的负面影响。进行必要的结构抗连续倒塌设计，当偶然事件发生时，将能有效控制结构破坏范围。

3. 12. 2　抗连续倒塌概念设计应符合下列规定：

　　1　应采取必要的结构连接措施，增强结构的整体性。

　　2　主体结构宜采用多跨规则的超静定结构。

　　3　结构构件应具有适宜的延性，避免剪切破坏、压溃破坏、锚固破坏、节点先于构件破坏。

　　4　结构构件应具有一定的反向承载能力。

　　5　周边及边跨框架的柱距不宜过大。

　　6　转换结构应具有整体多重传递重力荷载途径。

　　7　钢筋混凝土结构梁柱宜刚接，梁板顶、底钢筋在支座处宜按受拉要求连续贯通。

　　8　钢结构框架梁柱宜刚接。

　　9　独立基础之间宜采用拉梁连接。

　　条文说明： 高层建筑结构应具有在偶然作用发生时适宜的抗连续倒塌能力，不允许采用摩擦连接传递重力荷载，应采用构件连接传递重力荷载；应具有适宜的多余约束性、整体连续性、稳固性和延性；水平构件应具有一定的反向承载能力，如连续梁边支座、非地震区简支梁支座顶面及连续梁、框架梁梁中支座底面应有一定数量的配筋及合适的锚固连接构造，防止偶然作用发生时，该构件产生过大破坏。

3.12.3 抗连续倒塌的拆除构件方法应符合下列规定：

1 逐个分别拆除结构周边柱、底层内部柱以及转换桁架腹杆等重要构件。

2 可采用弹性静力方法分析剩余结构的内力与变形。

3 剩余结构构件承载力应符合下式要求：

$$R_d \geqslant \beta S_d \qquad (3.12.3)$$

式中：S_d——剩余结构构件效应设计值，可按本规程第3.12.4条的规定计算；

　　R_d——剩余结构构件承载力设计值，可按本规程第3.12.5条的规定计算；

　　β——效应折减系数。对中部水平构件取0.67，对其他构件取1.0。

3.12.4 结构抗连续倒塌设计时，荷载组合的效应设计值可按下式确定：

$$S_d = \eta_d (S_{Gk} + \sum \phi_{qi} S_{Qi.k}) + \Psi_w S_{wk} \qquad (3.12.4)$$

式中：S_{Gk}——永久荷载标准值产生的效应；

　　$S_{Qi,k}$——第i个竖向可变荷载标准值产生的效应；

　　S_{wk}——风荷载标准值产生的效应；

　　ϕ_{qi}——可变荷载的准永久值系数；

　　Ψ_w——风荷载组合值系数，取0.2；

　　η_d——竖向荷载动力放大系数。当构件直接与被拆除竖向构件相连时取2.0，其他构件取1.0。

3.12.5 构件截面承载力计算时，混凝土强度可取标准值；钢材强度，正截面承载力验算时，可取标准值的1.25倍，受剪承载力验算时可取标准值。

3.12.6 当拆除某构件不能满足结构抗连续倒塌设计要求时，在该构件表面附加80kN/m² 侧向偶然作用设计值，此时其承载力应满足下列公式要求：

$$R_d \geqslant S_d \qquad (3.12.6-1)$$

$$S_d = S_{Gk} + 0.6 S_{Qk} + S_{Ad} \qquad (3.12.6-2)$$

式中：R_d——构件承载力设计值，按本规程第3.8.1条采用；

　　S_d——作用组合的效应设计值；

　　S_{Gk}——永久荷载标准值的效应；

　　S_{Qk}——活荷载标准值的效应；

　　S_{Ad}——侧向偶然作用设计值的效应。

十二、既有结构设计原则（《混凝土规范》）

3.7.1 既有结构延长使用年限、改变用途、改建、扩建或需要进行加固、修复等，均应对其进行评定、验算或重新设计。

　　条文说明：既有结构为已建成、使用的结构。由于历史的原因，我国既有混凝土结构的设计将成为未来工程设计的重要内容。为保证既有结构的安全可靠并延长其使用年限，满足近年日益增多的既有结构加固改建的需要，本次修订新增一节，强调既有混凝土结构设计的原则。

既有结构设计适用于下列几种情况：达到设计年限后延长继续使用的年限；为消除安全隐患而进行的设计校核；结构改变用途和使用环境而进行的复核性设计；对既有结构进行改建、扩建；结构事故或灾后受损结构的修复、加固等。应根据不同的目的，选择不同的设计方案。

3.7.2 对既有结构进行安全性、适用性、耐久性及抗灾害能力进行评定时，应符合现行国家标准《工程结构可靠性设计统一标准》GB 50153 的原则要求，并应符合下列规定：

1 应根据评定结果、使用要求和后续使用年限确定既有结构的设计方案；

2 既有结构改变用途或延长使用年限时，承载能力极限状态验算宜符合本规范的有关规定；

3 对既有结构进行改建、扩建或加固改造而重新设计时，承载能力极限状态的计算应符合本规范和相关标准的规定；

4 既有结构的正常使用极限状态验算及构造要求宜符合本规范的规定；

5 必要时可对使用功能作相应的调整，提出限制使用的要求。

条文说明：既有结构设计前，应根据现行国家标准《建筑结构检测技术标准》GB/T 50344 等进行检测，根据现行国家标准《工程结构可靠性设计统一标准》GB 50153、《工业建筑可靠性鉴定标准》GB 50144、《民用建筑可靠性鉴定标准》GB 50292 等的要求，对其安全性、适用性、耐久性及抗灾害能力进行评定，从而确定设计方案。设计方案有两类：复核性验算和重新进行设计。

鉴于我国传统结构设计安全度偏低以及结构耐久性不足的历史背景，有大量的既有结构面临评定、验算等问题。验算宜符合本规范的规定，强调"宜"是可以根据具体情况作适当调整，如控制使用荷载和功能，控制使用年限等。因为充分利用既有建筑符合可持续发展的基本国策。

当对既有结构进行改建、扩建或加固修复时，须重新进行设计。为保证安全，承载能力极限状态计算"应"按本规范要求进行，但对正常使用状态验算及构造措施仅作"宜"符合本规范的要求。同样可根据具体情况作适当调整，尽量减少重新设计在构造要求方面的经济代价。

无论是复核验算和重新设计，均应考虑检测、评定以实测的结果确定相应的设计参数。

3.7.3 既有结构的设计应符合下列规定：

1 应优化结构方案，保证结构的整体稳固性；

2 荷载可按现行规范的规定确定，也可根据使用功能作适当的调整；

3 结构既有部分混凝土、钢筋的强度设计值应根据强度的实测值确定；当材料的性能符合原设计的要求时，可按原设计的规定取值；

4 设计时应考虑既有结构构件实际的几何尺寸、截面配筋、连接构造和已有缺陷的影响；当符合原设计的要求时，可按原设计的规定取值；

5 应考虑既有结构的承载历史及施工状态的影响；对二阶段成形的叠合构件，可按本规范第 9.5 节的规定进行设计。

条文说明：本条规定了既有结构设计的原则。避免只考虑局部加固处理的片面做法。本规范强调既有结构加强整体稳固性的原则，适用的范围更为广泛和系统。应避免由于仅对局部进行加固引起结构承载力或刚度的突变。

设计应考虑既有结构的现状，通过检测分析确定既有部分的材料强度和几何参数，并尽量利用原设计的规定值。结构后加部分则完全按本规范的规定取值。应注意新旧材料结构间的可靠连接，并反映既有结构的承载历史以及施工支撑卸载状态对内力分配的影响。

十三、建筑抗震性能化设计

1. 《抗规》

3.10.1 当建筑结构采用抗震性能化设计时，应根据其抗震设防类别、设防烈度、场地条件、结构类型和不规则性，建筑使用功能和附属设施功能的要求、投资大小、震后损失和修复难易程度等，对选定的抗震性能目标提出技术和经济可行性综合分析和论证。

条文说明：考虑当前技术和经济条件，慎重发展性能化目标设计方法，本条明确规定需要进行可行性论证。

性能化设计仍然是以现有的抗震科学水平和经济条件为前提的，一般需要综合考虑使用功能、设防烈度、结构的不规则程度和类型、结构发挥延性变形的能力、造价、震后的各种损失及修复难度等等因素。不同的抗震设防类别，其性能设计要求也有所不同。

鉴于目前强烈地震下结构非线性分析方法的计算模型及参数的选用尚存在不少经验因素，缺少从强震记录、设计施工资料到实际震害的验证，对结构性能的判断难以十分准确，因此在性能目标选用中宜偏于安全一些。

确有需要在处于发震断裂避让区域建造房屋，抗震性能化设计是可供选择的设计手段之一。

3.10.2 建筑结构的抗震性能化设计，应根据实际需要和可能，具有针对性：可分别选定针对整个结构、结构的局部部位或关键部位、结构的关键部件、重要构件、次要构件以及建筑构件和机电设备支座的性能目标。

条文说明：建筑的抗震性能化设计，立足于承载力和变形能力的综合考虑，具有很强的针对性和灵活性。针对具体工程的需要和可能，可以对整个结构，也可以对某些部位或关键构件，灵活运用各种措施达到预期的性能目标——着重提高抗震安全性或满足使用功能的专门要求。

例如，可以根据楼梯间作为"抗震安全岛"的要求，提出确保大震下能具有安全避难通道的具体目标和性能要求；可以针对特别不规则、复杂建筑结构的具体情况，对抗侧力结构的水平构件和竖向构件提出相应的性能目标，提高其整体或关键部位的抗震安全性；也可针对水平转换构件，为确保大震下自身及相关构件的安全而提出大震下的性能目标；地震时需要连续工作的机电设施，其相关部位的层间位移需满足规定层间位移限值的专门要求；其他情况，可对震后的残余变形提出满足设施检修后运行的位移要求，也可提出大震后可修复运行的位移要求。建筑构件采用与结构构件柔性连接，只要可靠拉结并留有足够的间隙，如玻璃幕墙与钢框之间预留变形缝隙，震害经验表明，幕墙在结构总体安全时可以满足大震后继续使用的要求。

3.10.3 建筑结构的抗震性能化设计应符合下列要求：

1 选定地震动水准。对设计使用年限 50 年的结构，可选用本规范的多遇地震、设防地震和罕遇地震的地震作用，其中，设防地震的加速度应按本规范表 3.2.2 的设计基本地震加速度采用，设防地震的地震影响系数最大值，6 度、7 度（0.10g）、7 度（0.15g）、8 度（0.20g）、8 度（0.30g）、9 度可分别采用 0.12、0.23、0.34、0.45、0.68 和 0.90。对设计使用年限超过 50 年的结构，宜考虑实际需要和可能，经专门研究后对地震作用作适当调整。对处于发震断裂两侧 10km 以内的结构，地震动参数应计入近场影响，5km 以内宜乘以增大系数 1.5，5km 以外宜乘以不小于 1.25 的增大系数。

2 选定性能目标，即对应于不同地震动水准的预期损坏状态或使用功能，应不低于本规范第 1.0.1 条对基本设防目标的规定。

3 选定性能设计指标。设计应选定分别提高结构或其关键部位的抗震承载力、变形能力或同时提高抗震承载力和变形能力的具体指标，尚应计及不同水准地震作用取值的不确定性而留有余地。设计宜确定在不同地震动水准下结构不同部位的水平和竖向构件承载力的要求（含不发生脆性剪切破坏、形成塑性铰、达到屈服值或保持弹性等）；宜选择在不同地震动水准下结构不同部位的预期弹性或弹塑性变形状态，以及相应的构件延性构造的高、中或低要求。当构件的承载力明显提高时，相应的延性构造可适当降低。

条文说明： 我国的 89 规范提出了"小震不坏、中震可修和大震不倒"，明确要求大震下不发生危及生命的严重破坏即达到"生命安全"，就是属于一般情况的性能设计目标。本次修订所提出的性能化设计，要比本规范的一般情况较为明确，尽可能达到可操作性。

1 鉴于地震具有很大的不确定性，性能化设计需要估计各种水准的地震影响，包括考虑近场地震的影响。规范的地震水准是按 50 年设计基准期确定的。结构设计使用年限是国务院《建设工程质量管理条例》规定的在设计时考虑施工完成后正常使用、正常维护情况下不需要大修仍可完成预定功能的保修年限，国内外的一般建筑结构取 50 年。结构抗震设计的基准期是抗震规范确定地震作用取值时选用的统计时间参数，也取为 50 年，即地震发生的超越概率是按 50 年统计的，多遇地震的理论重现期 50 年，设防地震是 475 年，罕遇地震随烈度高度而有所区别，7 度约 1600 年，9 度约 2400 年。其地震加速度值，设防地震取本规范表 3.2.2 的"设计基本地震加速度值"，多遇地震、罕遇地震取本规范表 5.1.2-2 的"加速度时程最大值"。其水平地震影响系数最大值，多遇地震、罕遇地震按本规范表 5.1.4-1 取值，设防地震按本条规定取值，7 度（0.15g）和 8 度（0.30g）分别在 7、8 度和 8、9 度之间内插取值。

对于设计使用年限不同于 50 年的结构，其地震作用需要作适当调整，取值经专门研究提出并按规定的权限批准后确定。当缺乏当地的相关资料时，可参考《建筑工程抗震性态设计通则（试用）》CECS 160：2004 的附录 A，其调整系数的范围大体是：设计使用年限 70 年，取 1.15～1.2；100 年取 1.3～1.4。

2 建筑结构遭遇各种水准的地震影响时，其可能的损坏状态和继续使用的可能，与 89 规范配套的《建筑地震破坏等级划分标准》（建设部 90 建抗字 377 号）已经明确划分了各类房屋（砖房、混凝土框架、底层框架砖房、单层工业厂房、单层空旷房屋等）的地震破坏分级和地震直接经济损失估计方法，总体上可分为下列五级，与此后国外标准的相关描述不完全相同：

名称	破坏描述	继续使用的可能性	变形参考值
基本完好 (含完好)	承重构件完好；个别非承重构件轻微损坏；附属构件有不同程度破坏	一般不需修理即可继续使用	$< [\triangle u_e]$
轻微损坏	个别承重构件轻微裂缝（对钢结构构件指残余变形），个别非承重构件明显破坏；附属构件有不同程度破坏	不需修理或需稍加修理，仍可继续使用	$(1.5\sim 2)[\triangle u_e]$
中等破坏	多数承重构件轻微裂缝（或残余变形），部分明显裂缝（或残余变形）；个别非承重构件严重破坏	需一般修理，采取安全措施后可适当使用	$(3\sim 4)[\triangle u_e]$
严重破坏	多数承重构件严重破坏或部分倒塌	应排险大修，局部拆除	$< 0.9[\triangle u_p]$
倒 塌	多数承重构件倒塌	需拆除	$> [\triangle u_p]$

注：1 个别指 5%以下，部分指 30%以下，多数指 50%以上。

2 中等破坏的变形参考值，大致取规范弹性和弹塑性位移角限值的平均值，轻微损坏取 1/2 平均值。

参照上述等级划分，地震下可供选定的高于一般情况的预期性能目标可大致归纳如下：

地震水准	性能 1	性能 2	性能 3	性能 4
多遇地震	完好	完好	完好	完好
设防地震	完好，正常使用	基本完好，检修后继续使用	轻微损坏，简单修理后继续使用	轻微至接近中等损坏，变形<$3[\triangle u_e]$
罕遇地震	基本完好，检修后继续使用	轻微至中等破坏，修复后继续使用	其破坏需加固后继续使用	接近严重破坏，大修后继续使用

3 实现上述性能目标，需要落实到具体设计指标，即各个地震水准下构件的承载力、变形和细部构造的指标。仅提高承载力时，安全性有相应提高，但使用上的变形要求不一定满足；仅提高变形能力，则结构在小震、中震下的损坏情况大致没有改变，但抗御大震倒塌的能力提高。因此，性能设计目标往往侧重于通过提高承载力推迟结构进入塑性工作阶段并减少塑性变形，必要时还需同时提高刚度以满足使用功能的变形要求，而变形能力的要求可根据结构及其构件在中震、大震下进入弹塑性的程度加以调整。

完好，即所有构件保持弹性状态：各种承载力设计值（拉、压、弯、剪、压弯、拉弯、稳定等）满足规范对抗震承载力的要求 $S < R/\gamma_{RE}$，层间变形（以弯曲变形为主的结构宜扣除整体弯曲变形）满足规范多遇地震下的位移角限值 $[\triangle u_e]$。这是各种预期性能目标在多遇地震下的基本要求——多遇地震下必须满足规范规定的承载力和弹性变形的要求。

基本完好，即构件基本保持弹性状态：各种承载力设计值基本满足规范对抗震承载力的要求 $S \leqslant R/\gamma_{RE}$（其中的效应 S 不含抗震等级的调整系数），层间变形可能略微超过弹性变形限值。

轻微损坏，即结构构件可能出现轻微的塑性变形，但不达到屈服状态，按材料标准值计算的承载力大于作用标准组合的效应。

中等破坏，结构构件出现明显的塑性变形，但控制在一般加固即恢复使用的范围。

接近严重破坏，结构关键的竖向构件出现明显的塑性变形，部分水平构件可能失效需要更换，经过大修加固后可恢复使用。

对性能 1，结构构件在预期大震下仍基本处于弹性状态，则其细部构造仅需要满足最基本的构造要求，工程实例表明，采用隔震、减震技术或低烈度设防且风力很大时有可能实现；条件许可时，也可对某些关键构件提出这个性能目标。

对性能 2，结构构件在中震下完好，在预期大震下可能屈服，其细部构造需满足低延性的要求。例如，某 6 度设防的核心筒-外框结构，其风力是小震的 2.4 倍，风载层间位移是小震的 2.5 倍。结构所有构件的承载力和层间位移均可满足中震（不计入风载效应组合）的设计要求；考虑水平构件在大震下损坏使刚度降低和阻尼加大，按等效线性化方法估算，竖向构件的最小极限承载力仍可满足大震下的验算要求。于是，结构总体上可达到性能 2 的要求。

对性能 3，在中震下已有轻微塑性变形，大震下有明显的塑性变形，因而，其细部构造需要满足中等延性的构造要求。

对性能 4，在中震下的损坏已大于性能 3，结构总体的抗震承载力仅略高于一般情况，因而，其细部构造仍需满足高延性的要求。

3.10.4　建筑结构的抗震性能化设计的计算应符合下列要求：

1　分析模型应正确、合理地反映地震作用的传递途径和楼盖在不同地震动水准下是否整体或分块处于弹性工作状态。

2　弹性分析可采用线性方法，弹塑性分析可根据性能目标所预期的结构弹塑性状态，分别采用增加阻尼的等效线性化方法以及静力或动力非线性分析方法。

3　结构非线性分析模型相对于弹性分析模型可有所简化，但二者在多遇地震下的线性分析结果应基本一致；应计入重力二阶效应、合理确定弹塑性参数，应依据构件的实际截面、配筋等计算承载力，可通过与理想弹性假定计算结果的对比分析，着重发现构件可能破坏的部位及其弹塑性变形程度。

条文说明：本条规定了性能化设计时计算的注意事项。一般情况，应考虑构件在强烈地震下进入弹塑性工作阶段和重力二阶效应。鉴于目前的弹塑性参数、分析软件对构件裂缝的闭合状态和残余变形、结构自身阻尼系数、施工图中构件实际截面、配筋与计算书取值的差异等等的处理，还需要进一步研究和改进，当预期的弹塑性变形不大时，可用等效阻尼等模型简化估算。为了判断弹塑性计算结果的可靠程度，可借助于理想弹性假定的计算结果，从下列几方面进行综合分析：

1　结构弹塑性模型一般要比多遇地震下反应谱计算时的分析模型有所简化，但在弹性阶段的主要计算结果应与多遇地震分析模型的计算结果基本相同，两种模型的嵌固端、主要振动周期、振型和总地震作用应一致。弹塑性阶段，结构构件和整个结构实际具有的抵抗地震作用的承载力是客观存在的，在计算模型合理时，不因计算方法、输入地震波形的不同而改变。若计算得到的承载力明显异常，则计算方法或参数存在问题，需仔细复核、排除。

2 整个结构客观存在的、实际具有的最大受剪承载力（底部总剪力）应控制在合理的、经济上可接受的范围，不需要接近更不可能超过按同样阻尼比的理想弹性假定计算的大震剪力，如果弹塑性计算的结果超过，则该计算的承载力数据需认真检查、复核，判断其合理性。

3 进入弹塑性变形阶段的薄弱部位会出现一定程度的塑性变形集中，该楼层的层间位移（以弯曲变形为主的结构宜扣除整体弯曲变形）应大于按同样阻尼比的理想弹性假定计算的该部位大震的层间位移；如果明显小于此值，则该位移数据需认真检查、复核，判断其合理性。

4 薄弱部位可借助于上下相邻楼层或主要竖向构件的屈服强度系数（其计算方法参见本规范第 5.5.2 条的说明）的比较予以复核，不同的方法、不同的波形，尽管彼此计算的承载力、位移、进入塑性变形的程度差别较大，但发现的薄弱部位一般相同。

5 影响弹塑性位移计算结果的因素很多，现阶段，其计算值的离散性，与承载力计算的离散性相比较大。注意到常规设计中，考虑到小震弹性时程分析的波形数量较少，而且计算的位移多数明显小于反应谱法的计算结果，需要以反应谱法为基础进行对比分析；大震弹塑性时程分析时，由于阻尼的处理方法不够完善，波形数量也较少（建议尽可能增加数量，如不少于 7 条；数量较少时宜取包络），不宜直接把计算的弹塑性位移值视为结构实际弹塑性位移，同样需要借助小震的反应谱法计算结果进行分析。建议按下列方法确定其层间位移参考数值：用同一软件、同一波形进行弹性和弹塑性计算，得到同一波形、同一部位弹塑性位移（层间位移）与小震弹性位移（层间位移）的比值，然后将此比值取平均或包络值，再乘以反应谱法计算的该部位小震位移（层间位移），从而得到大震下该部位的弹塑性位移（层间位移）的参考值。

3.10.5 结构及其构件抗震性能化设计的参考目标和计算方法，可按本规范附录 M 第 M.1 节的规定采用。

2.《高规》

3.11.1 结构抗震性能设计应分析结构方案的特殊性、选用适宜的结构抗震性能目标，并采取满足预期的抗震性能目标的措施。

结构抗震性能目标应综合考虑抗震设防类别、设防烈度、场地条件、结构的特殊性、建造费用、震后损失和修复难易程度等各项因素选定。结构抗震性能目标分为 A、B、C、D 四个等级，结构抗震性能分为 1、2、3、4、5 五个水准（表 3.11.1），每个性能目标均与一组在指定地震地面运动下的结构抗震性能水准相对应。

表 3.11.1 结构抗震性能目标

性能目标 性能水准 地震水准	A	B	C	D
多遇地震	1	1	1	1
设防烈度地震	1	2	3	4
预估的罕遇地震	2	3	4	5

条文说明：本条规定了结构抗震性能设计的三项主要工作：

1 分析结构方案在房屋高度、规则性、结构类型、场地条件或抗震设防标准等方面的特殊要求，确定结构设计是否需要采用抗震性能设计方法，并作为选用抗震性能目标的主要依据。结构方案特殊性的分析中要注重分析结构方案不符合抗震概念设计的情况和程度。国内外历次大地震的震害经验已经充分说明，抗震概念设计是决定结构抗震性能的重要因素。多数情况下，需要按本节要求采用抗震性能设计的工程，一般表现为不能完全符合抗震概念设计的要求。结构工程师应根据本规程有关抗震概念设计的规定，与建筑师协调，改进结构方案，尽量减少结构不符合概念设计的情况和程度，不应采用严重不规则的结构方案。对于特别不规则结构，可按本节规定进行抗震性能设计，但需慎重选用抗震性能目标，并通过深入的分析论证。

2 选用抗震性能目标。本条提出 A、B、C、D 四级结构抗震性能目标和五个结构抗震性能水准（1、2、3、4、5），四级抗震性能目标与《建筑抗震设计规范》GB 50011 提出结构抗震性能 1、2、3、4 是一致的。地震地面运动一般分为三个水准，即多遇地震（小震）、设防烈度地震（中震）及预估的罕遇地震（大震）。在设定的地震地面运动下，与四级抗震性能目标对应的结构抗震性能水准的判别准则由本规程第 3.11.2 条作出规定。A、B、C、D 四级性能目标的结构，在小震作用下均应满足第 1 抗震性能水准，即满足弹性设计要求；在中震或大震作用下，四种性能目标所要求的结构抗震性能水准有较大的区别。A 级性能目标是最高等级，中震作用下要求结构达到第 1 抗震性能水准，大震作用下要求结构达到第 2 抗震性能水准，即结构仍处于基本弹性状态；B 级性能目标，要求结构在中震作用下满足第 2 抗震性能水准，大震作用下满足第 3 抗震性能水准，结构仅有轻度损坏；C 级性能目标，要求结构在中震作用下满足第 3 抗震性能水准，大震作用下满足第 4 抗震性能水准，结构中度损坏；D 级性能目标是最低等级，要求结构在中震作用下满足第 4 抗震性能水准，大震作用下满足第 5 性能水准，结构有比较严重的损坏，但不致倒塌或发生危及生命的严重破坏。选用性能目标时，需综合考虑抗震设防类别、设防烈度、场地条件、结构的特殊性、建造费用、震后损失和修复难易程度等因素。鉴于地震地面运动的不确定性以及对结构在强烈地震下非线性分析方法（计算模型及参数的选用等）存在不少经验因素，缺少从强震记录、设计施工资料到实际震害的验证，对结构抗震性能的判断难以十分准确，尤其是对于长周期的超高层建筑或特别不规则结构的判断难度更大，因此在性能目标选用中宜偏于安全一些。例如：特别不规则的、房屋高度超过 B 级高度很多的高层建筑或处于不利地段的特别不规则结构，可考虑选用 A 级性能目标；房屋高度超过 B 级高度较多或不规则性超过本规程适用范围很多时，可考虑选用 B 级或 C 级性能目标；房屋高度超过 B 级高度或不规则性超过适用范围较多时，可考虑选用 C 级性能目标；房屋高度超过 A 级高度或不规则性超过适用范围较少时，可考虑选用 C 级或 D 级性能目标。结构方案中仅有部分区域结构布置比较复杂或结构的设防标准、场地条件等特殊性，使设计人员难以直接按本规程规定的常规方法进行设计时，可考虑选用 C 级或 D 级性能目标。以上仅仅是举些例子，实际工程情况很复杂，需综合考虑各项因素。选择性能目标时，一般需征求业主和有关专家的意见。

3 结构抗震性能分析论证的重点是深入的计算分析和工程判断，找出结构有可能出现的薄弱部位，提出有针对性的抗震加强措施，必要的试验验证，分析论证结构可达到预期的抗震性能目标。一般需要进行如下工作：

1） 分析确定结构超过本规程适用范围及不规则性的情况和程度；

2） 认定场地条件、抗震设防类别和地震动参数；

3） 深入的弹性和弹塑性计算分析（静力分析及时程分析）并判断计算结果的合理性；

4） 找出结构有可能出现的薄弱部位以及需要加强的关键部位，提出有针对性的抗震加强措施；

5） 必要时还需进行构件、节点或整体模型的抗震试验，补充提供论证依据，例如对本规程未列入的新型结构方案又无震害和试验依据或对计算分析难以判断、抗震概念难以接受的复杂结构方案；

6） 论证结构能满足所选用的抗震性能目标的要求。

3.11.2 结构抗震性能水准可按表 3.11.2 进行宏观判别。

表 3.11.2 各性能水准结构预期的震后性能状况

结构抗震性能水准	宏观损坏程度	损坏部位			继续使用的可能性
		关键构件	普通竖向构件	耗能构件	
1	完好、无损坏	无损坏	无损坏	无损坏	不需修理即可继续使用
2	基本完好、轻微损坏	无损坏	无损坏	轻微损坏	稍加修理即可继续使用
3	轻度损坏	轻微损坏	轻微损坏	轻度损坏、部分中度损坏	一般修理后可继续使用
4	中度损坏	轻度损坏	部分构件中度损坏	中度损坏、部分比较严重损坏	修复或加固后可继续使用
5	比较严重损坏	中度损坏	部分构件比较严重损坏	比较严重损坏	需排险大修

注："关键构件"是指该构件的失效可能引起结构的连续破坏或危及生命安全的严重破坏；"普通竖向构件"是指"关键构件"之外的竖向构件；"耗能构件"包括框架梁、剪力墙连梁及耗能支撑等。

条文说明： 本条对五个性能水准结构地震后的预期性能状况，包括损坏情况及继续使用的可能性提出了要求，据此可对各性能水准结构的抗震性能进行宏观判断。本条所说的"关键构件"可由结构工程师根据工程实际情况分析确定。例如：底部加强部位的重要竖向构件、水平转换构件及与其相连竖向支承构件、大跨连体结构的连接体及与其相连的竖向支承构件、大悬挑结构的主要悬挑构件、加强层伸臂和周边环带结构的竖向支承构件、承托上部多个楼层框架柱的腰桁架、长短柱在同一楼层且数量相当时该层各个长短柱、扭转变形很大部位的竖向（斜向）构件、重要的斜撑构件等。

3.11.3 不同抗震性能水准的结构可按下列规定进行设计：

1 第 1 性能水准的结构，应满足弹性设计要求。在多遇地震作用下，其承载力和变形应符合本规程的有关规定；在设防烈度地震作用下，结构构件的抗震承载力应符合下式规定：

$$\gamma_G S_{GE} + \gamma_{Eh} S_{Ehk}^* + \gamma_{Ev} S_{Evk}^* \leqslant R_d / \gamma_{RE} \qquad (3.11.3\text{-}1)$$

式中：　R_d、γ_{RE}——分别为构件承载力设计值和承载力抗震调整系数，同本规程第 3.8.1 条；

S_{GE}、γ_G、γ_{Eh}、γ_{Ev}——同本规程第 5.6.3 条；

$\quad\quad\quad\quad S_{Ehk}^*$——水平地震作用标准值的构件内力，不需考虑与抗震等级有关的增大系数；

$\quad\quad\quad\quad S_{Evk}^*$——竖向地震作用标准值的构件内力，不需考虑与抗震等级有关的增大系数。

　　2　第 2 性能水准的结构，在设防烈度地震或预估的罕遇地震作用下，关键构件及普通竖向构件的抗震承载力宜符合式（3.11.3-1）的规定；耗能构件的受剪承载力宜符合式（3.11.3-1）的规定，其正截面承载力应符合下式规定：

$$S_{GE} + S_{Ehk}^* + 0.4 S_{Evk}^* \leqslant R_k \qquad (3.11.3\text{-}2)$$

式中：R_k——截面承载力标准值，按材料强度标准值计算。

　　3　第 3 性能水准的结构应进行弹塑性计算分析。在设防烈度地震或预估的罕遇地震作用下，关键构件及普通竖向构件的正截面承载力应符合式（3.11.3-2）的规定，水平长悬臂结构和大跨度结构中的关键构件正截面承载力尚应符合式（3.11.3-3）的规定，其受剪承载力宜符合式（3.11.3-1）的规定；部分耗能构件进入屈服阶段，但其受剪承载力应符合式（3.11.3-2）的规定。在预估的罕遇地震作用下，结构薄弱部位的层间位移角应满足本规程第 3.7.5 条的规定。

$$S_{GE} + 0.4 S_{Ehk}^* + S_{Evk}^* \leqslant R_k \qquad (3.11.3\text{-}3)$$

　　4　第 4 性能水准的结构应进行弹塑性计算分析。在设防烈度或预估的罕遇地震作用下，关键构件的抗震承载力应符合式（3.11.3-2）的规定，水平长悬臂结构和大跨度结构中的关键构件正截面承载力尚应符合式（3.11.3-3）的规定；部分竖向构件以及大部分耗能构件进入屈服阶段，但钢筋混凝土竖向构件的受剪截面应符合式（3.11.3-4）的规定，钢-混凝土组合剪力墙的受剪截面应符合式（3.11.3-5）的规定。在预估的罕遇地震作用下，结构薄弱部位的层间位移角应符合本规程第 3.7.5 条的规定。

$$V_{GE} + V_{Ek}^* \leqslant 0.15 f_{ck} b h_0 \qquad (3.11.3\text{-}4)$$

$$(V_{GE} + V_{Ek}^*) - (0.25 f_{ak} A_a + 0.5 f_{spk} A_{sp}) \leqslant 0.15 f_{ck} b h_0 \qquad (3.11.3\text{-}5)$$

式中：V_{GE}——重力荷载代表值作用下的构件剪力（N）；

$\quad\quad\quad V_{Ek}^*$——地震作用标准值的构件剪力（N），不需考虑与抗震等级有关的增大系数；

$\quad\quad\quad f_{ck}$——混凝土轴心拉压强度标准值（N/mm²）；

$\quad\quad\quad f_{ak}$——剪力墙端部暗柱中型钢的强度标准值（N/mm²）；

$\quad\quad\quad A_a$——剪力墙端部暗柱中型钢的截面面积（mm²）；

$\quad\quad\quad f_{spk}$——剪力墙墙内钢板的强度标准值（N/mm²）；

$\quad\quad\quad A_{sp}$——剪力墙墙内钢板的横截面面积（mm²）。

　　5　第 5 性能水准的结构应进行弹塑性计算分析。在预估的罕遇地震作用下，关键构件的抗震承载力宜符合式（3.11.3-2）的规定；较多的竖向构件进入屈服阶段，但同一楼层的竖向构件不宜全部屈服；竖向构件的受剪截面应符合式（3.11.3-4）或（3.11.3-5）

的规定；允许部分耗能构件发生比较严重的破坏；结构薄弱部位的层间位移角应符合本规程第 3.7.5 条的规定。

条文说明： 各个性能水准结构的设计基本要求是判别结构性能水准的主要准则。

第 1 性能水准结构，要求全部构件的抗震承载力满足弹性设计要求。在多遇地震（小震）作用下，结构的层间位移、结构构件的承载力及结构整体稳定等均应满足本规程有关规定；结构构件的抗震等级不宜低于本规程的有关规定，需要特别加强的构件可适当提高抗震等级，已为特一级的不再提高。在设防烈度（中震）作用下，构件承载力需满足弹性设计要求，如式（3.11.3-1），其中不计入风荷载作用效应的组合，地震作用标准值的构件内力（S_{Ehk}^*、S_{Evk}^*）计算中不需要乘以与抗震等级有关的增大系数。

第 2 性能水准结构的设计要求与第 1 性能水准结构的差别是，框架梁、剪力墙连梁等耗能构件的正截面承载力只需要满足式（3.11.3-2）的要求，即满足"屈服承载力设计"。"屈服承载力设计"是指构件按材料强度标准值计算的承载力 R_k 不小于按重力荷载及地震作用标准值计算的构件组合内力。对耗能构件只需验算水平地震作用为主要可变作用的组合工况，式（3.11.3-2）中重力荷载分项系数 γ_G、水平地震作用分项系数 γ_{Eh} 及抗震承载力调整系数 γ_{RE} 均取 1.0，竖向地震作用分项系数 γ_{Ev} 取 0.4。

第 3 性能水准结构，允许部分框架梁、剪力墙连梁等耗能构件正截面承载力进入屈服阶段，受剪承载力宜符合式（3.11.3-2）的要求。竖向构件及关键构件正截面承载力应满足式（3.11.3-2）"屈服承载力设计"的要求；水平长悬臂结构和大跨度结构中的关键构件正截面"屈服承载力设计"需要同时满足式（3.11.3-2）及式（3.11.3-3）的要求。式（3.11.3-3）表示竖向地震为主要可变作用的组合工况，式中重力荷载分项系数 γ_G、竖向地震作用分项系数 γ_{Ev} 及抗震承载力调整系数 γ_{RE} 均取 1.0，水平地震作用分项系数 γ_{Eh} 取 0.4；这些构件的受剪承载力宜符合式（3.11.3-1）的要求。整体结构进入弹塑性状态，应进行弹塑性分析。为方便设计，允许采用等效弹性方法计算竖向构件及关键部位构件的组合内力（S_{GE}、S_{Ehk}^*、S_{Evk}^*），计算中可适当考虑结构阻尼比的增加（增加值一般不大于 0.02）以及剪力墙连梁刚度的折减（刚度折减系数一般不小于 0.3）。实际工程设计中，可以先对底部加强部位和薄弱部位的竖向构件承载力按上述方法计算，再通过弹塑性分析校核全部竖向构件均未屈服。

第 4 性能水准结构，关键构件抗震承载力应满足式（3.11.3-2）"屈服承载力设计"的要求，水平长悬臂结构和大跨度结构中的关键构件抗震承载力需要同时满足式（3.11.3-2）及式（3.11.3-3）的要求；允许部分竖向构件及大部分框架梁、剪力墙连梁等耗能构件进入屈服阶段，但构件的受剪截面应满足截面限制条件，这是防止构件发生脆性受剪破坏的最低要求。式（3.11.3-4）和式（3.11.3-5）中，V_{GE}、V_{Ek}^* 可按弹塑性计算结果取值，也可按等效弹性方法计算结果取值（一般情况下是偏于安全的）。结构的抗震性能必须通过弹塑性计算加以深入分析，例如：弹塑性层间位移角、构件屈服的次序及塑性铰分布、塑性铰部位钢材受拉塑性应变及混凝土受压损伤程度、结构的薄弱部位、整体结构的承载力不发生下降等。整体结构的承载力可通过静力弹塑性方法进行估计。

第 5 性能水准结构与第 4 性能水准结构的差别在于关键构件承载力宜满足"屈服承载力设计"的要求，允许比较多的竖向构件进入屈服阶段，并允许部分"梁"等耗能构件发生比较严重的破坏。结构的抗震性能必须通过弹塑性计算加以深入分析，尤其应注意同一楼层的竖向构件不宜全部进入屈服并宜控制整体结构承载力下降的幅度不超过 10%。

3.11.4　结构弹塑性计算分析除应符合本规程第 5.5.1 条的规定外，尚应符合下列规定：

　　1　高度不超过 150m 的高层建筑可采用静力弹塑性分析方法；高度超过 200m 时，应采用弹塑性时程分析法；高度在 150m～200m 之间，可视结构自振特性和不规则程度选择静力弹塑性方法或弹塑性时程分析方法。高度超过 300m 的结构，应有两个独立的计算，进行校核。

　　2　复杂结构应进行施工模拟分析，应以施工全过程完成后的内力为初始状态。

　　3　弹塑性时程分析宜采用双向或三向地震输入。

　　条文说明： 结构抗震性能设计时，弹塑性分析计算是很重要的手段之一。计算分析除应符合本规程第 5.5.1 条的规定外，尚应符合本条之规定。

　　1　静力弹塑性方法和弹塑性时程分析法各有其优缺点和适用范围。本条对静力弹塑性方法的适用范围放宽到 150m 或 200m 非特别不规则的结构，主要考虑静力弹塑性方法计算软件设计人员比较容易掌握，对计算结果的工程判断也容易一些，但计算分析中采用的侧向作用力分布形式宜适当考虑高振型的影响，可采用本规程 3.4.5 条提出的"规定水平地震力"分布形式。对于高度在 150m～200m 的基本自振周期大于 4s 或特别不规则结构以及高度超过 200m 的房屋，应采用弹塑性时程分析法。对高度超过 300m 的结构，为使弹塑性时程分析计算结果有较大的把握，本条规定应有两个不同的、独立的计算结果进行校核。

　　2　对复杂结构进行施工模拟分析是十分必要的。弹塑性分析应以施工全过程完成后的静载内力为初始状态。当施工方案与施工模拟计算不同时，应重新调整相应的计算。

　　3　一般情况下，弹塑性时程分析宜采用双向地震输入；对竖向地震作用比较敏感的结构，如连体结构、大跨度转换结构、长悬臂结构、高度超过 300m 的结构等，宜采用三向地震输入。

十四、《抗规》的其他规定

1. 非结构构件

3.7.1　非结构构件，包括建筑非结构构件和建筑附属机电设备，自身及其与结构主体的连接，应进行抗震设计。

3.7.2　非结构构件的抗震设计，应由相关专业人员分别负责进行。

3.7.3　附着于楼、屋面结构上的非结构构件，以及楼梯间的非承重墙体，应与主体结构有可靠的连接或锚固，避免地震时倒塌伤人或砸坏重要设备。

3.7.4　框架结构的围护墙和隔墙，应估计其设置对结构抗震的不利影响，避免不合理设置而导致主体结构的破坏。

3.7.5　幕墙、装饰贴面与主体结构应有可靠连接，避免地震时脱落伤人。

3.7.6　安装在建筑上的附属机械、电气设备系统的支座和连接，应符合地震时使用功能的要求，且不应导致相关部件的损坏。

2. 隔震与消能减震设计

3.8.1　隔震与消能减震设计，可用于对抗震安全性和使用功能有较高要求或专门要求的建筑。

3.8.2 采用隔震或消能减震设计的建筑，当遭遇到本地区的多遇地震影响、设防地震影响和罕遇地震影响时，可按高于本规范第 1.0.1 条的基本设防目标进行设计。

3. 建筑物地震反应观测系统

3.11.1 抗震设防烈度为 7、8、9 度时，高度分别超过 160m、120m、80m 的大型公共建筑，应按规定设置建筑结构的地震反应观测系统，建筑设计应留有观测仪器和线路的位置。

第3章 结构计算分析

一、《混凝土规范》

1. 基本原则

5.1.1 混凝土结构应进行整体作用效应分析，必要时尚应对结构中受力状况特殊部位进行更详细的分析。

5.1.2 当结构在施工和使用期的不同阶段有多种受力状况时，应分别进行结构分析，并确定其最不利的作用组合。

结构可能遭遇火灾、飓风、爆炸、撞击等偶然作用时，尚应按国家现行有关标准的要求进行相应的结构分析。

5.1.3 结构分析的模型应符合下列要求：

1 结构分析采用的计算简图、几何尺寸、计算参数、边界条件、结构材料性能指标以及构造措施等应符合实际工作状况；

2 结构上可能的作用及其组合、初始应力和变形状况等，应符合结构的实际状况；

3 结构分析中所采用的各种近似假定和简化，应有理论、试验依据或经工程实践验证；计算结果的精度应符合工程设计的要求。

5.1.4 结构分析应符合下列要求：

1 满足力学平衡条件；

2 在不同程度上符合变形协调条件，包括节点和边界的约束条件；

3 采用合理的材料本构关系或构件单元的受力-变形关系。

5.1.5 结构分析时，应根据结构类型、材料性能和受力特点等选择下列分析方法：

1 弹性分析方法；

2 塑性内力重分布分析方法；

3 弹塑性分析方法；

4 塑性极限分析方法；

5 试验分析方法。

5.1.6 结构分析所采用的计算软件应经考核和验证，其技术条件应符合本规范和国家现行有关标准的要求。

应对分析结果进行判断和校核，在确认其合理、有效后方可应用于工程设计。

2. 分析模型

5.2.1 混凝土结构宜按空间体系进行结构整体分析，并宜考虑结构单元的弯曲、轴向、剪切和扭转等变形对结构内力的影响。

当进行简化分析时，应符合下列规定：

1 体形规则的空间结构，可沿柱列或墙轴线分解为不同方向的平面结构分别进行分析，但应考虑平面结构的空间协同工作；

2 构件的轴向、剪切和扭转变形对结构内力分析影响不大时，可不予考虑。

5.2.2 混凝土结构的计算简图宜按下列方法确定：

1 梁、柱、杆等一维构件的轴线宜取为截面几何中心的连线，墙、板等二维构件的中轴面宜取为截面中心线组成的平面或曲面；

2 现浇结构和装配整体式结构的梁柱节点、柱与基础连接处等可作为刚接；非整体浇筑的次梁两端及板跨两端可近似作为铰接；

3 梁、柱等杆件的计算跨度或计算高度可按其两端支承长度的中心距或净距确定，并应根据支承节点的连接刚度或支承反力的位置加以修正；

4 梁、柱等杆件间连接部分的刚度远大于杆件中间截面的刚度时，在计算模型中可作为刚域处理。

5.2.3 进行结构整体分析时，对于现浇结构或装配整体式结构，可假定楼盖在其自身平面内为无限刚性。当楼盖开有较大洞口或其局部会产生明显的平面内变形时，在结构分析中应考虑其影响。

5.2.4 对现浇楼盖和装配整体式楼盖，宜考虑楼板作为翼缘对梁刚度和承载力的影响。梁受压区有效翼缘计算宽度 b_f' 可按表 5.2.4 所列情况中的最小值取用；也可采用梁刚度增大系数法近似考虑，刚度增大系数应根据梁有效翼缘尺寸与梁截面尺寸的相对比例确定。

表 5.2.4 受弯构件受压区有效翼缘计算宽度 b_f'

情 况		T 形、I 形截面		倒 L 形截面
		肋形梁（板）	独立梁	肋形梁（板）
1	按计算跨度 l_0 考虑	$l_0/3$	$l_0/3$	$l_0/6$
2	按梁（肋）净距 s_n 考虑	$b+s_n$	—	$b+s_n/2$
3	按翼缘高度 h_f' 考虑	$b+12h_f'$	b	$b+5h_f'$

注：1 表中 b 为梁的腹板厚度；
　　2 肋形梁在梁跨内设有间距小于纵肋间距的横肋时，可不考虑表中情况 3 的规定；
　　3 加腋的 T 形、I 形和倒 L 形截面，当受压区加腋的高度 h_h 不小于 h_f' 且加腋的长度 b_h 不大于 $3h_h$ 时，其翼缘计算宽度可按表中情况 3 的规定分别增加 $2b_h$（T 形、I 形截面）和 b_h（倒 L 形截面）；
　　4 独立梁受压区的翼缘板在荷载作用下经验算沿纵肋方向可能产生裂缝时，其计算宽度应取腹板宽度 b。

5.2.5 当地基与结构的相互作用对结构的内力和变形有显著影响时，结构分析中宜考虑地基与结构相互作用的影响。

3. 弹性分析

5.3.1 结构的弹性分析方法可用于正常使用极限状态和承载能力极限状态作用效应的分析。

5.3.2 结构构件的刚度可按下列原则确定：

1 混凝土的弹性模量可按本规范表 4.1.5 采用；

2 截面惯性矩可按匀质的混凝土全截面计算；

3 端部加腋的杆件，应考虑其截面变化对结构分析的影响；

4 不同受力状态下构件的截面刚度，宜考虑混凝土开裂、徐变等因素的影响予以折减。

5.3.3 混凝土结构弹性分析宜采用结构力学或弹性力学等分析方法。体形规则的结构，可根据作用的种类和特性，采用适当的简化分析方法。

5.3.4 当结构的二阶效应可能使作用效应显著增大时，在结构分析中应考虑二阶效应的不利影响。

混凝土结构的重力二阶效应可采用有限元分析方法计算，也可采用本规范附录 B 的简化方法。当采用有限元分析方法时，宜考虑混凝土构件开裂对构件刚度的影响。

5.3.5 当边界支承位移对双向板的内力及变形有较大影响时，在分析中宜考虑边界支承竖向变形及扭转等的影响。

4. 塑性内力重分布分析

5.4.1 混凝土连续梁和连续单向板，可采用塑性内力重分布方法进行分析。

重力荷载作用下的框架、框架-剪力墙结构中的现浇梁以及双向板等，经弹性分析求得内力后，可对支座或节点弯矩进行适度调幅，并确定相应的跨中弯矩。

5.4.2 按考虑塑性内力重分布分析方法设计的结构和构件，应选用符合本规范第 4.2.4 条规定的钢筋，并应满足正常使用极限状态要求且采取有效的构造措施。

对于直接承受动力荷载的构件，以及要求不出现裂缝或处于三 a、三 b 类环境情况下的结构，不应采用考虑塑性内力重分布的分析方法。

5.4.3 钢筋混凝土梁支座或节点边缘截面的负弯矩调幅幅度不宜大于 25%；弯矩调整后的梁端截面相对受压区高度不应超过 0.35，且不宜小于 0.10。

钢筋混凝土板的负弯矩调幅幅度不宜大于 20%。

预应力混凝土梁的弯矩调幅幅度应符合本规范第 10.1.8 条的规定。

5.4.4 对属于协调扭转的混凝土结构构件，受相邻构件约束的支承梁的扭矩宜考虑内力重分布的影响。

考虑内力重分布后的支承梁，应按弯剪扭构件进行承载力计算。

注：当有充分依据时，也可采用其他设计方法。

5. 弹塑性分析

5.5.1 重要或受力复杂的结构，宜采用弹塑性分析方法对结构整体或局部进行验算。结构的弹塑性分析宜遵循下列原则：

1 应预先设定结构的形状、尺寸、边界条件、材料性能和配筋等；

2 材料的性能指标宜取平均值，并宜通过试验分析确定，也可按本规范附录 C 的规定确定；

3 宜考虑结构几何非线性的不利影响；

4 分析结果用于承载力设计时，宜考虑抗力模型不定性系数对结构的抗力进行适当调整。

5.5.2 混凝土结构的弹塑性分析，可根据实际情况采用静力或动力分析方法。结构的基本构件计算模型宜按下列原则确定：

1 梁、柱、杆等杆系构件可简化为一维单元，宜采用纤维束模型或塑性铰模型；

2 墙、板等构件可简化为二维单元，宜采用膜单元、板单元或壳单元；

3 复杂的混凝土结构、大体积混凝土结构、结构的节点或局部区域需作精细分析时，宜采用三维块体单元。

5.5.3 构件、截面或各种计算单元的受力-变形本构关系宜符合实际受力情况。某些变形较大的构件或节点进行局部精细分析时，宜考虑钢筋与混凝土间的粘结-滑移本构关系。

钢筋、混凝土材料的本构关系宜通过试验分析确定，也可按本规范附录 C 采用。

6. 塑性极限分析

5.6.1 对不承受多次重复荷载作用的混凝土结构，当有足够的塑性变形能力时，可采用塑性极限理论的分析方法进行结构的承载力计算，同时应满足正常使用的要求。

5.6.2 整体结构的塑性极限分析计算应符合下列规定：

 1 对可预测结构破坏机制的情况，结构的极限承载力可根据设定的结构塑性屈服机制，采用塑性极限理论进行分析；

 2 对难于预测结构破坏机制的情况，结构的极限承载力可采用静力或动力弹塑性分析方法确定；

 3 对直接承受偶然作用的结构构件或部位，应根据偶然作用的动力特征考虑其动力效应的影响。

5.6.3 承受均布荷载的周边支承的双向矩形板，可采用塑性铰线法或条带法等塑性极限分析方法进行承载能力极限状态的分析与设计。

7. 间接作用分析

5.7.1 当混凝土的收缩、徐变以及温度变化等间接作用在结构中产生的作用效应可能危及结构的安全或正常使用时，宜进行间接作用效应的分析，并应采取相应的构造措施和施工措施。

5.7.2 混凝土结构进行间接作用效应的分析，可采用本规范第 5.5 节的弹塑性分析方法；也可考虑裂缝和徐变对构件刚度的影响，按弹性方法进行近似分析。

二、《高规》

1. 一般规定

5.1.1 高层建筑结构的荷载和地震作用应按本规程第 4 章的有关规定进行计算。

5.1.2 复杂结构和混合结构高层建筑的计算分析，除应符合本章规定外，尚应符合本规程第 10 章和第 11 章的有关规定。

5.1.3 高层建筑结构的变形和内力可按弹性方法计算。框架梁及连梁等构件可考虑塑性变形引起的内力重分布。

5.1.4 高层建筑结构分析模型应根据结构实际情况确定。所选取的分析模型应能较准确地反映结构中各构件的实际受力状况。

高层建筑结构分析，可选择平面结构空间协同、空间杆系、空间杆-薄壁杆系、空间杆-墙板元及其他组合有限元等计算模型。

5.1.5 进行高层建筑内力与位移计算时，可假定楼板在其自身平面内为无限刚性，设计时应采取相应的措施保证楼板平面内的整体刚度。

当楼板可能产生较明显的面内变形时，计算时应考虑楼板的面内变形影响或对采用楼板面内无限刚性假定计算方法的计算结果进行适当调整。

5.1.6 高层建筑结构按空间整体工作计算分析时，应考虑下列变形：

1 梁的弯曲、剪切、扭转变形，必要时考虑轴向变形；

2 柱的弯曲、剪切、轴向、扭转变形；

3 墙的弯曲、剪切、轴向、扭转变形。

5.1.7 高层建筑结构应根据实际情况进行重力荷载、风荷载和（或）地震作用效应分析，并应按本规程第5.6节的规定进行荷载效应和作用效应计算。

5.1.8 高层建筑结构内力计算中，当楼面活荷载大于 $4kN/m^2$ 时，应考虑楼面活荷载不利布置引起的结构内力的增大；当整体计算中未考虑楼面活荷载不利布置时，应适当增大楼面梁的计算弯矩。

5.1.9 高层建筑结构在进行重力荷载作用效应分析时，柱、墙、斜撑等构件的轴向变形宜采用适当的计算模型考虑施工过程的影响；复杂高层建筑及房屋高度大于150m的其他高层建筑结构，应考虑施工过程的影响。

5.1.10 高层建筑结构进行风作用效应计算时，正反两个方向的风作用效应宜按两个方向计算的较大值采用；体型复杂的高层建筑，应考虑风向角的不利影响。

5.1.11 结构整体内力与位移计算中，型钢混凝土和钢管混凝土构件宜按实际情况直接参与计算，并应按本规程第11章的有关规定进行截面设计。

5.1.12 体型复杂、结构布置复杂以及 B 级高度高层建筑结构，应采用至少两个不同力学模型的结构分析软件进行整体计算。

5.1.13 抗震设计时，B 级高度的高层建筑结构、混合结构和本规程第10章规定的复杂高层建筑结构，尚应符合下列规定：

1 宜考虑平扭耦联计算结构的扭转效应，振型数不应小于15，对多塔楼结构的振型数不应小于塔楼数的9倍，且计算振型数应使各振型参与质量之和不小于总质量的90%；

2 应采用弹性时程分析法进行补充计算；

3 宜采用弹塑性静力或弹塑性动力分析方法补充计算。

5.1.14 对多塔楼结构，宜按整体模型和各塔楼分开的模型分别计算，并采用较不利的结果进行结构设计。当塔楼周边的裙楼超过两跨时，分塔楼模型宜至少附带两跨的裙楼结构。

5.1.15 对受力复杂的结构构件，宜按应力分析的结果校核配筋设计。

5.1.16 对结构分析软件的计算结果，应进行分析判断，确认其合理、有效后方可作为工程设计的依据。

2. 计算参数

5.2.1 高层建筑结构地震作用效应计算时，可对剪力墙连梁刚度予以折减，折减系数不宜小于0.5。

5.2.2 在结构内力与位移计算中，现浇楼盖和装配整体式楼盖中，梁的刚度可考虑翼缘的作用予以增大。近似考虑时，楼面梁刚度增大系数可根据翼缘情况取1.3～2.0。

对于无现浇面层的装配式楼盖，不宜考虑楼面梁刚度的增大。

5.2.3 在竖向荷载作用下，可考虑框架梁端塑性变形内力重分布对梁端负弯矩乘以调幅系数进行调幅，并应符合下列规定：

1 装配整体式框架梁端负弯矩调幅系数可取为0.7～0.8，现浇框架梁端负弯矩调幅系数可取为 0.8～0.9；

　　2　框架梁端负弯矩调幅后，梁跨中弯矩应按平衡条件相应增大；

　　3　应先对竖向荷载作用下框架梁的弯矩进行调幅，再与水平作用产生的框架梁弯矩进行组合；

　　4　截面设计时，框架梁跨中截面正弯矩设计值不应小于竖向荷载作用下按简支梁计算的跨中弯矩设计值的 50%。

5.2.4　高层建筑结构楼面梁受扭计算时应考虑现浇楼盖对梁的约束作用。当计算中未考虑现浇楼盖对梁扭转的约束作用时，可对梁的计算扭矩予以折减。梁扭矩折减系数应根据梁周围楼盖的约束情况确定。

3. 计算简图处理

5.3.1　高层建筑结构分析计算时宜对结构进行力学上的简化处理，使其既能反映结构的受力性能，又适应于所选用的计算分析软件的力学模型。

5.3.2　楼面梁与竖向构件的偏心以及上、下层竖向构件之间的偏心宜按实际情况计入结构的整体计算。当结构整体计算中未考虑上述偏心时，应采用柱、墙端附加弯矩的方法予以近似考虑。

5.3.3　在结构整体计算中，密肋板楼盖宜按实际情况进行计算。当不能按实际情况计算时，可按等刚度原则对密肋梁进行适当简化后再行计算。

　　对平板无梁楼盖，在计算中应考虑板的面外刚度影响，其面外刚度可按有限元方法计算或近似将柱上板带等效为框架梁计算。

5.3.4　在结构整体计算中，宜考虑框架或壁式框架梁、柱节点区的刚域（图 5.3.4）影响，梁端截面弯矩可取刚域端截面的弯矩计算值。刚域的长度可按下列公式计算：

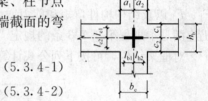

$$l_{b1} = a_1 - 0.25h_b \qquad (5.3.4\text{-}1)$$

$$l_{b2} = a_2 - 0.25h_b \qquad (5.3.4\text{-}2)$$

$$l_{c1} = c_1 - 0.25b_c \qquad (5.3.4\text{-}3)$$

图 5.3.4　刚域

$$l_{c2} = c_2 - 0.25b_c \qquad (5.3.4\text{-}4)$$

　　当计算的刚域长度为负值时，应取为零。

5.3.5　在结构整体计算中，转换层结构、加强层结构、连体结构、竖向收进结构（含多塔楼结构），应选用合适的计算模型进行分析。在整体计算中对转换层、加强层、连接体等做简化处理的，宜对其局部进行更细致的补充计算分析。

5.3.6　复杂平面和立面的剪力墙结构，应采用合适的计算模型进行分析。当采用有限元模型时，应在截面变化处合理地选择和划分单元；当采用杆系模型计算时，对错洞墙、叠合错洞墙可采取适当的模型化处理，并应在整体计算的基础上对结构局部进行更细致的补充计算分析。

5.3.7　高层建筑结构整体计算中，当地下室顶板作为上部结构嵌固部位时，地下一层与首层侧向刚度比不宜小于 2。

4. 重力二阶效应及结构稳定

5.4.1　当高层建筑结构满足下列规定时，弹性计算分析时可不考虑重力二阶效应的不利影响。

1 剪力墙结构、框架-剪力墙结构、板柱剪力墙结构、筒体结构：

$$EJ_d \geqslant 2.7H^2 \sum_{i=1}^{n} G_i \qquad (5.4.1\text{-}1)$$

2 框架结构：

$$D_i \geqslant 20 \sum_{j=i}^{n} G_j / h_i \quad (i=1,2,\cdots,n) \qquad (5.4.1\text{-}2)$$

式中：EJ_d——结构一个主轴方向的弹性等效侧向刚度，可按倒三角形分布荷载作用下结构顶点位移相等的原则，将结构的侧向刚度折算为竖向悬臂受弯构件的等效侧向刚度；

　　　　H——房屋高度；

　　G_i、G_j——分别为第 i、j 楼层重力荷载设计值，取 1.2 倍的永久荷载标准值与 1.4 倍的楼面可变荷载标准值的组合值；

　　　　h_i——第 i 楼层层高；

　　　　D_i——第 i 楼层的弹性等效侧向刚度，可取该层剪力与层间位移的比值；

　　　　n——结构计算总层数。

5.4.2 当高层建筑结构不满足本规程第 5.4.1 条的规定时，结构弹性计算时应考虑重力二阶效应对水平力作用下结构内力和位移的不利影响。

5.4.3 高层建筑结构的重力二阶效应可采用有限元方法进行计算；也可采用对未考虑重力二阶效应的计算结果乘以增大系数的方法近似考虑。近似考虑时，结构位移增大系数 F_1、F_{1i} 以及结构构件弯矩和剪力增大系数 F_2、F_{2i} 可分别按下列规定计算，位移计算结果仍应满足本规程第 3.7.3 条的规定。

对框架结构，可按下列公式计算：

$$F_{1i} = \frac{1}{1 - \sum_{j=i}^{n} G_j / (D_i h_i)} \quad (i=1,2,\cdots,n) \qquad (5.4.3\text{-}1)$$

$$F_{2i} = \frac{1}{1 - 2 \sum_{j=i}^{n} G_j / (D_i h_i)} \quad (i=1,2,\cdots,n) \qquad (5.4.3\text{-}2)$$

对剪力墙结构、框架-剪力墙结构、筒体结构，可按下列公式计算：

$$F_1 = \frac{1}{1 - 0.14 H^2 \sum_{i=1}^{n} G_i / (EJ_d)} \qquad (5.4.3\text{-}3)$$

$$F_2 = \frac{1}{1 - 0.28 H^2 \sum_{i=1}^{n} G_i / (EJ_d)} \qquad (5.4.3\text{-}4)$$

5.4.4 高层建筑结构的整体稳定性应符合下列规定：

1 剪力墙结构、框架-剪力墙结构、筒体结构应符合下式要求：

$$EJ_d \geqslant 1.4H^2 \sum_{i=1}^{n} G_i \qquad (5.4.4\text{-}1)$$

2 框架结构应符合下式要求：

$$D_i \geqslant 10 \sum_{j=i}^{n} G_j / h_i \quad (i = 1, 2, \cdots, n) \tag{5.4.4-2}$$

5. 结构弹塑性分析及薄弱层弹塑性变形验算

5.5.1 高层建筑混凝土结构进行弹塑性计算分析时，可根据实际工程情况采用静力或动力时程分析方法，并应符合下列规定：

1 当采用结构抗震性能设计时，应根据本规程第 3.11 节的有关规定预定结构的抗震性能目标；

2 梁、柱、斜撑、剪力墙、楼板等结构构件，应根据实际情况和分析精度要求采用合适的简化模型；

3 构件的几何尺寸、混凝土构件所配的钢筋和型钢、混合结构的钢构件应按实际情况参与计算；

4 应根据预定的结构抗震性能目标，合理取用钢筋、钢材、混凝土材料的力学性能指标以及本构关系。钢筋和混凝土材料的本构关系可按现行国家标准《混凝土结构设计规范》GB 50010 的有关规定采用；

5 应考虑几何非线性影响；

6 进行动力弹塑性计算时，地面运动加速度时程的选取、预估罕遇地震作用时的峰值加速度取值以及计算结果的选用应符合本规程第 4.3.5 条的规定；

7 应对计算结果的合理性进行分析和判断。

5.5.2 在预估的罕遇地震作用下，高层建筑结构薄弱层（部位）弹塑性变形计算可采用下列方法：

1 不超过 12 层且层侧向刚度无突变的框架结构可采用本规程第 5.5.3 条规定的简化计算法；

2 除第 1 款以外的建筑结构可采用弹塑性静力或动力分析方法。

5.5.3 结构薄弱层（部位）的弹塑性层间位移的简化计算，宜符合下列规定：

1 结构薄弱层（部位）的位置可按下列情况确定：

1) 楼层屈服强度系数沿高度分布均匀的结构，可取底层；

2) 楼层屈服强度系数沿高度分布不均匀的结构，可取该系数最小的楼层（部位）和相对较小的楼层，一般不超过 2～3 处。

2 弹塑性层间位移可按下列公式计算：

$$\Delta u_p = \eta_p \Delta u_e \tag{5.5.3-1}$$

或

$$\Delta u_p = \mu \Delta u_y = \frac{\eta_p}{\xi_y} \Delta u_y \tag{5.5.3-2}$$

式中：Δu_p——弹塑性层间位移（mm）；

$\quad \Delta u_y$——层间屈服位移（mm）；

$\quad \mu$——楼层延性系数；

$\quad \Delta u_e$——罕遇地震作用下按弹性分析的层间位移（mm）。计算时，水平地震影响系数最大值应按本规程表 4.3.7-1 采用；

$\quad \eta_p$——弹塑性位移增大系数，当薄弱层（部位）的屈服强度系数不小于相邻层（部位）该系数平均值的 0.8 时，可按表 5.5.3 采用；当不大于该平均值的

0.5时，可按表内相应数值的 1.5 倍采用；其他情况可采用内插法取值；

ξ_y——楼层屈服强度系数。

表 5.5.3　结构的弹塑性位移增大系数 η_p

ξ_y	0.5	0.4	0.3
η_p	1.8	2.0	2.2

6. 荷载组合和地震作用组合的效应

5.6.1 持久设计状况和短暂设计状况下，当荷载与荷载效应按线性关系考虑时，荷载基本组合的效应设计值应按下式确定：

$$S_d = \gamma_G S_{Gk} + \gamma_L \psi_Q \gamma_Q S_{Qk} + \psi_w \gamma_w S_{wk} \tag{5.6.1}$$

式中：S_d——荷载组合的效应设计值；

γ_G——永久荷载分项系数；

γ_Q——楼面活荷载分项系数；

γ_w——风荷载的分项系数；

γ_L——考虑结构设计使用年限的荷载调整系数，设计使用年限为 50 年时取 1.0，设计使用年限为 100 年时取 1.1；

S_{Gk}——永久荷载效应标准值；

S_{Qk}——楼面活荷载效应标准值；

S_{wk}——风荷载效应标准值；

ψ_Q、ψ_w——分别为楼面活荷载组合值系数和风荷载组合值系数，当永久荷载效应起控制作用时应分别取 0.7 和 0.0；当可变荷载效应起控制作用时应分别取 1.0 和 0.6 或 0.7 和 1.0。

注：对书库、档案库、储藏室、通风机房和电梯机房，本条楼面活荷载组合值系数取 0.7 的场合应取为 0.9。

5.6.2 持久设计状况和短暂设计状况下，荷载基本组合的分项系数应按下列规定采用：

1 永久荷载的分项系数 γ_G：当其效应对结构承载力不利时，对由可变荷载效应控制的组合应取 1.2，对由永久荷载效应控制的组合应取 1.35；当其效应对结构承载力有利时，应取 1.0。

2 楼面活荷载的分项系数 γ_Q：一般情况下应取 1.4。

3 风荷载的分项系数 γ_w 应取 1.4。

5.6.3 地震设计状况下，当作用与作用效应按线性关系考虑时，荷载和地震作用基本组合的效应设计值应按下式确定：

$$S_d = \gamma_G S_{GE} + \gamma_{Eh} S_{Ehk} + \gamma_{Ev} S_{Evk} + \psi_w \gamma_w S_{wk} \tag{5.6.3}$$

式中：S_d——荷载和地震作用组合的效应设计值；

S_{GE}——重力荷载代表值的效应；

S_{Ehk}——水平地震作用标准值的效应，尚应乘以相应的增大系数、调整系数；

S_{Evk}——竖向地震作用标准值的效应，尚应乘以相应的增大系数、调整系数；

γ_G——重力荷载分项系数；

γ_w——风荷载分项系数；

γ_{Eh}——水平地震作用分项系数；

γ_{Ev}——竖向地震作用分项系数；

ψ_w——风荷载的组合值系数，应取 0.2。

5.6.4 地震设计状况下，荷载和地震作用基本组合的分项系数应按表 5.6.4 采用。当重力荷载效应对结构的承载力有利时，表 5.6.4 中 γ_G 不应大于 1.0。

表 5.6.4 地震设计状况时荷载和作用的分项系数

参与组合的荷载和作用	γ_G	γ_{Eh}	γ_{Ev}	γ_w	说　　明
重力荷载及水平地震作用	1.2	1.3	—	—	抗震设计的高层建筑结构均应考虑
重力荷载及竖向地震作用	1.2	—	1.3	—	9 度抗震设计时考虑；水平长悬臂和大跨度结构 7 度（0.15g）、8 度、9 度抗震设计时考虑
重力荷载、水平地震及竖向地震作用	1.2	1.3	0.5	—	9 度抗震设计时考虑；水平长悬臂和大跨度结构 7 度（0.15g）、8 度、9 度抗震设计时考虑
重力荷载、水平地震作用及风荷载	1.2	1.3	—	1.4	60m 以上的高层建筑考虑
重力荷载、水平地震作用、竖向地震作用及风荷载	1.2	1.3	0.5	1.4	60m 以上的高层建筑，9 度抗震设计时考虑；水平长悬臂和大跨度结构 7 度（0.15g）、8 度、9 度抗震设计时考虑
	1.2	0.5	1.3	1.4	水平长悬臂结构和大跨度结构，7 度（0.15g）、8 度、9 度抗震设计时考虑

注：1 g 为重力加速度；
2 "—"表示组合中不考虑该项荷载或作用效应。

5.6.5 非抗震设计时，应按本规程第 5.6.1 条的规定进行荷载组合的效应计算。抗震设计时，应同时按本规程第 5.6.1 条和 5.6.3 条的规定进行荷载和地震作用组合的效应计算；按本规程第 5.6.3 条计算的组合内力设计值，尚应按本规程的有关规定进行调整。

第4章　场地、地基和基础、地下室结构设计

一、基　本　规　定

1.《地基规范》

3.0.1　地基基础设计应根据地基复杂程度、建筑物规模和功能特征以及由于地基问题可能造成建筑物破坏或影响正常使用的程度分为三个设计等级，设计时应根据具体情况，按表 3.0.1 选用。

表 3.0.1　地基基础设计等级

设计等级	建筑和地基类型
甲级	重要的工业与民用建筑物 30 层以上的高层建筑 体型复杂，层数相差超过 10 层的高低层连成一体建筑物 大面积的多层地下建筑物（如地下车库、商场、运动场等） 对地基变形有特殊要求的建筑物 复杂地质条件下的坡上建筑物（包括高边坡） 对原有工程影响较大的新建建筑物 场地和地基条件复杂的一般建筑物 位于复杂地质条件及软土地区的二层及二层以上地下室的基坑工程 开挖深度大于 15m 的基坑工程 周边环境条件复杂、环境保护要求高的基坑工程
乙级	除甲级、丙级以外的工业与民用建筑物 除甲级、丙级以外的基坑工程
丙级	场地和地基条件简单、荷载分布均匀的七层及七层以下民用建筑及一般工业建筑；次要的轻型建筑物 非软土地区且场地地质条件简单、基坑周边环境条件简单、环境保护要求不高且开挖深度小于 5.0m 的基坑工程

3.0.2　根据建筑物地基基础设计等级及长期荷载作用下地基变形对上部结构的影响程度，地基基础设计应符合下列规定：

1　所有建筑物的地基计算均应满足承载力计算的有关规定；

2　设计等级为甲级、乙级的建筑物，均应按地基变形设计；

3　设计等级为丙级的建筑物有下列情况之一时应作变形验算：

  1）地基承载力特征值小于 **130kPa**，且体型复杂的建筑；

  2）在基础上及其附近有地面堆载或相邻基础荷载差异较大，可能引起地基产生过大的不均匀沉降时；

  3）软弱地基上的建筑物存在偏心荷载时；

  4）相邻建筑距离近，可能发生倾斜时；

  5）地基内有厚度较大或厚薄不均的填土，其自重固结未完成时。

4 对经常受水平荷载作用的高层建筑、高耸结构和挡土墙等，以及建造在斜坡上或边坡附近的建筑物和构筑物，尚应验算其稳定性；

5 基坑工程应进行稳定性验算；

6 建筑地下室或地下构筑物存在上浮问题时，尚应进行抗浮验算。

3.0.3 表 3.0.3 所列范围内设计等级为丙级的建筑物可不作变形验算。

表 3.0.3 可不作地基变形验算的设计等级为丙级的建筑物范围

地基主要受力层情况	地基承载力特征值 f_{ak}(kPa)			$80{\leqslant}f_{ak}$ <100	$100{\leqslant}f_{ak}$ <130	$130{\leqslant}f_{ak}$ <160	$160{\leqslant}f_{ak}$ <200	$200{\leqslant}f_{ak}$ <300
	各土层坡度(%)			${\leqslant}5$	${\leqslant}10$	${\leqslant}10$	${\leqslant}10$	${\leqslant}10$
建筑类型	砌体承重结构、框架结构(层数)			${\leqslant}5$	${\leqslant}5$	${\leqslant}6$	${\leqslant}6$	${\leqslant}7$
	单层排架结构(6m柱距)	单跨	吊车额定起重量(t)	10~15	15~20	20~30	30~50	50~100
			厂房跨度(m)	${\leqslant}18$	${\leqslant}24$	${\leqslant}30$	${\leqslant}30$	${\leqslant}30$
		多跨	吊车额定起重量(t)	5~10	10~15	15~20	20~30	30~75
			厂房跨度(m)	${\leqslant}18$	${\leqslant}24$	${\leqslant}30$	${\leqslant}30$	${\leqslant}30$
	烟囱		高度(m)	${\leqslant}40$	${\leqslant}50$	${\leqslant}75$		${\leqslant}100$
	水塔		高度(m)	${\leqslant}20$	${\leqslant}30$	${\leqslant}30$		${\leqslant}30$
			容积(m³)	50~100	100~200	200~300	300~500	500~1000

注：1 地基主要受力层系指条形基础底面下深度为 3*b*(*b* 为基础底面宽度)，独立基础下为 1.5*b*，且厚度均不小于 5m 的范围(二层以下一般的民用建筑除外)；

2 地基主要受力层中如有承载力特征值小于 130kPa 的土层，表中砌体承重结构的设计，应符合本规范第 7 章的有关要求；

3 表中砌体承重结构和框架结构均指民用建筑，对于工业建筑可按厂房高度、荷载情况折合成与其相当的民用建筑层数；

4 表中吊车额定起重量、烟囱高度和水塔容积的数值系指最大值。

3.0.4 地基基础设计前应进行岩土工程勘察，并应符合下列规定：

1 岩土工程勘察报告应提供下列资料：

1) 有无影响建筑场地稳定性的不良地质作用，评价其危害程度；

2) 建筑物范围内的地层结构及其均匀性，各岩土层的物理力学性质指标，以及对建筑材料的腐蚀性；

3) 地下水埋藏情况、类型和水位变化幅度及规律，以及对建筑材料的腐蚀性；

4) 在抗震设防区应划分场地类别，并对饱和砂土及粉土进行液化判别；

5) 对可供采用的地基基础设计方案进行论证分析，提出经济合理、技术先进的设计方案建议；提供与设计要求相对应的地基承载力及变形计算参数，并对设计与施工应注意的问题提出建议；

6) 当工程需要时，尚应提供：深基坑开挖的边坡稳定计算和支护设计所需的岩土技术参数，论证其对周边环境的影响；基坑施工降水的有关技术参数及地下水控制方法的建议；用于计算地下水浮力的设防水位。

2 地基评价宜采用钻探取样、室内土工试验、触探，并结合其他原位测试方法进行。设计等级为甲级的建筑物应提供载荷试验指标、抗剪强度指标、变形参数指标和触探资料；设计等级为乙级的建筑物应提供抗剪强度指标、变形参数指标和触探资料；设计等级为丙级的建筑物应提供触探及必要的钻探和土工试验资料。

3 建筑物地基均应进行施工验槽。当地基条件与原勘察报告不符时，应进行施工勘察。

3.0.5 地基基础设计时，所采用的作用效应与相应的抗力限值应符合下列规定：

1 按地基承载力确定基础底面积及埋深或按单桩承载力确定桩数时，传至基础或承台底面上的作用效应应按正常使用极限状态下作用的标准组合；相应的抗力应采用地基承载力特征值或单桩承载力特征值；

2 计算地基变形时，传至基础底面上的作用效应应按正常使用极限状态下作用的准永久组合，不应计入风荷载和地震作用；相应的限值应为地基变形允许值；

3 计算挡土墙、地基或滑坡稳定以及基础抗浮稳定时，作用效应应按承载能力极限状态下作用的基本组合，但其分项系数均为 1.0；

4 在确定基础或桩基承台高度、支挡结构截面、计算基础或支挡结构内力、确定配筋和验算材料强度时，上部结构传来的作用效应和相应的基底反力、挡土墙土压力以及滑坡推力，应按承载能力极限状态下作用的基本组合，采用相应的分项系数；当需要验算基础裂缝宽度时，应按正常使用极限状态下作用的标准组合；

5 基础设计安全等级、结构设计使用年限、结构重要性系数应按有关规范的规定采用，但结构重要性系数 γ_0 不应小于 1.0。

3.0.6 地基基础设计时，作用组合的效应设计值应符合下列规定：

1 正常使用极限状态下，标准组合的效应设计值 S_k 应按下式确定：

$$S_k = S_{Gk} + S_{Q1k} + \psi_{c2} S_{Q2k} + \cdots\cdots + \psi_{cn} S_{Qnk} \qquad (3.0.6\text{-}1)$$

式中：S_{Gk}——永久作用标准值 G_k 的效应；

S_{Qik}——第 i 个可变作用标准值 Q_{ik} 的效应；

ψ_{ci}——第 i 个可变作用 Q_i 的组合值系数，按现行国家标准《建筑结构荷载规范》GB 50009 的规定取值。

2 准永久组合的效应设计值 S_k 应按下式确定：

$$S_k = S_{Gk} + \psi_{q1} S_{Q1k} + \psi_{q2} S_{Q2k} + \cdots\cdots + \psi_{qn} S_{Qnk} \qquad (3.0.6\text{-}2)$$

式中：ψ_{qi}——第 i 个可变作用的准永久值系数，按现行国家标准《建筑结构荷载规范》GB 50009 的规定取值。

3 承载能力极限状态下，由可变作用控制的基本组合的效应设计值 S_d，应按下式确定：

$$S_d = \gamma_G S_{Gk} + \gamma_{Q1} S_{Q1k} + \gamma_{Q2} \psi_{c2} S_{Q2k} + \cdots\cdots + \gamma_{Qn} \psi_{cn} S_{Qnk} \qquad (3.0.6\text{-}3)$$

式中：γ_G——永久作用的分项系数，按现行国家标准《建筑结构荷载规范》GB 50009 的规定取值；

γ_{Qi}——第 i 个可变作用的分项系数，按现行国家标准《建筑结构荷载规范》GB 50009 的规定取值。

4 对由永久作用控制的基本组合，也可采用简化规则，基本组合的效应设计值 S_d 可按下式确定：

$$S_d = 1.35 S_k \qquad (3.0.6\text{-}4)$$

式中：S_k——标准组合的作用效应设计值。

3.0.7 地基基础的设计使用年限不应小于建筑结构的设计使用年限。

2. 《抗规》

3.3.1 选择建筑场地时，应根据工程需要和地震活动情况、工程地质和地震地质的有关资料，对抗震有利、一般、不利和危险地段做出综合评价。对不利地段，应提出避开要求；当无法避开时应采取有效的措施。对危险地段，严禁建造甲、乙类的建筑，不应建造丙类的建筑。

3.3.2 建筑场地为Ⅰ类时，对甲、乙类的建筑应允许仍按本地区抗震设防烈度的要求采取抗震构造措施；对丙类的建筑应允许按本地区抗震设防烈度降低一度的要求采取抗震构造措施，但抗震设防烈度为 6 度时仍应按本地区抗震设防烈度的要求采取抗震构造措施。

3.3.3 建筑场地为Ⅲ、Ⅳ类时，对设计基本地震加速度为 0.15g 和 0.30g 的地区，除本规范另有规定外，宜分别按抗震设防烈度 8 度（0.20g）和 9 度（0.40g）时各抗震设防类别建筑的要求采取抗震构造措施。

3.3.4 地基和基础设计应符合下列要求：

1 同一结构单元的基础不宜设置在性质截然不同的地基上。

2 同一结构单元不宜部分采用天然地基部分采用桩基；当采用不同基础类型或基础埋深显著不同时，应根据地震时两部分地基基础的沉降差异，在基础、上部结构的相关部位采取相应措施。

3 地基为软弱黏性土、液化土、新近填土或严重不均匀土时，应根据地震时地基不均匀沉降和其他不利影响，采取相应的措施。

3.3.5 山区建筑的场地和地基基础应符合下列要求：

1 山区建筑场地勘察应有边坡稳定性评价和防治方案建议；应根据地质、地形条件和使用要求，因地制宜设置符合抗震设防要求的边坡工程。

2 边坡设计应符合现行国家标准《建筑边坡工程技术规范》GB 50330 的要求；其稳定性验算时，有关的摩擦角应按设防烈度的高低相应修正。

3 边坡附近的建筑基础应进行抗震稳定性设计。建筑基础与土质、强风化岩质边坡的边缘应留有足够的距离，其值应根据设防烈度的高低确定，并采取措施避免地震时地基基础破坏。

二、地基岩土的分类及工程特性

1. 《地基规范》

4.1.1 作为建筑地基的岩土，可分为岩石、碎石土、砂土、粉土、黏性土和人工填土。

4.1.2 作为建筑地基的岩石，除应确定岩石的地质名称外，尚应按本规范第 4.1.3 条划分岩石的坚硬程度，按本规范第 4.1.4 条划分岩体的完整程度。岩石的风化程度可分为未风化、微风化、中等风化、强风化和全风化。

4.1.3 岩石的坚硬程度应根据岩块的饱和单轴抗压强度 f_{rk} 按表 4.1.3 分为坚硬岩、较硬岩、较软岩、软岩和极软岩。当缺乏饱和单轴抗压强度资料或不能进行该项试验时，可在现场通过观察定性划分，划分标准可按本规范附录 A.0.1 条执行。

表 4.1.3 岩石坚硬程度的划分

坚硬程度类别	坚硬岩	较硬岩	较软岩	软岩	极软岩
饱和单轴抗压强度标准值 f_{rk}(MPa)	$f_{rk}>60$	$60 \geqslant f_{rk}>30$	$30 \geqslant f_{rk}>15$	$15 \geqslant f_{rk}>5$	$f_{rk} \leqslant 5$

4.1.4 岩体完整程度应按表 4.1.4 划分为完整、较完整、较破碎、破碎和极破碎。当缺乏试验数据时可按本规范附录 A.0.2 条确定。

表 4.1.4 岩体完整程度划分

完整程度等级	完整	较完整	较破碎	破碎	极破碎
完整性指数	>0.75	0.75~0.55	0.55~0.35	0.35~0.15	<0.15

注：完整性指数为岩体纵波波速与岩块纵波波速之比的平方。选定岩体、岩块测定波速时应有代表性。

4.1.5 碎石土为粒径大于 2mm 的颗粒含量超过全重 50% 的土。碎石土可按表 4.1.5 分为漂石、块石、卵石、碎石、圆砾和角砾。

表 4.1.5 碎石土的分类

土的名称	颗 粒 形 状	粒 组 含 量
漂石 块石	圆形及亚圆形为主 棱角形为主	粒径大于 200mm 的颗粒含量超过全重 50%
卵石 碎石	圆形及亚圆形为主 棱角形为主	粒径大于 20mm 的颗粒含量超过全重 50%
圆砾 角砾	圆形及亚圆形为主 棱角形为主	粒径大于 2mm 的颗粒含量超过全重 50%

注：分类时应根据粒组含量栏从上到下以最先符合者确定。

4.1.6 碎石土的密实度，可按表 4.1.6 分为松散、稍密、中密、密实。

表 4.1.6 碎石土的密实度

重型圆锥动力触探锤击数 $N_{63.5}$	密 实 度	重型圆锥动力触探锤击数 $N_{63.5}$	密 实 度
$N_{63.5} \leqslant 5$	松 散	$10 < N_{63.5} \leqslant 20$	中 密
$5 < N_{63.5} \leqslant 10$	稍 密	$N_{63.5} > 20$	密 实

注：1 本表适用于平均粒径小于或等于 50mm 且最大粒径不超过 100mm 的卵石、碎石、圆砾、角砾；对于平均粒径大于 50mm 或最大粒径大于 100mm 的碎石土，可按本规范附录 B 鉴别其密实度；

　　2 表内 $N_{63.5}$ 为经综合修正后的平均值。

4.1.7 砂土为粒径大于 2mm 的颗粒含量不超过全重 50%、粒径大于 0.075mm 的颗粒超过全重 50% 的土。砂土可按表 4.1.7 分为砾砂、粗砂、中砂、细砂和粉砂。

表 4.1.7 砂土的分类

土的名称	粒 组 含 量
砾 砂	粒径大于 2mm 的颗粒含量占全重 25%~50%
粗 砂	粒径大于 0.5mm 的颗粒含量超过全重 50%

续表 4.1.7

土的名称	粒 组 含 量
中 砂	粒径大于 0.25mm 的颗粒含量超过全重 50%
细 砂	粒径大于 0.075mm 的颗粒含量超过全重 85%
粉 砂	粒径大于 0.075mm 的颗粒含量超过全重 50%

注：分类时应根据粒组含量栏从上到下以最先符合者确定。

4.1.8 砂土的密实度，可按表 4.1.8 分为松散、稍密、中密、密实。

表 4.1.8 砂土的密实度

标准贯入试验锤击数 N	密 实 度	标准贯入试验锤击数 N	密 实 度
$N \leqslant 10$	松 散	$15 < N \leqslant 30$	中 密
$10 < N \leqslant 15$	稍 密	$N > 30$	密 实

注：当用静力触探探头阻力判定砂土的密实度时，可根据当地经验确定。

4.1.9 黏性土为塑性指数 I_p 大于 10 的土，可按表 4.1.9 分为黏土、粉质黏土。

表 4.1.9 黏性土的分类

塑性指数 I_p	土的名称
$I_p > 17$	黏土
$10 < I_p \leqslant 17$	粉质黏土

注：塑性指数由相应于 76g 圆锥体沉入土样中深度为 10mm 时测定的液限计算而得。

4.1.10 黏性土的状态，可按表 4.1.10 分为坚硬、硬塑、可塑、软塑、流塑。

表 4.1.10 黏性土的状态

液性指数 I_L	状 态	液性指数 I_L	状 态
$I_L \leqslant 0$	坚 硬	$0.75 < I_L \leqslant 1$	软 塑
$0 < I_L \leqslant 0.25$	硬 塑	$I_L > 1$	流 塑
$0.25 < I_L \leqslant 0.75$	可 塑		

注：当用静力触探探头阻力判定黏性土的状态时，可根据当地经验确定。

4.1.11 粉土为介于砂土与黏性土之间，塑性指数 I_p 小于或等于 10 且粒径大于 0.075mm 的颗粒含量不超过全重 50% 的土。

4.1.12 淤泥为在静水或缓慢的流水环境中沉积，并经生物化学作用形成，其天然含水量大于液限、天然孔隙比大于或等于 1.5 的黏性土。当天然含水量大于液限而天然孔隙比小于 1.5 但大于或等于 1.0 的黏性土或粉土为淤泥质土。含有大量未分解的腐殖质，有机质含量大于 60% 的土为泥炭，有机质含量大于或等于 10% 且小于或等于 60% 的土为泥炭质土。

4.1.13 红黏土为碳酸盐岩系的岩石经红土化作用形成的高塑性黏土。其液限一般大于 50%。红黏土经再搬运后仍保留其基本特征，其液限大于 45% 的土为次生红黏土。

4.1.14 人工填土根据其组成和成因，可分为素填土、压实填土、杂填土、冲填土。素填土为由碎石土、砂土、粉土、黏性土等组成的填土。经过压实或夯实的素填土为压实填土。杂填土为含有建筑垃圾、工业废料、生活垃圾等杂物的填土。冲填土为由水力冲填泥砂形成的填土。

4.1.15 膨胀土为土中黏粒成分主要由亲水性矿物组成，同时具有显著的吸水膨胀和失水收缩特性，其自由膨胀率大于或等于 40% 的黏性土。

4.1.16 湿陷性土为在一定压力下浸水后产生附加沉降，其湿陷系数大于或等于 0.015 的土。

4.2.1 土的工程特性指标可采用强度指标、压缩性指标以及静力触探探头阻力、动力触探锤击数、标准贯入试验锤击数、载荷试验承载力等特性指标表示。

4.2.2 地基土工程特性指标的代表值应分别为标准值、平均值及特征值。抗剪强度指标应取标准值，压缩性指标应取平均值，载荷试验承载力应取特征值。

4.2.3 载荷试验应采用浅层平板载荷试验或深层平板载荷试验。浅层平板载荷试验适用于浅层地基，深层平板载荷试验适用于深层地基。两种载荷试验的试验要求应分别符合本规范附录 C、D 的规定。

4.2.4 土的抗剪强度指标，可采用原状土室内剪切试验、无侧限抗压强度试验、现场剪切试验、十字板剪切试验等方法测定。当采用室内剪切试验确定时，宜选择三轴压缩试验的自重压力下预固结的不固结不排水试验。经过预压固结的地基可采用固结不排水试验。每层土的试验数量不得少于六组。室内试验抗剪强度指标 c_k、φ_k，可按本规范附录 E 确定。在验算坡体的稳定性时，对于已有剪切破裂面或其他软弱结构面的抗剪强度，应进行野外大型剪切试验。

4.2.5 土的压缩性指标可采用原状土室内压缩试验、原位浅层或深层平板载荷试验、旁压试验确定，并应符合下列规定：

1 当采用室内压缩试验确定压缩模量时，试验所施加的最大压力应超过土自重压力与预计的附加压力之和，试验成果用 $e\text{-}p$ 曲线表示；

2 当考虑土的应力历史进行沉降计算时，应进行高压固结试验，确定先期固结压力、压缩指数，试验成果用 $e\text{-}\lg p$ 曲线表示；为确定回弹指数，应在估计的先期固结压力之后进行一次卸荷，再继续加荷至预定的最后一级压力；

3 当考虑深基坑开挖卸荷和再加荷时，应进行回弹再压缩试验，其压力的施加应与实际的加卸荷状况一致。

4.2.6 地基土的压缩性可按 p_1 为 100kPa，p_2 为 200kPa 时相对应的压缩系数值 a_{1-2} 划分为低、中、高压缩性，并符合以下规定：

1 当 $a_{1-2} < 0.1 \mathrm{MPa}^{-1}$ 时，为低压缩性土；

2 当 $0.1 \mathrm{MPa}^{-1} \leqslant a_{1-2} < 0.5 \mathrm{MPa}^{-1}$ 时，为中压缩性土；

3 当 $a_{1-2} \geqslant 0.5 \mathrm{MPa}^{-1}$ 时，为高压缩性土。

2. 《抗规》

4.1.1 选择建筑场地时，应按表 4.1.1 划分对建筑抗震有利、一般、不利和危险的地段。

表 4.1.1 有利、一般、不利和危险地段的划分

地段类别	地质、地形、地貌
有利地段	稳定基岩，坚硬土，开阔、平坦、密实、均匀的中硬土等

续表 4.1.1

地段类别	地质、地形、地貌
一般地段	不属于有利、不利和危险的地段
不利地段	软弱土，液化土，条状突出的山嘴，高耸孤立的山丘，陡坡，陡坎，河岸和边坡的边缘，平面分布上成因、岩性、状态明显不均匀的土层（含故河道、疏松的断层破碎带、暗埋的塘浜沟谷和半填半挖地基），高含水量的可塑黄土，地表存在结构性裂缝等
危险地段	地震时可能发生滑坡、崩塌、地陷、地裂、泥石流等及发震断裂带上可能发生地表位错的部位

4.1.2 建筑场地的类别划分，应以土层等效剪切波速和场地覆盖层厚度为准。

4.1.3 土层剪切波速的测量，应符合下列要求：

1 在场地初步勘察阶段，对大面积的同一地质单元，测试土层剪切波速的钻孔数量不宜少于 3 个。

2 在场地详细勘察阶段，对单幢建筑，测试土层剪切波速的钻孔数量不宜少于 2 个，测试数据变化较大时，可适量增加；对小区中处于同一地质单元内的密集建筑群，测试土层剪切波速的钻孔数量可适量减少，但每幢高层建筑和大跨空间结构的钻孔数量均不得少于 1 个。

3 对丁类建筑及丙类建筑中层数不超过 10 层、高度不超过 24m 的多层建筑，当无实测剪切波速时，可根据岩土名称和性状，按表 4.1.3 划分土的类型，再利用当地经验在表 4.1.3 的剪切波速范围内估算各土层的剪切波速。

表 4.1.3 土的类型划分和剪切波速范围

土的类型	岩土名称和性状	土层剪切波速范围（m/s）
岩石	坚硬、较硬且完整的岩石	$v_s > 800$
坚硬土或软质岩石	破碎和较破碎的岩石或软和较软的岩石，密实的碎石土	$800 \geqslant v_s > 500$
中硬土	中密、稍密的碎石土，密实、中密的砾、粗、中砂，$f_{ak} > 150$ 的黏性土和粉土，坚硬黄土	$500 \geqslant v_s > 250$
中软土	稍密的砾、粗、中砂，除松散外的细、粉砂，$f_{ak} \leqslant 150$ 的黏性土和粉土，$f_{ak} > 130$ 的填土，可塑新黄土	$250 \geqslant v_s > 150$
软弱土	淤泥和淤泥质土，松散的砂，新近沉积的黏性土和粉土，$f_{ak} \leqslant 130$ 的填土，流塑黄土	$v_s \leqslant 150$

注：f_{ak} 为由载荷试验等方法得到的地基承载力特征值（kPa）；v_s 为岩土剪切波速。

4.1.4 建筑场地覆盖层厚度的确定，应符合下列要求：

1 一般情况下，应按地面至剪切波速大于 500m/s 且其下卧各层岩土的剪切波速均不小于 500m/s 的土层顶面的距离确定。

2 当地面 5m 以下存在剪切波速大于其上部各土层剪切波速 2.5 倍的土层，且该层及其下卧各层岩土的剪切波速均不小于 400m/s 时，可按地面至该土层顶面的距离确定。

3 剪切波速大于 500m/s 的孤石、透镜体，应视同周围土层。

4 土层中的火山岩硬夹层，应视为刚体，其厚度应从覆盖土层中扣除。

4.1.5 土层的等效剪切波速，应按下列公式计算：

$$v_{se} = d_0/t \qquad (4.1.5-1)$$

$$t = \sum_{i=1}^{n} (d_i/v_{si}) \qquad (4.1.5-2)$$

式中：v_{se}——土层等效剪切波速（m/s）；

$\quad$ d_0——计算深度（m），取覆盖层厚度和 20m 两者的较小值；

$\quad$ t——剪切波在地面至计算深度之间的传播时间；

$\quad$ d_i——计算深度范围内第 i 土层的厚度（m）；

$\quad$ v_{si}——计算深度范围内第 i 土层的剪切波速（m/s）；

$\quad$ n——计算深度范围内土层的分层数。

4.1.6 建筑的场地类别，应根据土层等效剪切波速和场地覆盖层厚度按表 4.1.6 划分为四类，其中Ⅰ类分为Ⅰ₀、Ⅰ₁两个亚类。当有可靠的剪切波速和覆盖层厚度且其值处于表 4.1.6 所列场地类别的分界线附近时，应允许按插值方法确定地震作用计算所用的特征周期。

表 4.1.6　各类建筑场地的覆盖层厚度（m）

岩石的剪切波速或土的等效剪切波速（m/s）	场 地 类 别				
	Ⅰ₀	Ⅰ₁	Ⅱ	Ⅲ	Ⅳ
$v_s > 800$	0				
$800 \geqslant v_s > 500$		0			
$500 \geqslant v_{se} > 250$		<5	≥5		
$250 \geqslant v_{se} > 150$		<3	3~50	>50	
$v_{se} \leqslant 150$		<3	3~15	15~80	>80

注：表中 v_s 系岩石的剪切波速。

4.1.7 场地内存在发震断裂时，应对断裂的工程影响进行评价，并应符合下列要求：

1 对符合下列规定之一的情况，可忽略发震断裂错动对地面建筑的影响：

1）抗震设防烈度小于 8 度；

2）非全新世活动断裂；

3）抗震设防烈度为 8 度和 9 度时，隐伏断裂的土层覆盖厚度分别大于 60m 和 90m。

2 对不符合本条 1 款规定的情况，应避开主断裂带。其避让距离不宜小于表 4.1.7 对发震断裂最小避让距离的规定。在避让距离的范围内确有需要建造分散的、低于三层的丙、丁类建筑时，应按提高一度采取抗震措施，并提高基础和上部结构的整体性，且不得跨越断层线。

表 4.1.7　发震断裂的最小避让距离 （m）

烈　度	建筑抗震设防类别			
	甲	乙	丙	丁
8	专门研究	200m	100m	—
9	专门研究	400m	200m	—

4.1.8　当需要在条状突出的山嘴、高耸孤立的山丘、非岩石和强风化岩石的陡坡、河岸和边坡边缘等不利地段建造丙类及丙类以上建筑时，除保证其在地震作用下的稳定性外，尚应估计不利地段对设计地震动参数可能产生的放大作用，其水平地震影响系数最大值应乘以增大系数。其值应根据不利地段的具体情况确定，在 1.1～1.6 范围内采用。

4.1.9　场地岩土工程勘察，应根据实际需要划分的对建筑有利、一般、不利和危险的地段，提供建筑的场地类别和岩土地震稳定性（含滑坡、崩塌、液化和震陷特性）评价，对需要采用时程分析法补充计算的建筑，尚应根据设计要求提供土层剖面、场地覆盖层厚度和有关的动力参数。

4.3.1　饱和砂土和饱和粉土（不含黄土）的液化判别和地基处理，6 度时，一般情况下可不进行判别和处理，但对液化沉陷敏感的乙类建筑可按 7 度的要求进行判别和处理，7～9 度时，乙类建筑可按本地区抗震设防烈度的要求进行判别和处理。

4.3.2　地面下存在饱和砂土和饱和粉土时，除 6 度外，应进行液化判别；存在液化土层的地基，应根据建筑的抗震设防类别、地基的液化等级，结合具体情况采取相应的措施。

　　注：本条饱和土液化判别要求不含黄土、粉质黏土。

4.3.3　饱和的砂土或粉土（不含黄土），当符合下列条件之一时，可初步判别为不液化或可不考虑液化影响：

　　1　地质年代为第四纪晚更新世（Q_3）及其以前时，7、8 度时可判为不液化。

　　2　粉土的黏粒（粒径小于 0.005mm 的颗粒）含量百分率，7 度、8 度和 9 度分别不小于 10、13 和 16 时，可判为不液化土。

　　注：用于液化判别的黏粒含量系采用六偏磷酸钠作分散剂测定，采用其他方法时应按有关规定换算。

　　3　浅埋天然地基的建筑，当上覆非液化土层厚度和地下水位深度符合下列条件之一时，可不考虑液化影响：

$$d_u > d_0 + d_b - 2 \tag{4.3.3-1}$$

$$d_w > d_0 + d_b - 3 \tag{4.3.3-2}$$

$$d_u + d_w > 1.5d_0 + 2d_b - 4.5 \tag{4.3.3-3}$$

式中：d_w——地下水位深度（m），宜按设计基准期内年平均最高水位采用，也可按近期内年最高水位采用；

　　　　d_u——上覆盖非液化土层厚度（m），计算时宜将淤泥和淤泥质土层扣除；

　　　　d_b——基础埋置深度（m），不超过 2m 时应采用 2m；

　　　　d_0——液化土特征深度（m），可按表 4.3.3 采用。

表 4.3.3　液化土特征深度（m）

饱和土类别	7度	8度	9度
粉土	6	7	8
砂土	7	8	9

注：当区域的地下水位处于变动状态时，应按不利的情况考虑。

4.3.4 当饱和砂土、粉土的初步判别认为需进一步进行液化判别时，应采用标准贯入试验判别法判别地面下 20m 范围内土的液化；但对本规范第 4.2.1 条规定可不进行天然地基及基础的抗震承载力验算的各类建筑，可只判别地面下 15m 范围内土的液化。当饱和土标准贯入锤击数（未经杆长修正）小于或等于液化判别标准贯入锤击数临界值时，应判为液化土。当有成熟经验时，尚可采用其他判别方法。

在地面下 20m 深度范围内，液化判别标准贯入锤击数临界值可按下式计算：

$$N_{cr} = N_0\beta\left[\ln(0.6d_s + 1.5) - 0.1d_w\right]\sqrt{3/\rho_c} \tag{4.3.4}$$

式中：N_{cr}——液化判别标准贯入锤击数临界值；

　　　N_0——液化判别标准贯入锤击数基准值，可按表 4.3.4 采用；

　　　d_s——饱和土标准贯入点深度（m）；

　　　d_w——地下水位（m）；

　　　ρ_c——黏粒含量百分率，当小于 3 或为砂土时，应采用 3；

　　　β——调整系数，设计地震第一组取 0.80，第二组取 0.95，第三组取 1.05。

表 4.3.4　液化判别标准贯入锤击数基准值 N_0

设计基本地震加速度（g）	0.10	0.15	0.20	0.30	0.40
液化判别标准贯入锤击数基准值	7	10	12	16	19

4.3.5 对存在液化砂土层、粉土层的地基，应探明各液化土层的深度和厚度，按下式计算每个钻孔的液化指数，并按表 4.3.5 综合划分地基的液化等级：

$$I_{lE} = \sum_{i=1}^{n}\left[1 - \frac{N_i}{N_{cri}}\right]d_iW_i \tag{4.3.5}$$

式中：I_{lE}——液化指数；

　　　n——在判别深度范围内每一个钻孔标准贯入试验点的总数；

N_i、N_{cri}——分别为 i 点标准贯入锤击数的实测值和临界值，当实测值大于临界值时应取临界值；当只需要判别 15m 范围以内的液化时，15m 以下的实测值可按临界值采用；

　　　d_i——i 点所代表的土层厚度（m），可采用与该标准贯入试验点相邻的上、下两标准贯入试验点深度差的一半，但上界不高于地下水位深度，下界不深于液化深度；

　　　W_i——i 土层单位土层厚度的层位影响权函数值（单位为 m^{-1}）。当该层中点深度不大于 5m 时应采用 10，等于 20m 时应采用零值，5～20m 时应按线性内插法取值。

表 4.3.5　液化等级与液化指数的对应关系

液化等级	轻　微	中　等	严　重
液化指数 I_{lE}	$0 < I_{lE} \leqslant 6$	$6 < I_{lE} \leqslant 18$	$I_{lE} > 18$

4.3.6　当液化砂土层、粉土层较平坦且均匀时，宜按表 4.3.6 选用地基抗液化措施；尚可计入上部结构重力荷载对液化危害的影响，根据液化震陷量的估计适当调整抗液化措施。

　　不宜将未经处理的液化土层作为天然地基持力层。

表 4.3.6　抗液化措施

建筑抗震设防类别	地基的液化等级		
	轻微	中等	严重
乙类	部分消除液化沉陷，或对基础和上部结构处理	全部消除液化沉陷，或部分消除液化沉陷且对基础和上部结构处理	全部消除液化沉陷
丙类	基础和上部结构处理，亦可不采取措施	基础和上部结构处理，或更高要求的措施	全部消除液化沉陷，或部分消除液化沉陷且对基础和上部结构处理
丁类	可不采取措施	可不采取措施	基础和上部结构处理，或其他经济的措施

注：甲类建筑的地基抗液化措施应进行专门研究，但不宜低于乙类的相应要求。

4.3.7　全部消除地基液化沉陷的措施，应符合下列要求：

　　1　采用桩基时，桩端伸入液化深度以下稳定土层中的长度（不包括桩尖部分），应按计算确定，且对碎石土，砾、粗、中砂，坚硬黏性土和密实粉土尚不应小于 0.8m，对其他非岩石土尚不宜小于 1.5m。

　　2　采用深基础时，基础底面应埋入液化深度以下的稳定土层中，其深度不应小于 0.5m。

　　3　采用加密法（如振冲、振动加密、挤密碎石桩、强夯等）加固时，应处理至液化深度下界；振冲或挤密碎石桩加固后，桩间土的标准贯入锤击数不宜小于本规范第 4.3.4 条规定的液化判别标准贯入锤击数临界值。

　　4　用非液化土替换全部液化土层，或增加上覆非液化土层的厚度。

　　5　采用加密法或换土法处理时，在基础边缘以外的处理宽度，应超过基础底面下处理深度的 1/2 且不小于基础宽度的 1/5。

4.3.8　部分消除地基液化沉陷的措施，应符合下列要求：

　　1　处理深度应使处理后的地基液化指数减少，其值不宜大于 5；大面积筏基、箱基的中心区域，处理后的液化指数可比上述规定降低 1；对独立基础和条形基础，尚不应小于基础底面下液化土特征深度和基础宽度的较大值。

　　注：中心区域指位于基础外边界以内沿长宽方向距外边界大于相应方向 1/4 长度的区域。

　　2　采用振冲或挤密碎石桩加固后，桩间土的标准贯入锤击数不宜小于按本规范第 4.3.4 条规定的液化判别标准贯入锤击数临界值。

　　3　基础边缘以外的处理宽度，应符合本规范第 4.3.7 条 5 款的要求。

4 采取减小液化震陷的其他方法，如增厚上覆非液化土层的厚度和改善周边的排水条件等。

4.3.9 减轻液化影响的基础和上部结构处理，可综合采用下列各项措施：

1 选择合适的基础埋置深度。

2 调整基础底面积，减少基础偏心。

3 加强基础的整体性和刚度，如采用箱基、筏基或钢筋混凝土交叉条形基础，加设基础圈梁等。

4 减轻荷载，增强上部结构的整体刚度和均匀对称性，合理设置沉降缝，避免采用对不均匀沉降敏感的结构形式等。

5 管道穿过建筑处应预留足够尺寸或采用柔性接头等。

4.3.10 在故河道以及临近河岸、海岸和边坡等有液化侧向扩展或流滑可能的地段内不宜修建永久性建筑，否则应进行抗滑动验算、采取防土体滑动措施或结构抗裂措施。

4.3.11 地基中软弱黏性土层的震陷判别，可采用下列方法。饱和粉质黏土震陷的危害性和抗震陷措施应根据沉降和横向变形大小等因素综合研究确定，8度（0.30g）和9度时，当塑性指数小于15且符合下式规定的饱和粉质黏土可判为震陷性软土。

$$W_S \geqslant 0.9W_L \qquad\qquad (4.3.11\text{-}1)$$
$$I_L \geqslant 0.75 \qquad\qquad (4.3.11\text{-}2)$$

式中：W_S——天然含水量；

$\quad\quad$ W_L——液限含水量，采用液、塑限联合测定法测定；

$\quad\quad$ I_L——液性指数。

4.3.12 地基主要受力层范围内存在软弱黏性土层和高含水量的可塑性黄土时，应结合具体情况综合考虑，采用桩基、地基加固处理或本规范第4.3.9条的各项措施，也可根据软土震陷量的估计，采取相应措施。

三、基 础 埋 置 深 度

1.《地基规范》

5.1.1 基础的埋置深度，应按下列条件确定：

1 建筑物的用途，有无地下室、设备基础和地下设施，基础的形式和构造；

2 作用在地基上的荷载大小和性质；

3 工程地质和水文地质条件；

4 相邻建筑物的基础埋深；

5 地基土冻胀和融陷的影响。

5.1.2 在满足地基稳定和变形要求的前提下，当上层地基的承载力大于下层土时，宜利用上层土作持力层。除岩石地基外，基础埋深不宜小于0.5m。

5.1.3 高层建筑基础的埋置深度应满足地基承载力、变形和稳定性要求。位于岩石地基上的高层建筑，其基础埋深应满足抗滑稳定性要求。

5.1.4 在抗震设防区，除岩石地基外，天然地基上的箱形和筏形基础其埋置深度不宜小于建筑物高度的1/15；桩箱或桩筏基础的埋置深度（不计桩长）不宜小于建筑物高度的

1/18。

5.1.5 基础宜埋置在地下水位以上，当必须埋在地下水位以下时，应采取地基土在施工时不受扰动的措施。当基础埋置在易风化的岩层上，施工时应在基坑开挖后立即铺筑垫层。

5.1.6 当存在相邻建筑物时，新建建筑物的基础埋深不宜大于原有建筑基础。当埋深大于原有建筑基础时，两基础间应保持一定净距，其数值应根据建筑荷载大小、基础形式和土质情况确定。

5.1.7 季节性冻土地基的场地冻结深度应按下式进行计算：

$$z_d = z_0 \cdot \psi_{zs} \cdot \psi_{zw} \cdot \psi_{ze} \tag{5.1.7}$$

式中：z_d——场地冻结深度（m），当有实测资料时按 $z_d = h' - \Delta z$ 计算；

    h'——最大冻深出现时场地最大冻土层厚度（m）；

    Δz——最大冻深出现时场地地表冻胀量（m）；

    z_0——标准冻结深度（m）；当无实测资料时，按本规范附录 F 采用；

    ψ_{zs}——土的类别对冻结深度的影响系数，按表 5.1.7-1 采用；

    ψ_{zw}——土的冻胀性对冻结深度的影响系数，按表 5.1.7-2 采用；

    ψ_{ze}——环境对冻结深度的影响系数，按表 5.1.7-3 采用。

表 5.1.7-1　土的类别对冻结深度的影响系数

土的类别	影响系数 ψ_{zs}	土的类别	影响系数 ψ_{zs}
黏性土	1.00	中、粗、砾砂	1.30
细砂、粉砂、粉土	1.20	大块碎石土	1.40

表 5.1.7-2　土的冻胀性对冻结深度的影响系数

冻胀性	影响系数 ψ_{zw}	冻胀性	影响系数 ψ_{zw}
不冻胀	1.00	强冻胀	0.85
弱冻胀	0.95	特强冻胀	0.80
冻胀	0.90		

表 5.1.7-3　环境对冻结深度的影响系数

周围环境	影响系数 ψ_{ze}
村、镇、旷野	1.00
城市近郊	0.95
城市市区	0.90

注：环境影响系数一项，当城市市区人口为 20 万～50 万时，按城市近郊取值；当城市市区人口大于 50 万小于或等于 100 万时，只计入市区影响；当城市市区人口超过 100 万时，除计入市区影响外，尚应考虑 5km 以内的郊区近郊影响系数。

5.1.8 季节性冻土地区基础埋置深度宜大于场地冻结深度。对于深厚季节冻土地区，当建筑基础底面土层为不冻胀、弱冻胀、冻胀土时，基础埋置深度可以小于场地冻结深度，基础底面下允许冻土层最大厚度应根据当地经验确定。没有地区经验时可按本规范附录 G 查取。此时，基础最小埋置深度 d_{min} 可按下式计算：

$$d_{\min} = z_d - h_{\max} \tag{5.1.8}$$

式中：$h_{\max}$——基础底面下允许冻土层最大厚度（m）。

5.1.9 地基土的冻胀类别分为不冻胀、弱冻胀、冻胀、强冻胀和特强冻胀，可按本规范附录 G 查取。在冻胀、强冻胀和特强冻胀地基上采用防冻害措施时应符合下列规定：

1 对在地下水位以上的基础，基础侧表面应回填不冻胀的中、粗砂，其厚度不应小于 200mm；对在地下水位以下的基础，可采用桩基础、保温性基础、自锚式基础（冻土层下有扩大板或扩底短桩），也可将独立基础或条形基础做成正梯形的斜面基础。

2 宜选择地势高、地下水位低、地表排水条件好的建筑场地。对低洼场地，建筑物的室外地坪标高应至少高出自然地面 300mm～500mm，其范围不宜小于建筑四周向外各一倍冻结深度距离的范围。

3 应做好排水设施，施工和使用期间防止水浸入建筑地基。在山区应设截水沟或在建筑物下设置暗沟，以排走地表水和潜水。

4 在强冻胀性和特强冻胀性地基上，其基础结构应设置钢筋混凝土圈梁和基础梁，并控制建筑的长高比。

5 当独立基础连系梁下或桩基础承台下有冻土时，应在梁或承台下留有相当于该土层冻胀量的空隙。

6 外门斗、室外台阶和散水坡等部位宜与主体结构断开，散水坡分段不宜超过 1.5m，坡度不宜小于 3%，其下宜填入非冻胀性材料。

7 对跨年度施工的建筑，入冬前应对地基采取相应的防护措施；按采暖设计的建筑物，当冬季不能正常采暖时，也应对地基采取保温措施。

2.《高规》

12.1.8 基础应有一定的埋置深度。在确定埋置深度时，应综合考虑建筑物的高度、体型、地基土质、抗震设防烈度等因素。基础埋置深度可从室外地坪算至基础底面，并宜符合下列规定：

1 天然地基或复合地基，可取房屋高度的 1/15；

2 桩基础，不计桩长，可取房屋高度的 1/18。

当建筑物采用岩石地基或采取有效措施时，在满足地基承载力、稳定性要求及本规程第 12.1.7 条规定的前提下，基础埋深可比本条第 1、2 两款的规定适当放松。

条文说明： 地震作用下结构的动力效应与基础埋置深度关系比较大，软弱土层时更为明显，因此，高层建筑的基础应有一定的埋置深度；当抗震设防烈度高、场地差时，宜用较大埋置深度，以抗倾覆和滑移，确保建筑物的安全。

根据我国高层建筑发展情况，层数越来越多，高度不断增高，按原来的经验规定天然地基和桩基的埋置深度分别不小于房屋高度的 1/12 和 1/15，对一些较高的高层建筑而使用功能又无地下室时，对施工不便且不经济。因此，本条对基础埋置深度作了调整。同时，在满足承载力、变形、稳定以及上部结构抗倾覆要求的前提下，埋置深度的限值可适当放松。基础位于岩石地基上，可能产生滑移时，还应验算地基的滑移。

3.《北京地基规范》

7.2.1 在满足地基承载力、变形和稳定性的条件下，基础应尽量浅埋。除岩石地基外，基础埋深不宜小于 0.50m。确定基础埋深应考虑地基的冻胀性。地基的设计冻深应按现行国家标准《建筑地基基础设计规范》GB 50007 的计算方法确定，其中标准冻结深度应按附录 E"北京地区标准冻结深度分区图"确定。

7.2.2 高层建筑筏形和箱形基础的埋置深度应满足地基承载力、变形和稳定性要求。

7.2.3 确定高层建筑的基础埋置深度时，应考虑建筑物的高度、体型、地基土质、抗震设防烈度等因素，并满足抗倾覆的要求。除岩石地基外，天然地基或复合地基上的高层建筑基础的埋置深度可取建筑物高度的 1/18～1/15，桩基础承台的埋置深度（不计桩长）可取建筑物高度的 1/20。当采取有效措施时，在满足地基承载力、稳定性要求的前提下，建筑物基础埋深可适当减小，但天然地基（岩石地基除外）或复合地基上的高层建筑基础埋深不应小于 3m。

7.2.4 当存在相邻建筑物时，新建建筑物的基础埋深不宜大于原有建筑物的基础埋置深度。当基础埋深大于原有建筑物的基础埋深时，两基础间应保持一定净距，其数值应根据原有建筑荷载大小、基础形式和土质情况确定。如上述条件不能满足时，应针对工程要求和岩土条件，采取有效措施，保证相邻原有建筑物的安全和正常使用。

四、承 载 力 计 算

1.《地基规范》

5.2.1 基础底面的压力，应符合下列规定：

　　1 当轴心荷载作用时

$$p_k \leqslant f_a \tag{5.2.1-1}$$

式中：p_k——相应于作用的标准组合时，基础底面处的平均压力值（kPa）；

　　　f_a——修正后的地基承载力特征值（kPa）。

　　2 当偏心荷载作用时，除符合式（5.2.1-1）要求外，尚应符合下式规定：

$$p_{kmax} \leqslant 1.2 f_a \tag{5.2.1-2}$$

式中：p_{kmax}——相应于作用的标准组合时，基础底面边缘的最大压力值（kPa）。

5.2.2 基础底面的压力，可按下列公式确定：

　　1 当轴心荷载作用时

$$p_k = \frac{F_k + G_k}{A} \tag{5.2.2-1}$$

式中：F_k——相应于作用的标准组合时，上部结构传至基础顶面的竖向力值（kN）；

　　　G_k——基础自重和基础上的土重（kN）；

　　　A——基础底面面积（m²）。

　　2 当偏心荷载作用时

$$p_{kmax} = \frac{F_k + G_k}{A} + \frac{M_k}{W} \tag{5.2.2-2}$$

$$p_{kmin} = \frac{F_k + G_k}{A} - \frac{M_k}{W} \tag{5.2.2-3}$$

式中：M_k——相应于作用的标准组合时，作用于基础底面的力矩值（kN·m）；

　　　W——基础底面的抵抗矩（m³）；

p_{kmin}——相应于作用的标准组合时，基础底面边缘的最小压力值（kPa）。

3 当基础底面形状为矩形且偏心距 $e > b/6$ 时（图5.2.2），p_{kmax} 应按下式计算：

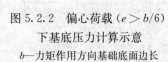

$$p_{kmax} = \frac{2(F_k + G_k)}{3la} \qquad (5.2.2-4)$$

式中：l——垂直于力矩作用方向的基础底面边长（m）；

a——合力作用点至基础底面最大压力边缘的距离（m）。

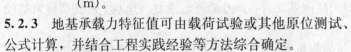

图 5.2.2　偏心荷载（$e > b/6$）下基底压力计算示意

b—力矩作用方向基础底面边长

5.2.3 地基承载力特征值可由载荷试验或其他原位测试、公式计算，并结合工程实践经验等方法综合确定。

5.2.4 当基础宽度大于 3m 或埋置深度大于 0.5m 时，从载荷试验或其他原位测试、经验值等方法确定的地基承载力特征值，尚应按下式修正：

$$f_a = f_{ak} + \eta_b \gamma(b - 3) + \eta_d \gamma_m(d - 0.5) \qquad (5.2.4)$$

式中：f_a——修正后的地基承载力特征值（kPa）；

f_{ak}——地基承载力特征值（kPa），按本规范第 5.2.3 条的原则确定；

η_b、η_d——基础宽度和埋置深度的地基承载力修正系数，按基底下土的类别查表 5.2.4 取值；

γ——基础底面以下土的重度（kN/m³），地下水位以下为取浮重度；

b——基础底面宽度（m），当基础底面宽度小于 3m 时按 3m 取值，大于 6m 时按 6m 取值；

γ_m——基础底面以上土的加权平均重度（kN/m³），位于地下水位以下的土层取有效重度；

d——基础埋置深度（m），宜自室外地面标高算起。在填方整平地区，可自填土地面标高算起，但填土在上部结构施工后完成时，应从天然地面标高算起。对于地下室，当采用箱形基础或筏基时，基础埋置深度自室外地面标高算起；当采用独立基础或条形基础时，应从室内地面标高算起。

表 5.2.4　承载力修正系数

土 的 类 别		η_b	η_d
淤泥和淤泥质土		0	1.0
人工填土 e 或 I_L 大于等于 0.85 的黏性土		0	1.0
红黏土	含水比 $\alpha_w > 0.8$	0	1.2
	含水比 $\alpha_w \leq 0.8$	0.15	1.4
大面积压实填土	压实系数大于 0.95、黏粒含量 $\rho_c \geq 10\%$ 的粉土	0	1.5
	最大干密度大于 2100kg/m³ 的级配砂石	0	2.0
粉 土	黏粒含量 $\rho_c \geq 10\%$ 的粉土	0.3	1.5
	黏粒含量 $\rho_c < 10\%$ 的粉土	0.5	2.0

续表 5.2.4

土 的 类 别	η_b	η_d
e 及 I_L 均小于 0.85 的黏性土	0.3	1.6
粉砂、细砂(不包括很湿与饱和时的稍密状态)	2.0	3.0
中砂、粗砂、砾砂和碎石土	3.0	4.4

注：1 强风化和全风化的岩石，可参照所风化成的相应土类取值，其他状态下的岩石不修正；

2 地基承载力特征值按本规范附录 D 深层平板载荷试验确定时 η_d 取 0；

3 含水比是指土的天然含水量与液限的比值；

4 大面积压实填土是指填土范围大于两倍基础宽度的填土。

5.2.5 当偏心距 e 小于或等于 0.033 倍基础底面宽度时，根据土的抗剪强度指标确定地基承载力特征值可按下式计算，并应满足变形要求：

$$f_a = M_b \gamma b + M_d \gamma_m d + M_c c_k \qquad (5.2.5)$$

式中： f_a——由土的抗剪强度指标确定的地基承载力特征值（kPa）；

M_b、M_d、M_c——承载力系数，按表 5.2.5 确定；

b——基础底面宽度（m），大于 6m 时按 6m 取值，对于砂土小于 3m 时按 3m 取值；

c_k——基底下一倍短边宽度的深度范围内土的黏聚力标准值（kPa）。

表 5.2.5 承载力系数 M_b、M_d、M_c

土的内摩擦角标准值 φ_k(°)	M_b	M_d	M_c
0	0	1.00	3.14
2	0.03	1.12	3.32
4	0.06	1.25	3.51
6	0.10	1.39	3.71
8	0.14	1.55	3.93
10	0.18	1.73	4.17
12	0.23	1.94	4.42
14	0.29	2.17	4.69
16	0.36	2.43	5.00
18	0.43	2.72	5.31
20	0.51	3.06	5.66
22	0.61	3.44	6.04
24	0.80	3.87	6.45
26	1.10	4.37	6.90
28	1.40	4.93	7.40
30	1.90	5.59	7.95
32	2.60	6.35	8.55
34	3.40	7.21	9.22
36	4.20	8.25	9.97
38	5.00	9.44	10.80
40	5.80	10.84	11.73

注：φ_k—基底下一倍短边宽度的深度范围内土的内摩擦角标准值(°)。

5.2.6 对于完整、较完整、较破碎的岩石地基承载力特征值可按本规范附录 H 岩石地基载荷试验方法确定；对破碎、极破碎的岩石地基承载力特征值，可根据平板载荷试验确定。对完整、较完整和较破碎的岩石地基承载力特征值，也可根据室内饱和单轴抗压强度按下式进行计算：

$$f_a = \psi_r \cdot f_{rk} \tag{5.2.6}$$

式中：f_a——岩石地基承载力特征值（kPa）；

f_{rk}——岩石饱和单轴抗压强度标准值（kPa），可按本规范附录 J 确定；

ψ_r——折减系数。根据岩体完整程度以及结构面的间距、宽度、产状和组合，由地方经验确定。无经验时，对完整岩体可取 0.5；对较完整岩体可取 0.2～0.5；对较破碎岩体可取 0.1～0.2。

注：1　上述折减系数值未考虑施工因素及建筑物使用后风化作用的继续；

2　对于黏土质岩，在确保施工期及使用期不致遭水浸泡时，也可采用天然湿度的试样，不进行饱和处理。

5.2.7　当地基受力层范围内有软弱下卧层时，应符合下列规定：

1　应按下式验算软弱下卧层的地基承载力：

$$p_z + p_{cz} \leqslant f_{az} \tag{5.2.7-1}$$

式中：p_z——相应于作用的标准组合时，软弱下卧层顶面处的附加压力值（kPa）；

p_{cz}——软弱下卧层顶面处土的自重压力值（kPa）；

f_{az}——软弱下卧层顶面处经深度修正后的地基承载力特征值（kPa）。

2　对条形基础和矩形基础，式（5.2.7-1）中的 p_z 值可按下列公式简化计算：

条形基础

$$p_z = \frac{b(p_k - p_c)}{b + 2z\tan\theta} \tag{5.2.7-2}$$

矩形基础

$$p_z = \frac{lb(p_k - p_c)}{(b + 2z\tan\theta)(l + 2z\tan\theta)} \tag{5.2.7-3}$$

式中：b——矩形基础或条形基础底边的宽度（m）；

l——矩形基础底边的长度（m）；

p_c——基础底面处土的自重压力值（kPa）；

z——基础底面至软弱下卧层顶面的距离（m）；

θ——地基压力扩散线与垂直线的夹角（°），可按表 5.2.7 采用。

表 5.2.7　地基压力扩散角 θ

E_{s1}/E_{s2}	z/b	
	0.25	0.50
3	6°	23°
5	10°	25°
10	20°	30°

注：1　E_{s1} 为上层土压缩模量；E_{s2} 为下层土压缩模量；

2　z/b<0.25 时取 θ=0°，必要时，宜由试验确定；z/b>0.50 时 θ 值不变；

3　z/b 在 0.25 与 0.50 之间可插值使用。

5.2.8　对于沉降已经稳定的建筑或经过预压的地基，可适当提高地基承载力。

2.《抗规》

4.2.1　下列建筑可不进行天然地基及基础的抗震承载力验算：

1 本规范规定可不进行上部结构抗震验算的建筑。

2 地基主要受力层范围内不存在软弱黏性土层的下列建筑：

    1）一般的单层厂房和单层空旷房屋；

    2）砌体房屋；

    3）不超过8层且高度在24m以下的一般民用框架和框架-抗震墙房屋；

    4）基础荷载与3）项相当的多层框架厂房和多层混凝土抗震墙房屋。

注：软弱黏性土层指7度、8度和9度时，地基承载力特征值分别小于80、100和120kPa的土层。

4.2.2 天然地基基础抗震验算时，应采用地震作用效应标准组合，且地基抗震承载力应取地基承载力特征值乘以地基抗震承载力调整系数计算。

4.2.3 地基抗震承载力应按下式计算：

$$f_{aE} = \zeta_a f_a \tag{4.2.3}$$

式中：f_{aE}——调整后的地基抗震承载力；

    ζ_a——地基抗震承载力调整系数，应按表4.2.3采用；

    f_a——深宽修正后的地基承载力特征值，应按现行国家标准《建筑地基基础设计规范》GB 50007采用。

表4.2.3 地基抗震承载力调整系数

岩土名称和性状	ζ_a
岩石，密实的碎石土，密实的砾、粗、中砂，$f_{ak} \geqslant 300$ 的黏性土和粉土	1.5
中密、稍密的碎石土，中密和稍密的砾、粗、中砂，密实和中密的细、粉砂，$150\text{kPa} \leqslant f_{ak} < 300\text{kPa}$ 的黏性土和粉土，坚硬黄土	1.3
稍密的细、粉砂，$100\text{kPa} \leqslant f_{ak} < 150\text{kPa}$ 的黏性土和粉土，可塑黄土	1.1
淤泥，淤泥质土，松散的砂，杂填土，新近堆积黄土及流塑黄土	1.0

4.2.4 验算天然地基地震作用下的竖向承载力时，按地震作用效应标准组合的基础底面平均压力和边缘最大压力应符合下列各式要求：

$$p \leqslant f_{aE} \tag{4.2.4-1}$$
$$p_{max} \leqslant 1.2 f_{aE} \tag{4.2.4-2}$$

式中：p——地震作用效应标准组合的基础底面平均压力；

    p_{max}——地震作用效应标准组合的基础边缘的最大压力。

高宽比大于4的高层建筑，在地震作用下基础底面不宜出现脱离区（零应力区）；其他建筑，基础底面与地基土之间脱离区（零应力区）面积不应超过基础底面面积的15%。

3. 《北京地基规范》

7.3.7 深宽修正后的地基承载力标准值 f_a 可按下式计算：

$$f_a = f_{ka} + \eta_b \gamma(b-3) + \eta_d \gamma_0 (d-1.5) \tag{7.3.7}$$

式中 f_{ka}——地基承载力标准值（kPa）；

  η_b、η_d——基础宽度及深度的承载力修正系数，按表7.3.7采用，当有充分依据时，也可按照实际情况及已有建筑经验另行确定；

  γ_0、γ——基础底面以上和以下土的平均重度，地下水位以下为浮重度（kN/m²）；

  b——基础底面宽度（m），小于3m时按3m考虑，大于6m时按6m考虑；

d——基础埋置深度（m），小于 1.5m 时按 1.5m 考虑。

表 7.3.7 地基承载力修正系数

土类及岩性		η_b	η_d
一般第四纪沉积土	中、粗砂、砾砂与碎石土	3.0	4.5
	粉砂、细砂	2.0	2.8～3.2*
	砂质粉土	0.8～1.0*	2.5
	粘质粉土	0.8	2.2
	粘质粉土	0.5	1.6
	重粉质黏土、黏土	0.3	—
新近沉积土及人工填土	粉砂、细砂	0.3	1.5
	黏性土、松砂、人工填土	0	1.0

注：* 土的内摩擦角高的取大值。

7.3.8 进行深宽修正时，基础埋深 d 值的确定应符合下列规定：

1 一般基础（包括箱形和筏形基础）自室外地面标高算起。挖方整平时应自挖方整平地面标高算起。填方整平应自填方后的地面标高算起，但填方在上部结构施工后完成时，应从天然地面标高算起。

2 对于具有条形基础或独立基础的地下室，基础埋置深度应按图 7.3.8 所示分别按下列公式取值：

外墙基础埋置深度 d_{ext}（m）按式（7.3.8-1）取值：

$$d_{ext} = \frac{d_1 + d_2}{2} \tag{7.3.8-1}$$

室内墙、柱基础埋置深度 d_{int}（m）按式（7.3.8-2）和式（7.3.8-3）取值：

一般第四纪沉积土 $\qquad d_{int} = \frac{3d_1 + d_2}{4} \tag{7.3.8-2}$

新近沉积土及人工填土 $\qquad d_{int} = d_1 \tag{7.3.8-3}$

式中 d_1——基础室内埋置深度（m）；

$\qquad d_2$——基础室外埋置深度（m）。

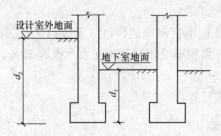

图 7.3.8 d_1 及 d_2 示意图

3 在确定高层建筑箱形或筏形基础埋深时，应考虑高层建筑外围裙房或纯地下室对高层建筑基础侧限的削弱影响，宜根据外围裙房或纯地下室基础宽度与主楼基础宽度之比，将裙房或纯地下室的平均荷载折算为土层厚度作为基础埋深。

条文说明： 高层建筑周边的附属建筑或纯地下车库的基底平均压力可能显著小于基底标高处的土体自重应力，使这些部位的地基处于超补偿应力状态，从而造成高层建筑地基侧限（应力边界条件）的永久性削弱。因此，在进行地基承载力深宽修正和地基整体稳定性分析时应注意考虑其影响。考虑侧限超载削弱影响的处理方法，一般是将高层外围裙房或纯地下室的荷载等效为土层的厚度，并将等效土层厚度作为高层部位承载力修正计算时的基础埋深。本条第 3 款对此作出了原则性的规定。

国标地基规范条文说明 5.2.4 提出，"对于主裙楼一体结构，在进行主体结构地基承载力的深度修正时，宜将基础底面以上范围内的荷载，按基础两侧的超载考虑，当超载宽度大于基础底面宽度两倍时，可将超载折算成土层厚度作为基础埋深，基础两侧超载不等时，取小值"。但对于超载宽度小于等于基础底面宽度两倍的情况，该规范未说明。实际工程中，主楼外围裙楼超载宽度小于等于基础底面宽度两倍时的情况很多。在这种条件下，考虑超载条件、验算主体建筑地基承载力，通常都是依据经验折算土层厚度后进行承载力修正计算，带有人为不确定因素。本次修编将该问题作为一个专题进行了研究。实际基研尺度的承载力问题的研究很难通过现场试验进行，因此主要采用的数值分析方法，进行在不同侧限削弱宽度下的数值模拟，分析侧限削弱宽度对主楼地基变形和承载力特性的影响。

首先选取北京地区的两个典型工程 A 和工程 B，两工程均是主体建筑外围设有大面积的纯地下室，采用天然地基方案。针对实际工程建立数值模型，比较计算沉降值与实际沉降观测值，确定数值分析参数。由于高低层建筑基础设计原则之一是通过地基承载力的计算达到控制高层基础沉降和高低层之间沉降差的目的，因此在建立针对实际工程的数值模型后，通过对主楼不同荷载水平、其外围不同超载工况条件下（即侧向裙房或纯地下结构不同宽度和载荷水平）的主楼基础变形特征的研究，分析得出侧限宽度条件对主楼地基变形和承载力的影响规律。本次主要研究内容和结论如下：

1 数值计算沉降与实测沉降结果对比，见图 7 和图 8。

2 基底以下塑性区的扩展规律分析。计算对比分析了设定的多种不同荷载工况下，当裙楼侧限超载宽度变化时，基底以下地基土塑性区的扩展变化情况。结果表明，在主楼不同的荷载水平下，随着外围基础侧限超载宽度的增加，基础底面以下的塑性区范围均逐渐增大并向深部发展，说明基础侧限超载的宽度大小对主楼地基承载力的发挥具有显著影响。

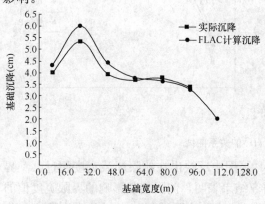
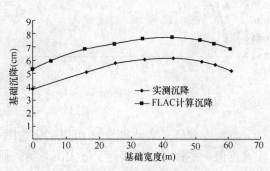

图 7　工程 A 计算和实测沉降对比　　　图 8　工程 B 计算和实测沉降对比

3 侧限超载基础宽度变化对主楼最大和最小沉降差值 Δs_{max} 的影响研究。通过计算分析，在实际工程荷载条件下，当外围超载基础宽度 B_x 与主楼基础宽度 B_o 的比值 $B_x/B_o \leqslant 0.5 \sim 0.6$ 时，主楼沉降差随 B_x 的增加而增大；$B_x/B_o > 0.5 \sim 0.6$ 时，即纯地下室的侧限超载宽度超过主楼基础宽度的 $0.5 \sim 0.6$ 倍时，主楼沉降差不再随 B_x 的增加而显著增大。

4 侧限超载基础宽度变化对主楼最大沉降量 s_{max} 的影响研究。计算分析结果表明，随侧限宽度增加，主楼最大沉降值从显著增大到逐渐趋于稳定，如图9和图10所示，B_x/B_o 值约在 0.5～0.7 左右，即侧限超载宽度达到 0.5～0.7 倍主楼基础宽度以后，主楼沉降不再因外围地下室宽度的增加而显著增大。

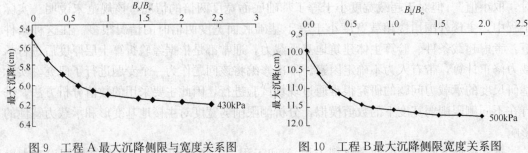

图9　工程A最大沉降侧限与宽度关系图　　　图10　工程B最大沉降侧限宽度关系图

5 当主楼荷载条件改变时，将不同荷载工况下的沉降计算曲线进行归一化分析，结果见图11。图中 s 为某一侧限宽度下的主楼沉降计算值；s_{max} 为某一荷载条件下，随着侧限宽度增加，主楼沉降计算量趋于不再增加的最大值。从图中可以看出，不同主楼荷载下的 $s/s_{max} \sim B_x/B_o$ 曲线趋势基本一致。当 $s/s_{max} \geqslant 0.96$ 时侧限的削弱作用不再增加，所对应的 $B_x \geqslant 0.5B_o$。所以在进行主楼部位地基承载力验算分析时，当纯地下室宽度大于 $0.5B_o$ 时应该完全考虑侧限削弱的影响，对于纯地下室宽度小于 $0.5B_o$ 时，应针对地基基础和上部结构对差异沉降的敏感性和控制要求，综合考虑取值。

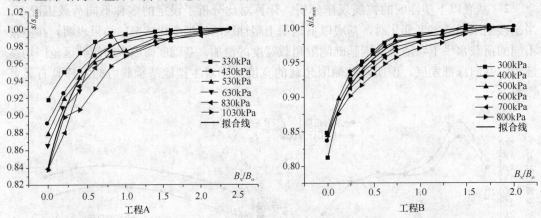

图11　$s/s_{max} \sim B_x/B_o$ 的关系曲线

本次专题研究结果和图11可以概化为图12，图中反映出在侧限超载宽度超过某一界限宽度值，主楼沉降量接近于最大沉降量。研究结果表明，侧限超载影响的界限宽度值的变化范围应在 0.5～1.0 倍的主楼基础宽度之间。考虑到实际工程特点以及本次研究工作的深度和局限性，认为当主楼外围裙楼、地下室的侧限超载宽度大于等于 0.5 倍的主楼基础宽度时，应将地下室或裙楼部分基底以上荷载折算为土层厚度进行承载力验算分析。当主楼外围裙楼、地下室的侧限超载宽度小于等于 0.5 倍的主楼基础宽度时，即 $B_x < 0.5B_o$ 时，应根据工程的复杂程度、地基持力层特点和地基差异沉降和主楼总沉降的控制要求，综合研究确定承载力验算的侧限基础埋深，也可参照图12采用线性插值方法确定等效基

础埋深。

通过本次专项研究工作，可以看到把裙楼或纯地下室的结构自重折算成土的厚度，从而对承载力进行深度修正，是一种偏于安全的方法。由于裙楼和纯地下室结构刚度的存在，对地基差异变形起到调整作用，并有利于主楼地基承载力的发挥。这一因素在实际工程的简化设计中可以作为安全储备考虑。在本次结合规范修订的研究中，相关的数值分析的模型和参数经过了与实测数据的校正，因此证明基于上述模型和参数得到的基本规律具有一定工程指导意义。但应特别注意的是，由于模型本身的局限性和分析实例的代表性不够，上述分析结果和建议仅仅是初步的和指导性的，在每个工程中仍应针对主楼与裙楼的埋深条件、结构形式结构连接方式、施工顺序、施工缝浇注时间、场地周边环境条件等因素进行具体分析，并在实践中总结和改进。

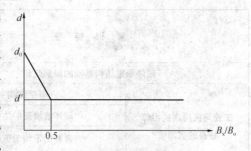

图12　主楼的沉降和地下室
宽度的关系示意图
d_0—主楼基础设计埋深；
d'—将主楼外侧裙楼或纯地下室荷载
折算出的等效土层厚度

当地下水水位埋深浅于基础埋深，在将裙房或纯地下室的平均荷载折算为土层厚度时，折算的等效土体荷载应扣除地下水浮力。

8.7.1条2款　2）裙房宜采用较高的地基承载力。有整体防水板时，对于内、外墙基础，调整地基承载力所采用的计算埋置深度 d 均可按下式计算：

$$d = \frac{d_1 + d_2}{2} \tag{8.7.1}$$

式中　d_1——自地下室室内地面起算的基础埋置深度，d_1 不小于 1.0m；

　　　　d_2——自室外设计地面起算的基础埋置深度。

五、变形计算（《地基规范》）

5.3.1　建筑物的地基变形计算值，不应大于地基变形允许值。

5.3.2　地基变形特征可分为沉降量、沉降差、倾斜、局部倾斜。

5.3.3　在计算地基变形时，应符合下列规定：

1　由于建筑地基不均匀、荷载差异很大、体型复杂等因素引起的地基变形，对于砌体承重结构应由局部倾斜值控制；对于框架结构和单层排架结构应由相邻柱基的沉降差控制；对于多层或高层建筑和高耸结构应由倾斜值控制；必要时尚应控制平均沉降量。

2　在必要情况下，需要分别预估建筑物在施工期间和使用期间的地基变形值，以便预留建筑物有关部分之间的净空，选择连接方法和施工顺序。

5.3.4　建筑物的地基变形允许值应按表 **5.3.4** 规定采用。对表中未包括的建筑物，其地基变形允许值应根据上部结构对地基变形的适应能力和使用上的要求确定。

表 5.3.4 建筑物的地基变形允许值

变 形 特 征		地基土类别	
		中、低压缩性土	高压缩性土
砌体承重结构基础的局部倾斜		0.002	0.003
工业与民用建筑相邻柱基的沉降差	框架结构	0.002l	0.003l
	砌体墙填充的边排柱	0.0007l	0.001l
	当基础不均匀沉降时不产生附加应力的结构	0.005l	0.005l
单层排架结构(柱距为 6m)柱基的沉降量(mm)		(120)	200
桥式吊车轨面的倾斜 (按不调整轨道考虑)	纵 向	0.004	
	横 向	0.003	
多层和高层建筑的整体倾斜	$H_g \leqslant 24$	0.004	
	$24 < H_g \leqslant 60$	0.003	
	$60 < H_g \leqslant 100$	0.0025	
	$H_g > 100$	0.002	
体型简单的高层建筑基础的平均沉降量(mm)		200	
高耸结构基础的倾斜	$H_g \leqslant 20$	0.008	
	$20 < H_g \leqslant 50$	0.006	
	$50 < H_g \leqslant 100$	0.005	
	$100 < H_g \leqslant 150$	0.004	
	$150 < H_g \leqslant 200$	0.003	
	$200 < H_g \leqslant 250$	0.002	
高耸结构基础的沉降量 (mm)	$H_g \leqslant 100$	400	
	$100 < H_g \leqslant 200$	300	
	$200 < H_g \leqslant 250$	200	

注: 1 本表数值为建筑物地基实际最终变形允许值;

2 有括号者仅适用于中压缩性土;

3 l 为相邻柱基的中心距离(mm); H_g 为自室外地面起算的建筑物高度(m);

4 倾斜指基础倾斜方向两端点的沉降差与其距离的比值;

5 局部倾斜指砌体承重结构沿纵向 6m~10m 内基础两点的沉降差与其距离的比值。

5.3.5 计算地基变形时,地基内的应力分布,可采用各向同性均质线性变形体理论。其最终变形量可按下式进行计算:

$$s = \psi_s s' = \psi_s \sum_{i=1}^{n} \frac{p_0}{E_{si}} (z_i \bar{\alpha}_i - z_{i-1} \bar{\alpha}_{i-1}) \qquad (5.3.5)$$

式中: s——地基最终变形量 (mm);

s'——按分层总和法计算出的地基变形量 (mm);

ψ_s——沉降计算经验系数,根据地区沉降观测资料及经验确定,无地区经验时可根据变形计算深度范围内压缩模量的当量值($\bar{E}_s$)、基底附加压力按表 5.3.5

取值；

n——地基变形计算深度范围内所划分的土层数（图 5.3.5）；

p_0——相应于作用的准永久组合时基础底面处的附加压力（kPa）；

E_{si}——基础底面下第 i 层土的压缩模量（MPa），应取土的自重压力至土的自重压力与附加压力之和的压力段计算；

z_i、z_{i-1}——基础底面至第 i 层土、第 $i-1$ 层土底面的距离（m）；

$\bar{\alpha}_i$、$\bar{\alpha}_{i-1}$——基础底面计算点至第 i 层土、第 $i-1$ 层土底面范围内平均附加应力系数，可按本规范附录 K 采用。

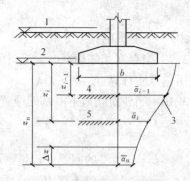

图 5.3.5 基础沉降计算的分层示意
1—天然地面标高；2—基底标高；
3—平均附加应力系数 $\bar{\alpha}$ 曲线；
4—$i-1$ 层；5—i 层

表 5.3.5 沉降计算经验系数 ψ_s

基底附加压力 \ $\overline{E}_s$（MPa）	2.5	4.0	7.0	15.0	20.0
$p_0 \geqslant f_{ak}$	1.4	1.3	1.0	0.4	0.2
$p_0 \leqslant 0.75 f_{ak}$	1.1	1.0	0.7	0.4	0.2

5.3.6 变形计算深度范围内压缩模量的当量值（$\overline{E}_s$），应按下式计算：

$$\overline{E}_s = \frac{\Sigma A_i}{\Sigma \dfrac{A_i}{E_{si}}} \tag{5.3.6}$$

式中：A_i——第 i 层土附加应力系数沿土层厚度的积分值。

5.3.7 地基变形计算深度 z_n（图 5.3.5），应符合式（5.3.7）的规定。当计算深度下部仍有较软土层时，应继续计算。

$$\Delta s'_n \leqslant 0.025 \sum_{i=1}^{n} \Delta s'_i \tag{5.3.7}$$

式中：$\Delta s'_i$——在计算深度范围内，第 i 层土的计算变形值（mm）；

$\Delta s'_n$——在由计算深度向上取厚度为 Δz 的土层计算变形值（mm），Δz 见图 5.3.5 并按表 5.3.7 确定。

表 5.3.7 Δz

b（m）	$\leqslant 2$	$2 < b \leqslant 4$	$4 < b \leqslant 8$	$b > 8$
Δz（m）	0.3	0.6	0.8	1.0

5.3.8 当无相邻荷载影响，基础宽度在 1m～30m 范围内时，基础中点的地基变形计算深度也可按简化公式（5.3.8）进行计算。在计算深度范围内存在基岩时，z_n 可取至基岩表面；当存在较厚的坚硬黏性土层，其孔隙比小于 0.5、压缩模量大于 50MPa，或存在较厚的密实砂卵石层，其压缩模量大于 80MPa 时，z_n 可取至该层土表面。此时，地基土附加压力分布应考虑相对硬层存在的影响，按本规范公式（6.2.2）计算地基最终变形量。

$$z_n = b(2.5 - 0.4 \ln b) \tag{5.3.8}$$

式中：b——基础宽度（m）。

5.3.9   当存在相邻荷载时，应计算相邻荷载引起的地基变形，其值可按应力叠加原理，采用角点法计算。

5.3.10   当建筑物地下室基础埋置较深时，地基土的回弹变形量可按下式进行计算：

$$s_c = \psi_c \sum_{i=1}^{n} \frac{p_c}{E_{ci}} (z_i \bar{\alpha}_i - z_{i-1} \bar{\alpha}_{i-1}) \tag{5.3.10}$$

式中：s_c——地基的回弹变形量（mm）；

　　　ψ_c——回弹量计算的经验系数，无地区经验时可取 1.0；

　　　p_c——基坑底面以上土的自重压力（kPa），地下水位以下应扣除浮力；

　　　E_{ci}——土的回弹模量（kPa），按现行国家标准《土工试验方法标准》GB/T 50123 中土的固结试验回弹曲线的不同应力段计算。

5.3.11   回弹再压缩变形量计算可采用再加荷的压力小于卸荷土的自重压力段内再压缩变形线性分布的假定按下式进行计算：

$$s'_c = \begin{cases} r'_0 s_c \dfrac{p}{p_c R'_0} & p < R'_0 p_c \\[2mm] s_c \left[r'_0 + \dfrac{r'_{R'=1.0} - r'_0}{1 - R'_0} \left(\dfrac{p}{p_c} - R'_0 \right) \right] & R'_0 p_c \leqslant p \leqslant p_c \end{cases} \tag{5.3.11}$$

式中：s'_c——地基土回弹再压缩变形量（mm）；

　　　s_c——地基的回弹变形量（mm）；

　　　r'_0——临界再压缩比率，相应于再压缩比率与再加荷比关系曲线上两段线性交点对应的再压缩比率，由土的固结回弹再压缩试验确定；

　　　R'_0——临界再加荷比，相应在再压缩比率与再加荷比关系曲线上两段线性交点对应的再加荷比，由土的固结回弹再压缩试验确定；

　　$r'_{R'=1.0}$——对应于再加荷比 $R' = 1.0$ 时的再压缩比率，由土的固结回弹再压缩试验确定，其值等于回弹再压缩变形增大系数；

　　　p——再加荷的基底压力（kPa）。

5.3.12   在同一整体大面积基础上建有多栋高层和低层建筑，宜考虑上部结构、基础与地基的共同作用进行变形计算。

六、稳定计算(《地基规范》)

5.4.1   地基稳定性可采用圆弧滑动面法进行验算。最危险的滑动面上诸力对滑动中心所产生的抗滑力矩与滑动力矩应符合下式要求：

$$M_R / M_S \geqslant 1.2 \tag{5.4.1}$$

式中：M_S——滑动力矩（kN·m）；

　　　M_R——抗滑力矩（kN·m）。

5.4.2   位于稳定土坡坡顶上的建筑，应符合下列规定：

1   对于条形基础或矩形基础，当垂直于坡顶边缘线的基础底面边长小于或等于 3m

时，其基础底面外边缘线至坡顶的水平距离（图 5.4.2）应符合下式要求，且不得小于 2.5m：

条形基础

$$a \geqslant 3.5b - \frac{d}{\tan\beta} \qquad (5.4.2\text{-}1)$$

矩形基础

$$a \geqslant 2.5b - \frac{d}{\tan\beta} \qquad (5.4.2\text{-}2)$$

式中：a——基础底面外边缘线至坡顶的水平距离（m）；

b——垂直于坡顶边缘线的基础底面边长（m）；

d——基础埋置深度（m）；

β——边坡坡角（°）。

2 当基础底面外边缘线至坡顶的水平距离不满足式（5.4.2-1）、式（5.4.2-2）的要求时，可根据基底平均压力按式（5.4.1）确定基础距坡顶边缘的距离和基础埋深。

3 当边坡坡角大于 45°、坡高大于 8m 时，尚应按式（5.4.1）验算坡体稳定性。

5.4.3 建筑物基础存在浮力作用时应进行抗浮稳定性验算，并应符合下列规定：

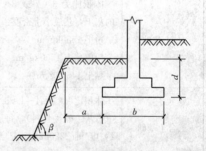

图 5.4.2　基础底面外边缘线至坡顶的水平距离示意

1 对于简单的浮力作用情况，基础抗浮稳定性应符合下式要求：

$$\frac{G_k}{N_{w,k}} \geqslant K_w \qquad (5.4.3)$$

式中：G_k——建筑物自重及压重之和（kN）；

$N_{w,k}$——浮力作用值（kN）；

K_w——抗浮稳定安全系数，一般情况下可取 1.05。

2 抗浮稳定性不满足设计要求时，可采用增加压重或设置抗浮构件等措施。在整体满足抗浮稳定性要求而局部不满足时，也可采用增加结构刚度的措施。

七、天然地基基础设计

（一）无筋扩展基础（《地基规范》）

8.1.1 无筋扩展基础（图 8.1.1）高度应满足下式的要求：

$$H_0 \geqslant \frac{b - b_0}{2\tan\alpha} \qquad (8.1.1)$$

式中：b——基础底面宽度（m）；

b_0——基础顶面的墙体宽度或柱脚宽度（m）；

H_0——基础高度（m）；

$\tan\alpha$——基础台阶宽高比 $b_2:H_0$，其允许值可按表 8.1.1 选用；

b_2——基础台阶宽度（m）。

表 8.1.1　无筋扩展基础台阶宽高比的允许值

基础材料	质量要求	台阶宽高比的允许值		
		$p_k \leqslant 100$	$100 < p_k \leqslant 200$	$200 < p_k \leqslant 300$
混凝土基础	C15 混凝土	1：1.00	1：1.00	1：1.25
毛石混凝土基础	C15 混凝土	1：1.00	1：1.25	1：1.50
砖基础	砖不低于 MU10、砂浆不低于 M5	1：1.50	1：1.50	1：1.50
毛石基础	砂浆不低于 M5	1：1.25	1：1.50	—
灰土基础	体积比为 3：7 或 2：8 的灰土，其最小干密度： 粉土 1550kg/m³ 粉质黏土 1500kg/m³ 黏土 1450kg/m³	1：1.25	1：1.50	—
三合土基础	体积比 1：2：4～1：3：6(石灰：砂：骨料)，每层约虚铺 220mm，夯至 150mm	1：1.50	1：2.00	—

注：1　p_k 为作用的标准组合时基础底面处的平均压力值(kPa)；

2　阶梯形毛石基础的每阶伸出宽度，不宜大于 200mm；

3　当基础由不同材料叠合组成时，应对接触部分作抗压验算；

4　混凝土基础单侧扩展范围内基础底面处的平均压力值超过 300kPa 时，尚应进行抗剪验算；对基底反力集中于立柱附近的岩石地基，应进行局部受压承载力验算。

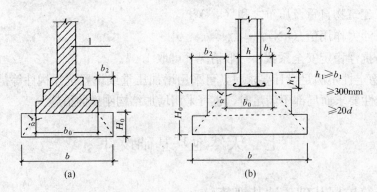

图 8.1.1　无筋扩展基础构造示意

d—柱中纵向钢筋直径；

1—承重墙；2—钢筋混凝土柱

8.1.2　采用无筋扩展基础的钢筋混凝土柱，其柱脚高度 h_1 不得小于 b_1（图 8.1.1），并不应小于 300mm 且不小于 $20d$。当柱纵向钢筋在柱脚内的竖向锚固长度不满足锚固要求时，可沿水平方向弯折，弯折后的水平锚固长度不应小于 $10d$ 也不应大于 $20d$。

注：d 为柱中的纵向受力钢筋的最大直径。

（二）扩展基础

1.《地基规范》

8.2.1 扩展基础的构造，应符合下列规定：

1 锥形基础的边缘高度不宜小于200mm，且两个方向的坡度不宜大于1：3；阶梯形基础的每阶高度，宜为300mm～500mm。

2 垫层的厚度不宜小于70mm，垫层混凝土强度等级不宜低于C10。

3 扩展基础受力钢筋最小配筋率不应小于0.15％，底板受力钢筋的最小直径不应小于10mm，间距不应大于200mm，也不应小于100mm。墙下钢筋混凝土条形基础纵向分布钢筋的直径不应小于8mm；间距不应大于300mm；每延米分布钢筋的面积不应小于受力钢筋面积的15％。当有垫层时钢筋保护层的厚度不应小于40mm；无垫层时不应小于70mm。

4 混凝土强度等级不应低于C20。

5 当柱下钢筋混凝土独立基础的边长和墙下钢筋混凝土条形基础的宽度大于或等于2.5m时，底板受力钢筋的长度可取边长或宽度的0.9倍，并宜交错布置（图8.2.1-1）。

6 钢筋混凝土条形基础底板在 T 形及十字形交接处，底板横向受力钢筋仅沿一个主要受力方向通长布置，另一方向的横向受力钢筋可布置到主要受力方向底板宽度1/4处（图8.2.1-2）。在拐角处底板横向受力钢筋应沿两个方向布置（图8.2.1-2）。

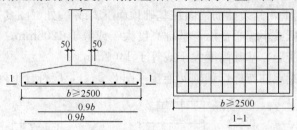

图 8.2.1-1 柱下独立基础底板受力钢筋布置

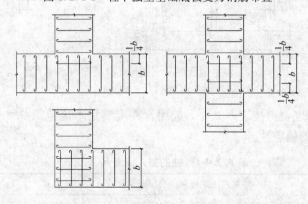

图 8.2.1-2 墙下条形基础纵横交叉处底板受力钢筋布置

8.2.2 钢筋混凝土柱和剪力墙纵向受力钢筋在基础内的锚固长度应符合下列规定：

1 钢筋混凝土柱和剪力墙纵向受力钢筋在基础内的锚固长度（l_a）应根据现行国家标准《混凝土结构设计规范》GB 50010 有关规定确定；

2 抗震设防烈度为 6 度、7 度、8 度和 9 度地区的建筑工程，纵向受力钢筋的抗震锚固长度（l_{aE}）应按下式计算：

1）一、二级抗震等级纵向受力钢筋的抗震锚固长度（l_{aE}）应按下式计算：

$$l_{aE} = 1.15l_a \qquad (8.2.2\text{-}1)$$

2）三级抗震等级纵向受力钢筋的抗震锚固长度（l_{aE}）应按下式计算：

$$l_{aE} = 1.05l_a \qquad (8.2.2\text{-}2)$$

3）四级抗震等级纵向受力钢筋的抗震锚固长度（l_{aE}）应按下式计算：

$$l_{aE} = l_a \qquad (8.2.2\text{-}3)$$

式中：l_a——纵向受拉钢筋的锚固长度（m）。

3 当基础高度小于 l_a（l_{aE}）时，纵向受力钢筋的锚固总长度除符合上述要求外，其最小直锚段的长度不应小于 $20d$，弯折段的长度不应小于 150mm。

8.2.3 现浇柱的基础，其插筋的数量、直径以及钢筋种类应与柱内纵向受力钢筋相同。插筋的锚固长度应满足本规范第 8.2.2 条的规定，插筋与柱的纵向受力钢筋的连接方法，应符合现行国家标准《混凝土结构设计规范》GB 50010 的有关规定。插筋的下端宜做成直钩放在基础底板钢筋网上。当符合下列条件之一时，可仅将四角的插筋伸至底板钢筋网上，其余插筋锚固在基础顶面下 l_a 或 l_{aE} 处（图 8.2.3）。

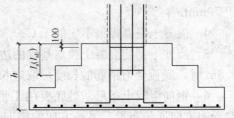

图 8.2.3　现浇柱的基础中插筋构造示意

1 柱为轴心受压或小偏心受压，基础高度大于或等于 1200mm；

2 柱为大偏心受压，基础高度大于或等于 1400mm。

8.2.4 预制钢筋混凝土柱与杯口基础的连接（图 8.2.4），应符合下列规定：

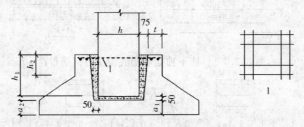

图 8.2.4　预制钢筋混凝土柱与杯口基础的连接示意
注：$a_2 \geq a_1$；1—焊接网

1 柱的插入深度，可按表 8.2.4-1 选用，并应满足本规范第 8.2.2 条钢筋锚固长度的要求及吊装时柱的稳定性。

表 8.2.4-1　柱的插入深度 h_1（mm）

矩形或工字形柱				双肢柱
$h<500$	$500 \leq h<800$	$800 \leq h \leq 1000$	$h>1000$	
$h \sim 1.2h$	h	$0.9h$ 且 ≥ 800	$0.8h$ ≥ 1000	$(1/3 \sim 2/3) h_a$ $(1.5 \sim 1.8) h_b$

注：1　h 为柱截面长边尺寸；h_a 为双肢柱全截面长边尺寸；h_b 为双肢柱全截面短边尺寸；
　　2　柱轴心受压或小偏心受压时，h_1 可适当减小，偏心距大于 $2h$ 时，h_1 应适当加大。

2　基础的杯底厚度和杯壁厚度，可按表 8.2.4-2 选用。

表 8.2.4-2　基础的杯底厚度和杯壁厚度

柱截面长边尺寸 h（mm）	杯底厚度 a_1（mm）	杯壁厚度 t（mm）
$h<500$	≥150	150～200
$500≤h<800$	≥200	≥200
$800≤h<1000$	≥200	≥300
$1000≤h<1500$	≥250	≥350
$1500≤h<2000$	≥300	≥400

注：1　双肢柱的杯底厚度值，可适当加大；
　　2　当有基础梁时，基础梁下的杯壁厚度，应满足其支承宽度的要求；
　　3　柱子插入杯口部分的表面应凿毛，柱子与杯口之间的空隙，应用比基础混凝土强度等级高一级的细石混凝土充填密实，当达到材料设计强度的 70%以上时，方能进行上部吊装。

3　当柱为轴心受压或小偏心受压且 $t/h_2≥0.65$ 时，或大偏心受压且 $t/h_2≥0.75$ 时，杯壁可不配筋；当柱为轴心受压或小偏心受压且 $0.5≤t/h_2<0.65$ 时，杯壁可按表 8.2.4-3 构造配筋；其他情况下，应按计算配筋。

表 8.2.4-3　杯壁构造配筋

柱截面长边尺寸(mm)	$h<1000$	$1000≤h<1500$	$1500≤h≤2000$
钢筋直径(mm)	8～10	10～12	12～16

注：表中钢筋置于杯口顶部，每边两根(图 8.2.4)。

8.2.5　预制钢筋混凝土柱（包括双肢柱）与高杯口基础的连接（图 8.2.5-1），除应符合本规范第 8.2.4 条插入深度的规定外，尚应符合下列规定：

1　起重机起重量小于或等于 750kN，轨顶标高小于或等于 14m，基本风压小于 0.5kPa 的工业厂房，且基础短柱的高度不大于 5m。

2　起重机起重量大于 750kN，基本风压大于 0.5kPa，应符合下式的规定：

$$\frac{E_2 J_2}{E_1 J_1} \geq 10 \qquad (8.2.5\text{-}1)$$

式中：E_1——预制钢筋混凝土柱的弹性模量（kPa）；

　　　J_1——预制钢筋混凝土柱对其截面短轴的惯性矩（m⁴）；

　　　E_2——短柱的钢筋混凝土弹性模量（kPa）；

　　　J_2——短柱对其截面短轴的惯性矩（m⁴）。

3　当基础短柱的高度大于 5m，应符合下式的规定：

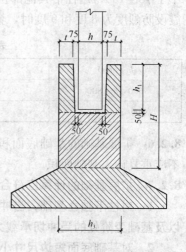

图 8.2.5-1　高杯口基础
H—短柱高度

$$\Delta_2/\Delta_1 \leqslant 1.1 \qquad\qquad (8.2.5\text{-}2)$$

式中：Δ_1——单位水平力作用在以高杯口基础顶面为固定端的柱顶时，柱顶的水平位移（m）；

　　　　Δ_2——单位水平力作用在以短柱底面为固定端的柱顶时，柱顶的水平位移（m）。

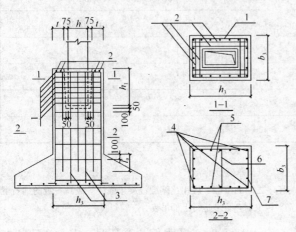

图 8.2.5-2　高杯口基础构造配筋

1—杯口壁内横向箍筋 $\phi8@150$；2—顶层焊接钢筋网；3—插入基础底部的纵向钢筋不应少于每米 1 根；4—短柱四角钢筋一般不小于 $\Phi20$；5—短柱长边纵向钢筋当 $h_3 \leqslant 1000$ 用 $\phi12@300$，当 $h_3 > 1000$ 用 $\Phi16@300$；6—按构造要求；7—短柱短边纵向钢筋每边不小于 $0.05\% b_3 h_3$（不小于 $\phi12@300$）

4 杯壁厚度应符合表 8.2.5 的规定。高杯口基础短柱的纵向钢筋，除满足计算要求外，在非地震区及抗震设防烈度低于 9 度地区，且满足本条第 1、2、3 款的要求时，短柱四角纵向钢筋的直径不宜小于 20mm，并延伸至基础底板的钢筋网上；短柱长边的纵向钢筋，当长边尺寸小于或等于 1000mm 时，其钢筋直径不应小于 12mm，间距不应大于 300mm；当长边尺寸大于 1000mm 时，其钢筋直径不应小于 16mm，间距不应大于 300mm，且每隔一米左右伸下一根并作 150mm 的直钩支承在基础底部的钢筋网上，其余钢筋锚固至基础底板顶面下 l_a 处（图 8.2.5-2）。短柱短边每隔 300mm 应配置直径不小于 12mm 的纵向钢筋且每边的配筋率不少于 0.05% 短柱的截面面积。短柱中杯口壁内横向箍筋不应小于 $\phi8@150$；短柱中其他部位的箍筋直径不应小于 8mm，间距不应大于 300mm；当抗震设防烈度为 8 度和 9 度时，箍筋直径不应小于 8mm，间距不应大于 150mm。

表 8.2.5　高杯口基础的杯壁厚度 t

h（mm）	t（mm）	h（mm）	t（mm）
$600 < h \leqslant 800$	$\geqslant 250$	$1000 < h \leqslant 1400$	$\geqslant 350$
$800 < h \leqslant 1000$	$\geqslant 300$	$1400 < h \leqslant 1600$	$\geqslant 400$

8.2.6 扩展基础的基础底面积，应按本规范第 5 章有关规定确定。在条形基础相交处，不应重复计入基础面积。

8.2.7 扩展基础的计算应符合下列规定：

　　1 对柱下独立基础，当冲切破坏锥体落在基础底面以内时，应验算柱与基础交接处以及基础变阶处的受冲切承载力；

　　2 对基础底面短边尺寸小于或等于柱宽加两倍基础有效高度的柱下独立基础，以及墙下条形基础，应验算柱（墙）与基础交接处的基础受剪切承载力；

　　3 基础底板的配筋，应按抗弯计算确定；

　　4 当基础的混凝土强度等级小于柱的混凝土强度等级时，尚应验算柱下基础顶面的局部受压承载力。

8.2.8 柱下独立基础的受冲切承载力应按下列公式验算：

$$F_l \leqslant 0.7\beta_{hp}f_t a_m h_0 \tag{8.2.8-1}$$

$$a_m = (a_t + a_b)/2 \tag{8.2.8-2}$$

$$F_l = p_j A_l \tag{8.2.8-3}$$

式中：β_{hp}——受冲切承载力截面高度影响系数，当 h 不大于 800mm 时，β_{hp} 取 1.0；当 h 大于或等于 2000mm 时，β_{hp} 取 0.9，其间按线性内插法取用；

f_t——混凝土轴心抗拉强度设计值（kPa）；

h_0——基础冲切破坏锥体的有效高度（m）；

a_m——冲切破坏锥体最不利一侧计算长度（m）；

a_t——冲切破坏锥体最不利一侧斜截面的上边长（m），当计算柱与基础交接处的受冲切承载力时，取柱宽；当计算基础变阶处的受冲切承载力时，取上阶宽；

a_b——冲切破坏锥体最不利一侧斜截面在基础底面积范围内的下边长（m），当冲切破坏锥体的底面落在基础底面以内（图 8.2.8a、b），计算柱与基础交接处的受冲切承载力时，取柱宽加两倍基础有效高度；当计算基础变阶处的受冲切承载力时，取上阶宽加两倍该处的基础有效高度；

p_j——扣除基础自重及其上土重后相应于作用的基本组合时的地基土单位面积净反力（kPa），对偏心受压基础可取基础边缘处最大地基土单位面积净反力；

A_l——冲切验算时取用的部分基底面积（m²）（图 8.2.8a、b 中的阴影面积 ABC-DEF）；

F_l——相应于作用的基本组合时作用在 A_l 上的地基土净反力设计值（kPa）。

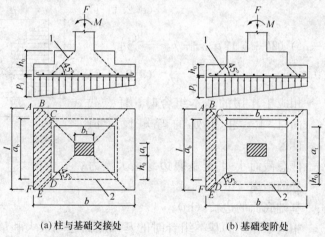

(a) 柱与基础交接处　　　　　(b) 基础变阶处

图 8.2.8　计算阶形基础的受冲切承载力截面位置
1—冲切破坏锥体最不利一侧的斜截面；2—冲切破坏锥体的底面线

8.2.9 当基础底面短边尺寸小于或等于柱宽加两倍基础有效高度时，应按下列公式验算柱与基础交接处截面受剪承载力：

$$V_s \leqslant 0.7\beta_{hs}f_t A_0 \tag{8.2.9-1}$$

$$\beta_{hs} = (800/h_0)^{1/4} \tag{8.2.9-2}$$

式中：V_s——相应于作用的基本组合时，柱与基础交接处的剪力设计值（kN），图 8.2.9 中的阴影面积乘以基底平均净反力；

β_{hs}——受剪切承载力截面高度影响系数，当 $h_0 < 800$mm 时，取 $h_0 = 800$mm；当 $h_0 > 2000$mm 时，取 $h_0 = 2000$mm；

A_0——验算截面处基础的有效截面面积（m²）。当验算截面为阶形或锥形时，可将其截面折

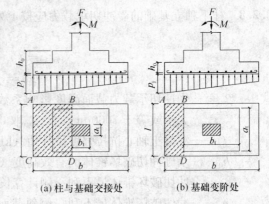

(a) 柱与基础交接处　(b) 基础变阶处

图 8.2.9　验算阶形基础受剪切承载力示意

算成矩形截面，截面的折算宽度和截面的有效高度按本规范附录 U 计算。

8.2.10　墙下条形基础底板应按本规范公式（8.2.9-1）验算墙与基础底板交接处截面受剪承载力，其中 A_0 为验算截面处基础底板的单位长度垂直截面有效面积，V_s 为墙与基础交接处由基底平均净反力产生的单位长度剪力设计值。

8.2.11　在轴心荷载或单向偏心荷载作用下，当台阶的宽高比小于或等于 2.5 且偏心距小于或等于 1/6 基础宽度时，柱下矩形独立基础任意截面的底板弯矩可按下列简化方法进行计算（图 8.2.11）：

$$M_I = \frac{1}{12}a_1^2\left[(2l+a')\left(p_{max}+p-\frac{2G}{A}\right)+(p_{max}-p)l\right]$$

(8.2.11-1)

$$M_{II} = \frac{1}{48}(l-a')^2(2b+b')\left(p_{max}+p_{min}-\frac{2G}{A}\right)$$

(8.2.11-2)

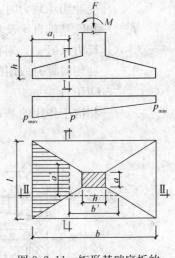

图 8.2.11　矩形基础底板的计算示意

式中：M_I、M_{II}——相应于作用的基本组合时，任意截面 I-I、II-II 处的弯矩设计值（kN·m）；

a_1——任意截面 I-I 至基底边缘最大反力处的距离（m）；

l、b——基础底面的边长（m）；

p_{max}、p_{min}——相应于作用的基本组合时的基础底面边缘最大和最小地基反力设计值（kPa）；

p——相应于作用的基本组合时在任意截面 I-I 处基础底面地基反力设计值（kPa）；

G——考虑作用分项系数的基础自重及其上的土自重（kN）；当组合值由永久作用控制时，作用分项系数可取 1.35。

8.2.12　基础底板配筋除满足计算和最小配筋率要求外，尚应符合本规范第 8.2.1 条第 3 款的构造要求。计算最小配筋率时，对阶形或锥形基础截面，可将其截面折算成矩形截

面，截面的折算宽度和截面的有效高度，按附录U计算。基础底板钢筋可按式（8.2.12）计算。

$$A_s = \frac{M}{0.9 f_y h_0} \tag{8.2.12}$$

8.2.13 当柱下独立柱基底面长短边之比 ω 在大于或等于2、小于或等于3的范围时，基础底板短向钢筋应按下述方法布置：将短向全部钢筋面积乘以 λ 后求得的钢筋，均匀分布在与柱中心线重合的宽度等于基础短边的中间带宽范围内（图8.2.13），其余的短向钢筋则均匀分布在中间带宽的两侧。长向配筋应均匀分布在基础全宽范围内。λ 按下式计算：

$$\lambda = 1 - \frac{\omega}{6} \tag{8.2.13}$$

8.2.14 墙下条形基础（图8.2.14）的受弯计算和配筋应符合下列规定：

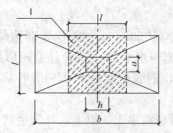
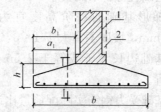

图8.2.13 基础底板短向　　　　　图8.2.14 墙下条形
钢筋布置示意　　　　　　　基础的计算示意
1—λ倍短向全部钢筋面积　　　1—砖墙；2—混凝土墙
均匀配置在阴影范围内

1 任意截面每延米宽度的弯矩，可按下式进行计算。

$$M_{\mathrm{I}} = \frac{1}{6} a_1^2 \left(2 p_{\max} + p - \frac{3G}{A} \right) \tag{8.2.14}$$

2 其最大弯矩截面的位置，应符合下列规定：

1） 当墙体材料为混凝土时，取 $a_1 = b_1$；

2） 如为砖墙且放脚不大于1/4砖长时，取 $a_1 = b_1 + 1/4$砖长。

3 墙下条形基础底板每延米宽度的配筋除满足计算和最小配筋率要求外，尚应符合本规范第8.2.1条第3款的构造要求。

2. 《北京地基规范》

8.3.5 独立基础的构造宜满足以下要求：

1 属于下列情况之一的独立基础宜设置基础双向接梁：

1） 抗震等级为一级的框架结构，Ⅳ类场地抗震等级为二级的框架结构。

2） 柱承受的重力荷载相差较大。

3） 地基土主要受力层范围内存在严重不均匀土层、软弱土层或可液化土层。

4） 基础埋置较深。

5） 基础底面标高相差较大。

2 独立基础接梁宜按下列原则乾地设计：

1） 当不考虑拉梁承受柱底弯矩时，可取其所拉线的两根柱子的轴力中较大者的1/10，作为拉梁轴心受拉的拉力，进行承载能力验算。拉梁配筋应上下相同，总量不少于 $4\phi14$，箍筋不少于 $\phi6@200$。拉梁高度宜取本款第4）项中的较小值（承托较重隔墙者除外），其截面构造 应符合现行国家标准《混凝土结构设计规范》GB 50010 的规定。此时柱底弯矩传至基础，柱基础按偏心受压考虑。

2）当用拉梁平衡柱底弯矩时，柱下独立基础可按中心受压考虑。拉梁正弯矩钢筋全部拉通，负弯矩钢筋宜有 1/2 拉通。拉梁的高度宜取本款第4）项中的较大值。此时，拉梁的构造应满足抗震要求。

3）如拉梁承托隔墙或其他竖向荷载，则应将竖向荷载所产生的拉梁内力与上述两种计算方法之一所得内力组合计算。

4）拉梁截面宽度 $\geqslant \dfrac{1}{20}L \sim \dfrac{1}{35}L$，高度 $\geqslant \dfrac{1}{12}L \sim \dfrac{1}{20}L$，$L$ 为两根柱子中心的距离。

3　独立基础宜符合下列要求：

1） 阶梯形基础的每阶高度宜为 $300 \sim 500$mm；锥形基础边缘高度不宜小于 200mm，坡度不宜大于 1:3（垂直：水平），尤其应注意矩形基础短边的坡度。

2） 当基础边长大于或等于 2.5m 时，钢筋长度可取 0.9 倍的基础边长，并交错放置。

3） 当基础受力钢筋实际配筋量比计算所需多 1/3 以上，且满足第 8.1.11 条第 2 款的配筋构造要求时，可不受现行国家标准《混凝土结构设计规范》GB 50010 最小配筋率的限制。

4　钢筋混凝土柱的纵向受力钢筋在基础内的锚固长度 l_a 和有抗震要求时锚固长度 l_{aE} 应按现行国家标准《混凝土结构设计规范》GB 50010 的有关规定确定，l_a 和 l_{aE} 可乘以修正系数 0.8，此时钢筋锚固范围无需配置箍筋。

8.4.1　本节柱下联合基础系指同时支承两个柱的钢筋混凝土基础。

8.4.2　以下两种情况应采用柱下联合基础：

1　上部结构柱距较小，如做成独立基础，基础将重叠时，见图 8.4.2（a）。

2　柱靠近已建建筑物，如做成偏心独立基础可能产生过大倾斜时，见图 8.4.2（b）。

8.4.3　柱下联合基础设计时，应通过调整基础底面尺寸，使基础底面形心尽量与长期作用的上部竖向荷载合力中心重合，以减小基底的不均匀反力。

8.4.4　柱下联合基础可采用以下四种形式

图 8.4.4(a)、(b)是常用的连续联合

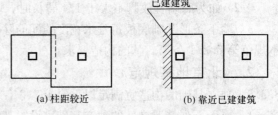

图 8.4.2　需做联合基础的情况

基础的形式。当柱靠近已建建筑且柱距较大时，可采用图 8.4.4(c)的形式；如靠近已建建筑处持力层土质不好，则可采用图 8.4.4(d)的形式。

8.4.5　联合基础两柱之间应设置地梁，见图 8.4.5-1，并应验算地梁受弯和受剪承载力，地梁截面应满足：

$$V \leqslant 0.25 f_c b_b h_{b0} \qquad (8.4.5)$$

式中　b_b——地梁宽度；

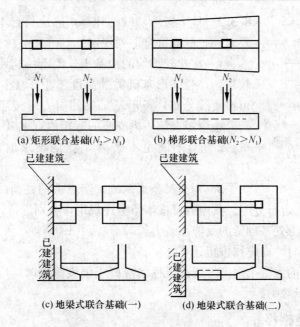

(a) 矩形联合基础($N_2 > N_1$)   (b) 梯形联合基础($N_2 > N_1$)

(c) 地梁式联合基础(一)   (d) 地梁式联合基础(二)

图 8.4.4   双柱联合基础的形式

h_{b0}——地梁截面有效高度。

如两柱的中心距离 $L \leqslant 2.5\text{m}$，也可设置暗地梁，见图 8.4.5-2。此时应注意核算底板受弯、受剪和受冲切承载力以及暗地梁的承载力。

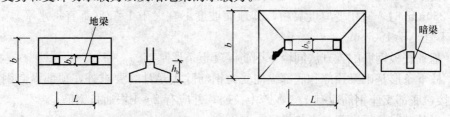

图 8.4.5-1   双柱联合基础的地梁   图 8.4.5-2   双柱联合基础的暗地梁

8.4.6   地梁式联合基础可按力学方法计算基底反力及构件内力；在计算挑梁处的地基反力时，应考虑由于弯矩作用使该处后力增加的影响。

（三）柱下条形基础

1.《地基规范》

8.3.1   柱下条形基础的构造，除应符合本规范第 8.2.1 条的要求外，尚应符合下列规定：

1   柱下条形基础梁的高度宜为柱距的 $1/4 \sim 1/8$。翼板厚度不应小于 200mm。当翼板厚度大于 250mm 时，宜采用变厚度翼板，其顶面坡度宜小于或等于 1∶3。

2   条形基础的端部宜向外伸出，其长度宜为第一跨距的 0.25 倍。

3   现浇柱与条形基础梁的交接处，基础梁的平面尺寸应大于柱的平面尺寸，且柱的边缘至基础梁边缘的距离不得小于 50mm（图 8.3.1）。

4   条形基础梁顶部和底部的纵向受力钢筋除应满足计算要求外，顶部钢筋应按计算配筋全部贯通，底部通长钢筋不应少于底部受力钢筋截面总面积的 1/3。

5   柱下条形基础的混凝土强度等级，不应低于 C20。

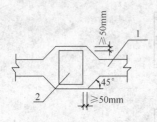

图 8.3.1 现浇柱与条形
基础梁交接处平面尺寸
1—基础梁；2—柱

8.3.2 柱下条形基础的计算，除应符合本规范第 8.2.6 条的要求外，尚应符合下列规定：

1 在比较均匀的地基上，上部结构刚度较好，荷载分布较均匀，且条形基础梁的高度不小于 1/6 柱距时，地基反力可按直线分布，条形基础梁的内力可按连续梁计算，此时边跨跨中弯矩及第一内支座的弯矩值宜乘以 1.2 的系数。

2 当不满足本条第 1 款的要求时，宜按弹性地基梁计算。

3 对交叉条形基础，交点上的柱荷载，可按静力平衡条件及变形协调条件，进行分配。其内力可按本条上述规定，分别进行计算。

4 应验算柱边缘处基础梁的受剪承载力。

5 当存在扭矩时，尚应作抗扭计算。

6 当条形基础的混凝土强度等级小于柱的混凝土强度等级时，应验算柱下条形基础梁顶面的局部受压承载力。

2. 《北京地基规范》

8.5.1 柱下条形基础是指支承 3 个或 3 个以上柱的钢筋混凝土条形基础。

8.5.2 柱下条形基础应符合以下构造要求：

1 柱下条形基础横截面宜为倒 T 形。基础梁高度根据基底反力可取柱距的 1/4～1/8。翼板厚度不宜小于 200mm。当翼板厚度为 200～250mm 时，宜用等厚度；当翼板厚度大于 250mm 时，宜用变厚度翼板，其顶面坡度不宜大于 1∶3（垂直∶水平），翼板边缘厚度不宜小于 150mm。

2 基础底板钢筋配置方法同墙下钢筋混凝土条形基础。

3 柱下条形基础梁顶部和底部纵向受力钢筋除满足计算要求外，顶部纵向钢筋宜在支座连接，底部支座钢筋应有 1/3 在跨中拉通，并应有 2～4 根通长钢筋。

4 当基础梁腹板高度（不包括底板厚度）大于 450mm 时，在梁的两侧（在底板厚度范围以外），沿高度每 200～300mm 应各设一根直径 12～16mm 的构造钢筋。

5 柱与基础梁交接处的构造要求见图 8.5.2，应注意不能因柱截面较大而使梁的宽度过宽。

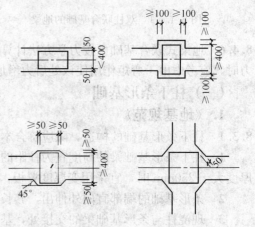

图 8.5.2 现浇柱与条形基础梁
交接处平面尺寸

8.5.3 柱下条形基础的计算，除应符合本规范 8.3.8 条第 1、2 款的要求外，尚应符合以下规定：

1 上部结构刚度较好，地基压缩层范围内无软弱土层、可液化土层或严重不均匀土层，柱下条形基础的基础梁高度不小于跨度的 1/6 或基础梁的线刚度大于柱线刚度的 3 倍，同时各柱柱距相差不大且荷载比较均匀时，基底反力可按直线分布考虑，基础梁的内力可按倒置的连续梁计算。此时应注意：

1）基础梁两端，在可能情况下宜有悬臂伸出，其长度可取第一跨跨长的1/4。

2）基础梁两端边跨跨中及第一支座的弯矩值应乘以1.2的 放大系数。

3）对基础梁，计算弯矩和剪力时可采用净跨。

2 当柱下条形基础不满足本条第1款时，宜按弹性地基梁或其他有效方法计算。

3 对双向交叉条形基础，交点上的柱荷载，应按交叉梁的刚度比例或变形协调的原则沿两个方向进行分配，其截面及内力计算可按两个方向分别计算。

4 基础梁除应验算受弯承载力外，还应验算柱边缘处基础梁的受剪承载力；当存在扭矩时，尚应考虑扭矩影响。

5 当基础的混凝土强度等级小于柱的混凝土强度等级时，应按现行国家标准《混凝土结构设计规范》GB 50010 有关内容验算柱下基础梁顶面的局部受压承载力。

6 当基础梁、板各截面受力钢筋实际配筋量比计算所需多1/3以上时，可不考虑 现行国家标准《混凝土结构设计规范》GB 50010 有关受力钢筋最小配筋率要求。

（四）高层建筑筏形基础

1.《地基规范》

8.4.1 筏形基础分为梁板式和平板式两种类型，其选型应根据地基土质、上部结构体系、柱距、荷载大小、使用要求以及施工条件等因素确定。框架-核心筒结构和筒中筒结构宜采用平板式筏形基础。

8.4.2 筏形基础的平面尺寸，应根据工程地质条件、上部结构的布置、地下结构底层平面以及荷载分布等因素按本规范第5章有关规定确定。对单幢建筑物，在地基土比较均匀的条件下，基底平面形心宜与结构竖向永久荷载重心重合。当不能重合时，在作用的准永久组合下，偏心距 e 宜符合下式规定：

$$e \leqslant 0.1W/A \tag{8.4.2}$$

式中：W——与偏心距方向一致的基础底面边缘抵抗矩（m³）；

A——基础底面积（m²）。

8.4.3 对四周与土层紧密接触带地下室外墙的整体式筏基和箱基，当地基持力层为非密实的土和岩石，场地类别为Ⅲ类和Ⅳ类，抗震设防烈度为8度和9度，结构基本自振周期处于特征周期的1.2倍～5倍范围时，按刚性地基假定计算的基底水平地震剪力、倾覆力矩可按设防烈度分别乘以0.90和0.85的折减系数。

8.4.4 筏形基础的混凝土强度等级不应低于C30，当有地下室时应采用防水混凝土。防水混凝土的抗渗等级应按表8.4.4选用。对重要建筑，宜采用自防水并设置架空排水层。

表 8.4.4　防水混凝土抗渗等级

埋置深度 d（m）	设计抗渗等级	埋置深度 d（m）	设计抗渗等级
$d<10$	P6	$20 \leqslant d<30$	P10
$10 \leqslant d<20$	P8	$30 \leqslant d$	P12

8.4.5 采用筏形基础的地下室，钢筋混凝土外墙厚度不应小于250mm，内墙厚度不宜小于200mm。墙的截面设计除满足承载力要求外，尚应考虑变形、抗裂及外墙防渗等要求。

墙体内应设置双面钢筋，钢筋不宜采用光面圆钢筋，水平钢筋的直径不应小于12mm，竖向钢筋的直径不应小于10mm，间距不应大于200mm。

8.4.6 平板式筏基的板厚应满足受冲切承载力的要求。

8.4.7 平板式筏基柱下冲切验算应符合下列规定：

1 平板式筏基柱下冲切验算时应考虑作用在冲切临界截面重心上的不平衡弯矩产生的附加剪力。对基础边柱和角柱冲切验算时，其冲切力应分别乘以1.1和1.2的增大系数。距柱边$h_0/2$处冲切临界截面的最大剪应力τ_{max}应按式（8.4.7-1）、式（8.4.7-2）进行计算（图8.4.7）。板的最小厚度不应小于500mm。

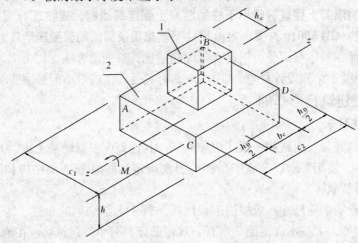

图8.4.7　内柱冲切临界截面示意
1—筏板；2—柱

$$\tau_{max} = \frac{F_l}{u_m h_0} + \alpha_s \frac{M_{unb} c_{AB}}{I_s} \qquad (8.4.7\text{-}1)$$

$$\tau_{max} \leqslant 0.7(0.4 + 1.2/\beta_s)\beta_{hp} f_t \qquad (8.4.7\text{-}2)$$

$$\alpha_s = 1 - \frac{1}{1 + \frac{2}{3}\sqrt{\left(\dfrac{c_1}{c_2}\right)}} \qquad (8.4.7\text{-}3)$$

式中：F_l——相应于作用的基本组合时的冲切力（kN），对内柱取轴力设计值减去筏板冲切破坏锥体内的基底净反力设计值；对边柱和角柱，取轴力设计值减去筏板冲切临界截面范围内的基底净反力设计值；

u_m——距柱边缘不小于$h_0/2$处冲切临界截面的最小周长（m），按本规范附录P计算；

h_0——筏板的有效高度（m）；

M_{unb}——作用在冲切临界截面重心上的不平衡弯矩设计值（kN·m）；

c_{AB}——沿弯矩作用方向，冲切临界截面重心至冲切临界截面最大剪应力点的距离（m），按附录P计算；

I_s——冲切临界截面对其重心的极惯性矩（m⁴），按本规范附录P计算；

β_s——柱截面长边与短边的比值，当 β_s<2 时，β_s 取 2，当 β_s>4 时，β_s 取 4；

β_{hp}——受冲切承载力截面高度影响系数，当 $h \leqslant 800mm$ 时，取 $\beta_{hp}=1.0$；当 $h \geqslant 2000mm$ 时，取 $\beta_{hp}=0.9$，其间按线性内插法取值；

f_t——混凝土轴心抗拉强度设计值（kPa）；

c_1——与弯矩作用方向一致的冲切临界截面的边长（m），按本规范附录 P 计算；

c_2——垂直于 c_1 的冲切临界截面的边长（m），按本规范附录 P 计算；

α_s——不平衡弯矩通过冲切临界截面上的偏心剪力来传递的分配系数。

2 当柱荷载较大，等厚度筏板的受冲切承载力不能满足要求时，可在筏板上面增设柱墩或在筏板下局部增加板厚或采用抗冲切钢筋等措施满足受冲切承载能力要求。

附录 P 冲切临界截面周长及极惯性矩计算公式

P.0.1 冲切临界截面的周长 u_m 以及冲切临界截面对其重心的极惯性矩 I_s，应根据柱所处的部位分别按下列公式进行计算：

1 对于内柱，应按下列公式进行计算：

$$u_m = 2c_1 + 2c_2 \quad (\text{P.0.1-1})$$

$$I_s = \frac{c_1 h_0^3}{6} + \frac{c_1^3 h_0}{6} + \frac{c_2 h_0 c_1^2}{2} \quad (\text{P.0.1-2})$$

$$c_1 = h_c + h_0 \quad (\text{P.0.1-3})$$

$$c_2 = b_c + h_0 \quad (\text{P.0.1-4})$$

$$c_{AB} = \frac{c_1}{2} \quad (\text{P.0.1-5})$$

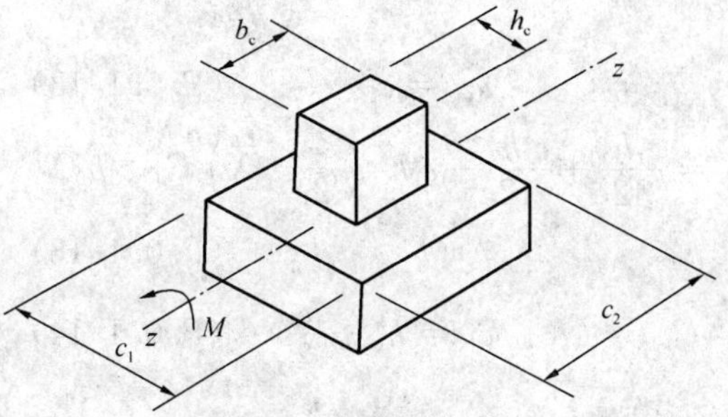

图 P.0.1-1

式中：h_c——与弯矩作用方向一致的柱截面的边长（m）；

b_c——垂直于 h_c 的柱截面边长（m）。

2 对于边柱，应按式（P.0.1-6）～式（P.0.1-11）进行计算。公式（P.0.1-6）～式（P.0.1-11）适用于柱外侧齐筏板边缘的边柱。对外伸式筏板，边柱柱下筏板冲切临界截面的计算模式应根据边柱外侧筏板的悬挑长度和柱子的边长确定。当边柱外侧的悬挑长度小于或等于（$h_0 + 0.5b_c$）时，冲切临界截面可计算至垂直于自由边的板端，计算 c_1 及 I_s 值时应计及边柱外侧的悬挑长度；当边柱外侧筏板的悬挑长度大于（$h_0 + 0.5b_c$）时，边柱柱下筏板冲切临界截面的计算模式同内柱。

$$u_m = 2c_1 + c_2 \quad (\text{P.0.1-6})$$

$$I_s = \frac{c_1 h_0^3}{6} + \frac{c_1^3 h_0}{6} + 2h_0 c_1 \left(\frac{c_1}{2} - \overline{X}\right)^2 + c_2 h_0 \overline{X}^2 \quad (\text{P.0.1-7})$$

$$c_1 = h_c + \frac{h_0}{2} \quad (\text{P.0.1-8})$$

$$c_2 = b_c + h_0 \quad (\text{P.0.1-9})$$

$$c_{AB} = c_1 - \overline{X} \quad (\text{P.0.1-10})$$

$$\overline{X} = \frac{c_1^2}{2c_1 + c_2} \quad (\text{P.0.1-11})$$

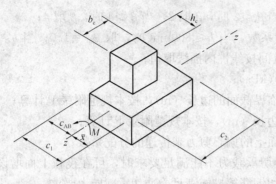

图 P.0.1-2

式中：$\overline{X}$——冲切临界截面重心位置（m）。

3 对于角柱，应按式（P.0.1-12）~式（P.0.1-17）进行计算。公式（P.0.1-12）~式（P.0.1-17）适用于柱两相邻外侧齐筏板边缘的角柱。对外伸式筏板，角柱柱下筏板冲切临界截面的计算模式应根据角柱外侧筏板的悬挑长度和柱子的边长确定。当角柱两相邻外侧筏板的悬挑长度分别小于或等于（$h_0 + 0.5b_c$）和（$h_0 + 0.5h_c$）时，冲切临界截面可计算至垂直于自由边的板端，计算 c_1、c_2 及 I_s 值应计及角柱外侧筏板的悬挑长度；当角柱两相邻外侧筏板的悬挑长度大于（$h_0 + 0.5b_c$）和（$h_0 + 0.5h_c$）时，角柱柱下筏板冲切临界截面的计算模式同内柱。

$$u_m = c_1 + c_2 \quad \text{(P.0.1-12)}$$

$$I_s = \frac{c_1 h_0^3}{12} + \frac{c_1^3 h_0}{12} + c_1 h_0 \left(\frac{c_1}{2} - \overline{X}\right)^2 + c_2 h_0 \overline{X}^2 \quad \text{(P.0.1-13)}$$

$$c_1 = h_c + \frac{h_0}{2} \quad \text{(P.0.1-14)}$$

$$c_2 = b_c + \frac{h_0}{2} \quad \text{(P.0.1-15)}$$

$$c_{AB} = c_1 - \overline{X} \quad \text{(P.0.1-16)}$$

$$\overline{X} = \frac{c_1^2}{2c_1 + 2c_2} \quad \text{(P.0.1-17)}$$

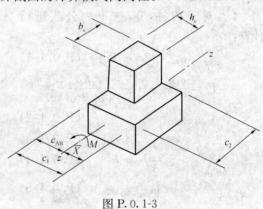

图 P.0.1-3

8.4.8 平板式筏基内筒下的板厚应满足受冲切承载力的要求，并应符合下列规定：

1 受冲切承载力应按下式进行计算：

$$F_l / u_m h_0 \leqslant 0.7\beta_{hp} f_t / \eta \quad (8.4.8)$$

式中：F_l——相应于作用的基本组合时，内筒所承受的轴力设计值减去内筒下筏板冲切破坏锥体内的基底净反力设计值（kN）；

u_m——距内筒外表面 $h_0/2$ 处冲切临界截面的周长（m）（图 8.4.8）；

h_0——距内筒外表面 $h_0/2$ 处筏板的截面有效高度（m）；

η——内筒冲切临界截面周长影响系数，取 1.25。

2 当需要考虑内筒根部弯矩的影响时，距内筒外表面 $h_0/2$ 处冲切临界截面的最大剪应

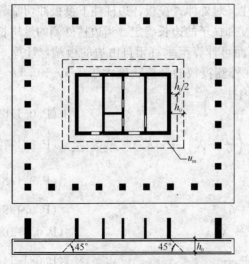

图 8.4.8　筏板受内筒冲切的临界截面位置

力可按公式（8.4.7-1）计算，此时 $\tau_{max} \leqslant 0.7\beta_{hp}f_t/\eta$。

8.4.9 平板式筏基应验算距内筒和柱边缘 h_0 处截面的受剪承载力。当筏板变厚度时，尚应验算变厚度处筏板的受剪承载力。

8.4.10 平板式筏基受剪承载力应按式（8.4.10）验算，当筏板的厚度大于 2000mm 时，宜在板厚中间部位设置直径不小于 12mm、间距不大于 300mm 的双向钢筋网。

$$V_s \leqslant 0.7\beta_{hs}f_t b_w h_0 \tag{8.4.10}$$

式中：V_s——相应于作用的基本组合时，基底净反力平均值产生的距内筒或柱边缘 h_0 处筏板单位宽度的剪力设计值（kN）；

　　　　b_w——筏板计算截面单位宽度（m）；

　　　　h_0——距内筒或柱边缘 h_0 处筏板的截面有效高度（m）。

8.4.11 梁板式筏基底板应计算正截面受弯承载力，其厚度尚应满足受冲切承载力、受剪切承载力的要求。

8.4.12 梁板式筏基底板受冲切、受剪切承载力计算应符合下列规定：

1 梁板式筏基底板受冲切承载力应按下式进行计算：

$$F_l \leqslant 0.7\beta_{hp}f_t u_m h_0 \tag{8.4.12-1}$$

式中：F_l——作用的基本组合时，图 8.4.12-1 中阴影部分面积上的基底平均净反力设计值（kN）；

　　　　u_m——距基础梁边 $h_0/2$ 处冲切临界截面的周长（m）（图 8.4.12-1）。

2 当底板区格为矩形双向板时，底板受冲切所需的厚度 h_0 应按式（8.4.12-2）进行计算，其底板厚度与最大双向板格的短边净跨之比不应小于 1/14，且板厚不应小于 400mm。

$$h_0 = \frac{(l_{n1}+l_{n2})-\sqrt{(l_{n1}+l_{n2})^2-\dfrac{4p_n l_{n1}l_{n2}}{p_n+0.7\beta_{hp}f_t}}}{4}$$

$$\tag{8.4.12-2}$$

式中：l_{n1}、l_{n2}——计算板格的短边和长边的净长度（m）；

　　　　p_n——扣除底板及其上填土自重后，相应于作用的基本组合时的基底平均净反力设计值（kPa）。

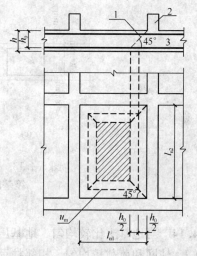

图 8.4.12-1　底板的冲切计算示意
1—冲切破坏锥体的斜截面；2—梁；3—底板

3 梁板式筏基双向底板斜截面受剪承载力应按下式进行计算：

$$V_s \leqslant 0.7\beta_{hs}f_t(l_{n2}-2h_0)h_0 \tag{8.4.12-3}$$

式中：V_s——距梁边缘 h_0 处，作用在图 8.4.12-2 中阴影部分面积上的基底平均净反力产生的剪力设计值（kN）。

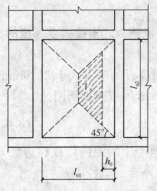

图 8.4.12-2　底板剪切计算示意

4　当底板板格为单向板时，其斜截面受剪承载力应按本规范第 8.2.10 条验算，其底板厚度不应小于 400mm。

8.4.13　地下室底层柱、剪力墙与梁板式筏基的基础梁连接的构造应符合下列规定：

1　柱、墙的边缘至基础梁边缘的距离不应小于 50mm（图 8.4.13）；

2　当交叉基础梁的宽度小于柱截面的边长时，交叉基础梁连接处应设置八字角，柱角与八字角之间的净距不宜小于 50mm（图 8.4.13a）；

3　单向基础梁与柱的连接，可按图 8.4.13b、c 采用；

4　基础梁与剪力墙的连接，可按图 8.4.13d 采用。

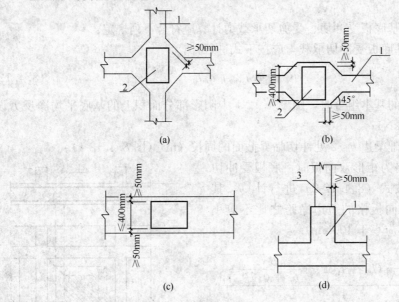

图 8.4.13　地下室底层柱或剪力墙与梁板式
筏基的基础梁连接的构造要求
1—基础梁；2—柱；3—墙

8.4.14　当地基土比较均匀、地基压缩层范围内无软弱土层或可液化土层、上部结构刚度较好、柱网和荷载较均匀、相邻柱荷载及柱间距的变化不超过 20%，且梁板式筏基梁的高跨比或平板式筏基板的厚跨比不小于 1/6 时，筏形基础可仅考虑局部弯曲作用。筏形基础的内力，可按基底反力直线分布进行计算，计算时基底反力应扣除底板自重及其上填土的自重。当不满足上述要求时，筏基内力可按弹性地基梁板方法进行分析计算。

8.4.15　按基底反力直线分布计算的梁板式筏基，其基础梁的内力可按连续梁分析，边跨跨中弯矩以及第一内支座的弯矩值宜乘以 1.2 的系数。梁板式筏基的底板和基础梁的配筋除满足计算要求外，纵横方向的底部钢筋尚应有不少于 1/3 贯通全跨，顶部钢筋按计算配筋全部连通，底板上下贯通钢筋的配筋率不应小于 0.15%。

8.4.16　按基底反力直线分布计算的平板式筏基，可按柱下板带和跨中板带分别进行内力分析。柱下板带中，柱宽及其两侧各 0.5 倍板厚且不大于 1/4 板跨的有效宽度范围内，其钢筋配置量不应小于柱下板带钢筋数量的一半，且应能承受部分不平衡弯矩 $\alpha_m M_{unb}$。M_{unb} 为作用在冲切临界截面重心上的不平衡弯矩，α_m 应按式（8.4.16）进行计算。平板式筏基柱下板带和跨中板带的底部支座钢筋应有不少于 1/3 贯通全跨，顶部钢筋应按计算配筋全部连通，上下贯通钢筋的配筋率不应小于 0.15%。

$$\alpha_m = 1 - \alpha_s \qquad\qquad (8.4.16)$$

式中：α_m——不平衡弯矩通过弯曲来传递的分配系数；

　　　　α_s——按公式（8.4.7-3）计算。

8.4.17　对有抗震设防要求的结构，当地下一层结构顶板作为上部结构嵌固端时，嵌固端处的底层框架柱下端截面组合弯矩设计值应按现行国家标准《建筑抗震设计规范》GB 50011 的规定乘以与其抗震等级相对应的增大系数。当平板式筏形基础板作为上部结构的嵌固端、计算柱下板带截面组合弯矩设计值时，底层框架柱下端内力应考虑地震作用组合及相应的增大系数。

8.4.18　**梁板式筏基基础梁和平板式筏基的顶面应满足底层柱下局部受压承载力的要求。对抗震设防烈度为 9 度的高层建筑，验算柱下基础梁、筏板局部受压承载力时，应计入竖向地震作用对柱轴力的影响。**

8.4.19　筏板与地下室外墙的接缝、地下室外墙沿高度处的水平接缝应严格按施工缝要求施工，必要时可设通长止水带。

8.4.20　带裙房的高层建筑筏形基础应符合下列规定：

1　当高层建筑与相连的裙房之间设置沉降缝时，高层建筑的基础埋深应大于裙房基础的埋深至少 2m。地面以下沉降缝的缝隙应用粗砂填实（图 8.4.20a）。

2　当高层建筑与相连的裙房之间不设置沉降缝时，宜在裙房一侧设置用于控制沉降差的后浇带，当沉降实

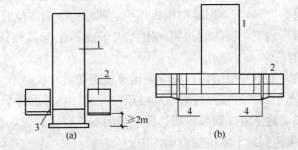

图 8.4.20　高层建筑与裙房间的沉降缝、后浇带处理示意
1—高层建筑；2—裙房及地下室；3—室外地坪以下用粗砂填实；
4—后浇带

测值和计算确定的后期沉降差满足设计要求后，方可进行后浇带混凝土浇筑。当高层建筑基础面积满足地基承载力和变形要求时，后浇带宜设在与高层建筑相邻裙房的第一跨内。当需要满足高层建筑地基承载力、降低高层建筑沉降量、减小高层建筑与裙房间的沉降差而增大高层建筑基础面积时，后浇带可设在距主楼边柱的第二跨内，此时应满足以下条件：

　　1）地基土质较均匀；

　　2）裙房结构刚度较好且基础以上的地下室和裙房结构层数不少于两层；

　　3）后浇带一侧与主楼连接的裙房基础底板厚度与高层建筑的基础底板厚度相同（图 8.4.20b）。

3 当高层建筑与相连的裙房之间不设沉降缝和后浇带时，高层建筑及与其紧邻一跨裙房的筏板应采用相同厚度，裙房筏板的厚度宜从第二跨裙房开始逐渐变化，应同时满足主、裙楼基础整体性和基础板的变形要求；应进行地基变形和基础内力的验算，验算时应分析地基与结构间变形的相互影响，并采取有效措施防止产生有不利影响的差异沉降。

8.4.21 在同一大面积整体筏形基础上建有多幢高层和低层建筑时，筏板厚度和配筋宜按上部结构、基础与地基土共同作用的基础变形和基底反力计算确定。

8.4.22 带裙房的高层建筑下的整体筏形基础，其主楼下筏板的整体挠度值不宜大于 0.05%，主楼与相邻的裙房柱的差异沉降不应大于其跨度的 0.1%。

8.4.23 采用大面积整体筏形基础时，与主楼连接的外扩地下室其角隅处的楼板板角，除配置两个垂直方向的上部钢筋外，尚应布置斜向上部构造钢筋，钢筋直径不应小于 10mm、间距不应大于 200mm，该钢筋伸入板内的长度不宜小于 1/4 的短边跨度；与基础整体弯曲方向一致的垂直于外墙的楼板上部钢筋以及主裙楼交界处的楼板上部钢筋，钢筋直径不应小于 10mm、间距不应大于 200mm，且钢筋的面积不应小于现行国家标准《混凝土结构设计规范》GB 50010 中受弯构件的最小配筋率，钢筋的锚固长度不应小于 30d。

8.4.24 筏形基础地下室施工完毕后，应及时进行基坑回填工作。填土应按设计要求选料，回填时应先清除基坑中的杂物，在相对的两侧或四周同时回填并分层夯实，回填土的压实系数不应小于 0.94。

8.4.25 采用筏形基础带地下室的高层和低层建筑、地下室四周外墙与土层紧密接触且土层为非松散填土、松散粉细砂土、软塑流塑黏性土，上部结构为框架、框剪或框架一核心筒结构，当地下一层结构顶板作为上部结构嵌固部位时，应符合下列规定：

1 地下一层的结构侧向刚度大于或等于与其相连的上部结构底层楼层侧向刚度的 1.5 倍。

2 地下一层结构顶板应采用梁板式楼盖，板厚不应小于 180mm，其混凝土强度等级不宜小于 C30；楼面应采用双层双向配筋，且每层每个方向的配筋率不宜小于 0.25%。

3 地下室外墙和内墙边缘的板面不应有大洞口，以保证将上部结构的地震作用或水平力传递到地下室抗侧力构件中。

4 当地下室内、外墙与主体结构墙体之间的距离符合表 8.4.25 的要求时，该范围内的地下室内、外墙可计入地下一层的结构侧向刚度，但此范围内的侧向刚度不能重叠使用于相邻建筑。当不符合上述要求时，建筑物的嵌固部位可设在筏形基础的顶面，此时宜考虑基侧土和基底土对地下室的抗力。

表 8.4.25   地下室墙与主体结构墙之间的最大间距 d

抗震设防烈度 7 度、8 度	抗震设防烈度 9 度
$d \leqslant 30\text{m}$	$d \leqslant 20\text{m}$

8.4.26 地下室的抗震等级、构件的截面设计以及抗震构造措施应符合现行国家标准《建筑抗震设计规范》GB 50011 的有关规定。剪力墙底部加强部位的高度应从地下室顶板算起；当结构嵌固在基础顶面时，剪力墙底部加强部位的范围尚应延伸至基础顶面。

2. 《高规》

12.1.2 高层建筑的基础设计，应综合考虑建筑场地的工程地质和水文地质状况、上部结构的类型和房屋高度、施工技术和经济条件等因素，使建筑物不致发生过量沉降或倾斜，满足建筑物正常使用要求；还应了解邻近地下构筑物及各项地下设施的位置和标高等，减少与相邻建筑的相互影响。

12.1.3 在地震区，高层建筑宜避开对抗震不利的地段；当条件不允许避开不利地段时，应采取可靠措施，使建筑物在地震时不致由于地基失效而破坏，或者产生过量下沉或倾斜。

12.1.4 基础设计宜采用当地成熟可靠的技术；宜考虑基础与上部结构相互作用的影响。施工期间需要降低地下水位的，应采取避免影响邻近建筑物、构筑物、地下设施等安全和正常使用的有效措施；同时还应注意施工降水的时间要求，避免停止降水后水位过早上升而引起建筑物上浮等问题。

12.1.5 高层建筑应采用整体性好、能满足地基承载力和建筑物容许变形要求并能调节不均匀沉降的基础形式；宜采用筏形基础或带桩基的筏形基础，必要时可采用箱形基础。当地质条件好且能满足地基承载力和变形要求时，也可采用交叉梁式基础或其他形式基础；当地基承载力或变形不满足设计要求时，可采用桩基或复合地基。

12.1.6 高层建筑主体结构基础底面形心宜与永久作用重力荷载重心重合；当采用桩基础时，桩基的竖向刚度中心宜与高层建筑主体结构永久重力荷载重心重合。

12.1.7 在重力荷载与水平荷载标准值或重力荷载代表值与多遇水平地震标准值共同作用下，高宽比大于 4 的高层建筑，基础底面不宜出现零应力区；高宽比不大于 4 的高层建筑，基础底面与地基之间零应力区面积不应超过基础底面面积的 15%。质量偏心较大的裙楼与主楼可分别计算基底应力。

12.3.1 高层建筑基础设计应以减小长期重力荷载作用下地基变形、差异变形为主。计算地基变形时，传至基础底面的荷载效应采用正常使用极限状态下荷载效应的准永久组合，不计入风荷载和地震作用；按地基承载力确定基础底面积及埋深或按桩基承载力确定桩数时，传至基础或承台底面的荷载效应采用正常使用状态下荷载效应的标准组合，相应的抗力采用地基承载力特征值或桩基承载力特征值；风荷载组合效应下，最大基底反力不应大于承载力特征值的 1.2 倍，平均基底反力不应大于承载力特征值；地震作用组合效应下，地基承载力验算应按现行国家标准《建筑抗震设计规范》GB 50011 的规定执行。

12.3.2 高层建筑结构基础嵌入硬质岩石时，可在基础周边及底面设置砂质或其他材质褥垫层，垫层厚度可取 50mm～100mm；不宜采用肥槽填充混凝土做法。

12.3.3 筏形基础的平面尺寸应根据地基土的承载力、上部结构的布置及其荷载的分布等因素确定。

12.3.4 平板式筏基的板厚可根据受冲切承载力计算确定，板厚不宜小于 400mm。冲切计算时，应考虑作用在冲切临界截面重心上的不平衡弯矩所产生的附加剪力。当筏板在个别柱位不满足受冲切承载力要求时，可将该柱下的筏形局部加厚或配置抗冲切钢筋。

12.3.5 当地基比较均匀、上部结构刚度较好、上部结构柱间距及柱荷载的变化不超过 20% 时，高层建筑的筏形基础可仅考虑局部弯曲作用，按倒楼盖法计算。当不符合上述条件时，宜按弹性地基板计算。

12.3.6 筏形基础应采用双向钢筋网片分别配置在板的顶面和底面，受力钢筋直径不宜小于12mm，钢筋间距不宜小于150mm，也不宜大于300mm。

12.3.7 当梁板式筏基的肋梁宽度小于柱宽时，肋梁可在柱边加腋，并应满足相应的构造要求。墙、柱的纵向钢筋应穿过肋梁，并应满足钢筋锚固长度要求。

12.3.8 梁板式筏基的梁高取值应包括底板厚度在内，梁高不宜小于平均柱距的1/6。确定梁高时，应综合考虑荷载大小、柱距、地质条件等因素，并应满足承载力要求。

12.3.9 当满足地基承载力要求时，筏形基础的周边不宜向外有较大的伸挑、扩大。当需要外挑时，有肋梁的筏基宜将梁一同挑出。

12.3.10 桩基可采用钢筋混凝土预制桩、灌注桩或钢桩。桩基承台可采用柱下单独承台、双向交叉梁、筏形承台、箱形承台。桩基选择和承台设计应根据上部结构类型、荷载大小、桩穿越的土层、桩端持力层土质、地下水位、施工条件和经验、制桩材料供应条件等因素综合考虑。

12.3.11 桩基的竖向承载力、水平承载力和抗拔承载力设计，应符合现行行业标准《建筑桩基技术规范》JGJ 94的有关规定。

12.3.12 桩的布置应符合下列要求：

　　1 等直径桩的中心距不应小于3倍桩横截面的边长或直径；扩底桩中心距不应小于扩底直径的1.5倍，且两个扩大头间的净距不宜小于1m。

　　2 布桩时，宜使各桩承台承载力合力点与相应竖向永久荷载合力作用点重合，并使桩基在水平力产生的力矩较大方向有较大的抵抗矩。

　　3 平板式桩筏基础，桩宜布置在柱下或墙下，必要时可满堂布置，核心筒下可适当加密布桩；梁板式桩筏基础，桩宜布置在基础梁下或柱下；桩箱基础，宜将桩布置在墙下。直径不小于800mm的大直径桩可采用一柱一桩。

　　4 应选择较硬土层作为桩端持力层。桩径为d的桩端全截面进入持力层的深度，对于黏性土、粉土不宜小于$2d$；砂土不宜小于$1.5d$；碎石类土不宜小于$1d$。当存在软弱下卧层时，桩端下部硬持力层厚度不宜小于$4d$。

　　抗震设计时，桩进入碎石土、砾砂、粗砂、中砂、密实粉土、坚硬黏性土的深度尚不应小于0.5m，对其他非岩石类土尚不应小于1.5m。

12.3.13 对沉降有严格要求的建筑的桩基础以及采用摩擦型桩的桩基础，应进行沉降计算。受较大永久水平作用或对水平变位要求严格的建筑桩基，应验算其水平变位。

　　按正常使用极限状态验算桩基沉降时，荷载效应应采用准永久组合；验算桩基的横向变位、抗裂、裂缝宽度时，根据使用要求和裂缝控制等级分别采用荷载的标准组合、准永久组合，并考虑长期作用影响。

12.3.14 钢桩应符合下列规定：

　　1 钢桩可采用管形或H形，其材质应符合国家现行有关标准的规定；

　　2 钢桩的分段长度不宜超过15m，焊接结构应采用等强连接；

　　3 钢桩防腐处理可采用增加腐蚀余量措施；当钢管桩内壁同外界隔绝时，可不采用内壁防腐。钢桩的防腐速率无实测资料时，如桩顶在地下水位以下且地下水无腐蚀性，可取每年0.03mm，且腐蚀预留量不应小于2mm。

12.3.15 桩与承台的连接应符合下列规定：

1 桩顶嵌入承台的长度，对大直径桩不宜小于 100mm，对中、小直径的桩不宜小于 50mm；

2 混凝土桩的桩顶纵筋应伸入承台内，其锚固长度应符合现行国家标准《混凝土结构设计规范》GB 50010 的有关规定。

12.3.16 箱形基础的平面尺寸应根据地基土承载力和上部结构布置以及荷载大小等因素确定。外墙宜沿建筑物周边布置，内墙应沿上部结构的柱网或剪力墙位置纵横均匀布置，墙体水平截面总面积不宜小于箱形基础外墙外包尺寸的水平投影面积的 1/10。对基础平面长宽比大于 4 的箱形基础，其纵墙水平截面面积不应小于箱基外墙外包尺寸水平投影面积的 1/18。

12.3.17 箱形基础的高度应满足结构的承载力、刚度及建筑使用功能要求，一般不宜小于箱基长度的 1/20，且不宜小于 3m。此处，箱基长度不计墙外悬挑板部分。

12.3.18 箱形基础的顶板、底板及墙体的厚度，应根据受力情况、整体刚度和防水要求确定。无人防设计要求的箱基，基础底板不应小于 300mm，外墙厚度不应小于 250mm，内墙的厚度不应小于 200mm，顶板厚度不应小于 200mm。

12.3.19 与高层主楼相连的裙房基础若采用外挑箱基墙或箱基梁的方法，则外挑部分的基底应采取有效措施，使其具有适应差异沉降变形的能力。

12.3.20 箱形基础墙体的门洞宜设在柱间居中的部位，洞口上、下过梁应进行承载力计算。

12.3.21 当地基压缩层深度范围内的土层在竖向和水平力方向皆较均匀，且上部结构为平立面布置较规则的框架、剪力墙、框架-剪力墙结构时，箱形基础的顶、底板可仅考虑局部弯曲进行计算；计算时，底板反力应扣除板的自重及其上面层和填土的自重，顶板荷载应按实际情况考虑。整体弯曲的影响可在构造上加以考虑。

箱形基础的顶板和底板钢筋配置除符合计算要求外，纵横方向支座钢筋尚应有 1/3～1/2 贯通配置，跨中钢筋应按实际计算的配筋全部贯通。钢筋宜采用机械连接；采用搭接时，搭接长度应按受拉钢筋考虑。

12.3.22 箱形基础的顶板、底板及墙体均应采用双层双向配筋。墙体的竖向和水平钢筋直径均不应小于 10mm，间距均不应大于 200mm。除上部为剪力墙外，内、外墙的墙顶处宜配置两根直径不小于 20mm 的通长构造钢筋。

12.3.23 上部结构底层柱纵向钢筋伸入箱形基础墙体的长度应符合下列规定：

1 柱下三面或四面有箱形基础墙的内柱，除柱四角纵向钢筋直通到基底外，其余钢筋可伸入顶板底面以下 40 倍纵向钢筋直径处；

2 外柱、与剪力墙相连的柱及其他内柱的纵向钢筋应直通到基底。

3. 《北京地基规范》

8.6.1 筏形基础是指柱下或墙下（包括剪力墙结构下）连续的平板式或梁板式的钢筋混凝土整体基础（图 8.6.1）。

8.6.2 筏形基础结构尺寸应符合下列构造要求：

1 梁板式筏形基础板厚，可参照表 8.6.2 确定板厚，但当底板的承载力和刚度满足要求时，厚度也可小于表中规定，但不应小于 200mm；当有防水要求时，不应小于 250mm。

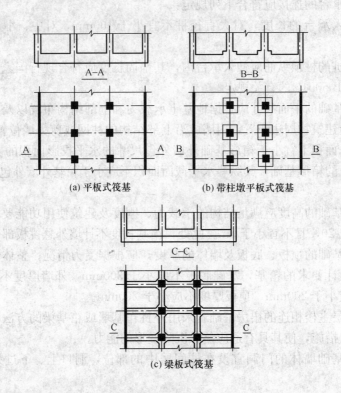

图 8.6.1 筏形基础类型

表 8.6.2 筏形基础底板厚度参考值

基础底面平均反力（kN/m²）	底板厚度	基础底面平均反力（kN/m²）	底板厚度
150～200	$\left(\dfrac{1}{14}\sim\dfrac{1}{10}\right)L_0$	300～400	$\left(\dfrac{1}{8}\sim\dfrac{1}{6}\right)L_0$
200～300	$\left(\dfrac{1}{10}\sim\dfrac{1}{8}\right)L_0$	400～500	$\left(\dfrac{1}{7}\sim\dfrac{1}{5}\right)L_0$

注：L_0 为底板计算板块短向净跨尺寸。

2 对于基础梁无法外伸的悬臂筏板，伸出长度不宜过大，高层建筑不宜大于 2m 与 1.5 倍板厚中较大者。

8.6.3 当上部结构柱网和荷载较均匀，地基压缩层范围内无软弱土层、可液化土层或严重不均匀土层，且筏形基础的基础梁的线刚度不小于柱线刚度的 3 倍或梁高不小于跨度的 1/6 时，筏形基础内力分析可按倒楼盖方法进行计算，计算时基底反力可视为直线分布。当不符合上述要求时，应进行更深入的分析。

筏形基础按倒楼盖方法进行设计时，梁板式筏形基础的底板和基础梁配筋以及平板式筏形基础的柱下板带和跨中板带配筋，除满足计算要求外，底部支座钢筋应有 1/3～1/4 在跨中连通，顶部跨中钢筋宜在支座连接。对梁板式筏形基础中的基础梁和板，计算弯矩和剪力时可采用净跨。

8.6.4 梁板式筏形基础的底板，对单向板应进行受剪承载力验算，受剪验算截面采用墙或梁边截面；对双向板应进行受冲切承载力验算。

8.6.5 梁板式筏形基础底板可按塑性理论计算弯矩。

8.6.6 梁板式筏形基础的基础梁除应验算其受剪和受弯承载力外，当基础梁的混凝土强度等级小于柱的混凝土强度等级时，尚应按现行国家标准《混凝土结构设计规范》（**GB 50010**）的规定验算底层柱下基础梁顶面的局部受压承载力。

8.6.7 平板式筏形基础的筏板应进行柱下受冲切承载力验算。

8.6.8 当平板式筏形基础的筏板受冲切承载力不能满足要求时，可通过在柱下增设柱墩或在筏板内配置抗冲切钢筋等方式来提高受冲切承载能力。

8.6.9 对上部为框架-核心筒结构的平板式筏形基础，核心筒下筏板受冲切承载力应按下式计算（图8.6.9）：

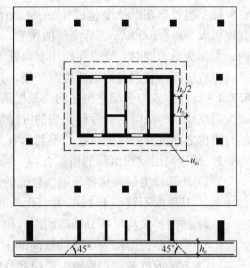

图8.6.9　筏板受核心筒冲切的临界截面位置

$$F_1 \leqslant 0.7\beta_{hp} f_t u_m h_0 / \eta \tag{8.6.9}$$

式中　F_1——荷载效应基本组合下，核心筒所承受的轴力设计值减去筏板冲切破坏锥体范围内的实际地基土反力设计值，基底反力值应扣除板的自重；

　　　β_{hp}——受冲切承载力截面高度影响系数，取值同8.3.3条；

　　　f_t——混凝土轴心抗拉强度设计值；

　　　u_m——距核心筒外表面 $h_0/2$ 处冲切临界截面的周长；

　　　h_0—— 核心筒外表面处筏板的截面有效高度；

　　　η——核心筒冲切临界截面周长影响系数，取 1.25。

8.6.10 对上部为框架-核心筒结构的平板式筏形基础，当核心筒长宽比较大时，尚应按下式验算距核心筒长边边缘 h_0 处筏板的受剪承载力：

$$V_s \leqslant 0.7\beta_{hs} f_t b h_0 \tag{8.6.10}$$

式中　V_s——荷载效应基本组合下，筏板受剪承载力验算单元的计算宽度范围内，地基土净反力产生的距核心筒边缘 h_0 处的总剪力设计值；

　　　β_{hs}——受剪承载力截面高度影响系数，取值同8.3.3条；

　　　b——筏板受剪承载力验算单元的计算宽度；

　　　h_0——距核心筒边缘 h_0 处筏板的截面有效高度。

8.6.11 对梁板式筏形基础，当梁的宽度小于柱截面的边长时，柱下交叉基础梁连接处应设置八字角，柱角与八字角边之间的净距不宜小于50mm。

8.6.12 当基础梁、板各截面受力钢筋实际配筋量比计算所需多1/3以上时，可不考虑现行国家标准《混凝土结构设计规范》GB 50010 有关受力钢筋最小配筋率要求。

8.6.13 筏板受力钢筋直径不宜小于12mm；基础梁箍筋直径不宜小于10mm。

8.6.14 平板式筏形基础应按柱下板带和跨中板带分别进行配筋；柱下板带中，在柱宽及其两侧各0.5倍板厚且不大于1/4板跨的有效宽度范围内，其钢筋配置量不宜小于柱下板带钢筋的1/2。

8.6.15 当筏形基础长度超过 40m 时，宜预留贯通的后浇带。后浇带间距为 30~40m，宽度可取 800~1000mm。后浇带的位置，上部为框架时，宜设在柱距中部 1/3 跨度范围内；上部为剪力墙时，宜设在跨中洞口处。后浇带内混凝土宜在两侧混凝土浇灌完毕 2 个月后再行浇灌，其强度等级应提高一级，并宜采用无收缩或微膨胀混凝土。

8.7.1 高层建筑与多层裙房之间，根据地基条件，也可不设置沉降缝，但应采取措施以减少高层建筑的沉降，同时使裙房的沉降量不致过小，以减少两者的沉降差，并应考虑高层与裙房之间沉降差可能引起的不利影响。

1 减少高层建筑沉降的措施有：

1）地基持力层应选择压缩性较低的一般第四纪中密及中密以上的砂土或砂卵石土，其厚度不宜小于 4m，并且无软弱下卧层。

2）适当扩大高层部分基础底面面积，以减少基础底面的基底反力。

3）当地基持力层为压缩性较高的土层时，高层建筑下可采用复合地基等地基处理方法或桩基础，以减少高层部分的沉降量，裙房可采用天然地基。

2 使裙房沉降量不致过小的措施有：

1）裙房基础应尽可能减小基础底面面积，不宜采用筏形基础，以柱下独立基础或条形基础为宜。有防水要求时可采用另加防水板的方法，此时防水板下宜铺设一定厚度的易压缩材料。

2）裙房宜采用较高的地基承载力。有整体防水板时，对于内、外墙基础，调整地基承载力所采用的计算埋置深度 d 均可按下式计算：

$$d = \frac{d_1 + d_2}{2} \tag{8.7.1}$$

式中 d_1——自地下室室内地面起算的基础埋置深度，d_1 不小于 1.0m；

　　　　d_2——自室外设计地面起算的基础埋置深度。

应注意使高层建筑基础底面附加压力与裙房基础底面附加压力相差不致过大。

3）裙房基础埋置深度，可小于高层建筑的埋置深度，以使裙房地基持力层的压缩性大于高层地基持力层的压缩性（如高层地基持力层为较好的砂土，裙房地基持力层为一般粘性土）。

条文说明：北京地区近 20 年来建成了许多幢带裙房的高层建筑，其高层与多层裙房之间未设置沉降缝，建成后效果很好。当设计此类建筑时，应根据地基条件及建筑物状况，采取有效措施减小主楼与裙房的沉降差。

有整体防水板时，柱基及防水板下地基土和软垫层反力的分配比例与两者下的地基土和软垫层刚度有关，柱基下地基刚度与防水板下软垫层刚度比值越大，则地基土反力愈集中于柱基下。

防水板厚度应满足冲切计算，对带柱墩的无梁板，由于按现行国家标准《混凝土结构设计规范》GB 50010 应考虑折减系数 η_2，使柱墩周边抗冲切能力降低较多，因此应注意验算防水板的冲切。独立柱基建议按图 26 构造，冲切计算时周长 u_m 宜按图示虚线中

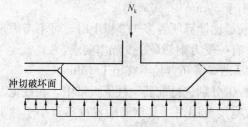

图 26 裙房独立柱基构造和冲切破坏面示意

点进行计算。

8.7.2 施工期间高层建筑与相连的裙房之间，如设置沉降后浇带，应自基础至裙房屋顶每层设置。沉降后浇带的位置应根据高层周边地基反力分布情况，设在紧邻主楼的裙房第二跨或第一跨内。沉降后浇带范围内与高层相连部分的裙房宜采用筏形基础，基础梁高度和基础板厚度宜根据受力情况确定，其内力分析应考虑后浇带浇灌前后地基反力分布情况。沉降后浇带的浇灌时间可通过沉降分析或沉降观测确定。

条文说明：中国建筑科学研究院地基所的试验研究结果表明，对于刚度较大的筏形基础（如梁板式筏形基础的梁高大于跨度的 1/6），当主楼周边两层框架的地下室或裙房为一跨时，基础基底压力较为均匀，说明两层框架与筏形基础组合后有很好的传递荷载的能力；当主楼周边地下室或裙房的两层框架为三跨时，主楼周边扩大部分基础地基反力随着距主楼距离加大按比例减小为零。如果为降低主楼下地基压力以减小主楼与裙房的沉降差，本规范建议，对于刚度较大的筏形基础也可将沉降后浇带的位置设在紧邻主楼的裙房第二跨内，此时沉降后浇带范围内裙房下基础梁高度和底板厚度应根据受力情况确定。

后浇带的做法，目前应用较多的有两种：

做法一：后浇带设置在梁（板）跨中部 1/3 跨度范围内，宽度一般可取 800～1000mm，混凝土后浇。后浇混凝土采用无收缩或微膨胀混凝土，且强度等级应提高一级。

如果因某种原因，后浇带设在靠近梁根部的部位，则应注意留缝对于梁的受剪承载能力的影响。必要时可在梁内该部位增设型钢以加强受剪承载能力。

做法二：见图 27。除后浇带所留部位及增设型钢等与做法一不同外，其余如浇灌时间，浇灌混凝土的强度要求等，皆同做法一。此种做法可以减少支撑，对于安装机器设备及装修进度等方面的影响较小。柱中伸出的型钢宜保留，在浇灌后浇带之后不拆除。

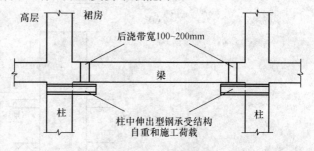

图 27　高层与裙房间后浇带构造处理

高层与裙房之间设置沉降后浇带，对减少因沉降差异造成的不利影响，能起到较好的作用。但是，沉降后浇带的浇灌时间，常与施工进度有矛盾，对于层数较多的建筑物，矛盾更大。根据过去的工程经验，当高层地基土质较好时（如第四纪中密以上的砂土或砂卵石土），如系统的沉降观测结果表明高层建筑的沉降在主体结构全部完工之前已趋于基本稳定，或者沉降分析表明高层建筑与裙房之间沉降差异对结构产生的影响在设计考虑范围内，则后浇带浇灌时间也可适当提前。

8.7.3 后浇带两侧的构件应妥善支撑，并应防止由于设置后浇带可能引起的各部分结构承载能力不足和失稳。

8.7.4 如高层建筑与裙房基础的埋置深度相同或差别较小时，为加强高层建筑的侧向约束，不宜在高低层之间设置沉降缝（如图 8.7.4a）。

如高层与裙房之间必须设缝，则高层建筑的基础埋置深度宜大于裙房埋置深度不少于 2m（图 8.7.4b），并应注意处理好缝的构造（如室外地面以下缝内用粗砂灌满填实）。

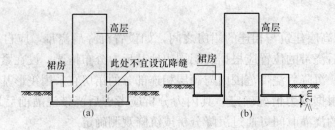

图 8.7.4　高层与裙房之间构造要求

8.8.1　当基础埋置在分布稳定且连续的含水层土中时［图 8.8.1（a）、（b）］，基础底板受水浮力作用，其水头高度为 h。当基础埋置在隔水层土中，若隔水层土质在建筑使用期内可始终保持非饱和状态，且下层承压水不可能冲破隔水层，肥槽回填采用不透水材料时［图 8.8.1（c）］，基础底板不受上层水的浮力作用；若隔水层为饱和土，基础应考虑浮力作用，但宜考虑渗流作用的影响，对水浮力进行折减。

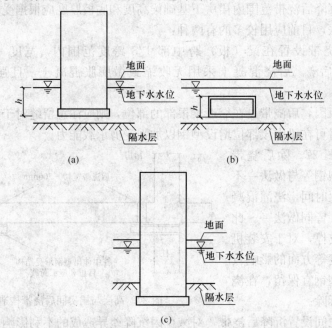

图 8.8.1　基础在土中埋置情况

8.8.2　当建筑物基础位于地下含水层中时，应按下式进行抗浮验算：

$$N_{wk} \leqslant \gamma_G G_k \tag{8.8.2-1}$$

当不满足式（8.8.2-1）时，应按下式设计抗浮构件：

$$T_k \geqslant N_{wk} - \gamma_G G_k \tag{8.8.2-2}$$

式中　N_{wk}——地下水浮力标准值；

　　　　G_k——建筑物自重及压重之和；

　　　　γ_G——永久荷载的影响系数，取 0.9～1.0；

　　　　T_k——抗拔构件提供的抗拔承载力标准值。

条文说明：近年来，随着北京城市建设的高速发展，城市建设用地越来越少，大量纯地下车库、带有纯地下车库的高层建筑以及地下管廊、下沉式广场的兴建，使抗浮问题非常突出。但是，抗浮标准如何确定和抗浮水位如何取值，各类规范均没有明确规定，各单位所提抗浮水位有时相差较大。因此，本条规定 γ_G 取为 0.9～1.0。抗浮设计应根据勘察单位提供的抗浮水位进行验算。如勘察单位提供的抗浮水位已同时考虑了南水北调、官厅水库放水等各种不利因素，则抗浮设计时荷载影响系数取较大值。在验算建筑物的抗浮能力时，应不考虑活载，当不能满足本规范式（8.8.2-1）时，可采用第 8.8.3 条的各种措施抵抗浮力，按式（8.8.2-2）进行抗浮设计。

8.8.3 抗浮可采用以下几种措施：

1 增加结构自重，在基础底板上加压重材料，或增加基础底板挑边，利用挑板上的土提供有效的压重；

2 采用抗拔构件（抗拔桩、抗拔锚杆等），提供有效的抗浮力；

3 采用有效、可靠的降低水位的措施。

条文说明： 压重包括地下室顶板上覆土或地下室底板上的压重，地下室底板上的压重材料可采用重度较大的钢渣混凝土等，但该方法需增加基础埋深，浮力也会随之增加，因此适用于浮力不大的情况；当场地不受限制时也可采用增加基础底板挑边，利用挑板上的土提供有效的压重的方法，采用此方法时应注意验算挑板的强度。当梁、板跨度较大时可进行综合经济比较，采用较大构件断面以减小配筋量，同时起到增加结构自重的目的。

抗拔桩适用于上浮荷载较大的情况，仅作抗浮用的抗拔桩，桩端不宜落在坚硬土层上。除满足抗拔承载力要求外，针对地下水及土层的腐蚀性，还应进行桩身抗裂验算，一般控制裂缝宽度不大于 0.25mm，以满足耐久性要求。对于上部荷载差异较大的带裙房或纯地下室的高层建筑，应考虑基础变形协调；对上浮水压力变幅较大的情况，应考虑低水位工况。原则上，主楼采用天然地基或复合地基时，裙房或纯地下室不宜采用抗拔桩。

抗拔锚杆适应性较好，单向受力，布置灵活，但普通拉力型锚杆受力后浆体开裂，必须对杆体采取可靠的防护措施和防腐处理，或采用压力式及压力分散式锚杆。

地下水控制方法一般是在建筑运营期通过集水井和滤水层及时抽降地下水，控制地下水位，满足抗浮稳定要求，该方法适用于水量补给不大，具备自动化运营管理条件的情况。

当基础以下存在可靠的隔水层时，可以采用截水帷幕切断水源，从而消除水头压力。

8.8.4 抗拔桩应根据本规范第 9 章的相关内容进行设计。

8.8.5 抗拔锚杆可按下列原则进行设计：

1 锚杆设计使用年限不应低于所服务建筑物或构筑物的设计使用年限，其防腐保护等级及构造应达到相应的要求。锚杆的防腐蚀措施按国家现行标准《岩土锚杆（索）技术规程》CECS22 执行。

2 锚杆设计应确保被锚固结构在各阶段荷载作用下局部抗冲切、抗裂的安全，且不应产生影响被锚固结构正常工作的有害变形。

3 采用抗浮锚杆的岩土工程勘察除应查明地层的工程地质与水文地质条件，还应包括下列内容：

1） 岩土的重力密度，抗剪强度等物理力学指标。

2） 地下水分布状况。

3）锚固地层的地质构造与整体稳定性。

4）地层的可钻性、可注浆性、对施工方法的适应性等。

5）地层和地下水的腐蚀性。

4　锚杆的锚固段不应设置在下列地层中：

1）有机质土。

2）液限 $W_L>50\%$ 的粘性土土层。

3）相对密实度 $D_r<0.3$ 的砂土层。

5　锚杆的间距与长度应根据锚杆所锚定的基础及其周边土层整体稳定性验算确定。锚杆的间距宜大于 1.5m；当锚杆间距较小时，应考虑群锚效应，对锚固力进行相应的折减。

6　锚杆的钻孔直径宜为 90～200mm，钻孔内的锚杆杆体面积不超过钻孔面积的15%，注浆体保护层厚度不应小于 20mm。

7　锚杆杆体材料可采用 HRB335 级和 HRB400 级钢筋、钢绞线及精轧螺纹钢筋；锚杆锚固段固结体可采用水泥浆、砂浆、细石混凝土等。

8　锚杆的防腐方法应根据锚杆的设计使用年限及所处地层有无腐蚀性确定，腐蚀环境中的锚杆应采用 I 级双层防腐保护构造。

9　锚杆的极限抗拔承载力宜通过现场试验确定，同一条件下试验锚杆数量不少于3 根。

10　锚固段与岩土的抗拔粘结安全系数以及锚杆杆体与锚固段注浆体之间的抗拔粘结安全系数均不应低于 2.0；锚杆杆体截面设计时，抗拉材料的强度分项系数 γ_s，钢筋时取1.6，钢绞线时取 1.8，此时水浮力应取设计值。

11　锚杆杆体截面面积和锚固段长度计算可按国家现行标准《岩土锚杆（索）技术规程》CECS22 中的规定进行。

12　对地层及被锚固结构位移控制要求较高的工程，预应力锚杆的锁定拉力值宜为锚杆拉力设计值。对地层及被锚固结构位移控制要求较低的工程，预应力锚杆的锁定拉力值宜为锚杆拉力设计值的 0.75～0.90 倍。

八、桩　基　础

（一）基本设计规定

1.《桩基规范》

3.1.1　桩基础应按下列两类极限状态设计：

1　承载能力极限状态：桩基达到最大承载能力、整体失稳或发生不适于继续承载的变形；

2　正常使用极限状态：桩基达到建筑物正常使用所规定的变形限值或达到耐久性要求的某项限值。

3.1.2　根据建筑规模、功能特征、对差异变形的适应性、场地地基和建筑物体形的复杂性以及由于桩基问题可能造成建筑破坏或影响正常使用的程度，应将桩基设计分为表3.1.2 所列的三个设计等级。桩基设计时，应根据表 3.1.2 确定设计等级。

表 3.1.2　建筑桩基设计等级

设计等级	建 筑 类 型
甲　级	(1) 重要的建筑； (2) 30 层以上或高度超过 100m 的高层建筑； (3) 体型复杂且层数相差超过 10 层的高低层（含纯地下室）连体建筑； (4) 20 层以上框架-核心筒结构及其他对差异沉降有特殊要求的建筑； (5) 场地和地基条件复杂的 7 层以上的一般建筑及坡地、岸边建筑； (6) 对相邻既有工程影响较大的建筑
乙　级	除甲级、丙级以外的建筑
丙　级	场地和地基条件简单、荷载分布均匀的 7 层及 7 层以下的一般建筑

3.1.3　桩基应根据具体条件分别进行下列承载能力计算和稳定性验算：

　　1　应根据桩基的使用功能和受力特征分别进行桩基的竖向承载力计算和水平承载力计算；

　　2　应对桩身和承台结构承载力进行计算；对于桩侧土不排水抗剪强度小于 **10kPa** 且长径比大于 **50** 的桩，应进行桩身压屈验算；对于混凝土预制桩，应按吊装、运输和锤击作用进行桩身承载力验算；对于钢管桩，应进行局部压屈验算；

　　3　当桩端平面以下存在软弱下卧层时，应进行软弱下卧层承载力验算；

　　4　对位于坡地、岸边的桩基，应进行整体稳定性验算；

　　5　对于抗浮、抗拔桩基，应进行基桩和群桩的抗拔承载力计算；

　　6　对于抗震设防区的桩基，应进行抗震承载力验算。

3.1.4　下列建筑桩基应进行沉降计算：

　　1　设计等级为甲级的非嵌岩桩和非深厚坚硬持力层的建筑桩基；

　　2　设计等级为乙级的体形复杂、荷载分布显著不均匀或桩端平面以下存在软弱土层的建筑桩基；

　　3　软土地基多层建筑减沉复合疏桩基础。

3.1.5　对受水平荷载较大，或对水平位移有严格限制的建筑桩基，应计算其水平位移。

3.1.6　应根据桩基所处的环境类别和相应的裂缝控制等级，验算桩和承台正截面的抗裂和裂缝宽度。

3.1.7　桩基设计时，所采用的作用效应组合与相应的抗力应符合下列规定：

　　1　确定桩数和布桩时，应采用传至承台底面的荷载效应标准组合；相应的抗力应采用基桩或复合基桩承载力特征值。

　　2　计算荷载作用下的桩基沉降和水平位移时，应采用荷载效应准永久组合；计算水平地震作用、风载作用下的桩基水平位移时，应采用水平地震作用、风载效应标准组合。

　　3　验算坡地、岸边建筑桩基的整体稳定性时，应采用荷载效应标准组合；抗震设防区，应采用地震作用效应和荷载效应的标准组合。

　　4　在计算桩基结构承载力、确定尺寸和配筋时，应采用传至承台顶面的荷载效应基本组合。当进行承台和桩身裂缝控制验算时，应分别采用荷载效应标准组合和荷载效应准永久组合。

　　5　桩基结构安全等级、结构设计使用年限和结构重要性系数 γ_0 应按现行有关建筑结构规范的规定采用，除临时性建筑外，重要性系数 γ_0 应不小于 1.0。

6 对桩基结构进行抗震验算时，其承载力调整系数 γ_{RE} 应按现行国家标准《建筑抗震设计规范》GB 50011 的规定采用。

3.1.8 以减小差异沉降和承台内力为目标的变刚度调平设计，宜结合具体条件按下列规定实施：

1 对于主裙楼连体建筑，当高层主体采用桩基时，裙房（含纯地下室）的地基或桩基刚度宜相对弱化，可采用天然地基、复合地基、疏桩或短桩基础。

2 对于框架-核心筒结构高层建筑桩基，应强化核心筒区域桩基刚度（如适当增加桩长、桩径、桩数、采用后注浆等措施），相对弱化核心筒外围桩基刚度（采用复合桩基，视地层条件减小桩长）。

3 对于框架-核心筒结构高层建筑天然地基承载力满足要求的情况下，宜于核心筒区域局部设置增强刚度、减小沉降的摩擦型桩。

4 对于大体量筒仓、储罐的摩擦型桩基，宜按内强外弱原则布桩。

5 对上述按变刚度调平设计的桩基，宜进行上部结构—承台—桩—土共同工作分析。

3.1.9 软土地基上的多层建筑物，当天然地基承载力基本满足要求时，可采用减沉复合疏桩基础。

3.1.10 对于本规范第3.1.4条规定应进行沉降计算的建筑桩基，在其施工过程及建成后使用期间，应进行系统的沉降观测直至沉降稳定。

3.2.1 桩基设计应具备以下资料：

1 岩土工程勘察文件：

  1）桩基按两类极限状态进行设计所需用岩土物理力学参数及原位测试参数；

  2）对建筑场地的不良地质作用，如滑坡、崩塌、泥石流、岩溶、土洞等，有明确判断、结论和防治方案；

  3）地下水位埋藏情况、类型和水位变化幅度及抗浮设计水位，土、水的腐蚀性评价，地下水浮力计算的设计水位；

  4）抗震设防区按设防烈度提供的液化土层资料；

  5）有关地基土冻胀性、湿陷性、膨胀性评价。

2 建筑场地与环境条件的有关资料：

  1）建筑场地现状，包括交通设施、高压架空线、地下管线和地下构筑物的分布；

  2）相邻建筑物安全等级、基础形式及埋置深度；

  3）附近类似工程地质条件场地的桩基工程试桩资料和单桩承载力设计参数；

  4）周围建筑物的防振、防噪声的要求；

  5）泥浆排放、弃土条件；

  6）建筑物所在地区的抗震设防烈度和建筑场地类别。

3 建筑物的有关资料：

  1）建筑物的总平面布置图；

  2）建筑物的结构类型、荷载，建筑物的使用条件和设备对基础竖向及水平位移的要求；

  3）建筑结构的安全等级。

4 施工条件的有关资料：

　　　1）施工机械设备条件，制桩条件，动力条件，施工工艺对地质条件的适应性；

　　　2）水、电及有关建筑材料的供应条件；

　　　3）施工机械的进出场及现场运行条件。

　5 供设计比较用的有关桩型及实施的可行性的资料。

3.2.2 桩基的详细勘察除应满足现行国家标准《岩土工程勘察规范》GB 50021 的有关要求外，尚应满足下列要求：

　1 勘探点间距：

　　　1）对于端承型桩（含嵌岩桩）：主要根据桩端持力层顶面坡度决定，宜为 12～24m。当相邻两个勘察点揭露出的桩端持力层层面坡度大于 10% 或持力层起伏较大、地层分布复杂时，应根据具体工程条件适当加密勘探点。

　　　2）对于摩擦型桩：宜按 20～35m 布置勘探孔，但遇到土层的性质或状态在水平方向分布变化较大，或存在可能影响成桩的土层时，应适当加密勘探点。

　　　3）复杂地质条件下的柱下单桩基础应按柱列线布置勘探点，并宜每桩设一勘探点。

　2 勘探深度：

　　　1）宜布置 1/3～1/2 的勘探孔为控制性孔。对于设计等级为甲级的建筑桩基，至少应布置 3 个控制性孔；设计等级为乙级的建筑桩基，至少应布置 2 个控制性孔。控制性孔应穿透桩端平面以下压缩层厚度；一般性勘探孔应深入预计桩端平面以下 3～5 倍桩身设计直径，且不得小于 3m；对于大直径桩，不得小于 5m。

　　　2）嵌岩桩的控制性钻孔应深入预计桩端平面以下不小于 3～5 倍桩身设计直径，一般性钻孔应深入预计桩端平面以下不小于 1～3 倍桩身设计直径。当持力层较薄时，应有部分钻孔钻穿持力岩层。在岩溶、断层破碎带地区，应查明溶洞、溶沟、溶槽、石笋等的分布情况，钻孔应钻穿溶洞或断层破碎带进入稳定土层，进入深度应满足上述控制性钻孔和一般性钻孔的要求。

　3 在勘探深度范围内的每一地层，均应采取不扰动试样进行室内试验或根据土质情况选用有效的原位测试方法进行原位测试，提供设计所需参数。

3.3.1 基桩可按下列规定分类：

　1 按承载性状分类：

　　　1）摩擦型桩：

　　　　摩擦桩：在承载能力极限状态下，桩顶竖向荷载由桩侧阻力承受，桩端阻力小到可忽略不计；

　　　　端承摩擦桩：在承载能力极限状态下，桩顶竖向荷载主要由桩侧阻力承受。

　　　2）端承型桩：

　　　　端承桩：在承载能力极限状态下，桩顶竖向荷载由桩端阻力承受，桩侧阻力小到可忽略不计；

　　　　摩擦端承桩：在承载能力极限状态下，桩顶竖向荷载主要由桩端阻力承受。

　2 按成桩方法分类：

　　　1）非挤土桩：干作业法钻（挖）孔灌注桩、泥浆护壁法钻（挖）孔灌注桩、套管护壁法钻（挖）孔灌注桩；

  2）部分挤土桩：冲孔灌注桩、钻孔挤扩灌注桩、搅拌劲芯桩、预钻孔打入（静压）预制桩、打入（静压）式敞口钢管桩、敞口预应力混凝土空心桩和 H 型钢桩；

  3）挤土桩：沉管灌注桩、沉管夯（挤）扩灌注桩、打入（静压）预制桩、闭口预应力混凝土空心桩和闭口钢管桩。

 3 按桩径（设计直径 d）大小分类：

  1）小直径桩：$d \leqslant 250mm$；

  2）中等直径桩：$250mm < d < 800mm$；

  3）大直径桩：$d \geqslant 800mm$。

3.3.2 桩型与成桩工艺应根据建筑结构类型、荷载性质、桩的使用功能、穿越土层、桩端持力层、地下水位、施工设备、施工环境、施工经验、制桩材料供应条件等，按安全适用、经济合理的原则选择。选择时可按本规范附录 A 进行。

 1 对于框架-核心筒等荷载分布很不均匀的桩筏基础，宜选择基桩尺寸和承载力可调性较大的桩型和工艺。

 2 挤土沉管灌注桩用于淤泥和淤泥质土层时，应局限于多层住宅桩基。

 3 抗震设防烈度为 8 度及以上地区，不宜采用预应力混凝土管桩（PC）和预应力混凝土空心方桩（PS）。

3.3.3 基桩的布置应符合下列条件：

 1 基桩的最小中心距应符合表 3.3.3 的规定；当施工中采取减小挤土效应的可靠措施时，可根据当地经验适当减小。

表 3.3.3 基桩的最小中心距

土类与成桩工艺		排数不少于 3 排且桩数不少于 9 根的摩擦型桩桩基	其他情况
非挤土灌注桩		3.0d	3.0d
部分挤土桩	非饱和土、饱和非黏性土	3.5d	3.0d
	饱和黏性土	4.0d	3.5d
挤土桩	非饱和土、饱和非黏性土	4.0d	3.5d
	饱和黏性土	4.5d	4.0d
钻、挖孔扩底桩		2D 或 D+2.0m（当 D>2m）	1.5D 或 D+1.5m（当 D>2m）
沉管夯扩、钻孔挤扩桩	非饱和土、饱和非黏性土	2.2D 且 4.0d	2.0D 且 3.5d
	饱和黏性土	2.5D 且 4.5d	2.2D 且 4.0d

注：1 d——圆桩设计直径或方桩设计边长，D——扩大端设计直径。

  2 当纵横向桩距不相等时，其最小中心距应满足"其他情况"一栏的规定。

  3 当为端承桩时，非挤土灌注桩的"其他情况"一栏可减小至 $2.5d$。

 2 排列基桩时，宜使桩群承载力合力点与竖向永久荷载合力作用点重合，并使基桩受水平力和力矩较大方向有较大抗弯截面模量。

3 对于桩箱基础、剪力墙结构桩筏（含平板和梁板式承台）基础，宜将桩布置于墙下。

4 对于框架-核心筒结构桩筏基础应按荷载分布考虑相互影响，将桩相对集中布置于核心筒和柱下；外围框架柱宜采用复合桩基，有合适桩端持力层时，桩长宜减小。

5 应选择较硬土层作为桩端持力层。桩端全断面进入持力层的深度，对于黏性土、粉土不宜小于 $2d$，砂土不宜小于 $1.5d$，碎石类土不宜小于 $1d$。当存在软弱下卧层时，桩端以下硬持力层厚度不宜小于 $3d$。

6 对于嵌岩桩，嵌岩深度应综合荷载、上覆土层、基岩、桩径、桩长诸因素确定；对于嵌入倾斜的完整和较完整岩的全断面深度不宜小于 $0.4d$ 且不小于 0.5m，倾斜度大于 30% 的中风化岩，宜根据倾斜度及岩石完整性适当加大嵌岩深度；对于嵌入平整、完整的坚硬岩和较硬岩的深度不宜小于 $0.2d$，且不应小于 0.2m。

3.4.1 软土地基的桩基设计原则应符合下列规定：

1 软土中的桩基宜选择中、低压缩性土层作为桩端持力层；

2 桩周围软土因自重固结、场地填土、地面大面积堆载、降低地下水位、大面积挤土沉桩等原因而产生的沉降大于基桩的沉降时，应视具体工程情况分析计算桩侧负摩阻力对基桩的影响；

3 采用挤土桩和部分挤土桩时，应采取消减孔隙水压力和挤土效应的技术措施，并应控制沉桩速率，减小挤土效应对成桩质量、邻近建筑物、道路、地下管线和基坑边坡等产生的不利影响；

4 先成桩后开挖基坑时，必须合理安排基坑挖土顺序和控制分层开挖的深度，防止土体侧移对桩的影响。

3.4.2 湿陷性黄土地区的桩基设计原则应符合下列规定：

1 基桩应穿透湿陷性黄土层，桩端应支承在压缩性低的黏性土、粉土、中密和密实砂土以及碎石类土层中；

2 湿陷性黄土地基中，设计等级为甲、乙级建筑桩基的单桩极限承载力，宜以浸水载荷试验为主要依据；

3 自重湿陷性黄土地基中的单桩极限承载力，应根据工程具体情况分析计算桩侧负摩阻力的影响。

3.4.3 季节性冻土和膨胀土地基中的桩基设计原则应符合下列规定：

1 桩端进入冻深线或膨胀土的大气影响急剧层以下的深度，应满足抗拔稳定性验算要求，且不得小于 4 倍桩径及 1 倍扩大端直径，最小深度应大于 1.5m；

2 为减小和消除冻胀或膨胀对桩基的作用，宜采用钻（挖）孔灌注桩；

3 确定基桩竖向极限承载力时，除不计入冻胀、膨胀深度范围内桩侧阻力外，还应考虑地基土的冻胀、膨胀作用，验算桩基的抗拔稳定性和桩身受拉承载力；

4 为消除桩基受冻胀或膨胀作用的危害，可在冻胀或膨胀深度范围内，沿桩周及承台作隔冻、隔胀处理。

3.4.4 岩溶地区的桩基设计原则应符合下列规定：

1 岩溶地区的桩基，宜采用钻、冲孔桩；

2 当单桩荷载较大，岩层埋深较浅时，宜采用嵌岩桩；

3 当基岩面起伏很大且埋深较大时，宜采用摩擦型灌注桩。

3.4.5 坡地、岸边桩基的设计原则应符合下列规定：

1 对建于坡地、岸边的桩基，不得将桩支承于边坡潜在的滑动体上。桩端进入潜在滑裂面以下稳定岩土层内的深度，应能保证桩基的稳定；

2 建筑桩基与边坡应保持一定的水平距离；建筑场地内的边坡必须是完全稳定的边坡，当有崩塌、滑坡等不良地质现象存在时，应按现行国家标准《建筑边坡工程技术规范》GB 50330 的规定进行整治，确保其稳定性；

3 新建坡地、岸边建筑桩基工程应与建筑边坡工程统一规划，同步设计，合理确定施工顺序；

4 不宜采用挤土桩；

5 应验算最不利荷载效应组合下桩基的整体稳定性和基桩水平承载力。

3.4.6 抗震设防区桩基的设计原则应符合下列规定：

1 桩进入液化土层以下稳定土层的长度(不包括桩尖部分)应按计算确定；对于碎石土、砾、粗、中砂，密实粉土，坚硬黏性土尚不应小于$(2\sim3)d$，对其他非岩石土尚不宜小于$(4\sim5)d$；

2 承台和地下室侧墙周围应采用灰土、级配砂石、压实性较好的素土回填，并分层夯实，也可采用素混凝土回填；

3 当承台周围为可液化土或地基承载力特征值小于 40kPa（或不排水抗剪强度小于 15kPa）的软土，且桩基水平承载力不满足计算要求时，可将承台外每侧 1/2 承台边长范围内的土进行加固；

4 对于存在液化扩展的地段，应验算桩基在土流动的侧向作用力下的稳定性。

3.4.7 可能出现负摩阻力的桩基设计原则应符合下列规定：

1 对于填土建筑场地，宜先填土并保证填土的密实性，软土场地填土前应采取预设塑料排水板等措施，待填土地基沉降基本稳定后方可成桩；

2 对于有地面大面积堆载的建筑物，应采取减小地面沉降对建筑物桩基影响的措施；

3 对于自重湿陷性黄土地基，可采用强夯、挤密土桩等先行处理，消除上部或全部土的自重湿陷；对于欠固结土宜采取先期排水预压等措施；

4 对于挤土沉桩，应采取消减超孔隙水压力、控制沉桩速率等措施；

5 对于中性点以上的桩身可对表面进行处理，以减少负摩阻力。

3.4.8 抗拔桩基的设计原则应符合下列规定：

1 应根据环境类别及水、土对钢筋的腐蚀、钢筋种类对腐蚀的敏感性和荷载作用时间等因素确定抗拔桩的裂缝控制等级；

2 对于严格要求不出现裂缝的一级裂缝控制等级，桩身应设置预应力筋；对于一般要求不出现裂缝的二级裂缝控制等级，桩身宜设置预应力筋；

3 对于三级裂缝控制等级，应进行桩身裂缝宽度计算；

4 当基桩抗拔承载力要求较高时，可采用桩侧后注浆、扩底等技术措施。

3.5.1 桩基结构的耐久性应根据设计使用年限、现行国家标准《混凝土结构设计规范》GB 50010 的环境类别规定以及水、土对钢、混凝土腐蚀性的评价进行设计。

3.5.2 二类和三类环境中，设计使用年限为 50 年的桩基结构混凝土耐久性应符合表 3.5.2的规定。

表 3.5.2 二类和三类环境桩基结构混凝土
耐久性的基本要求

环境类别		最大水灰比	最小水泥用量（kg/m³）	混凝土最低强度等级	最大氯离子含量（%）	最大碱含量（kg/m³）
二	a	0.60	250	C25	0.3	3.0
	b	0.55	275	C30	0.2	3.0
三		0.50	300	C30	0.1	3.0

注：1 氯离子含量系指其与水泥用量的百分率；

2 预应力构件混凝土中最大氯离子含量为 0.06%，最小水泥用量为300kg/m³；混凝土最低强度等级应按表中规定提高两个等级；

3 当混凝土中加入活性掺合料或能提高耐久性的外加剂时，可适当降低最小水泥用量；

4 当使用非碱活性骨料时，对混凝土中碱含量不作限制；

5 当有可靠工程经验时，表中混凝土最低强度等级可降低一个等级。

3.5.3 桩身裂缝控制等级及最大裂缝宽度应根据环境类别和水、土介质腐蚀性等级按表 3.5.3规定选用。

表 3.5.3 桩身的裂缝控制等级及最大裂缝宽度限值

环境类别		钢筋混凝土桩		预应力混凝土桩	
		裂缝控制等级	w_{lim}（mm）	裂缝控制等级	w_{lim}（mm）
二	a	三	0.2（0.3）	二	0
	b	三	0.2	二	0
三		三	0.2	一	0

注：1 水、土为强、中腐蚀性时，抗拔桩裂缝控制等级应提高一级；

2 二 a 类环境中，位于稳定地下水位以下的基桩，其最大裂缝宽度限值可采用括弧中的数值。

3.5.4 四类、五类环境桩基结构耐久性设计可按国家现行标准《港口工程混凝土结构设计规范》JTJ 267 和《工业建筑防腐蚀设计规范》GB 50046 等执行。

3.5.5 对三、四、五类环境桩基结构，受力钢筋宜采用环氧树脂涂层带肋钢筋。

2. 《北京地基规范》

9.4.1 桩位布置应符合下列要求：

1 桩的中心距宜大于或等于 $3d$（d 为桩的边长或直径）；对于挤土桩群桩，桩中心距宜 为 $3.5d\sim4.0d$；对于排数少于 3 排且桩数少于 9 根的非挤土灌注桩，桩的中心距宜大于或等 于 $2.5d$；对扩底灌注桩应大于或等于 $1.5D$（D 为扩大端直径），两个扩大端之间的净距应大 于 500mm。

2 桩位布置时，宜使桩群竖向承载力合力作用点与其承受的永久荷载合力作用点相重合，并使桩群受水平力和力矩较大方向有较大抗弯截面模量。

3 墙下条形承台下的桩可采用沿墙单排布置或双排交错布置。对空旷、高大的建筑物，不宜采用单排布置。

4 柱下桩基础，当承受中心荷载时，桩的布置可用行列式或梅花式，桩距为等距离

(图 9.4.1）；当承受偏心荷载时，可采取不等距布桩，但应验算偏心荷载产生的影响。柱下桩基础的桩数不宜少于 3 根（大直径桩除外），但当柱荷载较小、桩身周围无软弱土层、施工质量有可靠保证时，柱下桩基础也可采用两根桩或一根桩，此时桩基础承台间必须设置拉梁。

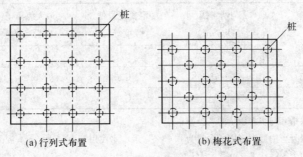

(a) 行列式布置　　　　　　(b) 梅花式布置

图 9.4.1　桩布置示意图

5　建筑物四角、墙体转角处、纵横墙相交处及沉降缝的两边均宜设桩；砌体结构的底层门洞下不宜设桩；底层混凝土墙洞口下设桩时应验算洞下基础梁承载力。

6　直径不小于 800mm 的大直径桩，当柱荷载较小时，可采用一柱一桩；在结构设置伸缩缝或防震缝处，当柱距小于 2m 时也可两柱合用一桩；当柱荷载较大，或持力层承载能力较低时，也可在柱下布置两根以上桩；对承重墙或剪力墙下的布桩应根据荷载大小和桩的承载能力等综合比较分析，优先采用单排桩方案。

7　考虑地震作用时的桩数，不应比不考虑地震作用时的桩数增加过多，以免差异沉降过大。

8　对于框架-核心筒结构，宜在核心筒下布置较多的桩，以减小核心筒与外框架柱的沉降差。

9.4.2　桩和桩基础的构造应符合下列要求：

1　桩身长度应根据上部荷载及地质条件确定，端承型桩不宜小于 4m（桩侧围土质为新填土时，桩长应适当加长），摩擦型桩不宜小于 6m。

2　桩的纵筋应按计算确定。预制桩的最小配筋率不宜小于 0.6 %；灌注桩的最小配筋率不宜小于 0.4 %。承受水平荷载的桩和抗拔桩，纵筋不宜小于 $8\Phi 12$；对于抗压桩，纵筋不应小于 $6\Phi 12$；纵筋净距不应小于 60mm 。

3　桩纵筋配筋长度应根据桩受力情况确定。

1）　端承型桩、抗拔桩和位于坡地岸边的桩宜沿桩身通长配筋。

2）　摩擦型桩配筋长度不宜小于 2/3 桩长；单桩承载力较高的端承型桩宜沿全桩长配置纵筋，并可根据受力情况沿深度分段改变纵筋总面积；对承受负摩阻力的桩，在因负摩阻力使桩身受拉的桩长度范围内应配置通长钢筋，并且通长钢筋伸过桩身受拉区的长度应不小于受拉锚固长度。

3）　大直径灌注桩桩身纵筋宜通长配置。当桩长大于 10m 时，可在距桩顶 1/2～2/3 桩长处截断一半纵筋。

4）　当桩受水平荷载（包括地震）作用时，配筋长度尚不应小于 $4/\alpha$（α 为桩的水平变形系数，见国家现行标准《建筑桩基技术规范》JGJ 94），且穿过可液化土层和软弱土层进入稳定土层 的深度不应小于 $4/\alpha$。

4　桩箍筋应满足下列要求：

1）圆桩箍筋宜采用 φ6～10@200～300mm 的螺旋式箍筋。当考虑箍筋受力作用时，桩的箍筋应按计算确定。

2）桩顶 1000～1500mm 范围内箍筋间距应加密，间距不应大于 100mm。桩受水平荷载较大或承受水平地震作用时，桩顶 $5d$～$10d$（软土层取大值）范围内箍筋应适当加密。桩身上部处于液化土层时，液化土层范围内的箍筋应加密。计算桩身受压承载力时考虑纵筋受压作用的桩身范围内，箍筋应加密。

3）当钢筋笼长度超过 4m 时，每隔 1500～2000mm 左右应设一道 φ12～φ18 焊接加劲箍筋。

5　混凝土强度等级，预制桩不应低于 C30，灌注桩不应低于 C25。纵筋的混凝土保护层厚度，不应小于 35mm；水下灌注混凝土时，不得小于 50mm；大直径灌注桩有混凝土护壁时，不应小于 35mm。

6　大直径灌注桩扩大端的形状与尺寸应符合下列要求，见图 9.4.2-1：

1）扩大端直径与桩身直径比 D/d 应根据承载力要求及扩大端部侧面和桩端持力层土质确定，最大不应超过 3.0。

2）扩出部分的宽高比，见图 9.4.2-1，宜满足下式要求：

$$a/h \leqslant 1/2 \tag{9.4.2}$$

式中　a——扩大端扩出部分的水平尺寸；
　　　h——扩大端扩出部分的垂直尺寸。

3）扩大端底部宜挖成锅底形。

7　当采用人工挖孔方法施工时，应设置混凝土护壁如图 9.4.2-2。护壁厚度不小于 100mm，混凝土强度等级不宜低于 C15，需要时可在护壁内沿竖向和环向配置不小于 φ6 @200mm 的钢筋。

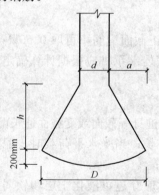

图 9.4.2-1　大直径灌注桩扩大端形状
尺寸示意图

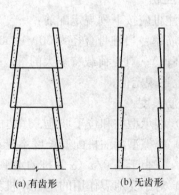

图 9.4.2-2　人工挖孔大直径灌注桩
护壁构造

8　桩与承台的连接宜作成刚性连接。桩顶嵌入承台内的长度不宜小于 50mm，大直径桩不宜小于 70mm。桩的非预应力纵筋伸入承台内的长度不宜小于 35 倍纵筋直径；抗拔桩非预应力纵筋宜满足受拉锚固长度；桩的预应力纵筋的锚固长度应按现行国家标准

《混凝土结构设计规范》GB 50010 确定。

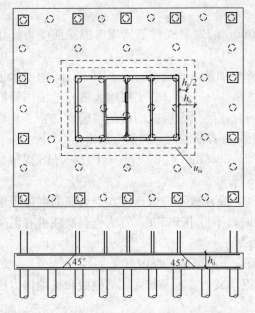

图 9.4.22 平板式筏形承台受核心筒冲切的
临界截面位置

9.4.22 对上部为框架-核心筒结构的平板式筏形承台，应验算承台受核心筒的冲切承载力，冲切破坏锥体应由自核心筒墙边至距核心筒墙边 h_0 或至桩顶边缘连线所构成斜面（斜面与承台底面的夹角不小于 45°）组成（图 9.4.22）。当核心筒长宽比较大时，尚应验算核心筒长边边缘处筏板的受剪承载力。

9.4.23 对于柱下承台，当承台混凝土强度等级低于柱的强度等级时，应按现行国家标准《混凝土结构设计规范》**GB 50010** 验算承台顶面的局部受压承载力。

9.4.24 柱下独立承台间的拉梁设置应符合下列要求：

1 在柱下独立承台间，宜沿两个主轴方向均布置拉梁。

2 承台拉梁的截面和配筋除按计算确定外，拉梁的高度可取不小于相邻承台净距的 1 /12，宽度不小于 200mm；利用承墙梁兼作拉梁时，宽度不小于 300mm；拉梁上下纵筋均 不宜小于 2Φ12，且应按受拉钢筋锚固要求锚入承台。

3 当承台拉梁仅为构造要求设置时，可取所连接柱子最大轴力的 10%，按轴心受拉进行截面设计。

(二) 桩基构造 (《桩基规范》)

1. 灌注桩

4.1.1 灌注桩应按下列规定配筋：

1 配筋率：当桩身直径为 300～2000mm 时，正截面配筋率可取 0.65%～0.2%（小直径桩取高值）；对受荷载特别大的桩、抗拔桩和嵌岩端承桩应根据计算确定配筋率，并不应小于上述规定值；

2 配筋长度：

1) 端承型桩和位于坡地、岸边的基桩应沿桩身等截面或变截面通长配筋；

2) 摩擦型灌注桩配筋长度不应小于 2/3 桩长；当受水平荷载时，配筋长度尚不宜小于 $4.0/\alpha$（α 为桩的水平变形系数）；

3) 对于受地震作用的基桩，桩身配筋长度应穿过可液化土层和软弱土层，进入稳定土层的深度不应小于本规范第 3.4.6 条的规定；

4) 受负摩阻力的桩、因先成桩后开挖基坑而随地基土回弹的桩，其配筋长度应穿过软弱土层并进入稳定土层，进入的深度不应小于 $(2\sim3)d$；

5) 抗拔桩及因地震作用、冻胀或膨胀力作用而受拔力的桩，应等截面或变截面通长配筋。

3 对于受水平荷载的桩，主筋不应小于 8Φ12；对于抗压桩和抗拔桩，主筋不应少于

$6\phi10$；纵向主筋应沿桩身周边均匀布置，其净距不应小于 60mm；

4 箍筋应采用螺旋式，直径不应小于 6mm，间距宜为 200～300mm；受水平荷载较大的桩基、承受水平地震作用的桩基以及考虑主筋作用计算桩身受压承载力时，桩顶以下 $5d$ 范围内的箍筋应加密，间距不应大于 100mm；当桩身位于液化土层范围内时箍筋应加密；当考虑箍筋受力作用时，箍筋配置应符合现行国家标准《混凝土结构设计规范》GB 50010 的有关规定；当钢筋笼长度超过 4m 时，应每隔 2m 设一道直径不小于 12mm 的焊接加劲箍筋。

4.1.2 桩身混凝土及混凝土保护层厚度应符合下列要求：

1 桩身混凝土强度等级不得小于 C25，混凝土预制桩尖强度等级不得小于 C30；

2 灌注桩主筋的混凝土保护层厚度不应小于 35mm，水下灌注桩的主筋混凝土保护层厚度不得小于 50mm；

3 四类、五类环境中桩身混凝土保护层厚度应符合国家现行标准《港口工程混凝土结构设计规范》JTJ 267、《工业建筑防腐蚀设计规范》GB 50046 的相关规定。

4.1.3 扩底灌注桩扩底端尺寸应符合下列规定（见图 4.1.3）：

1 对于持力层承载力较高、上覆土层较差的抗压桩和桩端以上有一定厚度较好土层的抗拔桩，可采用扩底；扩底端直径与桩身直径之比 D/d，应根据承载力要求及扩底端侧面和桩端持力层土性特征以及扩底施工方法确定；挖孔桩的 D/d 不应大于 3，钻孔桩的 D/d 不应大于 2.5；

2 扩底端侧面的斜率应根据实际成孔及土体自立条件确定，a/h_c 可取 $1/4$～$1/2$，砂土可取 $1/4$，粉土、黏性土可取 $1/3$～$1/2$；

3 抗压桩扩底端底面宜呈锅底形，矢高 h_b 可取（0.15～0.20）D。

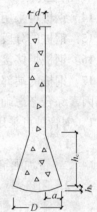

图 4.1.3 扩底桩构造

2. 混凝土预制桩

4.1.4 混凝土预制桩的截面边长不应小于 200mm；预应力混凝土预制实心桩的截面边长不宜小于 350mm。

4.1.5 预制桩的混凝土强度等级不宜低于 C30；预应力混凝土实心桩的混凝土强度等级不应低于 C40；预制桩纵向钢筋的混凝土保护层厚度不宜小于 30mm。

4.1.6 预制桩的桩身配筋应按吊运、打桩及桩在使用中的受力等条件计算确定。采用锤击法沉桩时，预制桩的最小配筋率不宜小于 0.8%。静压法沉桩时，最小配筋率不宜小于 0.6%，主筋直径不宜小于 14mm，打入桩桩顶以下（4～5）d 长度范围内箍筋应加密，并设置钢筋网片。

4.1.7 预制桩的分节长度应根据施工条件及运输条件确定；每根桩的接头数量不宜超过 3 个。

4.1.8 预制桩的桩尖可将主筋合拢焊在桩尖辅助钢筋上，对于持力层为密实砂和碎石类土时，宜在桩尖处包以钢钣桩靴，加强桩尖。

3. 预应力混凝土空心桩

4.1.9 预应力混凝土空心桩按截面形式可分为管桩、空心方桩；按混凝土强度等级可分为预应力高强混凝土管桩（PHC）和空心方桩（PHS）、预应力混凝土管桩（PC）和空心方桩（PS）。离心成型的先张法预应力混凝土桩的截面尺寸、配筋、桩身极限弯矩、桩身竖向受压承载力设计值等参数可按本规范附录 B 确定。

4.1.10　预应力混凝土空心桩桩尖形式宜根据地层性质选择闭口形或敞口形；闭口形分为平底十字形和锥形。

4.1.11　预应力混凝土空心桩质量要求，尚应符合国家现行标准《先张法预应力混凝土管桩》GB 13476 和《预应力混凝土空心方桩》JG 197 及其他的有关标准规定。

4.1.12　预应力混凝土桩的连接可采用端板焊接连接、法兰连接、机械啮合连接、螺纹连接。每根桩的接头数量不宜超过 3 个。

4.1.13　桩端嵌入遇水易软化的强风化岩、全风化岩和非饱和土的预应力混凝土空心桩，沉桩后，应对桩端以上约 2m 范围内采取有效的防渗措施，可采用微膨胀混凝土填芯或在内壁预涂柔性防水材料。

4. 钢桩

4.1.14　钢桩可采用管型、H 型或其他异型钢材。

4.1.15　钢桩的分段长度宜为 12～15m。

4.1.16　钢桩焊接接头应采用等强度连接。

4.1.17　钢桩的端部形式，应根据桩所穿越的土层、桩端持力层性质、桩的尺寸、挤土效应等因素综合考虑确定，并可按下列规定采用：

　　1　钢管桩可采用下列桩端形式：

　　　　1）敞口：

　　　　　　带加强箍（带内隔板、不带内隔板）；不带加强箍（带内隔板、不带内隔板）。

　　　　2）闭口：

　　　　　　平底；锥底。

　　2　H 型钢桩可采用下列桩端形式：

　　　　1）带端板；

　　　　2）不带端板：

　　　　　　锥底；

　　　　　　平底（带扩大翼、不带扩大翼）。

4.1.18　钢桩的防腐处理应符合下列规定：

　　1　钢桩的腐蚀速率当无实测资料时可按表 4.1.18 确定；

　　2　钢桩防腐处理可采用外表面涂防腐层、增加腐蚀余量及阴极保护；当钢管桩内壁同外界隔绝时，可不考虑内壁防腐。

表 4.1.18　钢桩年腐蚀速率

钢桩所处环境		单面腐蚀率（mm/y）
地面以上	无腐蚀性气体或腐蚀性挥发介质	0.05～0.1
地面以下	水位以上	0.05
	水位以下	0.03
	水位波动区	0.1～0.3

5. 承台构造

4.2.1 桩基承台的构造，除应满足抗冲切、抗剪切、抗弯承载力和上部结构要求外，尚应符合下列要求：

1 柱下独立桩基承台的最小宽度不应小于 500mm，边桩中心至承台边缘的距离不应小于桩的直径或边长，且桩的外边缘至承台边缘的距离不应小于 150mm。对于墙下条形承台梁，桩的外边缘至承台梁边缘的距离不应小于 75mm，承台的最小厚度不应小于 300mm。

2 高层建筑平板式和梁板式筏形承台的最小厚度不应小于 400mm，墙下布桩的剪力墙结构筏形承台的最小厚度不应小于 200mm。

3 高层建筑箱形承台的构造应符合《高层建筑筏形与箱形基础技术规范》JGJ 6 的规定。

4.2.2 承台混凝土材料及其强度等级应符合结构混凝土耐久性的要求和抗渗要求。

4.2.3 承台的钢筋配置应符合下列规定：

1 柱下独立桩基承台钢筋应通长配置[见图 4.2.3（a）]，对四桩以上（含四桩）承台宜按双向均匀布置，对三桩的三角形承台应按三向板带均匀布置，且最里面的三根钢筋围成的三角形应在柱截面范围内[见图 4.2.3（b）]。钢筋锚固长度自边桩内侧（当为圆桩时，应将其直径乘以 0.8 等效为方桩）算起，不应小于 $35d_g$（d_g 为钢筋直径）；当不满足时应将钢筋向上弯折，此时水平段的长度不应小于 $25d_g$，弯折段长度不应小于 $10d_g$。承台纵向受力钢筋的直径不应小于 12mm，间距不应大于 200mm。柱下独立桩基承台的最小配筋率不应小于 0.15%。

2 柱下独立两桩承台，应按现行国家标准《混凝土结构设计规范》GB 50010 中的深受弯构件配置纵向受拉钢筋、水平及竖向分布钢筋。承台纵向受力钢筋端部的锚固长度及构造应与柱下多桩承台的规定相同。

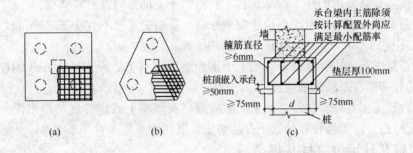

图 4.2.3　承台配筋示意
（a）矩形承台配筋；（b）三桩承台配筋；（c）墙下承台梁配筋图

3 条形承台梁的纵向主筋应符合现行国家标准《混凝土结构设计规范》GB 50010 关于最小配筋率的规定 [见图 4.2.3（c）]，主筋直径不应小于 12mm，架立筋直径不应小于 10mm，箍筋直径不应小于 6mm。承台梁端部纵向受力钢筋的锚固长度及构造应与柱下多桩承台的规定相同。

4 筏形承台板或箱形承台板在计算中当仅考虑局部弯矩作用时，考虑到整体弯曲的影响，在纵横两个方向的下层钢筋配筋率不宜小于 0.15%；上层钢筋应按计算配筋率全部连通。当筏板的厚度大于 2000mm 时，宜在板厚中间部位设置直径不小于 12mm、间距不大于 300mm 的双向钢筋网。

5 承台底面钢筋的混凝土保护层厚度，当有混凝土垫层时，不应小于 50mm，无垫层时不应小于 70mm；此外尚不应小于桩头嵌入承台内的长度。

4.2.4 桩与承台的连接构造应符合下列规定：

1 桩嵌入承台内的长度对中等直径桩不宜小于 50mm；对大直径桩不宜小于 100mm。

2 混凝土桩的桩顶纵向主筋应锚入承台内，其锚入长度不宜小于 35 倍纵向主筋直径。对于抗拔桩，桩顶纵向主筋的锚固长度应按现行国家标准《混凝土结构设计规范》GB 50010 确定。

3 对于大直径灌注桩，当采用一柱一桩时可设置承台或将桩与柱直接连接。

4.2.5 柱与承台的连接构造应符合下列规定：

1 对于一柱一桩基础，柱与桩直接连接时，柱纵向主筋锚入桩身内长度不应小于 35 倍纵向主筋直径。

2 对于多桩承台，柱纵向主筋应锚入承台不小于 35 倍纵向主筋直径；当承台高度不满足锚固要求时，竖向锚固长度不应小于 20 倍纵向主筋直径，并向柱轴线方向呈 90°弯折。

3 当有抗震设防要求时，对于一、二级抗震等级的柱，纵向主筋锚固长度应乘以 1.15 的系数；对于三级抗震等级的柱，纵向主筋锚固长度应乘以 1.05 的系数。

4.2.6 承台与承台之间的连接构造应符合下列规定：

1 一柱一桩时，应在桩顶两个主轴方向上设置联系梁。当桩与柱的截面直径之比大于 2 时，可不设联系梁。

2 两桩桩基的承台，应在其短向设置联系梁。

3 有抗震设防要求的柱下桩基承台，宜沿两个主轴方向设置联系梁。

4 联系梁顶面宜与承台顶面位于同一标高。联系梁宽度不宜小于 250mm，其高度可取承台中心距的 1/10～1/15，且不宜小于 400mm。

5 联系梁配筋应按计算确定，梁上下部配筋不宜小于 2 根直径 12mm 钢筋；位于同一轴线上的相邻跨联系梁纵筋应连通。

4.2.7 承台和地下室外墙与基坑侧壁间隙应灌注素混凝土或搅拌流动性水泥土，或采用灰土、级配砂石、压实性较好的素土分层夯实，其压实系数不宜小于 0.94。

（三）桩基计算（《桩基规范》）

1. 桩顶作用效应计算

5.1.1 对于一般建筑物和受水平力（包括力矩与水平剪力）较小的高层建筑群桩基础，应按下列公式计算柱、墙、核心筒群桩中基桩或复合基桩的桩顶作用效应：

1 竖向力

轴心竖向力作用下

$$N_k = \frac{F_k + G_k}{n} \tag{5.1.1-1}$$

偏心竖向力作用下

$$N_{ik} = \frac{F_k + G_k}{n} \pm \frac{M_{xk} y_i}{\sum y_j^2} \pm \frac{M_{yk} x_i}{\sum x_j^2}$$　　　　(5.1.1-2)

2　水平力

$$H_{ik} = \frac{H_k}{n}$$　　　　(5.1.1-3)

式中　　　F_k——荷载效应标准组合下，作用于承台顶面的竖向力；

　　　　G_k——桩基承台和承台上土自重标准值，对稳定的地下水位以下部分应扣除水的浮力；

　　　　N_k——荷载效应标准组合轴心竖向力作用下，基桩或复合基桩的平均竖向力；

　　　　N_{ik}——荷载效应标准组合偏心竖向力作用下，第 i 基桩或复合基桩的竖向力；

M_{xk}、M_{yk}——荷载效应标准组合下，作用于承台底面，绕通过桩群形心的 x、y 主轴的力矩；

x_i、x_j、y_i、y_j——第 i、j 基桩或复合基桩至 y、x 轴的距离；

　　　　H_k——荷载效应标准组合下，作用于桩基承台底面的水平力；

　　　　H_{ik}——荷载效应标准组合下，作用于第 i 基桩或复合基桩的水平力；

　　　　n——桩基中的桩数。

5.1.2　对于主要承受竖向荷载的抗震设防区低承台桩基，在同时满足下列条件时，桩顶作用效应计算可不考虑地震作用：

　　1　按现行国家标准《建筑抗震设计规范》GB 50011 规定可不进行桩基抗震承载力验算的建筑物；

　　2　建筑场地位于建筑抗震的有利地段。

5.1.3　属于下列情况之一的桩基，计算各基桩的作用效应、桩身内力和位移时，宜考虑承台（包括地下墙体）与基桩协同工作和土的弹性抗力作用，其计算方法可按本规范附录C进行：

　　1　位于 8 度和 8 度以上抗震设防区的建筑，当其桩基承台刚度较大或由于上部结构与承台协同作用能增强承台的刚度时；

　　2　其他受较大水平力的桩基。

2. 桩基竖向承载力计算

5.2.1　桩基竖向承载力计算应符合下列要求：

　　1　荷载效应标准组合：

轴心竖向力作用下

$$N_k \leqslant R$$　　　　(5.2.1-1)

偏心竖向力作用下，除满足上式外，尚应满足下式的要求：

$$N_{kmax} \leqslant 1.2R$$　　　　(5.2.1-2)

　　2　地震作用效应和荷载效应标准组合：

轴心竖向力作用下

$$N_{Ek} \leqslant 1.25R$$　　　　(5.2.1-3)

偏心竖向力作用下，除满足上式外，尚应满足下式的要求：

$$N_{Ekmax} \leqslant 1.5R \qquad\qquad (5.2.1\text{-}4)$$

式中　N_k——荷载效应标准组合轴心竖向力作用下，基桩或复合基桩的平均竖向力；

　　　　N_{kmax}——荷载效应标准组合偏心竖向力作用下，桩顶最大竖向力；

　　　　N_{Ek}——地震作用效应和荷载效应标准组合下，基桩或复合基桩的平均竖向力；

　　　　N_{Ekmax}——地震作用效应和荷载效应标准组合下，基桩或复合基桩的最大竖向力；

　　　　R——基桩或复合基桩竖向承载力特征值。

5.2.2　单桩竖向承载力特征值 R_a 应按下式确定：

$$R_a = \frac{1}{K}Q_{uk} \qquad\qquad (5.2.2)$$

式中　　Q_{uk}——单桩竖向极限承载力标准值；

　　　　K——安全系数，取 $K = 2$。

5.2.3　对于端承型桩基、桩数少于 4 根的摩擦型柱下独立桩基、或由于地层土性、使用条件等因素不宜考虑承台效应时，基桩竖向承载力特征值应取单桩竖向承载力特征值。

5.2.4　对于符合下列条件之一的摩擦型桩基，宜考虑承台效应确定其复合基桩的竖向承载力特征值：

1　上部结构整体刚度较好、体型简单的建（构）筑物；

2　对差异沉降适应性较强的排架结构和柔性构筑物；

3　按变刚度调平原则设计的桩基刚度相对弱化区；

4　软土地基的减沉复合疏桩基础。

5.2.5　考虑承台效应的复合基桩竖向承载力特征值可按下列公式确定：

不考虑地震作用时　　　$R = R_a + \eta_c f_{ak} A_c$ 　　　　　　　(5.2.5-1)

考虑地震作用时　　　$R = R_a + \dfrac{\zeta_a}{1.25}\eta_c f_{ak} A_c$ 　　　　　　　(5.2.5-2)

$$A_c = (A - nA_{ps})/n \qquad\qquad (5.2.5\text{-}3)$$

式中　η_c——承台效应系数，可按表 5.2.5 取值；

　　　　f_{ak}——承台下 1/2 承台宽度且不超过 5m 深度范围内各层土的地基承载力特征值按厚度加权的平均值；

　　　　A_c——计算基桩所对应的承台底净面积；

　　　　A_{ps}——桩身截面面积；

　　　　A——承台计算域面积对于柱下独立桩基，A 为承台总面积；对于桩筏基础，A 为柱、墙筏板的 1/2 跨距和悬臂边 2.5 倍筏板厚度所围成的面积；桩集中布置于单片墙下的桩筏基础，取墙两边各 1/2 跨距围成的面积，按条形承台计算 η_c；

　　　　ζ_a——地基抗震承载力调整系数，应按现行国家标准《建筑抗震设计规范》GB 50011 采用。

当承台底为可液化土、湿陷性土、高灵敏度软土、欠固结土、新填土时，沉桩引起超孔隙水压力和土体隆起时，不考虑承台效应，取 $\eta_c = 0$。

表 5.2.5 承台效应系数 η_c

B_c/l \ s_a/d	3	4	5	6	>6
≤0.4	0.06~0.08	0.14~0.17	0.22~0.26	0.32~0.38	0.50~0.80
0.4~0.8	0.08~0.10	0.17~0.20	0.26~0.30	0.38~0.44	
>0.8	0.10~0.12	0.20~0.22	0.30~0.34	0.44~0.50	
单排桩条形承台	0.15~0.18	0.25~0.30	0.38~0.45	0.50~0.60	

注：1　表中 s_a/d 为桩中心距与桩径之比；B_c/l 为承台宽度与桩长之比。当计算基桩为非正方形排列时，$s_a = \sqrt{A/n}$，A 为承台计算域面积，n 为总桩数。

2　对于桩布置于墙下的箱、筏承台，η_c 可按单排桩条形承台取值。

3　对于单排桩条形承台，当承台宽度小于 $1.5d$ 时，η_c 按非条形承台取值。

4　对于采用后注浆灌注桩的承台，η_c 宜取低值。

5　对于饱和黏性土中的挤土桩基、软土地基上的桩基承台，η_c 宜取低值的 0.8 倍。

3. 单桩竖向极限承载力

(1) 一般规定

5.3.1　设计采用的单桩竖向极限承载力标准值应符合下列规定：

1　设计等级为甲级的建筑桩基，应通过单桩静载试验确定；

2　设计等级为乙级的建筑桩基，当地质条件简单时，可参照地质条件相同的试桩资料，结合静力触探等原位测试和经验参数综合确定；其余均应通过单桩静载试验确定；

3　设计等级为丙级的建筑桩基，可根据原位测试和经验参数确定。

5.3.2　单桩竖向极限承载力标准值、极限侧阻力标准值和极限端阻力标准值应按下列规定确定：

1　单桩竖向静载试验应按现行行业标准《建筑基桩检测技术规范》JGJ 106 执行；

2　对于大直径端承型桩，也可通过深层平板（平板直径应与孔径一致）载荷试验确定极限端阻力；

3　对于嵌岩桩，可通过直径为 0.3m 岩基平板载荷试验确定极限端阻力标准值，也可通过直径为 0.3m 嵌岩短墩载荷试验确定极限侧阻力标准值和极限端阻力标准值；

4　桩的极限侧阻力标准值和极限端阻力标准值宜通过埋设桩身轴力测试元件由静载试验确定。并通过测试结果建立极限侧阻力标准值和极限端阻力标准值与土层物理指标、岩石饱和单轴抗压强度以及与静力触探等土的原位测试指标间的经验关系，以经验参数法确定单桩竖向极限承载力。

(2) 原位测试法

5.3.3　当根据单桥探头静力触探资料确定混凝土预制桩单桩竖向极限承载力标准值时，如无当地经验，可按下式计算：

$$Q_{uk} = Q_{sk} + Q_{pk} = u \sum q_{sik} l_i + \alpha p_{sk} A_p \tag{5.3.3-1}$$

当 $p_{sk1} \leqslant p_{sk2}$ 时

$$p_{sk} = \frac{1}{2}(p_{sk1} + \beta \cdot p_{sk2}) \tag{5.3.3-2}$$

当 $p_{sk1} > p_{sk2}$ 时

$$p_{sk} = p_{sk2} \tag{5.3.3-3}$$

式中　Q_{sk}、Q_{pk}——分别为总极限侧阻力标准值和总极限端阻力标准值；

u——桩身周长；

q_{sik}——用静力触探比贯入阻力值估算的桩周第 i 层土的极限侧阻力；

l_i——桩周第 i 层土的厚度；

α——桩端阻力修正系数，可按表 5.3.3-1 取值；

p_{sk}——桩端附近的静力触探比贯入阻力标准值（平均值）；

A_p——桩端面积；

p_{sk1}——桩端全截面以上 8 倍桩径范围内的比贯入阻力平均值；

p_{sk2}——桩端全截面以下 4 倍桩径范围内的比贯入阻力平均值，如桩端持力层为密实的砂土层，其比贯入阻力平均值超过 20MPa 时，则需乘以表 5.3.3-2 中系数 C 予以折减后，再计算 p_{sk}；

β——折减系数，按表 5.3.3-3 选用。

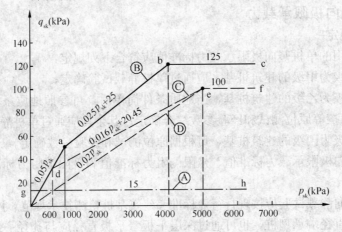

图 5.3.3　q_{sk}-p_{sk} 曲线

注：1　q_{sik} 值应结合土工试验资料，依据土的类别、埋藏深度、排列次序，按图 5.3.3 折线取值；图 5.3.3 中，直线Ⓐ（线段 gh）适用于地表下 6m 范围内的土层；折线Ⓑ（线段 oabc）适用于粉土及砂土土层以上（或无粉土及砂土土层地区）的黏性土；折线Ⓒ（线段 odef）适用于粉土及砂土土层以下的黏性土；折线Ⓓ（线段 oef）适用于粉土、粉砂、细砂及中砂。

2　p_{sk} 为桩端穿过的中密～密实砂土、粉土的比贯入阻力平均值；p_{sl} 为砂土、粉土的下卧软土层的比贯入阻力平均值。

3　采用的单桥探头，圆锥底面积为 15cm²，底部带 7cm 高滑套，锥角 60°。

4　当桩端穿过粉土、粉砂、细砂及中砂层底面时，折线Ⓓ估算的 q_{sik} 值需乘以表 5.3.3-4 中系数 η_s 值。

表 5.3.3-1　桩端阻力修正系数 α 值

桩长（m）	$l < 15$	$15 \leqslant l \leqslant 30$	$30 < l \leqslant 60$
α	0.75	0.75～0.90	0.90

注：桩长 15m≤l≤30m，α 值按 l 值直线内插；l 为桩长（不包括桩尖高度）。

表 5.3.3-2　系　数　C

p_{sk}（MPa）	20～30	35	≥40
系数 C	5/6	2/3	1/2

表 5.3.3-3　折减系数 β

p_{sk2}/p_{sk1}	≤5	7.5	12.5	≥15
β	1	5/6	2/3	1/2

注：表 5.3.3-2、表 5.3.3-3 可内插取值。

表 5.3.3-4　系数 η_s 值

p_{sk}/p_{sl}	≤5	7.5	≥10
η_s	1.00	0.50	0.33

5.3.4　当根据双桥探头静力触探资料确定混凝土预制桩单桩竖向极限承载力标准值时，对于黏性土、粉土和砂土，如无当地经验时可按下式计算：

$$Q_{uk} = Q_{sk} + Q_{pk} = u\sum l_i \cdot \beta_i \cdot f_{si} + \alpha \cdot q_c \cdot A_p \qquad (5.3.4)$$

式中　f_{si}——第 i 层土的探头平均侧阻力（kPa）；

　　　q_c——桩端平面上、下探头阻力，取桩端平面以上 $4d$（d 为桩的直径或边长）范围内按土层厚度的探头阻力加权平均值（kPa），然后再和桩端平面以下 $1d$ 范围内的探头阻力进行平均；

　　　α——桩端阻力修正系数，对于黏性土、粉土取 2/3，饱和砂土取 1/2；

　　　β_i——第 i 层土桩侧阻力综合修正系数，黏性土、粉土：$\beta_i = 10.04 (f_{si})^{-0.55}$；砂土：$\beta_i = 5.05 (f_{si})^{-0.45}$。

注：双桥探头的圆锥底面积为 15cm^2，锥角 60°，摩擦套筒高 21.85cm，侧面积 300cm^2。

（3）经验参数法

5.3.5　当根据土的物理指标与承载力参数之间的经验关系确定单桩竖向极限承载力标准值时，宜按下式估算：

$$Q_{uk} = Q_{sk} + Q_{pk} = u\sum q_{sik}l_i + q_{pk}A_p \qquad (5.3.5)$$

式中　q_{sik}——桩侧第 i 层土的极限侧阻力标准值，如无当地经验时，可按表 5.3.5-1 取值；

　　　q_{pk}——极限端阻力标准值，如无当地经验时，可按表 5.3.5-2 取值。

表 5.3.5-1　桩的极限侧阻力标准值 q_{sik}（kPa）

土的名称	土的状态		混凝土预制桩	泥浆护壁钻（冲）孔桩	干作业钻孔桩
填土	—		22～30	20～28	20～28
淤泥	—		14～20	12～18	12～18
淤泥质土	—		22～30	20～28	20～28
黏性土	流塑	$I_L>1$	24～40	21～38	21～38
	软塑	$0.75<I_L≤1$	40～55	38～53	38～53
	可塑	$0.50<I_L≤0.75$	55～70	53～68	53～66
	硬可塑	$0.25<I_L≤0.50$	70～86	68～84	66～82
	硬塑	$0<I_L≤0.25$	86～98	84～96	82～94
	坚硬	$I_L≤0$	98～105	96～102	94～104

续表 5.3.5-1

土的名称	土的状态		混凝土预制桩	泥浆护壁钻(冲)孔桩	干作业钻孔桩
红黏土		$0.7<a_w\leqslant1$ $0.5<a_w\leqslant0.7$	13~32 32~74	12~30 30~70	12~30 30~70
粉土	稍密 中密 密实	$e>0.9$ $0.75\leqslant e\leqslant0.9$ $e<0.75$	26~46 46~66 66~88	24~42 42~62 62~82	24~42 42~62 62~82
粉细砂	稍密 中密 密实	$10<N\leqslant15$ $15<N\leqslant30$ $N>30$	24~48 48~66 66~88	22~46 46~64 64~86	22~46 46~64 64~86
中砂	中密 密实	$15<N\leqslant30$ $N>30$	54~74 74~95	53~72 72~94	53~72 72~94
粗砂	中密 密实	$15<N\leqslant30$ $N>30$	74~95 95~116	74~95 95~116	76~98 98~120
砾砂	稍密 中密(密实)	$5<N_{63.5}\leqslant15$ $N_{63.5}>15$	70~110 116~138	50~90 116~130	60~100 112~130
圆砾、角砾	中密、密实	$N_{63.5}>10$	160~200	135~150	135~150
碎石、卵石	中密、密实	$N_{63.5}>10$	200~300	140~170	150~170
全风化软质岩	—	$30<N\leqslant50$	100~120	80~100	80~100
全风化硬质岩	—	$30<N\leqslant50$	140~160	120~140	120~150
强风化软质岩	—	$N_{63.5}>10$	160~240	140~200	140~220
强风化硬质岩	—	$N_{63.5}>10$	220~300	160~240	160~260

注：1 对于尚未完成自重固结的填土和以生活垃圾为主的杂填土，不计算其侧阻力；

2 a_w 为含水比，$a_w=w/w_l$，w 为土的天然含水量，w_l 为土的液限；

3 N 为标准贯入击数；$N_{63.5}$ 为重型圆锥动力触探击数；

4 全风化、强风化软质岩和全风化、强风化硬质岩系指其母岩分别为 $f_{rk}\leqslant15MPa$、$f_{rk}>30MPa$ 的岩石。

表 5.3.5-2　桩的极限端阻力标准值 q_{pk}（kPa）

土名称	桩型 土的状态		混凝土预制桩桩长 l（m）				泥浆护壁钻(冲)孔桩桩长 l（m）				干作业钻孔桩桩长 l（m）		
			$l\leqslant9$	$9<l\leqslant16$	$16<l\leqslant30$	$l>30$	$5\leqslant l<10$	$10\leqslant l<15$	$15\leqslant l<30$	$30\leqslant l$	$5\leqslant l<10$	$10\leqslant l<15$	$15\leqslant l$
黏性土	软塑	$0.75<I_L\leqslant1$	210~850	650~1400	1200~1800	1300~1900	150~250	250~300	300~450	300~450	200~400	400~700	700~950
	可塑	$0.50<I_L\leqslant0.75$	850~1700	1400~2200	1900~2800	2300~3600	350~450	450~600	600~750	750~800	500~700	800~1100	1000~1600
	硬可塑	$0.25<I_L\leqslant0.50$	1500~2300	2300~3300	2700~3600	3600~4400	800~900	900~1000	1000~1200	1200~1400	850~1100	1500~1700	1700~1900
	硬塑	$0<I_L\leqslant0.25$	2500~3800	3800~5500	5500~6000	6000~6800	1100~1200	1200~1400	1400~1600	1600~1800	1600~1800	2200~2400	2600~2800
粉土	中密	$0.75\leqslant e\leqslant0.9$	950~1700	1400~2100	1900~2700	2500~3400	300~500	500~650	650~750	750~850	800~1200	1200~1400	1400~1600
	密实	$e<0.75$	1500~2600	2100~3000	2700~3600	3600~4400	650~900	750~950	900~1100	1100~1200	1200~1700	1400~1900	1600~2100
粉砂	稍密	$10<N\leqslant15$	1000~1600	1500~2300	1900~2700	2100~3000	350~500	450~600	600~700	650~750	500~950	1300~1600	1500~1700
	中密、密实	$N>15$	1400~2200	2100~3000	3000~4500	3800~5500	600~750	750~900	900~1100	1100~1200	900~1000	1700~1900	1700~1900

续表 5.3.5-2

土名称	土的状态	混凝土预制桩桩长 *l* (m)				泥浆护壁钻（冲）孔桩桩长 *l* (m)				干作业钻孔桩桩长 *l* (m)		
	桩型	$l \leqslant 9$	$9 < l$ $\leqslant 16$	$16 < l$ $\leqslant 30$	$l > 30$	$5 \leqslant l$ < 10	$10 < l$ < 15	$15 < l$ < 30	$30 \leqslant l$	$5 \leqslant l$ < 10	$10 < l$ < 15	$15 \leqslant l$
细砂	中密、密实 $N>15$	2500~ 4000	3600~ 5000	4400~ 6000	5300~ 7000	650~ 850	900~ 1200	1200~ 1500	1500~ 1800	1200~ 1600	2000~ 2400	2400~ 2700
中砂	中密、 密实	4000~ 6000	5500~ 7000	6500~ 8000	7500~ 9000	850~ 1050	1100~ 1500	1500~ 1900	1900~ 2100	1800~ 2400	2800~ 3800	3600~ 4400
粗砂		5700~ 7500	7500~ 8500	8500~ 10000	9500~ 11000	1500~ 1800	2100~ 2400	2400~ 2600	2600~ 2800	2900~ 3600	4000~ 4600	4600~ 5200
砾砂	$N>15$	6000~9500		9000~10500		1400~2000		2000~3200		3500~5000		
角砾、 圆砾	中密、 密实 $N_{63.5}>10$	7000~10000		9500~11500		1800~2200		2200~3600		4000~5500		
碎石、 卵石	$N_{63.5}>10$	8000~11000		10500~13000		2000~3000		3000~4000		4500~6500		
全风化 软质岩	$30<N\leqslant50$	4000~6000				1000~1600				1200~2000		
全风化 硬质岩	$30<N\leqslant50$	5000~8000				1200~1800				1400~2400		
强风化 软质岩	$N_{63.5}>10$	6000~9000				1400~2200				1600~2600		
强风化 硬质岩	$N_{63.5}>10$	7000~11000				1800~2800				2000~3000		

注：1 砂土和碎石类土中桩的极限端阻力取值，宜综合考虑土的密实度，桩端进入持力层的深径比 h_b/d，土愈密实，h_b/d 愈大，取值愈高；

    2 预制桩的岩石极限端阻力指桩端支承于中、微风化基岩表面或进入强风化岩、软质岩一定深度条件下极限端阻力；

    3 全风化、强风化软质岩和全风化、强风化硬质岩指其母岩分别为 $f_{rk}\leqslant15$MPa、$f_{rk}>30$MPa 的岩石。

5.3.6 根据土的物理指标与承载力参数之间的经验关系，确定大直径桩单桩极限承载力标准值时，可按下式计算：

$$Q_{uk} = Q_{sk} + Q_{pk} = u\sum \psi_{si}q_{sik}l_i + \psi_p q_{pk}A_p \qquad (5.3.6)$$

式中 q_{sik} ——桩侧第 *i* 层土极限侧阻力标准值，如无当地经验值时，可按本规范表 5.3.5-1 取值，对于扩底桩变截面以上 2*d* 长度范围不计侧阻力；

    q_{pk} ——桩径为 800mm 的极限端阻力标准值，对于干作业挖孔（清底干净）可采用深层载荷板试验确定；当不能进行深层载荷板试验时，可按表 5.3.6-1 取值；

    ψ_{si}、ψ_p ——大直径桩侧阻力、端阻力尺寸效应系数，按表 5.3.6-2 取值。

    u ——桩身周长，当人工挖孔桩桩周护壁为振捣密实的混凝土时，桩身周长可按护壁外直径计算。

表 5.3.6-1   干作业挖孔桩（清底干净，*D*＝800mm）
极限端阻力标准值 q_{pk} （kPa）

土名称	状 态		
黏性土	$0.25<I_L\leqslant0.75$	$0<I_L\leqslant0.25$	$I_L\leqslant0$
	800~1800	1800~2400	2400~3000
粉土	—	$0.75\leqslant e\leqslant0.9$	$e<0.75$
	—	1000~1500	1500~2000

续表 5.3.6-1

土名称		状　态		
		稍密	中密	密实
砂土、碎石类土	粉砂	500～700	800～1100	1200～2000
	细砂	700～1100	1200～1800	2000～2500
	中砂	1000～2000	2200～3200	3500～5000
	粗砂	1200～2200	2500～3500	4000～5500
	砾砂	1400～2400	2600～4000	5000～7000
	圆砾、角砾	1600～3000	3200～5000	6000～9000
	卵石、碎石	2000～3000	3300～5000	7000～11000

注：1　当桩进入持力层的深度 h_b 分别为：$h_b \leqslant D$，$D < h_b \leqslant 4D$，$h_b > 4D$ 时，q_{pk} 可相应取低、中、高值。
　　2　砂土密实度可根据标贯击数判定，$N \leqslant 10$ 为松散，$10 < N \leqslant 15$ 为稍密，$15 < N \leqslant 30$ 为中密，$N > 30$ 为密实。
　　3　当桩的长径比 $l/d \leqslant 8$ 时，q_{pk} 宜取较低值。
　　4　当对沉降要求不严时，q_{pk} 可取高值。

表 5.3.6-2　大直径灌注桩侧阻力尺寸效应系数 ψ_{si}、
端阻力尺寸效应系数 ψ_p

土类型	黏性土、粉土	砂土、碎石类土
ψ_{si}	$(0.8/d)^{1/5}$	$(0.8/d)^{1/3}$
ψ_p	$(0.8/D)^{1/4}$	$(0.8/D)^{1/3}$

注：当为等直径桩时，表中 $D = d$。

（4）钢管桩

5.3.7　当根据土的物理指标与承载力参数之间的经验关系确定钢管桩单桩竖向极限承载力标准值时，可按下列公式计算：

$$Q_{uk} = Q_{sk} + Q_{pk} = u \sum q_{sik} l_i + \lambda_p q_{pk} A_p \tag{5.3.7-1}$$

当 $h_b/d < 5$ 时，
$$\lambda_p = 0.16 h_b/d \tag{5.3.7-2}$$

当 $h_b/d \geqslant 5$ 时，
$$\lambda_p = 0.8 \tag{5.3.7-3}$$

式中　q_{sik}、q_{pk}——分别按本规范表 5.3.5-1、表 5.3.5-2 取与混凝土预制桩相同值；

　　　　λ_p——桩端土塞效应系数，对于闭口钢管桩 $\lambda_p = 1$，对于敞口钢管桩按式（5.3.7-2）、（5.3.7-3）取值；

　　　　h_b——桩端进入持力层深度；

　　　　d——钢管桩外径。

$n=2$　　$n=4$　　$n=9$

对于带隔板的半敞口钢管桩，应以等效直径 d_e 代替 d 确定 λ_p；$d_e = d/\sqrt{n}$；其中 n 为桩端隔板分割数（见图 5.3.7）。

图 5.3.7　隔板分割

（5）混凝土空心桩

5.3.8　当根据土的物理指标与承载力参数之间的经验关系确定敞口预应力混凝土空心桩单桩竖向极限承载力标准值时，可按下列公式计算：

$$Q_{uk} = Q_{sk} + Q_{pk} = u \sum q_{sik} l_i + q_{pk}(A_j + \lambda_p A_{p1}) \tag{5.3.8-1}$$

当 $h_b/d_1 < 5$ 时，
$$\lambda_p = 0.16 h_b/d_1 \tag{5.3.8-2}$$

当 $h_b/d_1 \geqslant 5$ 时，
$$\lambda_p = 0.8 \tag{5.3.8-3}$$

式中 q_{sik}、q_{pk} ——分别按本规范表 5.3.5-1、表 5.3.5-2 取与混凝土预制桩相同值；

A_j ——空心桩桩端净面积：

管桩：$A_j = \dfrac{\pi}{4}(d^2 - d_1^2)$；

空心方桩：$A_j = b^2 - \dfrac{\pi}{4}d_1^2$；

A_{p1} ——空心桩敞口面积：$A_{p1} = \dfrac{\pi}{4}d_1^2$；

λ_p ——桩端土塞效应系数；

d、b ——空心桩外径、边长；

d_1 ——空心桩内径。

（6）嵌岩桩

5.3.9 桩端置于完整、较完整基岩的嵌岩桩单桩竖向极限承载力，由桩周土总极限侧阻力和嵌岩段总极限阻力组成。当根据岩石单轴抗压强度确定单桩竖向极限承载力标准值时，可按下列公式计算：

$$Q_{uk} = Q_{sk} + Q_{rk} \tag{5.3.9-1}$$

$$Q_{sk} = u\sum q_{sik}l_i \tag{5.3.9-2}$$

$$Q_{rk} = \zeta_r f_{rk} A_p \tag{5.3.9-3}$$

式中 Q_{sk}、Q_{rk} ——分别为土的总极限侧阻力标准值、嵌岩段总极限阻力标准值；

q_{sik} ——桩周第 i 层土的极限侧阻力，无当地经验时，可根据成桩工艺按本规范表 5.3.5-1 取值；

f_{rk} ——岩石饱和单轴抗压强度标准值，黏土岩取天然湿度单轴抗压强度标准值；

ζ_r ——桩嵌岩段侧阻和端阻综合系数，与嵌岩深径比 h_r/d、岩石软硬程度和成桩工艺有关，可按表 5.3.9 采用；表中数值适用于泥浆护壁成桩，对于干作业成桩（清底干净）和泥浆护壁成桩后注浆，ζ_r 应取表列数值的 1.2 倍。

表 5.3.9 桩嵌岩段侧阻和端阻综合系数 ζ_r

嵌岩深径比 h_r/d	0	0.5	1.0	2.0	3.0	4.0	5.0	6.0	7.0	8.0
极软岩、软岩	0.60	0.80	0.95	1.18	1.35	1.48	1.57	1.63	1.66	1.70
较硬岩、坚硬岩	0.45	0.65	0.81	0.90	1.00	1.04	—	—	—	—

注：1 极软岩、软岩指 $f_{rk} \leqslant 15\text{MPa}$，较硬岩、坚硬岩指 $f_{rk} > 30\text{MPa}$，介于二者之间可内插取值。

2 h_r 为桩身嵌岩深度，当岩面倾斜时，以坡下方嵌岩深度为准；当 h_r/d 为非表列值时，ζ_r 可内插取值。

（7）后注浆灌注桩

5.3.10 后注浆灌注桩的单桩极限承载力，应通过静载试验确定。在符合本规范第 6.7 节后注浆技术实施规定的条件下，其后注浆单桩极限承载力标准值可按下式估算：

$$Q_{uk} = Q_{sk} + Q_{gsk} + Q_{gpk}$$
$$= u\sum q_{sjk}l_j + u\sum \beta_{si}q_{sik}l_{gi} + \beta_p q_{pk}A_p \qquad (5.3.10)$$

式中　　Q_{sk} ——后注浆非竖向增强段的总极限侧阻力标准值；

$\quad\quad$ Q_{gsk} ——后注浆竖向增强段的总极限侧阻力标准值；

$\quad\quad$ Q_{gpk} ——后注浆总极限端阻力标准值；

$\quad\quad$ u ——桩身周长；

$\quad\quad$ l_j ——后注浆非竖向增强段第 j 层土厚度；

$\quad\quad$ l_{gi} ——后注浆竖向增强段内第 i 层土厚度：对于泥浆护壁成孔灌注桩，当为单一桩端后注浆时，竖向增强段为桩端以上 12m；当为桩端、桩侧复式注浆时，竖向增强段为桩端以上 12m 及各桩侧注浆断面以上 12m，重叠部分应扣除；对于干作业灌注桩，竖向增强段为桩端以上、桩侧注浆断面上下各 6m；

$\quad\quad$ q_{sik}、q_{sjk}、q_{pk} ——分别为后注浆竖向增强段第 i 土层初始极限侧阻力标准值、非竖向增强段第 j 土层初始极限侧阻力标准值、初始极限端阻力标准值；根据本规范第 5.3.5 条确定；

$\quad\quad$ β_{si}、β_p ——分别为后注浆侧阻力、端阻力增强系数，无当地经验时，可按表 5.3.10 取值。对于桩径大于 800mm 的桩，应按本规范表 5.3.6-2 进行侧阻和端阻尺寸效应修正。

表 5.3.10　后注浆侧阻力增强系数 β_{si}，端阻力增强系数 β_p

土层名称	淤泥 淤泥质土	黏性土 粉土	粉砂 细砂	中砂	粗砂 砾砂	砾石 卵石	全风化岩 强风化岩
β_{si}	1.2~1.3	1.4~1.8	1.6~2.0	1.7~2.1	2.0~2.5	2.4~3.0	1.4~1.8
β_p	—	2.2~2.5	2.4~2.8	2.6~3.0	3.0~3.5	3.2~4.0	2.0~2.4

注：干作业钻、挖孔桩，β_p 按表列值乘以小于 1.0 的折减系数。当桩端持力层为黏性土或粉土时，折减系数取 0.6；为砂土或碎石土时，取 0.8。

5.3.11 后注浆钢导管注浆后可等效替代纵向主筋。

（8）液化效应

5.3.12 对于桩身周围有液化土层的低承台桩基，当承台底面上下分别有厚度不小于 1.5m、1.0m 的非液化土或非软弱土层时，可将液化土层极限侧阻力乘以土层液化影响折减系数计算单桩极限承载力标准值。土层液化影响折减系数 ψ_l 可按表 5.3.12 确定。

表 5.3.12　土层液化影响折减系数 ψ_l

$\lambda_N = \dfrac{N}{N_{cr}}$	自地面算起的液化土层深度 d_L（m）	ψ_l
$\lambda_N \leqslant 0.6$	$d_L \leqslant 10$	0
	$10 < d_L \leqslant 20$	1/3
$0.6 < \lambda_N \leqslant 0.8$	$d_L \leqslant 10$	1/3
	$10 < d_L \leqslant 20$	2/3
$0.8 < \lambda_N \leqslant 1.0$	$d_L \leqslant 10$	2/3
	$10 < d_L \leqslant 20$	1.0

注：1　N 为饱和土标贯击数实测值；N_{cr} 为液化判别标贯击数临界值；

$\quad$ 2　对于挤土桩当桩距不大于 $4d$，且桩的排数不少于 5 排、总桩数不少于 25 根时，土层液化影响折减系数可按表列值提高一档取值；桩间土标贯击数达到 N_{cr} 时，取 $\psi_l = 1$。

当承台底面上下非液化土层厚度小于以上规定时，土层液化影响折减系数 ψ_l 取 0。

4. 特殊条件下桩基竖向承载力验算

(1) 软弱下卧层验算

5.4.1 对于桩距不超过 $6d$ 的群桩基础，桩端持力层下存在承载力低于桩端持力层承载力 1/3 的软弱下卧层时，可按下列公式验算软弱下卧层的承载力（见图 5.4.1）：

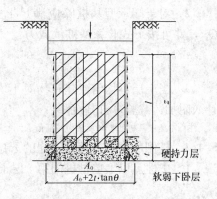

$$\sigma_z + \gamma_m z \leqslant f_{az} \qquad (5.4.1\text{-}1)$$

$$\sigma_z = \frac{(F_k + G_k) - 3/2\,(A_0 + B_0)\cdot \sum q_{sik}l_i}{(A_0 + 2t \cdot \tan\theta)(B_0 + 2t \cdot \tan\theta)}$$

$$(5.4.1\text{-}2)$$

图 5.4.1　软弱下卧层承载力验算

式中　σ_z——作用于软弱下卧层顶面的附加应力；

　　　γ_m——软弱层顶面以上各土层重度（地下水位以下取浮重度）按厚度加权平均值；

　　　t——硬持力层厚度；

　　　f_{az}——软弱下卧层经深度 z 修正的地基承载力特征值；

　A_0、B_0——桩群外缘矩形底面的长、短边边长；

　　　q_{sik}——桩周第 i 层土的极限侧阻力标准值，无当地经验时，可根据成桩工艺按本规范表 5.3.5-1 取值；

　　　θ——桩端硬持力层压力扩散角，按表 5.4.1 取值。

表 5.4.1　桩端硬持力层压力扩散角 θ

E_{s1}/E_{s2}	$t = 0.25B_0$	$t \geqslant 0.50B_0$
1	4°	12°
3	6°	23°
5	10°	25°
10	20°	30°

注：1　E_{s1}、E_{s2} 为硬持力层、软弱下卧层的压缩模量；

　　2　当 $t < 0.25B_0$ 时，取 $\theta = 0°$，必要时，宜通过试验确定；当 $0.25B_0 < t < 0.50B_0$ 时，可内插取值。

(2) 负摩阻力计算

5.4.2 符合下列条件之一的桩基，当桩周土层产生的沉降超过基桩的沉降时，在计算基桩承载力时应计入桩侧负摩阻力：

1 桩穿越较厚松散填土、自重湿陷性黄土、欠固结土、液化土层进入相对较硬土层时；

2 桩周存在软弱土层，邻近桩侧地面承受局部较大的长期荷载，或地面大面积堆载（包括填土）时；

3 由于降低地下水位，使桩周土有效应力增大，并产生显著压缩沉降时。

5.4.3 桩周土沉降可能引起桩侧负摩阻力时，应根据工程具体情况考虑负摩阻力对桩基承载力和沉降的影响；当缺乏可参照的工程经验时，可按下列规定验算。

1 对于摩擦型基桩可取桩身计算中性点以上侧阻力为零，并可按下式验算基桩承载力：

$$N_k \leqslant R_a \tag{5.4.3-1}$$

2　对于端承型基桩除应满足上式要求外，尚应考虑负摩阻力引起基桩的下拉荷载 Q_g^n，并可按下式验算基桩承载力：

$$N_k + Q_g^n \leqslant R_a \tag{5.4.3-2}$$

3　当土层不均匀或建筑物对不均匀沉降较敏感时，尚应将负摩阻力引起的下拉荷载计入附加荷载验算桩基沉降。

> 注：本条中基桩的竖向承载力特征值 R_a 只计中性点以下部分侧阻值及端阻值。

5.4.4　桩侧负摩阻力及其引起的下拉荷载，当无实测资料时可按下列规定计算：

1　中性点以上单桩桩周第 i 层土负摩阻力标准值，可按下列公式计算：

$$q_{si}^n = \xi_{ni}\sigma_i' \tag{5.4.4-1}$$

当填土、自重湿陷性黄土湿陷、欠固结土层产生固结和地下水降低时：$\sigma_i' = \sigma_{\gamma i}'$

当地面分布大面积荷载时：$\sigma_i' = p + \sigma_{\gamma i}'$

$$\sigma_{\gamma i}' = \sum_{e=1}^{i-1} \gamma_e \Delta z_e + \frac{1}{2}\gamma_i \Delta z_i \tag{5.4.4-2}$$

式中　q_{si}^n ——第 i 层土桩侧负摩阻力标准值；当按式（5.4.4-1）计算值大于正摩阻力标准值时，取正摩阻力标准值进行设计；

　　　ξ_{ni} ——桩周第 i 层土负摩阻力系数，可按表 5.4.4-1 取值；

　　　$\sigma_{\gamma i}'$ ——由土自重引起的桩周第 i 层土平均竖向有效应力；桩群外围桩自地面算起，桩群内部桩自承台底算起；

　　　σ_i' ——桩周第 i 层土平均竖向有效应力；

　　　γ_i、γ_e ——分别为第 i 计算土层和其上第 e 土层的重度，地下水位以下取浮重度；

　　Δz_i、Δz_e ——第 i 层土、第 e 层土的厚度；

　　　p ——地面均布荷载。

表 5.4.4-1　负摩阻力系数 ξ_n

土　类	ξ_n
饱和软土	0.15～0.25
黏性土、粉土	0.25～0.40
砂土	0.35～0.50
自重湿陷性黄土	0.20～0.35

> 注：1　在同一类土中，对于挤土桩，取表中较大值，对于非挤土桩，取表中较小值；
>   2　填土按其组成取表中同类土的较大值。

2　考虑群桩效应的基桩下拉荷载可按下式计算：

$$Q_g^n = \eta_n \cdot u \sum_{i=1}^n q_{si}^n l_i \tag{5.4.4-3}$$

$$\eta_n = s_{ax} \cdot s_{ay} \Big/ \left[\pi d \left(\frac{q_s^n}{\gamma_m} + \frac{d}{4}\right)\right] \tag{5.4.4-4}$$

式中　　n——中性点以上土层数；

　　　　l_i——中性点以上第 i 土层的厚度；

　　　　η_n——负摩阻力群桩效应系数；

　s_{ax}、s_{ay}——分别为纵、横向桩的中心距；

　　　　q_s^n——中性点以上桩周土层厚度加权平均负摩阻力标准值；

　　　　γ_m——中性点以上桩周土层厚度加权平均重度（地下水位以下取浮重度）。

　　对于单桩基础或按式(5.4.4-4)计算的群桩效应系数 $\eta_n > 1$ 时，取 $\eta_n = 1$。

　　3　中性点深度 l_n 应按桩周土层沉降与桩沉降相等的条件计算确定，也可参照表5.4.4-2确定。

表 5.4.4-2　中性点深度 l_n

持力层性质	黏性土、粉土	中密以上砂	砾石、卵石	基岩
中性点深度比 l_n/l_0	0.5~0.6	0.7~0.8	0.9	1.0

注：1　l_n、l_0——分别为自桩顶算起的中性点深度和桩周软弱土层下限深度；

　　2　桩穿过自重湿陷性黄土层时，l_n 可按表列值增大 10%（持力层为基岩除外）；

　　3　当桩周土层固结与桩基固结沉降同时完成时，取 $l_n = 0$；

　　4　当桩周土层计算沉降量小于 20mm 时，l_n 应按表列值乘以 0.4~0.8 折减。

（3）抗拔桩基承载力验算

5.4.5　承受拔力的桩基，应按下列公式同时验算群桩基础呈整体破坏和呈非整体破坏时基桩的抗拔承载力：

$$N_k \leqslant T_{gk}/2 + G_{gp} \qquad (5.4.5\text{-}1)$$

$$N_k \leqslant T_{uk}/2 + G_p \qquad (5.4.5\text{-}2)$$

式中　　N_k——按荷载效应标准组合计算的基桩拔力；

　　　　T_{gk}——群桩呈整体破坏时基桩的抗拔极限承载力标准值，可按本规范第5.4.6条确定；

　　　　T_{uk}——群桩呈非整体破坏时基桩的抗拔极限承载力标准值，可按本规范第5.4.6条确定；

　　　　G_{gp}——群桩基础所包围体积的桩土总自重除以总桩数，地下水位以下取浮重度；

　　　　G_P——基桩自重，地下水位以下取浮重度，对于扩底桩应按本规范表5.4.6-1确定桩、土柱体周长，计算桩、土自重。

5.4.6　群桩基础及其基桩的抗拔极限承载力的确定应符合下列规定：

　　1　对于设计等级为甲级和乙级建筑桩基，基桩的抗拔极限承载力应通过现场单桩上拔静载荷试验确定。单桩上拔静载荷试验及抗拔极限承载力标准值取值可按现行行业标准《建筑基桩检测技术规范》JGJ 106 进行。

　　2　如无当地经验时，群桩基础及设计等级为丙级建筑桩基，基桩的抗拔极限载力取值可按下列规定计算：

　　　　1） 群桩呈非整体破坏时，基桩的抗拔极限承载力标准值可按下式计算：

$$T_{uk} = \sum \lambda_i q_{sik} u_i l_i \qquad (5.4.6\text{-}1)$$

式中　T_{uk}——基桩抗拔极限承载力标准值；

　　　u_i——桩身周长，对于等直径桩取 $u = \pi d$；对于扩底桩按表 5.4.6-1 取值；

　　　q_{sik}——桩侧表面第 i 层土的抗压极限侧阻力标准值，可按本规范表 5.3.5-1 取值；

　　　λ_i——抗拔系数，可按表 5.4.6-2 取值。

表 5.4.6-1　扩底桩破坏表面周长 u_i

自桩底起算的长度 l_i	$\leqslant (4\sim10)d$	$>(4\sim10)d$
u_i	πD	πd

注：l_i 对于软土取低值，对于卵石、砾石取高值；l_i 取值按内摩擦角增大而增加。

表 5.4.6-2　抗拔系数 λ

土　类	λ　值
砂土	0.50~0.70
黏性土、粉土	0.70~0.80

注：桩长 l 与桩径 d 之比小于 20 时，λ 取小值。

2）群桩呈整体破坏时，基桩的抗拔极限承载力标准值可按下式计算：

$$T_{gk} = \frac{1}{n} u_l \sum \lambda_i q_{sik} l_i \tag{5.4.6-2}$$

式中　u_l——桩群外围周长。

5.4.7　季节性冻土上轻型建筑的短桩基础，应按下列公式验算其抗冻拔稳定性：

$$\eta_f q_f u z_0 \leqslant T_{gk}/2 + N_G + G_{gp} \tag{5.4.7-1}$$

$$\eta_f q_f u z_0 \leqslant T_{uk}/2 + N_G + G_p \tag{5.4.7-2}$$

式中　η_f——冻深影响系数，按表 5.4.7-1 采用；

　　　q_f——切向冻胀力，按表 5.4.7-2 采用；

　　　z_0——季节性冻土的标准冻深；

　　　T_{gk}——标准冻深线以下群桩呈整体破坏时基桩抗拔极限承载力标准值，可按本规范第 5.4.6 条确定；

　　　T_{uk}——标准冻深线以下单桩抗拔极限承载力标准值，可按本规范第 5.4.6 条确定；

　　　N_G——基桩承受的桩承台底面以上建筑物自重、承台及其上土重标准值。

表 5.4.7-1　冻深影响系数 η_f 值

标准冻深（m）	$z_0 \leqslant 2.0$	$2.0 < z_0 \leqslant 3.0$	$z_0 > 3.0$
η_f	1.0	0.9	0.8

表 5.4.7-2　切向冻胀力 q_f（kPa）值

冻胀性分类 土　类	弱冻胀	冻胀	强冻胀	特强冻胀
黏性土、粉土	30~60	60~80	80~120	120~150
砂土、砾（碎）石（黏、粉粒含量>15%）	<10	20~30	40~80	90~200

注：1　表面粗糙的灌注桩，表中数值应乘以系数 1.1~1.3；

　　2　本表不适用于含盐量大于 0.5% 的冻土。

5.4.8 膨胀土上轻型建筑的短桩基础，应按下列公式验算群桩基础呈整体破坏和非整体破坏的抗拔稳定性：

$$u\sum q_{ei}l_{ei} \leqslant T_{gk}/2 + N_G + G_{gp} \tag{5.4.8-1}$$

$$u\sum q_{ei}l_{ei} \leqslant T_{uk}/2 + N_G + G_p \tag{5.4.8-2}$$

式中 T_{gk} ——群桩呈整体破坏时，大气影响急剧层下稳定土层中基桩的抗拔极限承载力标准值，可按本规范第 5.4.6 条计算；

T_{uk} ——群桩呈非整体破坏时，大气影响急剧层下稳定土层中基桩的抗拔极限承载力标准值，可按本规范第 5.4.6 条计算；

q_{ei} ——大气影响急剧层中第 i 层土的极限胀切力，由现场浸水试验确定；

l_{ei} ——大气影响急剧层中第 i 层土的厚度。

5. 桩基沉降计算

5.5.1 建筑桩基沉降变形计算值不应大于桩基沉降变形允许值。

5.5.2 桩基沉降变形可用下列指标表示：

1 沉降量；

2 沉降差；

3 整体倾斜：建筑物桩基础倾斜方向两端点的沉降差与其距离之比值；

4 局部倾斜：墙下条形承台沿纵向某一长度范围内桩基础两点的沉降差与其距离之比值。

5.5.3 计算桩基沉降变形时，桩基变形指标应按下列规定选用：

1 由于土层厚度与性质不均匀、荷载差异、体形复杂、相互影响等因素引起的地基沉降变形，对于砌体承重结构应由局部倾斜控制；

2 对于多层或高层建筑和高耸结构应由整体倾斜值控制；

3 当其结构为框架、框架—剪力墙、框架—核心筒结构时，尚应控制柱（墙）之间的差异沉降。

5.5.4 建筑桩基沉降变形允许值，应按表 5.5.4 规定采用。

表 5.5.4　建筑桩基沉降变形允许值

变　形　特　征		允　许　值
砌体承重结构基础的局部倾斜		0.002
各类建筑相邻柱（墙）基的沉降差		
（1）框架、框架—剪力墙、框架—核心筒结构		$0.002\ l_0$
（2）砌体墙填充的边排柱		$0.0007l_0$
（3）当基础不均匀沉降时不产生附加应力的结构		$0.005l_0$
单层排架结构（柱距为 6m）桩基的沉降量（mm）		120
桥式吊车轨面的倾斜（按不调整轨道考虑）		
纵向		0.004
横向		0.003
多层和高层建筑的整体倾斜	$H_g \leqslant 24$	0.004
	$24 < H_g \leqslant 60$	0.003
	$60 < H_g \leqslant 100$	0.0025
	$H_g > 100$	0.002

续表 5.5.4

变　形　特　征		允　许　值
高耸结构桩基的整体倾斜	$H_g \leqslant 20$	0.008
	$20 < H_g \leqslant 50$	0.006
	$50 < H_g \leqslant 100$	0.005
	$100 < H_g \leqslant 150$	0.004
	$150 < H_g \leqslant 200$	0.003
	$200 < H_g \leqslant 250$	0.002
高耸结构基础的沉降量 (mm)	$H_g \leqslant 100$	350
	$100 < H_g \leqslant 200$	250
	$200 < H_g \leqslant 250$	150
体型简单的剪力墙结构 高层建筑桩基最大沉降量 (mm)	一	200

注：l_0 为相邻柱（墙）二测点间距离，H_g 为自室外地面算起的建筑物高度（m）。

5.5.5 对于本规范表 5.5.4 中未包括的建筑桩基沉降变形允许值，应根据上部结构对桩基沉降变形的适应能力和使用要求确定。

Ⅰ 桩中心距不大于 6 倍桩径的桩基

5.5.6 对于桩中心距不大于 6 倍桩径的桩基，其最终沉降量计算可采用等效作用分层总和法。等效作用面位于桩端平面，等效作用面积为桩承台投影面积，等效作用附加压力近似取承台底平均附加压力。等效作用面以下的应力分布采用各向同性均质直线变形体理论。计算模式如图 5.5.6 所示，桩基任一点最终沉降量可用角点法按下式计算：

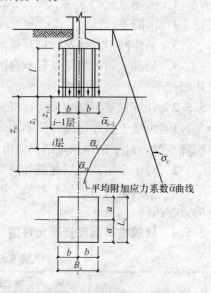

图 5.5.6　桩基沉降计算示意图

$$s = \psi \cdot \psi_e \cdot s'$$

$$= \psi \cdot \psi_e \cdot \sum_{j=1}^{m} p_{0j} \sum_{i=1}^{n} \frac{z_{ij}\bar{\alpha}_{ij} - z_{(i-1)j}\bar{\alpha}_{(i-1)j}}{E_{si}} \quad (5.5.6)$$

式中　　s——桩基最终沉降量（mm）；

　　　　s'——采用布辛奈斯克（Boussinesq）解，按实体深基础分层总和法计算出的桩基沉降量（mm）；

　　　　ψ——桩基沉降计算经验系数，当无当地可靠经验时可按本规范第 5.5.11 条确定；

　　　　ψ_e——桩基等效沉降系数，可按本规范第 5.5.9 条确定；

　　　　m——角点法计算点对应的矩形荷载分块数；

　　　　p_{0j}——第 j 块矩形底面在荷载效应准永久组合下的附加压力（kPa）；

　　　　n——桩基沉降计算深度范围内所划分的土层数；

　　　　E_{si}——等效作用面以下第 i 层土的压缩模量（MPa），采用地基土在自重压力至自重压力加附加压力作用时的压缩模量；

z_{ij}、$z_{(i-1)j}$ —— 桩端平面第 j 块荷载作用面至第 i 层土、第 $i-1$ 层土底面的距离（m）；

$\overline{\alpha}_{ij}$、$\overline{\alpha}_{(i-1)j}$ —— 桩端平面第 j 块荷载计算点至第 i 层土、第 $i-1$ 层土底面深度范围内平均附加应力系数，可按本规范附录 D 选用。

5.5.7 计算矩形桩基中点沉降时，桩基沉降量可按下式简化计算：

$$s = \psi \cdot \psi_e \cdot s' = 4 \cdot \psi \cdot \psi_e \cdot p_0 \sum_{i=1}^{n} \frac{z_i \overline{\alpha}_i - z_{i-1} \overline{\alpha}_{i-1}}{E_{si}} \tag{5.5.7}$$

式中 p_0 —— 在荷载效应准永久组合下承台底的平均附加压力；

$\overline{\alpha}_i$、$\overline{\alpha}_{i-1}$ —— 平均附加应力系数，根据矩形长宽比 a/b 及深宽比 $\dfrac{z_i}{b} = \dfrac{2z_i}{B_c}, \dfrac{z_{i-1}}{b} = \dfrac{2z_{i-1}}{B_c}$，可按本规范附录 D 选用。

5.5.8 桩基沉降计算深度 z_n 应按应力比法确定，即计算深度处的附加应力 σ_z 与土的自重应力 σ_c 应符合下列公式要求：

$$\sigma_z \leqslant 0.2\sigma_c \tag{5.5.8-1}$$

$$\sigma_z = \sum_{j=1}^{m} a_j p_{0j} \tag{5.5.8-2}$$

式中 a_j —— 附加应力系数，可根据角点法划分的矩形长宽比及深宽比按本规范附录 D 选用。

5.5.9 桩基等效沉降系数 ψ_e 可按下列公式简化计算：

$$\psi_e = C_0 + \frac{n_b - 1}{C_1 (n_b - 1) + C_2} \tag{5.5.9-1}$$

$$n_b = \sqrt{n \cdot B_c / L_c} \tag{5.5.9-2}$$

式中 n_b —— 矩形布桩时的短边布桩数，当布桩不规则时可按式（5.5.9-2）近似计算，$n_b > 1$；$n_b = 1$ 时，可按本规范式（5.5.14）计算；

C_0、C_1、C_2 —— 根据群桩距径比 s_a/d、长径比 l/d 及基础长宽比 L_c/B_c，按本规范附录 E 确定；

L_c、B_c、n —— 分别为矩形承台的长、宽及总桩数。

5.5.10 当布桩不规则时，等效距径比可按下列公式近似计算：

圆形桩 $s_a/d = \sqrt{A}/(\sqrt{n} \cdot d)$ (5.5.10-1)

方形桩 $s_a/d = 0.886 \sqrt{A}/(\sqrt{n} \cdot b)$ (5.5.10-2)

式中 A —— 桩基承台总面积；

b —— 方形桩截面边长。

5.5.11 当无当地可靠经验时，桩基沉降计算经验系数 ψ 可按表 5.5.11 选用。对于采用后注浆施工工艺的灌注桩，桩基沉降计算经验系数应根据桩端持力土层类别，乘以 0.7（砂、砾、卵石）～0.8（黏性土、粉土）折减系数；饱和土中采用预制桩（不含复打、复压、引孔沉桩）时，应根据桩距、土质、沉桩速率和顺序等因素，乘以 1.3～1.8 挤土效应系数，土的渗透性低，桩距小，桩数多，沉桩速率快时取大值。

表 5.5.11　桩基沉降计算经验系数ψ

$\overline{E}_s$(MPa)	≤10	15	20	35	≥50
ψ	1.2	0.9	0.65	0.50	0.40

注：1　$\overline{E}_s$为沉降计算深度范围内压缩模量的当量值，可按下式计算：$\overline{E}_s = \Sigma A_i / \Sigma \dfrac{A_i}{E_{si}}$，式中$A_i$为第$i$层土附加压

力系数沿土层厚度的积分值，可近似按分块面积计算；

2　ψ可根据$\overline{E}_s$内插取值。

5.5.12　计算桩基沉降时，应考虑相邻基础的影响，采用叠加原理计算；桩基等效沉降系数可按独立基础计算。

5.5.13　当桩基形状不规则时，可采用等效矩形面积计算桩基等效沉降系数，等效矩形的长宽比可根据承台实际尺寸和形状确定。

　　Ⅱ 单桩、单排桩、疏桩基础

5.5.14　对于单桩、单排桩、桩中心距大于 6 倍桩径的疏桩基础的沉降计算应符合下列规定：

　　1　承台底地基土不分担荷载的桩基。桩端平面以下地基中由基桩引起的附加应力，按考虑桩径影响的明德林（Mindlin）解附录 F 计算确定。将沉降计算点水平面影响范围内各基桩对应力计算点产生的附加应力叠加，采用单向压缩分层总和法计算土层的沉降，并计入桩身压缩 s_e。桩基的最终沉降量可按下列公式计算：

$$s = \psi \sum_{i=1}^{n} \frac{\sigma_{zi}}{E_{si}} \Delta z_i + s_e \tag{5.5.14-1}$$

$$\sigma_{zi} = \sum_{j=1}^{m} \frac{Q_j}{l_j^2} \left[\alpha_j I_{p,ij} + (1-\alpha_j) I_{s,ij} \right] \tag{5.5.14-2}$$

$$s_e = \xi_e \frac{Q_j l_j}{E_c A_{ps}} \tag{5.5.14-3}$$

　　2　承台底地基土分担荷载的复合桩基。将承台底土压力对地基中某点产生的附加应力按 Boussinesq 解（附录 D）计算，与基桩产生的附加应力叠加，采用与本条第 1 款相同方法计算沉降。其最终沉降量可按下列公式计算：

$$s = \psi \sum_{i=1}^{n} \frac{\sigma_{zi} + \sigma_{zci}}{E_{si}} \Delta z_i + s_e \tag{5.5.14-4}$$

$$\sigma_{zci} = \sum_{k=1}^{u} \alpha_{ki} \cdot p_{c,k} \tag{5.5.14-5}$$

式中　m——以沉降计算点为圆心，0.6 倍桩长为半径的水平面影响范围内的基桩数；

　　　n——沉降计算深度范围内土层的计算分层数；分层数应结合土层性质，分层厚度不应超过计算深度的 0.3 倍；

　　　σ_{zi}——水平面影响范围内各基桩对应力计算点桩端平面以下第 i 层土 1/2 厚度处产生的附加竖向应力之和；应力计算点应取与沉降计算点最近的桩中心点；

　　　σ_{zci}——承台压力对应力计算点桩端平面以下第 i 计算土层 1/2 厚度处产生的应力；可将承台板划分为 u 个矩形块，可按本规范附录 D 采用角点法计算；

　　　Δz_i——第 i 计算土层厚度（m）；

E_{si} ——第 i 计算土层的压缩模量（MPa），采用土的自重压力至土的自重压力加附加压力作用时的压缩模量；

Q_j ——第 j 桩在荷载效应准永久组合作用下（对于复合桩基应扣除承台底土分担荷载），桩顶的附加荷载（kN）；当地下室埋深超过 5m 时，取荷载效应准永久组合作用下的总荷载为考虑回弹再压缩的等代附加荷载；

l_j ——第 j 桩桩长（m）；

A_{ps} ——桩身截面面积；

α_j ——第 j 桩总桩端阻力与桩顶荷载之比，近似取极限总端阻力与单桩极限承载力之比；

$I_{p,ij}$、$I_{s,ij}$ ——分别为第 j 桩的桩端阻力和桩侧阻力对计算轴线第 i 计算土层 1/2 厚度处的应力影响系数，可按本规范附录 F 确定；

E_c ——桩身混凝土的弹性模量；

$p_{c,k}$ ——第 k 块承台底均布压力，可按 $p_{c,k} = \eta_{c,k} \cdot f_{ak}$ 取值，其中 $\eta_{c,k}$ 为第 k 块承台底板的承台效应系数，按本规范表 5.2.5 确定；f_{ak} 为承台底地基承载力特征值；

α_{ki} ——第 k 块承台底角点处，桩端平面以下第 i 计算土层 1/2 厚度处的附加应力系数，可按本规范附录 D 确定；

s_e ——计算桩身压缩；

ξ_e ——桩身压缩系数。端承型桩，取 $\xi_e = 1.0$；摩擦型桩，当 $l/d \leqslant 30$ 时，取 $\xi_e = 2/3$；$l/d \geqslant 50$ 时，取 $\xi_e = 1/2$；介于两者之间可线性插值；

ψ ——沉降计算经验系数，无当地经验时，可取 1.0。

5.5.15 对于单桩、单排桩、疏桩复合桩基础的最终沉降计算深度 Z_n，可按应力比法确定，即 Z_n 处由桩引起的附加应力 σ_z、由承台土压力引起的附加应力 σ_{zc} 与土的自重应力 σ_c 应符合下式要求：

$$\sigma_z + \sigma_{zc} = 0.2\sigma_c \tag{5.5.15}$$

6. 软土地基减沉复合疏桩基础

5.6.1 当软土地基上多层建筑，地基承载力基本满足要求（以底层平面面积计算）时，可设置穿过软土层进入相对较好土层的疏布摩擦型桩，由桩和桩间土共同分担荷载。该种减沉复合疏桩基础，可按下列公式确定承台面积和桩数：

$$A_c = \xi \frac{F_k + G_k}{f_{ak}} \tag{5.6.1-1}$$

$$n \geqslant \frac{F_k + G_k - \eta_c f_{ak} A_c}{R_a} \tag{5.6.1-2}$$

式中 A_c ——桩基承台总净面积；

f_{ak} ——承台底地基承载力特征值；

ξ ——承台面积控制系数，$\xi \geqslant 0.60$；

n ——基桩数；

η_c ——桩基承台效应系数，可按本规范表 5.2.5 取值。

5.6.2 减沉复合疏桩基础中点沉降可按下列公式计算:

$$s = \psi(s_s + s_{sp}) \tag{5.6.2-1}$$

$$s_s = 4p_0 \sum_{i=1}^m \frac{z_i \bar{\alpha}_i - z_{(i-1)} \bar{\alpha}_{(i-1)}}{E_{si}} \tag{5.6.2-2}$$

$$s_{sp} = 280 \frac{\bar{q}_{su}}{\bar{E}_s} \cdot \frac{d}{(s_a/d)^2} \tag{5.6.2-3}$$

$$p_0 = \eta_p \frac{F - nR_a}{A_c} \tag{5.6.2-4}$$

式中 s ——桩基中心点沉降量;

s_s ——由承台底地基土附加压力作用下产生的中点沉降(见图 5.6.2);

s_{sp} ——由桩土相互作用产生的沉降;

p_0 ——按荷载效应准永久值组合计算的假想天然地基平均附加压力(kPa);

E_{si} ——承台底以下第 i 层土的压缩模量,应取自重压力至自重压力与附加压力段的模量值;

m ——地基沉降计算深度范围内的土层数;沉降计算深度按 $\sigma_z = 0.1\sigma_c$ 确定,σ_z 可按本规范第 5.5.8 条确定;

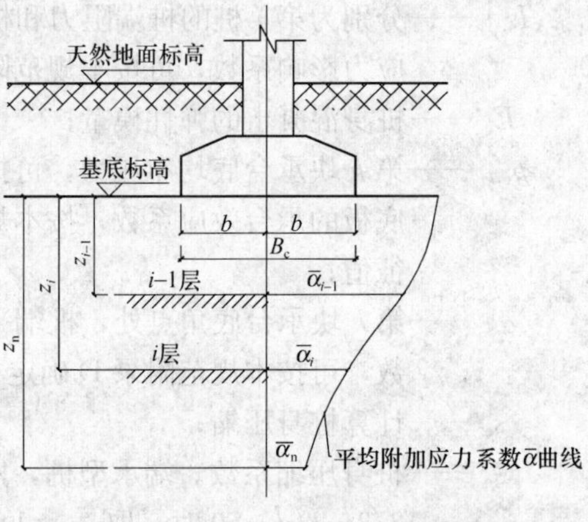

图 5.6.2 复合疏桩基础沉降计算的分层示意图

$\bar{q}_{su}$、$\bar{E}_s$ ——桩身范围内按厚度加权的平均桩侧极限摩阻力、平均压缩模量;

d ——桩身直径,当为方形桩时,$d = 1.27b$(b 为方形桩截面边长);

s_a/d ——等效距径比,可按本规范第 5.5.10 条执行;

z_i、z_{i-1} ——承台底至第 i 层、第 $i-1$ 层土底面的距离;

$\bar{\alpha}_i$、$\bar{\alpha}_{i-1}$ ——承台底至第 i 层、第 $i-1$ 层土层底范围内的角点平均附加应力系数;根据承台等效面积的计算分块矩形长宽比 a/b 及深宽比 $z_i/b = 2z_i/B_c$,由本规范附录 D 确定;其中承台等效宽度 $B_c = B\sqrt{A_c}/L$;B、L 为建筑物基础外缘平面的宽度和长度;

F ——荷载效应准永久值组合下,作用于承台底的总附加荷载(kN);

η_p ——基桩刺入变形影响系数;按桩端持力层土质确定,砂土为 1.0,粉土为 1.15,黏性土为 1.30。

ψ ——沉降计算经验系数,无当地经验时,可取 1.0。

7. 桩基水平承载力与位移计算

(1) 单桩基础

5.7.1 受水平荷载的一般建筑物和水平荷载较小的高大建筑物单桩基础和群桩中基桩应

满足下式要求：

$$H_{ik} \leqslant R_h \tag{5.7.1}$$

式中　H_{ik}——在荷载效应标准组合下，作用于基桩 i 桩顶处的水平力；

　　　R_h——单桩基础或群桩中基桩的水平承载力特征值，对于单桩基础，可取单桩的水平承载力特征值 R_{ha}。

5.7.2 单桩的水平承载力特征值的确定应符合下列规定：

1 对于受水平荷载较大的设计等级为甲级、乙级的建筑桩基，单桩水平承载力特征值应通过单桩水平静载试验确定，试验方法可按现行行业标准《建筑基桩检测技术规范》JGJ 106 执行。

2 对于钢筋混凝土预制桩、钢桩、桩身配筋率不小于 0.65% 的灌注桩，可根据静载试验结果取地面处水平位移为 10mm（对于水平位移敏感的建筑物取水平位移 6mm）所对应的荷载的 75% 为单桩水平承载力特征值。

3 对于桩身配筋率小于 0.65% 的灌注桩，可取单桩水平静载试验的临界荷载的 75% 为单桩水平承载力特征值。

4 当缺少单桩水平静载试验资料时，可按下列公式估算桩身配筋率小于 0.65% 的灌注桩的单桩水平承载力特征值：

$$R_{ha} = \frac{0.75 \alpha \gamma_m f_t W_0}{\nu_M} (1.25 + 22\rho_g) \left(1 \pm \frac{\zeta_N N_k}{\gamma_m f_t A_n} \right) \tag{5.7.2-1}$$

式中　α——桩的水平变形系数，按本规范第 5.7.5 条确定；

　　　R_{ha}——单桩水平承载力特征值，± 号根据桩顶竖向力性质确定，压力取"＋"，拉力取"－"；

　　　γ_m——桩截面模量塑性系数，圆形截面 $\gamma_m = 2$，矩形截面 $\gamma_m = 1.75$；

　　　f_t——桩身混凝土抗拉强度设计值；

　　　W_0——桩身换算截面受拉边缘的截面模量，圆形截面为：

$$W_0 = \frac{\pi d}{32} [d^2 + 2(\alpha_E - 1)\rho_g d_0^2]$$

　　　方形截面为：　　　$W_0 = \frac{b}{6} [b^2 + 2(\alpha_E - 1)\rho_g b_0^2]$，

　　　其中 d 为桩直径，d_0 为扣除保护层厚度的桩直径；b 为方形截面边长，b_0 为扣除保护层厚度的桩截面宽度；α_E 为钢筋弹性模量与混凝土弹性模量的比值；

　　　ν_M——桩身最大弯矩系数，按表 5.7.2 取值，当单桩基础和单排桩基纵向轴线与水平力方向相垂直时，按桩顶铰接考虑；

　　　ρ_g——桩身配筋率；

　　　A_n——桩身换算截面积,圆形截面为：$A_n = \frac{\pi d^2}{4} [1 + (\alpha_E - 1)\rho_g]$；方形截面为：$A_n = b^2 [1 + (\alpha_E - 1)\rho_g]$

　　　ζ_N——桩顶竖向力影响系数，竖向压力取 0.5；竖向拉力取 1.0；

　　　N_k——在荷载效应标准组合下桩顶的竖向力（kN）。

表 5.7.2   桩顶（身）最大弯矩系数 ν_M 和桩顶水平位移系数 ν_x

桩顶约束情况	桩的换算埋深（αh）	ν_M	ν_x
铰接、自由	4.0	0.768	2.441
	3.5	0.750	2.502
	3.0	0.703	2.727
	2.8	0.675	2.905
	2.6	0.639	3.163
	2.4	0.601	3.526
固接	4.0	0.926	0.940
	3.5	0.934	0.970
	3.0	0.967	1.028
	2.8	0.990	1.055
	2.6	1.018	1.079
	2.4	1.045	1.095

注：1   铰接（自由）的 ν_M 系桩身的最大弯矩系数，固接的 ν_M 系桩顶的最大弯矩系数；

2   当 $\alpha h > 4$ 时取 $\alpha h = 4.0$。

5   对于混凝土护壁的挖孔桩，计算单桩水平承载力时，其设计桩径取护壁内直径。

6   当桩的水平承载力由水平位移控制，且缺少单桩水平静载试验资料时，可按下式估算预制桩、钢桩、桩身配筋率不小于 0.65% 的灌注桩单桩水平承载力特征值：

$$R_{ha} = 0.75 \frac{\alpha^3 EI}{\nu_x} \chi_{0a} \qquad (5.7.2\text{-}2)$$

式中 EI ——桩身抗弯刚度，对于钢筋混凝土桩，$EI = 0.85 E_c I_0$；其中 E_c 为混凝土弹性模量，I_0 为桩身换算截面惯性矩：圆形截面为 $I_0 = W_0 d_0/2$；矩形截面为 $I_0 = W_0 b_0/2$；

χ_{0a} ——桩顶允许水平位移；

ν_x ——桩顶水平位移系数，按表 5.7.2 取值，取值方法同 ν_M。

7   验算永久荷载控制的桩基的水平承载力时，应将上述2～5款方法确定的单桩水平承载力特征值乘以调整系数 0.80；验算地震作用桩基的水平承载力时，应将按上述2～5款方法确定的单桩水平承载力特征值乘以调整系数 1.25。

（2）群桩基础

5.7.3   群桩基础（不含水平力垂直于单排桩基纵向轴线和力矩较大的情况）的基桩水平承载力特征值应考虑由承台、桩群、土相互作用产生的群桩效应，可按下列公式确定：

$$R_h = \eta_h R_{ha} \qquad (5.7.3\text{-}1)$$

考虑地震作用且 $s_a/d \leqslant 6$ 时：

$$\eta_h = \eta_i \eta_r + \eta_l \qquad (5.7.3\text{-}2)$$

$$\eta_i = \frac{\left(\dfrac{s_a}{d}\right)^{0.015 n_2 + 0.45}}{0.15 n_1 + 0.10 n_2 + 1.9} \qquad (5.7.3\text{-}3)$$

$$\eta_l = \frac{m \chi_{0a} B'_c h_c^2}{2 n_1 n_2 R_{ha}} \qquad (5.7.3\text{-}4)$$

$$X_{0a} = \frac{R_{ha} \nu_x}{\alpha^3 EI} \qquad (5.7.3\text{-}5)$$

其他情况：

$$\eta_h = \eta_i \eta_r + \eta_l + \eta_b \qquad (5.7.3\text{-}6)$$

$$\eta_b = \frac{\mu P_c}{n_1 n_2 R_h} \tag{5.7.3-7}$$

$$B'_c = B_c + 1 \tag{5.7.3-8}$$

$$P_c = \eta_c f_{ak}(A - n A_{ps}) \tag{5.7.3-9}$$

式中 η_h ——群桩效应综合系数；

     η_i ——桩的相互影响效应系数；

     η_r ——桩顶约束效应系数（桩顶嵌入承台长度 50～100mm 时），按表 5.7.3-1 取值；

     η_l ——承台侧向土水平抗力效应系数（承台外围回填土为松散状态时取 $\eta_l = 0$）；

     η_b ——承台底摩阻效应系数；

   s_a/d ——沿水平荷载方向的距径比；

   n_1, n_2 ——分别为沿水平荷载方向与垂直水平荷载方向每排桩中的桩数；

      m ——承台侧向土水平抗力系数的比例系数，当无试验资料时可按本规范表 5.7.5 取值；

    χ_{0a} ——桩顶（承台）的水平位移允许值，当以位移控制时，可取 $\chi_{0a} = 10\text{mm}$（对水平位移敏感的结构物取 $\chi_{0a} = 6\text{mm}$）；当以桩身强度控制（低配筋率灌注桩）时，可近似按本规范式（5.7.3-5）确定；

    B'_c ——承台受侧向土抗力一边的计算宽度（m）；

    B_c ——承台宽度（m）；

    h_c ——承台高度（m）；

     μ ——承台底与地基土间的摩擦系数，可按表 5.7.3-2 取值；

    P_c ——承台底地基土分担的竖向总荷载标准值；

    η_c ——按本规范第 5.2.5 条确定；

     A ——承台总面积；

   A_{ps} ——桩身截面面积。

表 5.7.3-1   桩顶约束效应系数 η_r

换算深度 αh	2.4	2.6	2.8	3.0	3.5	≥4.0
位移控制	2.58	2.34	2.20	2.13	2.07	2.05
强度控制	1.44	1.57	1.71	1.82	2.00	2.07

注：$\alpha = \sqrt[5]{\dfrac{m b_0}{EI}}$，$h$ 为桩的入土长度。

表 5.7.3-2   承台底与地基土间的摩擦系数 μ

土的类别		摩擦系数 μ
黏性土	可塑	0.25～0.30
	硬塑	0.30～0.35
	坚硬	0.35～0.45
粉土	密实、中密（稍湿）	0.30～0.40

续表 5.7.3-2

土的类别	摩擦系数 μ
中砂、粗砂、砾砂	0.40～0.50
碎石土	0.40～0.60
软岩、软质岩	0.40～0.60
表面粗糙的较硬岩、坚硬岩	0.65～0.75

5.7.4　计算水平荷载较大和水平地震作用、风载作用的带地下室的高大建筑物桩基的水平位移时，可考虑地下室侧墙、承台、桩群、土共同作用，按本规范附录 C 方法计算基桩内力和变位，与水平外力作用平面相垂直的单排桩基础可按本规范附录 C 中表 C.0.3-1 计算。

5.7.5　桩的水平变形系数和地基土水平抗力系数的比例系数 m 可按下列规定确定：

1　桩的水平变形系数 α（1/m）

$$\alpha = \sqrt[5]{\frac{mb_0}{EI}} \qquad (5.7.5)$$

式中　m——桩侧土水平抗力系数的比例系数；

b_0——桩身的计算宽度（m）；

圆形桩：当直径 $d \leqslant 1$m 时，$b_0 = 0.9(1.5d + 0.5)$；

当直径 $d > 1$m 时，$b_0 = 0.9(d + 1)$；

方形桩：当边宽 $b \leqslant 1$m 时，$b_0 = 1.5b + 0.5$；

当边宽 $b > 1$m 时，$b_0 = b + 1$；

EI——桩身抗弯刚度，按本规范第 5.7.2 条的规定计算。

2　地基土水平抗力系数的比例系数 m，宜通过单桩水平静载试验确定，当无静载试验资料时，可按表 5.7.5 取值。

表 5.7.5　地基土水平抗力系数的比例系数 m 值

序号	地 基 土 类 别	预制桩、钢桩		灌 注 桩	
		m (MN/m⁴)	相应单桩在地面处水平位移 (mm)	m (MN/m⁴)	相应单桩在地面处水平位移 (mm)
1	淤泥；淤泥质土；饱和湿陷性黄土	2～4.5	10	2.5～6	6～12
2	流塑($I_L > 1$)、软塑($0.75 < I_L \leqslant 1$)状黏性土；$e > 0.9$ 粉土；松散粉细砂；松散、稍密填土	4.5～6.0	10	6～14	4～8
3	可塑($0.25 < I_L \leqslant 0.75$)状黏性土、湿陷性黄土；$e = 0.75～0.9$ 粉土；中密填土；稍密细砂	6.0～10	10	14～35	3～6

续表 5.7.5

序号	地基土类别	预制桩、钢桩		灌注桩	
		m (MN/m⁴)	相应单桩在地面处水平位移 (mm)	m (MN/m⁴)	相应单桩在地面处水平位移 (mm)
4	硬塑($0<I_L\leqslant 0.25$)、坚硬($I_L\leqslant 0$)状黏性土、湿陷性黄土;$e<0.75$粉土;中密的中粗砂;密实老填土	10~22	10	35~100	2~5
5	中密、密实的砾砂、碎石类土	—	—	100~300	1.5~3

注:1 当桩顶水平位移大于表列数值或灌注桩配筋率较高（≥0.65%）时,m值应适当降低;当预制桩的水平向位移小于10mm时,m值可适当提高;

2 当水平荷载为长期或经常出现的荷载时,应将表列数值乘以0.4降低采用;

3 当地基为可液化土层时,应将表列数值乘以本规范表5.3.12中相应的系数 ψ_l。

8. 桩身承载力与裂缝控制计算

5.8.1 桩身应进行承载力和裂缝控制计算。计算时应考虑桩身材料强度、成桩工艺、吊运与沉桩、约束条件、环境类别等因素,除按本节有关规定执行外,尚应符合现行国家标准《混凝土结构设计规范》GB 50010、《钢结构设计规范》GB 50017 和《建筑抗震设计规范》GB 50011 的有关规定。

(1) 受压桩

5.8.2 钢筋混凝土轴心受压桩正截面受压承载力应符合下列规定:

1 当桩顶以下 5d 范围的桩身螺旋式箍筋间距不大于100mm,且符合本规范第4.1.1条规定时:

$$N \leqslant \psi_c f_c A_{ps} + 0.9 f'_y A'_s \tag{5.8.2-1}$$

2 当桩身配筋不符合上述 1 款规定时:

$$N \leqslant \psi_c f_c A_{ps} \tag{5.8.2-2}$$

式中 N ——荷载效应基本组合下的桩顶轴向压力设计值;

ψ_c ——基桩成桩工艺系数,按本规范第5.8.3条规定取值;

f_c ——混凝土轴心抗压强度设计值;

f'_y ——纵向主筋抗压强度设计值;

A'_s ——纵向主筋截面面积。

5.8.3 基桩成桩工艺系数 ψ_c 应按下列规定取值:

1 混凝土预制桩、预应力混凝土空心桩:$\psi_c = 0.85$;

2 干作业非挤土灌注桩:$\psi_c = 0.90$;

3 泥浆护壁和套管护壁非挤土灌注桩、部分挤土灌注桩、挤土灌注桩:$\psi_c = 0.7\sim 0.8$;

4 软土地区挤土灌注桩:$\psi_c = 0.6$。

5.8.4 计算轴心受压混凝土桩正截面受压承载力时,一般取稳定系数 $\varphi = 1.0$。对于高承台基桩、桩身穿越可液化土或不排水抗剪强度小于10kPa的软弱土层的基桩,应考虑压屈影响,可按本规范式 (5.8.2-1)、式 (5.8.2-2) 计算所得桩身正截面受压承载力乘以 φ

折减。其稳定系数 φ 可根据桩身压屈计算长度 l_c 和桩的设计直径 d（或矩形桩短边尺寸 b）确定。桩身压屈计算长度可根据桩顶的约束情况、桩身露出地面的自由长度 l_0、桩的入土长度 h、桩侧和桩底的土质条件按表 5.8.4-1 确定。桩的稳定系数 φ 可按表 5.8.4-2 确定。

表 5.8.4-1　桩身压屈计算长度 l_c

桩 顶 铰 接			
桩底支于非岩石土中		桩底嵌于岩石内	
$h < \dfrac{4.0}{\alpha}$	$h \geqslant \dfrac{4.0}{\alpha}$	$h < \dfrac{4.0}{\alpha}$	$h \geqslant \dfrac{4.0}{\alpha}$
$l_c = 1.0 \times$ $(l_0 + h)$	$l_c = 0.7 \times$ $\left(l_0 + \dfrac{4.0}{\alpha}\right)$	$l_c = 0.7 \times$ $(l_0 + h)$	$l_c = 0.7 \times$ $\left(l_0 + \dfrac{4.0}{\alpha}\right)$
桩 顶 固 接			
桩底支于非岩石土中		桩底嵌于岩石内	
$h < \dfrac{4.0}{\alpha}$	$h \geqslant \dfrac{4.0}{\alpha}$	$h < \dfrac{4.0}{\alpha}$	$h \geqslant \dfrac{4.0}{\alpha}$
$l_c = 0.7 \times$ $(l_0 + h)$	$l_c = 0.5 \times$ $\left(l_0 + \dfrac{4.0}{\alpha}\right)$	$l_c = 0.5 \times$ $(l_0 + h)$	$l_c = 0.5 \times$ $\left(l_0 + \dfrac{4.0}{\alpha}\right)$

注：1　表中 $\alpha = \sqrt[5]{\dfrac{mb_0}{EI}}$；

2　l_0 为高承台基桩露出地面的长度，对于低承台桩基，$l_0 = 0$；

3　h 为桩的入土长度，当桩侧有厚度为 d_l 的液化土层时，桩露出地面长度 l_0 和桩的入土长度 h 分别调整为，$l_0' = l_0 + \psi_l d_l, h' = h - \psi_l d_l$，$\psi_l$ 按表 5.3.12 取值。

表 5.8.4-2　桩身稳定系数 φ

l_c/d	$\leqslant 7$	8.5	10.5	12	14	15.5	17	19	21	22.5	24
l_c/b	$\leqslant 8$	10	12	14	16	18	20	22	24	26	28
φ	1.00	0.98	0.95	0.92	0.87	0.81	0.75	0.70	0.65	0.60	0.56
l_c/d	26	28	29.5	31	33	34.5	36.5	38	40	41.5	43
l_c/b	30	32	34	36	38	40	42	44	46	48	50
φ	0.52	0.48	0.44	0.40	0.36	0.32	0.29	0.26	0.23	0.21	0.19

注：b 为矩形桩短边尺寸，d 为桩直径。

5.8.5 计算偏心受压混凝土桩正截面受压承载力时，可不考虑偏心距的增大影响，但对于高承台基桩、桩身穿越可液化土或不排水抗剪强度小于 10kPa 的软弱土层的基桩，应考虑桩身在弯矩作用平面内的挠曲对轴向力偏心距的影响，应将轴向力对截面重心的初始偏心矩 e_i 乘以偏心矩增大系数 η，偏心距增大系数 η 的具体计算方法可按现行国家标准《混凝土结构设计规范》GB 50010 执行。

5.8.6 对于打入式钢管桩，可按以下规定验算桩身局部压屈：

1 当 $t/d = \frac{1}{50} \sim \frac{1}{80}$，$d \leqslant 600mm$，最大锤击压应力小于钢材强度设计值时，可不进行局部压屈验算；

2 当 $d > 600mm$，可按下式验算：

$$t/d \geqslant f'_y/0.388E \qquad (5.8.6-1)$$

3 当 $d \geqslant 900mm$，除按（5.8.6-1）式验算外，尚应按下式验算：

$$t/d \geqslant \sqrt{f'_y/14.5E} \qquad (5.8.6-2)$$

式中 t、d——钢管桩壁厚、外径；

     E、f'_y——钢材弹性模量、抗压强度设计值。

（2）抗拔桩

5.8.7 钢筋混凝土轴心抗拔桩的正截面受拉承载力应符合下式规定：

$$N \leqslant f_y A_s + f_{py} A_{py} \qquad (5.8.7)$$

式中 N——荷载效应基本组合下桩顶轴向拉力设计值；

     f_y、f_{py}——普通钢筋、预应力钢筋的抗拉强度设计值；

     A_s、A_{py}——普通钢筋、预应力钢筋的截面面积。

5.8.8 对于抗拔桩的裂缝控制计算应符合下列规定：

1 对于严格要求不出现裂缝的一级裂缝控制等级预应力混凝土基桩，在荷载效应标准组合下混凝土不应产生拉应力，应符合下式要求：

$$\sigma_{ck} - \sigma_{pc} \leqslant 0 \qquad (5.8.8-1)$$

2 对于一般要求不出现裂缝的二级裂缝控制等级预应力混凝土基桩，在荷载效应标准组合下的拉应力不应大于混凝土轴心受拉强度标准值，应符合下列公式要求：

在荷载效应标准组合下：$\sigma_{ck} - \sigma_{pc} \leqslant f_{tk}$ （5.8.8-2）

在荷载效应准永久组合下：$\sigma_{cq} - \sigma_{pc} \leqslant 0$ （5.8.8-3）

3 对于允许出现裂缝的三级裂缝控制等级基桩，按荷载效应标准组合计算的最大裂缝宽度应符合下列规定：

$$w_{max} \leqslant w_{lim} \qquad (5.8.8-4)$$

式中 σ_{ck}、σ_{cq}——荷载效应标准组合、准永久组合下正截面法向应力；

     σ_{pc}——扣除全部应力损失后，桩身混凝土的预应力；

     f_{tk}——混凝土轴心抗拉强度标准值；

     w_{max}——按荷载效应标准组合计算的最大裂缝宽度，可按现行国家标准《混凝土结构设计规范》GB 50010 计算；

     w_{lim}——最大裂缝宽度限值，按本规范表 3.5.3 取用。

5.8.9 当考虑地震作用验算桩身抗拔承载力时，应根据现行国家标准《建筑抗震设计规范》GB 50011 的规定，对作用于桩顶的地震作用效应进行调整。

（3）受水平作用桩

5.8.10　对于受水平荷载和地震作用的桩，其桩身受弯承载力和受剪承载力的验算应符合下列规定：

1　对于桩顶固端的桩，应验算桩顶正截面弯矩；对于桩顶自由或铰接的桩，应验算桩身最大弯矩截面处的正截面弯矩；

2　应验算桩顶斜截面的受剪承载力；

3　桩身所承受最大弯矩和水平剪力的计算，可按本规范附录 C 计算；

4　桩身正截面受弯承载力和斜截面受剪承载力，应按现行国家标准《混凝土结构设计规范》GB 50010 执行；

5　当考虑地震作用验算桩身正截面受弯和斜截面受剪承载力时，应根据现行国家标准《建筑抗震设计规范》GB 50011 的规定，对作用于桩顶的地震作用效应进行调整。

（4）预制桩吊运和锤击验算

5.8.11　预制桩吊运时单吊点和双吊点的设置，应按吊点（或支点）跨间正弯矩与吊点处的负弯矩相等的原则进行布置。考虑预制桩吊运时可能受到冲击和振动的影响，计算吊运弯矩和吊运拉力时，可将桩身重力乘以 1.5 的动力系数。

5.8.12　对于裂缝控制等级为一级、二级的混凝土预制桩、预应力混凝土管桩，可按下列规定验算桩身的锤击压应力和锤击拉应力：

1　最大锤击压应力 σ_p 可按下式计算：

$$\sigma_p = \frac{\alpha \sqrt{2eE\gamma_p H}}{\left[1 + \dfrac{A_c}{A_H}\sqrt{\dfrac{E_c \cdot \gamma_c}{E_H \cdot \gamma_H}}\right]\left[1 + \dfrac{A}{A_c}\sqrt{\dfrac{E \cdot \gamma_p}{E_c \cdot \gamma_c}}\right]} \tag{5.8.12}$$

式中　　σ_p ——桩的最大锤击压应力；

α ——锤型系数；自由落锤为 1.0；柴油锤取 1.4；

e ——锤击效率系数；自由落锤为 0.6；柴油锤取 0.8；

A_H、A_c、A ——锤、桩垫、桩的实际断面面积；

E_H、E_c、E ——锤、桩垫、桩的纵向弹性模量；

γ_H、γ_c、γ_p ——锤、桩垫、桩的重度；

H ——锤落距。

2　当桩需穿越软土层或桩存在变截面时，可按表 5.8.12 确定桩身的最大锤击拉应力。

表 5.8.12　最大锤击拉应力 σ_t 建议值（kPa）

应力类别	桩　类	建　议　值	出现部位
桩轴向拉应力值	预应力混凝土管桩	$(0.33\sim0.5)\sigma_p$	①桩刚穿越软土层时；②距桩尖$(0.5\sim0.7)$倍桩长处
桩轴向拉应力值	混凝土及预应力混凝土桩	$(0.25\sim0.33)\sigma_p$	①桩刚穿越软土层时；②距桩尖$(0.5\sim0.7)$倍桩长处
桩截面环向拉应力或侧向拉应力	预应力混凝土管桩	$0.25\sigma_p$	最大锤击压应力相应的截面
桩截面环向拉应力或侧向拉应力	混凝土及预应力混凝土桩（侧向）	$(0.22\sim0.25)\sigma_p$	最大锤击压应力相应的截面

3 最大锤击压应力和最大锤击拉应力分别不应超过混凝土的轴心抗压强度设计值和轴心抗拉强度设计值。

(四) 承台计算 (《桩基规范》)

1. 受弯计算

5.9.1 桩基承台应进行正截面受弯承载力计算。承台弯矩可按本规范第 5.9.2~5.9.5 条的规定计算，受弯承载力和配筋可按现行国家标准《混凝土结构设计规范》GB 50010 的规定进行。

5.9.2 柱下独立桩基承台的正截面弯矩设计值可按下列规定计算：

1 两桩条形承台和多桩矩形承台弯矩计算截面取在柱边和承台变阶处 [见图 5.9.2 (a)]，可按下列公式计算：

$$M_x = \sum N_i y_i \qquad (5.9.2\text{-}1)$$

$$M_y = \sum N_i x_i \qquad (5.9.2\text{-}2)$$

式中 M_x、M_y ——分别为绕 X 轴和绕 Y 轴方向计算截面处的弯矩设计值；

       x_i、y_i ——垂直 Y 轴和 X 轴方向自桩轴线到相应计算截面的距离；

       N_i ——不计承台及其上土重，在荷载效应基本组合下的第 i 基桩或复合基桩竖向反力设计值。

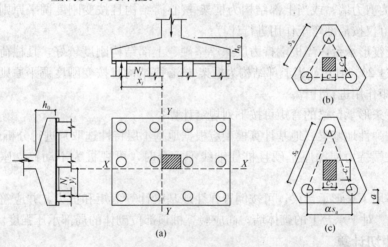

图 5.9.2   承台弯矩计算示意

(a) 矩形多桩承台；(b) 等边三桩承台；(c) 等腰三桩承台

2 三桩承台的正截面弯矩值应符合下列要求：

1) 等边三桩承台 [见图 5.9.2 (b)]

$$M = \frac{N_{\max}}{3}\left(s_a - \frac{\sqrt{3}}{4}c\right) \qquad (5.9.2\text{-}3)$$

式中 M ——通过承台形心至各边边缘正交截面范围内板带的弯矩设计值；

       $N_{\max}$ ——不计承台及其上土重，在荷载效应基本组合下三桩中最大基桩或复合基桩竖向反力设计值；

       s_a ——桩中心距；

c——方柱边长，圆柱时 $c=0.8d$（d 为圆柱直径）。

2）等腰三桩承台［见图 5.9.2（c）］

$$M_1 = \frac{N_{max}}{3}\left(s_a - \frac{0.75}{\sqrt{4-\alpha^2}}c_1\right) \qquad (5.9.2-4)$$

$$M_2 = \frac{N_{max}}{3}\left(\alpha s_a - \frac{0.75}{\sqrt{4-\alpha^2}}c_2\right) \qquad (5.9.2-5)$$

式中　M_1、M_2——分别为通过承台形心至两腰边缘和底边边缘正交截面范围内板带的弯
　　　　　　　矩设计值；

　　　s_a——长向桩中心距；

　　　α——短向桩中心距与长向桩中心距之比，当 α 小于 0.5 时，应按变截面的
　　　　　　二桩承台设计；

　　　c_1、c_2——分别为垂直于、平行于承台底边的柱截面边长。

5.9.3　箱形承台和筏形承台的弯矩可按下列规定计算：

1　箱形承台和筏形承台的弯矩宜考虑地基土层性质、基桩分布、承台和上部结构类型和刚度，按地基—桩—承台—上部结构共同作用原理分析计算；

2　对于箱形承台，当桩端持力层为基岩、密实的碎石类土、砂土且深厚均匀时；或当上部结构为剪力墙；或当上部结构为框架-核心筒结构且按变刚度调平原则布桩时，箱形承台底板可仅按局部弯矩作用进行计算；

3　对于筏形承台，当桩端持力层深厚坚硬、上部结构刚度较好，且柱荷载及柱间距的变化不超过 20％时；或当上部结构为框架-核心筒结构且按变刚度调平原则布桩时，可仅按局部弯矩作用进行计算。

5.9.4　柱下条形承台梁的弯矩可按下列规定计算：

1　可按弹性地基梁（地基计算模型应根据地基土层特性选取）进行分析计算；

2　当桩端持力层深厚坚硬且桩柱轴线不重合时，可视桩为不动铰支座，按连续梁计算。

5.9.5　砌体墙下条形承台梁，可按倒置弹性地基梁计算弯矩和剪力，并应符合本规范附录 G 的要求。对于承台上的砌体墙，尚应验算桩顶部位砌体的局部承压强度。

2. 受冲切计算

5.9.6　桩基承台厚度应满足柱（墙）对承台的冲切和基桩对承台的冲切承载力要求。

5.9.7　轴心竖向力作用下桩基承台受柱（墙）的冲切，可按下列规定计算：

1　冲切破坏锥体应采用自柱（墙）边或承台变阶处至相应桩顶边缘连线所构成的锥体，锥体斜面与承台底面之夹角不应小于 45°（见图 5.9.7）。

2　受柱（墙）冲切承载力可按下列公式计算：

$$F_l \leqslant \beta_{hp}\beta_0 u_m f_t h_0 \qquad (5.9.7-1)$$

$$F_l = F - \sum Q_i \qquad (5.9.7-2)$$

$$\beta_0 = \frac{0.84}{\lambda + 0.2} \qquad (5.9.7-3)$$

式中　F_l——不计承台及其上土重，在荷载效应基本组合下作用于冲切破坏锥体上的冲
　　　　　切力设计值；

f_t——承台混凝土抗拉强度设计值;

β_{hp}——承台受冲切承载力截面高度影响系数,当 $h \leqslant 800mm$ 时,β_{hp} 取 1.0,$h \geqslant$ 2000mm 时,β_{hp} 取 0.9,其间按线性内插法取值;

u_m——承台冲切破坏锥体一半有效高度处的周长;

h_0——承台冲切破坏锥体的有效高度;

β_0——柱(墙)冲切系数;

λ——冲跨比,$\lambda = a_0/h_0$,a_0 为柱(墙)边或承台变阶处到桩边水平距离;当 $\lambda < 0.25$ 时,取 $\lambda = 0.25$;当 $\lambda > 1.0$ 时,取 $\lambda = 1.0$;

F——不计承台及其上土重,在荷载效应基本组合作用下柱(墙)底的竖向荷载设计值;

ΣQ_i——不计承台及其上土重,在荷载效应基本组合下冲切破坏锥体内各基桩或复合基桩的反力设计值之和。

3 对于柱下矩形独立承台受柱冲切的承载力可按下列公式计算(图5.9.7):

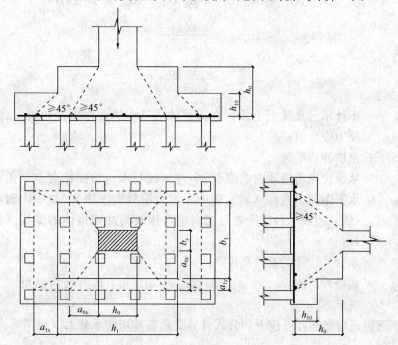

图 5.9.7 柱对承台的冲切计算示意

$$F_l \leqslant 2 \left[\beta_{0x}(b_c + a_{0y}) + \beta_{0y}(h_c + a_{0x}) \right] \beta_{hp} f_t h_0 \qquad (5.9.7\text{-}4)$$

式中 β_{0x}、β_{0y}——由式(5.9.7-3)求得,$\lambda_{0x} = a_{0x}/h_0$,$\lambda_{0y} = a_{0y}/h_0$;$\lambda_{0x}$、$\lambda_{0y}$ 均应满足 0.25~1.0 的要求;

h_c、b_c——分别为 x、y 方向的柱截面的边长;

a_{0x}、a_{0y}——分别为 x、y 方向柱边至最近桩边的水平距离。

4 对于柱下矩形独立阶形承台受上阶冲切的承载力可按下列公式计算(见图 5.9.7):

$$F_l \leqslant 2 \left[\beta_{1x}(b_1 + a_{1y}) + \beta_{1y}(h_1 + a_{1x}) \right] \beta_{hp} f_t h_{10} \qquad (5.9.7\text{-}5)$$

式中　β_{1x}、β_{1y} ——由式（5.9.7-3）求得，$\lambda_{1x} = a_{1x}/h_{10}$，$\lambda_{1y} = a_{1y}/h_{10}$；$\lambda_{1x}$、$\lambda_{1y}$ 均应满足
　　　　　　　　0.25~1.0 的要求；

　　　　h_1、b_1 ——分别为 x、y 方向承台上阶的边长；

　　　　a_{1x}、a_{1y} ——分别为 x、y 方向承台上阶边至最近桩边的水平距离。

　　对于圆柱及圆桩，计算时应将其截面换算成方柱及方桩，即取换算柱截面边长 $b_c =$ $0.8d_c$（d_c 为圆柱直径），换算桩截面边长 $b_p = 0.8d$（d 为圆桩直径）。

　　对于柱下两桩承台，宜按深受弯构件（$l_0/h < 5.0$，$l_0 = 1.15l_n$，l_n 为两桩净距）计算受弯、受剪承载力，不需要进行受冲切承载力计算。

5.9.8　对位于柱（墙）冲切破坏锥体以外的基桩，可按下列规定计算承台受基桩冲切的承载力：

　　1　四桩以上（含四桩）承台受角桩冲切的承载力可按下列公式计算（见图 5.9.8-1）：

$$N_l \leqslant \left[\beta_{1x}(c_2 + (a_{1y}/2)) + \beta_{1y}(c_1 + (a_{1x}/2))\right]\beta_{hp}f_t h_0 \tag{5.9.8-1}$$

$$\beta_{1x} = \frac{0.56}{\lambda_{1x} + 0.2} \tag{5.9.8-2}$$

$$\beta_{1y} = \frac{0.56}{\lambda_{1y} + 0.2} \tag{5.9.8-3}$$

式中　　　N_l ——不计承台及其上土重，在荷载效应基本组合作用下角桩（含复合基桩）反力设计值；

　　β_{1x}、β_{1y} ——角桩冲切系数；

　　a_{1x}、a_{1y} ——从承台底角桩顶内边缘引 45°冲切线与承台顶面相交点至角桩内边缘的水平距离；当柱（墙）边或承台变阶处位于该 45°线以内时，则取由柱（墙）边或承台变阶处与桩内边缘连线为冲切锥体的锥线（见图 5.9.8-1）；

　　　　h_0 ——承台外边缘的有效高度；

　　λ_{1x}、λ_{1y} ——角桩冲跨比，$\lambda_{1x} = a_{1x}/h_0$，$\lambda_{1y} = a_{1y}/h_0$，其值均应满足 0.25~1.0 的要求。

　　2　对于三桩三角形承台可按下列公式计算受角桩冲切的承载力（见图 5.9.8-2）：

底部角桩：

$$N_l \leqslant \beta_{11}(2c_1 + a_{11})\beta_{hp}\tan\frac{\theta_1}{2}f_t h_0 \tag{5.9.8-4}$$

$$\beta_{11} = \frac{0.56}{\lambda_{11} + 0.2} \tag{5.9.8-5}$$

顶部角桩：

$$N_l \leqslant \beta_{12}(2c_2 + a_{12})\beta_{hp}\tan\frac{\theta_2}{2}f_t h_0 \tag{5.9.8-6}$$

$$\beta_{12} = \frac{0.56}{\lambda_{12} + 0.2} \tag{5.9.8-7}$$

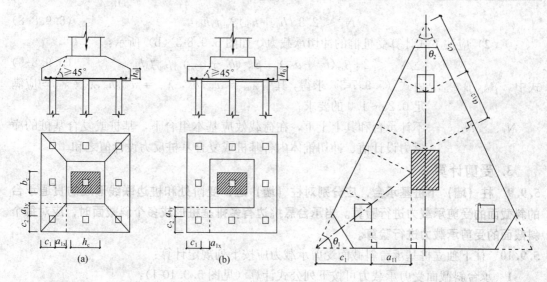

图 5.9.8-1　四桩以上（含四桩）承台角桩
　　　　　冲切计算示意
　　（a）锥形承台；（b）阶形承台

图 5.9.8-2　三桩三角形承台角桩
　　　　　冲切计算示意

式中　λ_{11}、λ_{12} ——角桩冲跨比，$\lambda_{11} = a_{11}/h_0$，$\lambda_{12} = a_{12}/h_0$，其值均应满足 0.25～1.0 的要求；

a_{11}、a_{12} ——从承台底角桩顶内边缘引 45°冲切线与承台顶面相交点至角桩内边缘的水平距离；当柱（墙）边或承台变阶处位于该 45°线以内时，则取由柱（墙）边或承台变阶处与桩内边缘连线为冲切锥体的锥线。

3　对于箱形、筏形承台，可按下列公式计算承台受内部基桩的冲切承载力：

1） 应按下式计算受基桩的冲切承载力，如图 5.9.8-3（a）所示：

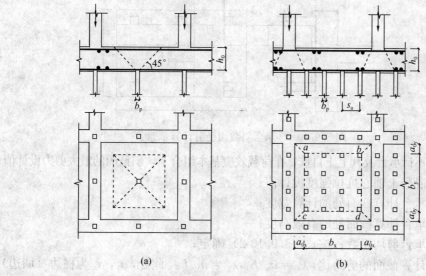

图 5.9.8-3　基桩对筏形承台的冲切和墙对筏形承台的冲切计算示意
　　（a）受基桩的冲切；（b）受桩群的冲切

$$N_1 \leqslant 2.8 (b_p + h_0) \beta_{hp} f_t h_0 \tag{5.9.8-8}$$

2）应按下式计算受桩群的冲切承载力，如图 5.9.8-3（b）所示：

$$\sum N_{1i} \leqslant 2 [\beta_{0x}(b_y + a_{0y}) + \beta_{0y}(b_x + a_{0x})] \beta_{hp} f_t h_0 \tag{5.9.8-9}$$

式中　β_{0x}、β_{0y}——由式（5.9.7-3）求得，其中 $\lambda_{0x} = a_{0x}/h_0$，$\lambda_{0y} = a_{0y}/h_0$，$\lambda_{0x}$、$\lambda_{0y}$ 均应满足 $0.25 \sim 1.0$ 的要求；

N_1、$\sum N_{1i}$——不计承台和其上土重，在荷载效应基本组合下，基桩或复合基桩的净反力设计值、冲切锥体内各基桩或复合基桩反力设计值之和。

3. 受剪计算

5.9.9　柱（墙）下桩基承台，应分别对柱（墙）边、变阶处和桩边联线形成的贯通承台的斜截面的受剪承载力进行验算。当承台悬挑边有多排基桩形成多个斜截面时，应对每个斜截面的受剪承载力进行验算。

5.9.10　柱下独立桩基承台斜截面受剪承载力应按下列规定计算：

1　承台斜截面受剪承载力可按下列公式计算（见图 5.9.10-1）：

$$V \leqslant \beta_{hs} \alpha f_t b_0 h_0 \tag{5.9.10-1}$$

$$\alpha = \frac{1.75}{\lambda + 1} \tag{5.9.10-2}$$

$$\beta_{hs} = \left(\frac{800}{h_0}\right)^{1/4} \tag{5.9.10-3}$$

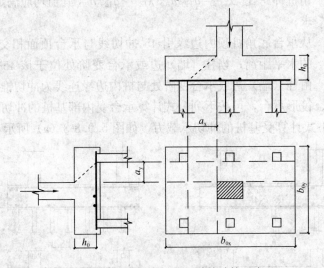

图 5.9.10-1　承台斜截面受剪计算示意

式中　V——不计承台及其上土自重，在荷载效应基本组合下，斜截面的最大剪力设计值；

f_t——混凝土轴心抗拉强度设计值；

b_0——承台计算截面处的计算宽度；

h_0——承台计算截面处的有效高度；

α——承台剪切系数；按式（5.9.10-2）确定；

λ——计算截面的剪跨比，$\lambda_x = a_x/h_0$，$\lambda_y = a_y/h_0$，此处，a_x，a_y 为柱边（墙边）或承台变阶处至 y、x 方向计算一排桩的桩边的水平距离，当 $\lambda < 0.25$ 时，取 $\lambda = 0.25$；当 $\lambda > 3$ 时，取 $\lambda = 3$；

β_{hs}——受剪切承载力截面高度影响系数；当 $h_0 < 800mm$ 时，取 $h_0 = 800mm$；当 $h_0 > 2000mm$ 时，取 $h_0 = 2000mm$；其间按线性内插法取值。

2　对于阶梯形承台应分别在变阶处（A_1-A_1，B_1-B_1）及柱边处（A_2-A_2，B_2-B_2）进行斜截面受剪承载力计算（见图 5.9.10-2）。

计算变阶处截面（A_1-A_1，B_1-B_1）的斜截面受剪承载力时，其截面有效高度均为 h_{10}，截面计算宽度分别为 b_{y1} 和 b_{x1}。

计算柱边截面（A_2-A_2，B_2-B_2）的斜截面受剪承载力时，其截面有效高度均为 $h_{10}+h_{20}$，截面计算宽度分别为：

对 A_2-A_2
$$b_{y0} = \frac{b_{y1} \cdot h_{10} + b_{y2} \cdot h_{20}}{h_{10} + h_{20}} \tag{5.9.10-4}$$

对 B_2-B_2
$$b_{x0} = \frac{b_{x1} \cdot h_{10} + b_{x2} \cdot h_{20}}{h_{10} + h_{20}} \tag{5.9.10-5}$$

3　对于锥形承台应对变阶处及柱边处（$A-A$ 及 $B-B$）两个截面进行受剪承载力计算（见图 5.9.10-3），截面有效高度均为 h_0，截面的计算宽度分别为：

对 $A-A$
$$b_{y0} = \left[1 - 0.5 \frac{h_{20}}{h_0} \left(1 - \frac{b_{y2}}{b_{y1}}\right)\right] b_{y1} \tag{5.9.10-6}$$

对 $B-B$
$$b_{x0} = \left[1 - 0.5 \frac{h_{20}}{h_0} \left(1 - \frac{b_{x2}}{b_{x1}}\right)\right] b_{x1} \tag{5.9.10-7}$$

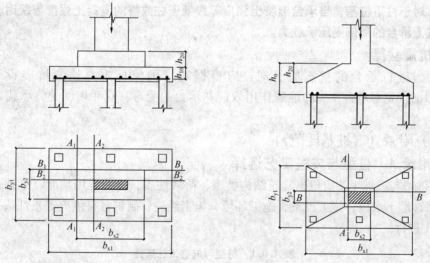

图 5.9.10-2　阶梯形承台斜截面受剪计算示意　　　图 5.9.10-3　锥形承台斜截面受剪计算示意

5.9.11　梁板式筏形承台的梁的受剪承载力可按现行国家标准《混凝土结构设计规范》GB 50010 计算。

5.9.12　砌体墙下条形承台梁配有箍筋，但未配弯起钢筋时，斜截面的受剪承载力可按下式计算：

$$V \leqslant 0.7 f_t b h_0 + 1.25 f_{yv} \frac{A_{sv}}{s} h_0 \tag{5.9.12}$$

式中　V——不计承台及其上土自重，在荷载效应基本组合下，计算截面处的剪力设计值；

　　　A_{sv}——配置在同一截面内箍筋各肢的全部截面面积；

　　　　s ——沿计算斜截面方向箍筋的间距；

　　　f_{yv} ——箍筋抗拉强度设计值；

　　　　b ——承台梁计算截面处的计算宽度；

　　　h_0 ——承台梁计算截面处的有效高度。

5.9.13　砌体墙下承台梁配有箍筋和弯起钢筋时，斜截面的受剪承载力可按下式计算：

$$V \leqslant 0.7 f_t bh_0 + 1.25 f_y \frac{A_{sv}}{s} h_0 + 0.8 f_y A_{sb} \sin \alpha_s \tag{5.9.13}$$

式中　A_{sb} ——同一截面弯起钢筋的截面面积；

　　　f_y ——弯起钢筋的抗拉强度设计值；

　　　α_s ——斜截面上弯起钢筋与承台底面的夹角。

5.9.14　柱下条形承台梁，当配有箍筋但未配弯起钢筋时，其斜截面的受剪承载力可按下式计算：

$$V \leqslant \frac{1.75}{\lambda+1} f_t bh_0 + f_y \frac{A_{sv}}{s} h_0 \tag{5.9.14}$$

式中　λ ——计算截面的剪跨比，$\lambda = a/h_0$，a 为柱边至桩边的水平距离；当 $\lambda < 1.5$ 时，取 $\lambda = 1.5$；当 $\lambda > 3$ 时，取 $\lambda = 3$。

4. 局部受压计算

5.9.15　对于柱下桩基，当承台混凝土强度等级低于柱或桩的混凝土强度等级时，应验算柱下或桩上承台的局部受压承载力。

5. 抗震验算

5.9.16　当进行承台的抗震验算时，应根据现行国家标准《建筑抗震设计规范》GB 50011的规定对承台顶面的地震作用效应和承台的受弯、受冲切、受剪承载力进行抗震调整。

（五）附录（《桩基规范》）

1. 附录 A　桩型与成桩工艺选择

A.0.1　桩型与成桩工艺应根据建筑结构类型、荷载性质、桩的使用功能、穿越土层、桩端持力层、地下水位、施工设备、施工环境、施工经验、制桩材料供应等条件选择。可按表 A.0.1 进行。

表 A.0.1　桩型与成桩工艺选择

桩 类		桩径		最大桩长(m)	穿越土层									桩端进入持力层			地下水位		对环境影响		
		桩身(mm)	扩底端(mm)		一般黏性土及其填土	淤泥和淤泥质土	粉土	砂土	碎石土	季节性冻土膨胀土	黄土非自重湿陷性黄土	黄土自重湿陷性黄土	中间有硬夹层	中间有砂夹层	中间有砾石夹层	硬黏性土	密实砂土	碎石土	软质岩石和风化岩石	以上	以下	振动和噪声	排浆	孔底有无挤密
非挤土成桩	干作业法	长螺旋钻孔灌注桩	300~800	—	28	○	×	○	△	×	○	○	△	×	△	×	○	○	△	△	○	×	无	无	无
		短螺旋钻孔灌注桩	300~800	—	20	○	×	○	△	×	○	○	△	×	△	×	○	○	△	△	○	×	无	无	无
		钻孔扩底灌注桩	300~600	800~1200	30	○	×	○	△	×	○	○	△	×	△	×	○	○	△	△	○	×	无	无	无
		机动洛阳铲成孔灌注桩	300~500	—	20	○	×	○	△	×	○	○	△	×	△	×	○	○	△	△	○	×	无	无	无
		人工挖孔扩底灌注桩	800~2000	1600~3000	30	○	×	○	△	×	○	○	△	×	△	×	○	○	△	△	○	×	无	无	无

续表 A.0.1

桩 类		桩径		最大桩长(m)	穿越土层											桩端进入持力层				地下水位		对环境影响		孔底有无挤密
		桩身(mm)	扩底端(mm)		一般黏性土及其填土	淤泥和淤泥质土	粉土	砂土	碎石土	季节性冻土膨胀土	黄土非自重湿陷性黄土	自重湿陷性黄土	中间有硬夹层	中间有砂夹层	中间有砾石夹层	硬黏性土	密实砂土	碎石土	软质岩石和风化岩石	以上	以下	振动和噪声	排浆	
非挤土成桩 泥浆护壁法	潜水钻成孔灌注桩	500～800	—	50	○	○	○	△	×	△	△	×	×	△	○	○	○	×	○	○	无	有	无
	反循环钻成孔灌注桩	600～1200	—	80	○	○	○	○	△	△	△	△	△	△	○	○	○	△	○	○	无	有	无
	正循环钻成孔灌注桩	600～1200	—	80	○	○	○	△	△	△	△	△	△	△	○	○	○	△	○	○	无	有	无
	旋挖成孔灌注桩	600～1200	—	60	○	○	○	△	△	△	△	△	△	△	○	○	○	△	○	○	无	有	无
	钻孔扩底灌注桩	600～1200	1000～1600	30	○	○	○	△	△	△	△	△	△	△	○	○	○	△	○	○	无	有	无
套管护壁	贝诺托灌注桩	800～1600	—	50	○	○	○	○	△	△	△	△	△	△	○	○	○	△	○	○	无	有	无
	短螺旋钻孔灌注桩	300～800	—	20	○	○	○	△	×	△	△	△	△	△	○	○	△	×	○	○	无	有	无
部分挤土成桩 灌注桩	冲击成孔灌注桩	600～1200	—	50	○	○	○	○	△	△	△	×	×	△	○	○	○	△	○	○	无	有	无
	长螺旋钻孔压灌桩	300～800	—	25	○	○	○	△	△	△	△	△	△	△	○	○	△	△	○	○	无	有	无
	钻孔挤扩多支盘桩	700～900	1200～1600	40	○	○	○	△	△	△	△	△	△	△	○	○	○	△	○	○	无	有	无
部分挤土成桩 预制桩	预钻孔打入式预制桩	500		50	○	○	○	△	△	△	△	△	△	△	○	○	△	△	○	○	有	无	有
	静压混凝土（预应力混凝土）敞口管桩	800		60	○	○	○	△	△	△	△	×	△	△	○	○	△	△	○	○	无	有	有
	H型钢桩	规格			○	○	○	△	△	△	△	△	△	△	○	○	△	△	○	○	有	无	有
	敞口钢桩	600～900		80	○	○	○	△	△	△	△	△	△	△	○	○	△	△	○	○	有	无	有
挤土成桩 灌注桩	内夯沉管灌注桩	325，377	460～700	25	○	○	○	△	△	△	△	△	×	×	○	○	△	△	○	○	有	有	有
挤土成桩 预制桩	打入式混凝土预制桩闭口钢管桩、混凝土管桩	500×500 1000	—	60	○	○	○	△	△	△	△	△	△	△	○	○	△	△	○	○	有	无	有
	静压桩	1000	—	60	○	○	○	△	△	△	△	△	△	×	○	△	△	△	○	○	无	无	有

注：表中符号○表示比较合适；△表示有可能采用；×表示不宜采用。

2. 附录 B 预应力混凝土空心桩基本参数

B.0.1 离心成型的先张法预应力混凝土管桩的基本参数可按表 B.0.1 选用。

表 B.0.1 预应力混凝土管桩的配筋和力学性能

品种	外径 d (mm)	壁厚 t (mm)	单节桩长 (m)	混凝土强度等级	型号	预应力钢筋	螺旋筋规格	混凝土有效预压应力 (MPa)	抗裂弯矩检验值 M_{cr} (kN·m)	极限弯矩检验值 M_u (kN·m)	桩身竖向承载力设计值 R_p (kN)	理论质量 (kg/m)
预应力高强混凝土管桩(PHC)	300	70	≤11	C80	A	6φ7.1	φ^{b}4	3.8	23	34	1410	131
					AB	6φ9.0		5.3	28	45		
					B	8φ9.0		7.2	33	59		
					C	8φ10.7		9.3	38	76		
	400	95	≤12	C80	A	10φ7.1	φ^{b}4	3.6	52	77	2550	249
					AB	10φ9.0		4.9	63	104		
					B	12φ9.0		6.6	75	135		
					C	12φ10.7		8.5	87	174		

续表 B.0.1

品种	外径 d (mm)	壁厚 t (mm)	单节桩长 (m)	混凝土强度等级	型号	预应力钢筋	螺旋筋规格	混凝土有效预压应力 (MPa)	抗裂弯矩检验值 M_{cr} (kN·m)	极限弯矩检验值 M_u (kN·m)	桩身竖向承载力设计值 R_p (kN)	理论质量 (kg/m)
预应力高强混凝土管桩 (PHC)	500	100	≤15	C80	A	10φ9.0	$φ^b5$	3.9	99	148	3570	327
					AB	10φ10.7		5.3	121	200		
					B	13φ10.7		7.2	144	258		
					C	13φ12.6		9.5	166	332		
	500	125	≤15	C80	A	10φ9.0	$φ^b5$	3.5	99	148	4190	368
					AB	10φ10.7		4.7	121	200		
					B	13φ10.7		6.2	144	258		
					C	13φ12.6		8.2	166	332		
	550	100	≤15	C80	A	11φ9.0	$φ^b5$	3.9	125	188	4020	368
					AB	11φ10.7		5.3	154	254		
					B	15φ10.7		6.9	182	328		
					C	15φ12.6		9.2	211	422		
	550	125	≤15	C80	A	11φ9.0	$φ^b5$	3.4	125	188	4700	434
					AB	11φ10.7		4.7	154	254		
					B	15φ10.7		6.1	182	328		
					C	15φ12.6		7.9	211	422		
	600	110	≤15	C80	A	13φ9.0	$φ^b5$	3.9	164	246	4810	440
					AB	13φ10.7		5.5	201	332		
					B	17φ10.7		7	239	430		
					C	17φ12.6		9.1	276	552		
	600	130	≤15	C80	A	13φ9.0	$φ^b5$	3.5	164	246	5440	499
					AB	13φ10.7		4.8	201	332		
					B	17φ10.7		6.2	239	430		
					C	17φ12.6		8.2	276	552		
	800	110	≤15	C80	A	15φ10.7	$φ^b6$	4.4	367	550	6800	620
					AB	15φ12.6		6.1	451	743		
					B	22φ12.6		8.2	535	962		
					C	27φ12.6		11	619	1238		
	1000	130	≤15	C80	A	22φ10.7	$φ^b6$	4.4	689	1030	10080	924
					AB	22φ12.6		6	845	1394		
					B	30φ12.6		8.3	1003	1805		
					C	40φ12.6		10.9	1161	2322		

续表 B.0.1

品种	外径 d (mm)	壁厚 t (mm)	单节桩长 (m)	混凝土强度等级	型号	预应力钢筋	螺旋筋规格	混凝土有效预压应力 (MPa)	抗裂弯矩检验值 M_{cr} (kN·m)	极限弯矩检验值 M_u (kN·m)	桩身竖向承载力设计值 R_p (kN)	理论质量 (kg/m)
预应力混凝土管桩（PC）	300	70	≤11	C60	A	6φ7.1	ϕ^b4	3.8	23	34	1070	131
					AB	6φ9.0		5.2	28	45		
					B	8φ9.0		7.1	33	59		
					C	8φ10.7		9.3	38	76		
	400	95	≤12	C60	A	10φ7.1	ϕ^b4	3.7	52	77	1980	249
					AB	10φ9.0		5.0	63	104		
					B	13φ9.0		6.7	75	135		
					C	13φ10.7		9.0	87	174		
	500	100	≤15	C60	A	10φ9.0	ϕ^b5	3.9	99	148	2720	327
					AB	10φ10.7		5.4	121	200		
					B	14φ10.7		7.2	144	258		
					C	14φ12.6		9.8	166	332		
	550	100	≤15	C60	A	11φ9.0	ϕ^b5	3.9	125	188	3060	368
					AB	11φ10.7		5.4	154	254		
					B	15φ10.7		7.2	182	328		
					C	15φ12.6		9.7	211	422		
	600	110	≤15	C60	A	13φ9.0	ϕ^b5	3.9	164	246	3680	440
					AB	13φ10.7		5.4	201	332		
					B	18φ10.7		7.2	239	430		
					C	18φ12.6		9.8	276	552		

B.0.2 离心成型的先张法预应力混凝土空心方桩的基本参数可按表 B.0.2 选用。

表 B.0.2　预应力混凝土空心方桩的配筋和力学性能

品种	边长 b (mm)	内径 d_l (mm)	单节桩长 (m)	混凝土强度等级	预应力钢筋	螺旋筋规格	混凝土有效预压应力 (MPa)	抗裂弯矩 M_{cr} (kN·m)	极限弯矩 M_u (kN·m)	桩身竖向承载力设计值 R_p(kN)	理论质量 (kg/m)
预应力高强混凝土空心方桩（PHS）	300	160	≤12	C80	8φD7.1	ϕ^b4	3.7	37	48	1880	185
					8φD9.0	ϕ^b4	5.9	48	77		
	350	190	≤12	C80	8φD9.0	ϕ^b4	4.4	66	93	2535	245
	400	250	≤14	C80	8φD9.0	ϕ^b4	3.8	88	110	2985	290
					8φD10.7	ϕ^b4	5.3	102	155		
	450	250	≤15	C80	12φD9.0	ϕ^b5	4.1	135	185	4130	400
					12φD10.7	ϕ^b5	5.7	160	261		
					12φD12.6	ϕ^b5	7.9	190	352		

续表 B.0.2

品种	边长 b (mm)	内径 d_l (mm)	单节桩长 (m)	混凝土强度等级	预应力钢筋	螺旋筋规格	混凝土有效预压应力 (MPa)	抗裂弯矩 M_{cr} (kN·m)	极限弯矩 M_u (kN·m)	桩身竖向承载力设计值 R_p (kN)	理论质量 (kg/m)
预应力高强混凝土空心方桩 (PHS)	500	300	≤15	C80	12ϕ^D9.0	ϕ^b5	3.5	170	210	4830	470
					12ϕ^D10.7	ϕ^b5	4.9	198	295		
					12ϕ^D12.6	ϕ^b5	6.8	234	406		
	550	350	≤15	C80	16ϕ^D9.0	ϕ^b5	4.1	237	310	5550	535
					16ϕ^D10.7	ϕ^b5	5.7	278	440		
					16ϕ^D12.6	ϕ^b5	7.8	331	582		
	600	380	≤15	C80	20ϕ^D9.0	ϕ^b5	4.2	315	430	6640	645
					20ϕ^D10.7	ϕ^b5	5.9	370	596		
					20ϕ^D12.6	ϕ^b5	8.1	440	782		
预应力混凝土空心方桩 (PS)	300	160	≤12	C60	8ϕ^D7.1	ϕ^b4	3.7	35	48	1440	185
					8ϕ^D9.0	ϕ^b4	5.9	46	77		
	350	190	≤12	C60	8ϕ^D9.0	ϕ^b4	4.4	63	93	1940	245
	400	250	≤14	C60	8ϕ^D9.0	ϕ^b4	3.8	85	110	2285	290
					8ϕ^D10.7	ϕ^b4	5.3	99	155		
	450	250	≤15	C60	12ϕ^D9.0	ϕ^b5	4.1	129	185	3160	400
					12ϕ^D10.7	ϕ^b5	5.7	152	256		
					12ϕ^D12.6	ϕ^b5	7.8	182	331		
	500	300	≤15	C60	12ϕ^D9.0	ϕ^b5	3.5	163	210	3700	470
					12ϕ^D10.7	ϕ^b5	4.9	189	295		
					12ϕ^D12.6	ϕ^b5	6.7	223	388		
	550	350	≤15	C60	16ϕ^D9.0	ϕ^b5	4.1	225	310	4250	535
					16ϕ^D10.7	ϕ^b5	5.6	266	426		
					16ϕ^D12.6	ϕ^b5	7.7	317	558		
	600	380	≤15	C60	20ϕ^D9.0	ϕ^b5	4.2	300	430	5085	645
					20ϕ^D10.7	ϕ^b5	5.9	355	576		
					20ϕ^D12.6	ϕ^b5	8.0	425	735		

九、地下室设计（《高规》）

12.1.1 高层建筑宜设地下室。

12.1.10 高层建筑基础的混凝土强度等级不宜低于C25。当有防水要求时，混凝土抗渗等级应根据基础埋置深度按表12.1.10采用，必要时可设置架空排水层。

表 12.1.10 基础防水混凝土的抗渗等级

基础埋置深度 H（m）	抗渗等级
$H < 10$	P6
$10 \leqslant H < 20$	P8
$20 \leqslant H < 30$	P10
$H \geqslant 30$	P12

12.1.11 基础及地下室的外墙、底板，当采用粉煤灰混凝土时，可采用 60d 或 90d 龄期的强度指标作为其混凝土设计强度。

12.2.1 高层建筑地下室顶板作为上部结构的嵌固部位时，应符合下列规定：

　　1 地下室顶板应避免开设大洞口，其混凝土强度等级应符合本规程第 3.2.2 条的有关规定，楼盖设计应符合本规程第 3.6.3 条的有关规定；

　　2 地下一层与相邻上层的侧向刚度比应符合本规程第 5.3.7 条的规定；

　　3 地下室顶板对应于地上框架柱的梁柱节点设计应符合下列要求之一：

　　　1）地下一层柱截面每侧的纵向钢筋面积除应符合计算要求外，不应少于地上一层对应柱每侧纵向钢筋面积的 1.1 倍；地下一层梁端顶面和底面的纵向钢筋应比计算值增大 10% 采用。

　　　2）地下一层柱每侧的纵向钢筋面积不小于地上一层对应柱每侧纵向钢筋面积的 1.1 倍且地下室顶板梁柱节点左右梁端截面与下柱上端同一方向实配的受弯承载力之和不小于地上一层对应柱下端实配的受弯承载力的 1.3 倍。

　　4 地下室与上部对应的剪力墙墙肢端部边缘构件的纵向钢筋截面面积不应小于地上一层对应的剪力墙墙肢边缘构件的纵向钢筋截面面积。

12.2.2 高层建筑地下室设计，应综合考虑上部荷载、岩土侧压力及地下水的不利作用影响。地下室应满足整体抗浮要求，可采取排水、加配重或设置抗拔锚桩（杆）等措施。当地下水具有腐蚀性时，地下室外墙及底板应采取相应的防腐蚀措施。

12.2.3 高层建筑地下室不宜设置变形缝。当地下室长度超过伸缩缝最大间距时，可考虑利用混凝土后期强度，降低水泥用量；也可每隔 30m～40m 设置贯通顶板、底部及墙板的施工后浇带。后浇带可设置在柱距三等分的中间范围内以及剪力墙附近，其方向宜与梁正交，沿竖向应在结构同跨内；底板及外墙的后浇带宜增设附加防水层；后浇带封闭时间宜滞后 45d 以上，其混凝土强度等级宜提高一级，并宜采用无收缩混凝土，低温入模。

12.2.4 高层建筑主体结构地下室底板与扩大地下室底板交界处，其截面厚度和配筋应适当加强。

12.2.5 高层建筑地下室外墙设计应满足水土压力及地面荷载侧压作用下承载力要求，其竖向和水平分布钢筋应双层双向布置，间距不宜大于 150mm，配筋率不宜小于 0.3%。

12.2.6 高层建筑地下室外周回填土应采用级配砂石、砂土或灰土，并应分层夯实。

12.2.7 有窗井的地下室，应设外挡土墙，挡土墙与地下室外墙之间应有可靠连接。

十、地基处理——水泥粉煤灰碎石桩法（《北京地基规范》）

11.5.1 水泥粉煤灰碎石桩（CFG 桩）法的施工工艺可以采用钻孔灌注成桩、长螺旋钻孔管内泵压灌注成桩和振动沉管灌注成桩。

11.5.2 水泥粉煤灰碎石桩法适用于处理粘性土、粉土、砂土、炉灰和已完成自重固结的素填土等地基。对淤泥质土应按工程经验或通过现场试验确定其适用性。

11.5.3 采用水泥粉煤灰碎石桩法时，岩土工程详细勘察应满足下列要求并重点查明：

1 场地内的地层结构、成因年代，各岩土层的物理力学性质及均匀性、地基承载力，地下水分布情况。

2 勘探点间距宜为 20～30m，桩端持力层为坚硬土层时宜为 12～24m。遇到土层的性质和状态在水平方向变化较大，或存在可能影响成桩的地层时，应适当加密勘探点。

3 控制性勘探孔深度应满足地基变形计算要求，一般性勘探孔应达到桩端平面以下 3～5m。

4 对于勘察深度范围内的每一主要地层，均应取样进行室内试验或进行原位测试，提供设计所需参数。取样和进行原位测试的数量应满足本规范第 6 章的规定。

11.5.4 水泥粉煤灰碎石桩复合地基设计应满足下列要求：

1 水泥粉煤灰碎石桩复合地基处理的深度，应根据地层情况、工程要求和设备等因素确定。当相对硬层的埋藏深度不大时，桩长应达到相对硬层；当相对硬层的埋藏深度较大时，应按建筑物地基变形允许值确定桩长。

2 水泥粉煤灰碎石桩可只在基础范围内布置。桩径宜取 300～600mm；桩距应根据设计要求的复合地基承载力、土性、施工工艺等确定，宜取 3～5 倍桩径。

3 桩顶和基础间应设置褥垫层，褥垫层厚度宜取 150～300mm，当桩径大或桩距大时褥垫层厚度宜取高值。褥垫层材料宜用中砂、粗砂、级配砂石或碎石等，最大粒径不宜大于 30mm。

4 水泥粉煤灰碎石桩复合地基承载力标准值应按现场复合地基载荷试验结果确定。初步设计时也可按下式估算：

$$f_{spa} = m \frac{R_v}{A_{ps}} + \beta(1-m)f_{sa} \tag{11.5.4-1}$$

式中 f_{spa}——复合地基承载力标准值（kPa）；

　　m——面积置换率（%）；

　　R_v——单桩竖向承载力标准值（kN）；

　　A_{ps}——桩身横截面面积（m²）；

　　β——桩间土承载力折减系数，宜按经验取值，可取 0.75～0.95，天然地基承载力较高时宜取大值，天然地基承载力较低时宜取小值；

　　f_{sa}——处理后桩间土承载力标准值（kPa），可按经验取值，缺少经验时，可取天然地基承载力标准值。

5 单桩竖向承载力标准值 R_v 应按下列规定确定：

1） 当采用单桩载荷试验结果时，应将单桩竖向极限承载力除以安全系数 2；

2） 当无单桩载荷试验资料时，可按下式估算：

$$R_v = u_p \sum_{i=1}^{n} q_{si} l_i + q_p A_{ps} \tag{11.5.4-2}$$

式中 u_p——桩身横截面周长（m）；

n——桩长范围内所划分的土层数；

q_{si}、q_p——桩侧第 i 层土的侧阻力标准值（kPa）、桩端阻力标准值（kPa），可按本规范第 9 章的有关规定取值；

l_i——桩穿越第 i 层土的厚度（m）。

6 桩体试块抗压强度平均值应满足下式要求：

$$f_{cu} \geqslant 3 \frac{R_v}{A_{ps}}$$ (11.5.4-3)

式中 f_{cu}——桩体混凝土试块（边长 150mm 的立方体）标准养护 28d 立方体抗压强度平均值（kPa）。

第 5 章　混凝土构件承载能力计算

《混凝土规范》

1. 一般规定

6.1.1　本章适用于钢筋混凝土构件、预应力混凝土构件的承载能力极限状态计算；素混凝土结构构件设计应符合本规范附录 D 的规定。

深受弯构件、牛腿、叠合式构件的承载力计算应符合本规范第 9 章的有关规定。

6.1.2　对于二维或三维非杆系结构构件，当按弹性或弹塑性分析方法得到构件的应力设计值分布后，可根据主拉应力设计值的合力在配筋方向的投影确定配筋量，按主拉应力的分布区域确定钢筋布置，并应符合相应的构造要求；当混凝土处于受压状态时，可考虑受压钢筋和混凝土共同作用，受压钢筋配置应符合构造要求。

6.1.3　采用应力表达式进行混凝土结构构件的承载能力极限状态验算时，应符合下列规定：

1　应根据设计状况和构件性能设计目标确定混凝土和钢筋的强度取值。

2　钢筋应力不应大于钢筋的强度取值。

3　混凝土应力不应大于混凝土的强度取值；多轴应力状态混凝土强度取值和验算可按本规范附录 C.4 的有关规定进行。

2. 正截面承载力计算

6.2.1　正截面承载力应按下列基本假定进行计算：

1　截面应变保持平面。

2　不考虑混凝土的抗拉强度。

3　混凝土受压的应力与应变关系按下列规定取用：

当 $\varepsilon_c \leqslant \varepsilon_0$ 时

$$\sigma_c = f_c \left[1 - \left(1 - \frac{\varepsilon_c}{\varepsilon_0} \right)^n \right] \tag{6.2.1-1}$$

当 $\varepsilon_0 < \varepsilon_c \leqslant \varepsilon_{cu}$ 时

$$\sigma_c = f_c \tag{6.2.1-2}$$

$$n = 2 - \frac{1}{60} (f_{cu,k} - 50) \tag{6.2.1-3}$$

$$\varepsilon_0 = 0.002 + 0.5 (f_{cu,k} - 50) \times 10^{-5} \tag{6.2.1-4}$$

$$\varepsilon_{cu} = 0.0033 - (f_{cu,k} - 50) \times 10^{-5} \tag{6.2.1-5}$$

式中：σ_c ——混凝土压应变为 ε_c 时的混凝土压应力；

f_c ——混凝土轴心抗压强度设计值，按本规范表 4.1.4-1 采用；

ε_0 ——混凝土压应力达到 f_c 时的混凝土压应变，当计算的 ε_0 值小于 0.002 时，取为 0.002；

ε_{cu}——正截面的混凝土极限压应变，当处于非均匀受压且按公式（6.2.1-5）计算的值大于 0.0033 时，取为 0.0033；当处于轴心受压时取为 ε_0；

$f_{cu,k}$——混凝土立方体抗压强度标准值，按本规范第 4.1.1 条确定；

n——系数，当计算的 n 值大于 2.0 时，取为 2.0。

4 纵向受拉钢筋的极限拉应变取为 0.01。

5 纵向钢筋的应力取钢筋应变与其弹性模量的乘积，但其值应符合下列要求：

$$-f'_y \leqslant \sigma_{si} \leqslant f_y \qquad (6.2.1\text{-}6)$$

$$\sigma_{p0i} - f'_{py} \leqslant \sigma_{pi} \leqslant f_{py} \qquad (6.2.1\text{-}7)$$

式中：σ_{si}、σ_{pi}——第 i 层纵向普通钢筋、预应力筋的应力，正值代表拉应力，负值代表压应力；

σ_{p0i}——第 i 层纵向预应力筋截面重心处混凝土法向应力等于零时的预应力筋应力，按本规范公式（10.1.6-3）或公式（10.1.6-6）计算；

f_y、f_{py}——普通钢筋、预应力筋抗拉强度设计值，按本规范表 4.2.3-1、表 4.2.3-2 采用；

f'_y、f'_{py}——普通钢筋、预应力筋抗压强度设计值，按本规范表 4.2.3-1、表 4.2.3-2 采用；

6.2.2 在确定中和轴位置时，对双向受弯构件，其内、外弯矩作用平面应相互重合；对双向偏心受力构件，其轴向力作用点、混凝土和受压钢筋的合力点以及受拉钢筋的合力点应在同一条直线上。当不符合上述条件时，尚应考虑扭转的影响。

6.2.3 弯矩作用平面内截面对称的偏心受压构件，当同一主轴方向的杆端弯矩比 $\dfrac{M_1}{M_2}$ 不大于 0.9 且轴压比不大于 0.9 时，若构件的长细比满足公式（6.2.3）的要求，可不考虑轴向压力在该方向挠曲杆件中产生的附加弯矩影响；否则应根据本规范第 6.2.4 条的规定，按截面的两个主轴方向分别考虑轴向压力在挠曲杆件中产生的附加弯矩影响。

$$l_c/i \leqslant 34 - 12(M_1/M_2) \qquad (6.2.3)$$

式中：M_1、M_2——分别为已考虑侧移影响的偏心受压构件两端截面按结构弹性分析确定的对同一主轴的组合弯矩设计值，绝对值较大端为 M_2，绝对值较小端为 M_1，当构件按单曲率弯曲时，M_1/M_2 取正值，否则取负值；

l_c——构件的计算长度，可近似取偏心受压构件相应主轴方向上下支撑点之间的距离；

i——偏心方向的截面回转半径。

6.2.4 除排架结构柱外，其他偏心受压构件考虑轴向压力在挠曲杆件中产生的二阶效应后控制截面的弯矩设计值，应按下列公式计算：

$$M = C_m \eta_{ns} M_2 \qquad (6.2.4\text{-}1)$$

$$C_m = 0.7 + 0.3 \frac{M_1}{M_2} \qquad (6.2.4\text{-}2)$$

$$\eta_{ns} = 1 + \frac{1}{1300(M_2/N + e_a)/h_0} \left(\frac{l_c}{h}\right)^2 \zeta_c \qquad (6.2.4\text{-}3)$$

$$\zeta_c = \frac{0.5 f_c A}{N} \qquad (6.2.4\text{-}4)$$

当 $C_m \eta_{ns}$ 小于 1.0 时取 1.0；对剪力墙及核心筒墙，可取 $C_m \eta_{ns}$ 等于 1.0。

式中：C_m ——构件端截面偏心距调节系数，当小于 0.7 时取 0.7；

$\quad \eta_{ns}$ ——弯矩增大系数；

$\quad N$ ——与弯矩设计值 M_2 相应的轴向压力设计值；

$\quad e_a$ ——附加偏心距，按本规范第 6.2.5 条确定；

$\quad \zeta_c$ ——截面曲率修正系数，当计算值大于 1.0 时取 1.0；

$\quad h$ ——截面高度；对环形截面，取外直径；对圆形截面，取直径；

$\quad h_0$ ——截面有效高度；对环形截面，取 $h_0 = r_2 + r_s$；对圆形截面，取 $h_0 = r + r_s$；此处，r、r_2 和 r_s 按本规范第 E.0.3 条和第 E.0.4 条确定；

$\quad A$ ——构件截面面积。

6.2.5　偏心受压构件的正截面承载力计算时，应计入轴向压力在偏心方向存在的附加偏心距 e_a，其值应取 20mm 和偏心方向截面最大尺寸的 1/30 两者中的较大值。

6.2.6　受弯构件、偏心受力构件正截面承载力计算时，受压区混凝土的应力图形可简化为等效的矩形应力图。

矩形应力图的受压区高度 x 可取截面应变保持平面的假定所确定的中和轴高度乘以系数 β_1。当混凝土强度等级不超过 C50 时，β_1 取为 0.80，当混凝土强度等级为 C80 时，β_1 取为 0.74，其间按线性内插法确定。

矩形应力图的应力值可由混凝土轴心抗压强度设计值 f_c 乘以系数 α_1 确定。当混凝土强度等级不超过 C50 时，α_1 取为 1.0，当混凝土强度等级为 C80 时，α_1 取为 0.94，其间按线性内插法确定。

6.2.7　纵向受拉钢筋屈服与受压区混凝土破坏同时发生时的相对界限受压区高度 ξ_b 应按下列公式计算：

1　钢筋混凝土构件

有屈服点普通钢筋

$$\xi_b = \frac{\beta_1}{1 + \dfrac{f_y}{E_s \varepsilon_{cu}}} \tag{6.2.7-1}$$

无屈服点普通钢筋

$$\xi_b = \frac{\beta_1}{1 + \dfrac{0.002}{\varepsilon_{cu}} + \dfrac{f_y}{E_s \varepsilon_{cu}}} \tag{6.2.7-2}$$

2　预应力混凝土构件

$$\xi_b = \frac{\beta_1}{1 + \dfrac{0.002}{\varepsilon_{cu}} + \dfrac{f_{py} - \sigma_{p0}}{E_s \varepsilon_{cu}}} \tag{6.2.7-3}$$

式中：ξ_b ——相对界限受压区高度，取 x_b / h_0；

$\quad x_b$ ——界限受压区高度；

$\quad h_0$ ——截面有效高度：纵向受拉钢筋合力点至截面受压边缘的距离；

$\quad E_s$ ——钢筋弹性模量，按本规范表 4.2.5 采用；

$\quad \sigma_{p0}$ ——受拉区纵向预应力筋合力点处混凝土法向应力等于零时的预应力筋应力，按本规范公式（10.1.6-3）或公式（10.1.6-6）计算；

$\quad \varepsilon_{cu}$ ——非均匀受压时的混凝土极限压应变，按本规范公式（6.2.1-5）计算；

β_1 —— 系数，按本规范第 6.2.6 条的规定计算。

注：当截面受拉区内配置有不同种类或不同预应力值的钢筋时，受弯构件的相对界限受压区高度应分别计算，并取其较小值。

6.2.8 纵向钢筋应力应按下列规定确定：

1 纵向钢筋应力宜按下列公式计算：

普通钢筋

$$\sigma_{si} = E_s \varepsilon_{cu} \left(\frac{\beta_1 h_{0i}}{x} - 1 \right)$$ (6.2.8-1)

预应力筋

$$\sigma_{pi} = E_s \varepsilon_{cu} \left(\frac{\beta_1 h_{0i}}{x} - 1 \right) + \sigma_{p0i}$$ (6.2.8-2)

2 纵向钢筋应力也可按下列近似公式计算：

普通钢筋

$$\sigma_{si} = \frac{f_y}{\xi_b - \beta_1} \left(\frac{x}{h_{0i}} - \beta_1 \right)$$ (6.2.8-3)

预应力筋

$$\sigma_{pi} = \frac{f_{py} - \sigma_{p0i}}{\xi_b - \beta_1} \left(\frac{x}{h_{0i}} - \beta_1 \right) + \sigma_{p0i}$$ (6.2.8-4)

3 按公式（6.2.8-1）～公式（6.2.8-4）计算的纵向钢筋应力应符合本规范第 6.2.1 条第 5 款的相关规定。

式中：h_{0i} —— 第 i 层纵向钢筋截面重心至截面受压边缘的距离；

x —— 等效矩形应力图形的混凝土受压区高度；

σ_{si}、σ_{pi} —— 第 i 层纵向普通钢筋、预应力筋的应力，正值代表拉应力，负值代表压应力；

σ_{p0i} —— 第 i 层纵向预应力筋截面重心处混凝土法向应力等于零时的预应力筋应力，按本规范公式（10.1.6-3）或公式（10.1.6-6）计算。

6.2.9 矩形、I 形、T 形截面构件的正截面承载力可按本节规定计算；任意截面、圆形及环形截面构件的正截面承载力可按本规范附录 E 的规定计算。

6.2.10 矩形截面或翼缘位于受拉边的倒 T 形截面受弯构件，其正截面受弯承载力应符合下列规定（图 6.2.10）：

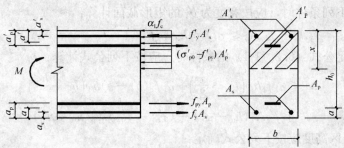

图 6.2.10 矩形截面受弯构件正截面受弯承载力计算

$$M \leqslant \alpha_1 f_c b x \left(h_0 - \frac{x}{2} \right) + f'_y A'_s (h_0 - a'_s)$$
$$- (\sigma'_{p0} - f'_{py}) A'_p (h_0 - a'_p)$$ (6.2.10-1)

混凝土受压区高度应按下列公式确定：

$$\alpha_1 f_c b x = f_y A_s - f'_y A'_s + f_{py} A_p + (\sigma'_{p0} - f'_{py}) A'_p \qquad (6.2.10\text{-}2)$$

混凝土受压区高度尚应符合下列条件：

$$x \leqslant \xi_b h_0 \qquad (6.2.10\text{-}3)$$

$$x \geqslant 2a' \qquad (6.2.10\text{-}4)$$

式中：M——弯矩设计值；

　　α_1——系数，按本规范第 6.2.6 条的规定计算；

　　f_c——混凝土轴心抗压强度设计值，按本规范表 4.1.4-1 采用；

A_s、A'_s——受拉区、受压区纵向普通钢筋的截面面积；

A_p、A'_p——受拉区、受压区纵向预应力筋的截面面积；

　　σ'_{p0}——受压区纵向预应力筋合力点处混凝土法向应力等于零时的预应力筋应力；

　　b——矩形截面的宽度或倒 T 形截面的腹板宽度；

　　h_0——截面有效高度；

a'_s、a'_p——受压区纵向普通钢筋合力点、预应力筋合力点至截面受压边缘的距离；

　　a'——受压区全部纵向钢筋合力点至截面受压边缘的距离，当受压区未配置纵向预应力筋或受压区纵向预应力筋应力（$\sigma'_{p0} - f'_{py}$）为拉应力时，公式（6.2.10-4）中的 a' 用 a'_s 代替。

6.2.11　翼缘位于受压区的 T 形、I 形截面受弯构件（图 6.2.11），其正截面受弯承载力计算应符合下列规定：

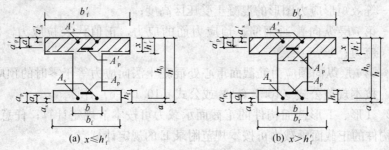

(a) $x \leqslant h'_f$　　　　　　　　　　(b) $x > h'_f$

图 6.2.11　I 形截面受弯构件受压区高度位置

1　当满足下列条件时，应按宽度为 b'_f 的矩形截面计算：

$$f_y A_s + f_{py} A_p \leqslant \alpha_1 f_c b'_f h'_f + f'_y A'_s - (\sigma'_{p0} - f'_{py}) A'_p \qquad (6.2.11\text{-}1)$$

2　当不满足公式（6.2.11-1）的条件时，应按下列公式计算：

$$M \leqslant \alpha_1 f_c b x \left(h_0 - \frac{x}{2}\right) + \alpha_1 f_c (b'_f - b) h'_f \left(h_0 - \frac{h'_f}{2}\right)$$

$$+ f'_y A'_s (h_0 - a'_s) - (\sigma'_{p0} - f'_{py}) A'_p (h_0 - a'_p) \qquad (6.2.11\text{-}2)$$

混凝土受压区高度应按下列公式确定：

$$\alpha_1 f_c [bx + (b'_f - b) h'_f] = f_y A_s - f'_y A'_s + f_{py} A_p + (\sigma'_{p0} - f'_{py}) A'_p \quad (6.2.11\text{-}3)$$

式中：h'_f——T 形、I 形截面受压区的翼缘高度；

　　b'_f——T 形、I 形截面受压区的翼缘计算宽度，按本规范第 6.2.12 条的规定确定。

按上述公式计算 T 形、I 形截面受弯构件时，混凝土受压区高度仍应符合本规范公式

（6.2.10-3）和公式（6.2.10-4）的要求。

6.2.12 T形、I形及倒L形截面受弯构件位于受压区的翼缘计算宽度 b'_{f} 可按本规范表5.2.4所列情况中的最小值取用。

6.2.13 受弯构件正截面受弯承载力计算应符合本规范公式（6.2.10-3）的要求。当由构造要求或按正常使用极限状态验算要求配置的纵向受拉钢筋截面面积大于受弯承载力要求的配筋面积时，按本规范公式（6.2.10-2）或公式（6.2.11-3）计算的混凝土受压区高度 x，可仅计入受弯承载力条件所需的纵向受拉钢筋截面面积。

6.2.14 当计算中计入纵向普通受压钢筋时，应满足本规范公式（6.2.10-4）的条件；当不满足此条件时，正截面受弯承载力应符合下列规定：

$$M \leqslant f_{\mathrm{py}}A_{\mathrm{p}}(h - a_{\mathrm{p}} - a'_{\mathrm{s}}) + f_{\mathrm{y}}A_{\mathrm{s}}(h - a_{\mathrm{s}} - a'_{\mathrm{s}})$$
$$+ (\sigma'_{\mathrm{p0}} - f'_{\mathrm{py}})A'_{\mathrm{p}}(a'_{\mathrm{p}} - a'_{\mathrm{s}}) \tag{6.2.14}$$

式中：a_{s}、a_{p} ——受拉区纵向普通钢筋、预应力筋至受拉边缘的距离。

（Ⅲ）正截面受压承载力计算

6.2.15 钢筋混凝土轴心受压构件，当配置的箍筋符合本规范第9.3节的规定时，其正截面受压承载力应符合下列规定（图6.2.15）：

$$N \leqslant 0.9\varphi(f_{\mathrm{c}}A + f'_{\mathrm{y}}A'_{\mathrm{s}}) \tag{6.2.15}$$

式中：N ——轴向压力设计值；

φ ——钢筋混凝土构件的稳定系数，按表6.2.15采用；

f_{c} ——混凝土轴心抗压强度设计值，按本规范表4.1.4-1采用；

A ——构件截面面积；

A'_{s} ——全部纵向普通钢筋的截面面积。

当纵向普通钢筋的配筋率大于3%时，公式（6.2.15）中的 A 应改用 $(A - A'_{\mathrm{s}})$ 代替。

表 6.2.15　钢筋混凝土轴心受压构件的稳定系数

$\cdot\, l_0/b$	≤8	10	12	14	16	18	20	22	24	26	28
l_0/d	≤7	8.5	10.5	12	14	15.5	17	19	21	22.5	24
l_0/i	≤28	35	42	48	55	62	69	76	83	90	97
φ	1.00	0.98	0.95	0.92	0.87	0.81	0.75	0.70	0.65	0.60	0.56
l_0/b	30	32	34	36	38	40	42	44	46	48	50
l_0/d	26	28	29.5	31	33	34.5	36.5	38	40	41.5	43
l_0/i	104	111	118	125	132	139	146	153	160	167	174
φ	0.52	0.48	0.44	0.40	0.36	0.32	0.29	0.26	0.23	0.21	0.19

注：1　l_0 为构件的计算长度，对钢筋混凝土柱可按本规范第6.2.20条的规定取用；

　　2　b 为矩形截面的短边尺寸，d 为圆形截面的直径，i 为截面的最小回转半径。

6.2.16 钢筋混凝土轴心受压构件，当配置的螺旋式或焊接环式间接钢筋符合本规范第9.3.2条的规定时，其正截面受压承载力应符合下列规定（图6.2.16）：

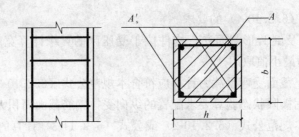

图 6.2.15 配置箍筋的钢筋混凝土轴心受压构件

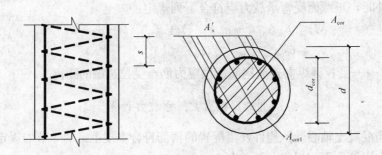

图 6.2.16 配置螺旋式间接钢筋的钢筋混凝土轴心受压构件

$$N \leqslant 0.9(f_c A_{cor} + f'_y A'_s + 2\alpha f_{yv} A_{ss0}) \tag{6.2.16-1}$$

$$A_{ss0} = \frac{\pi d_{cor} A_{ss1}}{s} \tag{6.2.16-2}$$

式中：f_{yv}——间接钢筋的抗拉强度设计值，按本规范第 4.2.3 条的规定采用；

A_{cor}——构件的核心截面面积，取间接钢筋内表面范围内的混凝土截面面积；

A_{ss0}——螺旋式或焊接环式间接钢筋的换算截面面积；

d_{cor}——构件的核心截面直径，取间接钢筋内表面之间的距离；

A_{ss1}——螺旋式或焊接环式单根间接钢筋的截面面积；

s——间接钢筋沿构件轴线方向的间距；

α——间接钢筋对混凝土约束的折减系数：当混凝土强度等级不超过 C50 时，取 1.0，当混凝土强度等级为 C80 时，取 0.85，其间按线性内插法确定。

注：1 按公式（6.2.16-1）算得的构件受压承载力设计值不应大于按本规范公式（6.2.15）算得的构件受压承载力设计值的 1.5 倍；

2 当遇到下列任意一种情况时，不应计入间接钢筋的影响，而应按本规范 6.2.15 条的规定进行计算：

1）当 $l_0/d > 12$ 时；

2）当按公式（6.2.16-1）算得的受压承载力小于按本规范公式（6.2.15）算得的受压承载力时；

3）当间接钢筋的换算截面面积 A_{ss0} 小于纵向普通钢筋的全部截面面积的 25% 时。

6.2.17 矩形截面偏心受压构件正截面受压承载力应符合下列规定（图 6.2.17）：

$$N \leqslant \alpha_1 f_c bx + f'_y A'_s - \sigma_s A_s - (\sigma'_{p0} - f'_{py})A'_p - \sigma_p A_p \tag{6.2.17-1}$$

$$Ne \leqslant \alpha_1 f_c bx \left(h_0 - \frac{x}{2}\right) + f'_y A'_s(h_0 - a'_s)$$

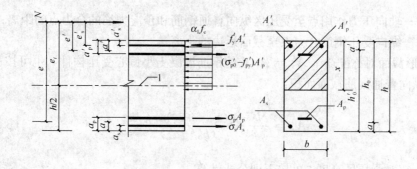

图 6.2.17　矩形截面偏心受压构件正截面受压承载力计算
1—截面重心轴

$$-(\sigma'_{p0} - f'_{py})A'_p(h_0 - a'_p) \qquad (6.2.17-2)$$

$$e = e_i + \frac{h}{2} - a \qquad (6.2.17-3)$$

$$e_i = e_0 + e_a \qquad (6.2.17-4)$$

式中：e——轴向压力作用点至纵向受拉普通钢筋和受拉预应力筋的合力点的距离；

σ_s、σ_p——受拉边或受压较小边的纵向普通钢筋、预应力筋的应力；

e_i——初始偏心距；

a——纵向受拉普通钢筋和受拉预应力筋的合力点至截面近边缘的距离；

e_0——轴向压力对截面重心的偏心距，取为 M/N，当需要考虑二阶效应时，M 为按本规范第 5.3.4 条、第 6.2.4 条规定确定的弯矩设计值；

e_a——附加偏心距，按本规范第 6.2.5 条确定。

按上述规定计算时，尚应符合下列要求：

1 钢筋的应力 σ_s、σ_p 可按下列情况确定：

1） 当 ξ 不大于 ξ_b 时为大偏心受压构件，取 σ_s 为 f_y、σ_p 为 f_{py}，此处，ξ 为相对受压区高度，取为 x/h_0；

2） 当 ξ 大于 ξ_b 时为小偏心受压构件，σ_s、σ_p 按本规范第 6.2.8 条的规定进行计算。

2 当计算中计入纵向受压普通钢筋时，受压区高度应满足本规范公式（6.2.10-4）的条件；当不满足此条件时，其正截面受压承载力可按本规范第 6.2.14 条的规定进行计算，此时，应将本规范公式（6.2.14）中的 M 以 Ne'_s 代替，此处，e'_s 为轴向压力作用点至受压区纵向普通钢筋合力点的距离；初始偏心距应按公式（6.2.17-4）确定。

3 矩形截面非对称配筋的小偏心受压构件，当 N 大于 $f_c bh$ 时，尚应按下列公式进行验算：

$$Ne' \leqslant f_c bh\left(h'_0 - \frac{h}{2}\right) + f'_y A_s(h'_0 - a_s) - (\sigma_{p0} - f'_{yp})A_p(h'_0 - a_p) \quad (6.2.17-5)$$

$$e' = \frac{h}{2} - a' - (e_0 - e_a) \qquad (6.2.17-6)$$

式中：e'——轴向压力作用点至受压区纵向普通钢筋和预应力筋的合力点的距离；

　　　　h'_0——纵向受压钢筋合力点至截面远边的距离。

4　矩形截面对称配筋（$A'_s = A_s$）的钢筋混凝土小偏心受压构件，也可按下列近似公式计算纵向普通钢筋截面面积：

$$A'_s = \frac{Ne - \xi(1 - 0.5\xi)\alpha_1 f_c bh_0^2}{f'_y(h_0 - a'_s)} \tag{6.2.17-7}$$

此处，相对受压区高度 ξ 可按下列公式计算：

$$\xi = \frac{N - \xi_b\alpha_1 f_c bh_0}{\dfrac{Ne - 0.43\alpha_1 f_c bh_0^2}{(\beta_1 - \xi_b)(h_0 - a'_s)} + \alpha_1 f_c bh_0} + \xi_b \tag{6.2.17-8}$$

6.2.18　I 形截面偏心受压构件的受压翼缘计算宽度 b'_f 应按本规范第 6.2.12 条确定，其正截面受压承载力应符合下列规定：

1　当受压区高度 x 不大于 h'_f 时，应按宽度为受压翼缘计算宽度 b'_f 的矩形截面计算。

2　当受压区高度 x 大于 h'_f 时（图 6.2.18），应符合下列规定：

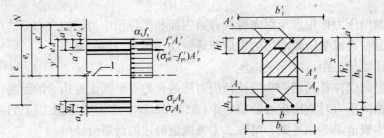

图 6.2.18 I 形截面偏心受压构件正截面受压承载力计算
1—截面重心轴

$$N \leqslant \alpha_1 f_c [bx + (b'_f - b)h'_f] + f'_y A'_s$$

$$- \sigma_s A_s - (\sigma'_{p0} - f'_{py})A'_p - \sigma_p A_p \tag{6.2.18-1}$$

$$Ne \leqslant \alpha_1 f_c \left[bx\left(h_0 - \frac{x}{2}\right) + (b'_f - b)h'_f\left(h_0 - \frac{h'_f}{2}\right) \right]$$

$$+ f'_y A'_s(h_0 - a'_s) - (\sigma'_{p0} - f'_{py})A'_p(h_0 - a'_p) \tag{6.2.18-2}$$

公式中的钢筋应力 σ_s、σ_p 以及是否考虑纵向受压普通钢筋的作用，均应按本规范第 6.2.17 条的有关规定确定。

3　当 x 大于（$h - h_f$）时，其正截面受压承载力计算应计入受压较小边翼缘受压部分的作用，此时，受压较小边翼缘计算宽度 b_f 应按本规范第 6.2.12 条确定。

4　对采用非对称配筋的小偏心受压构件，当 N 大于 $f_c A$ 时，尚应按下列公式进行验算：

$$Ne' \leqslant f_c\left[bh\left(h'_0 - \frac{h}{2}\right) + (b_f - b)h_f\left(h'_0 - \frac{h_f}{2}\right) + (b'_f - b)h'_f\left(\frac{h'_f}{2} - a'\right)\right]$$

$$+ f'_y A_s (h'_0 - a_s) - (\sigma_{p0} - f'_{py})A_p (h'_0 - a_p) \tag{6.2.18-3}$$

$$e' = y' - a' - (e_0 - e_a) \tag{6.2.18-4}$$

式中：y'——截面重心至离轴向压力较近一侧受压边的距离，当截面对称时，取 $h/2$。

注：对仅在离轴向压力较近一侧有翼缘的 T 形截面，可取 b_f 为 b；对仅在离轴向压力较远一侧有翼缘的倒 T 形截面，可取 b'_f 为 b。

6.2.19 沿截面腹部均匀配置纵向普通钢筋的矩形、T 形或 I 形截面钢筋混凝土偏心受压构件（图 6.2.19），其正截面受压承载力宜符合下列规定：

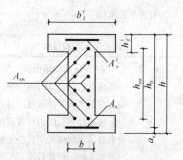

图 6.2.19 沿截面腹部均匀配筋的 I 形截面

$$N \leqslant \alpha_1 f_c\left[\xi b h_0 + (b'_f - b)h'_f\right] + f'_y A'_s - \sigma_s A_s + N_{sw} \tag{6.2.19-1}$$

$$Ne \leqslant \alpha_1 f_c\left[\xi(1 - 0.5\xi)bh_0^2 + (b'_f - b)h'_f\left(h_0 - \frac{h'_f}{2}\right)\right]$$

$$+ f'_y A'_s(h_0 - a'_s) + M_{sw} \tag{6.2.19-2}$$

$$N_{sw} = \left(1 + \frac{\xi - \beta_1}{0.5\beta_1\omega}\right)f_{yw}A_{sw} \tag{6.2.19-3}$$

$$M_{sw} = \left[0.5 - \left(\frac{\xi - \beta_1}{\beta_1\omega}\right)^2\right]f_{yw}A_{sw}h_{sw} \tag{6.2.19-4}$$

式中：A_{sw}——沿截面腹部均匀配置的全部纵向普通钢筋截面面积；

f_{yw}——沿截面腹部均匀配置的纵向普通钢筋强度设计值，按本规范表 4.2.3-1 采用；

N_{sw}——沿截面腹部均匀配置的纵向普通钢筋所承担的轴向压力，当 ξ 大于 β_1 时，取为 β_1 进行计算；

M_{sw}——沿截面腹部均匀配置的纵向普通钢筋的内力对 A_s 重心的力矩，当 ξ 大于 β_1 时，取为 β_1 进行计算；

ω——均匀配置纵向普通钢筋区段的高度 h_{sw} 与截面有效高度 h_0 的比值（h_{sw}/h_0），宜取 h_{sw} 为 $(h_0 - a'_s)$。

受拉边或受压较小边普通钢筋 A_s 中的应力 σ_s 以及在计算中是否考虑受压普通钢筋和受压较小边翼缘受压部分的作用，应按本规范第 6.2.17 条和第 6.2.18 条的有关规定确定。

注：本条适用于截面腹部均匀配置纵向普通钢筋的数量每侧不少于 4 根的情况。

6.2.20 轴心受压和偏心受压柱的计算长度 l_0 可按下列规定确定：

1 刚性屋盖单层房屋排架柱、露天吊车柱和栈桥柱，其计算长度 l_0 可按表 6.2.20-1 取用。

表 6.2.20-1   刚性屋盖单层房屋排架柱、露天吊车

柱和栈桥柱的计算长度

柱的类别		l_0		
		排架方向	垂直排架方向	
			有柱间支撑	无柱间支撑
无吊车房屋柱	单 跨	$1.5\,H$	$1.0\,H$	$1.2\,H$
	两跨及多跨	$1.25\,H$	$1.0\,H$	$1.2\,H$
有吊车房屋柱	上 柱	$2.0\,H_u$	$1.25\,H_u$	$1.5\,H_u$
	下 柱	$1.0\,H_l$	$0.8\,H_l$	$1.0\,H_l$
露天吊车柱和栈桥柱		$2.0\,H_l$	$1.0\,H_l$	—

注：1   表中 H 为从基础顶面算起的柱子全高；H_l 为从基础顶面至装配式吊车梁底面或现浇式吊车梁顶面的柱子下部高度；H_u 为从装配式吊车梁底面或从现浇式吊车梁顶面算起的柱子上部高度；

2   表中有吊车房屋排架柱的计算长度，当计算中不考虑吊车荷载时，可按无吊车房屋柱的计算长度采用，但上柱的计算长度仍可按有吊车房屋采用；

3   表中有吊车房屋排架柱的上柱在排架方向的计算长度，仅适用于 H_u / H_l 不小于 0.3 的情况；当 H_u / H_l 小于 0.3 时，计算长度宜采用 $2.5\,H_u$。

2   一般多层房屋中梁柱为刚接的框架结构，各层柱的计算长度 l_0 可按表 6.2.20-2 取用。

表 6.2.20-2   框架结构各层柱的计算长度

楼盖类型	柱的类别	l_0
现浇楼盖	底层柱	$1.0\,H$
	其余各层柱	$1.25\,H$
装配式楼盖	底层柱	$1.25\,H$
	其余各层柱	$1.5\,H$

注：表中 H 为底层柱从基础顶面到一层楼盖顶面的高度；对其余各层柱为上下两层楼盖顶面之间的高度。

6.2.21   对截面具有两个互相垂直的对称轴的钢筋混凝土双向偏心受压构件（图 6.2.21），其正截面受压承载力可选用下列两种方法之一进行计算：

1   按本规范附录 E 的方法计算，此时，附录 E 公式（E.0.1-7）和公式（E.0.1-8）中的 M_x、M_y 应分别用 Ne_{ix}、Ne_{iy} 代替，其中，初始偏心距应按下列公式计算：

$$e_{ix} = e_{0x} + e_{ax} \qquad (6.2.21\text{-}1)$$

$$e_{iy} = e_{0y} + e_{ay} \qquad (6.2.21\text{-}2)$$

式中：e_{0x}、e_{0y} ——轴向压力对通过截面重心的 y 轴、x 轴的偏心距，即 M_{0x}/N、M_{0y}/N；

M_{0x}、M_{0y} ——轴向压力在 x 轴、y 轴方向的弯矩设计值为按本规范第 5.3.4 条、6.2.4 条规定确定的弯矩设计值；

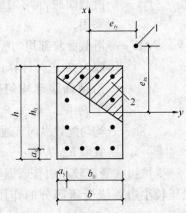

图 6.2.21   双向偏心受压构件截面

1—轴向压力作用点；2—受压区

e_{ax}、e_{ay}——x轴、y轴方向上的附加偏心距,按本规范第6.2.5条的规定确定;

2 按下列近似公式计算:

$$N \leqslant \cfrac{1}{\cfrac{1}{N_{ux}} + \cfrac{1}{N_{uy}} - \cfrac{1}{N_{u0}}} \qquad (6.2.21\text{-}3)$$

式中:N_{u0}——构件的截面轴心受压承载力设计值;

$\qquad N_{ux}$——轴向压力作用于 x 轴并考虑相应的计算偏心距 e_{ix} 后,按全部纵向普通钢筋计算的构件偏心受压承载力设计值;

$\qquad N_{uy}$——轴向压力作用于 y 轴并考虑相应的计算偏心距 e_{iy} 后,按全部纵向普通钢筋计算的构件偏心受压承载力设计值。

构件的截面轴心受压承载力设计值 N_{u0},可按本规范公式(6.2.15)计算,但应取等号,将 N 以 N_{u0} 代替,且不考虑稳定系数 φ 及系数 0.9。

构件的偏心受压承载力设计值 N_{ux},可按下列情况计算:

1)当纵向普通钢筋沿截面两对边配置时,N_{ux} 可按本规范第 6.2.17 条或第 6.2.18 条的规定进行计算,但应取等号,将 N 以 N_{ux} 代替。

2)当纵向普通钢筋沿截面腹部均匀配置时,N_{ux} 可按本规范第 6.2.19 条的规定进行计算,但应取等号,将 N 以 N_{ux} 代替。

构件的偏心受压承载力设计值 N_{uy} 可采用与 N_{ux} 相同的方法计算。

(Ⅳ) 正截面受拉承载力计算

6.2.22 轴心受拉构件的正截面受拉承载力应符合下列规定:

$$N \leqslant f_y A_s + f_{py} A_p \qquad (6.2.22)$$

式中:N——轴向拉力设计值;

$\quad A_s$、A_p——纵向普通钢筋、预应力筋的全部截面面积。

6.2.23 矩形截面偏心受拉构件的正截面受拉承载力应符合下列规定:

1 小偏心受拉构件

当轴向拉力作用在钢筋 A_s 与 A_p 的合力点和 A'_s 与 A'_p 的合力点之间时(图 6.2.23a):

$$Ne \leqslant f_y A'_s (h_0 - a'_s) + f_{py} A'_p (h_0 - a'_p) \qquad (6.2.23\text{-}1)$$

$$Ne' \leqslant f_y A_s (h'_0 - a_s) + f_{py} A_p (h'_0 - a_p) \qquad (6.2.23\text{-}2)$$

2 大偏心受拉构件

当轴向拉力不作用在钢筋 A_s 与 A_p 的合力点和 A'_s 与 A'_p 的合力点之间时(图 6.2.23b):

$$N \leqslant f_y A_s + f_{py} A_p - f'_y A'_s + (\sigma'_{p0} - f'_{py}) A'_p - \alpha_1 f_c bx \qquad (6.2.23\text{-}3)$$

$$Ne \leqslant \alpha_1 f_c bx \left(h_0 - \frac{x}{2}\right) + f'_y A'_s (h_0 - a'_s)$$
$$- (\sigma'_{p0} - f'_{py}) A'_p (h_0 - a'_p) \qquad (6.2.23\text{-}4)$$

此时,混凝土受压区的高度应满足本规范公式(6.2.10-3)的要求。当计算中计入纵向受压普通钢筋时,尚应满足本规范公式(6.2.10-4)的条件;当不满足时,可按公式(6.2.23-2)计算。

3 对称配筋的矩形截面偏心受拉构件，不论大、小偏心受拉情况，均可按公式 (6.2.23-2) 计算。

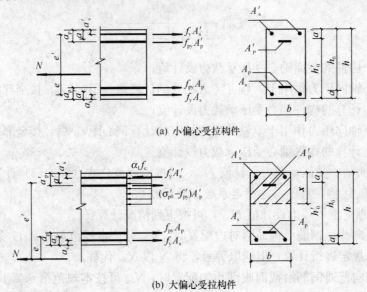

(a) 小偏心受拉构件

(b) 大偏心受拉构件

图 6.2.23   矩形截面偏心受拉构件正截面受拉承载力计算

6.2.24   沿截面腹部均匀配置纵向普通钢筋的矩形、T 形或 I 形截面钢筋混凝土偏心受拉构件，其正截面受拉承载力应符合本规范公式（6.2.25-1）的规定，式中正截面受弯承载力设计值 M_u 可按本规范公式（6.2.19-1）和公式（6.2.19-2）进行计算，但应取等号，同时应分别取 N 为 0 和以 M_u 代替 Ne_i。

6.2.25   对称配筋的矩形截面钢筋混凝土双向偏心受拉构件，其正截面受拉承载力应符合下列规定：

$$N \leqslant \frac{1}{\dfrac{1}{N_{u0}} + \dfrac{e_0}{M_u}} \qquad (6.2.25\text{-}1)$$

式中：N_{u0}——构件的轴心受拉承载力设计值；

　　　e_0——轴向拉力作用点至截面重心的距离；

　　　M_u——按通过轴向拉力作用点的弯矩平面计算的正截面受弯承载力设计值。

　　构件的轴心受拉承载力设计值 N_{u0}，按本规范公式（6.2.22）计算，但应取等号，并以 N_{u0} 代替 N。按通过轴向拉力作用点的弯矩平面计算的正截面受弯承载力设计值 M_u，可按本规范第 6.2 节（Ⅰ）的有关规定进行计算。

　　公式（6.2.25-1）中的 e_0/M_u 也可按下列公式计算：

$$\frac{e_0}{M_u} = \sqrt{\left(\frac{e_{0x}}{M_{ux}}\right)^2 + \left(\frac{e_{0y}}{M_{uy}}\right)^2} \qquad (6.2.25\text{-}2)$$

式中：e_{0x}、e_{0y}——轴向拉力对截面重心 y 轴、x 轴的偏心距；

　　　M_{ux}、M_{uy}——x 轴、y 轴方向的正截面受弯承载力设计值，按本规范第 6.2 节（Ⅱ）的规定计算。

3. 斜截面承载力计算

6.3.1 矩形、T形和I形截面受弯构件的受剪截面应符合下列条件：

当 $h_w/b \leqslant 4$ 时

$$V \leqslant 0.25\beta_c f_c b h_0 \tag{6.3.1-1}$$

当 $h_w/b \geqslant 6$ 时

$$V \leqslant 0.2\beta_c f_c b h_0 \tag{6.3.1-2}$$

当 $4 < h_w/b < 6$ 时，按线性内插法确定。

式中：V ——构件斜截面上的最大剪力设计值；

β_c ——混凝土强度影响系数：当混凝土强度等级不超过 C50 时，β_c 取 1.0；当混凝土强度等级为 C80 时，β_c 取 0.8；其间按线性内插法确定；

b ——矩形截面的宽度，T形截面或I形截面的腹板宽度；

h_0 ——截面的有效高度；

h_w ——截面的腹板高度：矩形截面，取有效高度；T形截面，取有效高度减去翼缘高度；I形截面，取腹板净高。

注：1 对T形或I形截面的简支受弯构件，当有实践经验时，公式（6.3.1-1）中的系数可改用 0.3；

2 对受拉边倾斜的构件，当有实践经验时，其受剪截面的控制条件可适当放宽。

6.3.2 计算斜截面受剪承载力时，剪力设计值的计算截面应按下列规定采用：

1 支座边缘处的截面（图 6.3.2a、b 截面1-1）；

2 受拉区弯起钢筋弯起点处的截面（图 6.3.2a 截面2-2、3-3）；

3 箍筋截面面积或间距改变处的截面（图 6.3.2b 截面4-4）；

4 截面尺寸改变处的截面。

注：1 受拉边倾斜的受弯构件，尚应包括梁的高度开始变化处、集中荷载作用处和其他不利的截面；

2 箍筋的间距以及弯起钢筋前一排（对支座而言）的弯起点至后一排的弯终点的距离，应符合本规范第 9.2.8 条和第 9.2.9 条的构造要求。

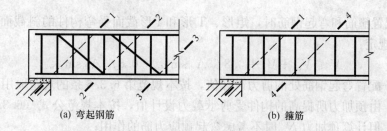

(a) 弯起钢筋　　　　(b) 箍筋

图 6.3.2 斜截面受剪承载力剪力设计值的计算截面

1-1 支座边缘处的斜截面；2-2、3-3 受拉区弯起钢筋弯
起点的斜截面；4-4 箍筋截面面积或间距改变处的斜截面

6.3.3 不配置箍筋和弯起钢筋的一般板类受弯构件，其斜截面受剪承载力应符合下列规定：

$$V \leqslant 0.7\beta_h f_t b h_0 \tag{6.3.3-1}$$

$$\beta_h = \left(\frac{800}{h_0}\right)^{1/4} \tag{6.3.3-2}$$

式中：β_h ——截面高度影响系数：当 h_0 小于 800mm 时，取 800mm；当 h_0 大于 2000mm

时，取 2000mm。

6.3.4　当仅配置箍筋时，矩形、T 形和 I 形截面受弯构件的斜截面受剪承载力应符合下列规定：

$$V \leqslant V_{cs} + V_p \tag{6.3.4-1}$$

$$V_{cs} = \alpha_{cv} f_t b h_0 + f_{yv} \frac{A_{sv}}{s} h_0 \tag{6.3.4-2}$$

$$V_p = 0.05 N_{p0} \tag{6.3.4-3}$$

式中：V_{cs} ——构件斜截面上混凝土和箍筋的受剪承载力设计值；

　　　V_p ——由预加力所提高的构件受剪承载力设计值；

　　　α_{cv} ——斜截面混凝土受剪承载力系数，对于一般受弯构件取 0.7；对集中荷载作用下（包括作用有多种荷载，其中集中荷载对支座截面或节点边缘所产生的剪力值占总剪力的 75% 以上的情况）的独立梁，取 α_{cv} 为 $\dfrac{1.75}{\lambda + 1}$，$\lambda$ 为计算截面的剪跨比，可取 λ 等于 a/h_0，当 λ 小于 1.5 时，取 1.5，当 λ 大于 3 时，取 3，a 取集中荷载作用点至支座截面或节点边缘的距离；

　　　A_{sv} ——配置在同一截面内箍筋各肢的全部截面面积，即 $n A_{sv1}$，此处，n 为在同一个截面内箍筋的肢数，A_{sv1} 为单肢箍筋的截面面积；

　　　s ——沿构件长度方向的箍筋间距；

　　　f_{yv} ——箍筋的抗拉强度设计值，按本规范第 4.2.3 条的规定采用；

　　　N_{p0} ——计算截面上混凝土法向预应力等于零时的预加力，按本规范第 10.1.13 条计算；当 N_{p0} 大于 $0.3 f_c A_0$ 时，取 $0.3 f_c A_0$，此处，A_0 为构件的换算截面面积。

注：1　对预加力 N_{p0} 引起的截面弯矩与外弯矩方向相同的情况，以及预应力混凝土连续梁和允许出现裂缝的预应力混凝土简支梁，均应取 V_p 为 0；

　　2　先张法预应力混凝土构件，在计算预加力 N_{p0} 时，应按本规范第 7.1.9 条的规定考虑预应力筋传递长度的影响。

6.3.5　当配置箍筋和弯起钢筋时，矩形、T 形和 I 形截面受弯构件的斜截面受剪承载力应符合下列规定：

$$V \leqslant V_{cs} + V_p + 0.8 f_{yv} A_{sb} \sin \alpha_s + 0.8 f_{py} A_{pb} \sin \alpha_p \tag{6.3.5}$$

式中：V ——配置弯起钢筋处的剪力设计值，按本规范第 6.3.6 条的规定取用；

　　　V_p ——由预加力所提高的构件受剪承载力设计值，按本规范公式（6.3.4-3）计算，但计算预加力 N_{p0} 时不考虑弯起预应力筋的作用；

A_{sb}、A_{pb} ——分别为同一平面内的弯起普通钢筋、弯起预应力筋的截面面积；

　α_s、α_p ——分别为斜截面上弯起普通钢筋、弯起预应力筋的切线与构件纵轴线的夹角。

6.3.6　计算弯起钢筋时，截面剪力设计值可按下列规定取用（图 6.3.2a）：

　　1　计算第一排（对支座而言）弯起钢筋时，取支座边缘处的剪力值；

　　2　计算以后的每一排弯起钢筋时，取前一排（对支座而言）弯起钢筋弯起点处的剪力值。

6.3.7　矩形、T 形和 I 形截面的一般受弯构件，当符合下式要求时，可不进行斜截面的受剪承载力计算，其箍筋的构造要求应符合本规范第 9.2.9 条的有关规定。

$$V \leqslant \alpha_{cv} f_t b h_0 + 0.05 N_{p0} \quad (6.3.7)$$

式中：α_{cv}——截面混凝土受剪承载力系数，按
本规范第 6.3.4 条的规定采用。

6.3.8 受拉边倾斜的矩形、T 形和 I 形截面受弯构件，其斜截面受剪承载力应符合下列规定（图 6.3.8）：

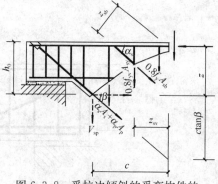

$$V \leqslant V_{cs} + V_{sp} + 0.8 f_y A_{sb} \sin \alpha_s$$
$$(6.3.8-1)$$

$$V_{sp} = \frac{M - 0.8(\sum f_{yv} A_{sv} z_{sv} + \sum f_y A_{sb} z_{sb})}{z + c \tan \beta} \tan \beta$$
$$(6.3.8-2)$$

图 6.3.8　受拉边倾斜的受弯构件的
斜截面受剪承载力计算

式中：M——构件斜截面受压区末端的弯矩设计值；

V_{cs}——构件斜截面上混凝土和箍筋的受剪承载力设计值，按本规范公式（6.3.4-2）
计算，其中 h_0 取斜截面受拉区始端的垂直截面有效高度；

V_{sp}——构件截面上受拉边倾斜的纵向非预应力和预应力受拉钢筋的合力设计值在垂
直方向的投影；对钢筋混凝土受弯构件，其值不应大于 $f_y A_s \sin \beta$；对预应
力混凝土受弯构件，其值不应大于 $(f_{py} A_p + f_y A_s)\sin \beta$，且不应小于
$\sigma_{pe} A_p \sin \beta$；

z_{sv}——同一截面内箍筋的合力至斜截面受压区合力点的距离；

z_{sb}——同一弯起平面内的弯起普通钢筋的合力至斜截面受压区合力点的距离；

z——斜截面受拉区始端处纵向受拉钢筋合力的水平分力至斜截面受压区合力点的
距离，可近似取为 $0.9h_0$；

β——斜截面受拉区始端处倾斜的纵向受拉钢筋的倾角；

c——斜截面的水平投影长度，可近似取为 h_0。

注：在梁截面高度开始变化处，斜截面的受剪承载力应按等截面高度梁和变截面高度梁的有关公式分别计算，并
应按不利者配置箍筋和弯起钢筋。

6.3.9 受弯构件斜截面的受弯承载力应符合下列规定（图 6.3.9）：

$$M \leqslant (f_y A_s + f_{py} A_p) z + \sum f_y A_{sb} z_{sb} + \sum f_{py} A_{pb} z_{pb} + \sum f_{yv} A_{sv} z_{sv} \quad (6.3.9-1)$$

此时，斜截面的水平投影长度 c 可按下列条件确定：

$$V = \sum f_y A_{sb} \sin \alpha_s + \sum f_{py} A_{pb} \sin \alpha_p + \sum f_{yv} A_{sv} \quad (6.3.9-2)$$

式中：V——斜截面受压区末端的剪力设计值；

z——纵向受拉普通钢筋和预应力筋的合力点至受压区合力点的距离，可近似取为
$0.9h_0$；

z_{sb}、z_{pb}——分别为同一弯起平面内的弯起普通钢筋、弯起预应力筋的合力点至斜截面受
压区合力点的距离；

z_{sv}——同一斜截面上箍筋的合力点至斜截面受压区合力点的距离。

在计算先张法预应力混凝土构件端部锚固区的斜截面受弯承载力时，公式中的 f_{py} 应
按下列规定确定：锚固区内的纵向预应力筋抗拉强度设计值在锚固起点处应取为零，在锚
固终点处应取为 f_{py}，在两点之间可按线性内插法确定。此时，纵向预应力筋的锚固长度

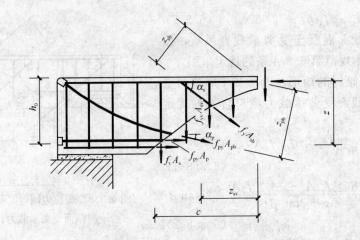

图 6.3.9　受弯构件斜截面受弯承载力计算

l_a 应按本规范第 8.3.1 条确定。

6.3.10　受弯构件中配置的纵向钢筋和箍筋，当符合本规范第 8.3.1 条～第 8.3.5 条、第 9.2.2 条～第 9.2.4 条、第 9.2.7 条～第 9.2.9 条规定的构造要求时，可不进行构件斜截面的受弯承载力计算。

6.3.11　矩形、T 形和 I 形截面的钢筋混凝土偏心受压构件和偏心受拉构件，其受剪截面应符合本规范第 6.3.1 条的规定。

6.3.12　矩形、T 形和 I 形截面的钢筋混凝土偏心受压构件，其斜截面受剪承载力应符合下列规定：

$$V \leqslant \frac{1.75}{\lambda+1} f_t b h_0 + f_{yv} \frac{A_{sv}}{s} h_0 + 0.07N \tag{6.3.12}$$

式中：λ——偏心受压构件计算截面的剪跨比，取为 $M/(Vh_0)$；

　　　N——与剪力设计值 V 相应的轴向压力设计值，当大于 $0.3 f_c A$ 时，取 $0.3 f_c A$，此处，A 为构件的截面面积。

计算截面的剪跨比 λ 应按下列规定取用：

1　对框架结构中的框架柱，当其反弯点在层高范围内时，可取为 $H_n/(2h_0)$。当 λ 小于 1 时，取 1；当 λ 大于 3 时，取 3。此处，M 为计算截面上与剪力设计值 V 相应的弯矩设计值，H_n 为柱净高。

2　其他偏心受压构件，当承受均布荷载时，取 1.5；当承受符合本规范第 6.3.4 条所述的集中荷载时，取为 a/h_0，且当 λ 小于 1.5 时取 1.5，当 λ 大于 3 时取 3。

6.3.13　矩形、T 形和 I 形截面的钢筋混凝土偏心受压构件，当符合下列要求时，可不进行斜截面受剪承载力计算，其箍筋构造要求应符合本规范第 9.3.2 条的规定。

$$V \leqslant \frac{1.75}{\lambda+1} f_t b h_0 + 0.07N \tag{6.3.13}$$

式中：剪跨比 λ 和轴向压力设计值 N 应按本规范第 6.3.12 条确定。

6.3.14　矩形、T 形和 I 形截面的钢筋混凝土偏心受拉构件，其斜截面受剪承载力应符合下列规定：

$$V \leqslant \frac{1.75}{\lambda + 1} f_t bh_0 + f_{yv} \frac{A_{sv}}{s} h_0 - 0.2N \qquad (6.3.14)$$

式中：N——与剪力设计值 V 相应的轴向拉力设计值；

λ——计算截面的剪跨比，按本规范第 6.3.12 条确定。

当公式（6.3.14）右边的计算值小于 $f_{yv} \frac{A_{sv}}{s} h_0$ 时，应取等于 $f_{yv} \frac{A_{sv}}{s} h_0$，且 $f_{yv} \frac{A_{sv}}{s} h_0$ 值不应小于 $0.36 f_t bh_0$。

6.3.15 圆形截面钢筋混凝土受弯构件和偏心受压、受拉构件，其截面限制条件和斜截面受剪承载力可按本规范第 6.3.1 条～第 6.3.14 条计算，但上述条文公式中的截面宽度 b 和截面有效高度 h_0 应分别以 $1.76r$ 和 $1.6r$ 代替，此处，r 为圆形截面的半径。计算所得的箍筋截面面积应作为圆形箍筋的截面面积。

6.3.16 矩形截面双向受剪的钢筋混凝土框架柱，其受剪截面应符合下列要求：

$$V_x \leqslant 0.25\beta_c f_c bh_0 \cos\theta \qquad (6.3.16\text{-}1)$$

$$V_y \leqslant 0.25\beta_c f_c hb_0 \sin\theta \qquad (6.3.16\text{-}2)$$

式中：V_x——x 轴方向的剪力设计值，对应的截面有效高度为 h_0，截面宽度为 b；

V_y——y 轴方向的剪力设计值，对应的截面有效高度为 b_0，截面宽度为 h；

θ——斜向剪力设计值 V 的作用方向与 x 轴的夹角，$\theta = \arctan(V_y/V_x)$。

6.3.17 矩形截面双向受剪的钢筋混凝土框架柱，其斜截面受剪承载力应符合下列规定：

$$V_x \leqslant \frac{V_{ux}}{\sqrt{1 + \left(\dfrac{V_{ux}\tan\theta}{V_{uy}}\right)^2}} \qquad (6.3.17\text{-}1)$$

$$V_y \leqslant \frac{V_{uy}}{\sqrt{1 + \left(\dfrac{V_{uy}}{V_{ux}\tan\theta}\right)^2}} \qquad (6.3.17\text{-}2)$$

x 轴、y 轴方向的斜截面受剪承载力设计值 V_{ux}、V_{uy} 应按下列公式计算：

$$V_{ux} = \frac{1.75}{\lambda_x + 1} f_t bh_0 + f_{yv} \frac{A_{svx}}{s} h_0 + 0.07N \qquad (6.3.17\text{-}3)$$

$$V_{uy} = \frac{1.75}{\lambda_y + 1} f_t hb_0 + f_{yv} \frac{A_{svy}}{s} b_0 + 0.07N \qquad (6.3.17\text{-}4)$$

式中：λ_x、λ_y——分别为框架柱 x 轴、y 轴方向的计算剪跨比，按本规范第 6.3.12 条的规定确定；

A_{svx}、A_{svy}——分别为配置在同一截面内平行于 x 轴、y 轴的箍筋各肢截面面积的总和；

N——与斜向剪力设计值 V 相应的轴向压力设计值，当 N 大于 $0.3 f_c A$ 时，取 $0.3 f_c A$，此处，A 为构件的截面面积。

在计算截面箍筋时，可在公式（6.3.17-1）、公式（6.3.17-2）中近似取 V_{ux}/V_{uy} 等于 1 计算。

6.3.18 矩形截面双向受剪的钢筋混凝土框架柱，当符合下列要求时，可不进行斜截面受剪承载力计算，其构造箍筋要求应符合本规范第 9.3.2 条的规定。

$$V_x \leqslant \left(\frac{1.75}{\lambda_x + 1} f_t bh_0 + 0.07N\right)\cos\theta \qquad (6.3.18\text{-}1)$$

$$V_y \leqslant \left(\frac{1.75}{\lambda_y + 1} f_t h b_0 + 0.07N \right) \sin \theta \tag{6.3.18-2}$$

6.3.19 矩形截面双向受剪的钢筋混凝土框架柱，当斜向剪力设计值 V 的作用方向与 x 轴的夹角 θ 在 $0° \sim 10°$ 或 $80° \sim 90°$ 时，可仅按单向受剪构件进行截面承载力计算。

6.3.20 钢筋混凝土剪力墙的受剪截面应符合下列条件：

$$V \leqslant 0.25\beta_c f_c b h_0 \tag{6.3.20}$$

6.3.21 钢筋混凝土剪力墙在偏心受压时的斜截面受剪承载力应符合下列规定：

$$V \leqslant \frac{1}{\lambda - 0.5} \left(0.5 f_t b h_0 + 0.13 N \frac{A_w}{A} \right) + f_{yv} \frac{A_{sh}}{s_v} h_0 \tag{6.3.21}$$

式中：N——与剪力设计值 V 相应的轴向压力设计值，当 N 大于 $0.2f_c b h$ 时，取 $0.2f_c b h$；

　　A——剪力墙的截面面积；

　　A_w——T 形、I 形截面剪力墙腹板的截面面积，对矩形截面剪力墙，取为 A；

　　A_{sh}——配置在同一截面内的水平分布钢筋的全部截面面积；

　　s_v——水平分布钢筋的竖向间距；

　　λ——计算截面的剪跨比，取为 $M/(V h_0)$；当 λ 小于 1.5 时，取 1.5，当 λ 大于 2.2 时，取 2.2；此处，M 为与剪力设计值 V 相应的弯矩设计值；当计算截面与墙底之间的距离小于 $h_0/2$ 时，λ 可按距墙底 $h_0/2$ 处的弯矩值与剪力值计算。

当剪力设计值 V 不大于公式（6.3.21）中右边第一项时，水平分布钢筋可按本规范第 9.4.2 条、9.4.4 条、9.4.6 条的构造要求配置。

6.3.22 钢筋混凝土剪力墙在偏心受拉时的斜截面受剪承载力应符合下列规定：

$$V \leqslant \frac{1}{\lambda - 0.5} \left(0.5 f_t b h_0 - 0.13 N \frac{A_w}{A} \right) + f_{yv} \frac{A_{sh}}{s_v} h_0 \tag{6.3.22}$$

当上式右边的计算值小于 $f_{yv} \dfrac{A_{sh}}{s_v} h_0$ 时，取等于 $f_{yv} \dfrac{A_{sh}}{s_v} h_0$。

式中：N——与剪力设计值 V 相应的轴向拉力设计值；

　　λ——计算截面的剪跨比，按本规范第 6.3.21 条采用。

6.3.23 剪力墙洞口连梁的受剪截面应符合本规范第 6.3.1 条的规定，其斜截面受剪承载力应符合下列规定：

$$V \leqslant 0.7 f_t b h_0 + f_{yv} \frac{A_{sv}}{s} h_0 \tag{6.3.23}$$

4. 扭曲截面承载力计算

6.4.1 在弯矩、剪力和扭矩共同作用下，h_w/b 不大于 6 的矩形、T 形、I 形截面和 h_w/t_w 不大于 6 的箱形截面构件（图 6.4.1），其截面应符合下列条件：

当 h_w/b（或 h_w/t_w）不大于 4 时

$$\frac{V}{b h_0} + \frac{T}{0.8 W_t} \leqslant 0.25 \beta_c f_c \tag{6.4.1-1}$$

当 h_w/b（或 h_w/t_w）等于 6 时

$$\frac{V}{b h_0} + \frac{T}{0.8 W_t} \leqslant 0.2 \beta_c f_c \tag{6.4.1-2}$$

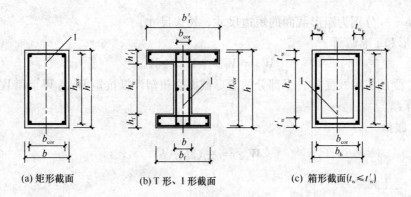

(a) 矩形截面　　　(b) T 形、I 形截面　　　(c) 箱形截面($t_w \leqslant t'_w$)

图 6.4.1 受扭构件截面
1—弯矩、剪力作用平面

当 h_w/b（或 h_w/t_w）大于 4 但小于 6 时，按线性内插法确定。

式中：T——扭矩设计值；

b——矩形截面的宽度，T 形或 I 形截面取腹板宽度，箱形截面取两侧壁总厚度 $2t_w$；

W_t——受扭构件的截面受扭塑性抵抗矩，按本规范第 6.4.3 条的规定计算；

h_w——截面的腹板高度：对矩形截面，取有效高度 h_0；对 T 形截面，取有效高度减去翼缘高度；对 I 形和箱形截面，取腹板净高；

t_w——箱形截面壁厚，其值不应小于 $b_h/7$，此处，b_h 为箱形截面的宽度。

注：当 h_w/b 大于 6 或 h_w/t_w 大于 6 时，受扭构件的截面尺寸要求及扭曲截面承载力计算应符合专门规定。

6.4.2 在弯矩、剪力和扭矩共同作用下的构件，当符合下列要求时，可不进行构件受剪扭承载力计算，但应按本规范第 9.2.5 条、第 9.2.9 条和第 9.2.10 条的规定配置构造纵向钢筋和箍筋。

$$\frac{V}{bh_0} + \frac{T}{W_t} \leqslant 0.7f_t + 0.05\frac{N_{p0}}{bh_0} \qquad (6.4.2\text{-}1)$$

或

$$\frac{V}{bh_0} + \frac{T}{W_t} \leqslant 0.7f_t + 0.07\frac{N}{bh_0} \qquad (6.4.2\text{-}2)$$

式中：N_{p0}——计算截面上混凝土法向预应力等于零时的预加力，按本规范第 10.1.13 条的规定计算，当 N_{p0} 大于 $0.3f_cA_0$ 时，取 $0.3f_cA_0$，此处，A_0 为构件的换算截面面积；

N——与剪力、扭矩设计值 V、T 相应的轴向压力设计值，当 N 大于 $0.3f_cA$ 时，取 $0.3f_cA$，此处，A 为构件的截面面积。

6.4.3 受扭构件的截面受扭塑性抵抗矩可按下列规定计算：

1 矩形截面

$$W_t = \frac{b^2}{6}(3h-b) \qquad (6.4.3\text{-}1)$$

式中：b、h——分别为矩形截面的短边尺寸、长边尺寸。

2　T形和I形截面

$$W_{\mathrm{t}} = W_{\mathrm{tw}} + W'_{\mathrm{tf}} + W_{\mathrm{tf}} \tag{6.4.3-2}$$

腹板、受压翼缘及受拉翼缘部分的矩形截面受扭塑性抵抗矩 W_{tw}、W'_{tf} 和 W_{tf}，可按下列规定计算：

1）腹板

$$W_{\mathrm{tw}} = \frac{b^2}{6}(3h - b) \tag{6.4.3-3}$$

2）受压翼缘

$$W'_{\mathrm{tf}} = \frac{h'^2_{\mathrm{f}}}{2}(b'_{\mathrm{f}} - b) \tag{6.4.3-4}$$

3）受拉翼缘

$$W_{\mathrm{tf}} = \frac{h^2_{\mathrm{f}}}{2}(b_{\mathrm{f}} - b) \tag{6.4.3-5}$$

式中：b、h——分别为截面的腹板宽度、截面高度；

b'_{f}、b_{f}——分别为截面受压区、受拉区的翼缘宽度；

h'_{f}、h_{f}——分别为截面受压区、受拉区的翼缘高度。

计算时取用的翼缘宽度尚应符合 b'_{f} 不大于 $b + 6h'_{\mathrm{f}}$ 及 b_{f} 不大于 $b + 6h_{\mathrm{f}}$ 的规定。

3　箱形截面

$$W_{\mathrm{t}} = \frac{b_{\mathrm{h}}^2}{6}(3h_{\mathrm{h}} - b_{\mathrm{h}}) - \frac{(b_{\mathrm{h}} - 2t_{\mathrm{w}})^2}{6}\left[3h_{\mathrm{w}} - (b_{\mathrm{h}} - 2t_{\mathrm{w}})\right] \tag{6.4.3-6}$$

式中：b_{h}、h_{h}——分别为箱形截面的短边尺寸、长边尺寸。

6.4.4　矩形截面纯扭构件的受扭承载力应符合下列规定：

$$T \leqslant 0.35 f_{\mathrm{t}} W_{\mathrm{t}} + 1.2\sqrt{\zeta} f_{\mathrm{yv}} \frac{A_{\mathrm{st1}} A_{\mathrm{cor}}}{s} \tag{6.4.4-1}$$

$$\zeta = \frac{f_{\mathrm{y}} A_{\mathrm{st}l} s}{f_{\mathrm{yv}} A_{\mathrm{st1}} u_{\mathrm{cor}}} \tag{6.4.4-2}$$

偏心距 e_{p0} 不大于 $h/6$ 的预应力混凝土纯扭构件，当计算的 ζ 值不小于 1.7 时，取 1.7，并可在公式（6.4.4-1）的右边增加预加力影响项 $0.05 \dfrac{N_{\mathrm{p0}}}{A_0} W_{\mathrm{t}}$，此处，$N_{\mathrm{p0}}$ 的取值应符合本规范第 6.4.2 条的规定。

式中：ζ——受扭的纵向普通钢筋与箍筋的配筋强度比值，ζ 值不应小于 0.6，当 ζ 大于 1.7 时，取 1.7；

$A_{\mathrm{st}l}$——受扭计算中取对称布置的全部纵向普通钢筋截面面积；

A_{st1}——受扭计算中沿截面周边配置的箍筋单肢截面面积；

f_{yv}——受扭箍筋的抗拉强度设计值，按本规范第 4.2.3 条采用；

A_{cor}——截面核心部分的面积，取为 $b_{\mathrm{cor}} h_{\mathrm{cor}}$，此处，$b_{\mathrm{cor}}$、$h_{\mathrm{cor}}$ 分别为箍筋内表面范围内截面核心部分的短边、长边尺寸；

u_{cor}——截面核心部分的周长，取 $2(b_{\mathrm{cor}} + h_{\mathrm{cor}})$。

注：当 ζ 小于 1.7 或 e_{p0} 大于 $h/6$ 时，不应考虑预加力影响项，而应按钢筋混凝土纯扭构件计算。

6.4.5 T 形和 I 形截面纯扭构件，可将其截面划分为几个矩形截面，分别按本规范第 6.4.4 条进行受扭承载力计算。每个矩形截面的扭矩设计值可按下列规定计算：

1 腹板

$$T_{\mathrm{w}} = \frac{W_{\mathrm{tw}}}{W_{\mathrm{t}}} T \tag{6.4.5-1}$$

2 受压翼缘

$$T_{\mathrm{f}}' = \frac{W_{\mathrm{tf}}'}{W_{\mathrm{t}}} T \tag{6.4.5-2}$$

3 受拉翼缘

$$T_{\mathrm{f}} = \frac{W_{\mathrm{tf}}}{W_{\mathrm{t}}} T \tag{6.4.5-3}$$

式中：T_{w}——腹板所承受的扭矩设计值；

T_{f}'、T_{f}——分别为受压翼缘、受拉翼缘所承受的扭矩设计值。

6.4.6 箱形截面钢筋混凝土纯扭构件的受扭承载力应符合下列规定：

$$T \leqslant 0.35\alpha_{\mathrm{h}} f_{\mathrm{t}} W_{\mathrm{t}} + 1.2 \sqrt{\zeta} f_{\mathrm{yv}} \frac{A_{\mathrm{st1}} A_{\mathrm{cor}}}{s} \tag{6.4.6-1}$$

$$\alpha_{\mathrm{h}} = 2.5 t_{\mathrm{w}} / b_{\mathrm{h}} \tag{6.4.6-2}$$

式中：α_{h}——箱形截面壁厚影响系数，当 α_{h} 大于 1.0 时，取 1.0。

ζ——同本规范第 6.4.4 条。

6.4.7 在轴向压力和扭矩共同作用下的矩形截面钢筋混凝土构件，其受扭承载力应符合下列规定：

$$T \leqslant \left(0.35 f_{\mathrm{t}} + 0.07 \frac{N}{A}\right) W_{\mathrm{t}} + 1.2 \sqrt{\zeta} f_{\mathrm{yv}} \frac{A_{\mathrm{st1}} A_{\mathrm{cor}}}{s} \tag{6.4.7}$$

式中：N——与扭矩设计值 T 相应的轴向压力设计值，当 N 大于 $0.3 f_{\mathrm{c}} A$ 时，取 $0.3 f_{\mathrm{c}} A$；

ζ——同本规范第 6.4.4 条。

6.4.8 在剪力和扭矩共同作用下的矩形截面剪扭构件，其受剪扭承载力应符合下列规定：

1 一般剪扭构件

1） 受剪承载力

$$V \leqslant (1.5 - \beta_{\mathrm{t}})(0.7 f_{\mathrm{t}} b h_0 + 0.05 N_{\mathrm{p0}}) + f_{\mathrm{yv}} \frac{A_{\mathrm{sv}}}{s} h_0 \tag{6.4.8-1}$$

$$\beta_{\mathrm{t}} = \frac{1.5}{1 + 0.5 \dfrac{V W_{\mathrm{t}}}{T b h_0}} \tag{6.4.8-2}$$

式中：A_{sv}——受剪承载力所需的箍筋截面面积；

β_{t}——一般剪扭构件混凝土受扭承载力降低系数：当 β_{t} 小于 0.5 时，取 0.5；当 β_{t} 大于 1.0 时，取 1.0。

2） 受扭承载力

$$T \leqslant \beta_{\mathrm{t}}\left(0.35 f_{\mathrm{t}} + 0.05 \frac{N_{\mathrm{p0}}}{A_0}\right) W_{\mathrm{t}} + 1.2 \sqrt{\zeta} f_{\mathrm{yv}} \frac{A_{\mathrm{st1}} A_{\mathrm{cor}}}{s} \tag{6.4.8-3}$$

式中：ζ——同本规范第 6.4.4 条。

　　2 集中荷载作用下的独立剪扭构件

　　　1）受剪承载力

$$V \leqslant (1.5 - \beta_t) \left(\frac{1.75}{\lambda+1} f_t bh_0 + 0.05 N_{p0} \right) + f_{yv} \frac{A_{sv}}{s} h_0 \qquad (6.4.8\text{-}4)$$

$$\beta_t = \frac{1.5}{1 + 0.2 (\lambda+1) \dfrac{VW_t}{Tbh_0}} \qquad (6.4.8\text{-}5)$$

式中：λ——计算截面的剪跨比，按本规范第 6.3.4 条的规定取用；

　　　β_t——集中荷载作用下剪扭构件混凝土受扭承载力降低系数：当 β_t 小于 0.5 时，取 0.5；当 β_t 大于 1.0 时，取 1.0。

　　　2）受扭承载力

受扭承载力仍应按公式（6.4.8-3）计算，但式中的 β_t 应按公式（6.4.8-5）计算。

6.4.9 T 形和 I 形截面剪扭构件的受剪扭承载力应符合下列规定：

　　1 受剪承载力可按本规范公式（6.4.8-1）与公式（6.4.8-2）或公式（6.4.8-4）与公式（6.4.8-5）进行计算，但应将公式中的 T 及 W_t 分别代之以 T_w 及 W_{tw}；

　　2 受扭承载力可根据本规范第 6.4.5 条的规定划分为几个矩形截面分别进行计算。其中，腹板可按本规范公式（6.4.8-3）、公式（6.4.8-2）或公式（6.4.8-3）、公式（6.4.8-5）进行计算，但应将公式中的 T 及 W_t 分别代之以 T_w 及 W_{tw}；受压翼缘及受拉翼缘可按本规范第 6.4.4 条纯扭构件的规定进行计算，但应将 T 及 W_t 分别代之以 T'_f 及 W'_{tf} 或 T_f 及 W_{tf}。

6.4.10 箱形截面钢筋混凝土剪扭构件的受剪扭承载力可按下列规定计算：

　　1 一般剪扭构件

　　　1）受剪承载力

$$V \leqslant 0.7 (1.5 - \beta_t) f_t bh_0 + f_{yv} \frac{A_{sv}}{s} h_0 \qquad (6.4.10\text{-}1)$$

　　　2）受扭承载力

$$T \leqslant 0.35 \alpha_h \beta_t f_t W_t + 1.2 \sqrt{\zeta} f_{yv} \frac{A_{st1} A_{cor}}{s} \qquad (6.4.10\text{-}2)$$

式中：β_t——按本规范公式（6.4.8-2）计算，但式中的 W_t 应代之以 $\alpha_h W_t$；

　　　α_h——按本规范第 6.4.6 条的规定确定；

　　　ζ——按本规范第 6.4.4 条的规定确定。

　　2 集中荷载作用下的独立剪扭构件

　　　1）受剪承载力

$$V \leqslant (1.5 - \beta_t) \frac{1.75}{\lambda+1} f_t bh_0 + f_{yv} \frac{A_{sv}}{s} h_0 \qquad (6.4.10\text{-}3)$$

式中：β_t——按本规范公式（6.4.8-5）计算，但式中的 W_t 应代之以 $\alpha_h W_t$。

　　　2）受扭承载力

受扭承载力仍应按公式（6.4.10-2）计算，但式中的 β_t 值应按本规范公式（6.4.8-5）计算。

6.4.11 在轴向拉力和扭矩共同作用下的矩形截面钢筋混凝土构件，其受扭承载力可按下列规定计算：

$$T \leqslant \left(0.35 f_t - 0.2 \frac{N}{A}\right) W_t + 1.2 \sqrt{\zeta} f_{yv} \frac{A_{st1} A_{cor}}{s} \tag{6.4.11}$$

式中：ζ——按本规范第 6.4.4 条的规定确定；

A_{st1}——受扭计算中沿截面周边配置的箍筋单肢截面面积；

A_{stl}——对称布置受扭用的全部纵向普通钢筋的截面面积；

N——与扭矩设计值相应的轴向拉力设计值，当 N 大于 $1.75 f_t A$ 时，取 $1.75 f_t A$；

A_{cor}——截面核心部分的面积，取 $b_{cor} h_{cor}$，此处 b_{cor}、h_{cor} 为箍筋内表面范围内截面核心部分的短边、长边尺寸；

u_{cor}——截面核心部分的周长，取 $2(b_{cor} + h_{cor})$。

6.4.12 在弯矩、剪力和扭矩共同作用下的矩形、T 形、I 形和箱形截面的弯剪扭构件，可按下列规定进行承载力计算：

1 当 V 不大于 $0.35 f_t bh_0$ 或 V 不大于 $0.875 f_t bh_0 / (\lambda + 1)$ 时，可仅计算受弯构件的正截面受弯承载力和纯扭构件的受扭承载力；

2 当 T 不大于 $0.175 f_t W_t$ 或 T 不大于 $0.175 \alpha_h f_t W_t$ 时，可仅验算受弯构件的正截面受弯承载力和斜截面受剪承载力。

6.4.13 矩形、T 形、I 形和箱形截面弯剪扭构件，其纵向钢筋截面面积应分别按受弯构件的正截面受弯承载力和剪扭构件的受扭承载力计算确定，并应配置在相应的位置；箍筋截面面积应分别按剪扭构件的受剪承载力和受扭承载力计算确定，并应配置在相应的位置。

6.4.14 在轴向压力、弯矩、剪力和扭矩共同作用下的钢筋混凝土矩形截面框架柱，其受剪扭承载力可按下列规定计算：

1 受剪承载力

$$V \leqslant (1.5 - \beta_t) \left(\frac{1.75}{\lambda + 1} f_t bh_0 + 0.07N\right) + f_{yv} \frac{A_{sv}}{s} h_0 \tag{6.4.14-1}$$

2 受扭承载力

$$T \leqslant \beta_t \left(0.35 f_t + 0.07 \frac{N}{A}\right) W_t + 1.2 \sqrt{\zeta} f_{yv} \frac{A_{st1} A_{cor}}{s} \tag{6.4.14-2}$$

式中：λ——计算截面的剪跨比，按本规范第 6.3.12 条确定；

β_t——按本规范第 6.4.8 条计算并符合相关要求；

ζ——按本规范第 6.4.4 条的规定采用。

6.4.15 在轴向压力、弯矩、剪力和扭矩共同作用下的钢筋混凝土矩形截面框架柱，当 T 不大于 $(0.175 f_t + 0.035 N/A) W_t$ 时，可仅计算偏心受压构件的正截面承载力和斜截面受剪承载力。

6.4.16 在轴向压力、弯矩、剪力和扭矩共同作用下的钢筋混凝土矩形截面框架柱，其纵向普通钢筋截面面积应分别按偏心受压构件的正截面承载力和剪扭构件的受扭承载力计算确定，并应配置在相应的位置；箍筋截面面积应分别按剪扭构件的受剪承载力和受扭承载力计算确定，并应配置在相应的位置。

6.4.17 在轴向拉力、弯矩、剪力和扭矩共同作用下的钢筋混凝土矩形截面框架柱，其受剪扭承载力应符合下列规定：

1　受剪承载力

$$V \leqslant (1.5 - \beta_\text{t}) \left(\frac{1.75}{\lambda + 1} f_\text{t} b h_0 - 0.2N \right) + f_\text{yv} \frac{A_\text{sv}}{s} h_0 \qquad (6.4.17\text{-}1)$$

2　受扭承载力

$$T \leqslant \beta_\text{t} \left(0.35 f_\text{t} - 0.2 \frac{N}{A} \right) W_\text{t} + 1.2 \sqrt{\zeta} f_\text{yv} \frac{A_\text{stl} A_\text{cor}}{s} \qquad (6.4.17\text{-}2)$$

当公式（6.4.17-1）右边的计算值小于 $f_\text{yv} \dfrac{A_\text{sv}}{s} h_0$ 时，取 $f_\text{yv} \dfrac{A_\text{sv}}{s} h_0$；当公式（6.4.17-2）右边的计算值小于 $1.2 \sqrt{\zeta} f_\text{yv} \dfrac{A_\text{stl} A_\text{cor}}{s}$ 时，取 $1.2 \sqrt{\zeta} f_\text{yv} \dfrac{A_\text{stl} A_\text{cor}}{s}$。

式中：λ——计算截面的剪跨比，按本规范第 6.3.12 条确定；

$\qquad A_\text{sv}$——受剪承载力所需的箍筋截面面积；

$\qquad N$——与剪力、扭矩设计值 V、T 相应的轴向拉力设计值；

$\qquad \beta_\text{t}$——按本规范第 6.4.8 条计算并符合相关要求；

$\qquad \zeta$——按本规范第 6.4.4 条的规定采用。

6.4.18　在轴向拉力、弯矩、剪力和扭矩共同作用下的钢筋混凝土矩形截面框架柱，当 $T \leqslant (0.175 f_\text{t} - 0.1 N/A) W_\text{t}$ 时，可仅计算偏心受拉构件的正截面承载力和斜截面受剪承载力。

6.4.19　在轴向拉力、弯矩、剪力和扭矩共同作用下的钢筋混凝土矩形截面框架柱，其纵向普通钢筋截面面积应分别按偏心受拉构件的正截面承载力和剪扭构件的受扭承载力计算确定，并应配置在相应的位置；箍筋截面面积应分别按剪扭构件的受剪承载力和受扭承载力计算确定，并应配置在相应的位置。

5. 受冲切承载力计算

6.5.1　在局部荷载或集中反力作用下，不配置箍筋或弯起钢筋的板的受冲切承载力应符合下列规定（图 6.5.1）：

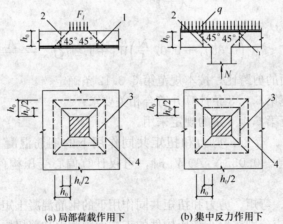

（a）局部荷载作用下　　　　（b）集中反力作用下

图 6.5.1　板受冲切承载力计算

1—冲切破坏锥体的斜截面；2—计算截面；

3—计算截面的周长；4—冲切破坏锥体的底面线

$$F_l \leqslant (0.7\beta_h f_t + 0.25\sigma_{pc,m})\eta u_m h_0 \qquad (6.5.1\text{-}1)$$

公式（6.5.1-1）中的系数 η，应按下列两个公式计算，并取其中较小值：

$$\eta_1 = 0.4 + \frac{1.2}{\beta_s} \qquad (6.5.1\text{-}2)$$

$$\eta_2 = 0.5 + \frac{\alpha_s h_0}{4u_m} \qquad (6.5.1\text{-}3)$$

式中：F_l——局部荷载设计值或集中反力设计值；板柱节点，取柱所承受的轴向压力设计值的层间差值减去柱顶冲切破坏锥体范围内板所承受的荷载设计值；当有不平衡弯矩时，应按本规范第 6.5.6 条的规定确定；

β_h——截面高度影响系数：当 h 不大于 800mm 时，取 β_h 为 1.0；当 h 不小于 2000mm 时，取 β_h 为 0.9，其间按线性内插法取用；

$\sigma_{pc,m}$——计算截面周长上两个方向混凝土有效预压应力按长度的加权平均值，其值宜控制在 $1.0\text{N/mm}^2 \sim 3.5\text{N/mm}^2$ 范围内；

u_m——计算截面的周长，取距离局部荷载或集中反力作用面积周边 $h_0/2$ 处板垂直截面的最不利周长；

h_0——截面有效高度，取两个方向配筋的截面有效高度平均值；

η_1——局部荷载或集中反力作用面积形状的影响系数；

η_2——计算截面周长与板截面有效高度之比的影响系数；

β_s——局部荷载或集中反力作用面积为矩形时的长边与短边尺寸的比值，β_s 不宜大于 4；当 β_s 小于 2 时取 2；对圆形冲切面，β_s 取 2；

α_s——柱位置影响系数：中柱，α_s 取 40；边柱，α_s 取 30；角柱，α_s 取 20。

6.5.2 当板开有孔洞且孔洞至局部荷载或集中反力作用面积边缘的距离不大于 $6h_0$ 时，受冲切承载力计算中取用的计算截面周长 u_m，应扣除局部荷载或集中反力作用面积中心至开孔外边画出两条切线之间所包含的长度（图 6.5.2）。

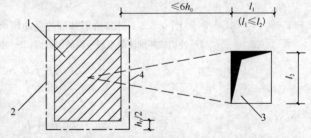

图 6.5.2 邻近孔洞时的计算截面周长
1—局部荷载或集中反力作用面；2—计算截面周长；
3—孔洞；4—应扣除的长度

注：当图中 l_1 大于 l_2 时，孔洞边长 l_2 用 $\sqrt{l_1 l_2}$ 代替。

6.5.3 在局部荷载或集中反力作用下，当受冲切承载力不满足本规范第 6.5.1 条的要求且板厚受到限制时，可配置箍筋或弯起钢筋，并应符合本规范第 9.1.11 条的构造规定。此时，受冲切截面及受冲切承载力应符合下列要求：

1 受冲切截面

$$F_l \leqslant 1.2f_t \eta u_m h_0 \qquad (6.5.3\text{-}1)$$

2 配置箍筋、弯起钢筋时的受冲切承载力

$$F_l \leqslant (0.5f_t + 0.25\sigma_{pc,m})\eta u_m h_0 + 0.8f_{yv}A_{svu} + 0.8f_y A_{sbu}\sin\alpha \qquad (6.5.3\text{-}2)$$

式中：f_{yv}——箍筋的抗拉强度设计值，按本规范第 4.2.3 条的规定采用；

A_{svu}——与呈 45°冲切破坏锥体斜截面相交的全部箍筋截面面积；

A_{sbu}——与呈 45°冲切破坏锥体斜截面相交的全部弯起钢筋截面面积；

α——弯起钢筋与板底面的夹角。

注：当有条件时，可采取配置栓钉、型钢剪力架等形式的抗冲切措施。

6.5.4 配置抗冲切钢筋的冲切破坏锥体以外的截面，尚应按本规范第 6.5.1 条的规定进行受冲切承载力计算，此时，u_m 应取配置抗冲切钢筋的冲切破坏锥体以外 $0.5h_0$ 处的最不利周长。

6.5.5 矩形截面柱的阶形基础，在柱与基础交接处以及基础变阶处的受冲切承载力应符合下列规定（图 6.5.5）：

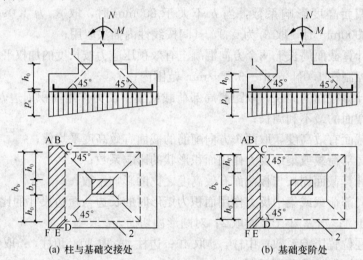

图 6.5.5　计算阶形基础的受冲切承载力截面位置
1—冲切破坏锥体最不利一侧的斜截面；2—冲切破坏锥体的底面线

$$F_l \leqslant 0.7\beta_h f_t b_m h_0 \qquad (6.5.5\text{-}1)$$

$$F_l = p_s A \qquad (6.5.5\text{-}2)$$

$$b_m = \frac{b_t + b_b}{2} \qquad (6.5.5\text{-}3)$$

式中：h_0——柱与基础交接处或基础变阶处的截面有效高度，取两个方向配筋的截面有效高度平均值；

　　　p_s——按荷载效应基本组合计算并考虑结构重要性系数的基础底面地基反力设计值（可扣除基础自重及其上的土重），当基础偏心受力时，可取用最大的地基反力设计值；

　　　A——考虑冲切荷载时取用的多边形面积（图 6.5.5 中的阴影面积 ABCDEF）；

　　　b_t——冲切破坏锥体最不利一侧斜截面的上边长：当计算柱与基础交接处的受冲切承载力时，取柱宽；当计算基础变阶处的受冲切承载力时，取上阶宽；

　　　b_b——柱与基础交接处或基础变阶处的冲切破坏锥体最不利一侧斜截面的下边长，取 $b_t + 2h_0$。

6.5.6 在竖向荷载、水平荷载作用下，当考虑板柱节点计算截面上的剪应力传递不平衡弯矩时，其集中反力设计值 F_l 应以等效集中反力设计值 $F_{l,\text{eq}}$ 代替，$F_{l,\text{eq}}$ 可按本规范附录 F 的规定计算。

6. 局部受压承载力计算

6.6.1 配置间接钢筋的混凝土结构构件，其局部受压区的截面尺寸应符合下列要求：

$$F_l \leqslant 1.35\beta_c\beta_l f_c A_{ln} \tag{6.6.1-1}$$

$$\beta_l = \sqrt{\dfrac{A_b}{A_l}} \tag{6.6.1-2}$$

式中：F_l——局部受压面上作用的局部荷载或局部压力设计值；

f_c——混凝土轴心抗压强度设计值；在后张法预应力混凝土构件的张拉阶段验算中，可根据相应阶段的混凝土立方体抗压强度 f'_{cu} 值按本规范表 4.1.4-1 的规定以线性内插法确定；

β_c——混凝土强度影响系数，按本规范第 6.3.1 条的规定取用；

β_l——混凝土局部受压时的强度提高系数；

A_l——混凝土局部受压面积；

A_{ln}——混凝土局部受压净面积；对后张法构件，应在混凝土局部受压面积中扣除孔道、凹槽部分的面积；

A_b——局部受压的计算底面积，按本规范第 6.6.2 条确定。

6.6.2 局部受压的计算底面积 A_b，可由局部受压面积与计算底面积按同心、对称的原则确定；常用情况，可按图 6.6.2 取用。

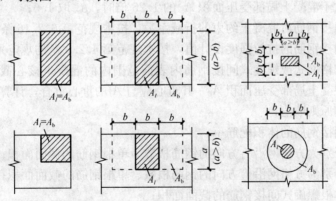

图 6.6.2 局部受压的计算底面积

A_l—混凝土局部受压面积；A_b—局部受压的计算底面积

6.6.3 配置方格网式或螺旋式间接钢筋（图 6.6.3）的局部受压承载力应符合下列规定：

$$F_l \leqslant 0.9(\beta_c\beta_l f_c + 2\alpha\rho_v\beta_{\text{cor}} f_{yv})A_{ln} \tag{6.6.3-1}$$

当为方格网式配筋时（图 6.6.3a），钢筋网两个方向上单位长度内钢筋截面面积的比值不宜大于 1.5，其体积配筋率 ρ_v 应按下列公式计算：

$$\rho_v = \dfrac{n_1 A_{s1} l_1 + n_2 A_{s2} l_2}{A_{\text{cor}} s} \tag{6.6.3-2}$$

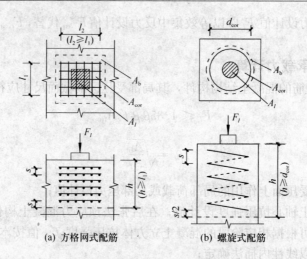

(a) 方格网式配筋　　　　(b) 螺旋式配筋

图 6.6.3　局部受压区的间接钢筋

A_l—混凝土局部受压面积；A_b—局部受压的计算底面积；

A_{cor}—方格网式或螺旋式间接钢筋内表面范围内的混凝土核心面积

当为螺旋式配筋时（图 6.6.3b），其体积配筋率 ρ_v 应按下列公式计算：

$$\rho_v = \frac{4A_{ss1}}{d_{cor}s} \tag{6.6.3-3}$$

式中：β_{cor}——配置间接钢筋的局部受压承载力提高系数，可按本规范公式（6.6.1-2）计算，但公式中 A_b 应代之以 A_{cor}，且当 A_{cor} 大于 A_b 时，A_{cor} 取 A_b；当 A_{cor} 不大于混凝土局部受压面积 A_l 的 1.25 倍时，β_{cor} 取 1.0；

　　α——间接钢筋对混凝土约束的折减系数，按本规范第 6.2.16 条的规定取用；

　　f_{yv}——间接钢筋的抗拉强度设计值，按本规范第 4.2.3 条的规定采用；

　　A_{cor}——方格网式或螺旋式间接钢筋内表面范围内的混凝土核心截面面积，应大于混凝土局部受压面积 A_l，其重心应与 A_l 的重心重合，计算中按同心、对称的原则取值；

　　ρ_v——间接钢筋的体积配筋率；

n_1、A_{s1}——分别为方格网沿 l_1 方向的钢筋根数、单根钢筋的截面面积；

n_2、A_{s2}——分别为方格网沿 l_2 方向的钢筋根数、单根钢筋的截面面积；

　　A_{ss1}——单根螺旋式间接钢筋的截面面积；

　　d_{cor}——螺旋式间接钢筋内表面范围内的混凝土截面直径；

　　s——方格网式或螺旋式间接钢筋的间距，宜取30mm～80mm。

间接钢筋应配置在图 6.6.3 所规定的高度 h 范围内，方格网式钢筋，不应少于 4 片；螺旋式钢筋，不应少于 4 圈。柱接头，h 尚不应小于 15d，d 为柱的纵向钢筋直径。

第6章　混凝土构件裂缝、挠度验算及有关构造

《混凝土规范》

1. 裂缝控制验算

7.1.1　钢筋混凝土和预应力混凝土构件，应按下列规定进行受拉边缘应力或正截面裂缝宽度验算：

1　一级裂缝控制等级构件，在荷载标准组合下，受拉边缘应力应符合下列规定：

$$\sigma_{ck} - \sigma_{pc} \leqslant 0 \tag{7.1.1-1}$$

2　二级裂缝控制等级构件，在荷载标准组合下，受拉边缘应力应符合下列规定：

$$\sigma_{ck} - \sigma_{pc} \leqslant f_{tk} \tag{7.1.1-2}$$

3　三级裂缝控制等级时，钢筋混凝土构件的最大裂缝宽度可按荷载准永久组合并考虑长期作用影响的效应计算，预应力混凝土构件的最大裂缝宽度可按荷载标准组合并考虑长期作用影响的效应计算。最大裂缝宽度应符合下列规定：

$$w_{max} \leqslant w_{lim} \tag{7.1.1-3}$$

对环境类别为二 a 类的预应力混凝土构件，在荷载准永久组合下，受拉边缘应力尚应符合下列规定：

$$\sigma_{cq} - \sigma_{pc} \leqslant f_{tk} \tag{7.1.1-4}$$

式中：σ_{ck}、σ_{cq} ——荷载标准组合、准永久组合下抗裂验算边缘的混凝土法向应力；

σ_{pc} ——扣除全部预应力损失后在抗裂验算边缘混凝土的预压应力，按本规范公式（10.1.6-1）和公式（10.1.6-4）计算；

f_{tk} ——混凝土轴心抗拉强度标准值，按本规范表 4.1.3-2 采用；

w_{max} ——按荷载的标准组合或准永久组合并考虑长期作用影响计算的最大裂缝宽度，按本规范第 7.1.2 条计算；

w_{lim} ——最大裂缝宽度限值，按本规范第 3.4.5 条采用。

7.1.2　在矩形、T 形、倒 T 形和 I 形截面的钢筋混凝土受拉、受弯和偏心受压构件及预应力混凝土轴心受拉和受弯构件中，按荷载标准组合或准永久组合并考虑长期作用影响的最大裂缝宽度可按下列公式计算：

$$w_{max} = \alpha_{cr} \psi \frac{\sigma_s}{E_s} \left(1.9 c_s + 0.08 \frac{d_{eq}}{\rho_{te}} \right) \tag{7.1.2-1}$$

$$\psi = 1.1 - 0.65 \frac{f_{tk}}{\rho_{te} \sigma_s} \tag{7.1.2-2}$$

$$d_{eq} = \frac{\sum n_i d_i^2}{\sum n_i \nu_i d_i} \tag{7.1.2-3}$$

$$\rho_{te} = \frac{A_s + A_p}{A_{te}}$$

(7.1.2-4)

式中：α_{cr}——构件受力特征系数，按表 7.1.2-1 采用；

ψ——裂缝间纵向受拉钢筋应变不均匀系数：当 $\psi < 0.2$ 时，取 $\psi = 0.2$；当 $\psi > 1.0$ 时，取 $\psi = 1.0$；对直接承受重复荷载的构件，取 $\psi = 1.0$；

σ_s——按荷载准永久组合计算的钢筋混凝土构件纵向受拉普通钢筋应力或按标准组合计算的预应力混凝土构件纵向受拉钢筋等效应力；

E_s——钢筋的弹性模量，按本规范表 4.2.5 采用；

c_s——最外层纵向受拉钢筋外边缘至受拉区底边的距离（mm）；当 $c_s < 20$ 时，取 $c_s = 20$；当 $c_s > 65$ 时，取 $c_s = 65$；

ρ_{te}——按有效受拉混凝土截面面积计算的纵向受拉钢筋配筋率；对无粘结后张构件，仅取纵向受拉普通钢筋计算配筋率；在最大裂缝宽度计算中，当 $\rho_{te} < 0.01$ 时，取 $\rho_{te} = 0.01$；

A_{te}——有效受拉混凝土截面面积：对轴心受拉构件，取构件截面面积；对受弯、偏心受压和偏心受拉构件，取 $A_{te} = 0.5bh + (b_f - b)h_f$，此处，$b_f$、$h_f$ 为受拉翼缘的宽度、高度；

A_s——受拉区纵向普通钢筋截面面积；

A_p——受拉区纵向预应力筋截面面积；

d_{eq}——受拉区纵向钢筋的等效直径（mm）；对无粘结后张构件，仅为受拉区纵向受拉普通钢筋的等效直径（mm）；

d_i——受拉区第 i 种纵向钢筋的公称直径；对于有粘结预应力钢绞线束的直径取为 $\sqrt{n_1}d_{p1}$，其中 d_{p1} 为单根钢绞线的公称直径，n_1 为单束钢绞线根数；

n_i——受拉区第 i 种纵向钢筋的根数；对于有粘结预应力钢绞线，取为钢绞线束数；

ν_i——受拉区第 i 种纵向钢筋的相对粘结特性系数，按表 7.1.2-2 采用。

注：1 对承受吊车荷载但不需作疲劳验算的受弯构件，可将计算求得的最大裂缝宽度乘以系数 0.85；

2 对按本规范第 9.2.15 条配置表层钢筋网片的梁，按公式（7.1.2-1）计算的最大裂缝宽度可适当折减，折减系数可取 0.7；

3 对 $e_0/h_0 \leqslant 0.55$ 的偏心受压构件，可不验算裂缝宽度。

表 7.1.2-1   构件受力特征系数

类　型	α_{cr}	
	钢筋混凝土构件	预应力混凝土构件
受弯、偏心受压	1.9	1.5
偏心受拉	2.4	—
轴心受拉	2.7	2.2

表 7.1.2-2   钢筋的相对粘结特性系数

钢筋类别	钢筋		先张法预应力筋			后张法预应力筋		
	光圆钢筋	带肋钢筋	带肋钢筋	螺旋肋钢丝	钢绞线	带肋钢筋	钢绞线	光面钢丝
ν_i	0.7	1.0	1.0	0.8	0.6	0.8	0.5	0.4

注：对环氧树脂涂层带肋钢筋，其相对粘结特性系数应按表中系数的 80% 取用。

7.1.3 在荷载准永久组合或标准组合下，钢筋混凝土构件、预应力混凝土构件开裂截面处受压边缘混凝土压应力、不同位置处钢筋的拉应力及预应力筋的等效应力宜按下列假定计算：

1 截面应变保持平面；

2 受压区混凝土的法向应力图取为三角形；

3 不考虑受拉区混凝土的抗拉强度；

4 采用换算截面。

7.1.4 在荷载准永久组合或标准组合下，钢筋混凝土构件受拉区纵向普通钢筋的应力或预应力混凝土构件受拉区纵向钢筋的等效应力也可按下列公式计算：

1 钢筋混凝土构件受拉区纵向普通钢筋的应力

1） 轴心受拉构件

$$\sigma_{sq} = \frac{N_q}{A_s} \qquad (7.1.4-1)$$

2） 偏心受拉构件

$$\sigma_{sq} = \frac{N_q e'}{A_s (h_0 - a'_s)} \qquad (7.1.4-2)$$

3） 受弯构件

$$\sigma_{sq} = \frac{M_q}{0.87 h_0 A_s} \qquad (7.1.4-3)$$

4） 偏心受压构件

$$\sigma_{sq} = \frac{N_q (e - z)}{A_s z} \qquad (7.1.4-4)$$

$$z = \left[0.87 - 0.12 \left(1 - \gamma'_f \right) \left(\frac{h_0}{e} \right)^2 \right] h_0 \qquad (7.1.4-5)$$

$$e = \eta_s e_0 + y_s \qquad (7.1.4-6)$$

$$\gamma'_f = \frac{(b'_f - b) h'_f}{b h_0} \qquad (7.1.4-7)$$

$$\eta_s = 1 + \frac{1}{4000 e_0 / h_0} \left(\frac{l_0}{h} \right)^2 \qquad (7.1.4-8)$$

式中：A_s——受拉区纵向普通钢筋截面面积：对轴心受拉构件，取全部纵向普通钢筋截面面积；对偏心受拉构件，取受拉较大边的纵向普通钢筋截面面积；对受弯、偏心受压构件，取受拉区纵向普通钢筋截面面积；

N_q、M_q——按荷载准永久组合计算的轴向力值、弯矩值；

e'——轴向拉力作用点至受压区或受拉较小边纵向普通钢筋合力点的距离；

e——轴向压力作用点至纵向受拉普通钢筋合力点的距离；

e_0——荷载准永久组合下的初始偏心距，取为 M_q / N_q；

z——纵向受拉普通钢筋合力点至截面受压区合力点的距离，且不大于 $0.87 h_0$；

η_s——使用阶段的轴向压力偏心距增大系数，当 l_0 / h 不大于 14 时，取 1.0；

y_s——截面重心至纵向受拉普通钢筋合力点的距离；

γ'_f——受压翼缘截面面积与腹板有效截面面积的比值；

b'_f、h'_f——分别为受压区翼缘的宽度、高度；在公式（7.1.4-7）中，当 h'_f 大于 $0.2h_0$ 时，取 $0.2h_0$。

2　预应力混凝土构件受拉区纵向钢筋的等效应力

1）轴心受拉构件

$$\sigma_{sk} = \frac{N_k - N_{p0}}{A_p + A_s} \tag{7.1.4-9}$$

2）受弯构件

$$\sigma_{sk} = \frac{M_k - N_{p0}(z - e_p)}{(\alpha_1 A_p + A_s)z} \tag{7.1.4-10}$$

$$e = e_p + \frac{M_k}{N_{p0}} \tag{7.1.4-11}$$

$$e_p = y_{ps} - e_{p0} \tag{7.1.4-12}$$

式中：A_p——受拉区纵向预应力筋截面面积；对轴心受拉构件，取全部纵向预应力筋截面面积；对受弯构件，取受拉区纵向预应力筋截面面积；

　　N_{p0}——计算截面上混凝土法向预应力等于零时的预加力，应按本规范第 10.1.13 条的规定计算；

N_k、M_k——按荷载标准组合计算的轴向力值、弯矩值；

　　z——受拉区纵向普通钢筋和预应力筋合力点至截面受压区合力点的距离，按公式（7.1.4-5）计算，其中 e 按公式（7.1.4-11）计算；

　　α_1——无粘结预应力筋的等效折减系数，取 α_1 为 0.3；对灌浆的后张预应力筋，取 α_1 为 1.0；

　　e_p——计算截面上混凝土法向预应力等于零时的预加力 N_{p0} 的作用点至受拉区纵向预应力筋和普通钢筋合力点的距离；

　　y_{ps}——受拉区纵向预应力筋和普通钢筋合力点的偏心距；

　　e_{p0}——计算截面上混凝土法向预应力等于零时的预加力 N_{p0} 作用点的偏心距，应按本规范第 10.1.13 条的规定计算。

7.1.5　在荷载标准组合和准永久组合下，抗裂验算时截面边缘混凝土的法向应力应按下列公式计算：

1　轴心受拉构件

$$\sigma_{ck} = \frac{N_k}{A_0} \tag{7.1.5-1}$$

$$\sigma_{cq} = \frac{N_q}{A_0} \tag{7.1.5-2}$$

2　受弯构件

$$\sigma_{ck} = \frac{M_k}{W_0} \tag{7.1.5-3}$$

$$\sigma_{cq} = \frac{M_q}{W_0} \tag{7.1.5-4}$$

3 偏心受拉和偏心受压构件

$$\sigma_{ck} = \frac{M_k}{W_0} + \frac{N_k}{A_0} \tag{7.1.5-5}$$

$$\sigma_{cq} = \frac{M_q}{W_0} + \frac{N_q}{A_0} \tag{7.1.5-6}$$

式中：A_0——构件换算截面面积；

W_0——构件换算截面受拉边缘的弹性抵抗矩。

2. 受弯构件挠度验算

7.2.1 钢筋混凝土和预应力混凝土受弯构件的挠度可按照结构力学方法计算，且不应超过本规范表 3.4.3 规定的限值。

在等截面构件中，可假定各同号弯矩区段内的刚度相等，并取用该区段内最大弯矩处的刚度。当计算跨度内的支座截面刚度不大于跨中截面刚度的 2 倍或不小于跨中截面刚度的 1/2 时，该跨也可按等刚度构件进行计算，其构件刚度可取跨中最大弯矩截面的刚度。

7.2.2 矩形、T 形、倒 T 形和 I 形截面受弯构件考虑荷载长期作用影响的刚度 B 可按下列规定计算：

1 采用荷载标准组合时

$$B = \frac{M_k}{M_q(\theta - 1) + M_k} B_s \tag{7.2.2-1}$$

2 采用荷载准永久组合时

$$B = \frac{B_s}{\theta} \tag{7.2.2-2}$$

式中：M_k——按荷载的标准组合计算的弯矩，取计算区段内的最大弯矩值；

M_q——按荷载的准永久组合计算的弯矩，取计算区段内的最大弯矩值；

B_s——按荷载准永久组合计算的钢筋混凝土受弯构件或按标准组合计算的预应力混凝土受弯构件的短期刚度，按本规范第 7.2.3 条计算；

θ——考虑荷载长期作用对挠度增大的影响系数，按本规范第 7.2.5 条取用。

7.2.3 按裂缝控制等级要求的荷载组合作用下，钢筋混凝土受弯构件和预应力混凝土受弯构件的短期刚度 B_s，可按下列公式计算：

1 钢筋混凝土受弯构件

$$B_s = \frac{E_s A_s h_0^2}{1.15\psi + 0.2 + \dfrac{6\alpha_E \rho}{1 + 3.5\gamma'_f}} \tag{7.2.3-1}$$

2 预应力混凝土受弯构件

  1） 要求不出现裂缝的构件

$$B_s = 0.85 E_c I_0 \tag{7.2.3-2}$$

  2） 允许出现裂缝的构件

$$B_s = \frac{0.85 E_c I_0}{\kappa_{cr} + (1 - \kappa_{cr})\omega} \tag{7.2.3-3}$$

$$\kappa_{cr} = \frac{M_{cr}}{M_k} \tag{7.2.3-4}$$

$$\omega = \left(1.0 + \frac{0.21}{\alpha_E \rho}\right)(1 + 0.45\gamma_f) - 0.7 \qquad (7.2.3\text{-}5)$$

$$M_{cr} = (\sigma_{pc} + \gamma f_{tk})W_0 \qquad (7.2.3\text{-}6)$$

$$\gamma_f = \frac{(b_f - b)h_f}{bh_0} \qquad (7.2.3\text{-}7)$$

式中：ψ——裂缝间纵向受拉普通钢筋应变不均匀系数，按本规范第7.1.2条确定；

α_E——钢筋弹性模量与混凝土弹性模量的比值，即 E_s/E_c；

ρ——纵向受拉钢筋配筋率：对钢筋混凝土受弯构件，取为 $A_s/(bh_0)$；对预应力混凝土受弯构件，取为 $(\alpha_1 A_p + A_s)/(bh_0)$，对灌浆的后张预应力筋，取 $\alpha_1 = 1.0$，对无粘结后张预应力筋，取 $\alpha_1 = 0.3$；

I_0——换算截面惯性矩；

γ_f——受拉翼缘截面面积与腹板有效截面面积的比值；

b_f、h_f——分别为受拉区翼缘的宽度、高度；

κ_{cr}——预应力混凝土受弯构件正截面的开裂弯矩 M_{cr} 与弯矩 M_k 的比值，当 $\kappa_{cr} > 1.0$ 时，取 $\kappa_{cr} = 1.0$；

σ_{pc}——扣除全部预应力损失后，由预加力在抗裂验算边缘产生的混凝土预压应力；

γ——混凝土构件的截面抵抗矩塑性影响系数，按本规范第7.2.4条确定。

注：对预压时预拉区出现裂缝的构件，B_s 应降低10%。

7.2.4 混凝土构件的截面抵抗矩塑性影响系数 γ 可按下列公式计算：

$$\gamma = \left(0.7 + \frac{120}{h}\right)\gamma_m \qquad (7.2.4)$$

式中：γ_m——混凝土构件的截面抵抗矩塑性影响系数基本值，可按正截面应变保持平面的假定，并取受拉区混凝土应力图形为梯形、受拉边缘混凝土极限拉应变为 $2f_{tk}/E_c$ 确定；对常用的截面形状，γ_m 值可按表7.2.4取用；

h——截面高度（mm）：当 $h < 400$ 时，取 $h = 400$；当 $h > 1600$ 时，取 $h = 1600$；对圆形、环形截面，取 $h = 2r$，此处，r 为圆形截面半径或环形截面的外环半径。

表7.2.4 截面抵抗矩塑性影响系数基本值 γ_m

项次	1	2	3		4		5
截面形状	矩形截面	翼缘位于受压区的T形截面	对称I形截面或箱形截面		翼缘位于受拉区的倒T形截面		圆形和环形截面
			$b_f/b \leqslant 2$、h_f/h 为任意值	$b_f/b > 2$、$h_f/h < 0.2$	$b_f/b \leqslant 2$、h_f/h 为任意值	$b_f/b > 2$、$h_f/h < 0.2$	
γ_m	1.55	1.50	1.45	1.35	1.50	1.40	$1.6 \sim 0.24 r_1/r$

注：1 对 $b_f' > b_f$ 的I形截面，可按项次2与项次3之间的数值采用；对 $b_f' < b_f$ 的I形截面，可按项次3与项次4之间的数值采用；

2 对于箱形截面，b 系指各肋宽度的总和；

3 r_1 为环形截面的内环半径，对圆形截面取 r_1 为零。

7.2.5 考虑荷载长期作用对挠度增大的影响系数 θ 可按下列规定取用：

1 钢筋混凝土受弯构件

当 $\rho' = 0$ 时，取 $\theta = 2.0$；当 $\rho' = \rho$ 时，取 $\theta = 1.6$；当 ρ' 为中间数值时，θ 按线性内插法取

用。此处，$\rho'=A'_s/(bh_0)$，$\rho=A_s/(bh_0)$。

对翼缘位于受拉区的倒 T 形截面，θ 应增加 20%。

2 预应力混凝土受弯构件，取 $\theta=2.0$。

7.2.6 预应力混凝土受弯构件在使用阶段的预加力反拱值，可用结构力学方法按刚度 E_cI_0 进行计算，并应考虑预压应力长期作用的影响，计算中预应力筋的应力应扣除全部预应力损失。简化计算时，可将计算的反拱值乘以增大系数 2.0。

对重要的或特殊的预应力混凝土受弯构件的长期反拱值，可根据专门的试验分析确定或根据配筋情况采用考虑收缩、徐变影响的计算方法分析确定。

7.2.7 对预应力混凝土构件应采取措施控制反拱和挠度，并宜符合下列规定：

1 当考虑反拱后计算的构件长期挠度不符合本规范第 3.4.3 条的有关规定时，可采用施工预先起拱等方式控制挠度；

2 对永久荷载相对于可变荷载较小的预应力混凝土构件，应考虑反拱过大对正常使用的不利影响，并应采取相应的设计和施工措施。

3. 伸缩缝

8.1.1 钢筋混凝土结构伸缩缝的最大间距可按表 8.1.1 确定。

表 8.1.1 钢筋混凝土结构伸缩缝最大间距 (m)

结构类别		室内或土中	露 天
排架结构	装配式	100	70
框架结构	装配式	75	50
	现浇式	55	35
剪力墙结构	装配式	65	40
	现浇式	45	30
挡土墙、地下室墙壁等类结构	装配式	40	30
	现浇式	30	20

注：1 装配整体式结构的伸缩缝间距，可根据结构的具体情况取表中装配式结构与现浇式结构之间的数值；

　　2 框架-剪力墙结构或框架-核心筒结构房屋的伸缩缝间距，可根据结构的具体情况取表中框架结构与剪力墙结构之间的数值；

　　3 当屋面无保温或隔热措施时，框架结构、剪力墙结构的伸缩缝间距宜按表中露天栏的数值取用；

　　4 现浇挑檐、雨罩等外露结构的局部伸缩缝间距不宜大于 12m。

8.1.2 对下列情况，本规范表 8.1.1 中的伸缩缝最大间距宜适当减小：

1 柱高（从基础顶面算起）低于 8m 的排架结构；

2 屋面无保温、隔热措施的排架结构；

3 位于气候干燥地区、夏季炎热且暴雨频繁地区的结构或经常处于高温作用下的结构；

4 采用滑模类工艺施工的各类墙体结构；

5 混凝土材料收缩较大，施工期外露时间较长的结构。

8.1.3 如有充分依据对下列情况，本规范表 8.1.1 中的伸缩缝最大间距可适当增大：

1 采取减小混凝土收缩或温度变化的措施；

2 采用专门的预加应力或增配构造钢筋的措施；

3 采用低收缩混凝土材料，采取跳仓浇筑、后浇带、控制缝等施工方法，并加强施工养护。

当伸缩缝间距增大较多时，尚应考虑温度变化和混凝土收缩对结构的影响。

8.1.4 当设置伸缩缝时，框架、排架结构的双柱基础可不断开。

4. 混凝土保护层

8.2.1 构件中普通钢筋及预应力筋的混凝土保护层厚度应满足下列要求。

1 构件中受力钢筋的保护层厚度不应小于钢筋的公称直径 d；

2 设计使用年限为 50 年的混凝土结构，最外层钢筋的保护层厚度应符合表 8.2.1 的规定；设计使用年限为 100 年的混凝土结构，最外层钢筋的保护层厚度不应小于表 8.2.1 中数值的 1.4 倍。

表 8.2.1 混凝土保护层的最小厚度 c（mm）

环境类别	板、墙、壳	梁、柱、杆
一	15	20
二 a	20	25
二 b	25	35
三 a	30	40
三 b	40	50

注：1 混凝土强度等级不大于 C25 时，表中保护层厚度数值应增加 5mm；

　　2 钢筋混凝土基础宜设置混凝土垫层，基础中钢筋的混凝土保护层厚度应从垫层顶面算起，且不应小于 40mm。

8.2.2 当有充分依据并采取下列措施时，可适当减小混凝土保护层的厚度。

1 构件表面有可靠的防护层；

2 采用工厂化生产的预制构件；

3 在混凝土中掺加阻锈剂或采用阴极保护处理等防锈措施；

4 当对地下室墙体采取可靠的建筑防水做法或防护措施时，与土层接触一侧钢筋的保护层厚度可适当减少，但不应小于 25mm。

8.2.3 当梁、柱、墙中纵向受力钢筋的保护层厚度大于 50mm 时，宜对保护层采取有效的构造措施。当在保护层内配置防裂、防剥落的钢筋网片时，网片钢筋的保护层厚度不应小于 25mm。

5. 钢筋的锚固

8.3.1 当计算中充分利用钢筋的抗拉强度时，受拉钢筋的锚固应符合下列要求：

1 基本锚固长度应按下列公式计算：

普通钢筋

$$l_{ab} = \alpha \frac{f_y}{f_t} d \qquad (8.3.1-1)$$

预应力筋

$$l_{ab} = \alpha \frac{f_{py}}{f_t} d \qquad (8.3.1-2)$$

式中：l_{ab}——受拉钢筋的基本锚固长度；

f_y、f_{py}——普通钢筋、预应力筋的抗拉强度设计值；

f_t——混凝土轴心抗拉强度设计值，当混凝土强度等级高于C60时，按C60取值；

d——锚固钢筋的直径；

α——锚固钢筋的外形系数，按表8.3.1取用。

表8.3.1 锚固钢筋的外形系数 α

钢筋类型	光圆钢筋	带肋钢筋	螺旋肋钢丝	三股钢绞线	七股钢绞线
α	0.16	0.14	0.13	0.16	0.17

注：光圆钢筋末端应做180°弯钩，弯后平直段长度不应小于3d，但作受压钢筋时可不做弯钩。

2 受拉钢筋的锚固长度应根据锚固条件按下列公式计算，且不应小于200mm：

$$l_a = \zeta_a l_{ab} \tag{8.3.1-3}$$

式中：l_a——受拉钢筋的锚固长度；

ζ_a——锚固长度修正系数，对普通钢筋按本规范第8.3.2条的规定取用，当多于一项时，可按连乘计算，但不应小于0.6；对预应力筋，可取1.0。

梁柱节点中纵向受拉钢筋的锚固要求应按本规范第9.3节（Ⅱ）中的规定执行。

3 当锚固钢筋的保护层厚度不大于5d时，锚固长度范围内应配置横向构造钢筋，其直径不应小于$d/4$；对梁、柱、斜撑等构件间距不应大于5d，对板、墙等平面构件间距不应大于10d，且均不应大于100mm，此处d为锚固钢筋的直径。

8.3.2 纵向受拉普通钢筋的锚固长度修正系数ζ_a应按下列规定取用：

1 当带肋钢筋的公称直径大于25mm时取1.10；

2 环氧树脂涂层带肋钢筋取1.25；

3 施工过程中易受扰动的钢筋取1.10；

4 当纵向受力钢筋的实际配筋面积大于其设计计算面积时，修正系数取设计计算面积与实际配筋面积的比值，但对有抗震设防要求及直接承受动力荷载的结构构件，不应考虑此项修正；

5 锚固钢筋的保护层厚度为3d时修正系数可取0.80，保护层厚度为5d时修正系数可取0.70，中间按内插取值，此处d为锚固钢筋的直径。

8.3.3 当纵向受拉普通钢筋末端采用弯钩或机械锚固措施时，包括弯钩或锚固端头在内的锚固长度（投影长度）可取为基本锚固长度l_{ab}的60%。弯钩和机械锚固的形式（图8.3.3）和技术要求应符合表8.3.3的规定。

表8.3.3 钢筋弯钩和机械锚固的形式和技术要求

锚固形式	技 术 要 求
90°弯钩	末端90°弯钩，弯钩内径4d，弯后直段长度12d
135°弯钩	末端135°弯钩，弯钩内径4d，弯后直段长度5d
一侧贴焊锚筋	末端一侧贴焊长5d同直径钢筋
两侧贴焊锚筋	末端两侧贴焊长3d同直径钢筋
焊端锚板	末端与厚度d的锚板穿孔塞焊
螺栓锚头	末端旋入螺栓锚头

注：1 焊缝和螺纹长度应满足承载力要求；

2 螺栓锚头和焊接锚板的承压净面积不应小于锚固钢筋截面积的4倍；

3 螺栓锚头的规格应符合相关标准的要求；

4 螺栓锚头和焊接锚板的钢筋净间距不宜小于4d，否则应考虑群锚效应的不利影响；

5 截面角部的弯钩和一侧贴焊锚筋的布筋方向宜向截面内侧偏置。

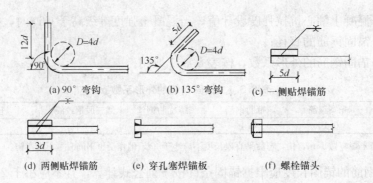

(a) 90° 弯钩   (b) 135° 弯钩   (c) 一侧贴焊锚筋

(d) 两侧贴焊锚筋   (e) 穿孔塞焊锚板   (f) 螺栓锚头

图 8.3.3 弯钩和机械锚固的形式和技术要求

8.3.4 混凝土结构中的纵向受压钢筋,当计算中充分利用其抗压强度时,锚固长度不应小于相应受拉锚固长度的 70%。

受压钢筋不应采用末端弯钩和一侧贴焊锚筋的锚固措施。

受压钢筋锚固长度范围内的横向构造钢筋应符合本规范第 8.3.1 条的有关规定。

8.3.5 承受动力荷载的预制构件,应将纵向受力普通钢筋末端焊接在钢板或角钢上,钢板或角钢应可靠地锚固在混凝土中。钢板或角钢的尺寸应按计算确定,其厚度不宜小于 10mm。

其他构件中受力普通钢筋的末端也可通过焊接钢板或型钢实现锚固。

6. 钢筋的连接

8.4.1 钢筋连接可采用绑扎搭接、机械连接或焊接。机械连接接头及焊接接头的类型及质量应符合国家现行有关标准的规定。

混凝土结构中受力钢筋的连接接头宜设置在受力较小处。在同一根受力钢筋上宜少设接头。在结构的重要构件和关键传力部位,纵向受力钢筋不宜设置连接接头。

8.4.2 轴心受拉及小偏心受拉杆件的纵向受力钢筋不得采用绑扎搭接;其他构件中的钢筋采用绑扎搭接时,受拉钢筋直径不宜大于 25mm,受压钢筋直径不宜大于 28mm。

8.4.3 同一构件中相邻纵向受力钢筋的绑扎搭接接头宜互相错开。钢筋绑扎搭接接头连接区段的长度为 1.3 倍搭接长度,凡搭接接头中点位于该连接区段长度内的搭接接头均属于同一连接区段(图 8.4.3)。同一连接区段内纵向受力钢筋搭接接头面积百分率为该区段内有搭接接头的纵向受力钢筋与全部纵向受力钢筋截面面积的比值。当直径不同的钢筋搭接时,按直径较小的钢筋计算。

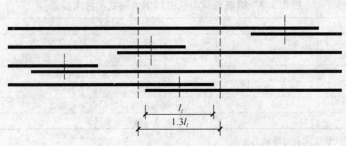

图 8.4.3 同一连接区段内纵向受拉钢筋的绑扎搭接接头

注:图中所示同一连接区段内的搭接接头钢筋为两根,当钢筋直径
相同时,钢筋搭接接头面积百分率为 50%。

位于同一连接区段内的受拉钢筋搭接接头面积百分率：对梁类、板类及墙类构件，不宜大于25％；对柱类构件，不宜大于50％。当工程中确有必要增大受拉钢筋搭接接头面积百分率时，对梁类构件，不宜大于50％；对板、墙、柱及预制构件的拼接处，可根据实际情况放宽。

并筋采用绑扎搭接连接时，应按每根单筋错开搭接的方式连接。接头面积百分率应按同一连接区段内所有的单根钢筋计算。并筋中钢筋的搭接长度应按单筋分别计算。

8.4.4 纵向受拉钢筋绑扎搭接接头的搭接长度，应根据位于同一连接区段内的钢筋搭接接头面积百分率按下列公式计算，且不应小于300mm。

$$l_l = \zeta_l l_a \qquad (8.4.4)$$

式中：l_l——纵向受拉钢筋的搭接长度；

ζ_l——纵向受拉钢筋搭接长度修正系数，按表8.4.4取用。当纵向搭接钢筋接头面积百分率为表的中间值时，修正系数可按内插取值。

表8.4.4 纵向受拉钢筋搭接长度修正系数

纵向搭接钢筋接头面积百分率（％）	≤25	50	100
ζ_l	1.2	1.4	1.6

8.4.5 构件中的纵向受压钢筋当采用搭接连接时，其受压搭接长度不应小于本规范第8.4.4条纵向受拉钢筋搭接长度的70％，且不应小于200mm。

8.4.6 在梁、柱类构件的纵向受力钢筋搭接长度范围内的横向构造钢筋应符合本规范第8.3.1条的要求；当受压钢筋直径大于25mm时，尚应在搭接接头两个端面外100mm的范围内各设置两道箍筋。

8.4.7 纵向受力钢筋的机械连接接头宜相互错开。钢筋机械连接区段的长度为35d，d为连接钢筋的较小直径。凡接头中点位于该连接区段长度内的机械连接接头均属于同一连接区段。

位于同一连接区段内的纵向受拉钢筋接头面积百分率不宜大于50％；但对板、墙、柱及预制构件的拼接处，可根据实际情况放宽。纵向受压钢筋的接头百分率可不受限制。

机械连接套筒的保护层厚度宜满足有关钢筋最小保护层厚度的规定。机械连接套筒的横向净间距不宜小于25mm；套筒处箍筋的间距仍应满足相应的构造要求。

直接承受动力荷载结构构件中的机械连接接头，除应满足设计要求的抗疲劳性能外，位于同一连接区段内的纵向受力钢筋接头面积百分率不应大于50％。

8.4.8 细晶粒热轧带肋钢筋以及直径大于28mm的带肋钢筋，其焊接应经试验确定；余热处理钢筋不宜焊接。

纵向受力钢筋的焊接接头应相互错开。钢筋焊接接头连接区段的长度为35d且不小于500mm，d为连接钢筋的较小直径，凡接头中点位于该连接区段长度内的焊接接头均属于同一连接区段。

纵向受拉钢筋的接头面积百分率不宜大于50％，但对预制构件的拼接处，可根据实际情况放宽。纵向受压钢筋的接头百分率可不受限制。

8.4.9 需进行疲劳验算的构件，其纵向受拉钢筋不得采用绑扎搭接接头，也不宜采用焊接接头，除端部锚固外不得在钢筋上焊有附件。

当直接承受吊车荷载的钢筋混凝土吊车梁、屋面梁及屋架下弦的纵向受拉钢筋采用焊接接头时，应符合下列规定：

　　1　应采用闪光接触对焊，并去掉接头的毛刺及卷边；

　　2　同一连接区段内纵向受拉钢筋焊接接头面积百分率不应大于 25%，焊接接头连接区段的长度应取为 45d，d 为纵向受力钢筋的较大直径；

　　3　疲劳验算时，焊接接头应符合本规范第 4.2.6 条疲劳应力幅限值的规定。

7. 纵向受力钢筋的最小配筋率

8.5.1　钢筋混凝土结构构件中纵向受力钢筋的配筋百分率 ρ_{min} 不应小于表 8.5.1 规定的数值。

表 8.5.1　纵向受力钢筋的最小配筋百分率 ρ_{min}（%）

受 力 类 型			最小配筋百分率
受压构件	全部纵向钢筋	强度等级 500MPa	0.50
		强度等级 400MPa	0.55
		强度等级 300MPa、335MPa	0.60
	一侧纵向钢筋		0.20
受弯构件、偏心受拉、轴心受拉构件一侧的受拉钢筋			0.20 和 $45f_t/f_y$ 中的较大值

注：1　受压构件全部纵向钢筋最小配筋百分率，当采用 C60 以上强度等级的混凝土时，应按表中规定增加 0.10；
　　2　板类受弯构件（不包括悬臂板）的受拉钢筋，当采用强度等级 400MPa、500MPa 的钢筋时，其最小配筋百分率应允许采用 0.15 和 $45f_t/f_y$ 中的较大值；
　　3　偏心受拉构件中的受压钢筋，应按受压构件一侧纵向钢筋考虑；
　　4　受压构件的全部纵向钢筋和一侧纵向钢筋的配筋率以及轴心受拉构件和小偏心受拉构件一侧受拉钢筋的配筋率均应按构件的全截面面积计算；
　　5　受弯构件、大偏心受拉构件一侧受拉钢筋的配筋率应按全截面面积扣除受压翼缘面积 $(b'_f - b)$ h'_f 后的截面面积计算；
　　6　当钢筋沿构件截面周边布置时，"一侧纵向钢筋"系指沿受力方向两个对边中一边布置的纵向钢筋。

8.5.2　卧置于地基上的混凝土板，板中受拉钢筋的最小配筋率可适当降低，但不应小于 0.15%。

8.5.3　对结构中次要的钢筋混凝土受弯构件，当构造所需截面高度远大于承载的需求时，其纵向受拉钢筋的配筋率可按下列公式计算：

$$\rho_s \geqslant \frac{h_{cr}}{h}\rho_{min} \tag{8.5.3-1}$$

$$h_{cr} = 1.05\sqrt{\frac{M}{\rho_{min}f_y b}} \tag{8.5.3-2}$$

式中：ρ_s——构件按全截面计算的纵向受拉钢筋的配筋率；

　　　ρ_{min}——纵向受力钢筋的最小配筋率，按本规范第 8.5.1 条取用；

　　　h_{cr}——构件截面的临界高度，当小于 $h/2$ 时取 $h/2$；

　　　h——构件截面的高度；

　　　b——构件的截面宽度；

　　　M——构件的正截面受弯承载力设计值。

8. 板

9.1.1　混凝土板按下列原则进行计算：

　　1　两对边支承的板应按单向板计算；

　　2　四边支承的板应按下列规定计算：

　　　1)　当长边与短边长度之比不大于 2.0 时，应按双向板计算；

2）当长边与短边长度之比大于 2.0，但小于 3.0 时，宜按双向板计算；

3）当长边与短边长度之比不小于 3.0 时，宜按沿短边方向受力的单向板计算，并应沿长边方向布置构造钢筋。

9.1.2 现浇混凝土板的尺寸宜符合下列规定：

1 板的跨厚比：钢筋混凝土单向板不大于 30，双向板不大于 40；无梁支承的有柱帽板不大于 35，无梁支承的无柱帽板不大于 30。预应力板可适当增加；当板的荷载、跨度较大时宜适当减小。

2 现浇钢筋混凝土板的厚度不应小于表 9.1.2 规定的数值。

表 9.1.2 现浇钢筋混凝土板的最小厚度（mm）

板 的 类 别		最小厚度
单向板	屋面板	60
	民用建筑楼板	60
	工业建筑楼板	70
	行车道下的楼板	80
双向板		80
密肋楼盖	面板	50
	肋高	250
悬臂板（根部）	悬臂长度不大于 500mm	60
	悬臂长度 1200mm	100
无梁楼板		150
现浇空心楼盖		200

9.1.3 板中受力钢筋的间距，当板厚不大于 150mm 时不宜大于 200mm；当板厚大于 150mm 时不宜大于板厚的 1.5 倍，且不宜大于 250mm。

9.1.4 采用分离式配筋的多跨板，板底钢筋宜全部伸入支座；支座负弯矩钢筋向跨内延伸的长度应根据负弯矩图确定，并满足钢筋锚固的要求。

简支板或连续板下部纵向受力钢筋伸入支座的锚固长度不应小于钢筋直径的 5 倍，且宜伸过支座中心线。当连续板内温度、收缩应力较大时，伸入支座的长度宜适当增加。

9.1.5 现浇混凝土空心楼板的体积空心率不宜大于 50%。

采用箱型内孔时，顶板厚度不应小于肋间净距的 1/15 且不应小于 50mm。当底板配置受力钢筋时，其厚度不应小于 50mm。内孔间肋宽与内孔高度比不宜小于 1/4，且肋宽不应小于 60mm，对预应力板不应小于 80mm。

采用管型内孔时，孔顶、孔底板厚均不应小于 40mm，肋宽与内孔径之比不宜小于 1/5，且肋宽不应小于 50mm，对预应力板不应小于 60mm。

9.1.6 按简支边或非受力边设计的现浇混凝土板，当与混凝土梁、墙整体浇筑或嵌固在砌体墙内时，应设置板面构造钢筋，并符合下列要求：

1 钢筋直径不宜小于 8mm，间距不宜大于 200mm，且单位宽度内的配筋面积不宜小于跨中相应方向板底钢筋截面面积的 1/3。与混凝土梁、混凝土墙整体浇筑单向板的非受力方向，钢筋截面面积尚不宜小于受力方向跨中板底钢筋截面面积的 1/3。

2 钢筋从混凝土梁边、柱边、墙边伸入板内的长度不宜小于 $l_0/4$，砌体墙支座处钢筋伸入板边的长度不宜小于 $l_0/7$，其中计算跨度 l_0 对单向板按受力方向考虑，对双向板按短边方向考虑。

3 在楼板角部，宜沿两个方向正交、斜向平行或放射状布置附加钢筋。

4 钢筋应在梁内、墙内或柱内可靠锚固。

9.1.7 当按单向板设计时，应在垂直于受力的方向布置分布钢筋，单位宽度上的配筋不宜小于单位宽度上的受力钢筋的15%，且配筋率不宜小于0.15%；分布钢筋直径不宜小于6mm，间距不宜大于250mm；当集中荷载较大时，分布钢筋的配筋面积尚应增加，且间距不宜大于200mm。

当有实践经验或可靠措施时，预制单向板的分布钢筋可不受本条的限制。

9.1.8 在温度、收缩应力较大的现浇板区域，应在板的表面双向配置防裂构造钢筋。配筋率均不宜小于0.10%，间距不宜大于200mm。防裂构造钢筋可利用原有钢筋贯通布置，也可另行设置钢筋并与原有钢筋按受拉钢筋的要求搭接或在周边构件中锚固。

楼板平面的瓶颈部位宜适当增加板厚和配筋。沿板的洞边、凹角部位宜加配防裂构造钢筋，并采取可靠的锚固措施。

9.1.9 混凝土厚板及卧置于地基上的基础筏板，当板的厚度大于2m时，除应沿板的上、下表面布置的纵、横方向钢筋外，尚宜在板厚度不超过1m范围内设置与板面平行的构造钢筋网片，网片钢筋直径不宜小于12mm，纵横方向的间距不宜大于300mm。

9.1.10 当混凝土板的厚度不小于150mm时，对板的无支承边的端部，宜设置U形构造钢筋并与板顶、板底的钢筋搭接，搭接长度不宜小于U形构造钢筋直径的15倍且不宜小于200mm；也可采用板面、板底钢筋分别向下、上弯折搭接的形式。

9.1.11 混凝土板中配置抗冲切箍筋或弯起钢筋时，应符合下列构造要求：

1 板的厚度不应小于150mm；

2 按计算所需的箍筋及相应的架立钢筋应配置在与45°冲切破坏锥面相交的范围内，且从集中荷载作用面或柱截面边缘向外的分布长度不应小于$1.5h_0$（图9.1.11a）；箍筋直

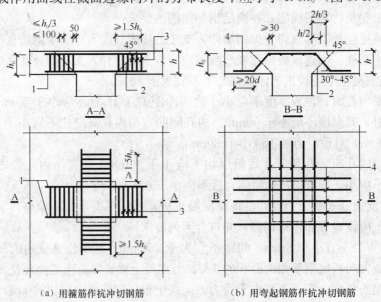

（a）用箍筋作抗冲切钢筋   （b）用弯起钢筋作抗冲切钢筋

图9.1.11 板中抗冲切钢筋布置

注：图中尺寸单位 mm。

1—架立钢筋；2—冲切破坏锥面；3—箍筋；4—弯起钢筋

径不应小于 6mm，且应做成封闭式，间距不应大于 $h_0/3$，且不应大于 100mm；

3 按计算所需弯起钢筋的弯起角度可根据板的厚度在30°～45°之间选取；弯起钢筋的倾斜段应与冲切破坏锥面相交（图 9.1.11b），其交点应在集中荷载作用面或柱截面边缘以外$(1/2～2/3)$ h 的范围内。弯起钢筋直径不宜小于 12mm，且每一方向不宜少于 3 根。

9.1.12 板柱节点可采用带柱帽或托板的结构形式。板柱节点的形状、尺寸应包容 45°的冲切破坏锥体，并应满足受冲切承载力的要求。

柱帽的高度不应小于板的厚度 h；托板的厚度不应小于 $h/4$。柱帽或托板在平面两个方向上的尺寸均不宜小于同方向上柱截面宽度 b 与 $4h$ 的和（图 9.1.12）。

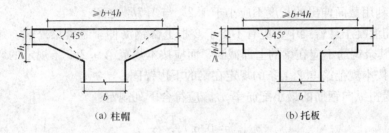

(a) 柱帽　　　　　　　　　　　　　　(b) 托板

图 9.1.12　带柱帽或托板的板柱结构

9. 梁

9.2.1 梁的纵向受力钢筋应符合下列规定：

1 伸入梁支座范围内的钢筋不应少于 2 根。

2 梁高不小于 300mm 时，钢筋直径不应小于 10mm；梁高小于 300mm 时，钢筋直径不应小于 8mm。

3 梁上部钢筋水平方向的净间距不应小于 30mm 和 1.5d；梁下部钢筋水平方向的净间距不应小于 25mm 和 d。当下部钢筋多于 2 层时，2 层以上钢筋水平方向的中距应比下面 2 层的中距增大一倍；各层钢筋之间的净距不应小于 25mm 和 d，d 为钢筋的最大直径。

4 在梁的配筋密集区域宜采用并筋的配筋形式。

9.2.2 钢筋混凝土简支梁和连续梁简支端的下部纵向受力钢筋，从支座边缘算起伸入支座内的锚固长度应符合下列规定：

1 当 V 不大于 $0.7f_tbh_0$ 时，不小于 $5d$；当 V 大于 $0.7f_tbh_0$ 时，对带肋钢筋不小于 $12d$，对光圆钢筋不小于 $15d$，d 为钢筋的最大直径；

2 如纵向受力钢筋伸入梁支座范围内的锚固长度不符合本条第 1 款要求时，可采取弯钩或机械锚固措施，并应满足本规范第 8.3.3 条的规定采取有效的锚固措施；

3 支承在砌体结构上的钢筋混凝土独立梁，在纵向受力钢筋的锚固长度范围内应配置不少于 2 个箍筋，其直径不宜小于 $d/4$，d 为纵向受力钢筋的最大直径；间距不宜大于 $10d$，当采取机械锚固措施时箍筋间距尚不宜大于 $5d$，d 为纵向受力钢筋的最小直径。

注：混凝土强度等级为 C25 及以下的简支梁和连续梁的简支端，当距支座边 1.5h 范围内作用有集中荷载，且 V 大于 $0.7f_tbh_0$ 时，对带肋钢筋宜采取有效的锚固措施，或取锚固长度不小于 15d，d 为锚固钢筋的直径。

9.2.3 钢筋混凝土梁支座截面负弯矩纵向受拉钢筋不宜在受拉区截断,当需要截断时,应符合以下规定:

1 当 V 不大于 $0.7f_tbh_0$ 时,应延伸至按正截面受弯承载力计算不需要该钢筋的截面以外不小于 $20d$ 处截断,且从该钢筋强度充分利用截面伸出的长度不应小于 $1.2l_a$;

2 当 V 大于 $0.7f_tbh_0$ 时,应延伸至按正截面受弯承载力计算不需要该钢筋的截面以外不小于 h_0 且不小于 $20d$ 处截断,且从该钢筋强度充分利用截面伸出的长度不应小于 $1.2l_a$ 与 h_0 之和;

3 若按本条第1、2款确定的截断点仍位于负弯矩对应的受拉区内,则应延伸至按正截面受弯承载力计算不需要该钢筋的截面以外不小于 $1.3h_0$ 且不小于 $20d$ 处截断,且从该钢筋强度充分利用截面伸出的长度不应小于 $1.2l_a$ 与 $1.7h_0$ 之和。

9.2.4 在钢筋混凝土悬臂梁中,应有不少于2根上部钢筋伸至悬臂梁外端,并向下弯折不小于 $12d$;其余钢筋不应在梁的上部截断,而应按本规范第9.2.8条规定的弯起点位置向下弯折,并按本规范第9.2.7条的规定在梁的下边锚固。

9.2.5 梁内受扭纵向钢筋的最小配筋率 $\rho_{tl,min}$ 应符合下列规定:

$$\rho_{tl,min} = 0.6\sqrt{\frac{T}{Vb}}\frac{f_t}{f_y} \qquad (9.2.5)$$

当 $T/(Vb) > 2.0$ 时,取 $T/(Vb) = 2.0$。

式中:$\rho_{tl,min}$——受扭纵向钢筋的最小配筋率,取 $A_{stl}/(bh)$;

b——受剪的截面宽度,按本规范第6.4.1条的规定取用,对箱形截面构件,b 应以 b_h 代替;

A_{stl}——沿截面周边布置的受扭纵向钢筋总截面面积。

沿截面周边布置受扭纵向钢筋的间距不应大于 200mm 及梁截面短边长度;除应在梁截面四角设置受扭纵向钢筋外,其余受扭纵向钢筋宜沿截面周边均匀对称布置。受扭纵向钢筋应按受拉钢筋锚固在支座内。

在弯剪扭构件中,配置在截面弯曲受拉边的纵向受力钢筋,其截面面积不应小于按本规范第8.5.1条规定的受弯构件受拉钢筋最小配筋率计算的钢筋截面面积与按本条受扭纵向钢筋配筋率计算并分配到弯曲受拉边的钢筋截面面积之和。

9.2.6 梁的上部纵向构造钢筋应符合下列要求:

1 当梁端按简支计算但实际受到部分约束时,应在支座区上部设置纵向构造钢筋。其截面面积不应小于梁跨中下部纵向受力钢筋计算所需截面面积的 1/4,且不应少于2根。该纵向构造钢筋自支座边缘向跨内伸出的长度不应小于 $l_0/5$,l_0 为梁的计算跨度。

2 对架立钢筋,当梁的跨度小于 4m 时,直径不宜小于 8mm;当梁的跨度为 4m～6m 时,直径不应小于 10mm;当梁的跨度大于 6m 时,直径不宜小于 12mm。

9.2.7 混凝土梁宜采用箍筋作为承受剪力的钢筋。

当采用弯起钢筋时,弯起角宜取 45°或 60°;在弯终点外应留有平行于梁轴线方向的锚固长度,且在受拉区不应小于 $20d$,在受压区不应小于 $10d$,d 为弯起钢筋的直径;梁底层钢筋中的角部钢筋不应弯起,顶层钢筋中的角部钢筋不应弯下。

9.2.8 在混凝土梁的受拉区中,弯起钢筋的弯起点可设在按正截面受弯承载力计算不需要该钢筋的截面之前,但弯起钢筋与梁中心线的交点应位于不需要该钢筋的截面之外(图

9.2.8）；同时弯起点与按计算充分利用该钢筋的截面之间的距离不应小于 $h_0/2$。

当按计算需要设置弯起钢筋时，从支座起前一排的弯起点至后一排的弯终点的距离不应大于本规范表 9.2.9 中 "$V>0.7f_tbh_0+0.05N_{p0}$" 时的箍筋最大间距。弯起钢筋不得采用浮筋。

9.2.9 梁中箍筋的配置应符合下列规定：

1 按承载力计算不需要箍筋的梁，当截面高度大于 300mm 时，应沿梁全长设置构造箍筋；当截面高度 $h=150$mm$\sim$300mm 时，可仅在构件端部 $l_0/4$ 范围内

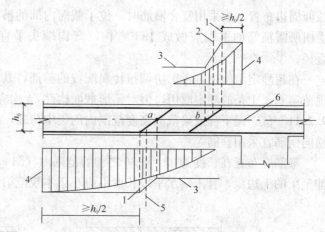

图 9.2.8 弯起钢筋弯起点与弯矩图的关系
1—受拉区的弯起点；2—按计算不需要钢筋 "b" 的截面；
3—正截面受弯承载力图；4—按计算充分利用钢筋 "a" 或 "b" 强度的截面；5—按计算不需要钢筋 "a" 的截面；6—梁中心线

设置构造箍筋，l_0 为跨度。但当在构件中部 $l_0/2$ 范围内有集中荷载作用时，则应沿梁全长设置箍筋。当截面高度小于 150mm 时，可以不设置箍筋。

2 截面高度大于 800mm 的梁，箍筋直径不宜小于 8mm；对截面高度不大于 800mm 的梁，不宜小于 6mm。梁中配有计算需要的纵向受压钢筋时，箍筋直径尚不应小于 $d/4$，d 为受压钢筋最大直径。

3 梁中箍筋的最大间距宜符合表 9.2.9 的规定；当 V 大于 $0.7f_tbh_0+0.05N_{p0}$ 时，箍筋的配筋率 ρ_{sv} $[\rho_{sv}=A_{sv}/(bs)]$ 尚不应小于 $0.24f_t/f_{yv}$。

表 9.2.9 梁中箍筋的最大间距（mm）

梁高 h	$V>0.7f_tbh_0+0.05N_{p0}$	$V\leqslant 0.7f_tbh_0+0.05N_{p0}$
$150<h\leqslant 300$	150	200
$300<h\leqslant 500$	200	300
$500<h\leqslant 800$	250	350
$h>800$	300	400

4 当梁中配有按计算需要的纵向受压钢筋时，箍筋应符合以下规定：

1) 箍筋应做成封闭式，且弯钩直线段长度不应小于 $5d$，d 为箍筋直径。

2) 箍筋的间距不应大于 $15d$，并不应大于 400mm。当一层内的纵向受压钢筋多于 5 根且直径大于 18mm 时，箍筋间距不应大于 $10d$，d 为纵向受压钢筋的最小直径。

3) 当梁的宽度大于 400mm 且一层内的纵向受压钢筋多于 3 根时，或当梁的宽度不大于 400mm 但一层内的纵向受压钢筋多于 4 根时，应设置复合箍筋。

9.2.10 在弯剪扭构件中，箍筋的配筋率 ρ_{sv} 不应小于 $0.28f_t/f_{yv}$。

箍筋间距应符合本规范表 9.2.9 的规定，其中受扭所需的箍筋应做成封闭式，且应沿

截面周边布置。当采用复合箍筋时，位于截面内部的箍筋不应计入受扭所需的箍筋面积。受扭所需箍筋的末端应做成 135°弯钩，弯钩端头平直段长度不应小于 $10d$，d 为箍筋直径。

在超静定结构中，考虑协调扭转而配置的箍筋，其间距不宜大于 $0.75b$，此处 b 按本规范第 6.4.1 条的规定取用，但对箱形截面构件，b 均应以 b_h 代替。

9.2.11　位于梁下部或梁截面高度范围内的集中荷载，应全部由附加横向钢筋承担；附加横向钢筋宜采用箍筋。

箍筋应布置在长度为 $2h_1$ 与 $3b$ 之和的范围内（图 9.2.11）。当采用吊筋时，弯起段应伸至梁的上边缘，且末端水平段长度不应小于本规范第 9.2.7 条的规定。

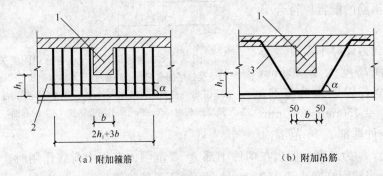

（a）附加箍筋　　　　　　　　（b）附加吊筋

图 9.2.11　梁截面高度范围内有集中荷载作用时附加横向钢筋的布置

注：图中尺寸单位 mm。

1—传递集中荷载的位置；2—附加箍筋；3—附加吊筋

附加横向钢筋所需的总截面面积应符合下列规定：

$$A_{sv} \geq \frac{F}{f_{yv}\sin\alpha} \tag{9.2.11}$$

式中：A_{sv}——承受集中荷载所需的附加横向钢筋总截面面积；当采用附加吊筋时，A_{sv} 应为左、右弯起段截面面积之和；

　　　　F——作用在梁的下部或梁截面高度范围内的集中荷载设计值；

　　　　α——附加横向钢筋与梁轴线间的夹角。

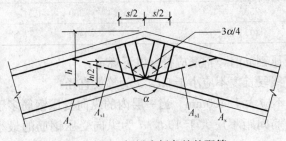

图 9.2.12　折梁内折角处的配筋

9.2.12　折梁的内折角处应增设箍筋（图 9.2.12）。箍筋应能承受未在压区锚固纵向受拉钢筋的合力，且在任何情况下不应小于全部纵向钢筋合力的 35%。

由箍筋承受的纵向受拉钢筋的合力按下列公式计算：

未在受压区锚固的纵向受拉钢筋的合力为：

$$N_{s1} = 2f_y A_{s1} \cos\frac{\alpha}{2} \tag{9.2.12-1}$$

全部纵向受拉钢筋合力的 35% 为：

$$N_{s2} = 0.7 f_y A_s \cos \frac{\alpha}{2} \tag{9.2.12-2}$$

式中：A_s——全部纵向受拉钢筋的截面面积；

A_{s1}——未在受压区锚固的纵向受拉钢筋的截面面积；

α——构件的内折角。

按上述条件求得的箍筋应设置在长度 s 等于 $h\tan(3\alpha/8)$ 的范围内。

9.2.13 梁的腹板高度 h_w 不小于 450mm 时，在梁的两个侧面应沿高度配置纵向构造钢筋。每侧纵向构造钢筋（不包括梁上、下部受力钢筋及架立钢筋）的间距不宜大于 200mm，截面面积不应小于腹板截面面积（bh_w）的 0.1%，但当梁宽较大时可以适当放松。此处，腹板高度 h_w 按本规范第 6.3.1 条的规定取用。

9.2.14 薄腹梁或需作疲劳验算的钢筋混凝土梁，应在下部 1/2 梁高的腹板内沿两侧配置直径 8mm～14mm 的纵向构造钢筋，其间距为 100mm～150mm 并按下密上疏的方式布置。在上部 1/2 梁高的腹板内，纵向构造钢筋可按本规范第 9.2.13 条的规定配置。

9.2.15 当梁的混凝土保护层厚度大于 50mm 且配置表层钢筋网片时，应符合下列规定：

1 表层钢筋宜采用焊接网片，其直径不宜大于 8mm，间距不应大于 150mm；网片应配置在梁底和梁侧，梁侧的网片钢筋应延伸至梁高的 2/3 处。

2 两个方向上表层网片钢筋的截面积均不应小于相应混凝土保护层（图 9.2.15 阴影部分）面积的 1%。

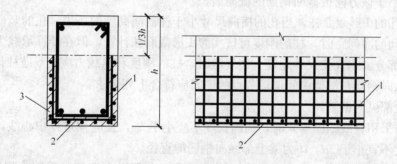

图 9.2.15 配置表层钢筋网片的构造要求

1—梁侧表层钢筋网片；2—梁底表层钢筋网片；3—配置网片钢筋区域

9.2.16 深受弯构件的设计应符合本规范附录 G 的规定。

10. 柱、梁柱节点及牛腿

9.3.1 柱中纵向钢筋的配置应符合下列规定：

1 纵向受力钢筋直径不宜小于 12mm；全部纵向钢筋的配筋率不宜大于 5%；

2 柱中纵向钢筋的净间距不应小于 50mm，且不宜大于 300mm；

3 偏心受压柱的截面高度不小于 600mm 时，在柱的侧面上应设置直径不小于 10mm 的纵向构造钢筋，并相应设置复合箍筋或拉筋；

4 圆柱中纵向钢筋不宜少于 8 根，不应少于 6 根，且宜沿周边均匀布置；

5 在偏心受压柱中，垂直于弯矩作用平面的侧面上的纵向受力钢筋以及轴心受压柱中各边的纵向受力钢筋，其中距不宜大于 300mm。

注：水平浇筑的预制柱，纵向钢筋的最小净间距可按本规范第9.2.1条关于梁的有关规定取用。

9.3.2 柱中的箍筋应符合下列规定：

1 箍筋直径不应小于 $d/4$，且不应小于 6mm，d 为纵向钢筋的最大直径；

2 箍筋间距不应大于 400mm 及构件截面的短边尺寸，且不应大于 $15d$，d 为纵向钢筋的最小直径；

3 柱及其他受压构件中的周边箍筋应做成封闭式；对圆柱中的箍筋，搭接长度不应小于本规范第8.3.1条规定的锚固长度，且末端应做成135°弯钩，弯钩末端平直段长度不应小于 $5d$，d 为箍筋直径；

4 当柱截面短边尺寸大于 400mm 且各边纵向钢筋多于 3 根时，或当柱截面短边尺寸不大于 400mm 但各边纵向钢筋多于 4 根时，应设置复合箍筋；

5 柱中全部纵向受力钢筋的配筋率大于 3％时，箍筋直径不应小于 8mm，间距不应大于 $10d$，且不应大于 200mm。箍筋末端应做成135°弯钩，且弯钩末端平直段长度不应小于 $10d$，d 为纵向受力钢筋的最小直径；

6 在配有螺旋式或焊接环式箍筋的柱中，如在正截面受压承载力计算中考虑间接钢筋的作用时，箍筋间距不应大于 80mm 及 $d_{cor}/5$，且不宜小于 40mm，d_{cor} 为按箍筋内表面确定的核心截面直径。

9.3.3 I 形截面柱的翼缘厚度不宜小于 120mm，腹板厚度不宜小于 100mm。当腹板开孔时，宜在孔洞周边每边设置 2～3 根直径不小于 8mm 的补强钢筋，每个方向补强钢筋的截面面积不宜小于该方向被截断钢筋的截面面积。

腹板开孔的 I 形截面柱，当孔的横向尺寸小于柱截面高度的一半、孔的竖向尺寸小于相邻两孔之间的净间距时，柱的刚度可按实腹 I 形截面柱计算，但在计算承载力时应扣除孔洞的削弱部分。当开孔尺寸超过上述规定时，柱的刚度和承载力应按双肢柱计算。

9.3.4 梁纵向钢筋在框架中间层端节点的锚固应符合下列要求：

1 梁上部纵向钢筋伸入节点的锚固：

1）当采用直线锚固形式时，锚固长度不应小于 l_a，且应伸过柱中心线，伸过的长度不宜小于 $5d$，d 为梁上部纵向钢筋的直径。

2）当柱截面尺寸不满足直线锚固要求时，梁上部纵向钢筋可采用本规范第 8.3.3 条钢筋端部加机械锚头的锚固方式。梁上部纵向钢筋宜伸至柱外侧纵向钢筋内边，包括机械锚头在内的水平投影锚固长度不应小于 $0.4l_{ab}$（图 9.3.4a）。

3）梁上部纵向钢筋也可采用 90°弯折锚固的方式，此时梁上部纵向钢筋应伸至柱外侧

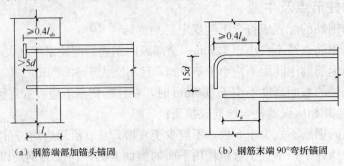

（a）钢筋端部加锚头锚固　　　　（b）钢筋末端90°弯折锚固

图 9.3.4　梁上部纵向钢筋在中间层端节点内的锚固

纵向钢筋内边并向节点内弯折，其包含弯弧在内的水平投影长度不应小于 $0.4l_{ab}$，弯折钢筋在弯折平面内包含弯弧段的投影长度不应小于 $15d$（图 9.3.4b）。

2 框架梁下部纵向钢筋伸入端节点的锚固：

1） 当计算中充分利用该钢筋的抗拉强度时，钢筋的锚固方式及长度应与上部钢筋的规定相同。

2） 当计算中不利用该钢筋的强度或仅利用该钢筋的抗压强度时，伸入节点的锚固长度应分别符合本规范第 9.3.5 条中间节点梁下部纵向钢筋锚固的规定。

9.3.5 框架中间层中间节点或连续梁中间支座，梁的上部纵向钢筋应贯穿节点或支座。梁的下部纵向钢筋宜贯穿节点或支座。当必须锚固时，应符合下列锚固要求：

1 当计算中不利用该钢筋的强度时，其伸入节点或支座的锚固长度对带肋钢筋不小于 $12d$，对光面钢筋不小于 $15d$，d 为钢筋的最大直径；

2 当计算中充分利用钢筋的抗压强度时，钢筋应按受压钢筋锚固在中间节点或中间支座内，其直线锚固长度不应小于 $0.7l_a$；

3 当计算中充分利用钢筋的抗拉强度时，钢筋可采用直线方式锚固在节点或支座内，锚固长度不应小于钢筋的受拉锚固长度 l_a（图 9.3.5a）；

4 当柱截面尺寸不足时，宜按本规范第 9.3.4 条第 1 款的规定采用钢筋端部加锚头的机械锚固措施，也可采用 90°弯折锚固的方式；

5 钢筋可在节点或支座外梁中弯矩较小处设置搭接接头，搭接长度的起始点至节点或支座边缘的距离不应小于 $1.5h_0$（图 9.3.5b）。

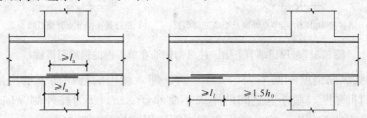

(a) 下部纵向钢筋在节点中直线锚固　　(b) 下部纵向钢筋在节点或支座范围外的搭接

图 9.3.5　梁下部纵向钢筋在中间节点或中间支座范围的锚固与搭接

9.3.6 柱纵向钢筋应贯穿中间层的中间节点或端节点，接头应设在节点区以外。

柱纵向钢筋在顶层中节点的锚固应符合下列要求：

1 柱纵向钢筋应伸至柱顶，且自梁底算起的锚固长度不应小于 l_a。

2 当截面尺寸不满足直线锚固要求时，可采用 90°弯折锚固措施。此时，包括弯弧在内的钢筋垂直投影锚固长度不应小于 $0.5l_{ab}$，在弯折平面内包含弯弧段的水平投影长度不宜小于 $12d$（图 9.3.6a）。

3 当截面尺寸不足时，也可采用带锚头的机械锚固措施。

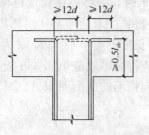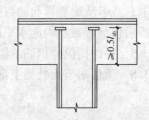

(a) 柱纵向钢筋90°弯折锚固　　(b) 柱纵向钢筋端头加锚板锚固

图 9.3.6　顶层节点中柱纵向钢筋在节点内的锚固

此时，包含锚头在内的竖向锚固长度不应小于 $0.5l_{ab}$（图 9.3.6b）。

4　当柱顶有现浇楼板且板厚不小于 100mm 时，柱纵向钢筋也可向外弯折，弯折后的水平投影长度不宜小于 12d。

9.3.7　顶层端节点柱外侧纵向钢筋可弯入梁内作梁上部纵向钢筋；也可将梁上部纵向钢筋与柱外侧纵向钢筋在节点及附近部位搭接，搭接可采用下列方式：

1　搭接接头可沿顶层端节点外侧及梁端顶部布置，搭接长度不应小于 $1.5l_{ab}$（图 9.3.7a）。其中，伸入梁内的柱外侧钢筋截面面积不宜小于其全部面积的 65%；梁宽范围以外的柱外侧钢筋宜沿节点顶部伸至柱内边锚固。当柱外侧纵向钢筋位于柱顶第一层时，钢筋伸至柱内边后宜向下弯折不小于 8d 后截断（图 9.3.7a），d 为柱纵向钢筋的直径；当柱外侧纵向钢筋位于柱顶第二层时，可不向下弯折。当现浇板厚度不小于 100mm 时，梁宽范围以外的柱外侧纵向钢筋也可伸入现浇板内，其长度与伸入梁内的柱纵向钢筋相同。

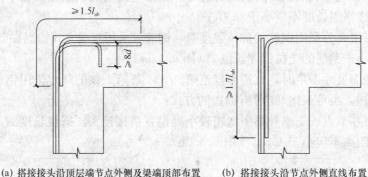

(a) 搭接接头沿顶层端节点外侧及梁端顶部布置　　　(b) 搭接接头沿节点外侧直线布置

图 9.3.7　顶层端节点梁、柱纵向钢筋在节点内的锚固与搭接

2　当柱外侧纵向钢筋配筋率大于 1.2% 时，伸入梁内的柱纵向钢筋应满足本条第 1 款规定且宜分两批截断，截断点之间的距离不宜小于 20d，d 为柱外侧纵向钢筋的直径。梁上部纵向钢筋应伸至节点外侧并向下弯至梁下边缘高度位置截断。

3　纵向钢筋搭接接头也可沿节点柱顶外侧直线布置（图 9.3.7b），此时，搭接长度自柱顶算起不应小于 $1.7l_{ab}$。当梁上部纵向钢筋的配筋率大于 1.2% 时，弯入柱外侧的梁上部纵向钢筋应满足本条第 1 款规定的搭接长度，且宜分两批截断，其截断点之间的距离不宜小于 20d，d 为梁上部纵向钢筋的直径。

4　当梁的截面高度较大，梁、柱纵向钢筋相对较小，从梁底算起的直线搭接长度未延伸至柱顶即已满足 $1.5l_{ab}$ 的要求时，应将搭接长度延伸至柱顶并满足搭接长度 $1.7l_{ab}$ 的要求；或者从梁底算起的弯折搭接长度未延伸至柱内侧边缘即已满足 $1.5l_{ab}$ 的要求时，其弯折后包括弯弧在内的水平段的长度不应小于 15d，d 为柱纵向钢筋的直径。

5　柱内侧纵向钢筋的锚固应符合本规范第 9.3.6 条关于顶层中节点的规定。

9.3.8　顶层端节点处梁上部纵向钢筋的截面面积 A_s 应符合下列规定：

$$A_s \leqslant \frac{0.35\beta_c f_c b_b h_0}{f_y} \tag{9.3.8}$$

式中：b_b——梁腹板宽度；

h_0——梁截面有效高度。

　　梁上部纵向钢筋与柱外侧纵向钢筋在节点角部的弯弧内半径，当钢筋直径不大于 25mm 时，不宜小于 6*d*；大于 25mm 时，不宜小于 8*d*。钢筋弯弧外的混凝土中应配置防裂、防剥落的构造钢筋。

9.3.9　在框架节点内应设置水平箍筋，箍筋应符合本规范第 9.3.2 条柱中箍筋的构造规定，但间距不宜大于 250mm。对四边均有梁的中间节点，节点内可只设置沿周边的矩形箍筋。当顶层端节点内有梁上部纵向钢筋和柱外侧纵向钢筋的搭接接头时，节点内水平箍筋应符合本规范第 8.4.6 条的规定。

9.3.10　对于 *a* 不大于 h_0 的柱牛腿（图 9.3.10），其截面尺寸应符合下列要求：

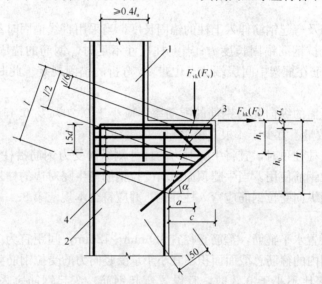

图 9.3.10　牛腿的外形及钢筋配置

注：图中尺寸单位 mm。

1—上柱；2—下柱；3—弯起钢筋；4—水平箍筋

1　牛腿的裂缝控制要求

$$F_{vk} \leqslant \beta\left(1 - 0.5\frac{F_{hk}}{F_{vk}}\right)\frac{f_{tk}bh_0}{0.5 + \dfrac{a}{h_0}} \tag{9.3.10}$$

式中：F_{vk}——作用于牛腿顶部按荷载效应标准组合计算的竖向力值；

　　　F_{hk}——作用于牛腿顶部按荷载效应标准组合计算的水平拉力值；

　　　β——裂缝控制系数：支承吊车梁的牛腿取 0.65；其他牛腿取 0.80；

　　　a——竖向力作用点至下柱边缘的水平距离，应考虑安装偏差 20mm；当考虑安装偏差后的竖向力作用点仍位于下柱截面以内时取等于 0；

　　　b——牛腿宽度；

　　　h_0——牛腿与下柱交接处的垂直截面有效高度，取 $h_1 - a_s + c \cdot \tan\alpha$，当 α 大于 45°时，取 45°，c 为下柱边缘到牛腿外边缘的水平长度。

2　牛腿的外边缘高度 h_1 不应小于 $h/3$，且不应小于 200mm。

3　在牛腿顶受压面上，竖向力 F_{vk} 所引起的局部压应力不应超过 $0.75f_c$。

9.3.11　在牛腿中，由承受竖向力所需的受拉钢筋截面面积和承受水平拉力所需的锚筋截面面积所组成的纵向受力钢筋的总截面面积，应符合下列规定：

$$A_s \geqslant \frac{F_v a}{0.85 f_y h_0} + 1.2 \frac{F_h}{f_y} \tag{9.3.11}$$

当 a 小于 $0.3h_0$ 时，取 a 等于 $0.3h_0$。

式中：F_v——作用在牛腿顶部的竖向力设计值；

$\quad\quad F_h$——作用在牛腿顶部的水平拉力设计值。

9.3.12   沿牛腿顶部配置的纵向受力钢筋，宜采用 HRB400 级或 HRB500 级热轧带肋钢筋。全部纵向受力钢筋及弯起钢筋宜沿牛腿外边缘向下伸入下柱内 150mm 后截断（图 9.3.10）。

纵向受力钢筋及弯起钢筋伸入上柱的锚固长度，当采用直线锚固时不应小于本规范第 8.3.1 条规定的受拉钢筋锚固长度 l_a；当上柱尺寸不足时，钢筋的锚固应符合本规范第 9.3.4 条梁上部钢筋在框架中间层端节点中带 90°弯折的锚固规定。此时，锚固长度应从上柱内边算起。

承受竖向力所需的纵向受力钢筋的配筋率不应小于 0.20% 及 $0.45f_t/f_y$，也不宜大于 0.60%，钢筋数量不宜少于 4 根直径 12mm 的钢筋。

当牛腿设于上柱柱顶时，宜将牛腿对边的柱外侧纵向受力钢筋沿柱顶水平弯入牛腿，作为牛腿纵向受拉钢筋使用。当牛腿顶面纵向受拉钢筋与牛腿对边的柱外侧纵向钢筋分开配置时，牛腿顶面纵向受拉钢筋应弯入柱外侧，并应符合本规范第 8.4.4 条有关钢筋搭接的规定。

9.3.13   牛腿应设置水平箍筋，箍筋直径宜为 6mm～12mm，间距宜为 100mm～150mm；在上部 $2h_0/3$ 范围内的箍筋总截面面积不宜小于承受竖向力的受拉钢筋截面面积的 1/2。

当牛腿的剪跨比不小于 0.3 时，宜设置弯起钢筋。弯起钢筋宜采用 HRB400 级或 HRB500 级热轧带肋钢筋，并宜使其与集中荷载作用点到牛腿斜边下端点连线的交点位于牛腿上部 $l/6$～$l/2$ 之间的范围内，l 为该连线的长度（图 9.3.10）。弯起钢筋截面面积不宜小于承受竖向力的受拉钢筋截面面积的 1/2，且不宜少于 2 根直径 12mm 的钢筋。纵向受拉钢筋不得兼作弯起钢筋。

11. 墙

9.4.1   竖向构件截面长边、短边（厚度）比值大于 4 时，宜按墙的要求进行设计。

支撑预制楼（屋面）板的墙，其厚度不宜小于 140mm；对剪力墙结构尚不宜小于层高的 1/25，对框架-剪力墙结构尚不宜小于层高的 1/20。

当采用预制板时，支承墙的厚度应满足墙内竖向钢筋贯通的要求。

9.4.2   厚度大于 160mm 的墙应配置双排分布钢筋网；结构中重要部位的剪力墙，当其厚度不大于 160mm 时，也宜配置双排分布钢筋网。

双排分布钢筋网应沿墙的两个侧面布置，且应采用拉筋连系；拉筋直径不宜小于 6mm，间距不宜大于 600mm。

9.4.3   在平行于墙面的水平荷载和竖向荷载作用下，墙体宜根据结构分析所得的内力和本规范第 6.2 节的有关规定，分别按偏心受压或偏心受拉进行正截面承载力计算，并按本规范第 6.3 节的有关规定进行斜截面受剪承载力计算。在集中荷载作用处，尚应按本规范第 6.6 节进行局部受压承载力计算。

在承载力计算中，剪力墙的翼缘计算宽度可取剪力墙的间距、门窗洞间翼墙的宽度、剪力墙厚度加两侧各 6 倍翼墙厚度、剪力墙墙肢总高度的 1/10 四者中的最小值。

9.4.4 墙水平及竖向分布钢筋直径不宜小于 8mm，间距不宜大于 300mm。可利用焊接钢筋网片进行墙内配筋。

墙水平分布钢筋的配筋率 $\rho_{sh}\left(\dfrac{A_{sh}}{bs_v}, s_v\right.$ 为水平分布钢筋的间距$\left.\right)$ 和竖向分布钢筋的配筋率 $\rho_{sv}\left(\dfrac{A_{sv}}{bs_h}, s_h\right.$ 为竖向分布钢筋的间距$\left.\right)$ 不宜小于 0.20%；重要部位的墙，水平和竖向分布钢筋的配筋率宜适当提高。

墙中温度、收缩应力较大的部位，水平分布钢筋的配筋率宜适当提高。

9.4.5 对于房屋高度不大于 10m 且不超过 3 层的墙，其截面厚度不应小于 120mm，其水平与竖向分布钢筋的配筋率均不宜小于 0.15%。

9.4.6 墙中配筋构造应符合下列要求：

1 墙竖向分布钢筋可在同一高度搭接，搭接长度不应小于 $1.2l_a$。

2 墙水平分布钢筋的搭接长度不应小于 $1.2l_a$。同排水平分布钢筋的搭接接头之间以及上、下相邻水平分布钢筋的搭接接头之间，沿水平方向的净间距不宜小于 500mm。

3 墙中水平分布钢筋应伸至墙端，并向内水平弯折 $10d$，d 为钢筋直径。

4 端部有翼墙或转角的墙，内墙两侧和外墙内侧的水平分布钢筋应伸至翼墙或转角外边，并分别向两侧水平弯折 $15d$。在转角墙处，外墙外侧的水平分布钢筋应在墙端外角处弯入翼墙，并与翼墙外侧的水平分布钢筋搭接。

5 带边框的墙，水平和竖向分布钢筋宜分别贯穿柱、梁或锚固在柱、梁内。

9.4.7 墙洞口连梁应沿全长配置箍筋，箍筋直径不应小于 6mm，间距不宜大于 150mm。在顶层洞口连梁纵向钢筋伸入墙内的锚固长度范围内，应设置间距不大于 150mm 的箍筋，箍筋直径宜与跨内箍筋直径相同。同时，门窗洞边的竖向钢筋应满足受拉钢筋锚固长度的要求。

墙洞口上、下两边的水平钢筋除应满足洞口连梁正截面受弯承载力的要求外，尚不应少于 2 根直径不小于 12mm 的钢筋。对于计算分析中可忽略的洞口，洞边钢筋截面面积分别不宜小于洞口截断的水平分布钢筋总截面面积的一半。纵向钢筋自洞口边伸入墙内的长度不应小于受拉钢筋的锚固长度。

9.4.8 剪力墙墙肢两端应配置竖向受力钢筋，并与墙内的竖向分布钢筋共同用于墙的正截面受弯承载力计算。每端的竖向受力钢筋不宜少于 4 根直径为 12mm 或 2 根直径为 16mm 的钢筋，并宜沿该竖向钢筋方向配置直径不小于 6mm、间距为 250mm 的箍筋或拉筋。

12. 附录 G 深受弯构件

G.0.1 简支钢筋混凝土单跨深梁可采用由一般方法计算的内力进行截面设计；钢筋混凝土多跨连续深梁应采用由二维弹性分析求得的内力进行截面设计。

G.0.2 钢筋混凝土深受弯构件的正截面受弯承载力应符合下列规定：

$$M \leqslant f_y A_s z \tag{G.0.2-1}$$

$$z = \alpha_d (h_0 - 0.5x) \tag{G.0.2-2}$$

$$\alpha_{\mathrm{d}} = 0.80 + 0.04 \frac{l_0}{h} \tag{G.0.2-3}$$

当 $l_0 < h$ 时，取内力臂 $z = 0.6l_0$。

式中：x——截面受压区高度，按本规范第 6.2 节计算；当 $x < 0.2h_0$ 时，取 $x = 0.2h_0$；

h_0——截面有效高度：$h_0 = h - a_s$，其中 h 为截面高度；当 $l_0/h \leqslant 2$ 时，跨中截面 a_s 取 $0.1h$，支座截面 a_s 取 $0.2h$；当 $l_0/h > 2$ 时，a_s 按受拉区纵向钢筋截面重心至受拉边缘的实际距离取用。

G.0.3 钢筋混凝土深受弯构件的受剪截面应符合下列条件：

当 h_{w}/b 不大于 4 时

$$V \leqslant \frac{1}{60}(10 + l_0/h)\beta_{\mathrm{c}}f_{\mathrm{c}}bh_0 \tag{G.0.3-1}$$

当 h_{w}/b 不小于 6 时

$$V \leqslant \frac{1}{60}(7 + l_0/h)\beta_{\mathrm{c}}f_{\mathrm{c}}bh_0 \tag{G.0.3-2}$$

当 h_{w}/b 大于 4 且小于 6 时，按线性内插法取用。

式中：V——剪力设计值；

l_0——计算跨度，当 l_0 小于 $2h$ 时，取 $2h$；

b——矩形截面的宽度以及 T 形、I 形截面的腹板厚度；

h、h_0——截面高度、截面有效高度；

h_{w}——截面的腹板高度：矩形截面，取有效高度 h_0；T 形截面，取有效高度减去翼缘高度；I 形和箱形截面，取腹板净高；

β_{c}——混凝土强度影响系数，按本规范第 6.3.1 条的规定取用。

G.0.4 矩形、T 形和 I 形截面的深受弯构件，在均布荷载作用下，当配有竖向分布钢筋和水平分布钢筋时，其斜截面的受剪承载力应符合下列规定：

$$V \leqslant 0.7\frac{(8 - l_0/h)}{3}f_{\mathrm{t}}bh_0 + \frac{(l_0/h - 2)}{3}f_{\mathrm{yv}}\frac{A_{\mathrm{sv}}}{s_{\mathrm{h}}}h_0$$

$$+ \frac{(5 - l_0/h)}{6}f_{\mathrm{yh}}\frac{A_{\mathrm{sh}}}{s_{\mathrm{v}}}h_0 \tag{G.0.4-1}$$

对集中荷载作用下的深受弯构件（包括作用有多种荷载，且其中集中荷载对支座截面所产生的剪力值占总剪力值的 75% 以上的情况），其斜截面的受剪承载力应符合下列规定：

$$V \leqslant \frac{1.75}{\lambda + 1}f_{\mathrm{t}}bh_0 + \frac{(l_0/h - 2)}{3}f_{\mathrm{yv}}\frac{A_{\mathrm{sv}}}{s_{\mathrm{h}}}h_0 + \frac{(5 - l_0/h)}{6}f_{\mathrm{yh}}\frac{A_{\mathrm{sh}}}{s_{\mathrm{v}}}h_0 \tag{G.0.4-2}$$

式中：λ——计算剪跨比：当 l_0/h 不大于 2.0 时，取 $\lambda = 0.25$；当 l_0/h 大于 2 且小于 5 时，取 $\lambda = a/h_0$，其中，a 为集中荷载到深受弯构件支座的水平距离；λ 的上限值为 $(0.92l_0/h - 1.58)$，下限值为 $(0.42l_0/h - 0.58)$；

l_0/h——跨高比，当 l_0/h 小于 2 时，取 2.0；

G.0.5 一般要求不出现斜裂缝的钢筋混凝土深梁，应符合下列条件：

$$V_{\mathrm{k}} \leqslant 0.5f_{\mathrm{tk}}bh_0 \tag{G.0.5}$$

式中：V_k——按荷载效应的标准组合计算的剪力值。

此时可不进行斜截面受剪承载力计算，但应按本规范第 G.0.10 条、第 G.0.12 条的规定配置分布钢筋。

G.0.6 钢筋混凝土深梁在承受支座反力的作用部位以及集中荷载作用部位，应按本规范第 6.6 节的规定进行局部受压承载力计算。

G.0.7 深梁的截面宽度不应小于 140mm。当 l_0/h 不小于 1 时，h/b 不宜大于 25；当 l_0/h 小于 1 时，l_0/b 不宜大于 25。深梁的混凝土强度等级不应低于 C20。当深梁支承在钢筋混凝土柱上时，宜将柱伸至深梁顶。深梁顶部应与楼板等水平构件可靠连接。

G.0.8 钢筋混凝土深梁的纵向受拉钢筋宜采用较小的直径，且宜按下列规定布置：

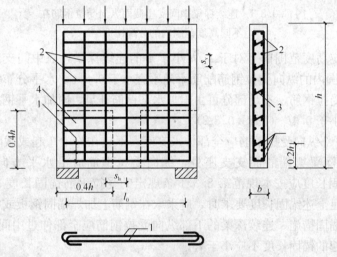

图 G.0.8-1　单跨深梁的钢筋配置

1—下部纵向受拉钢筋及弯折锚固；2—水平及竖向分布钢筋；

3—拉筋；4—拉筋加密区

1　单跨深梁和连续深梁的下部纵向钢筋宜均匀布置在梁下边缘以上 $0.2h$ 的范围内（图 G.0.8-1 及图 G.0.8-2）。

2　连续深梁中间支座截面的纵向受拉钢筋宜按图 G.0.8-3 规定的高度范围和配筋比

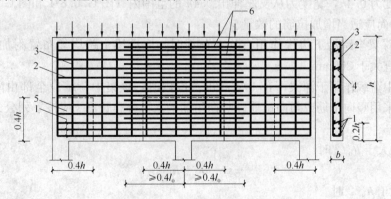

图 G.0.8-2　连续深梁的钢筋配置

1—下部纵向受拉钢筋；2—水平分布钢筋；3—竖向分布钢筋；

4—拉筋；5—拉筋加密区；6—支座截面上部的附加水平钢筋

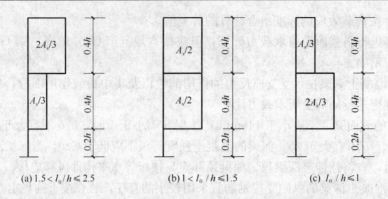

(a) $1.5 < l_0/h \leqslant 2.5$ (b) $1 < l_0/h \leqslant 1.5$ (c) $l_0/h \leqslant 1$

图 G.0.8-3   连续深梁中间支座截面纵向受拉钢筋在
不同高度范围内的分配比例

例均匀布置在相应高度范围内。对于 l_0/h 小于 1 的连续深梁，在中间支座底面以上 0.2 $l_0 \sim 0.6 l_0$ 高度范围内的纵向受拉钢筋配筋率尚不宜小于 0.5%。水平分布钢筋可用作支座部位的上部纵向受拉钢筋，不足部分可由附加水平钢筋补足，附加水平钢筋自支座向跨中延伸的长度不宜小于 $0.4 l_0$（图 G.0.8-2）。

G.0.9   深梁的下部纵向受拉钢筋应全部伸入支座，不应在跨中弯起或截断。在简支单跨深梁支座及连续深梁梁端的简支支座处，纵向受拉钢筋应沿水平方向弯折锚固（图 G.0.8-1），其锚固长度应按本规范第 8.3.1 条规定的受拉钢筋锚固长度 l_a 乘以系数 1.1 采用；当不能满足上述锚固长度要求时，应采取在钢筋上加焊锚固钢板或将钢筋末端焊成封闭式等有效的锚固措施。连续深梁的下部纵向受拉钢筋应全部伸过中间支座的中心线，其自支座边缘算起的锚固长度不应小于 l_a。

G.0.10   深梁应配置双排钢筋网，水平和竖向分布钢筋直径均不应小于 8mm，间距不应大于 200mm。

当沿深梁端部竖向边缘设柱时，水平分布钢筋应锚入柱内。在深梁上、下边缘处，竖向分布钢筋宜做成封闭式。

在深梁双排钢筋之间应设置拉筋，拉筋沿纵横两个方向的间距均不宜大于 600mm，在支座区高度为 0.4h、宽度为从支座伸出 0.4h 的范围内（图 G.0.8-1 和图 G.0.8-2 中的虚线部分），尚应适当增加拉筋的数量。

G.0.11   当深梁全跨沿下边缘作用有均布荷载时，应沿梁全跨均匀布置附加竖向吊筋，吊筋间距不宜大于 200mm。

当有集中荷载作用于深梁下部 3/4 高度范围内时，该集中荷载应全部由附加吊筋承受，吊筋应采用竖向吊筋或斜向吊筋。竖向吊筋的水平分布长度 s 应按下列公式确定（图 G.0.11a）：

当 h_1 不大于 $h_b/2$ 时

$$s = b_b + h_b \tag{G.0.11-1}$$

当 h_1 大于 $h_b/2$ 时

$$s = b_b + 2h_1 \tag{G.0.11-2}$$

式中：b_b——传递集中荷载构件的截面宽度；

h_b——传递集中荷载构件的截面高度；

h_1——从深梁下边缘到传递集中荷载构件底边的高度。

竖向吊筋应沿梁两侧布置，并从梁底伸到梁顶，在梁顶和梁底应做成封闭式。

附加吊筋总截面面积 A_{sv} 应按本规范第 9.2 节进行计算，但吊筋的设计强度 f_{yv} 应乘以承载力计算附加系数 0.8。

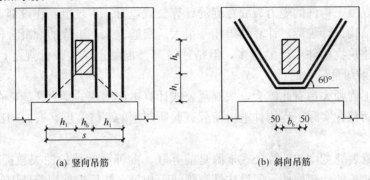

(a) 竖向吊筋　　　　　　　　　　　　(b) 斜向吊筋

图 G.0.11　深梁承受集中荷载作用时的附加吊筋

注：图中尺寸单位 mm。

G.0.12　深梁的纵向受拉钢筋配筋率 $\rho\left(\rho=\dfrac{A_s}{bh}\right)$、水平分布钢筋配筋率 $\rho_{sh}\left(\rho_{sh}=\dfrac{A_{sh}}{bs_v},s_v\right.$ 为水平分布钢筋的间距$\Big)$ 和竖向分布钢筋配筋率 $\rho_{sv}\left(\rho_{sv}=\dfrac{A_{sv}}{bs_h},s_h\right.$ 为竖向分布钢筋的间距$\Big)$ 不宜小于表 G.0.12 规定的数值。

表 G.0.12　深梁中钢筋的最小配筋百分率（%）

钢筋种类	纵向受拉钢筋	水平分布钢筋	竖向分布钢筋
HPB300	0.25	0.25	0.20
HRB400、HRBF400、RRB400、HRB335、HRBF335	0.20	0.20	0.15
HRB500、HRBF500	0.15	0.15	0.10

注：当集中荷载作用于连续深梁上部 1/4 高度范围内且 l_0/h 大于 1.5 时，竖向分布钢筋最小配筋百分率应增加 0.05。

G.0.13　除深梁以外的深受弯构件，其纵向受力钢筋、箍筋及纵向构造钢筋的构造规定与一般梁相同，但其截面下部 1/2 高度范围内和中间支座上部 1/2 高度范围内布置的纵向构造钢筋宜较一般梁适当加强。

13.《技术措施》中关于荷载作用下的受力裂缝控制

2.6.5　荷载作用下的受力裂缝控制

1　按《混凝土结构设计规范》GB 50010—2010 公式计算得到的钢筋混凝土受拉、受弯和偏心受压构件的裂缝宽度，对处于一类环境中的民用建筑钢筋混凝土构件，可以不作为控制工程安全的指标。

2　厚度≥1m 的厚板基础，无需验算裂缝宽度。

3　其他基础构件（包括地下室挡土墙）的允许裂缝宽度可放宽至 0.4mm。

条文说明： 当前许多工程，由于验算受弯裂缝宽度超过规范允许值，因而额外多配许多钢筋，造成很大浪费。

工程中的混凝土开裂，绝大多数是由于上述的两大类原因再加上支座沉降等造成的，规范并没有规定出现这类裂缝及其宽度的计算方法，也没有明确这类裂缝是否应与受力裂缝宽度叠加，原因是这类裂缝的不确定因素很多。

我国对于混凝土构件的受力裂缝宽度的计算公式，有三本规范：建设部、交通部、水利部的混凝土结构设计规范，计算结果相差很大。交通、水利工程的混凝土构件所处的环境条件比我们建筑物构件要严酷得多，但是建设部《混凝土结构设计规范》GB 50010—2010计算的结果却是最大的。

有经验的工程师大都有此体会，按规范公式计算本该出现的受力裂缝，在工程构件上根本找不到，而且在实际工程构件上由荷载试验所产生的裂缝宽度，有时却比计算值小一个数量级。

建设部规范裂缝宽度的计算公式来源是前苏联，前苏联的穆拉谢夫教授在1949年专门研究裂缝，他按纯受弯构件，假设构件裂缝间距相等，然后根据裂缝处钢筋应力与混凝土内力等因素，推导出裂缝宽度，并根据试验数据得出最后公式。我国东南大学丁大钧教授继承了穆拉谢夫的思路，后来中国建筑科学研究院也对此进行研究，得出了裂缝宽度的公式。

由此，我们应该明确《混凝土结构设计规范》GB 50010—2010裂缝宽度计算公式的适用范围：

1 只适用单向简支受弯构件。双向受弯构件不适用，如双向板、双向密肋板。

目前规范中有关裂缝控制的验算方法，是沿用早期采用低强钢筋以简支梁构件形式进行试验研究的结果，与实际工程中的承载受力和裂缝状态相差甚大。由于工程结构中梁、板的支座约束，楼板的拱效应和双向作用等的影响，实际裂缝状态比验算结果要有利得多。采用高强材料以后，受力钢筋的应力大幅度提高，裂缝状态将取代承载能力成为控制设计的主要因素，从而制约高强材料的应用。而与国外规范比较，我国裂缝宽度的验算结果偏于严厉。试验观察表明实际裂缝呈"V"字形，钢筋表面的裂缝宽度远小于构件表面。

不少审图单位要求设计单位提供双向板的裂缝计算宽度和挠度，实际上规范中并未提供计算方法，所以这种要求和计算是没有意义和依据的。

2 对于连续梁计算裂缝宽度偏大。主要是因为连续梁受荷后，端部外推受阻产生拱效应，降低了钢筋应力。

3 外墙挡土墙是压弯构件，不宜采用此式计算。

计算裂缝宽度，目的是使裂缝控制在一定限度内，以减少钢筋锈蚀。但在一类环境中，裂缝宽度对于钢筋锈蚀没有明显影响，这在世界上已有共识。传统的观点认为，裂缝的存在会引起钢筋锈蚀加速，减短结构寿命。但近50年国内外所做的多批带裂缝混凝土构件长期暴露试验以及工程的实际调查表明，裂缝宽度对于钢筋锈蚀程度并无明显关系。许多专家认为，控制裂缝宽度只是为了美观或心理上的安全感。美国规范ACI318规范自1999年版开始取消了以往室内、室外区别对待裂缝宽度允许值的做法，认为在一般的大气环境条件下，裂缝宽度控制并无特别意义；欧盟规范EN1992-1.1认为"只要裂缝不削弱结构功能，可以不对其加以任何控制"，"对于干燥或永久潮湿环境，裂缝控制仅保证可接受的外观；若无外观条件，0.4mm 的限值可以放宽"。

有时，裂缝宽反而比窄对结构更有利，构件反而不易锈蚀。在海水、除冰盐等化学腐蚀环境下，细缝更易由毛细管作用而进水（侵蚀性的），侵蚀水进去后，不易由雨水等冲刷掉，因此对构件更不利。

综上所述，我们可知：

1　《混凝土结构设计规范》GB 50010—2010 裂缝宽度的计算公式所得出的裂缝宽度偏大；

2　该公式适用范围，适用于简支梁（单向受弯构件），不适用于连续梁和双向受力构件，也不适用于压弯构件如地下室外墙板等等；现在一些程序给出的裂缝计算结果有些不可靠，没有合理的理论依据，不宜采用。

第7章 框架结构设计

一、适宜高度及抗震等级（《技术措施》）

1. 适宜高度

框架结构适用于体型较规整、刚度较均匀的建筑物。由于其抗侧刚度较弱，当地震发生时，其侧移常较大，且此结构体系只具有一道抗震防线，因此对其最大适用高度宜予以适当限制。

《建筑抗震设计规范》GB 50011—2010 中，框架结构的最大适用高度定得偏高，如下表 4.1.1-1，例如 8 度区为 40m。事实上，在 8 度区要设计高度 40m 的框架结构，需要将柱、梁截面设计得很大，才能使结构侧移满足规范要求，这样不仅减小了有效使用空间，经济指标也不好（用钢量很大，梁、柱截面很大等等）。

表 4.1.1-1　《建筑抗震设计规范》GB 50011—2010 框架结构的最大适用高度（m）

设防烈度	非抗震	6	7	8	8（0.3g）	9
最大适用高度	70	60	50	40	35	24

本措施将《建筑抗震设计规范》GB 50011—2010 框架结构的最大适用高度予以降低，建议的框架结构的最大适宜高度如下表 4.1.1-2：

表 4.1.1-2　本措施建议的框架结构的最大适宜高度（m）

设防烈度	非抗震	6	7	8	9
最大适宜高度	40	30	24	20	不宜采用

条文说明：《建筑抗震设计规范》GB 50011—2010 的框架结构的最大适用高度主要源于 89 年版《建筑抗震设计规范》，其中规定的 8 度区最大适用高度为 45m。当时该规范龚思礼主编解释说，这仅是为了考虑石油、化工企业的多层厂房的适用性，因为其中生产装置的高度较大，层高至少需要 15m，45m 仅为 3 层。

对于一般民用建筑，2010 年版《建筑抗震设计规范》规定的 8 度（0.20g）的高度为 40m，大约相当于 10～12 层，

这么高的框架结构在 8 度区很难做到，即使一定要设计也很不经济、很不适用。

国内外历次震害经验表明，框架结构由于抗侧刚度较弱，在强震发生时，侧移较大，即使主体结构未损坏，其隔断墙、围护墙以及机电设施等，都可能发生较大破坏，导致很大的经济损失，现代建筑中结构变形造成的设备及财产损失不可低估。隔墙破坏倾倒时，还可能造成人身伤害。

1976 年唐山地震时，北京和天津的震害调查都表明，框剪结构的抗破坏能力，明显

高于框架结构。2008 年四川汶川地震的震害也表明，框架结构的震害较重，即使主体结构未倒塌，其隔断墙、外墙等多已严重开裂与倒塌，损失很大，而且容易造成人身伤害。

框架结构不宜建得过高，例如 8 度区最好不超过 5 层，过高则不仅容易发生震害，经济上也不适宜。因此，本措施制定了表 4.1.1-2，其适宜高度严于国家规范，供设计人员参考使用。

汶川地震和其他地震的灾害表明，对于抗地震倒塌，钢筋混凝土框架结构存在不足，主要包括：

(1) 难以实现"强柱弱梁"

抗震设计通过柱端弯矩增大系数提高柱在轴力作用下的正截面受弯承载力，弯矩增大系数考虑了楼板作用、钢筋屈服强度超强等因素。研究表明，实现"强柱弱梁"的柱端弯矩增大系数不小于 2.5。目前规范规定的增大系数还不能实现"强柱弱梁"。抗震设计虽然可以采用梁端实配的抗震受弯承载力确，定柱端弯矩设计值，但仍然有两个不确定因素，一是钢筋屈服强度超强，二是楼板的有效宽度取值应该取多少可以充分考虑楼板与梁的整体作用。这两个因素导致梁端实配的抗震受弯承载力不确定，仍然不能确定是否实现"强柱强梁"。

说明：2008 年四川汶川地震的震害表明，框架结构的震害较重，甚至比砌体结构的震害还要严重，主要表现为未实现规范设定的"强柱弱梁"目标，"弱柱强梁"造成柱的破坏。

1976 年唐山地震后，石油规划设计院曾对 48 幢发生破坏的框架结构做了调查统计，结果发现，凡是具有现浇楼板的框架，由于现浇楼板与梁的整体作用，大大加强了梁的承载力，其地震破坏均产生在柱子中，结构多有倒塌；凡是没有楼板的空旷框架，如化工设备建筑，裂缝都出在梁中，框架结构没有倒塌。

(2) 结构抗侧刚度小

地震灾害表明，抗侧刚度大的结构，如剪力墙结构、框架-剪力墙结构，破坏程度轻、倒塌率低；抗侧刚度小的结构，如框架结构，破坏程度重、倒塌的数量多。其原因是：刚度大的结构，地震作用下的变形小，构件的损伤破坏程度轻；相反，刚度小的结构，地震作用下的变形大，构件的损伤破坏程度重，容易发生倒塌。

条文说明：建立抗震设计概念的初期，对于结构设计抗侧刚度刚一些还是柔一些的问题是有争论的。因为刚度大的结构地震作用大，显然要求较大的构件尺寸和钢材用量，似乎是不经济的；而较柔的结构地震作用小，但是变形较大，可节省材料，而一般认为框架的变形性能好，剪力墙变形性能差，主张选用较柔的框架结构，因而早期的设计对高层建筑应用剪力墙结构的限制较多。实际震害表明，历次大地震框架结构的震害比较大，设置剪力墙的结构震害较小，主要是因为剪力墙刚度大。事实说明结构的变形较小，震害就比较轻。

(3) 抗震防线单一

"强柱弱梁"框架结构，地震时可做到梁端首先出现塑性铰，梁出铰后结构出现较大的塑性变形，因此可以耗散地震能量，所以可以说梁是抗震的第一道防线，柱是第二道抗震防线，因此"强柱弱梁"框架结构可以成为抗地震倒塌能力比较强的延性框架结构。而"弱柱强梁"框架结构，柱是唯一的抗震防线，抗地震倒塌能力差。对于抗地震倒塌，关键在于竖向构件。柱是框架结构的唯一的竖向抗侧力构件。从竖向构件的角度，框架结构只有单一的抗震防线。从竖向构件的角度，剪力墙结构虽然也只有单一的抗震防线，但是，连梁的承载力在设计时已经人为降低，容易实现"强墙肢弱连梁"，而且，墙肢的刚度和承载力明显大于柱的刚度和承载力。地震中，剪力墙结构的墙肢可能发生破坏甚至严重破坏，但基本上都是局部破坏，不会引起结构倒塌。

条文说明： 虽然按照延性框架要求设计的钢筋混凝土框架结构在地震作用下也有表现很好的实例，但表现好的延性框架占框架结构的比例很低，而且实际工程和计算实例都表明延性框架并不省钢。

2. 抗震等级

框架结构的抗震等级按表4.1.1-3，大跨度框架（跨度不小于18m的框架）的抗震等级按表4.1.1-4，框架结构中的局部大跨度框架也应按表4.1.1-4提高其抗震等级。

表4.1.1-3　框架结构的抗震等级

设防烈度		6度		7度				8度				9度
				0.10g		0.15g		0.20g		0.30g		0.40g
建筑类别	场地类别	≤24m	>24m	≤24m	>24m	≤24m	>24m	≤24m	>24m	≤24m	>24m	≤24m
丙类建筑	Ⅰ	四	三	三（四）	二（三）	三（四）	二（三）	二（三）	二（二）	二（三）	一（一）	一（二）
	Ⅱ	四	三	三	二	三	二	二	二	二	一	一
	Ⅲ、Ⅳ	四	三	三	二	三	二	二	二（一＊）	二	一（一＊）	一
乙类建筑	Ⅰ	三（四）	二（三）	二	二	二	二	二	二（二）	二	一（二）	特一（一）
	Ⅱ	三	二	二	二	二	二	二	一（一＊）	二	一	特一
	Ⅲ、Ⅳ	三	二	二	二	二	一（一＊）	一（一＊）	（特一）	（特一）	（特一）	特一

注：1　当建筑场地为Ⅰ类时，应允许按表中（ ）括号内抗震等级采取抗震构造措施；当建筑场地为Ⅱ、Ⅲ、Ⅳ类时，宜按表中（ ）括号内抗震等级采取抗震构造措施；表中抗震等级一＊级，应分别比一级抗震等级采取更有效的抗震构造措施，具体方法可参考本措施2.1.4条。

2　对于框架结构，9度区不宜采用。

3　甲、乙类建筑以及建造在Ⅲ、Ⅳ类场地且设计基本地震加速度为0.15g和0.30g的丙类建筑，按规定提高一度确定抗震等级时，如果房屋高度超过提高一度后对应的房屋最大适用高度，则应采取比对应抗震等级更有效的抗震构造措施，具体方法参见本措施2.1.4条。

条文说明： 对于Ⅰ类场地，允许比Ⅱ类场地降低抗震构造措施，但应注意抗震构造措施不等同于抗震措施。对于Ⅰ类场地，仅降低抗震构造措施，不降低抗震措施中的其他要求，如按概念设计要求的内力调整系数则不应降低（其余各章抗震等级表同此条说明）。

表 4.1.1-4　大跨度框架（跨度不小于 18m 的框架）的抗震等级

建筑类别	场地类别	6 度	7 度		8 度		9 度
			0.10g	0.15g	0.20g	0.30g	
丙类建筑	Ⅰ	三	二（三）	二（三）	一（二）	一（二）	一
	Ⅱ	三	二	二	一	一	一
	Ⅲ、Ⅳ	三	二	二（一）	一	一	一
乙类建筑	Ⅰ	二（三）	一（二）	一（二）	一	一	特一（一）
	Ⅱ	二	一	一	一	一	特一
	Ⅲ、Ⅳ	二	一	一	一	一（特一）	特一

注：同表 4.1.1-3。

二、结构布置(《高规》)

6.1.1　框架结构应设计成双向梁柱抗侧力体系。主体结构除个别部位外，不应采用铰接。

6.1.2　抗震设计的框架结构不应采用单跨框架。

条文说明： 震害调查表明，单跨框架结构，尤其是层数较多的高层建筑，震害比较严重。因此，抗震设计的框架结构不应采用冗余度低的单跨框架。

单跨框架结构是指整栋建筑全部或绝大部分采用单跨框架的结构，不包括仅局部为单跨框架的框架结构。本规程第 8.1.3 条第 1、2 款规定的框架-剪力墙结构可局部采用单跨框架结构；其他情况应根据具体情况进行分析、判断。

6.1.3　框架结构的填充墙及隔墙宜选用轻质墙体。抗震设计时，框架结构如采用砌体填充墙，其布置应符合下列规定：

1　避免形成上、下层刚度变化过大。

2　避免形成短柱。

3　减少因抗侧刚度偏心而造成的结构扭转。

条文说明： 框架结构如采用砌体填充墙，当布置不当时，常能造成结构竖向刚度变化过大；或形成短柱；或形成较大的刚度偏心。由于填充墙是由建筑专业布置，结构图纸上不予表示，容易被忽略。

6.1.4　抗震设计时，框架结构的楼梯间应符合下列规定：

1　楼梯间的布置应尽量减小其造成的结构平面不规则。

2　宜采用现浇钢筋混凝土楼梯，楼梯结构应有足够的抗倒塌能力。

3　宜采取措施减小楼梯对主体结构的影响。

4　当钢筋混凝土楼梯与主体结构整体连接时，应考虑楼梯对地震作用及其效应的影响，并应对楼梯构件进行抗震承载力验算。

条文说明： 2008 年汶川地震震害进一步表明，框架结构中的楼梯及周边构件破坏严重。本次修订增加了楼梯的抗震设计要求。抗震设计时，楼梯间为主要疏散通道，其结构应有足够的抗倒塌能力，楼梯应作为结构构件进行设计。框架结构中楼梯构件的组合内力设计值应包括与地震作用效应的组合，楼梯梁、柱的抗震等级应与框架结构本身相同。

框架结构中，钢筋混凝土楼梯自身的刚度对结构地震作用和地震反应有着较大的影响，若楼梯布置不当会造成结构平面不规则，抗震设计时应尽量避免出现这种情况。

　　震害调查中发现框架结构中的楼梯板破坏严重，被拉断的情况非常普遍，因此应进行抗震设计，并加强构造措施，宜采用双排配筋。

6.1.5 抗震设计时，砌体填充墙及隔墙应具有自身稳定性，并应符合下列规定：

　　1 砌体的砂浆强度等级不应低于 M5，当采用砖及混凝土砌块时，砌块的强度等级不应低于 MU5；采用轻质砌块时，砌块的强度等级不应低于 MU2.5。墙顶应与框架梁或楼板密切结合。

　　2 砌体填充墙应沿框架柱全高每隔 500mm 左右设置 2 根直径 6mm 的拉筋，6 度时拉筋宜沿墙全长贯通，7、8、9 度时拉筋应沿墙全长贯通。

　　3 墙长大于 5m 时，墙顶与梁（板）宜有钢筋拉结；墙长大于 8m 或层高的 2 倍时，宜设置间距不大于 4m 的钢筋混凝土构造柱；墙高超过 4m 时，墙体半高处（或门洞上皮）宜设置与柱连接且沿墙全长贯通的钢筋混凝土水平系梁。

　　4 楼梯间采用砌体填充墙时，应设置间距不大于层高且不大于 4m 的钢筋混凝土构造柱，并应采用钢丝网砂浆面层加强。

6.1.6 框架结构按抗震设计时，不应采用部分由砌体墙承重之混合形式。框架结构中的楼、电梯间及局部出屋顶的电梯机房、楼梯间、水箱间等，应采用框架承重，不应采用砌体墙承重。

　　条文说明：框架结构与砌体结构是两种截然不同的结构体系，其抗侧刚度、变形能力等相差很大，这两种结构在同一建筑物中混合使用，对建筑物的抗震性能将产生很不利的影响，甚至造成严重破坏。

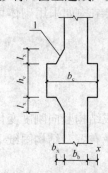

图 6.1.7　水平加腋梁
1—梁水平加腋

6.1.7 框架梁、柱中心线宜重合。当梁柱中心线不能重合时，在计算中应考虑偏心对梁柱节点核心区受力和构造的不利影响，以及梁荷载对柱子的偏心影响。

　　梁、柱中心线之间的偏心距，9 度抗震设计时不应大于柱截面在该方向宽度的 1/4；非抗震设计和 6～8 度抗震设计时不宜大于柱截面在该方向宽度的 1/4，如偏心距大于该方向柱宽的 1/4 时，可采取增设梁的水平加腋（图 6.1.7）等措施。设置水平加腋后，仍须考虑梁柱偏心的不利影响。

　　1 梁的水平加腋厚度可取梁截面高度，其水平尺寸宜满足下列要求：

$$b_x / l_x \leqslant 1/2 \tag{6.1.7-1}$$

$$b_x / b_b \leqslant 2/3 \tag{6.1.7-2}$$

$$b_b + b_x + x \geqslant b_c / 2 \tag{6.1.7-3}$$

式中：b_x——梁水平加腋宽度（mm）；

　　　　l_x——梁水平加腋长度（mm）；

　　　　b_b——梁截面宽度（mm）；

　　　　b_c——沿偏心方向柱截面宽度（mm）；

　　　　x——非加腋侧梁边到柱边的距离（mm）。

　　2 梁采用水平加腋时，框架节点有效宽度 b_j 宜符合下式要求：

　　1）当 $x = 0$ 时，b_j 按下式计算：

$$b_j \leqslant b_b + b_x \tag{6.1.7-4}$$

2）当 $x \neq 0$ 时，b_j 取（6.1.7-5）和（6.1.7-6）二式计算的较大值，且应满足公式（6.1.7-7）的要求：

$$b_j \leqslant b_b + b_x + x \tag{6.1.7-5}$$

$$b_j \leqslant b_b + 2x \tag{6.1.7-6}$$

$$b_j \leqslant b_b + 0.5h_c \tag{6.1.7-7}$$

式中：h_c——柱截面高度（mm）。

6.1.8 不与框架柱相连的次梁，可按非抗震要求进行设计。

条文说明： 不与框架柱（包括框架-剪力墙结构中的柱）相连的次梁，可按非抗震设计。

图 4 为框架楼层平面中的一个区格。图中梁 L_1 两端不与框架柱相连，因而不参与抗震，所以梁 L_1 的构造可按非抗震要求。例如，梁端箍筋不需要按抗震要求加密，仅需满足抗剪强度的要求，其间距也可按非抗震构件的要求；箍筋无需弯 135°钩，90°钩即可；纵筋的锚固、搭接等都可按非抗震要求。图中梁 L_2 与 L_1 不同，其一端与框架柱相连，另一端与梁相

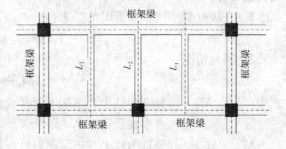

图 4　结构平面中次梁示意

连；与框架柱相连端应按抗震设计，其要求应与框架梁相同，与梁相连端构造可同 L_1 梁。

三、计算要点（《高规》）

6.2.1 抗震设计时，除顶层、柱轴压比小于 0.15 者及框支梁柱节点外，框架的梁、柱节点处考虑地震作用组合的柱端弯矩设计值应符合下列要求：

1 一级框架结构及 9 度时的框架：

$$\sum M_c = 1.2 \sum M_{bua} \tag{6.2.1-1}$$

2 其他情况：

$$\sum M_c = \eta_c \sum M_b \tag{6.2.1-2}$$

式中：$\sum M_c$——节点上、下柱端截面顺时针或逆时针方向组合弯矩设计值之和；上、下柱端的弯矩设计值，可按弹性分析的弯矩比例进行分配；

$\sum M_b$——节点左、右梁端截面逆时针或顺时针方向组合弯矩设计值之和；当抗震等级为一级且节点左、右梁端均为负弯矩时，绝对值较小的弯矩应取零；

$\sum M_{bua}$——节点左、右梁端逆时针或顺时针方向实配的正截面抗震受弯承载力所对应的弯矩值之和，可根据实际配筋面积（计入受压钢筋和梁有效翼缘宽度范围内的楼板钢筋）和材料强度标准值并考虑承载力抗震调整系数计算；

η_c——柱端弯矩增大系数；对框架结构，二、三级分别取 1.5 和 1.3；对其他结构中的框架，一、二、三、四级分别取 1.4、1.2、1.1 和 1.1。

条文说明： 由于框架柱的延性通常比梁的延性小，一旦框架柱形成了塑性铰，就会产生较大的层间侧移，并影响结构承受垂直荷载的能力。因此，在框架柱的设计中，有目的

地增大柱端弯矩设计值，体现"强柱弱梁"的设计概念。

6.2.2 抗震设计时，一、二、三级框架结构的底层柱底截面的弯矩设计值，应分别采用考虑地震作用组合的弯矩值与增大系数 1.7、1.5、1.3 的乘积。底层框架柱纵向钢筋应按上、下端的不利情况配置。

条文说明：研究表明，框架结构的底层柱下端，在强震下不能避免出现塑性铰。为了提高抗震安全度，将框架结构底层柱下端弯矩设计值乘以增大系数，以加强底层柱下端的实际受弯承载力，推迟塑性铰的出现。

6.2.3 抗震设计的框架柱、框支柱端部截面的剪力设计值，一、二、三、四级时应按下列公式计算：

1 一级框架结构和 9 度时的框架：

$$V = 1.2(M_{cua}^t + M_{cua}^b)/H_n \tag{6.2.3-1}$$

2 其他情况：

$$V = \eta_{vc}(M_c^t + M_c^b)/H_n \tag{6.2.3-2}$$

式中：M_c^t、M_c^b——分别为柱上、下端顺时针或逆时针方向截面组合的弯矩设计值，应符合本规程第 6.2.1 条、6.2.2 条的规定；

M_{cua}^t、M_{cua}^b——分别为柱上、下端顺时针或逆时针方向实配的正截面抗震受弯承载力所对应的弯矩值，可根据实配钢筋面积、材料强度标准值和重力荷载代表值产生的轴向压力设计值并考虑承载力抗震调整系数计算；

H_n——柱的净高；

η_{vc}——柱端剪力增大系数。对框架结构，二、三级分别取 1.3、1.2；对其他结构类型的框架，一、二级分别取 1.4 和 1.2，三、四级均取 1.1。

6.2.4 抗震设计时，框架角柱应按双向偏心受力构件进行正截面承载力设计。一、二、三、四级框架角柱经按本规程第 6.2.1～6.2.3 条调整后的弯矩、剪力设计值应乘以不小于 1.1 的增大系数。

条文说明：抗震设计的框架，考虑到角柱承受双向地震作用，扭转效应对内力影响较大，且受力复杂，在设计中应予以适当加强，因此对其弯矩设计值、剪力设计值增大 10%。

6.2.5 抗震设计时，框架梁端部截面组合的剪力设计值，一、二、三级应按下列公式计算；四级时可直接取考虑地震作用组合的剪力计算值。

1 一级框架结构及 9 度时的框架：

$$V = 1.1(M_{bua}^l + M_{bua}^r)/l_n + V_{Gb} \tag{6.2.5-1}$$

2 其他情况：

$$V = \eta_{vb}(M_b^l + M_b^r)/l_n + V_{Gb} \tag{6.2.5-2}$$

式中：M_b^l、M_b^r——分别为梁左、右端逆时针或顺时针方向截面组合的弯矩设计值。当抗震等级为一级且梁两端弯矩均为负弯矩时，绝对值较小一端的弯矩应取零；

M_{bua}^l、M_{bua}^r——分别为梁左、右端逆时针或顺时针方向实配的正截面抗震受弯承载力所对应的弯矩值，可根据实配钢筋面积（计入受压钢筋，包括有效翼缘宽度范围内的楼板钢筋）和材料强度标准值并考虑承载力抗震调整系数计算；

l_n——梁的净跨；

V_{Gb}——梁在重力荷载代表值（9 度时还应包括竖向地震作用标准值）作用下，按简支梁分析的梁端截面剪力设计值；

η_{vb}——梁剪力增大系数，一、二、三级分别取 1.3、1.2 和 1.1。

条文说明：框架结构设计中应力求做到，在地震作用下的框架呈现梁铰型延性机构，为减少梁端塑性铰区发生脆性剪切破坏的可能性，对框架梁提出了梁端的斜截面受剪承载力应高于正截面受弯承载力的要求，即"强剪弱弯"的设计概念。

梁端斜截面受剪承载力的提高，首先是在剪力设计值确定中，考虑了梁端弯矩的增大，以体现"强剪弱弯"的要求。对一级抗震等级的框架结构及 9 度时的其他结构中的框架，还考虑了工程设计中梁端纵向受拉钢筋有超配的情况，要求梁左、右端取用考虑承载力抗震调整系数的实际抗震受弯承载力进行受剪承载力验算。梁端实际抗震受弯承载力可按下式计算：

$$M_{bua} = f_{yk} A_s^a (h_0 - a_s') / \gamma_{RE} \tag{6}$$

式中：f_{yk}——纵向钢筋的抗拉强度标准值；

A_s^a——梁纵向钢筋实际配筋面积。当楼板与梁整体现浇时，应计入有效翼缘宽度范围内的纵筋，有效翼缘宽度可取梁两侧各 6 倍板厚。

6.2.6 框架梁、柱，其受剪截面应符合下列要求：

1 持久、短暂设计状况

$$V \leqslant 0.25 \beta_c f_c b h_0 \tag{6.2.6-1}$$

2 地震设计状况

跨高比大于 2.5 的梁及剪跨比大于 2 的柱：

$$V \leqslant \frac{1}{\gamma_{RE}} (0.2 \beta_c f_c b h_0) \tag{6.2.6-2}$$

跨高比不大于 2.5 的梁及剪跨比不大于 2 的柱：

$$V \leqslant \frac{1}{\gamma_{RE}} (0.15 \beta_c f_c b h_0) \tag{6.2.6-3}$$

框架柱的剪跨比可按下式计算：

$$\lambda = M^c / (V^c h_0) \tag{6.2.6-4}$$

式中：V——梁、柱计算截面的剪力设计值；

λ——框架柱的剪跨比；反弯点位于柱高中部的框架柱，可取柱净高与计算方向 2 倍柱截面有效高度之比值；

M^c——柱端截面未经本规程第 6.2.1、6.2.2、6.2.4 条调整的组合弯矩计算值，可取柱上、下端的较大值；

V^c——柱端截面与组合弯矩计算值对应的组合剪力计算值；

β_c——混凝土强度影响系数；当混凝土强度等级不大于 C50 时取 1.0；当混凝土强度等级为 C80 时取 0.8；当混凝土强度等级在 C50 和 C80 之间时可按线性内插取用；

b——矩形截面的宽度，T 形截面、工形截面的腹板宽度；

h_0——梁、柱截面计算方向有效高度。

6.2.7 抗震设计时，一、二、三级框架的节点核心区应进行抗震验算；四级框架节点可不进行抗震验算。各抗震等级的框架节点均应符合构造措施的要求。

6.2.8 矩形截面偏心受压框架柱，其斜截面受剪承载力应按下列公式计算：

1 持久、短暂设计状况

$$V \leqslant \frac{1.75}{\lambda+1} f_t b h_0 + f_{yv} \frac{A_{sv}}{s} h_0 + 0.07N \tag{6.2.8-1}$$

2 地震设计状况

$$V \leqslant \frac{1}{\gamma_{RE}} \left(\frac{1.05}{\lambda+1} f_t b h_0 + f_{yv} \frac{A_{sv}}{s} h_0 + 0.056N \right) \tag{6.2.8-2}$$

式中：λ——框架柱的剪跨比；当 $\lambda<1$ 时，取 $\lambda=1$；当 $\lambda>3$ 时，取 $\lambda=3$；

N——考虑风荷载或地震作用组合的框架柱轴向压力设计值，当 N 大于 $0.3f_cA_c$ 时，取 $0.3f_cA_c$。

6.2.9 当矩形截面框架柱出现拉力时，其斜截面受剪承载力应按下列公式计算：

1 持久、短暂设计状况

$$V \leqslant \frac{1.75}{\lambda+1} f_t b h_0 + f_{yv} \frac{A_{sv}}{s} h_0 - 0.2N \tag{6.2.9-1}$$

2 地震设计状况

$$V \leqslant \frac{1}{\gamma_{RE}} \left(\frac{1.05}{\lambda+1} f_t b h_0 + f_{yv} \frac{A_{sv}}{s} h_0 - 0.2N \right) \tag{6.2.9-2}$$

式中：N——与剪力设计值 V 对应的轴向拉力设计值，取绝对值；

λ——框架柱的剪跨比。

当公式(6.2.9-1)右端的计算值或公式(6.2.9-2)右端括号内的计算值小于 $f_{yv} \frac{A_{sv}}{s} h_0$ 时，应取等于 $f_{yv} \frac{A_{sv}}{s} h_0$，且 $f_{yv} \frac{A_{sv}}{s} h_0$ 值不应小于 $0.36f_t b h_0$。

6.2.10 本章未作规定的框架梁、柱和框支梁、柱截面的其他承载力验算，应按照现行国家标准《混凝土结构设计规范》GB 50010 的有关规定执行。

6.3.3 梁的纵向钢筋配置，尚应符合下列规定：

1 抗震设计时，梁端纵向受拉钢筋的配筋率不宜大于 2.5%，不应大于 2.75%；当梁端受拉钢筋的配筋率大于 2.5% 时，受压钢筋的配筋率不应小于受拉钢筋的一半。

2 沿梁全长顶面和底面应至少各配置两根纵向配筋，一、二级抗震设计时钢筋直径不应小于 14mm，且分别不应小于梁两端顶面和底面纵向配筋中较大截面面积的 1/4；三、四级抗震设计和非抗震设计时钢筋直径不应小于 12mm。

3 一、二、三级抗震等级的框架梁内贯通中柱的每根纵向钢筋的直径，对矩形截面柱，不宜大于柱在该方向截面尺寸的 1/20；对圆形截面柱，不宜大于纵向钢筋所在位置柱截面弦长的 1/20。

6.3.4 非抗震设计时，框架梁箍筋配筋构造应符合下列规定：

1 应沿梁全长设置箍筋，第一个箍筋应设置在距支座边缘 50mm 处。

2 截面高度大于 800mm 的梁，其箍筋直径不宜小于 8mm；其余截面高度的梁不应小于 6mm。在受力钢筋搭接长度范围内，箍筋直径不应小于搭接钢筋最大直径的 1/4。

3 箍筋间距不应大于表 6.3.4 的规定；在纵向受拉钢筋的搭接长度范围内，箍筋间距尚不应大于搭接钢筋较小直径的 5 倍，且不应大于 100mm；在纵向受压钢筋的搭接长度范围内，箍筋间距尚不应大于搭接钢筋较小直径的 10 倍，且不应大于 200mm。

4 承受弯矩和剪力的梁，当梁的剪力设计值大于 $0.7f_tbh_0$ 时，其箍筋的面积配筋率应符合下式规定：

$$\rho_{sv} \geqslant 0.24f_t/f_{yv} \tag{6.3.4-1}$$

5 承受弯矩、剪力和扭矩的梁，其箍筋面积配筋率和受扭纵向钢筋的面积配筋率应分别符合公式（6.3.4-2）和（6.3.4-3）的规定：

$$\rho_{sv} \geqslant 0.28f_t/f_{yv} \tag{6.3.4-2}$$

$$\rho_{tl} \geqslant 0.6\sqrt{\frac{T}{Vb}}f_t/f_y \tag{6.3.4-3}$$

当 $T/(Vb)$ 大于 2.0 时，取 2.0。

式中：T、V——分别为扭矩、剪力设计值；

ρ_{tl}、b——分别为受扭纵向钢筋的面积配筋率、梁宽。

表 6.3.4 非抗震设计梁箍筋最大间距（mm）

h_b（mm） $\diagdown$ V	$V > 0.7f_tbh_0$	$V \leqslant 0.7f_tbh_0$
$h_b \leqslant 300$	150	200
$300 < h_b \leqslant 500$	200	300
$500 < h_b \leqslant 800$	250	350
$h_b > 800$	300	400

6 当梁中配有计算需要的纵向受压钢筋时，其箍筋配置尚应符合下列规定：

1） 箍筋直径不应小于纵向受压钢筋最大直径的 1/4；

2） 箍筋应做成封闭式；

3） 箍筋间距不应大于 15d 且不应大于 400mm；当一层内的受压钢筋多于 5 根且直径大于 18mm 时，箍筋间距不应大于 10d（d 为纵向受压钢筋的最小直径）；

4） 当梁截面宽度大于 400mm 且一层内的纵向受压钢筋多于 3 根时，或当梁截面宽度不大于 400mm 但一层内的纵向受压钢筋多于 4 根时，应设置复合箍筋。

6.3.5 抗震设计时，框架梁的箍筋尚应符合下列构造要求：

1 沿梁全长箍筋的面积配筋率应符合下列规定：

一级 $\rho_{sv} \geqslant 0.30f_t/f_{yv}$ (6.3.5-1)

二级 $\rho_{sv} \geqslant 0.28f_t/f_{yv}$ (6.3.5-2)

三、四级　　　　　　　　　$\rho_{sv} \geqslant 0.26 f_t / f_{yv}$　　　　　　　　　（6.3.5-3）

式中：ρ_{sv}——框架梁沿梁全长箍筋的面积配筋率。

2 在箍筋加密区范围内的箍筋肢距：一级不宜大于 200mm 和 20 倍箍筋直径的较大值，二、三级不宜大于 250mm 和 20 倍箍筋直径的较大值，四级不宜大于 300mm。

3 箍筋应有 135°弯钩，弯钩端头直段长度不应小于 10 倍的箍筋直径和 75mm 的较大值。

4 在纵向钢筋搭接长度范围内的箍筋间距，钢筋受拉时不应大于搭接钢筋较小直径的 5 倍，且不应大于 100mm；钢筋受压时不应大于搭接钢筋较小直径的 10 倍，且不应大于 200mm。

5 框架梁非加密区箍筋最大间距不宜大于加密区箍筋间距的 2 倍。

6.3.6 框架梁的纵向钢筋不应与箍筋、拉筋及预埋件等焊接。

条文说明：梁的纵筋与箍筋、拉筋等作十字交叉形的焊接时，容易使纵筋变脆，对于抗震不利，因此作此规定。同理，梁、柱的箍筋在有抗震要求时应弯 135°钩，当采用焊接封闭箍时应特别注意避免出现箍筋与纵筋焊接在一起的情况。

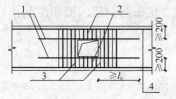

图 6.3.7　梁上洞口周边
配筋构造示意

1—洞口上、下附加纵向钢筋；2—洞
口上、下附加箍筋；3—洞口两侧附加
箍筋；4—梁纵向钢筋；l_a—受拉钢筋
的锚固长度

钢筋与构件端部锚板可采用焊接。

6.3.7 框架梁上开洞时，洞口位置宜位于梁跨中 1/3 区段，洞口高度不应大于梁高的 40%；开洞较大时应进行承载力验算。梁上洞口周边应配置附加纵向钢筋和箍筋（图 6.3.7），并应符合计算及构造要求。

条文说明：在梁两端接近支座处，如必须开洞，洞口不宜过大，且必须经过核算，加强配筋构造。

有些资料要求在洞口角部配置斜筋，容易导致钢筋之间的间距过小，使混凝土浇捣困难；当钢筋过密时，不建议采用。图 6.3.7 可供参考采用；当梁跨中部有集中荷载时，应根据具体情况另行考虑。

四、框架梁构造要求

1.《高规》

6.3.1 框架结构的主梁截面高度可按计算跨度的 1/10～1/18 确定；梁净跨与截面高度之比不宜小于 4。梁的截面宽度不宜小于梁截面高度的 1/4，也不宜小于 200mm。

当梁高较小或采用扁梁时，除应验算其承载力和受剪截面要求外，尚应满足刚度和裂缝的有关要求。在计算梁的挠度时，可扣除梁的合理起拱值；对现浇梁板结构，宜考虑梁受压翼缘的有利影响。

条文说明：过去规定框架主梁的截面高度为计算跨度的 1/8～1/12，已不能满足近年来大量兴建的高层建筑对于层高的要求。近来我国一些设计单位，已大量设计了梁高较小的工程，对于 8m 左右的柱网，框架主梁截面高度为 450mm 左右，宽度为 350mm～400mm 的工程实例也较多。

在工程中，如果梁承受的荷载较大，可以选择较大的高跨比。在计算挠度时，可考虑梁受压区有效翼缘的作用，并可将梁的合理起拱值从其计算所得挠度中扣除。

6.3.2 框架梁设计应符合下列要求：

1 抗震设计时，计入受压钢筋作用的梁端截面混凝土受压区高度与有效高度之比值，一级不应大于 **0.25**，二、三级不应大于 **0.35**。

2 纵向受拉钢筋的最小配筋百分率 ρ_{min}（%），非抗震设计时，不应小于 0.2 和 $45f_t/f_y$ 二者的较大值；抗震设计时，不应小于表 6.3.2-1 规定的数值。

表 6.3.2-1　梁纵向受拉钢筋最小配筋百分率 ρ_{min}（%）

抗震等级	位　　置	
	支座（取较大值）	跨中（取较大值）
一级	0.40 和 $80f_t/f_y$	0.30 和 $65f_t/f_y$
二级	0.30 和 $65f_t/f_y$	0.25 和 $55f_t/f_y$
三、四级	0.25 和 $55f_t/f_y$	0.20 和 $45f_t/f_y$

3 抗震设计时，梁端截面的底面和顶面纵向钢筋截面面积的比值，除按计算确定外，一级不应小于 0.5，二、三级不应小于 0.3。

4 抗震设计时，梁端箍筋的加密区长度、箍筋最大间距和最小直径应符合表 6.3.2-2 的要求；当梁端纵向钢筋配筋率大于 2% 时，表中箍筋最小直径应增大 2mm。

表 6.3.2-2　梁端箍筋加密区的长度、箍筋最大间距和最小直径

抗震等级	加密区长度（取较大值）(mm)	箍筋最大间距（取最小值）(mm)	箍筋最小直径(mm)
一	$2.0h_b$，500	$h_b/4$，6d，100	10
二	$1.5h_b$，500	$h_b/4$，8d，100	8
三	$1.5h_b$，500	$h_b/4$，8d，150	8
四	$1.5h_b$，500	$h_b/4$，8d，150	6

注：1　d 为纵向钢筋直径，h_b 为梁截面高度；

2　一、二级抗震等级框架梁，当箍筋直径大于 12mm、肢数不少于 4 肢且肢距不大于 150mm 时，箍筋加密区最大间距应允许适当放松，但不应大于 150mm。

2. 《混凝土规范》

9.3.4 梁纵向钢筋在框架中间层端节点的锚固应符合下列要求：

1 梁上部纵向钢筋伸入节点的锚固：

1） 当采用直线锚固形式时，锚固长度不应小于 l_a，且应伸过柱中心线，伸过的长度不宜小于 $5d$，d 为梁上部纵向钢筋的直径。

2） 当柱截面尺寸不满足直线锚固要求时，梁上部纵向钢筋可采用本规范第 8.3.3 条钢筋端部加机械锚头的锚固方式。梁上部纵向钢筋宜伸至柱外侧纵向钢筋内边，包括机械锚头在内的水平投影锚固长度不应小于 $0.4l_{ab}$（图 9.3.4a）。

3） 梁上部纵向钢筋也可采用 90°弯折锚固的方式，此时梁上部纵向钢筋应伸至柱外侧纵向钢筋内边并向节点内弯折，其包含弯弧在内的水平投影长度不应小于 $0.4l_{ab}$，弯折钢筋在弯折平面内包含弯弧段的投影长度不应小于 $15d$（图 9.3.4b）。

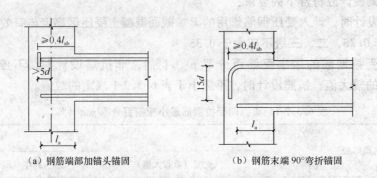

（a）钢筋端部加锚头锚固　　　　　　（b）钢筋末端 90°弯折锚固

图 9.3.4　梁上部纵向钢筋在中间层端节点内的锚固

2　框架梁下部纵向钢筋伸入端节点的锚固：

1）当计算中充分利用该钢筋的抗拉强度时，钢筋的锚固方式及长度应与上部钢筋的规定相同。

2）当计算中不利用该钢筋的强度或仅利用该钢筋的抗压强度时，伸入节点的锚固长度应分别符合本规范第 9.3.5 条中间节点梁下部纵向钢筋锚固的规定。

9.3.5　框架中间层中间节点或连续梁中间支座，梁的上部纵向钢筋应贯穿节点或支座。梁的下部纵向钢筋宜贯穿节点或支座。当必须锚固时，应符合下列锚固要求：

1　当计算中不利用该钢筋的强度时，其伸入节点或支座的锚固长度对带肋钢筋不小于 $12d$，对光面钢筋不小于 $15d$，d 为钢筋的最大直径；

2　当计算中充分利用钢筋的抗压强度时，钢筋应按受压钢筋锚固在中间节点或中间支座内，其直线锚固长度不应小于 $0.7l_a$；

3　当计算中充分利用钢筋的抗拉强度时，钢筋可采用直线方式锚固在节点或支座内，锚固长度不应小于钢筋的受拉锚固长度 l_a（图 9.3.5a）；

4　当柱截面尺寸不足时，宜按本规范第 9.3.4 条第 1 款的规定采用钢筋端部加锚头的机械锚固措施，也可采用 90°弯折锚固的方式；

5　钢筋可在节点或支座外梁中弯矩较小处设置搭接接头，搭接长度的起始点至节点或支座边缘的距离不应小于 $1.5h_0$（图 9.3.5b）。

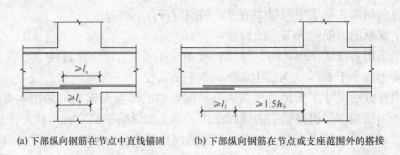

（a）下部纵向钢筋在节点中直线锚固　　　（b）下部纵向钢筋在节点或支座范围外的搭接

图 9.3.5　梁下部纵向钢筋在中间节点或中间支座范围的锚固与搭接

五、框架柱构造要求

1.《高规》

6.4.1 柱截面尺寸宜符合下列规定：

1 矩形截面柱的边长，非抗震设计时不宜小于 250mm，抗震设计时，四级不宜小于 300mm，一、二、三级时不宜小于 400mm；圆柱直径，非抗震和四级抗震设计时不宜小于 350mm，一、二、三级时不宜小于 450mm。

2 柱剪跨比宜大于 2。

3 柱截面高宽比不宜大于 3。

6.4.2 抗震设计时，钢筋混凝土柱轴压比不宜超过表 6.4.2 的规定；对于Ⅳ类场地上较高的高层建筑，其轴压比限值应适当减小。

表 6.4.2　柱轴压比限值

结构类型	抗 震 等 级			
	一	二	三	四
框架结构	0.65	0.75	0.85	—
板柱-剪力墙、框架-剪力墙、框架-核心筒、筒中筒结构	0.75	0.85	0.90	0.95
部分框支剪力墙结构	0.60	0.70		

注：1　轴压比指柱考虑地震作用组合的轴压力设计值与柱全截面面积和混凝土轴心抗压强度设计值乘积的比值；

2　表内数值适用于混凝土强度等级不高于 C60 的柱。当混凝土强度等级为 C65～C70 时，轴压比限值应比表中数值降低 0.05；当混凝土强度等级为 C75～C80 时，轴压比限值应比表中数值降低 0.10；

3　表内数值适用于剪跨比大于 2 的柱；剪跨比不大于 2 但不小于 1.5 的柱，其轴压比限值应比表中数值减小 0.05；剪跨比小于 1.5 的柱，其轴压比限值应专门研究并采取特殊构造措施；

4　当沿柱全高采用井字复合箍，箍筋间距不大于 100mm、肢距不大于 200mm、直径不小于 12mm，或当沿柱全高采用复合螺旋箍，箍筋螺距不大于 100mm、肢距不大于 200mm、直径不小于 12mm，或当沿柱全高采用连续复合螺旋箍，且螺距不大于 80mm、肢距不大于 200mm、直径不小于 10mm 时，轴压比限值可增加 0.10；

5　当柱截面中部设置由附加纵向钢筋形成的芯柱，且附加纵向钢筋的截面面积不小于柱截面面积的 0.8% 时，柱轴压比限值可增加 0.05。当本项措施与注 4 的措施共同采用时，柱轴压比限值可比表中数值增加 0.15，但箍筋的配箍特征值仍可按轴压比增加 0.10 的要求确定；

6　调整后的柱轴压比限值不应大于 1.05。

条文说明："较高的高层建筑"是指，高于 40m 的框架结构或高于 60m 的其他结构体系的混凝土房屋建筑。抗震设计时，限制框架柱的轴压比主要是为了保证柱的延性要求。本条中，对不同结构体系中的柱提出了不同的轴压比限值；本次修订对部分柱轴压比限值进行了调整，并增加了四级抗震轴压比限值的规定。框架结构比原限值降低 0.05，框架-剪力墙等结构类型中的三级框架柱限值降低了 0.05。

根据国内外的研究成果，当配箍量、箍筋形式满足一定要求，或在柱截面中部设置配筋芯柱且配筋量满足一定要求时，柱的延性性能有不同程度的提高，因此可对柱的轴压比限值适当放宽。

当采用设置配筋芯柱的方式放宽柱轴压比限值时，芯柱纵向钢筋配筋量应符合本条的规定，宜配置箍筋，其截面宜符合下列规定：

1 当柱截面为矩形时，配筋芯柱可采用矩形截面，其边长不宜小于柱截面相应边长

的 1/3;

　　2 当柱截面为正方形时，配筋芯柱可采用正方形或圆形，其边长或直径不宜小于柱截面边长的 1/3;

　　3 当柱截面为圆形时，配筋芯柱宜采用圆形，其直径不宜小于柱截面直径的 1/3。

6.4.3 柱纵向钢筋和箍筋配置应符合下列要求:

　　1 柱全部纵向钢筋的配筋率，不应小于表 6.4.3-1 的规定值，且柱截面每一侧纵向钢筋配筋率不应小于 0.2%;抗震设计时，对 Ⅳ 类场地上较高的高层建筑，表中数值应增加 0.1。

表 6.4.3-1　柱纵向受力钢筋最小配筋百分率（%）

柱类型	抗 震 等 级				非抗震
	一级	二级	三级	四级	
中柱、边柱	0.9 (1.0)	0.7 (0.8)	0.6 (0.7)	0.5 (0.6)	0.5
角柱	1.1	0.9	0.8	0.7	0.5
框支柱	1.1	0.9	—	—	0.7

　　注:　1　表中括号内数值适用于框架结构;

　　　　2　采用 335MPa 级、400MPa 级纵向受力钢筋时，应分别按表中数值增加 0.1 和 0.05 采用;

　　　　3　当混凝土强度等级高于 C60 时，上述数值应增加 0.1 采用。

　　2 抗震设计时，柱箍筋在规定的范围内应加密，加密区的箍筋间距和直径，应符合下列要求:

　　**1）箍筋的最大间距和最小直径，应按表 6.4.3-2 采用;

表 6.4.3-2　柱端箍筋加密区的构造要求

抗震等级	箍筋最大间距（mm）	箍筋最小直径（mm）
一级	6d 和 100 的较小值	10
二级	8d 和 100 的较小值	8
三级	8d 和 150（柱根 100）的较小值	8
四级	8d 和 150（柱根 100）的较小值	6（柱根 8）

　　注:　1　d 为柱纵向钢筋直径（mm）;

　　　　2　柱根指框架柱底部嵌固部位。

　　2） 一级框架柱的箍筋直径大于 12mm 且箍筋肢距不大于 150mm 及二级框架柱箍筋直径不小于 10mm 且肢距不大于 200mm 时，除柱根外最大间距应允许采用 150mm;三级框架柱的截面尺寸不大于 400mm 时，箍筋最小直径应允许采用 6mm;四级框架柱的剪跨比不大于 2 或柱中全部纵向钢筋的配筋率大于 3% 时，箍筋直径不应小于 8mm;

　　3） 剪跨比不大于 2 的柱，箍筋间距不应大于 100mm。

6.4.4 柱的纵向钢筋配置，尚应满足下列规定:

　　1 抗震设计时，宜采用对称配筋。

　　2 截面尺寸大于 400mm 的柱，一、二、三级抗震设计时其纵向钢筋间距不宜大于 200mm;抗震等级为四级和非抗震设计时，柱纵向钢筋间距不宜大于 300mm;柱纵向钢筋净距均不应小于 50mm。

3 全部纵向钢筋的配筋率,非抗震设计时不宜大于 5%、不应大于 6%,抗震设计时不应大于 5%。

4 一级且剪跨比不大于 2 的柱,其单侧纵向受拉钢筋的配筋率不宜大于 1.2%。

5 边柱、角柱及剪力墙端柱考虑地震作用组合产生小偏心受拉时,柱内纵筋总截面面积应比计算值增加 25%。

6.4.5 柱的纵筋不应与箍筋、拉筋及预埋件等焊接。

6.4.6 抗震设计时,柱箍筋加密区的范围应符合下列规定:

1 底层柱的上端和其他各层柱的两端,应取矩形截面柱之长边尺寸(或圆形截面柱之直径)、柱净高之 1/6 和 500mm 三者之最大值范围;

2 底层柱刚性地面上、下各 500mm 的范围;

3 底层柱柱根以上 1/3 柱净高的范围;

4 剪跨比不大于 2 的柱和因填充墙等形成的柱净高与截面高度之比不大于 4 的柱全高范围;

5 一、二级框架角柱的全高范围;

6 需要提高变形能力的柱的全高范围。

6.4.7 柱加密区范围内箍筋的体积配箍率,应符合下列规定:

1 柱箍筋加密区箍筋的体积配箍率,应符合下式要求:

$$\rho_v \geqslant \lambda_v f_c / f_{yv} \tag{6.4.7}$$

式中:ρ_v——柱箍筋的体积配箍率;

λ_v——柱最小配箍特征值,宜按表 6.4.7 采用;

f_c——混凝土轴心抗压强度设计值,当柱混凝土强度等级低于 C35 时,应按 C35 计算;

f_{yv}——柱箍筋或拉筋的抗拉强度设计值。

表 6.4.7 柱端箍筋加密区最小配箍特征值 λ_v

抗震等级	箍筋形式	柱 轴 压 比								
		≤0.30	0.40	0.50	0.60	0.70	0.80	0.90	1.00	1.05
一	普通箍、复合箍	0.10	0.11	0.13	0.15	0.17	0.20	0.23	—	—
	螺旋箍、复合或连续复合螺旋箍	0.08	0.09	0.11	0.13	0.15	0.18	0.21	—	—
二	普通箍、复合箍	0.08	0.09	0.11	0.13	0.15	0.17	0.19	0.22	0.24
	螺旋箍、复合或连续复合螺旋箍	0.06	0.07	0.09	0.11	0.13	0.15	0.17	0.20	0.22
三	普通箍、复合箍	0.06	0.07	0.09	0.11	0.13	0.15	0.17	0.20	0.22
	螺旋箍、复合或连续复合螺旋箍	0.05	0.06	0.07	0.09	0.11	0.13	0.15	0.18	0.20

注:普通箍指单个矩形箍或单个圆形箍;螺旋箍指单个连续螺旋箍筋;复合箍指由矩形、多边形、圆形箍或拉筋组成的箍筋;复合螺旋箍指由螺旋箍与矩形、多边形、圆形箍或拉筋组成的箍筋;连续复合螺旋箍指全部螺旋箍由同一根钢筋加工而成的箍筋。

2 对一、二、三、四级框架柱，其箍筋加密区范围内箍筋的体积配箍率尚且分别不应小于 0.8%、0.6%、0.4% 和 0.4%。

3 剪跨比不大于 2 的柱宜采用复合螺旋箍或井字复合箍，其体积配箍率不应小于 1.2%；设防烈度为 9 度时，不应小于 1.5%。

4 计算复合箍筋的体积配箍率时，可不扣除重叠部分的箍筋体积；计算复合螺旋箍筋的体积配箍率时，其非螺旋箍筋的体积应乘以换算系数 0.8。

条文说明： 给出了柱最小配箍特征值，可适应钢筋和混凝土强度的变化，有利于更合理地采用高强钢筋；同时，为了避免由此计算的体积配箍率过低，还规定了最小体积配箍率要求。

本条给出的箍筋最小配箍特征值，除与柱抗震等级和轴压比有关外，还与箍筋形式有关。井式复合箍、螺旋箍、复合螺旋箍、连续复合螺旋箍对混凝土具有更好的约束性能，因此其配箍特征值可比普通箍、复合箍低一些。本条所提到的柱箍筋形式举例如图 5 所示。

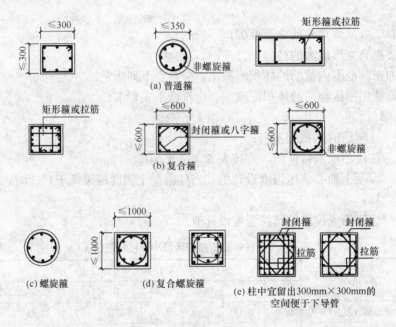

图 5　柱箍筋形式示例

6.4.8 抗震设计时，柱箍筋设置尚应符合下列规定：

1 箍筋应为封闭式，其末端应做成 135° 弯钩且弯钩末端平直段长度不应小于 10 倍的箍筋直径，且不应小于 75mm。

2 箍筋加密区的箍筋肢距，一级不宜大于 200mm，二、三级不宜大于 250mm 和 20 倍箍筋直径的较大值，四级不宜大于 300mm。每隔一根纵向钢筋宜在两个方向有箍筋约束；采用拉筋组合箍时，拉筋宜紧靠纵向钢筋并勾住封闭箍筋。

3 柱非加密区的箍筋，其体积配箍率不宜小于加密区的一半；其箍筋间距，不应大于加密区箍筋间距的 2 倍，且一、二级不应大于 10 倍纵向钢筋直径，三、四级不应大于 15 倍纵向钢筋直径。

条文说明：原规程 JGJ 3-91 曾规定：当柱内全部纵向钢筋的配筋率超过 3％时，应将箍筋焊成封闭箍。考虑到此种要求在实施时，常易将箍筋与纵筋焊在一起，使纵筋变脆，如本规程第 6.3.6 条的解释；同时每个箍皆要求焊接，费时费工，增加造价，于质量无益而有害。目前，国际上主要结构设计规范，皆无类似规定。

因此本规程对柱纵向钢筋配筋率超过 3％时，未作必须焊接的规定。抗震设计以及纵向钢筋配筋率大于 3％的非抗震设计的柱，其箍筋只需做成带 135°弯钩之封闭箍，箍筋末端的直段长度不应小于 10d。

在柱截面中心，可以采用拉条代替部分箍筋。

当采用菱形、八字形等与外围箍筋不平行的箍筋形式（图 5b、d、e）时，箍筋肢距的计算，应考虑斜向箍筋的作用。

6.4.9 非抗震设计时，柱中箍筋应符合下列规定：

1 周边箍筋应为封闭式；

2 箍筋间距不应大于 400mm，且不应大于构件截面的短边尺寸和最小纵向受力钢筋直径的 15 倍；

3 箍筋直径不应小于最大纵向钢筋直径的 1/4，且不应小于 6mm；

4 当柱中全部纵向受力钢筋的配筋率超过 3％时，箍筋直径不应小于 8mm，箍筋间距不应大于最小纵向钢筋直径的 10 倍，且不应大于 200mm，箍筋末端应做成 135°弯钩且弯钩末端平直段长度不应小于 10 倍箍筋直径；

5 当柱每边纵筋多于 3 根时，应设置复合箍筋；

6 柱内纵向钢筋采用搭接做法时，搭接长度范围内箍筋直径不应小于搭接钢筋较大直径的 1/4；在纵向受拉钢筋的搭接长度范围内的箍筋间距不应大于搭接钢筋较小直径的 5 倍，且不应大于 100mm；在纵向受压钢筋的搭接长度范围内的箍筋间距不应大于搭接钢筋较小直径的 10 倍，且不应大于 200mm。当受压钢筋直径大于 25mm 时，尚应在搭接接头端面外 100mm 的范围内各设置两道箍筋。

6.4.10 框架节点核心区应设置水平箍筋，且应符合下列规定：

1 非抗震设计时，箍筋配置应符合本规程第 6.4.9 条的有关规定，但箍筋间距不宜大于 250mm；对四边有梁与之相连的节点，可仅沿节点周边设置矩形箍筋。

2 抗震设计时，箍筋的最大间距和最小直径宜符合本规程第 6.4.3 条有关柱箍筋的规定。一、二、三级框架节点核心区配箍特征值分别不宜小于 0.12、0.10 和 0.08，且箍筋体积配箍率分别不宜小于 0.6％、0.5％和 0.4％。柱剪跨比不大于 2 的框架节点核心区的体积配箍率不宜小于核心区上、下柱端体积配箍率中的较大值。

6.4.11 柱箍筋的配筋形式，应考虑浇筑混凝土的工艺要求，在柱截面中心部位应留出浇筑混凝土所用导管的空间。

条文说明：本条为新增内容。现浇混凝土柱在施工时，一般情况下采用导管将混凝土直接引入柱底部，然后随着混凝土的浇筑将导管逐渐上提，直至浇筑完毕。因此，在布置柱箍筋时，需在柱中心位置留出不少于 300mm×300mm 的空间，以便于混凝土施工。对于截面很大或长矩形柱，尚需与施工单位协商留出不止插一个导管的位置。

2.《混凝土规范》

9.3.1 柱中纵向钢筋的配置应符合下列规定：

1 纵向受力钢筋直径不宜小于 12mm；全部纵向钢筋的配筋率不宜大于 5%；

2 柱中纵向钢筋的净间距不应小于 50mm，且不宜大于 300mm；

3 偏心受压柱的截面高度不小于 600mm 时，在柱的侧面上应设置直径不小于 10mm 的纵向构造钢筋，并相应设置复合箍筋或拉筋；

4 圆柱中纵向钢筋不宜少于 8 根，不应少于 6 根，且宜沿周边均匀布置；

5 在偏心受压柱中，垂直于弯矩作用平面的侧面上的纵向受力钢筋以及轴心受压柱中各边的纵向受力钢筋，其中距不宜大于 300mm。

注：水平浇筑的预制柱，纵向钢筋的最小净间距可按本规范第 9.2.1 条关于梁的有关规定取用。

9.3.2 柱中的箍筋应符合下列规定：

1 箍筋直径不应小于 $d/4$，且不应小于 6mm，d 为纵向钢筋的最大直径；

2 箍筋间距不应大于 400mm 及构件截面的短边尺寸，且不应大于 $15d$，d 为纵向钢筋的最小直径；

3 柱及其他受压构件中的周边箍筋应做成封闭式；对圆柱中的箍筋，搭接长度不应小于本规范第 8.3.1 条规定的锚固长度，且末端应做成 135° 弯钩，弯钩末端平直段长度不应小于 $5d$，d 为箍筋直径；

4 当柱截面短边尺寸大于 400mm 且各边纵向钢筋多于 3 根时，或当柱截面短边尺寸不大于 400mm 但各边纵向钢筋多于 4 根时，应设置复合箍筋；

5 柱中全部纵向受力钢筋的配筋率大于 3% 时，箍筋直径不应小于 8mm，间距不应大于 $10d$，且不应大于 200mm。箍筋末端应做成 135° 弯钩，且弯钩末端平直段长度不应小于 $10d$，d 为纵向受力钢筋的最小直径；

6 在配有螺旋式或焊接环式箍筋的柱中，如在正截面受压承载力计算中考虑间接钢筋的作用时，箍筋间距不应大于 80mm 及 $d_{cor}/5$，不宜小于 40mm，d_{cor} 为按箍筋内表面确定的核心截面直径。

9.3.3 I 形截面柱的翼缘厚度不宜小于 120mm，腹板厚度不宜小于 100mm。当腹板开孔时，宜在孔洞周边每边设置 2~3 根直径不小于 8mm 的补强钢筋，每个方向补强钢筋的截面面积不宜小于该方向被截断钢筋的截面面积。

腹板开孔的 I 形截面柱，当孔的横向尺寸小于柱截面高度的一半、孔的竖向尺寸小于相邻两孔之间的净间距时，柱的刚度可按实腹 I 形截面柱计算，但在计算承载力时应扣除孔洞的削弱部分。当开孔尺寸超过上述规定时，柱的刚度和承载力应按双肢柱计算。

9.3.6 柱纵向钢筋应贯穿中间层的中间节点或端节点，接头应设在节点区以外。

柱纵向钢筋在顶层中节点的锚固应符合下列要求：

1 柱纵向钢筋应伸至柱顶，且自梁底算起的锚固长度不应小于 l_a。

2 当截面尺寸不满足直线锚固要求时，可采用 90° 弯折锚固措施。此时，包括弯弧在内的钢筋垂直投影锚固长度不应小于 $0.5l_{ab}$，在弯折平面内包含弯弧段的水平投影长度不宜小于 $12d$（图 9.3.6a）。

3 当截面尺寸不足时，也可采用带锚头的机械锚固措施。此时，包含锚头在内的竖向锚固长度不应小于 $0.5l_{ab}$（图 9.3.6b）。

4 当柱顶有现浇楼板且板厚不小于 100mm 时，柱纵向钢筋也可向外弯折，弯折后的水平投影长度不宜小于 $12d$。

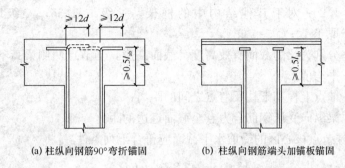

(a) 柱纵向钢筋90°弯折锚固   (b) 柱纵向钢筋端头加锚板锚固

图 9.3.6　顶层节点中柱纵向钢筋在节点内的锚固

六、框 架 梁 柱 节 点

1. 《混凝土规范》

11.6.1　一、二、三级抗震等级的框架应进行节点核心区抗震受剪承载力验算；四级抗震等级的框架节点可不进行计算，但应符合抗震构造措施的要求。框支层中间层节点的抗震受剪承载力验算方法及抗震构造措施与框架中间层节点相同。

11.6.2　一、二、三级抗震等级的框架梁柱节点核心区的剪力设计值 V_j，应按下列规定计算：

1　顶层中间节点和端节点

　　1）一级抗震等级的框架结构和 9 度设防烈度的一级抗震等级框架：

$$V_j = \frac{1.15 \sum M_{bua}}{h_{b0} - a'_s} \tag{11.6.2-1}$$

　　2）其他情况：

$$V_j = \frac{\eta_{jb} \sum M_b}{h_{b0} - a'_s} \tag{11.6.2-2}$$

2　其他层中间节点和端节点

　　1）一级抗震等级的框架结构和 9 度设防烈度的一级抗震等级框架：

$$V_j = \frac{1.15 \sum M_{bua}}{h_{b0} - a'_s} \left(1 - \frac{h_{b0} - a'_s}{H_c - h_b}\right) \tag{11.6.2-3}$$

　　2）其他情况：

$$V_j = \frac{\eta_{jb} \sum M_b}{h_{b0} - a'_s} \left(1 - \frac{h_{b0} - a'_s}{H_c - h_b}\right) \tag{11.6.2-4}$$

式中：$\sum M_{bua}$——节点左、右两侧的梁端反时针或顺时针方向实配的正截面抗震受弯承载力所对应的弯矩值之和，可根据实配钢筋面积（计入纵向受压钢筋）和材料强度标准值确定；

　　　　$\sum M_b$——节点左、右两侧的梁端反时针或顺时针方向组合弯矩设计值之和，一级抗震等级框架节点左右梁端均为负弯矩时，绝对值较小的弯矩应取零；

　　　　η_{jb}——节点剪力增大系数，对于框架结构，一级取 1.50，二级取 1.35，三级取

1.20；对于其他结构中的框架，一级取 1.35，二级取 1.20，三级取 1.10；

h_{b0}、h_b——分别为梁的截面有效高度、截面高度，当节点两侧梁高不相同时，取其平均值；

H_c——节点上柱和下柱反弯点之间的距离；

a'_s——梁纵向受压钢筋合力点至截面近边的距离。

11.6.3 框架梁柱节点核心区的受剪水平截面应符合下列条件：

$$V_j \leqslant \frac{1}{\gamma_{RE}}(0.3\eta_j\beta_c f_c b_j h_j) \tag{11.6.3}$$

式中：h_j——框架节点核心区的截面高度，可取验算方向的柱截面高度 h_c；

b_j——框架节点核心区的截面有效验算宽度，当 b_b 不小于 $b_c/2$ 时，可取 b_c；当 b_b 小于 $b_c/2$ 时，可取 $(b_b+0.5h_c)$ 和 b_c 中的较小值；当梁与柱的中线不重合且偏心距 e_0 不大于 $b_c/4$ 时，可取 $(b_b+0.5h_c)$、$(0.5b_b+0.5b_c+0.25h_c-e_0)$ 和 b_c 三者中的最小值。此处，b_b 为验算方向梁截面宽度，b_c 为该侧柱截面宽度；

η_j——正交梁对节点的约束影响系数：当楼板为现浇、梁柱中线重合、四侧各梁截面宽度不小于该侧柱截面宽度 1/2，且正交方向梁高度不小于较高框架梁高度的 3/4 时，可取 η_j 为 1.50，但对 9 度设防烈度宜取 η_j 为 1.25；当不满足上述条件时，应取 η_j 为 1.00。

11.6.4 框架梁柱节点的抗震受剪承载力应符合下列规定：

1 9 度设防烈度的一级抗震等级框架

$$V_j \leqslant \frac{1}{\gamma_{RE}}\left(0.9\eta_j f_t b_j h_j + f_{yv}A_{svj}\frac{h_{b0}-a'_s}{s}\right) \tag{11.6.4-1}$$

2 其他情况

$$V_j \leqslant \frac{1}{\gamma_{RE}}\left(1.1\eta_j f_t b_j h_j + 0.05\eta_j N \frac{b_j}{b_c} + f_{yv}A_{svj}\frac{h_{b0}-a'_s}{s}\right) \tag{11.6.4-2}$$

式中：N——对应于考虑地震组合剪力设计值的节点上柱底部的轴向力设计值；当 N 为压力时，取轴向压力设计值的较小值，且当 N 大于 $0.5f_c b_c h_c$ 时，取 $0.5f_c b_c h_c$；当 N 为拉力时，取为 0；

A_{svj}——核心区有效验算宽度范围内同一截面验算方向箍筋各肢的全部截面面积；

h_{b0}——框架梁截面有效高度，节点两侧梁截面高度不等时取平均值。

11.6.5 圆柱框架的梁柱节点，当梁中线与柱中线重合时，其受剪水平截面应符合下列条件：

$$V_j \leqslant \frac{1}{\gamma_{RE}}(0.3\eta_j\beta_c f_c A_j) \tag{11.6.5}$$

式中：A_j——节点核心区有效截面面积：当梁宽 $b_b \geqslant 0.5D$ 时，取 $A_j = 0.8D^2$；当 $0.4D \leqslant b_b < 0.5D$ 时，取 $A_j = 0.8D(b_b+0.5D)$；

D——圆柱截面直径；

b_b——梁的截面宽度；

η_j——正交梁对节点的约束影响系数，按本规范第 11.6.3 条取用。

11.6.6 圆柱框架的梁柱节点，当梁中线与柱中线重合时，其抗震受剪承载力应符合下列规定：

1 9度设防烈度的一级抗震等级框架

$$V_j \leqslant \frac{1}{\gamma_{RE}} \left(1.2\eta_j f_t A_j + 1.57 f_{yv} A_{sh} \frac{h_{b0} - a'_s}{s} + f_{yv} A_{svj} \frac{h_{b0} - a'_s}{s} \right) \tag{11.6.6-1}$$

2 其他情况

$$V_j \leqslant \frac{1}{\gamma_{RE}} \left(1.5\eta_j f_t A_j + 0.05\eta_j \frac{N}{D^2} A_j + 1.57 f_{yv} A_{sh} \frac{h_{b0} - a'_s}{s} \right.$$

$$\left. + f_{yv} A_{svj} \frac{h_{b0} - a'_s}{s} \right) \tag{11.6.6-2}$$

式中：h_{b0}——梁截面有效高度；

$\quad\quad A_{sh}$——单根圆形箍筋的截面面积；

$\quad\quad A_{svj}$——同一截面验算方向的拉筋和非圆形箍筋各肢的全部截面面积。

11.6.7 框架梁和框架柱的纵向受力钢筋在框架节点区的锚固和搭接应符合下列要求：

1 框架中间层中间节点处，框架梁的上部纵向钢筋应贯穿中间节点。贯穿中柱的每根梁纵向钢筋直径，对于9度设防烈度的各类框架和一级抗震等级的框架结构，当柱为矩形截面时，不宜大于柱在该方向截面尺寸的1/25，当柱为圆形截面时，不宜大于纵向钢筋所在位置柱截面弦长的1/25；对一、二、三级抗震等级，当柱为矩形截面时，不宜大于柱在该方向截面尺寸的1/20，对圆柱截面，不宜大于纵向钢筋所在位置柱截面弦长的1/20。

2 对于框架中间层中间节点、中间层端节点、顶层中间节点以及顶层端节点，梁、柱纵向钢筋在节点部位的锚固和搭接，应符合图11.6.7的相关构造规定。图中 l_{lE} 按本规范第11.1.7条规定取用，l_{abE} 按下式取用：

$$l_{abE} = \zeta_{aE} l_{ab} \tag{11.6.7}$$

式中：ζ_{aE}——纵向受拉钢筋锚固长度修正系数，按第11.1.7条规定取用。

11.6.8 框架节点区箍筋的最大间距、最小直径宜按本规范表11.4.12-2采用。对一、二、三级抗震等级的框架节点核心区，配箍特征值 λ_v 分别不宜小于0.12、0.10和0.08，且其箍筋体积配筋率分别不宜小于0.6%、0.5%和0.4%。当框架柱的剪跨比不大于2时，其节点核心区体积配箍率不宜小于核心区上、下柱端体积配箍率中的较大值。

9.3.7 非抗震顶层端节点柱外侧纵向钢筋可弯入梁内作梁上部纵向钢筋；也可将梁上部纵向钢筋与柱外侧纵向钢筋在节点及附近部位搭接，搭接可采用下列方式：

1 搭接接头可沿顶层端节点外侧及梁端顶部布置，搭接长度不应小于 $1.5l_{ab}$（图9.3.7a）。其中，伸入梁内的柱外侧钢筋截面面积不宜小于其全部面积的65%；梁宽范围以外的柱外侧钢筋宜沿节点顶部伸至柱内边锚固。当柱外侧纵向钢筋位于柱顶第一层时，钢筋伸至柱内边后宜向下弯折不小于 $8d$ 后截断（图9.3.7a），d 为柱纵向钢筋的直径；当柱外侧纵向钢筋位于柱顶第二层时，可不向下弯折。当现浇板厚度不小于100mm时，梁宽范围以外的柱外侧纵向钢筋也可伸入现浇板内，其长度与伸入梁内的柱纵向钢筋相同。

2 当柱外侧纵向钢筋配筋率大于1.2%时，伸入梁内的柱纵向钢筋应满足本条第1款规定且宜分两批截断，截断点之间的距离不宜小于 $20d$，d 为柱外侧纵向钢筋的直径。梁上部纵向钢筋应伸至节点外侧并向下弯至梁下边缘高度位置截断。

3 纵向钢筋搭接接头也可沿节点柱顶外侧直线布置（图9.3.7b），此时，搭接长度自柱顶算起不应小于 $1.7l_{ab}$。当梁上部纵向钢筋的配筋率大于1.2%时，弯入柱外侧的梁

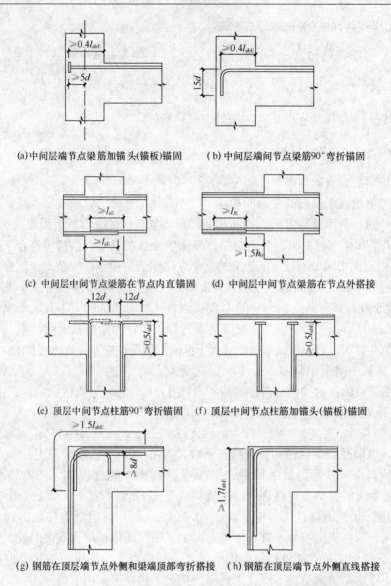

(a) 中间层端节点梁筋加锚头 (锚板) 锚固　　(b) 中间层端间节点梁筋90°弯折锚固

(c) 中间层中间节点梁筋在节点内直锚固　　(d) 中间层中间节点梁筋在节点外搭接

(e) 顶层中间节点柱筋90°弯折锚固　　(f) 顶层中间节点柱筋加锚头 (锚板) 锚固

(g) 钢筋在顶层端节点外侧和梁端顶部弯折搭接　　(h) 钢筋在顶层端节点外侧直线搭接

图 11.6.7　梁和柱的纵向受力钢筋在节点区的锚固和搭接

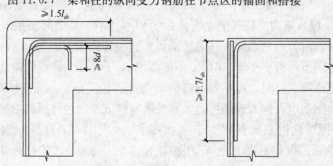

(a) 搭接接头沿顶层端节点外侧及梁端顶部布置　　(b) 搭接接头沿节点外侧直线布置

图 9.3.7　顶层端节点梁、柱纵向钢筋在节点内的锚固与搭接

上部纵向钢筋应满足本条第 1 款规定的搭接长度，且宜分两批截断，其截断点之间的距离

不宜小于 $20d$，d 为梁上部纵向钢筋的直径。

4 当梁的截面高度较大，梁、柱纵向钢筋相对较小，从梁底算起的直线搭接长度未延伸至柱顶即已满足 $1.5l_{ab}$ 的要求时，应将搭接长度延伸至柱顶并满足搭接长度 $1.7l_{ab}$ 的要求；或者从梁底算起的弯折搭接长度未延伸至柱内侧边缘即已满足 $1.5l_{ab}$ 的要求时，其弯折后包括弯弧在内的水平段的长度不应小于 $15d$，d 为柱纵向钢筋的直径。

5 柱内侧纵向钢筋的锚固应符合本规范第 9.3.6 条关于顶层中节点的规定。

9.3.8 顶层端节点处梁上部纵向钢筋的截面面积 A_s 应符合下列规定：

$$A_s \leqslant \frac{0.35\beta_c f_c b_b h_0}{f_y} \tag{9.3.8}$$

式中：b_b —— 梁腹板宽度；

h_0 —— 梁截面有效高度。

梁上部纵向钢筋与柱外侧纵向钢筋在节点角部的弯弧内半径，当钢筋直径不大于 25mm 时，不宜小于 $6d$；大于 25mm 时，不宜小于 $8d$。钢筋弯弧外的混凝土中应配置防裂、防剥落的构造钢筋。

2.《高规》

6.5.4 非抗震设计时，框架梁、柱的纵向钢筋在框架节点区的锚固和搭接（图 6.5.4）应符合下列要求：

1 顶层中节点柱纵向钢筋和边节点柱内侧纵向钢筋应伸至柱顶；当从梁底边计算的直线锚固长度不小于 l_a 时，可不必水平弯折，否则应向柱内或梁、板内水平弯折，当充分利用柱纵向钢筋的抗拉强度时，其锚固段弯折前的竖直投影长度不应小于 $0.5l_{ab}$，弯折后的水平投影长度不宜小于 12 倍的柱纵向钢筋直径。此处，l_{ab} 为钢筋基本锚固长度，应符合现行国家标准《混凝土结构设计规范》GB 50010 的有关规定。

2 顶层端节点处，在梁宽范围以内的柱外侧纵向钢筋可与梁上部纵向钢筋搭接，搭接长度不应小于 $1.5l_a$；在梁宽范围以外的柱外侧纵向钢筋可伸入现浇板内，其伸入长度与伸入梁内的相同。当柱外侧纵向钢筋的配筋率大于 1.2% 时，伸入梁内的柱纵向钢筋宜分两批截断，其截断点之间的距离不宜小于 20 倍的柱纵向钢筋直径。

3 梁上部纵向钢筋伸入端节点的锚固长度，直线锚固时不应小于 l_a，且伸过柱中心线的长度不宜小于 5 倍的梁纵向钢筋直径；当柱截面尺寸不足时，梁上部纵向钢筋应伸至节点对边并向下弯折，弯折水平段的投影长度不应小于 $0.4l_{ab}$，弯折后竖直投影长度不应小于 15 倍纵向钢筋直径。

4 当计算中不利用梁下部纵向钢筋的强度时，其伸入节点内的锚固长度应取不小于 12 倍的梁纵向钢筋直径。当计算中充分利用梁下部钢筋的抗拉强度时，梁下部纵向钢筋可采用直线方式或向上 90° 弯折方式锚固于节点内，直线锚固时的锚固长度不应小于 l_a；弯折锚固时，弯折水平段的投影长度不应小于 $0.4l_{ab}$，弯折后竖直投影长度不应小于 15 倍纵向钢筋直径。

5 当采用锚固板锚固措施时，钢筋锚固构造应符合现行国家标准《混凝土结构设计规范》GB 50010 的有关规定。

6.5.5 抗震设计时，框架梁、柱的纵向钢筋在框架节点区的锚固和搭接（图 6.5.5）应符合下列要求：

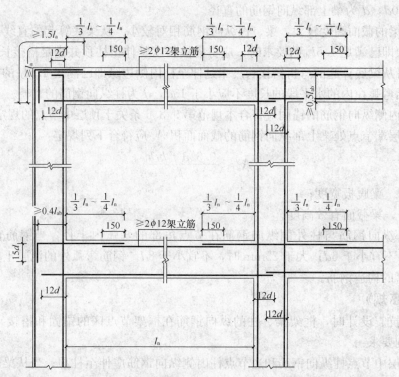

图 6.5.4 非抗震设计时框架梁、柱纵向钢筋在节点区的锚固示意

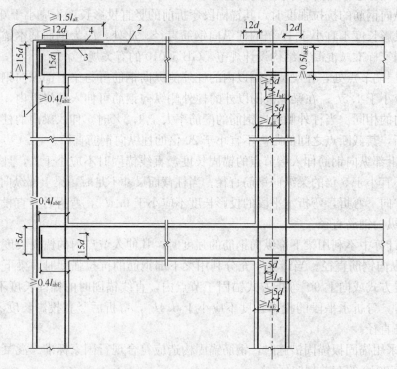

图 6.5.5 抗震设计时框架梁、柱纵向钢筋在节点区的锚固示意

1—柱外侧纵向钢筋；2—梁上部纵向钢筋；3—伸入梁内的柱外侧纵向钢筋；

4—不能伸入梁内的柱外侧纵向钢筋，可伸入板内

1 顶层中节点柱纵向钢筋和边节点柱内侧纵向钢筋应伸至柱顶。当从梁底边计算的直线锚固长度不小于 l_{aE} 时，可不必水平弯折，否则应向柱内或梁内、板内水平弯折，锚固段弯折前的竖直投影长度不应小于 $0.5l_{abE}$，弯折后的水平投影长度不宜小于 12 倍的柱纵向钢筋直径。此处，l_{abE} 为抗震时钢筋的基本锚固长度，一、二级取 $1.15l_{ab}$，三、四级分别取 $1.05l_{ab}$ 和 $1.00l_{ab}$。

2 顶层端节点处，柱外侧纵向钢筋可与梁上部纵向钢筋搭接，搭接长度不应小于 $1.5l_{aE}$，且伸入梁内的柱外侧纵向钢筋截面面积不宜小于柱外侧全部纵向钢筋截面面积的 65％；在梁宽范围以外的柱外侧纵向钢筋可伸入现浇板内，其伸入长度与伸入梁内的相同。当柱外侧纵向钢筋的配筋率大于 1.2％时，伸入梁内的柱纵向钢筋宜分两批截断，其截断点之间的距离不宜小于 20 倍的柱纵向钢筋直径。

3 梁上部纵向钢筋伸入端节点的锚固长度，直线锚固时不应小于 l_{aE}，且伸过柱中心线的长度不应小于 5 倍的梁纵向钢筋直径；当柱截面尺寸不足时，梁上部纵向钢筋应伸至节点对边并向下弯折，锚固段弯折前的水平投影长度不应小于 $0.4l_{abE}$，弯折后的竖直投影长度应取 15 倍的梁纵向钢筋直径。

4 梁下部纵向钢筋的锚固与梁上部纵向钢筋相同，但采用 90°弯折方式锚固时，竖直段应向上弯入节点内。

第8章　剪力墙结构设计

一、适用高度及抗震等级（《技术措施》）

5.1.1 本章规定的剪力墙结构适用于以下结构形式（框支剪力墙结构详第7章）：

1 内、外墙均为现浇混凝土墙；

2 纵、横内墙均为现浇混凝土墙，纵向外墙为框架的多层剪力墙结构；

3 带有短肢剪力墙或具有较多短肢剪力墙的剪力墙结构，"短肢剪力墙"及"具有较多短肢剪力墙的剪力墙结构"等的定义及应用范围详5.1.14条。

5.1.2 本措施将剪力墙结构按高度或层数分为多层剪力墙结构和高层剪力墙结构。

1 本章设计规定适用于非抗震设计和抗震设防烈度为6～9度、表5.1.2范围内的丙类和乙类一般剪力墙结构和丙类具有较多短肢剪力墙的剪力墙结构。

2 本章中关于多层剪力墙结构设计要点仅适用于9层及9层以下且高度不超过28m的住宅建筑和高度不超过24m的其他丙类、乙类民用建筑剪力墙结构。

表5.1.2　剪力墙结构适用的房屋最大高度

房屋高度分级		A级高度					B级高度				
设防烈度		非抗震设计	6度	7度	8度		9度	非抗震设计	6度	7度	8度	
					0.20g	0.30g					0.20g	0.30g
最大适用高度 H（m）	一般剪力墙结构	150	140	120	100	80	60	180	170	150	130	110
	具有较多短肢剪力墙的剪力墙结构	140	130	100	80	60						

注：1　房屋高度H是指室外地面到主要屋面板顶的高度（不包括局部突出屋顶的电梯机房、水箱、构架等高度）；

　　2　平面和竖向均不规则的高层剪力墙结构，其最大适用高度H宜适当降低；

　　3　乙类建筑可按本地区抗震设防烈度确定其适用的最大高度。

条文说明： 剪力墙结构因其抗震性能较好加上房间内无梁、无柱，深受用户和建筑师的欢迎，这种结构体系不仅在高层建筑中广泛应用，在多层建筑中尤其是量大面广的多层住宅建筑中也有广泛的应用。

按照《民用建筑设计通则》GB 50362—2005的规定，将10层及10层以上或高度超过28m的住宅划分为高层建筑，《建筑抗震设计规范》GB 50011—2010对多层剪力墙结构的抗震设计要求与高层剪力墙结构有了区分,《高层建筑混凝土结构技术规程》JGJ 3—2010 将适用范围规定在 10 层及 10 层以上或高度超过 28m 的住宅建筑以及房屋高度大于 24m 的其他高层民用建筑,因此,本措施将 10 层或高度 28m(住宅建筑)和 24m(其他民用建筑)作为多、高层抗震等级的高度分界,并提出一些针对多层剪力墙结构的设计建议。

5.1.3 A 级高度和 B 级高度高层剪力墙结构抗震等级应按表 5.1.3-1 和表 5.1.3-2 确定;

表 5.1.3-1　A 级高度高层剪力墙结构抗震等级

设防烈度		6 度	7 度		8 度		9 度
建筑类别	场地类别		0.10g	0.15g	0.20g	0.30g	
丙类建筑	总高度 H	≤80m	≤80m		≤80m		≤70m
	Ⅰ	四	三(四)		二(三)		一(二)
	Ⅱ	四	三		二		
	Ⅲ、Ⅳ	四	三	三(二)	二	二(一)	
	总高度 H	>80m	>80m		>80m		
	Ⅰ	三	二(三)		一(二)		
	Ⅱ	三	二				
	Ⅲ、Ⅳ	三	二	二(一)			
乙类建筑	总高度 H	≤80m	≤80m		≤60m		≤670m
	Ⅰ	三(四)	二(三)		一(二)		特一(一)
	Ⅱ	三	二		一		特一
	Ⅲ、Ⅳ	三	二	二(一)	一(特一)		特一
	总高度 H	80m<H≤120m	80m<H≤100m		>60m		
	Ⅰ	二(三)	一(二)	一(二*)	特一(一)		
	Ⅱ	二	一	一(一*)	特一		
	Ⅲ、Ⅳ	二	一	一(特一)	特一		
	总高度 H	>120m	>100m				
	Ⅰ	二(三*)	一(二*)				
	Ⅱ	二(二*)	一(一*)				
	Ⅲ、Ⅳ	二(二*)	一(一*)	特一			

注: 1　表中括号内抗震等级仅用于按其采用抗震构造措施,抗震措施中的其他要求(如按概念设计要求的内力调整系数等)仍需按无括号的抗震等级采用;当表栏内无括号时,表示抗震构造措施与其他措施的抗震等级相同。

　　 2　当建筑场地为Ⅰ类时,应允许按表中括号内抗震等级采取抗震构造措施;当建筑场地为Ⅲ、Ⅳ类时,宜按表中括号内抗震等级采取抗震构造措施;表中抗震等级一*、二*、三*级,应分别比一、二、三级抗震等级采取更有效的抗震构造措施

　　 3　当建筑场地为Ⅲ、Ⅳ类时,对设计基本地震加速度为 0.15g 的地区,总高度大于 100m 的丙类建筑宜按一级抗震等级采取抗震措施。

表 5.1.3-2　B 级高度高层剪力墙结构抗震等级

设防烈度		6 度	7 度		8 度	
建筑类型	场地类型	0.05g	0.10g	0.15g	0.20g	0.30g
丙类建筑	Ⅰ	二	一（二）		一	
	Ⅱ	二	一		一	
	Ⅲ、Ⅳ	二	一		一	一（特一）
	总高度 H	≤150m	≤130m	≤110m	≤80m	
	Ⅰ	一（二）	一		特一（一）	
	Ⅱ	一	一		特一	
乙类建筑	Ⅲ、Ⅳ	一	一（特一）		特一	
	总高度 H	>150m	>130m	>110m	>80m	
	Ⅰ	一（二＊）	一（一＊）		特一（一＊）	
	Ⅱ	一（一＊）	一（一＊）		特一	
	Ⅲ、Ⅳ	一（一＊）	一（一＊）	一（特一）	特一	

注：1　对设计基本地震加速度为 0.15g 的地区，当建筑场地为Ⅲ、Ⅳ类且建筑总高度大 130m 时，丙类建筑宜比一级抗震等级采取更有效的抗震构造措施，乙类建筑宜按特一级抗震等级采取抗震措施。

　　2　B 级高度建筑中不应采用具有较多短肢剪力墙的剪力墙结构；其他注同表 5.1.3-1 的注 1 和注 2。

5.1.5　抗震措施包括抗震构造措施和其他抗震措施两部分：

　　1　抗震构造措施指规范中除计算以外对各部分采取的各种细部抗震要求，应按相应抗震等级满足 5.3 节要求，如最小墙厚、分布筋最小配筋率、轴压比限值、剪力墙的边缘构件等构造要求。

　　2　其他抗震措施指从抗震概念设计出发，对各类剪力墙结构提出的除抗震构造措施之外的抗震设计要求，应按相应抗震等级满足 5.2 节计算要求，即计算中对各类构件内力进行相应调整，如满足强剪弱弯要求进行的内力调整，塑性铰出现在规定的部位等要求。

二、设计要点及底部加强部位高度

1.《高规》

7.1.1　剪力墙结构应具有适宜的侧向刚度，其布置应符合下列规定：

　　1　平面布置宜简单、规则，宜沿两个主轴方向或其他方向双向布置，两个方向的侧向刚度不宜相差过大。抗震设计时，不应采用仅单向有墙的结构布置。

　　2　宜自下到上连续布置，避免刚度突变。

　　3　门窗洞口宜上下对齐、成列布置，形成明确的墙肢和连梁；宜避免造成墙肢宽度相差悬殊的洞口设置；抗震设计时，一、二、三级剪力墙的底部加强部位不宜采用上下洞口不对齐的错洞墙，全高均不宜采用洞口局部重叠的叠合错洞墙。

　　条文说明：高层建筑结构应有较好的空间工作性能，剪力墙应双向布置，形成空间结构。特别强调在抗震结构中，应避免单向布置剪力墙，并宜使两个方向刚度接近。

　　剪力墙的抗侧刚度较大，如果在某一层或几层切断剪力墙，易造成结构刚度突变，因此，剪力墙从上到下宜连续设置。

剪力墙洞口的布置，会明显影响剪力墙的力学性能。规则开洞，洞口成列、成排布置，能形成明确的墙肢和连梁，应力分布比较规则，又与当前普遍应用程序的计算简图较为符合，设计计算结果安全可靠。错洞剪力墙和叠合错洞剪力墙的应力分布复杂，计算、构造都比较复杂和困难。剪力墙底部加强部位，是塑性铰出现及保证剪力墙安全的重要部位，一、二和三级剪力墙的底部加强部位不宜采用错洞布置，如无法避免错洞墙，应控制错洞墙洞口间的水平距离不小于 2m，并在设计时进行仔细计算分析，在洞口周边采取有效构造措施（图 6a、b）。此外，一、二、三级抗震设计的剪力墙全高都不宜采用叠合错洞墙，当无法避免叠合错洞布置时，应按有限元方法仔细计算分析，并在洞口周边采取加强措施（图 6c），或在洞口不规则部位采用其他轻质材料填充，将叠合洞口转化为规则洞口（图 6d，其中阴影部分表示轻质填充墙体）。

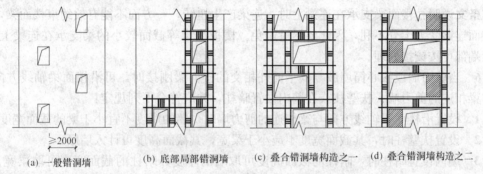

(a) 一般错洞墙　　(b) 底部局部错洞墙　　(c) 叠合错洞墙构造之一　(d) 叠合错洞墙构造之二

图 6　剪力墙洞口不对齐时的构造措施示意

本规程所指的剪力墙结构是以剪力墙及因剪力墙开洞形成的连梁组成的结构，其变形特点为弯曲型变形，目前有些项目采用了大部分由跨高比较大的框架梁联系的剪力墙形成的结构体系，这样的结构虽然剪力墙较多，但受力和变形特性接近框架结构，当层数较多时对抗震是不利的，宜避免。

7.1.2　剪力墙不宜过长，较长剪力墙宜设置跨高比较大的连梁将其分成长度较均匀的若干墙段，各墙段的高度与墙段长度之比不宜小于 3，墙段长度不宜大于 8m。

条文说明： 剪力墙结构应具有延性，细高的剪力墙（高宽比大于 3）容易设计成具有延性的弯曲破坏剪力墙。当墙的长度很长时，可通过开设洞口将长墙分成长度较小的墙段，使每个墙段成为高宽比大于 3 的独立墙肢或联肢墙，分段宜较均匀。用以分割墙段的洞口上可设置约束弯矩较小的弱连梁（其跨高比一般宜大于 6）。此外，当墙段长度（即墙段截面高度）很长时，受弯后产生的裂缝宽度会较大，墙体的配筋容易拉断，因此墙段的长度不宜过大，本规程定为 8m。

7.1.3　跨高比小于 5 的连梁应按本章的有关规定设计，跨高比不小于 5 的连梁宜按框架梁设计。

条文说明： 两端与剪力墙在平面内相连的梁为连梁。如果连梁以水平荷载作用下产生的弯矩和剪力为主，竖向荷载下的弯矩对连梁影响不大（两端弯矩仍然反号），那么该连梁对剪切变形十分敏感，容易出现剪切裂缝，则应按本章有关连梁设计的规定进行设计，一般是跨度较小的连梁；反之，则宜按框架梁进行设计，其抗震等级与所连接的剪力墙的抗震等级相同。

7.1.4 抗震设计时，剪力墙底部加强部位的范围，应符合下列规定：

1 底部加强部位的高度，应从地下室顶板算起；

2 底部加强部位的高度可取底部两层和墙体总高度的 1/10 二者的较大值，部分框支剪力墙结构底部加强部位的高度应符合本规程第 10.2.2 条的规定；

3 当结构计算嵌固端位于地下一层底板或以下时，底部加强部位宜延伸到计算嵌固端。

条文说明： 抗震设计时，为保证剪力墙底部出现塑性铰后具有足够大的延性，应对可能出现塑性铰的部位加强抗震措施，包括提高其抗剪切破坏的能力，设置约束边缘构件等，该加强部位称为"底部加强部位"。

7.1.5 楼面梁不宜支承在剪力墙或核心筒的连梁上。

条文说明： 楼面梁支承在连梁上时，连梁产生扭转，一方面不能有效约束楼面梁，另一方面连梁受力十分不利，因此要尽量避免。楼板次梁等截面较小的梁支承在连梁上时，次梁端部可按铰接处理。

7.1.6 当剪力墙或核心筒墙肢与其平面外相交的楼面梁刚接时，可沿楼面梁轴线方向设置与梁相连的剪力墙、扶壁柱或在墙内设置暗柱，并应符合下列规定：

1 设置沿楼面梁轴线方向与梁相连的剪力墙时，墙的厚度不宜小于梁的截面宽度；

2 设置扶壁柱时，其截面宽度不应小于梁宽，其截面高度可计入墙厚；

3 墙内设置暗柱时，暗柱的截面高度可取墙的厚度，暗柱的截面宽度可取梁宽加 2 倍墙厚；

4 应通过计算确定暗柱或扶壁柱的纵向钢筋（或型钢），纵向钢筋的总配筋率不宜小于表 7.1.6 的规定。

表 7.1.6　暗柱、扶壁柱纵向钢筋的构造配筋率

设计状况	抗 震 设 计				非抗震设计
	一级	二级	三级	四级	
配筋率（%）	0.9	0.7	0.6	0.5	0.5

注：采用 400MPa、335MPa 级钢筋时，表中数值宜分别增加 0.05 和 0.10。

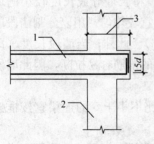

图 7.1.6　楼面梁伸出墙面形成梁头

1—楼面梁；2—剪力墙；3—楼面梁钢筋锚固水平投影长度

5 楼面梁的水平钢筋应伸入剪力墙或扶壁柱，伸入长度应符合钢筋锚固要求。钢筋锚固段的水平投影长度，非抗震设计时不宜小于 $0.4l_{ab}$，抗震设计时不宜小于 $0.4l_{abE}$；当锚固段的水平投影长度不满足要求时，可将楼面梁伸出墙面形成梁头，梁的纵筋伸入梁头后弯折锚固（图 7.1.6），也可采取其他可靠的锚固措施。

6 暗柱或扶壁柱应设置箍筋，箍筋直径，一、二、三级时不应小于 8mm，四级及非抗震时不应小于 6mm，且均不应小于纵向钢筋直径的 1/4；箍筋间距，一、二、三级时不应大于 150mm，四级及非抗震时不应大于 200mm。

7.1.7 当墙肢的截面高度与厚度之比不大于 4 时，宜按框

架柱进行截面设计。

7.1.8 抗震设计时，高层建筑结构不应全部采用短肢剪力墙；B 级高度高层建筑以及抗震设防烈度为 9 度的 A 级高度高层建筑，不宜布置短肢剪力墙，不应采用具有较多短肢剪力墙的剪力墙结构。当采用具有较多短肢剪力墙的剪力墙结构时，应符合下列规定：

1 在规定的水平地震作用下，短肢剪力墙承担的底部倾覆力矩不宜大于结构底部总地震倾覆力矩的 50%；

2 房屋适用高度应比本规程表 3.3.1-1 规定的剪力墙结构的最大适用高度适当降低，7 度、8 度（0.2g）和 8 度（0.3g）时分别不应大于 100m、80m 和 60m。

注：1 短肢剪力墙是指截面厚度不大于 300mm、各肢截面高度与厚度之比的最大值大于 4 但不大于 8 的剪力墙；
　　2 具有较多短肢剪力墙的剪力墙结构是指，在规定的水平地震作用下，短肢剪力墙承担的底部倾覆力矩不小于结构底部总地震倾覆力矩的 30% 的剪力墙结构。

条文说明：厚度不大的剪力墙开大洞口时，会形成短肢剪力墙，短肢剪力墙一般出现在多层和高层住宅建筑中。短肢剪力墙沿建筑高度可能有较多楼层的墙肢会出现反弯点，受力特点接近异形柱，又承担较大轴力与剪力，因此，本规程规定短肢剪力墙应加强，在某些情况下还要限制建筑高度。对于 L 形、T 形、十字形剪力墙，其各肢的肢长与截面厚度之比的最大值大于 4 且不大于 8 时，才划分为短肢剪力墙。对于采用刚度较大的连梁与墙肢形成的开洞剪力墙，不宜按单独墙肢判断其是否属于短肢剪力墙。

由于短肢剪力墙抗震性能较差，地震区应用经验不多，为安全起见，在高层住宅结构中短肢剪力墙布置不宜过多，不应采用全部为短肢剪力墙的结构。短肢剪力墙承担的倾覆力矩不小于结构底部总倾覆力矩的 30% 时，称为具有较多短肢剪力墙的剪力墙结构，此时房屋的最大适用高度应适当降低。B 级高度高层建筑及 9 度抗震设防的 A 级高度高层建筑，不宜布置短肢剪力墙，不应采用具有较多短肢剪力墙的剪力墙结构。

7.1.9 剪力墙应进行平面内的斜截面受剪、偏心受压或偏心受拉、平面外轴心受压承载力验算。在集中荷载作用下，墙内无暗柱时还应进行局部受压承载力验算。

2.《抗规》

6.1.9 抗震墙结构和部分框支抗震墙结构中的抗震墙设置，应符合下列要求：

1 抗震墙的两端（不包括洞口两侧）宜设置端柱或与另一方向的抗震墙相连；框支部分落地墙的两端（不包括洞口两侧）应设置端柱或与另一方向的抗震墙相连。

2 较长的抗震墙宜设置跨高比大于 6 的连梁形成洞口，将一道抗震墙分成长度较均匀的若干墙段，各墙段的高宽比不宜小于 3。

3 墙肢的长度沿结构全高不宜有突变；抗震墙有较大洞口时，以及一、二级抗震墙的底部加强部位，洞口宜上下对齐。

4 矩形平面的部分框支抗震墙结构，其框支层的楼层侧向刚度不应小于相邻非框支层楼层侧向刚度的 50%；框支层落地抗震墙间距不宜大于 24m，框支层的平面布置宜对称，且宜设抗震筒体；底层框架部分承担的地震倾覆力矩，不应大于结构总地震倾覆力矩的 50%。

6.1.10 抗震墙底部加强部位的范围，应符合下列规定：

1 底部加强部位的高度，应从地下室顶板算起。

2 部分框支抗震墙结构的抗震墙，其底部加强部位的高度，可取框支层加框支层以上两层的高度及落地抗震墙总高度的1/10二者的较大值。其他结构的抗震墙，房屋高度大于24m时，底部加强部位的高度可取底部两层和墙体总高度的 1/10 二者的较大值；房屋高度不大于 24m 时，底部加强部位可取底部一层。

3 当结构计算嵌固端位于地下一层的底板或以下时，底部加强部位尚宜向下延伸到计算嵌固端。

3. 《技术措施》

5.1.11 较大距离的楼、屋面梁不宜支承在剪力墙连梁上，不可避免时应采取可靠措施保证较大地震时该连梁不发生剪切破坏，如在连梁内设置型钢或采取有效的配筋构造做法等。

5.1.12 剪力墙支承与其平面外相交、荷载较大、跨度不小于 5m 或梁端高度大于 2 倍墙厚度的大梁时，宜设置扶壁柱或暗柱承受梁端弯矩，暗柱宽度可取梁宽加 2 倍墙厚，并设箍筋，也可按宽度为梁宽加 2 倍墙厚对应的暗柱刚度计算梁端所受弯矩。

当单面有大跨梁与剪力墙中暗柱连接时，可对梁端弯矩进行调幅，但梁端顶部和底部纵向钢筋配筋率不应少于最小配筋率；当梁端负变矩调幅系数小于 0.5 时，宜按假定梁端与暗柱铰接计算的梁弯矩图核算梁其他部位截面受弯承载力；考虑对梁端弯矩进行调幅设计时，暗柱受弯承载力尚不宜小于梁端截面受弯承载力的 1.1 倍。在剪力墙支座处大梁纵向钢筋宜采用直径较小的钢筋以便于满足钢筋锚固要求，当锚固长度不足时也可按有关规范要求在钢筋末端采用机械锚固或设置锚头以减小锚固长度。

条文说明： 当现浇剪力墙或窗间墙作为跨度大于 5m 的梁的支座时，在地震作用下剪力墙上可能出现竖向裂缝，如果弯矩较大，而剪力墙平面外刚度和承载力不足，也会出现平面外的破坏，而且目前有些计算软件未给出剪力墙壁平面外的内力和配筋，容易产生安全隐患，设计人应给予充分的注意。

当单面有大跨梁与剪力墙中暗柱连接时，为避免梁端弯矩过大造成暗柱破坏，在尽量减少梁顶部和底部裂缝对正常使用影响的前提下，可对梁端弯矩进行较大调幅，但梁端顶部和底部纵向钢筋配筋率不应少于最小配筋率。考虑对梁端弯矩进行调幅设计时暗柱受弯承载力不应小于梁端截面受弯承载力的 1.1 倍，暗柱尚应满足正常使用极限状态下的要求。

5.1.13 抗震设计烈度为 9 度的剪力墙结构和 B 级高度的高层剪力墙结构不应在外墙开设角窗。抗震设防烈度为 7 度和 8 度时，高层剪力墙结构不宜在外墙角部开设角窗，必须设置时应加强其抗震措施，如：

1 抗震计算时应考虑扭转耦联影响；

2 角窗两侧墙肢厚度不宜小于 250mm；

3 宜提高角窗两侧墙肢的抗震等级，并按提高后的抗震等级满足轴压比限值的要求；

4 角窗两侧的墙肢应沿全高均按 5.3.16 条的要求设置约束边缘构件；

5 转角窗房间的楼板宜适当加厚，配筋适当加强，转角窗两侧墙肢间的楼板宜设暗梁；

6 加强角窗窗台挑梁的配筋与构造。

条文说明： 建筑物的四角是保证结构整体性的重要部位，在地震作用下，建筑物发生平动、扭转和弯曲变形，位于建筑物四角的结构构件受力较为复杂，其安全性又直接影响建筑物角部甚至整体建筑的抗倒塌能力。但是，近年来，在城市住宅和办公楼建筑中，为了取得最佳景观，不惜在建筑的四角开角窗，这种做法削弱了结构的整体性。在国内外的每一次地震中，包括汶川地震中，都发生了建筑四角的破坏和倒塌。因此，提出了本条加强措施。

三、截面设计及构造

1.《高规》

7.2.1 剪力墙的截面厚度应符合下列规定：

1 应符合本规程附录 D 的墙体稳定验算要求。

2 一、二级剪力墙：底部加强部位不应小于 200mm，其他部位不应小于 160mm；一字形独立剪力墙底部加强部位不应小于 220mm，其他部位不应小于 180mm。

3 三、四级剪力墙：不应小于 160mm，一字形独立剪力墙的底部加强部位尚不应小于 180mm。

4 非抗震设计时不应小于 160mm。

5 剪力墙井筒中，分隔电梯井或管道井的墙肢截面厚度可适当减小，但不宜小于 160mm。

附录 D 墙 体 稳 定 验 算

D.0.1 剪力墙墙肢应满足下式的稳定要求：

$$q \leqslant \frac{E_c t^3}{10 l_0^2} \tag{D.0.1}$$

式中：q——作用于墙顶组合的等效竖向均布荷载设计值；

　　　E_c——剪力墙混凝土的弹性模量；

　　　t——剪力墙墙肢截面厚度；

　　　l_0——剪力墙墙肢计算长度，应按本附录第 D.0.2 条确定。

D.0.2 剪力墙墙肢计算长度应按下式计算：

$$l_0 = \beta h \tag{D.0.2}$$

式中：β——墙肢计算长度系数，应按本附录第 D.0.3 条确定；

　　　h——墙肢所在楼层的层高。

D.0.3 墙肢计算长度系数 β 应根据墙肢的支承条件按下列规定采用：

1 单片独立墙肢按两边支承板计算，取 β 等于 1.0。

2 T 形、L 形、槽形和工字形剪力墙的翼缘（图 D），采用三边支承板按式 (D.0.3-1) 计算；当 β 计算值小于 0.25 时，取 0.25。

$$\beta = \frac{1}{\sqrt{1 + \left(\dfrac{h}{2b_f}\right)^2}} \tag{D.0.3-1}$$

式中：b_f——T 形、L 形、槽形、工字形剪力墙的单侧翼缘截面高度，取图 D 中各 b_{fi} 的较大值或最大值。

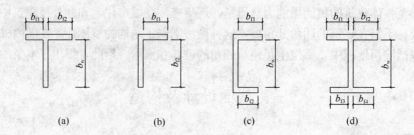

图 D　剪力墙腹板与单侧翼缘截面高度示意
(a) T 形；(b) L 形；(c) 槽形；(d) 工字形

3　T 形剪力墙的腹板（图 D）也按三边支承板计算，但应将公式（D.0.3-1）中的 b_f 代以 b_w。

4　槽形和工字形剪力墙的腹板（图 D），采用四边支承板按式（D.0.3-2）计算；当 β 计算值小于 0.2 时，取 0.2。

$$\beta = \frac{1}{\sqrt{1 + \left(\frac{3h}{2b_w}\right)^2}} \tag{D.0.3-2}$$

式中：b_w——槽形、工字形剪力墙的腹板截面高度。

D.0.4　当 T 形、L 形、槽形、工字形剪力墙的翼缘截面高度或 T 形、L 形剪力墙的腹板截面高度与翼缘截面厚度之和小于截面厚度的 2 倍和 800mm 时，尚宜按下式验算剪力墙的整体稳定：

$$N \leqslant \frac{1.2E_c I}{h^2} \tag{D.0.4}$$

式中：N——作用于墙顶组合的竖向荷载设计值；

　　　I——剪力墙整体截面的惯性矩，取两个方向的较小值。

条文说明：本条强调了剪力墙的截面厚度应符合本规程附录 D 的墙体稳定验算要求，并应满足剪力墙截面最小厚度的规定，其目的是为了保证剪力墙平面外的刚度和稳定性能，也是高层建筑剪力墙截面厚度的最低要求。按本规程的规定，剪力墙截面厚度除应满足本条规定的稳定要求外，尚应满足剪力墙受剪截面限制条件、剪力墙正截面受压承载力要求以及剪力墙轴压比限值要求。

设计人员可利用计算机软件进行墙体稳定验算，可按设计经验、轴压比限值及本条 2、3、4 款初步选定剪力墙的厚度，也可参考 02 规程的规定进行初选：一、二级剪力墙底部加强部位可选层高或无支长度（图 7）二者较小值的 1/16，其他部位为层高或剪力墙无支长度二者较小值的 1/20；三、四级剪力墙底部加强部位可选层高或无支长度二者较小值的 1/20，其他部位为层高或剪力墙无支长度二者较小值的 1/25。

7.2.2　抗震设计时，短肢剪力墙的设计应符合下列规定：

1　短肢剪力墙截面厚度除应符合本规程第 7.2.1 条的要求外，底部加强部位尚不应小于 200mm，其他部位尚不应小

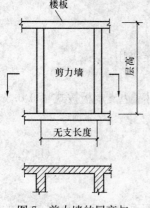

图 7　剪力墙的层高与无支长度示意

于 180mm。

2　一、二、三级短肢剪力墙的轴压比，分别不宜大于 0.45、0.50、0.55，一字形截面短肢剪力墙的轴压比限值应相应减少 0.1。

3　短肢剪力墙的底部加强部位应按本节 7.2.6 条调整剪力设计值，其他各层一、二、三级时剪力设计值应分别乘以增大系数 1.4、1.2 和 1.1。

4　短肢剪力墙边缘构件的设置应符合本规程第 7.2.14 条的规定。

5　短肢剪力墙的全部竖向钢筋的配筋率，底部加强部位一、二级不宜小于 1.2%，三、四级不宜小于 1.0%；其他部位一、二级不宜小于 1.0%，三、四级不宜小于 0.8%。

6　不宜采用一字形短肢剪力墙，不宜在一字形短肢剪力墙上布置平面外与之相交的单侧楼面梁。

条文说明：本条对短肢剪力墙的墙肢形状、厚度、轴压比、纵向钢筋配筋率、边缘构件等作了相应规定。本次修订对 02 规程的规定进行了修改，不论是否短肢剪力墙较多，所有短肢剪力墙都要求满足本条规定。短肢剪力墙的抗震等级不再提高，但在第 2 款中降低了轴压比限值。对短肢剪力墙的轴压比限制很严，是防止短肢剪力墙承受的楼面面积范围过大、或房屋高度太大，过早压坏引起楼板坍塌的危险。

一字形短肢剪力墙延性及平面外稳定均十分不利，因此规定不宜采用一字形短肢剪力墙，不宜布置单侧楼面梁与之平面外垂直连接或斜交，同时要求短肢剪力墙尽可能设置翼缘。

7.2.3　高层剪力墙结构的竖向和水平分布钢筋不应单排配置。剪力墙截面厚度不大于 400mm 时，可采用双排配筋；大于 400mm、但不大于 700mm 时，宜采用三排配筋；大于 700mm 时，宜采用四排配筋。各排分布钢筋之间拉筋的间距不应大于 600mm，直径不应小于 6mm。

7.2.4　抗震设计的双肢剪力墙，其墙肢不宜出现小偏心受拉；当任一墙肢为偏心受拉时，另一墙肢的弯矩设计值及剪力设计值应乘以增大系数 1.25。

7.2.5　一级剪力墙的底部加强部位以上部位，墙肢的组合弯矩设计值和组合剪力设计值应乘以增大系数，弯矩增大系数可取为 1.2，剪力增大系数可取为 1.3。

条文说明：剪力墙墙肢的塑性铰一般出现在底部加强部位。对于一级抗震等级的剪力墙，为了更有把握实现塑性铰出现在底部加强部位，保证其他部位不出现塑性铰，因此要求增大一级抗震等级剪力墙底部加强部位以上部位的弯矩设计值，为了实现强剪弱弯设计要求，弯矩增大部位剪力墙的剪力设计值也应相应增大。

7.2.6　底部加强部位剪力墙截面的剪力设计值，一、二、三级时应按式（7.2.6-1）调整，9 度一级剪力墙应按式（7.2.6-2）调整；二、三级的其他部位及四级时可不调整。

$$V = \eta_{vw}V_w \qquad (7.2.6\text{-}1)$$

$$V = 1.1\frac{M_{wua}}{M_w}V_w \qquad (7.2.6\text{-}2)$$

式中：V——底部加强部位剪力墙截面剪力设计值；

V_w——底部加强部位剪力墙截面考虑地震作用组合的剪力计算值；

M_{wua}——剪力墙正截面抗震受弯承载力，应考虑承载力抗震调整系数 γ_{RE}、采用实配纵筋面积、材料强度标准值和组合的轴力设计值等计算，有翼墙时应计入墙两侧各一倍翼墙厚度范围内的纵向钢筋；

M_w——底部加强部位剪力墙底截面弯矩的组合计算值；

η_{vw}——剪力增大系数，一级取 1.6，二级取 1.4，三级取 1.2。

7.2.7　剪力墙墙肢截面剪力设计值应符合下列规定：

1　永久、短暂设计状况

$$V \leqslant 0.25\beta_c f_c b_w h_{w0} \qquad (7.2.7\text{-}1)$$

2　地震设计状况

剪跨比 λ 大于 2.5 时

$$V \leqslant \frac{1}{\gamma_{RE}}(0.20\beta_c f_c b_w h_{w0}) \qquad (7.2.7\text{-}2)$$

剪跨比 λ 不大于 2.5 时

$$V \leqslant \frac{1}{\gamma_{RE}}(0.15\beta_c f_c b_w h_{w0}) \qquad (7.2.7\text{-}3)$$

剪跨比可按下式计算：

$$\lambda = M^c/(V^c h_{w0}) \qquad (7.2.7\text{-}4)$$

式中：V——剪力墙墙肢截面的剪力设计值；

　h_{w0}——剪力墙截面有效高度；

　β_c——混凝土强度影响系数，应按本规程第 6.2.6 条采用；

　λ——剪跨比，其中 M^c、V^c 应取同一组合的、未按本规程有关规定调整的墙肢截面弯矩、剪力计算值，并取墙肢上、下端截面计算的剪跨比的较大值。

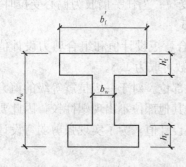

图 7.2.8　截面及尺寸

7.2.8　矩形、T 形、I 形偏心受压剪力墙墙肢（图 7.2.8）的正截面受压承载力应符合现行国家标准《混凝土结构设计规范》GB 50010 的有关规定，也可按下列规定计算：

1　持久、短暂设计状况

$$N \leqslant A_s' f_y' - A_s \sigma_s - N_{sw} + N_c \qquad (7.2.8\text{-}1)$$

$$N\left(e_0 + h_{w0} - \frac{h_w}{2}\right) \leqslant A_s' f_y'(h_{w0} - a_s') - M_{sw} + M_c \qquad (7.2.8\text{-}2)$$

当 $x > h_f'$ 时

$$N_c = \alpha_1 f_c b_w x + \alpha_1 f_c (b_f' - b_w) h_f' \qquad (7.2.8\text{-}3)$$

$$M_c = \alpha_1 f_c b_w x\left(h_{w0} - \frac{x}{2}\right) + \alpha_1 f_c (b_f' - b_w) h_f'\left(h_{w0} - \frac{h_f'}{2}\right) \qquad (7.2.8\text{-}4)$$

当 $x \leqslant h_f'$ 时

$$N_c = \alpha_1 f_c b_f' x \qquad (7.2.8\text{-}5)$$

$$M_c = \alpha_1 f_c b'_f x \left(h_{w0} - \frac{x}{2} \right) \tag{7.2.8-6}$$

当 $x \leqslant \xi_b h_{w0}$ 时

$$\sigma_s = f_y \tag{7.2.8-7}$$

$$N_{sw} = (h_{w0} - 1.5x) b_w f_{yw} \rho_w \tag{7.2.8-8}$$

$$M_{sw} = \frac{1}{2} (h_{w0} - 1.5x)^2 b_w f_{yw} \rho_w \tag{7.2.8-9}$$

当 $x > \xi_b h_{w0}$ 时

$$\sigma_s = \frac{f_y}{\xi_b - 0.8} \left(\frac{x}{h_{w0}} - \beta_c \right) \tag{7.2.8-10}$$

$$N_{sw} = 0 \tag{7.2.8-11}$$

$$M_{sw} = 0 \tag{7.2.8-12}$$

$$\xi_b = \frac{\beta_c}{1 + \dfrac{f_y}{E_s \varepsilon_{cu}}} \tag{7.2.8-13}$$

式中：a'_s——剪力墙受压区端部钢筋合力点到受压区边缘的距离；

b'_f——T 形或 I 形截面受压区翼缘宽度；

e_0——偏心距，$e_0 = M/N$；

f_y、f'_y——分别为剪力墙端部受拉、受压钢筋强度设计值；

f_{yw}——剪力墙墙体竖向分布钢筋强度设计值；

f_c——混凝土轴心抗压强度设计值；

h'_f——T 形或 I 形截面受压区翼缘的高度；

h_{w0}——剪力墙截面有效高度，$h_{w0} = h_w - a'_s$；

ρ_w——剪力墙竖向分布钢筋配筋率；

ξ_b——界限相对受压区高度；

α_1——受压区混凝土矩形应力图的应力与混凝土轴心抗压强度设计值的比值，混凝土强度等级不超过 C50 时取 1.0，混凝土强度等级为 C80 时取 0.94，混凝土强度等级在 C50 和 C80 之间时可按线性内插取值；

β_c——混凝土强度影响系数，按本规程第 6.2.6 条的规定采用；

ε_{cu}——混凝土极限压应变，应按现行国家标准《混凝土结构设计规范》GB 50010 的有关规定采用。

2 地震设计状况，公式 (7.2.8-1)、(7.2.8-2) 右端均应除以承载力抗震调整系数 γ_{RE}，γ_{RE} 取 0.85。

7.2.9 矩形截面偏心受拉剪力墙的正截面受拉承载力应符合下列规定：

1 永久、短暂设计状况

$$N \leqslant \frac{1}{\dfrac{1}{N_{0u}} + \dfrac{e_0}{M_{wu}}} \tag{7.2.9-1}$$

2　地震设计状况

$$N \leqslant \frac{1}{\gamma_{RE}}\left(\frac{1}{\dfrac{1}{N_{0u}} + \dfrac{e_0}{M_{wu}}}\right) \tag{7.2.9-2}$$

N_{0u} 和 M_{wu} 可分别按下列公式计算:

$$N_{0u} = 2A_s f_y + A_{sw} f_{yw} \tag{7.2.9-3}$$

$$M_{wu} = A_s f_y (h_{w0} - a'_s) + A_{sw} f_{yw} \frac{(h_{w0} - a'_s)}{2} \tag{7.2.9-4}$$

式中: A_{sw}——剪力墙竖向分布钢筋的截面面积。

7.2.10　偏心受压剪力墙的斜截面受剪承载力应符合下列规定:

1　永久、短暂设计状况

$$V \leqslant \frac{1}{\lambda - 0.5}\left(0.5 f_t b_w h_{w0} + 0.13 N \frac{A_w}{A}\right) + f_{yh} \frac{A_{sh}}{s} h_{w0} \tag{7.2.10-1}$$

2　地震设计状况

$$V \leqslant \frac{1}{\gamma_{RE}}\left[\frac{1}{\lambda - 0.5}\left(0.4 f_t b_w h_{w0} + 0.1 N \frac{A_w}{A}\right) + 0.8 f_{yh} \frac{A_{sh}}{s} h_{w0}\right] \tag{7.2.10-2}$$

式中: N——剪力墙截面轴向压力设计值, N 大于 $0.2 f_c b_w h_w$ 时, 应取 $0.2 f_c b_w h_w$;

　A——剪力墙全截面面积;

　A_w——T 形或 I 形截面剪力墙腹板的面积, 矩形截面时应取 A;

　λ——计算截面的剪跨比, λ 小于 1.5 时应取 1.5, λ 大于 2.2 时应取 2.2, 计算截面与墙底之间的距离小于 $0.5 h_{w0}$ 时, λ 应按距墙底 $0.5 h_{w0}$ 处的弯矩值与剪力值计算;

　s——剪力墙水平分布钢筋间距。

7.2.11　偏心受拉剪力墙的斜截面受剪承载力应符合下列规定:

1　永久、短暂设计状况

$$V \leqslant \frac{1}{\lambda - 0.5}\left(0.5 f_t b_w h_{w0} - 0.13 N \frac{A_w}{A}\right) + f_{yh} \frac{A_{sh}}{s} h_{w0} \tag{7.2.11-1}$$

上式右端的计算值小于 $f_{yh} \dfrac{A_{sh}}{s} h_{w0}$ 时, 应取等于 $f_{yh} \dfrac{A_{sh}}{s} h_{w0}$。

2　地震设计状况

$$V \leqslant \frac{1}{\gamma_{RE}}\left[\frac{1}{\lambda - 0.5}\left(0.4 f_t b_w h_{w0} - 0.1 N \frac{A_w}{A}\right) + 0.8 f_{yh} \frac{A_{sh}}{s} h_{w0}\right] \tag{7.2.11-2}$$

上式右端方括号内的计算值小于 $0.8 f_{yh} \dfrac{A_{sh}}{s} h_{w0}$ 时, 应取等于 $0.8 f_{yh} \dfrac{A_{sh}}{s} h_{w0}$。

7.2.12　抗震等级为一级的剪力墙, 水平施工缝的抗滑移应符合下式要求:

$$V_{wj} \leqslant \frac{1}{\gamma_{RE}}(0.6 f_y A_s + 0.8N) \tag{7.2.12}$$

式中：V_{wj}——剪力墙水平施工缝处剪力设计值；

A_s——水平施工缝处剪力墙腹板内竖向分布钢筋和边缘构件中的竖向钢筋总面积（不包括两侧翼墙），以及在墙体中有足够锚固长度的附加竖向插筋面积；

f_y——竖向钢筋抗拉强度设计值；

N——水平施工缝处考虑地震作用组合的轴向力设计值，压力取正值，拉力取负值。

条文说明：按一级抗震等级设计的剪力墙，要防止水平施工缝处发生滑移。公式(7.2.12)验算通过水平施工缝的竖向钢筋是否足以抵抗水平剪力，如果所配置的端部和分布竖向钢筋不够，则可设置附加插筋，附加插筋在上、下层剪力墙中都要有足够的锚固长度。

7.2.13 重力荷载代表值作用下，一、二、三级剪力墙墙肢的轴压比不宜超过表 7.2.13 的限值。

表 7.2.13　剪力墙墙肢轴压比限值

抗震等级	一级（9度）	一级（6、7、8度）	二、三级
轴压比限值	0.4	0.5	0.6

注：墙肢轴压比是指重力荷载代表值作用下墙肢承受的轴压力设计值与墙肢的全截面面积和混凝土轴心抗压强度设计值乘积之比值。

7.2.17　剪力墙竖向和水平分布钢筋的配筋率，一、二、三级时均不应小于 0.25%，四级和非抗震设计时均不应小于 0.20%。

7.2.18 剪力墙的竖向和水平分布钢筋的间距均不宜大于 300mm，直径不应小于 8mm。剪力墙的竖向和水平分布钢筋的直径不宜大于墙厚的 1/10。

7.2.19 房屋顶层剪力墙、长矩形平面房屋的楼梯间和电梯间剪力墙、端开间纵向剪力墙以及端山墙的水平和竖向分布钢筋的配筋率均不应小于 0.25%，间距均不应大于 200mm。

7.2.20 剪力墙的钢筋锚固和连接应符合下列规定：

1 非抗震设计时，剪力墙纵向钢筋最小锚固长度应取 l_a；抗震设计时，剪力墙纵向钢筋最小锚固长度应取 l_{aE}。l_a、l_{aE} 的取值应符合本规程第 6.5 节的有关规定。

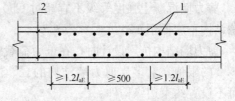

图 7.2.20　剪力墙分布钢筋的搭接连接
1—竖向分布钢筋；
2—水平分布钢筋；非抗震设计时图中 l_{aE} 取 l_a

2 剪力墙竖向及水平分布钢筋采用搭接连接时（图 7.2.20），一、二级剪力墙的底部加强部位，接头位置应错开，同一截面连接的钢筋数量不宜超过总数量的 50%，错开净距不宜小于 500mm；其他情况剪力墙的钢筋可在同一截面连接。分布钢筋的搭接长度，非抗震设计时不应小于 $1.2 l_a$，抗震设计时不应小于 $1.2 l_{aE}$。

3 暗柱及端柱内纵向钢筋连接和锚固要求宜与框架柱相同，宜符合本规程第 6.5 节的有关规定。

2. 《抗规》

6.4.1 抗震墙的厚度，一、二级不应小于 160mm 且不宜小于层高或无支长度的 1/20，三、四级不应小于 140mm 且不宜小于层高或无支长度的 1/25；无端柱或翼墙时，一、二级不宜小于层高或无支长度的 1/16，三、四级不宜小于层高或无支长度的 1/20。

底部加强部位的墙厚，一、二级不应小于 200mm 且不宜小于层高或无支长度的 1/16，三、四级不应小于 160mm 且不宜小于层高或无支长度的 1/20；无端柱或翼墙时，一、二级不宜小于层高或无支长度的 1/12，三、四级不宜小于层高或无支长度的 1/16。

6.4.2 一、二、三级抗震墙在重力荷载代表值作用下墙肢的轴压比，一级时，9 度不宜大于 0.4，7、8 度不宜大于 0.5；二、三级时不宜大于 0.6。

注：墙肢轴压比指墙的轴压力设计值与墙的全截面面积和混凝土轴心抗压强度设计值乘积之比值。

6.4.3 抗震墙竖向、横向分布钢筋的配筋，应符合下列要求：

1 一、二、三级抗震墙的竖向和横向分布钢筋最小配筋率均不应小于 0.25%，四级抗震墙分布钢筋最小配筋率不应小于 0.20%。

注：高度小于 24m 且剪压比很小的四级抗震墙，其竖向分布筋的最小配筋率应允许按 0.15% 采用。

2 部分框支抗震墙结构的落地抗震墙底部加强部位，竖向和横向分布钢筋配筋率均不应小于 0.3%。

6.4.4 抗震墙竖向和横向分布钢筋的配置，尚应符合下列规定：

1 抗震墙的竖向和横向分布钢筋的间距不宜大于 300mm，部分框支抗震墙结构的落地抗震墙底部加强部位，竖向和横向分布钢筋的间距不宜大于 200mm。

2 抗震墙厚度大于 140mm 时，其竖向和横向分布钢筋应双排布置，双排分布钢筋间拉筋的间距不宜大于 600mm，直径不应小于 6mm。

3 抗震墙竖向和横向分布钢筋的直径，均不宜大于墙厚的 1/10 且不应小于 8mm；竖向钢筋直径不宜小于 10mm。

3. 《技术措施》

5.3.1 剪力墙混凝土强度等级不宜超过 C50，不应低于 C20，对具有较多短肢剪力墙的剪力墙结构不应低于 C25。

5.3.2 剪力墙结构抗震设计时，在重力荷载代表值作用下剪力墙墙肢的轴压比不宜超过表 5.3.2 的限值。对多层剪力墙结构的二、三、四级剪力墙，当墙肢轴压比不大于 0.3 时，可不设置约束边缘构件。

在重力荷载代表值作用下墙肢的轴压比按下式计算

$$n = \frac{N}{f_c A} \tag{5.3.2}$$

式中 N——重力荷载代表值作用下墙肢的轴向压力设计值，可近似取 $N=$（恒载标准值＋活载标准值×组合系数）×1.2；

A——剪力墙墙肢的截面面积；

f_c——混凝土轴心抗压强度设计值。

表 5.3.2 剪力墙结构剪力墙墙肢轴压比限值

墙肢类型		特一级、一级（9度）	一级（6、7、8度）	二级	三级
$h_w/b_w>8$ 或厚度$>300mm$		0.4	0.5	0.6	0.6
短肢剪力墙	有翼墙或端柱的墙	0.4	0.45	0.50	0.55
	一字形截面的墙	0.3	0.35	0.4	0.45

注：1 表中所指翼墙或端柱无需满足表 5.3.16 注 1 的尺寸要求；

2 $h_w/b_w \leqslant 4$ 时按框架柱控制轴压比，墙肢长度 h_w 很小时，结构整体抗震计算时也可不考虑该小墙肢的承载力。

条文说明： 当剪力墙的剪跨比满足 $M/(Vh_w) \geqslant 2$ 时一般为弯曲破坏，但弯曲破坏又分为大偏压破坏和小偏压破坏。大偏压破坏是具有延性的破坏，而小偏压破坏延性较小。经分析，对于偏压构件，影响延性的最重要因素是受压区和压应力和受压区高度，受压区相对高度和受压区压应力增加时，延性明显减小。而墙肢的轴压比越大，其受压区相对高度和端部压应力愈大，因此应限制剪力墙的轴压比。为方便设计，规范采用了在重力荷载下的墙肢轴压比限值。另外，当轴压比相同时剪力墙截面形式对受压区的相对高度也有较大影响，工字形截面比矩形截面的受压区相对高度小、延性也较好，一字形截面短肢剪力墙则较为不利，为此本条对各类截面提出了轴压比限值。短肢剪力墙对抗震不利，因此，《高层建筑混凝土结构技术规程》JGJ 3—2010 中虽然取消了对其抗震等级提高的条文，但轴压比限值和全部竖向钢筋最小配筋率的要求仍然高于一般剪力墙。

多层剪力墙结构的底部加强部位，墙肢截面在重力荷载代表值下的轴压比一般均小于0.3，对于二、三、四级剪力墙已满足表 5.3.7 或《建筑抗震设计规范》GB 50011—2010第 6.4.5 条的要求，可不设约束边缘构件。因此，为减小钢筋用量，建议一般剪力墙在重力荷载代表值作用下墙肢的轴压比不宜超过 0.3。

5.1.14 短肢剪力墙和具有较多短肢剪力墙的剪力墙结构

1 短肢剪力墙是指墙厚不大于 300mm，并且各肢墙截面高度与厚度之比的最大值大于 4 但不大于 8 的剪力墙；但当截面高度与厚度之比大于 4 但不大于 8 的墙肢两端均与较强的连梁（连梁净距与连梁截面高度之比 $L_b/h_b \leqslant 2.5$，且连梁高度 $h_b \geqslant 400mm$）相连时，可不作为"短肢剪力墙"。

2 具有较多短肢剪力墙的剪力墙结构的定义是，必须设置筒体或一般剪力墙，由短肢剪力墙与一般剪力墙共同抵抗水平力，在规定的水平力作用下，短肢剪力墙承担的底部倾覆力矩不小于结构底部总地震倾覆力矩的 30% 但不宜大于 50% 的剪力墙结构。

3 具有较多短肢剪力墙的剪力墙结构的房屋适用高度应比一般剪力墙结构的最大适用高度适当降低，应满足表 5.1.2 的要求。B 级高度高层建筑以及抗震设防烈度为 9 度的A 级高度高层建筑，不宜布置短肢剪力墙，不应采用具有较多短肢剪力墙的剪力墙结构。

4 具有短肢剪力墙较多的剪力墙结构中，一般剪力墙或筒体宜均匀分布，并满足框剪结构中剪力墙间距的要求。

5 剪力墙结构中的短肢剪力墙尚应满足 5.2.2 条与 5.3.2 条中对短肢剪力墙的内力调整和轴压比限值要求。

6 不宜在一字形短肢剪力墙上布置平面外与其要交的跨度较大的单侧楼西梁。高层建筑中承受较大竖向荷载的墙肢不宜采用一字形短肢剪力墙。

条文说明： 目前设计人员对短肢剪力墙的定义和具有较多短肢剪力墙的剪力墙结构的定义的理解存在较大差异。本措施认为，当短肢剪力墙的两端与较强的连梁（$L_b/h_b \leqslant$ 2.5）相连时，应属于延性和抗震性能较好的联肢墙；当墙厚较厚（>300mm）也有较好的抗震性能，均不属于短肢剪力墙；带较长翼缘（其截面高度与厚度之比大于8）的短肢墙比一字形短肢墙的抗震性能好，也可不计入短肢剪力墙范围。为了便于操作，本条明确当在规定的水平力作用下由短肢剪力墙底部承受的倾覆力矩不小于总倾覆力矩的30%，才属于本章所定义的"具有较多短肢剪力墙的剪力墙结构"。

剪力墙结构中允许采用短肢剪力墙较多的结构，但应认识到具有较多短肢剪力墙的结构的特点是短肢剪力墙不仅要承担较大的水平力，它还要承担建筑物的大部分竖向荷载，有的工程达到80%以上。具有较多短肢剪力墙的剪力墙结构往往主要是由短肢剪力墙与跨度较大的楼板或梁（弱连梁）形成的结构，其结构体系类似于抗震性能较差的弱框架结构或异形柱框架结构，特别是较大面积连续布置短肢墙，将对进入弹塑性阶段后继续抵抗地震作用和承受竖向荷载造成危险，因此短肢剪力墙必须与一般剪力墙或剪力墙筒体共同使用，以增加抗震防线，抗震设计时，在规定的水平力作用下，短肢剪力墙承担的底部倾覆力矩不宜大于结构底部总地震倾覆力矩的50%，同时这类结构的适用高度必须降低。本措施按《高层建筑混凝土结构技术规程》JGJ 3—2010的精神对具有较多短肢剪力墙的剪力墙结构提出更严的承载力和延性的设计要求。

表5.1.14列出了8度区（0.2g）具有较多短肢剪力墙的剪力墙结构与一般高层剪力墙结构（丙类建筑、Ⅱ类场地）在设计要求上的区别。

表5.1.14　A级高度时8度区（0.2g）具有较多短肢剪力墙的剪力墙结构与一般剪力墙结构设计要求比较

	具有较多短肢剪力墙的剪力墙结构	一般剪力墙结构
高度限值	≤80m	≤100m
抗震等级	二级	≤8m 二级 >80m 一级
剪力墙非底部加强部位 剪力墙大系数	二级1.2，三级1.1	不调整（≤80m）
墙肢轴压比限值	有翼墙短肢墙：二级0.50，三级0.55	二、三级0.6
最小墙厚（底部加强部位）	有翼墙短肢墙墙厚：200mm	有翼墙剪力墙墙厚：二级200mm， 三级160mm
短肢墙全部竖向钢筋 最小配筋率	底部加强部位二级不宜小于1.2%， 三级不宜小于1.0%；其他部位二级不 宜小于1.0%，三级不宜小于0.8%	—

5.2.2 多、高层剪力墙结构抗震设计时，剪力墙墙肢截面考虑地震作用组合的弯矩和剪力计算值应根据所在部位和抗震等级按下列要求进行相应调整，四级时可不调整。

1 剪力墙截面的弯矩设计值

$$M = \eta_{Mw} M_w \qquad\qquad (5.2.2\text{-}1)$$

式中　M——剪力墙截面的弯矩设计值；

　　　M_w——考虑地震作用组合的弯矩计算值；

　　　η_{Mw}——剪力墙弯矩调整系数，按表5.2.2选用。

2 剪力墙截面的剪力设计值

$$V = \eta_{\text{Mw}} V_{\text{w}}$$
(5.2.2-2)

9度的一级和9度的特一级底部加强部位剪力墙截面的剪力设计值可不符合上式，但应满足：

$$V = 1.1 \frac{M_{\text{wua}}}{M_{\text{w}}} V_{\text{w}}$$
(5.2.2-3)

式中　V——剪力墙截面的剪力设计值；

M_{wua}——考虑承载力高速系数 γ_{RE} 后剪力墙墙肢正截面受弯承载力所对应的弯矩值，应按实际配筋面积、材料强度标准值和轴力设计值确定，有翼墙时，应考虑墙两侧各1倍翼墙厚度范围内的纵向钢筋；

M_{w}——考虑地震作用组合的弯矩计算值；

V_{w}——考虑地震作用组合的剪力计算值；

η_{Vw}——剪力墙剪力调整系数，按表5.2.2选用。

表 5.2.2 剪力墙结构剪力墙墙肢组合内力计算值调整系数

抗震等级	弯矩调整系数 η_{Mw}		剪力调整系数 η_{Vw}		
	底部加强部位	其他部位	底部加强部位	其他部位	
				一般剪力墙	短肢剪力墙
特一级	1.1	1.3	1.9	1.4	1.2×1.4=1.68
一级	1.0	1.2	1.60	1.3	1.4
二级	1.0	1.0	1.40	1.0	1.2
三级	1.0	1.0	1.20	1.0	1.1

条文说明：剪力墙墙肢截面考虑地震作用组合的内力计算值指地震作用效应与其他荷载（作用）效应分别考虑分项系数和组合值系数进行组合后的内力值。采用剪力墙墙肢的剪力调整系数，目的在于实现强剪弱弯，是剪力墙延性设计的重要措施。

5.3.12 高层剪力墙结构剪力墙截面的最小厚度，除应满足受压承载力和剪压比计算要求外，应符合《高层建筑混凝土结构技术规程》JGJ 3—2010 附录 D 的墙体稳定验算要求，且应满足表5.3.12-1 的最小厚度限值要求。当墙厚不小于表5.3.12-2 最小厚度经验值时，一般可不进行墙体稳定验算，当层高较大时则应进行墙体稳定验算。

表 5.3.12-1 高层剪力墙结构的墙肢截面最小厚度限值 (mm)

部　位	墙形式		抗震设计		非抗震设计
			特、一、二级	三、四级	
底部加强部位	一般剪力墙	有端柱或翼墙	200	160	160（短肢剪力墙 180）
		一字形截面的墙	220	180	
	短肢剪力墙	有墙柱或翼墙	200	200	
		一字形截面的墙	220		
其他部位	一般剪力墙	有端柱或翼墙	160	160	
		一字形截面的墙	180	160	
	短肢剪力墙	有端柱或翼墙	180	180	
		一字形截面的墙			

注：1　剪力墙井筒中，分隔电梯或管道井的墙肢厚度，可适当减小，但不宜小于160mm；

2　当建筑高度小于55m时，底部加强部位的一字形短肢剪力墙最小厚度可比表5.3.12-1适当减小，但不应小于200mm。

3　表中所指翼墙或端柱无需满足表5.3.16注1的尺寸要求。

表 5.3.12-2　高层剪力墙结构的墙肢截面最小厚度经验值

部　　位	墙形式	特一、一、二级	三、四级、非抗震设计
底部加强部位	有端柱或翼墙	$H'/16$	$H'/20$
	无端柱或翼墙	$H/12$	$H/16$
其他部位	有端柱或翼墙	$H'/20$	$H'/25$
	无端柱或翼墙	$H/16$	$H/20$

注：1　H'—层高或剪力墙无支长度中的较小值；H—层高；

　　2　表中所指翼墙或端柱应满足表 5.3.16 注 1 的尺寸要求。

条文说明：当建筑高度不小于 60m 时，底部加强部位以上几层的一字形短肢剪力墙最小厚度宜比表 5.3.12-1 适当加大。

高层剪力墙结构剪力墙截面的最小墙厚一般可按表 5.3.12-2 确定。当墙厚不能满足表中要求时，可按《高层建筑混凝土结构技术规程》JGJ 3—2010 附录 D 式 $q \leqslant \dfrac{E_c t^3}{10 l_0^2}$（D.0.1）验算墙体稳定，

对于墙肢长度比较均匀的联肢墙且单肢长度不很大时，这时 q 值可近似按程序计算结果中组合轴力计算（$q = N/h_w$），但对于承受较大倾覆力矩的长墙肢，则不能仅取由轴力计算所得平均线荷载，还宜考虑该墙肢所承受的地震变矩 M_E 引起的端部附加轴力 q' 的影响。

对高层剪力墙结构，为了增加结构的扭转刚度，必要时其外墙宜适当加厚。

5.3.13　剪力墙竖向、水平分布钢筋最小配筋率和钢筋直径、间距应符合表 5.3.13 要求。

表 5.3.13　高层剪力墙结构的剪力墙竖向、水平分布钢筋最小配筋率

抗震等级	特级	一、二、三级	四级、非抗震设计
底部加强部位	$\geqslant 0.4\%$	$\geqslant 0.25\%$	$\geqslant 0.20\%$
一般部位	$\geqslant 0.35\%$		

注：1　剪力墙温度收缩应力较大部位的水平和竖向分布钢筋的最小配筋率宜适当提高，房屋顶层剪力墙、长矩形平面房屋的楼梯间和电梯间剪力墙、端开间纵向剪力墙以及端山墙的水平和竖向分布筋的配筋率不应小于 0.25%，并应采取较小直径与较密间距的做法，钢筋间距均不应大于 200mm；

　　2　分布钢筋间距≤300mm；8mm≤分布钢筋的直径≤墙厚/10；层高较高时，竖向分布筋直径宜≥10mm。

5.3.14　高层剪力墙结构剪力墙的竖向和水平分布筋不应单排配置。当剪力墙截面厚度 $b_w \leqslant 400$mm 时可采用双排配筋；当 400mm$< b_w \leqslant 700$mm 时宜采用三排配筋；当 $b_w > 700$mm 时宜采用四排配筋。采用三排或四排配筋时，内排钢筋均应计入计算所需钢筋之内，可将所需钢筋均匀分布在三排或四排内（图 5.3.14）。各排分布钢筋之间拉结筋的间距不应大于 600mm，直径不应小于 6mm。

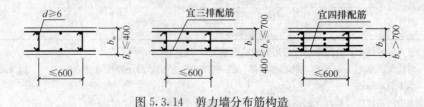

图 5.3.14　剪力墙分布筋构造

5.3.15 短肢剪力墙全部竖向钢筋最小配筋率应符合表 5.3.6 的要求。

对于 $h_w/b_w \leqslant 4$ 的墙肢应按框架柱配筋构造；矩形墙肢的厚度不大于 300mm 时，尚宜全高加密箍筋。

四、边缘构件

1.《高规》

7.2.14 剪力墙两端和洞口两侧应设置边缘构件，并应符合下列规定：

1 一、二、三级剪力墙底层墙肢底截面的轴压比大于表 7.2.14 的规定值时，以及部分框支剪力墙结构的剪力墙，应在底部加强部位及相邻的上一层设置约束边缘构件，约束边缘构件应符合本规程第 7.2.15 条的规定；

2 除本条第 1 款所列部位外，剪力墙应按本规程第 7.2.16 条设置构造边缘构件；

3 B 级高度高层建筑的剪力墙，宜在约束边缘构件层与构造边缘构件层之间设置 1～2 层过渡层，过渡层边缘构件的箍筋配置要求可低于约束边缘构件的要求，但应高于构造边缘构件的要求。

表 7.2.14 剪力墙可不设约束边缘构件的最大轴压比

等级或烈度	一级（9度）	一级（6、7、8度）	二、三级
轴压比	0.1	0.2	0.3

7.2.15 剪力墙的约束边缘构件可为暗柱、端柱和翼墙（图 7.2.15），并应符合下列规定：

1 约束边缘构件沿墙肢的长度 l_c 和箍筋配箍特征值 λ_v 应符合表 7.2.15 的要求，其体积配箍率 ρ_v 应按下式计算：

$$\rho_v = \lambda_v \frac{f_c}{f_{yv}} \tag{7.2.15}$$

式中：ρ_v——箍筋体积配箍率。可计入箍筋、拉筋以及符合构造要求的水平分布钢筋，计入的水平分布钢筋的体积配箍率不应大于总体积配箍率的 30%；

λ_v——约束边缘构件配箍特征值；

f_c——混凝土轴心抗压强度设计值；混凝土强度等级低于 C35 时，应取 C35 的混凝土轴心抗压强度设计值；

f_{yv}——箍筋、拉筋或水平分布钢筋的抗拉强度设计值。

表 7.2.15 约束边缘构件沿墙肢的长度 l_c 及其配箍特征值 λ_v

项 目	一级（9度）		一级（6、7、8度）		二、三级	
	$\mu_N \leqslant 0.2$	$\mu_N > 0.2$	$\mu_N \leqslant 0.3$	$\mu_N > 0.3$	$\mu_N \leqslant 0.4$	$\mu_N > 0.4$
l_c（暗柱）	$0.20h_w$	$0.25h_w$	$0.15h_w$	$0.20h_w$	$0.15h_w$	$0.20h_w$
l_c（翼墙或端柱）	$0.15h_w$	$0.20h_w$	$0.10h_w$	$0.15h_w$	$0.10h_w$	$0.15h_w$
λ_v	0.12	0.20	0.12	0.20	0.12	0.20

注：1 μ_N 为墙肢在重力荷载代表值作用下的轴压比，h_w 为墙肢的长度。

2 剪力墙的翼墙长度小于翼墙厚度的 3 倍或端柱截面边长小于 2 倍墙厚时，按无翼墙、无端柱查表；

3 l_c 为约束边缘构件沿墙肢的长度（图 7.2.15）。对暗柱不应小于墙厚和 400mm 的较大值；有翼墙或端柱时，不应小于翼墙厚度或端柱沿墙肢方向截面高度加 300mm。

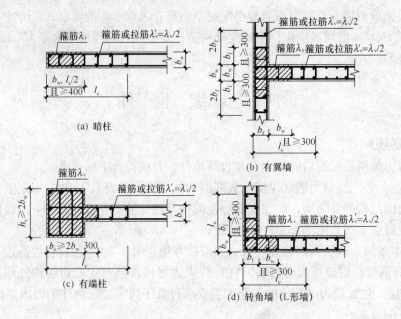

图 7.2.15　剪力墙的约束边缘构件

2 剪力墙约束边缘构件阴影部分（图 7.2.15）的竖向钢筋除应满足正截面受压（受拉）承载力计算要求外，其配筋率一、二、三级时分别不应小于 1.2%、1.0% 和 1.0%，并分别不应少于 $8\phi16$、$6\phi16$ 和 $6\phi14$ 的钢筋（ϕ 表示钢筋直径）；

3 约束边缘构件内箍筋或拉筋沿竖向的间距，一级不宜大于 100mm，二、三级不宜大于 150mm；箍筋、拉筋沿水平方向的肢距不宜大于 300mm，不应大于竖向钢筋间距的 2 倍。

7.2.16 剪力墙构造边缘构件的范围宜按图 7.2.16 中阴影部分采用，其最小配筋应满足表 7.2.16 的规定，并应符合下列规定：

1 竖向配筋应满足正截面受压（受拉）承载力的要求；

2 当端柱承受集中荷载时，其竖向钢筋、箍筋直径和间距应满足框架柱的相应要求；

3 箍筋、拉筋沿水平方向的肢距不宜大于 300mm，不应大于竖向钢筋间距的 2 倍；

4 抗震设计时，对于连体结构、错层结构以及 B 级高度高层建筑结构中的剪力墙（筒体），其构造边缘构件的最小配筋应符合下列要求：

1） 竖向钢筋最小量应比表 7.2.16 中的数值提高 $0.001A_c$ 采用；

2） 箍筋的配筋范围宜取图 7.2.16 中阴影部分，其配箍特征值 λ_v 不宜小于 0.1。

5 非抗震设计的剪力墙，墙肢端部应配置不少于 $4\phi12$ 的纵向钢筋，箍筋直径不应小于 6mm、间距不宜大于 250mm。

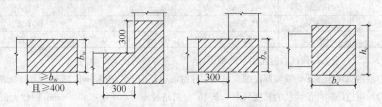

图 7.2.16　剪力墙的构造边缘构件范围

表 7.2.16　剪力墙构造边缘构件的最小配筋要求

抗震等级	底部加强部位			其他部位		
	竖向钢筋最小量（取较大值）	箍　筋		竖向钢筋最小量（取较大值）	拉　筋	
		最小直径（mm）	沿竖向最大间距（mm）		最小直径（mm）	沿竖向最大间距（mm）
一	$0.010A_c$，$6\phi16$	8	100	$0.008A_c$，$6\phi14$	8	150
二	$0.008A_c$，$6\phi14$	8	150	$0.006A_c$，$6\phi12$	8	200
三	$0.006A_c$，$6\phi12$	6	150	$0.005A_c$，$4\phi12$	6	200
四	$0.005A_c$，$4\phi12$	6	200	$0.004A_c$，$4\phi12$	6	250

注：1　A_c 为构造边缘构件的截面面积，即图 7.2.16 剪力墙截面的阴影部分；

　　2　符号 ϕ 表示钢筋直径；

　　3　其他部位的转角处宜采用箍筋。

2.《抗规》

6.4.5　抗震墙两端和洞口两侧应设置边缘构件，边缘构件包括暗柱、端柱和翼墙，并应符合下列要求：

1　对于抗震墙结构，底层墙肢底截面的轴压比不大于表 6.4.5-1 规定的一、二、三级抗震墙及四级抗震墙，墙肢两端可设置构造边缘构件，构造边缘构件的范围可按图 6.4.5-1 采用，构造边缘构件的配筋除应满足受弯承载力要求外，并宜符合表 6.4.5-2 的要求。

表 6.4.5-1　抗震墙设置构造边缘构件的最大轴压比

抗震等级或烈度	一级（9度）	一级（7、8度）	二、三级
轴压比	0.1	0.2	0.3

表 6.4.5-2　抗震墙构造边缘构件的配筋要求

抗震等级	底部加强部位			其他部位		
	纵向钢筋最小量（取较大值）	箍　筋		纵向钢筋最小量（取较大值）	拉　筋	
		最小直径（mm）	沿竖向最大间距（mm）		最小直径（mm）	沿竖向最大间距（mm）
一	$0.010A_c$，$6\phi16$	8	100	$0.008A_c$，$6\phi14$	8	150
二	$0.008A_c$，$6\phi14$	8	150	$0.006A_c$，$6\phi12$	8	200
三	$0.006A_c$，$6\phi12$	6	150	$0.005A_c$，$4\phi12$	6	200
四	$0.005A_c$，$4\phi12$	6	200	$0.004A_c$，$4\phi12$	6	250

注：1　A_c 为边缘构件的截面面积；

　　2　其他部位的拉筋，水平间距不应大于纵筋间距的 2 倍；转角处宜采用箍筋；

　　3　当端柱承受集中荷载时，其纵向钢筋、箍筋直径和间距应满足柱的相应要求。

2　底层墙肢底截面的轴压比大于表 6.4.5-1 规定的一、二、三级抗震墙，以及部分框支抗震墙结构的抗震墙，应在底部加强部位及相邻的上一层设置约束边缘构件，在以上的其他部位可设置构造边缘构件。约束边缘构件沿墙肢的长度、配箍特征值、箍筋和纵向钢筋宜符合表 6.4.5-3 的要求（图与《高规》图 7.2.15 相同）。

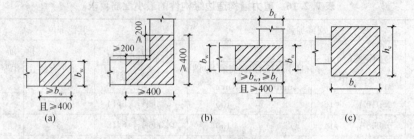

图 6.4.5-1　抗震墙的构造边缘构件范围

(a) 暗柱；(b) 翼柱；(c) 端柱

表 6.4.5-3　抗震墙约束边缘构件的范围及配筋要求

项　目	一级（9度）		一级（7、8度）		二、三级	
	$\lambda \leqslant 0.2$	$\lambda > 0.2$	$\lambda \leqslant 0.3$	$\lambda > 0.3$	$\lambda \leqslant 0.4$	$\lambda > 0.4$
l_c（暗柱）	$0.20h_w$	$0.25h_w$	$0.15h_w$	$0.20h_w$	$0.15h_w$	$0.20h_w$
l_c（翼墙或端柱）	$0.15h_w$	$0.20h_w$	$0.10h_w$	$0.15h_w$	$0.10h_w$	$0.15h_w$
λ_v	0.12	0.20	0.12	0.20	0.12	0.20
纵向钢筋 （取较大值）	$0.012A_c$，$8\phi16$		$0.012A_c$，$8\phi16$		$0.010A_c$，$6\phi16$ （三级 $6\phi14$）	
箍筋或拉筋沿竖向间距	100mm		100mm		150mm	

注：1　抗震墙的翼墙长度小于其3倍厚度或端柱截面边长小于2倍墙厚时，按无翼墙、无端柱查表；端柱有集中荷载时，配筋构造按柱要求；

2　l_c 为约束边缘构件沿墙肢长度，且不小于墙厚和400mm；有翼墙或端柱时不应小于翼墙厚度或端柱沿墙肢方向截面高度加300mm；

3　λ_v 为约束边缘构件的配箍特征值，体积配箍率可按本规范式（6.3.9）计算，并可适当计入满足构造要求且在墙端有可靠锚固的水平分布钢筋的截面面积；

4　h_w 为抗震墙墙肢长度；

5　λ 为墙肢轴压比；

6　A_c 为图 6.4.5-2 中约束边缘构件阴影部分的截面面积。

6.4.6　抗震墙的墙肢长度不大于墙厚的3倍时，应按柱的有关要求进行设计；矩形墙肢的厚度不大于300mm时，尚宜全高加密箍筋。

6.4.7　跨高比较小的高连梁，可设水平缝形成双连梁、多连梁或采取其他加强受剪承载力的构造。顶层连梁的纵向钢筋伸入墙体的锚固长度范围内，应设置箍筋。

3.《技术措施》

5.3.16　剪力墙的约束边缘构件中约束钢筋配置方法，可按下述两种方法采用：

方法一：阴影部分的约束钢筋以箍筋为主，非阴影部分的约束钢筋可用拉筋补齐，但拉筋端部应做135°弯钩钩住水平或竖向筋，弯钩端部平直段长度不大于 $10d$。

方法二：约束边缘构件的约束钢筋也可采用箍筋、拉筋与墙体水平分布筋共同工作的方法（图 5.3.16-2），即利用在墙端封闭且有可靠锚固的水平分布筋作为部分约束边缘构件的箍筋，阴影部分在水平分布筋竖向间隔内另增设上述方法一的互相搭接的箍筋，非阴影部分的水平分布筋之间应增设拉筋，拉筋端部应做135°弯钩钩住水平筋或竖向筋，弯钩端部平直段长度不小于 $10d$。

5.3.17　高层剪力墙结构的剪力墙构造边缘构件

1　剪力墙两端和洞口两侧不需设置约束边缘构件时均按图 5.3.17 和表 5.3.17-1 的要求设置构造边缘构件，构造边缘构件的纵向钢筋尚应满足正截面受压（受拉）承载力要求。

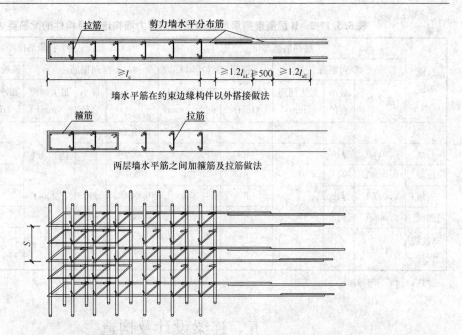

图 5.3.16-2 利用墙的水平分布筋代替约束边缘构件部分箍筋的做法

2 对于 B 级高度高层建筑结构的剪力墙（筒体），其构造边缘构件最小配筋应满足表 5.3.17-2 的要求。

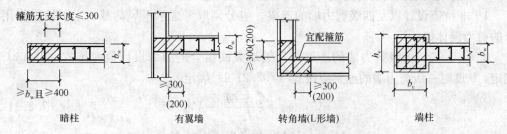

图 5.3.17 高层剪力墙结构的剪力墙构造边缘构件

注：当墙肢长度 $b_w < 1800mm$ 时也可采用括号中尺寸

表 5.3.17-1 A 级高度高层剪力墙结构的剪力墙构造边缘构件的配筋要求

抗震等级	底部加强部位					其他部位				
	竖向钢筋			箍 筋		竖向钢筋			箍筋或拉筋	
	最小量	最小直径	最大间距（mm）	最小直径（mm）	沿竖向最大间距（mm）	最小量	最小直径	最大间距（mm）	最小直径（mm）	沿竖向最大间距（mm）
特一级						$0.012A_c$	$\phi16$		8	150
一级	$0.010A_c$	$\phi16$		8	100	$0.008A_c$	$\phi14$		8	150
二级	$0.008A_c$	$\phi14$		8	150	$0.006A_c$	$\phi12$		8	200
三级	$0.006A_c$	$\phi12$	200	6	150	$0.005A_c$	$\phi12$	200	6	200
四级	$0.005A_c$	$\phi12$		6	200	$0.004A_c$	$\phi12$		6	250
非抗震设计	$4\phi12$	$\phi12$		6	250	$4\phi12$	$\phi12$		6	250

注：1 其他部位的转角处宜采用箍筋；
2 箍筋、拉筋沿水平方向的肢距不宜大于 300mm，不应大于竖向钢筋间距的 2 倍；
3 竖筋直径尚不应小于竖向分布筋直径；
4 当端柱承受集中荷载时，其竖向钢筋、箍筋直径和肢距、间距尚应满足框架柱的相应要求；
5 表中 A_c 为图 5.3.17 中阴影部分面积。

表 5.3.17-2   B 级高度高层剪力墙结构的剪力墙构造边缘构件的配筋要求

抗震等级	底部加强部位					其他部位				
	竖向钢筋			箍筋（$\lambda_v \geqslant 0.1$）		竖向钢筋			箍筋或拉筋（$\lambda_v \geqslant 0.1$）	
	最小量	最小直径	最大间距（mm）	最小直径（mm）	沿竖向最大间距（mm）	最小量	最小直径	最大间距（mm）	最小直径（mm）	沿竖向最大间距（mm）
特一级						$0.013A_c$	$\phi16$		8	150
一级	$0.011A_c$	$\phi16$		8	100	$0.009A_c$	$\phi14$		8	150
二级	$0.009A_c$	$\phi14$		8	150	$0.007A_c$	$\phi12$		8	200
三级	$0.007A_c$	$\phi12$	200	6	150	$0.006A_c$	$\phi12$	200	6	200
四级	$0.006A_c$	$\phi12$		6	200	$0.005A_c$	$\phi12$		6	250
非抗震设计	$4\phi12$	$\phi12$		6	250	$4\phi12$	$\phi12$		6	250

注：同表 5.3.17-1。

五、连梁设计及构造

1.《高规》

7.2.21   连梁两端截面的剪力设计值 V 应按下列规定确定：

1   非抗震设计以及四级剪力墙的连梁，应分别取考虑水平风荷载、水平地震作用组合的剪力设计值。

2   一、二、三级剪力墙的连梁，其梁端截面组合的剪力设计值应按式（7.2.21-1）确定，9 度时一级剪力墙的连梁应按式（7.2.21-2）确定。

$$V = \eta_{vb} \frac{M_b^l + M_b^r}{l_n} + V_{Gb} \qquad (7.2.21-1)$$

$$V = 1.1(M_{bua}^l + M_{bua}^r)/l_n + V_{Gb} \qquad (7.2.21-2)$$

式中：M_b^l、M_b^r——分别为连梁左右端截面顺时针或逆时针方向的弯矩设计值；

M_{bua}^l、M_{bua}^r——分别为连梁左右端截面顺时针或逆时针方向实配的抗震受弯承载力所对应的弯矩值，应按实配钢筋面积（计入受压钢筋）和材料强度标准值并考虑承载力抗震调整系数计算；

l_n——连梁的净跨；

V_{Gb}——在重力荷载代表值作用下按简支梁计算的梁端截面剪力设计值；

η_{vb}——连梁剪力增大系数，一级取 1.3，二级取 1.2，三级取 1.1。

7.2.22   连梁截面剪力设计值应符合下列规定：

1   持久、短暂设计状况

$$V \leqslant 0.25\beta_c f_c b_b h_{b0} \qquad (7.2.22-1)$$

2   地震设计状况

跨高比大于 2.5 的连梁

$$V \leqslant \frac{1}{\gamma_{RE}}(0.20\beta_c f_c b_b h_{b0}) \qquad (7.2.22-2)$$

跨高比不大于 2.5 的连梁

$$V \leqslant \frac{1}{\gamma_{\text{RE}}}(0.15\beta_{\text{c}} f_{\text{c}} b_{\text{b}} h_{\text{b0}}) \tag{7.2.22-3}$$

式中：V——按本规程第 7.2.21 条调整后的连梁截面剪力设计值；

$\quad\quad b_{\text{b}}$——连梁截面宽度；

$\quad\quad h_{\text{b0}}$——连梁截面有效高度；

$\quad\quad \beta_{\text{c}}$——混凝土强度影响系数，见本规程第 6.2.6 条。

7.2.23 连梁的斜截面受剪承载力应符合下列规定：

1 持久、短暂设计状况

$$V \leqslant 0.7 f_{\text{t}} b_{\text{b}} h_{\text{b0}} + f_{\text{yv}} \frac{A_{\text{sv}}}{s} h_{\text{b0}} \tag{7.2.23-1}$$

2 地震设计状况

跨高比大于 2.5 的连梁

$$V \leqslant \frac{1}{\gamma_{\text{RE}}}\left(0.42 f_{\text{t}} b_{\text{b}} h_{\text{b0}} + f_{\text{yv}} \frac{A_{\text{sv}}}{s} h_{\text{b0}}\right) \tag{7.2.23-2}$$

跨高比不大于 2.5 的连梁

$$V \leqslant \frac{1}{\gamma_{\text{RE}}}\left(0.38 f_{\text{t}} b_{\text{b}} h_{\text{b0}} + 0.9 f_{\text{yv}} \frac{A_{\text{sv}}}{s} h_{\text{b0}}\right) \tag{7.2.23-3}$$

式中：V——按 7.2.21 条调整后的连梁截面剪力设计值。

7.2.24 跨高比（l/h_{b}）不大于 1.5 的连梁，非抗震设计时，其纵向钢筋的最小配筋率可取为 0.2%；抗震设计时，其纵向钢筋的最小配筋率宜符合表 7.2.24 的要求；跨高比大于 1.5 的连梁，其纵向钢筋的最小配筋率可按框架梁的要求采用。

表 7.2.24　跨高比不大于 1.5 的连梁纵向钢筋的最小配筋率（%）

跨高比	最小配筋率（采用较大值）
$l/h_{\text{b}} \leqslant 0.5$	0.20，$45 f_{\text{t}}/f_{\text{y}}$
$0.5 < l/h_{\text{b}} \leqslant 1.5$	0.25，$55 f_{\text{t}}/f_{\text{y}}$

7.2.25 剪力墙结构连梁中，非抗震设计时，顶面及底面单侧纵向钢筋的最大配筋率不宜大于 2.5%；抗震设计时，顶面及底面单侧纵向钢筋的最大配筋率宜符合表 7.2.25 的要求。如不满足，则应按实配钢筋进行连梁强剪弱弯的验算。

表 7.2.25　连梁纵向钢筋的最大配筋率（%）

跨　高　比	最大配筋率
$l/h_{\text{b}} \leqslant 1.0$	0.6
$1.0 < l/h_{\text{b}} \leqslant 2.0$	1.2
$2.0 < l/h_{\text{b}} \leqslant 2.5$	1.5

条文说明：跨高比超过 2.5 的连梁，其最大配筋率限值可按一般框架梁采用，即不宜大于 2.5%。

7.2.26 剪力墙的连梁不满足本规程第 7.2.22 条的要求时，可采取下列措施：

1 减小连梁截面高度或采取其他减小连梁刚度的措施。

2 抗震设计剪力墙连梁的弯矩可塑性调幅；内力计算时已经按本规程第 5.2.1 条的规定降低了刚度的连梁，其弯矩值不宜再调幅，或限制再调幅范围。此时，应取弯矩调幅后相应的剪力设计值校核其是否满足本规程第 7.2.22 条的规定；剪力墙中其他连梁和墙肢的弯矩设计值宜视调幅连梁数量的多少而相应适当增大。

3 当连梁破坏对承受竖向荷载无明显影响时，可按独立墙肢的计算简图进行第二次多遇地震作用下的内力分析，墙肢截面应按两次计算的较大值计算配筋。

条文说明： 剪力墙连梁对剪切变形十分敏感，其名义剪应力限制比较严，在很多情况下设计计算会出现"超限"情况，本条给出了一些处理方法。

对第 2 款提出的塑性调幅作一些说明。连梁塑性调幅可采用两种方法，一是按照本规程第 5.2.1 条的方法，在内力计算前就将连梁刚度进行折减；二是在内力计算之后，将连梁弯矩和剪力组合值乘以折减系数。两种方法的效果都是减小连梁内力和配筋。无论用什么方法，连梁调幅后的弯矩、剪力设计值不应低于使用状况下的值，也不宜低于比设防烈度低一度的地震作用组合所得的弯矩、剪力设计值，其目的是避免在正常使用条件下或较小的地震作用下在连梁上出现裂缝。因此建议一般情况下，可掌握调幅后的弯矩不小于调幅前按刚度不折减计算的弯矩（完全弹性）的 80%（6～7 度）和 50%（8～9 度），并不小于风荷载作用下的连梁弯矩。

需注意，是否"超限"，必须用弯矩调幅后对应的剪力代入第 7.2.22 条公式进行验算。

当第 1、2 款的措施不能解决问题时，允许采用第 3 款的方法处理，即假定连梁在大震下剪切破坏，不再能约束墙肢，因此可考虑连梁不参与工作，而按独立墙肢进行第二次结构内力分析，它相当于剪力墙的第二道防线，这种情况往往使墙肢的内力及配筋加大，可保证墙肢的安全。第二道防线的计算没有了连梁的约束，位移会加大，但是大震作用下就不必按小震作用要求限制其位移。

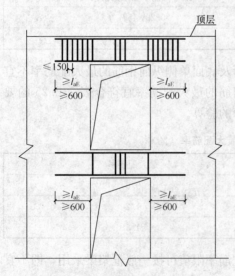

图 7.2.27 连梁配筋构造示意
注：非抗震设计时图中 l_{aE} 取 l_a

7.2.27 连梁的配筋构造（图 7.2.27）应符合下列规定：

1 连梁顶面、底面纵向水平钢筋伸入墙肢的长度，抗震设计时不应小于 l_{aE}，非抗震设计时不应小于 l_a，且均不应小于 600mm。

2 抗震设计时，沿连梁全长箍筋的构造应符合本规程第 6.3.2 条框架梁梁端箍筋加密区的箍筋构造要求；非抗震设计时，沿连梁全长的箍筋直径不应小于 6mm，间距不应大于 150mm。

3 顶层连梁纵向水平钢筋伸入墙肢的长度范围内应配置箍筋，箍筋间距不宜大于 150mm，直径应与该连梁的箍筋直径相同。

4 连梁高度范围内的墙肢水平分布钢筋应在连梁内拉通作为连梁的腰筋。连梁截面高度大于 700mm 时，其两侧面腰筋的直径不应小于 8mm，间距不应大于 200mm；跨高比不大于 2.5 的连梁，其两侧腰筋的总面积配筋率不应小于 0.3%。

7.2.28 剪力墙开小洞口和连梁开洞应符合下列规定：

1 剪力墙开有边长小于 800mm 的小洞口、且在结构整体计算中不考虑其影响时，应在洞口上、下和左、右配置补强钢筋，补强钢筋的直径不应小于 12mm，截面面积应分别不小于被截断的水平分布钢筋和竖向分布钢筋的面积（图 7.2.28a）；

2 穿过连梁的管道宜预埋套管，洞口上、下的截面有效高度不宜小于梁高的 1/3，且不宜小于 200mm；被洞口削弱的截面应进行承载力验算，洞口处应配置补强纵向钢筋和箍筋（图 7.2.28b），补强纵向钢筋的直径不应小于 12mm。

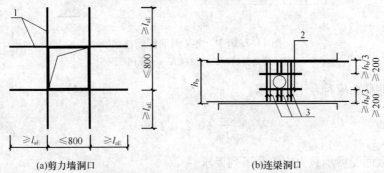

(a)剪力墙洞口　　　　　　　　　(b)连梁洞口

图 7.2.28　洞口补强配筋示意

1—墙洞口周边补强钢筋；2—连梁洞口上、下补强纵向钢筋；

3—连梁洞口补强箍筋；非抗震设计时图中 l_{aE} 取 l_a

2. 《混凝土规范》

11.7.7 筒体及剪力墙洞口连梁，当采用对称配筋时，其正截面受弯承载力应符合下列规定：

$$M_b \leqslant \frac{1}{\gamma_{RE}} \left[f_y A_s (h_0 - a'_s) + f_{yd} A_{sd} z_{sd} \cos\alpha \right] \tag{11.7.7}$$

式中：M_b——考虑地震组合的剪力墙连梁梁端弯矩设计值；

f_y——纵向钢筋抗拉强度设计值；

f_{yd}——对角斜筋抗拉强度设计值；

A_s——单侧受拉纵向钢筋截面面积；

A_{sd}——单向对角斜筋截面面积，无斜筋时取 0；

z_{sd}——计算截面对角斜筋至截面受压区合力点的距离；

α——对角斜筋与梁纵轴线夹角；

h_0——连梁截面有效高度。

11.7.10 对于一、二级抗震等级的连梁，当跨高比不大于 2.5 时，除普通箍筋外宜另配置斜向交叉钢筋，其截面限制条件及斜截面受剪承载力可按下列规定计算：

1 当洞口连梁截面宽度不小于 250mm 时，可采用交叉斜筋配筋（图 11.7.10-1），其截面限制条件及斜截面受剪承载力应符合下列规定：

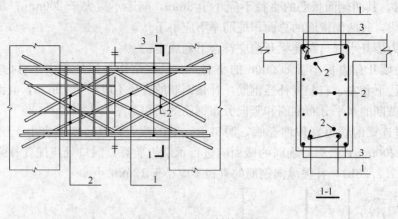

图 11.7.10-1   交叉斜筋配筋连梁
1—对角斜筋；2—折线筋；3—纵向钢筋

1）受剪截面应符合下列要求：

$$V_{wb} \leqslant \frac{1}{\gamma_{RE}} (0.25\beta_c f_c bh_0) \tag{11.7.10-1}$$

2）斜截面受剪承载力应符合下列要求：

$$V_{wb} \leqslant \frac{1}{\gamma_{RE}} \left[0.4f_t bh_0 + (2.0\sin\alpha + 0.6\eta) f_{yd} A_{sd} \right] \tag{11.7.10-2}$$

$$\eta = (f_{sv} A_{sv} h_0)/(s f_{yd} A_{yd}) \tag{11.7.10-3}$$

式中：η——箍筋与对角斜筋的配筋强度比，当小于 0.6 时取 0.6，当大于 1.2 时取 1.2；

α——对角斜筋与梁纵轴的夹角；

f_{yd}——对角斜筋的抗拉强度设计值；

A_{sd}——单向对角斜筋的截面面积；

A_{sv}——同一截面内箍筋各肢的全部截面面积。

2   当连梁截面宽度不小于 400mm 时，可采用集中对角斜筋配筋（图 11.7.10-2）或对角暗撑配筋（图 11.7.10-3），其截面限制条件及斜截面受剪承载力应符合下列规定：

1）受剪截面应符合式（11.7.10-1）的要求。

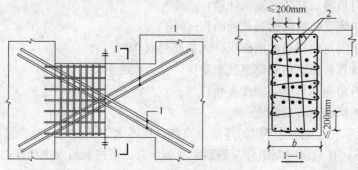

图 11.7.10-2   集中对角斜筋配筋连梁
1—对角斜筋；2—拉筋

2）斜截面受剪承载力应符合下列要求：

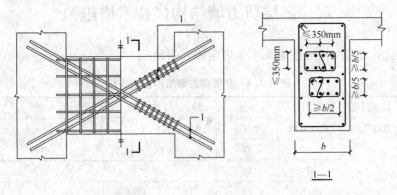

图 11.7.10-3　对角暗撑配筋连梁
1—对角暗撑

$$V_{wb} \leq \frac{2}{\gamma_{RE}} f_{yd} A_{sd} \sin\alpha \qquad (11.7.10-4)$$

11.7.11　剪力墙及筒体洞口连梁的纵向钢筋、斜筋及箍筋的构造应符合下列要求：

1　连梁沿上、下边缘单侧纵向钢筋的最小配筋率不应小于 0.15％，且配筋不宜少于 $2\phi12$；交叉斜筋配筋连梁单向对角斜筋不宜少于 $2\phi12$，单组折线筋的截面面积可取为单向对角斜筋截面面积的一半，且直径不宜小于 12mm；集中对角斜筋配筋连梁和对角暗撑连梁中每组对角斜筋应至少由 4 根直径不小于 14mm 的钢筋组成。

2　交叉斜筋配筋连梁的对角斜筋在梁端部位应设置不少于 3 根拉筋，拉筋的间距不应大于连梁宽度和 200mm 的较小值，直径不应小于 6mm；集中对角斜筋配筋连梁应在梁截面内沿水平方向及竖直方向设置双向拉筋，拉筋应勾住外侧纵向钢筋，间距不应大于 200mm，直径不应小于 8mm；对角暗撑配筋连梁中暗撑箍筋的外缘沿梁截面宽度方向不宜小于梁宽的一半，另一方向不宜小于梁宽的 1/5；对角暗撑约束箍筋的间距不宜大于暗撑钢筋直径的 6 倍，当计算间距小于 100mm 时可取 100mm，箍筋肢距不应大于 350mm。

除集中对角斜筋配筋连梁以外，其余连梁的水平钢筋及箍筋形成的钢筋网之间应采用拉筋拉结，拉筋直径不宜小于 6mm，间距不宜大于 400mm。

3　沿连梁全长箍筋的构造宜按本规范第 11.3.6 条和第 11.3.8 条框架梁梁端加密区箍筋的构造要求采用；对角暗撑配筋连梁沿连梁全长箍筋的间距可按本规范表 11.3.6-2 中规定值的两倍取用。

4　连梁纵向受力钢筋、交叉斜筋伸入墙内的锚固长度不应小于 l_{aE}，且不应小于 600mm；顶层连梁纵向钢筋伸入墙体的长度范围内，应配置间距不大于 150mm 的构造箍筋，箍筋直径应与该连梁的箍筋直径相同。

5　剪力墙的水平分布钢筋可作为连梁的纵向构造钢筋在连梁范围内贯通。当梁的腹板高度 h_w 不小于 450mm 时，其两侧面沿梁高范围设置的纵向构造钢筋的直径不应小于 10mm，间距不应大于 200mm；对跨高比不大于 2.5 的连梁，梁两侧的纵向构造钢筋的面积配筋率尚不应小于 0.3％。

六、多层剪力墙结构(《技术措施》)

5.1.4　多层剪力墙结构可按表5.1.4确定抗震等级。

表 5.1.4　多层剪力墙结构抗震等级

设防烈度			6度	7度		8度		9度
建筑类型	总高度 H	场地类型	0.05g	0.10g	0.15g	0.20g	0.30g	0.40g
丙类建筑	≤24m	Ⅰ	四	四		三(四)		二(三)
		Ⅱ	四	四		三		二
		Ⅲ、Ⅳ	四	四	四(三)	三	三(二)	二
	住宅建筑 25m≤ H≤28m	Ⅰ	四	三(四)		二(三)		一(二)
		Ⅱ	四	三		二		一
		Ⅲ、Ⅳ	四	三	三(二)	二	二(一)	一
乙类建筑		Ⅰ	四	三(四)		二(三)		一(二)
		Ⅱ	四	三		二		一
		Ⅲ、Ⅳ	四	三	三(二)	二	二(一)	一

注：同表 5.1.3-1 的注 1 和注 2。

　　条文说明：对于Ⅰ类场地，允许比Ⅱ类场地降低抗震构造措施，但应注意抗震构造措施不等同于抗震措施。对于Ⅰ类场地，仅降低抗震构造措施，不降低抗震措施中的其他要求，如按概念设计要求的内力调整系数则不应降低。

5.1.6　多层剪力墙结构内、外墙均为现浇混凝土墙时，墙的数量不必很多，多层剪力墙结构侧向刚度不宜过大。

5.3.3　多层剪力墙结构剪力墙截面的最小厚度，除应满足受压承载力和剪压比计算要求外，应满足表 5.3.3-1 的最小厚度限值要求；当墙厚不小于表 5.3.3-2 最小厚度经验值时，一般建筑可不进行墙体稳定验算；当层高较大时则应按《高层建筑混凝土结构技术规程》JGJ 3—2010 附录 D 进行墙体稳定验算。

表 5.3.3-1　多层剪力墙结构墙肢截面最小厚度限值（mm）

部　　位	墙形式	抗震设计			非抗震 设计
		一级、二级	三、四级		
			内墙	外墙	
底部加强部位	有端柱或翼墙	180	140	160	140 (短肢剪 力墙160)
	无端柱或翼墙	200			
	具有较多短肢剪力墙的剪力墙结构中短肢剪力墙	200	180		
其他部位	一般剪力墙	160	140	160	
	具有较多短肢剪力墙的剪力墙结构中短肢剪力墙	180			

注：1　短肢剪力墙截面厚度不应小于160mm；
　　2　剪力墙井筒中，分隔电梯或管道井的墙肢厚度，可适当减小，但不宜小于140mm。

表 5. 3. 3-2　多层剪力墙结构墙肢截面最小厚度经验值

部　　位	墙形式	抗震设计	非抗震设计
底部加强部位	有端柱或翼墙	$H'/22$	$H'/25$
	无端柱或翼墙	$H/18$	
其他部位	有端柱或翼墙	$H'/25$	
	无端柱或翼墙	$H/20$	

注：1　H'——层高或剪力墙无支长度中的较小值；H——层高；

    2　剪力墙的翼墙长度小于翼墙 3 倍厚度或端柱截面长度小于 2 倍墙厚时，按无翼墙、无端柱查表。

条文说明：多层剪力墙结构中内墙截面的墙厚与层高或剪力墙无支长度的最小比值，基本与《建筑抗震设计规范》GB 50011—2010 第 6.4.1 条中抗震等级为三、四级时的要求相同。当墙厚为 140mm 时，如施工采取了有效防裂措施并能保证钢筋位置正确时，也可采用单排配筋。

多层剪力墙结构剪力墙截面的最小墙厚一般可按表 5.3.3-2 确定。当墙厚满足表中要求时，一般建筑的墙体均可满足稳定要求，可不进行稳定验算；当层高较大时尚应按《高层建筑混凝土结构技术规程》JGJ 3—2010 附录 D 式 $q \leqslant \dfrac{E_c t^3}{10 l_0^2}$ (D. 0. 1) 验算墙体稳定。

为方便设计，在本措施的附录 C 内提出了一些计算图表，可以方便快捷地确定剪力墙墙肢计算长度及墙厚。但无论用《高层建筑混凝土结构技术规程》JGJ 3—2010 的附录 D 或本措施的附录 C 验算，均应注意 q 为作用于墙顶的组合的等效竖向均布荷载设计值，即 q 值应包括地震作用倾覆力矩引起的附加轴力与竖向荷载计算组合后的设计值。

5.3.4　多层剪力墙结构剪力墙竖向、水平分布钢筋，一、二级或墙厚大于 140mm 时不应单排配置，剪力墙分布筋构造满足图 5.3.14 要求；三、四级剪力墙，除窗间墙及房屋顶层或温度应力较大部位外，当墙厚为 140mm 时，可采用单排配筋。采用单排配筋时，钢筋直径不应小于 10mm，钢筋间距不应大于 200mm，施工时也应采取措施保证钢筋位置的正确，并采取有效防裂措施。

5.3.5　剪力墙竖向、水平分布钢筋最小配筋率和钢筋直径、间距应符合表 5.3.5 的要求。

表 5. 3. 5　多层剪力墙结构剪力墙竖向、水平分布钢筋最小配筋率

抗震等级	一、二、三级	四级	非抗震设计
水平分布钢筋	$\geqslant 0.25\%$	$\geqslant 0.2\%$	$\geqslant 0.2\%$
竖向分布钢筋	$\geqslant 0.25\%$	$\geqslant 0.2\%$ （剪压比很小时，$\geqslant 0.15\%$）	$\geqslant 0.15\%$

注：1　剪力墙温度收缩应力较大部位的水平和竖向分布钢筋的最小配筋率宜适当提高，房屋顶层剪力墙、长矩形平面房屋的楼梯间和电梯间剪力墙、端开间纵向剪力墙以及端山墙的水平和竖向分布筋的配筋率不应小于 0.25%，并应采取较小直径与较密间距的做法，钢筋间距均不应大于 200mm；

    2　分布钢筋间距≤300mm；8mm≤分布钢筋的直径≤墙厚/10；层高较高时，竖向分布筋直径宜≥10mm。

5.3.6　短肢剪力墙全部竖向钢筋最小配筋率应符合表 5.3.6 的要求。多层剪力墙结构的短肢剪力墙端部边缘构件范围内仍应按表 5.3.8 设箍筋。

对于 $h_w/b_w \leqslant 4$ 的墙肢应按框架柱配筋构造；矩形墙肢的厚度不大于 300mm 时，尚宜全高加密箍筋。

表 5.3.6　短肢剪力墙全部竖向钢筋最小配筋率

抗震等级	一、二级	三、四级
底部加强部位	≥1.2%	≥1.0%
一般部位	≥1.0%	≥0.8%

5.3.7　一、二、三级抗震等级的剪力墙底部加强部位及其上一层的墙肢端部除满足计算要求外，尚应按 5.3.16 条第 2、3 款要求设置约束边缘构件。当一、二、三级剪力墙的轴压比不大于表 5.3.7 的规定值时，可不设置约束边缘构件而采用构造边缘构件。

表 5.3.7　剪力墙可不设约束边缘构件的最大轴压比

抗震等级或烈度	一级（9 度）	一级（6、7、8 度）	二、三级
轴压比	0.1	0.2	0.3

5.3.8　多层剪力墙结构的剪力墙构造边缘构件

　　1　剪力墙两端和洞口两侧不需设置约束边缘构件时可按表 5.3.8 要求设置构造边缘构件，端柱宜按框架柱要求设计。构造边缘构件的纵向钢筋尚应满足正截面受压（受拉）承载力要求。

　　2　多层剪力墙结构中剪力墙构造边缘构件的竖向钢筋及墙竖向、水平分布筋的接头均可采用搭接，具体构造应满足图 5.3.8 要求（光圆钢筋应带弯钩）。

表 5.3.8　多层剪力墙结构的剪力墙构造边缘构件类型及构造要求

部位	抗震等级			
底部加强部位	一级	6φ14mm，φ8@100mm	6φ14mm，φ8@100mm	8φ14mm，φ8@150mm
	二级	6φ14mm，φ8@150mm	6φ12mm，φ8@150mm	8φ12mm，φ8@150mm
	三级	6φ10mm，φ6@150mm	6φ10mm，φ6@150mm	8φ10mm，φ6@150mm
	四级	6φ10mm，φ6@200mm	6φ10mm，φ6@150mm	8φ10mm，φ6@200mm
部位	抗震等级			
其他部位	一级	6φ12mm，φ8@150mm	6φ12mm，φ8@150mm	8φ12mm，φ8@150mm
	二级	6φ10mm，φ8@200mm	6φ10mm，φ8@200mm	8φ10mm，φ8@200mm
	三级	6φ8mm，φ6@200mm	6φ8mm，φ6@200mm	8φ10mm，φ6@200mm
	四级	6φ8mm，φ6@250mm	6φ8mm，φ6@250mm	8φ10mm，φ6@250mm

　　注：1　窗间墙截面长度不小于墙厚的 4 倍时，两端纵筋及箍筋可按构造边缘构件的构造要求；

　　　　2　三级、四级剪力墙当建筑层数低于 4 层时，除底部加强部位外，内墙体门洞两侧构造边缘构件可仅配 2φ12 纵向钢筋和 φ6@200mm ⊓ 型开口箍筋，与墙水平筋搭接 $1.2l_{aE}$；

　　　　3　构造边缘构件中竖向钢筋直径宜大于墙内竖向分布筋直径，竖向钢筋间距不宜大于 200mm。

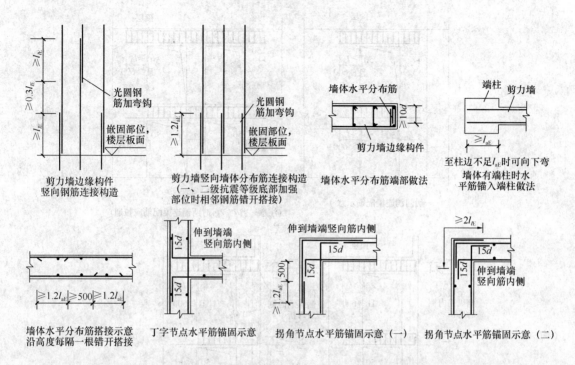

图 5.3.8 多层剪力墙结构中剪力墙构造边缘构件及墙分布筋的接头构造做法

5.3.9 对于单排配筋的 140mm 厚的剪力墙,应在该墙与楼板或与其他墙相接的四边及洞口处增设 $\phi@150$mm 的加强筋,加强筋伸入墙内长度≥500mm,见图 5.3.9。

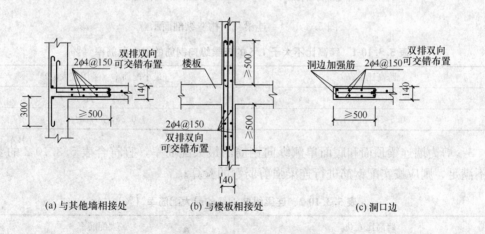

图 5.3.9 单排配筋剪力墙构造做法

5.3.10 一般连梁抗震构造要求

1 一般连梁配筋构造应符合图 5.3.10 要求,沿连梁全长箍筋的构造应符合框架梁梁端箍筋加密区的箍筋构造要求,当跨度比不小于 5 时连梁箍筋可按框架梁构造要求设置。

2 跨高比不大于 1.5 的连梁,其纵向钢筋的最小配筋率宜符合表 5.3.10-1 的要求;跨度比大于 1.5 的连梁,其纵向钢筋的最小配筋率可按框架梁的要求采用。

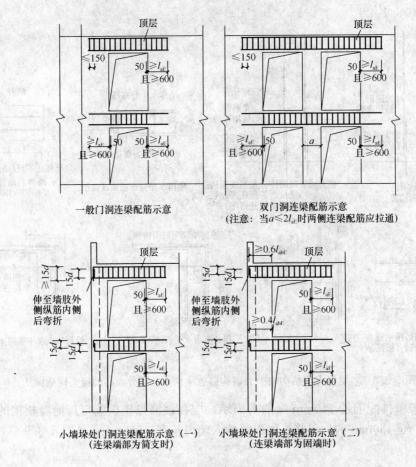

图 5.3.10-1 连梁截面构造纵剖面示意

表 5.3.10-1 跨高比不大于 1.5 的连梁纵向钢筋的最小配筋率 (%)

跨高比 l_b/h_b	最小配筋率（采用较大值）
$l_b/h_b \leqslant 0.5$	0.20，$45f_t/f_y$
$0.5 < l_b/h_b \leqslant 1.5$	0.25，$55f_t/f_y$

　　3 剪力墙连梁顶面和底面单侧纵向钢筋的最大配筋率，宜符合表 5.3.10-2 的要求。如不满足，则应按实配钢筋进行连梁强剪弱弯的验算。

表 5.3.10-2 连梁纵向钢筋的最大配筋率 (%)

跨高比 l_b/h_b	最大配筋率
$l_b/h_b \leqslant 1.0$	0.6
$1.0 < l_b/h_b \leqslant 2.0$	1.2
$2.0 < l_b/h_b \leqslant 2.5$	1.5

5.3.11 楼、屋盖宜现浇或采用现浇整体叠合楼板（现浇叠合层厚度不宜小于 50mm），除 9 度外多层剪力墙结构也可采用带配筋整浇层的装配式空心楼板。空心预制楼板按简支考虑；空心预制楼板不得伸入剪力墙内，板端应伸出钢筋或在孔洞内另加短筋，锚入墙内

或迭合梁内;迭合梁的箍筋应锚入整浇层内;预制板上的配筋整浇层厚度不宜小于
50mm,整浇层内双向配筋不小于 φ6@200mm,且应锚入剪力墙以传递水平地震剪力。

具有较多短肢剪力墙的剪力墙结构应采用现浇楼板。

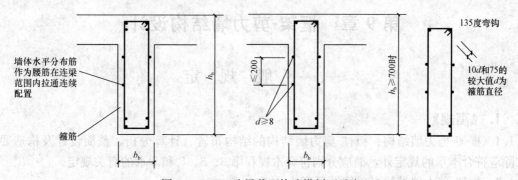

图 5.3.10-2　连梁截面构造横剖面示意

注:跨高比不大于 2.5 的连梁,其两侧腰筋的总面积配筋率不应小于 0.3%

第 9 章　框架-剪力墙结构设计

一、一　般　规　定

1. 《高规》

8.1.1　框架-剪力墙结构、板柱-剪力墙结构的结构布置、计算分析、截面设计及构造要求除应符合本章的规定外，尚应分别符合本规程第 3、5、6 和 7 章的有关规定。

8.1.2　框架-剪力墙结构可采用下列形式：

1　框架与剪力墙（单片墙、联肢墙或较小井筒）分开布置；

2　在框架结构的若干跨内嵌入剪力墙（带边框剪力墙）；

3　在单片抗侧力结构内连续分别布置框架和剪力墙；

4　上述两种或三种形式的混合。

8.1.3　抗震设计的框架-剪力墙结构，应根据在规定的水平力作用下结构底层框架部分承受的地震倾覆力矩与结构总地震倾覆力矩的比值，确定相应的设计方法，并应符合下列规定：

1　框架部分承受的地震倾覆力矩不大于结构总地震倾覆力矩的 10％时，按剪力墙结构进行设计，其中的框架部分应按框架-剪力墙结构的框架进行设计；

2　当框架部分承受的地震倾覆力矩大于结构总地震倾覆力矩的 10％但不大于 50％时，按框架-剪力墙结构进行设计；

3　当框架部分承受的地震倾覆力矩大于结构总地震倾覆力矩的 50％但不大于 80％时，按框架-剪力墙结构进行设计，其最大适用高度可比框架结构适当增加，框架部分的抗震等级和轴压比限值宜按框架结构的规定采用；

4　当框架部分承受的地震倾覆力矩大于结构总地震倾覆力矩的 80％时，按框架-剪力墙结构进行设计，但其最大适用高度宜按框架结构采用，框架部分的抗震等级和轴压比限值应按框架结构的规定采用。当结构的层间位移角不满足框架-剪力墙结构的规定时，可按本规程第 3.11 节的有关规定进行结构抗震性能分析和论证。

条文说明： 框架-剪力墙结构在规定的水平力作用下，结构底层框架部分承受的地震倾覆力矩与结构总地震倾覆力矩的比值不尽相同，结构性能有较大的差别。本次修订对此作了较为具体的规定。在结构设计时，应据此比值确定该结构相应的适用高度和构造措施，计算模型及分析均按框架-剪力墙结构进行实际输入和计算分析。

1　当框架部分承担的倾覆力矩不大于结构总倾覆力矩的 10％时，意味着结构中框架承担的地震作用较小，绝大部分均由剪力墙承担，工作性能接近于纯剪力墙结构，此时结构中的剪力墙抗震等级可按剪力墙结构的规定执行；其最大适用高度仍按框架-剪力墙结构的要求执行；其中的框架部分应按框架-剪力墙结构的框架进行设计，也就是说需要进行本规程 8.1.4 条的剪力调整，其侧向位移控制指标按剪力墙结构采用。

2 当框架部分承受的地震倾覆力矩大于结构总地震倾覆力矩的 10% 但不大于 50% 时，属于典型的框架-剪力墙结构，按本章有关规定进行设计。

3 当框架部分承受的倾覆力矩大于结构总倾覆力矩的 50% 但不大于 80% 时，意味着结构中剪力墙的数量偏少，框架承担较大的地震作用，此时框架部分的抗震等级和轴压比宜按框架结构的规定执行，剪力墙部分的抗震等级和轴压比按框架-剪力墙结构的规定采用；其最大适用高度不宜再按框架-剪力墙结构的要求执行，但可比框架结构的要求适当提高，提高的幅度可视剪力墙承担的地震倾覆力矩来确定。

4 当框架部分承受的倾覆力矩大于结构总倾覆力矩的 80% 时，意味着结构中剪力墙的数量极少，此时框架部分的抗震等级和轴压比应按框架结构的规定执行，剪力墙部分的抗震等级和轴压比按框架-剪力墙结构的规定采用；其最大适用高度宜按框架结构采用。对于这种少墙框剪结构，由于其抗震性能较差，不主张采用，以避免剪力墙受力过大、过早破坏。当不可避免时，宜采取将此种剪力墙减薄、开竖缝、开结构洞、配置少量单排钢筋等措施，减小剪力墙的作用。

在条文第 3、4 款规定的情况下，为避免剪力墙过早开裂或破坏，其位移相关控制指标按框架-剪力墙结构的规定采用。对第 4 款，如果最大层间位移角不能满足框架-剪力墙结构的限值要求，可按本规程第 3.11 节的有关规定，进行结构抗震性能分析论证。

8.1.4 抗震设计时，框架-剪力墙结构对应于地震作用标准值的各层框架总剪力应符合下列规定：

1 满足式（8.1.4）要求的楼层，其框架总剪力不必调整；不满足式（8.1.4）要求的楼层，其框架总剪力应按 $0.2V_0$ 和 $1.5V_{f,max}$ 二者的较小值采用；

$$V_f \geqslant 0.2V_0 \tag{8.1.4}$$

式中：V_0——对框架柱数量从下至上基本不变的结构，应取对应于地震作用标准值的结构底层总剪力；对框架柱数量从下至上分段有规律变化的结构，应取每段底层结构对应于地震作用标准值的总剪力；

　　　V_f——对应于地震作用标准值且未经调整的各层（或某一段内各层）框架承担的地震总剪力；

$V_{f,max}$——对框架柱数量从下至上基本不变的结构，应取对应于地震作用标准值且未经调整的各层框架承担的地震总剪力中的最大值；对框架柱数量从下至上分段有规律变化的结构，应取每段中对应于地震作用标准值且未经调整的各层框架承担的地震总剪力中的最大值。

2 各层框架所承担的地震总剪力按本条第 1 款调整后，应按调整前、后总剪力的比值调整每根框架柱和与之相连框架梁的剪力及端部弯矩标准值，框架柱的轴力标准值可不予调整；

3 按振型分解反应谱法计算地震作用时，本条第 1 款所规定的调整可在振型组合之后、并满足本规程第 4.3.12 条关于楼层最小地震剪力系数的前提下进行。

条文说明： 框架-剪力墙结构在水平地震作用下，框架部分计算所得的剪力一般都较小。按多道防线的概念设计要求，墙体是第一道防线，在设防地震、罕遇地震下先于框架破坏，由于塑性内力重分布，框架部分按侧向刚度分配的剪力会比多遇地震下加大，为保证作为第二道防线的框架具有一定的抗侧力能力，需要对框架承担的剪力予以适当的调整。随着建筑形式的多样化，框架柱的数量沿竖向有时会有较大的变化，框架柱的数量沿竖向有规律分段变化时可分段调整的规定，对框架柱数量沿竖向变化更复杂的情况，设计时应专门研究框架柱剪力的调整方法。

对有加强层的结构，框架承担的最大剪力不包含加强层及相邻上下层的剪力。

8.1.5　框架-剪力墙结构应设计成双向抗侧力体系；抗震设计时，结构两主轴方向均应布置剪力墙。

8.1.6　框架-剪力墙结构中，主体结构构件之间除个别节点外不应采用铰接；梁与柱或柱与剪力墙的中线宜重合；框架梁、柱中心线之间有偏离时，应符合本规程第 6.1.7 条的有关规定。

8.1.7　框架-剪力墙结构中剪力墙的布置宜符合下列规定：

　　1　剪力墙宜均匀布置在建筑物的周边附近、楼梯间、电梯间、平面形状变化及恒载较大的部位，剪力墙间距不宜过大；

　　2　平面形状凹凸较大时，宜在凸出部分的端部附近布置剪力墙；

　　3　纵、横剪力墙宜组成 L 形、T 形和〔形等形式；

　　4　单片剪力墙底部承担的水平剪力不应超过结构底部总水平剪力的 30%；

　　5　剪力墙宜贯通建筑物的全高，宜避免刚度突变；剪力墙开洞时，洞口宜上下对齐；

　　6　楼、电梯间等竖井宜尽量与靠近的抗侧力结构结合布置；

　　7　抗震设计时，剪力墙的布置宜使结构各主轴方向的侧向刚度接近。

8.1.8　长矩形平面或平面有一部分较长的建筑中，其剪力墙的布置尚宜符合下列规定：

　　1　横向剪力墙沿长方向的间距宜满足表 8.1.8 的要求，当这些剪力墙之间的楼盖有较大开洞时，剪力墙的间距应适当减小；

　　2　纵向剪力墙不宜集中布置在房屋的两尽端。

表 8.1.8　剪力墙间距（m）

楼盖形式	非抗震设计（取较小值）	抗震设防烈度		
		6 度、7 度（取较小值）	8 度（取较小值）	9 度（取较小值）
现　　浇	5.0B, 60	4.0B, 50	3.0B, 40	2.0B, 30
装配整体	3.5B, 50	3.0B, 40	2.5B, 30	—

注：1　表中 B 为剪力墙之间的楼盖宽度（m）；
　　2　装配整体式楼盖的现浇层应符合本规程第 3.6.2 条的有关规定；
　　3　现浇层厚度大于 60mm 的叠合楼板可作为现浇板考虑；
　　4　当房屋端部未布置剪力墙时，第一片剪力墙与房屋端部的距离，不宜大于表中剪力墙间距的 1/2。

条文说明：长矩形平面或平面有一方向较长（如 L 形平面中有一肢较长）时，如横向剪力墙间距过大，在侧向力作用下，因不能保证楼盖平面的刚性而会增加框架的负担，故对剪力墙的最大间距作出规定。当剪力墙之间的楼板有较大开洞时，对楼盖平面刚度有所削弱，此时剪力墙的间距宜再减小。纵向剪力墙布置在平面的尽端时，会造成对楼盖两端的约束作用，楼盖中部的梁板容易因混凝土收缩和温度变化而出现裂缝，故宜避免。同时也考虑到在设计中有剪力墙布置在建筑中部，而端部无剪力墙的情况，用表注4的相应规定，可防止布置框架的楼面伸出太长，不利于地震力传递。

2.《抗规》

6.1.5 框架结构和框架-抗震墙结构中，框架和抗震墙均应双向设置，柱中线与抗震墙中线、梁中线与柱中线之间偏心距大于柱宽的1/4时，应计入偏心的影响。

甲、乙类建筑以及高度大于24m的丙类建筑，不应采用单跨框架结构；高度不大于24m的丙类建筑不宜采用单跨框架结构。

6.1.6 框架-抗震墙、板柱-抗震墙结构以及框支层中，抗震墙之间无大洞口的楼、屋盖的长宽比，不宜超过表6.1.6的规定；超过时，应计入楼盖平面内变形的影响。

表 6.1.6 抗震墙之间楼屋盖的长宽比

楼、屋盖类型		设 防 烈 度			
		6	7	8	9
框架-抗震墙结构	现浇或叠合楼、屋盖	4	4	3	2
	装配整体式楼、屋盖	3	3	2	不宜采用
板柱-抗震墙结构的现浇楼、屋盖		3	3	2	—
框支层的现浇楼、屋盖		2.5	2.5	2	—

6.1.8 框架-抗震墙结构和板柱-抗震墙结构中的抗震墙设置，宜符合下列要求：

1 抗震墙宜贯通房屋全高。

2 楼梯间宜设置抗震墙，但不宜造成较大的扭转效应。

3 抗震墙的两端（不包括洞口两侧）宜设置端柱或与另一方向的抗震墙相连。

4 房屋较长时，刚度较大的纵向抗震墙不宜设置在房屋的端开间。

5 抗震墙洞口宜上下对齐；洞边距端柱不宜小于300mm。

6.1.12 框架-抗震墙结构、板柱-抗震墙结构中的抗震墙基础和部分框支抗震墙结构的落地抗震墙基础，应有良好的整体性和抗转动的能力。

3.《技术措施》

6.1.1 钢筋混凝土框架-剪力墙结构的最大适用高度应符合表6.1.1要求。

表 6.1.1 框架-剪力墙结构最大适用高度（m）

房屋高度级别	A 级高度						B 级高度				
设防烈度	非抗震设计	6 度	7 度	8 度(0.2g)	8 度(0.3g)	9 度	非抗震设计	6 度	7 度	8 度(0.2g)	8 度(0.3g)
适用高度（m）	150	130	120	100	80	50	170	160	140	120	100

注：1. 本表中的7度包括7度（0.10g）和7度（0.15g）。

2. 平面和竖向均不规则的高层建筑结构，其最大适用高度宜比表6.1.1的规定适当降低。

6.1.2 抗震设计时，A级和B级高度框架过-剪力墙结构抗震等级应符合表6.1.2-1、表6.1.2-2和表6.1.2-3的要求。

表 6.1.2-1　A 级高度（丙类建筑）框架-剪力墙结构抗震等级

设防烈度		6度		7度						8度						9度	
基本地震加速度		0.05g		0.10g			0.15g			0.20g			0.30g			0.40g	
场地类别	高度(m)／构件	≤60	>60	≤24	25~60	>60	≤24	25~60	>60	≤24	25~60	>60	≤24	25~60	>60	≤24	25~50
Ⅰ类	框架	四	三	四	三(四)	二(三)	四	三(四)	二(三)	三(四)	二(三)	一(二)	三(四)	二(三)	一(二)	二(三)	一(二)
Ⅰ类	剪力墙	三	三	三	三(四)	二(三)	三	三(四)	二(三)	三(四)	二(三)	一(二)	三(四)	二(三)	一(二)	二(三)	一(二)
Ⅱ类	框架	四	三	四	三	二	四	三	二	三	二	一	三	二	一	二	一
Ⅱ类	剪力墙	三	三	三	三	二	三	三	二	三	二	一	三	二	一	二	一
Ⅲ Ⅳ类	框架						四(三)	三(二)	二(一)				三(二)	二(一)	一(一＊)		
Ⅲ Ⅳ类	剪力墙						三	三(二)	二(一)				三(二)	二(一)	一(一＊)		

注：1　当建筑场地为Ⅰ类时，应允许按表中括号内抗震等级采取抗震构造措施；当建筑场地为Ⅲ、Ⅳ类时，宜按表中括号内抗震等级采取抗震构造措施表中抗震等级；一＊级，应比抗震等级一级采取更有效的抗震构造措施；
2　接近或等于高度分界时，应结合房屋不规则程度及场地、地基条件确定抗震等级；
3　建筑高度较高、体型规整且剪力墙沿竖向布置无突变的框架-剪力墙结构，建筑上部 1/3 范围的剪力墙的抗震构造措施可适当降低。
4　建造在Ⅲ、Ⅳ类场地且设计基本地震加速度为 0.15g 和 0.30g 的丙类建筑，按规定提高一度确定抗震等级时，如果房屋高度超过提高一度后对应的房屋最大适用高度，则应采取比对应抗震等级更有效的抗震构造措施。

表 6.1.2-2　A 级高度（乙类建筑）框架-剪力墙结构抗震等级

设防烈度		6度			7度					
基本地震加速度		0.05g			0.10g			0.15g		
场地类别	高度(m)／构件	≤24	25~60	>60	≤24	25~60	>60	≤24	25~60	>60
Ⅰ类	框架	四	三(四)	二(三)	三(四)	二(三)	一(二)	三(四)	二(三)	一(二)
Ⅰ类	剪力墙	三	三(四)	二(三)	三(四)	二(三)	一(二)	三(四)	二(三)	一(二)
Ⅱ类	框架	四	三	二	三	二	一	三	二	一
Ⅱ类	剪力墙	三	三	二	三	二	一	三	二	一
Ⅲ、Ⅳ类	框架	四	三	二	三	二	一	三(二)	二(一)	一(一＊)
Ⅲ、Ⅳ类	剪力墙	三	三	二	三	二	一	二(一)	二(一)	一(一＊)

设防烈度		8度						9度	
基本地震加速度		0.20g			0.30g			0.40g	
场地类别	高度(m)／构件	≤24	25~50	>50	≤24	25~50	>50	≤24	25~50
Ⅰ类	框架	二(三)	一(二)	一	二(三)	一(二)	一	一(二)	特一(一)
Ⅰ类	剪力墙	一(二)	一(二)	一	二(三)	一(二)	一	特一(一)	特一(一)
Ⅱ类	框架	二	一	一(一＊)	二	一	一(一＊)	一	特一
Ⅱ类	剪力墙	一	一	一(一＊)	二	一	一(一＊)	特一	特一
Ⅲ、Ⅳ类	框架	二	一	一(一＊)	二(一)	一(特一)	一(特一)	特一	特一
Ⅲ、Ⅳ类	剪力墙	一	一	一(一＊)	一(特一)	一(特一)	一(特一)	特一	特一

注：1　当建筑场地为Ⅰ类时，应允许按表中括号内抗震等级采取抗震构造措施；当建筑场地为Ⅱ、Ⅲ、Ⅳ类时，应按表中括号内抗震等级采取抗震构造措施；一＊级，应比抗震等级一级采取更有效的抗震构造措施；
2　乙类建筑按规定提高一度确定抗震等级时，如果房屋高度超过提高一度后对应的房屋最大适用高度，则应采取比对应抗震等级更有效的抗震构造措施。

表 6.1.2-3　B 级高度框架-剪力墙结构抗震等级

建筑类别	场地类别	构件	6 度 0.05g	7 度 0.10g	7 度 0.15g	8 度 0.20g	8 度 0.30g
丙类建筑	Ⅰ类	框架	二	一（二）	一（二）	一	一
		剪力墙	二	一（二）	一（二）	特一（一）	特一（一）
	Ⅱ类	框架	二	一	一	一	一
		剪力墙	二	一	一	特一	特一
	Ⅲ、Ⅳ类	框架	二	一	一	一	一（特一）
		剪力墙	二	一	一（特一）	特一	特一
乙类建筑	Ⅰ类	框架	一（二）	一（二）		特一（一）	特一（一）
		剪力墙	一（二）	特一（一）	特一（一）	特一	特一
	Ⅱ类	框架	一			特一	特一
		剪力墙	一	特一		特一	特一
	Ⅲ、Ⅳ类	框架	一		一（特一）	特一	特一
		剪力墙	特一	特一		特一	特一

注：1　当建筑场地为Ⅰ类时，应允许按表中括号内抗震等级采取抗震构造措施；当建筑场地为Ⅲ、Ⅳ类时，宜按表中括号内抗震等级采取抗震构造措施。

　　2　乙类建筑以及建造在Ⅲ、Ⅳ类场地且设计基本地震加速度为 0.15g 和 0.30g 的丙类建筑，按规定提高一度确定抗震等级时，如果房屋高度超过提高一度后对应的房屋最大适用高度，则应采取比对应抗震等级更有效的抗震构造措施。

　　条文说明： 在表 6.1.2-1 的注 3 中提出当建筑高度较高、体型规整且剪力墙沿竖向布置无突变的框架-剪力墙结构，在建筑上部 1/3 范围内，其剪力墙的抗震等级可适当降低，其原因是一般框-剪结构，在底部剪力墙承受结构的大部分弯矩和剪力，而在顶部 1/3 范围，由于剪力墙存在较大弯曲变形，使框架部分成为主要的抗侧力结构，故剪力墙的抗震构造措施可以适当降低。但应注意此做法不适用于体型不规整的结构，尤其是结构竖向特别不规则或水平和竖向均不规则的结构。

二、截面设计及构造

1.《高规》

8.2.1　框架-剪力墙结构、板柱-剪力墙结构中，剪力墙的竖向、水平分布钢筋的配筋率，抗震设计时均不应小于 **0.25%**，非抗震设计时均不应小于 **0.20%**，并应至少双排布置。各排分布筋之间应设置拉筋，拉筋的直径不应小于 **6mm**、间距不应大于 **600mm**。

8.2.2　带边框剪力墙的构造应符合下列规定：

　　1　带边框剪力墙的截面厚度应符合本规程附录 D 的墙体稳定计算要求，且应符合下列规定：

　　1）抗震设计时，一、二级剪力墙的底部加强部位不应小于 200mm；

　　2）除本款 1）项以外的其他情况下不应小于 160mm。

　　2　剪力墙的水平钢筋应全部锚入边框柱内，锚固长度不应小于 l_a（非抗震设计）或 l_{aE}（抗震设计）；

　　3　与剪力墙重合的框架梁可保留，亦可做成宽度与墙厚相同的暗梁，暗梁截面高度可取墙厚的 2 倍或与该榀框架梁截面等高，暗梁的配筋可按构造配置且应符合一般框架梁相应抗震等级的最小配筋要求；

4 剪力墙截面宜按工字形设计，其端部的纵向受力钢筋应配置在边框柱截面内；

5 边框柱截面宜与该榀框架其他柱的截面相同，边框柱应符合本规程第 6 章有关框架柱构造配筋规定；剪力墙底部加强部位边框柱的箍筋宜沿全高加密；当带边框剪力墙上的洞口紧邻边框柱时，边框柱的箍筋宜沿全高加密。

2. 《抗规》

6.5.1 框架-抗震墙结构的抗震墙厚度和边框设置，应符合下列要求：

1 抗震墙的厚度不应小于 160mm 且不宜小于层高或无支长度的 1/20，底部加强部位的抗震墙厚度不应小于 200mm 且不宜小于层高或无支长度的 1/16。

2 有端柱时，墙体在楼盖处宜设置暗梁，暗梁的截面高度不宜小于墙厚和 400mm 的较大值；端柱截面宜与同层框架柱相同，并应满足本规范第 6.3 节对框架柱的要求；抗震墙底部加强部位的端柱和紧靠抗震墙洞口的端柱宜按柱箍筋加密区的要求沿全高加密箍筋。

6.5.2 抗震墙的竖向和横向分布钢筋，配筋率均不应小于 0.25%，钢筋直径不宜小于 10mm，间距不宜大于 300mm，并应双排布置，双排分布钢筋间应设置拉筋。

6.5.3 楼面梁与抗震墙平面外连接时，不宜支承在洞口连梁上；沿梁轴线方向宜设置与梁连接的抗震墙，梁的纵筋应锚固在墙内；也可在支承梁的位置设置扶壁柱或暗柱，并应按计算确定其截面尺寸和配筋。

6.5.4 框架-抗震墙结构的其他抗震构造措施，应符合本规范第 6.3 节、6.4 节的有关要求。

> 注：设置少量抗震墙的框架结构，其抗震墙的抗震构造措施，可仍按本规范第 6.4 节对抗震墙的规定执行。

3. 《技术措施》

6.1.3 剪力墙宜对称布置，各片墙的刚度宜接近，长度较长的剪力墙宜设置洞口和连梁形成双肢墙或多肢墙，剪力墙长度较长时宜设结构洞口及弱连梁（跨高比大于 6）形成总高度和长度之比不大于 3 的墙段，各层每道剪力墙承受的水平力不宜超过相应楼层总水平力的 30%。

6.1.4 抗震设计时结构两主轴方向均应布置剪力墙，剪力墙的布置宜使结构各主轴方向的刚度接近，宜尽量减小结构的扭转变形；纵向剪力墙宜布置在结构单元的中间区段内，当房屋纵向长度较长时，不宜集中在两端布置纵向剪力墙，纵横向剪力墙宜组成 L 形、T 形、匚形等形式，以增加抗侧刚度和抗扭能力。

条文说明： 对于多层建筑，当其长宽比较大且沿纵向布置剪力墙确有困难时，可沿横向布置适量的剪力墙，形成框架-剪力墙结构，以保证刚度较弱的横向有足够的抗侧能力，提高结构的抗扭刚度。沿结构纵向可视情况布置少量墙体。设计时横向可按一般的框架-剪力墙结构设计；纵向可按少墙框架-剪力墙或少墙框架结构进行设计（参见本节 6.1.5 节）。

6.1.5 按震设计时，框架-剪力墙结构应根据在规定的水平力作用下结构底层框架部分承受的地震倾覆力矩与结构总地震倾覆力矩的比值，确定相应的设计方法，并应符合下列规定：

1 框架部分承受的地震倾覆力矩不大于结构总地震倾覆力矩的 10% 时，按剪力墙结构设计，其中框架部分应按框架-剪力墙结构的框架进行设计；

2 框架部分承受的地震倾覆力矩大于结构总地震倾覆力矩的 10% 但不大于 50% 时，按框架-剪力墙结构的规定进行设计；

3 框架部分承受的地震倾覆力矩大于结构总地震倾覆力矩的 50% 但不大于 80% 时，按框架-剪力墙结构设计，其最大适用高度可比框架结构适当增加，框架部分的抗震等级和轴压比限值宜按框架结构的规定采用；

4 框架部分承受的地震倾覆力矩大于结构总地震倾覆力矩的 80% 时，按框架-剪力墙结构设计，但其最大适用高度宜按框架结构采用，框架部分的抗震等级和轴压比限值应按框架结构的规定采用。

条文说明：条文中第 3 款规定的情况，属于少墙框架-剪力墙结构，结构中框架承担了大部分的地震作用，此时框架部分的设计要求宜按框架结构采用，剪力墙的设计要求和结构侧向位移控制指标宜按框架-剪力墙结构采用，最大适用高度可参照表 6.1.5-1。9 度时不宜采用少墙框架-剪力墙结构。条文中第 4 款规定的情况，属于少墙框架结构，侧向位移可参考表 6.1.5-2 中的数值。9 度时不应采用少墙框架结构。

表 6.1.5-1　框-剪结构 M_c/M_0 > 0.5 时最大适用高度（m）

M_c/M_0	设 防 烈 度		
	6 度	7 度	8 度
> 0.8	60	50	40
0.7~0.8	70	60	50
0.6~0.7	80	75	60
0.5~0.6	110	95	80

M_c——框架-剪力墙结构在规定的水平力作用下框架部分承受的地震倾覆力矩；M_0——结构总地震倾覆力矩。

表 6.1.5-2　少墙框架结构侧向位移控制指标

M_c/M_0	0.85	0.90	0.95
$\Delta u/h$	1/700	1/650	1/600

6.1.6 抗震设计时，框架-剪力墙结构中的楼梯间，周边宜布置剪力墙，并宜采用现浇钢筋混凝土楼梯。楼梯构件应支承在剪力墙上。当楼梯周边不能布置剪力墙时，楼梯及周边构件的抗震措施应满足框架结构中楼梯的设计要求。

6.1.7 剪力墙宜贯通建筑物全高，避免刚度突变。当受条件限制剪力墙不能全部贯通建筑物全高而在顶层或顶部几层形成少墙框架-剪力墙结构或少墙框架结构时，该部分结构应满足本节 6.1.5 条的设计要求。部分剪力墙截止位置层楼板应采用现浇板，该层相邻上层的柱应采取有效的加强措施。

第 10 章　部分框支剪力墙结构设计

一、适用高度及抗震等级（《技术措施》）

7.1.2　部分框支剪力墙结构房屋的最大适用高度应符合表 7.1.2。

表 7.1.2　部分框支剪力墙房屋适用最大高度（m）

设防烈度	非抗震设计	6	7	8（0.2g）	8（0.3g）	9
A 级高度	130	120	100	80	50	不应采用
B 级高度	150	140	120	100	80	不应采用

7.1.3　部分框支剪力墙高层建筑结构抗震等级应符合《高层建筑混凝土结构技术规程》JGJ 3－2010 的有关规定。其中剪力墙底部加强部位的高度应从地下室顶板算起，取框支层加框支以上两层且不小于房屋总高的 1/10。丙类建筑 A 级高度部分框支剪力墙结构抗震等级按表 7.1.3-1 采用。乙类建筑 A 级高度部分框支剪力墙结构抗震等级按表 7.1.3-2 采用。对所有抗震设防烈度，当转换层的位置设置在 3 层及 3 层以上时，其框支柱、剪力墙底部加强部位的抗震等级宜按表 7.1.3-1 和表 7.1.3-2 的规定提高一级采用，已为特一级时可不提高。非底部加强部位剪力墙及非落地剪力墙不提高。

表 7.1.3-1　A 级高度丙类建筑部分框支剪力墙结构抗震等级

设防烈度		6 度		7 度						8 度			
基本地震加速度		0.05g		0.10g			0.15g			0.20g		0.30g	
场地类别	高度(m) 构件	≤80	>80	≤24	25~80	>80	≤24	25~80	>80	≤24	25~80	≤24	25~50
I 类	非底部加强部位剪力墙	四	三	四	三(四)	二(三)	四	三(四)	二(三)	三(四)	二(三)	二(四)	二(三)
	底部加强部位剪力墙	三	二	三	二(三)	一(二)	三	二(三)	一(二)	二(三)	一(二)	二(三)	一(二)
	框支框架	二	二	二	二	一(二)	二	二	一(二)	二	一	二	一
II 类	非底部加强部位剪力墙	四	三	四	三	二	四	三	二	三	二	三	二
	底部加强部位剪力墙	三	二	三	二	一	三	二	一	二	一	二	一
	框支框架	二	二	二	二	一	二	二	一	二	一	二	一

续表 7.1.3-1

设防烈度		6度		7度						8度			
基本地震加速度		0.05g		0.10g			0.15g			0.20g		0.30g	
场地类别	高度（m）＼构件	≤80	>80	≤24	25~80	>80	≤24	25~80	>80	≤24	25~80	≤24	25~50
Ⅲ、Ⅳ类	非底部加强部位剪力墙	四	三	四	三	二	四(三)	三(二)	二(二*)	三	二	三(三*)	二(二*)
	底部加强部位剪力墙	三	二	三	二	一	三(二)	二(一)	一(一*)	二	一	二(二*)	一(一*)
	框支框架	二	二	二	二	二	二(一)	二(一)	二(一*)	一(一*)	一(一*)	一(一*)	一(一*)

注：1　当建筑场地为Ⅰ类时，应允许按表中括号内抗震等级采取抗震构造措施；当建筑场地为Ⅲ、Ⅳ类时，宜按表中括号内抗震等级采取抗震构造措施；表中抗震等级一*、二*、三*级，应分别比一、二、三级抗震等级采取更有效的抗震构造措施；

2　如果房屋高度超过提高一度后对应的房屋最大适用高度，应采取比对应抗震等级更有效的抗震构造措施；

3　接近或等于高度分界时，应结合房屋不规则程度及场地、地基条件确定抗震等级。

表 7.1.3-2　A 级高度乙类建筑部分框支剪力墙结构抗震等级

设防烈度		6度			7度						8度			
基本地震加速度		0.05g			0.10g			0.15g			0.20g		0.30g	
场地类别	高度（m）＼构件	≤24	25~80	>80	≤24	25~80	>80	≤24	25~80	>80	≤24	25~60	≤24	25~50
Ⅰ类	非底部加强部位剪力墙	四	三(四)	二(三)	三(四)	二(三)	二(三)	三(四)	二(三)	二	二(三)	一(二)	二(三)	一(二)
	底部加强部位剪力墙	三	二(三)	二(二)	三	二(三)	二(二)	三	二(三)	二	一(二)	特一(一)	一(二)	特一(一)
	框支框架	二	二(一)	二(一)	二(一)	二(一)	二(一)	二(一)	二(一)	二(一)	特一(一)	特一(一)	特一(一)	特一(一)
Ⅱ类	非底部加强部位剪力墙	四	三	二	三	二	二(二*)	三	二	二(一)	三*	一	三*	一
	底部加强部位剪力墙	三	二	一	二	一	一(一*)	二	一	(特一)	二*	特一	二*	特一
	框支框架	二	二	一	二	一	一(一*)	二	一	(特一)	特一	特一	特一	特一
Ⅲ、Ⅳ类	非底部加强部位剪力墙	四	三	二	三	二	二(二*)	三	二(一)	一(一*)	三*	一	(一)	(特一)
	底部加强部位剪力墙	三	二	二	二	一	(一*)	(一)	(特一)	(特一)	二*	特一	(特一)	(特一)
	框支框架	二	二	一	二	一	(一*)	(特一)	(特一)	(特一)	特一	特一	特一	特一

注：同表 7.1.3-1。

7.1.4　B 级高度部分框支剪力墙结构的抗震等级按表 7.1.4-1 采用。

表 7.1.4-1　B 级高度部分框支剪力墙结构抗震等级

建筑类别	场地类别	构件	6 度 0.05g	7 度 0.10g	7 度 0.15g	8 度 0.20g	8 度 0.30g
丙类建筑	Ⅰ类	非底部加强部位剪力墙	二	一（二）	一（二）	一	一
		底部加强部位剪力墙	一	一	一	特一（一）	特一（一）
		框支框架	一	特一（一）	特一（一）	特一	特一
	Ⅱ类	非底部加强部位剪力墙	二				
		底部加强部位剪力墙				特一	特一
		框支框架	一	特一	特一	特一	特一
	Ⅲ、Ⅳ类	非底部加强部位剪力墙	二				一（特一）
		底部加强部位剪力墙			（特一）	特一	特一
		框支框架	一	特一	特一	特一	特一
乙类建筑	Ⅰ类	非底部加强部位剪力墙	一（二）	一	一	特一（一）	特一（一）
		底部加强部位剪力墙		（特一）一	（特一）一	特一	特一
		框支框架	特一（一）	特一	特一	特一	特一
	Ⅱ类	非底部加强部位剪力墙				特一	特一
		底部加强部位剪力墙		特一	特一	特一	特一
		框支框架	特一	特一	特一	特一	特一
	Ⅲ、Ⅳ类	非底部加强部位剪力墙			一（特一）	特一	特一
		底部加强部位剪力墙		特一	特一	特一	特一
		框支框架	特一	特一	特一	特一	特一

注：同表 7.1.3-1。

二、结　构　布　置

1.《高规》

10.2.1　在高层建筑结构的底部，当上部楼层部分竖向构件（剪力墙、框架柱）不能直接连续贯通落地时，应设置结构转换层，形成带转换层高层建筑结构。本节对带托墙转换层的剪力墙结构（部分框支剪力墙结构）及带托柱转换层的筒体结构的设计作出规定。

　　条文说明：本节的设计规定主要用于底部带托墙转换层的剪力墙结构（部分框支剪力

墙结构）以及底部带托柱转换层的筒体结构，即框架-核心筒、筒中筒结构中的外框架（外筒体）密柱在房屋底部通过托柱转换层转变为稀柱框架的筒体结构。这两种带转换层结构的设计有其相同之处也有其特殊性。为表述清楚，本节将这两种带转换层结构相同的设计要求以及大部分要求相同、仅部分设计要求不同的设计规定在若干条文中作出规定，对仅适用于某一种带转换层结构的设计要求在专门条文中规定，如第 10.2.5 条、第 10.2.16～10.2.25 条是专门针对部分框支剪力墙结构的设计规定，第 10.2.26 条及第 10.2.27 条是专门针对底部带托柱转换层的筒体结构的设计规定。

本节的设计规定可供在房屋高处设置转换层的结构设计参考。对仅有个别结构构件进行转换的结构，如剪力墙结构或框架-剪力墙结构中存在的个别墙或柱在底部进行转换的结构，可参照本节中有关转换构件和转换柱的设计要求进行构件设计。

10.2.2 带转换层的高层建筑结构，其剪力墙底部加强部位的高度应从地下室顶板算起，宜取至转换层以上两层且不宜小于房屋高度的 1/10。

条文说明：由于转换层位置的增高，结构传力路径复杂、内力变化较大，规定剪力墙底部加强范围亦增大，可取转换层加上转换层以上两层的高度或房屋总高度的 1/10 二者的较大值。这里的剪力墙包括落地剪力墙和转换构件上部的剪力墙。相比于 02 规程，将墙肢总高度的 1/8 改为房屋总高度的 1/10。

10.2.3 转换层上部结构与下部结构的侧向刚度变化应符合本规程附录 E 的规定。

附录 E 转换层上、下结构侧向刚度规定

E.0.1 当转换层设置在 1、2 层时，可近似采用转换层与其相邻上层结构的等效剪切刚度比 γ_{e1} 表示转换层上、下层结构刚度的变化，γ_{e1} 宜接近 1，非抗震设计时 γ_{e1} 不应小于 0.4，抗震设计时 γ_{e1} 不应小于 0.5。γ_{e1} 可按下列公式计算：

$$\gamma_{e1} = \frac{G_1 A_1}{G_2 A_2} \times \frac{h_2}{h_1} \tag{E.0.1-1}$$

$$A_i = A_{w,i} + \sum_j C_{i,j} A_{ci,j} \quad (i = 1,2) \tag{E.0.1-2}$$

$$C_{i,j} = 2.5 \left(\frac{h_{ci,j}}{h_i}\right)^2 \quad (i = 1,2) \tag{E.0.1-3}$$

式中：G_1、G_2 ——分别为转换层和转换层上层的混凝土剪变模量；

$\quad$ A_1、A_2 ——分别为转换层和转换层上层的折算抗剪截面面积，可按式（E.0.1-2）计算；

$\quad$ $A_{w,i}$ ——第 i 层全部剪力墙在计算方向的有效截面面积（不包括翼缘面积）；

$\quad$ $A_{ci,j}$ ——第 i 层第 j 根柱的截面面积；

$\quad$ h_i ——第 i 层的层高；

$\quad$ $h_{ci,j}$ ——第 i 层第 j 根柱沿计算方向的截面高度；

$\quad$ $C_{i,j}$ ——第 i 层第 j 根柱截面面积折算系数，当计算值大于 1 时取 1。

E.0.2 当转换层设置在第 2 层以上时，按本规程式（3.5.2-1）计算的转换层与其相邻上层的侧向刚度比不应小于 0.6。

E.0.3 当转换层设置在第 2 层以上时，尚宜采用图 E 所示的计算模型按公式（E.0.3）

计算转换层下部结构与上部结构的等效侧向刚度比 γ_{e2}。γ_{e2} 宜接近 1，非抗震设计时 γ_{e2} 不应小于 0.5，抗震设计时 γ_{e2} 不应小于 0.8。

$$\gamma_{e2} = \frac{\Delta_2 H_1}{\Delta_1 H_2} \qquad (E.0.3)$$

式中：γ_{e2} —— 转换层下部结构与上部结构的等效侧向刚度比；

　　　H_1 —— 转换层及其下部结构（计算模型 1）的高度；

　　　Δ_1 —— 转换层及其下部结构（计算模型 1）的顶部在单位水平力作用下的侧向位移；

　　　H_2 —— 转换层上部若干层结构（计算模型 2）的高度，其值应等于或接近计算模型 1 的高度 H_1，且不大于 H_1；

　　　Δ_2 —— 转换层上部若干层结构（计算模型 2）的顶部在单位水平力作用下的侧向位移。

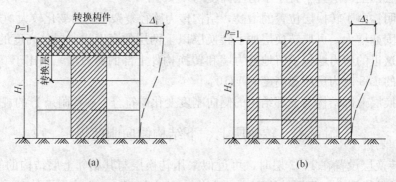

图 E　转换层上、下等效侧向刚度计算模型
(a) 计算模型 1—转换层及下部结构；(b) 计算模型 2—转换层上部结构

10.2.4　转换结构构件可采用转换梁、桁架、空腹桁架、箱形结构、斜撑等，非抗震设计和 6 度抗震设计时可采用厚板，7、8 度抗震设计时地下室的转换结构构件可采用厚板。特一、一、二级转换结构构件的水平地震作用计算内力应分别乘以增大系数 1.9、1.6、1.3；转换结构构件应按本规程第 4.3.2 条的规定考虑竖向地震作用。

　　条文说明：底部带转换层的高层建筑设置的水平转换构件，近年来除转换梁外，转换桁架、空腹桁架、箱形结构、斜撑、厚板等均已采用，并积累了一定设计经验，故本章增加了一般可采用的各种转换构件设计的条文。由于转换厚板在地震区使用经验较少，本条文规定仅在非地震区和 6 度设防的地震区采用。对于大空间地下室，因周围有约束作用，地震反应不明显，故 7、8 度抗震设计时可采用厚板转换层。

10.2.5　部分框支剪力墙结构在地面以上设置转换层的位置，8 度时不宜超过 3 层，7 度时不宜超过 5 层，6 度时可适当提高。

　　条文说明：带转换层的底层大空间剪力墙结构于 20 世纪 80 年代中开始采用，90 年代初《钢筋混凝土高层建筑结构设计与施工规程》JGJ 3-91 列入该结构体系及抗震设计有关规定。近几十年，底部带转换层的大空间剪力墙结构迅速发展，在地震区许多工程的转换层位置已较高，一般做到 3～6 层，有的工程转换层位于 7～10 层。中国建筑科学研究院在原有研究的基础上，研究了转换层高度对框支剪力墙结构抗震性能的影响，研究得出，转换层位置较高时，更易使框支剪力墙结构在转换层附近的刚度、内力发生突变，并易形成薄弱层，其抗震设计概念与底层框支剪力墙结构有一定差别。转换层位置较高时，转换层下部的落地剪力墙及框支结构易于开裂和屈服，转换层上部几层墙体易于破坏。转换层位置较高的高层建筑不利于抗震，规定 7 度、8 度地区可以采用，但限制部分框支剪力墙结构转换层设置位置：7 度区不宜超过第 5 层，8 度区不宜超过第 3 层。如转换层位置超过上述规定时，应作专门分析研究并采取有效措施，避免框支层破坏。对托柱转换层结构，考虑到其刚度变化、受力情况同框支剪力墙结构不同，对转换层位置未作限制。

10.2.16 部分框支剪力墙结构的布置应符合下列规定：

1 落地剪力墙和筒体底部墙体应加厚；

2 框支柱周围楼板不应错层布置；

3 落地剪力墙和筒体的洞口宜布置在墙体的中部；

4 框支梁上一层墙体内不宜设置边门洞，也不宜在框支中柱上方设置门洞；

5 落地剪力墙的间距 l 应符合下列规定：

    1） 非抗震设计时，l 不宜大于 $3B$ 和 36m；

    2） 抗震设计时，当底部框支层为 1~2 层时，l 不宜大于 $2B$ 和 24m；当底部框支层为 3 层及 3 层以上时，l 不宜大于 $1.5B$ 和 20m；此处，B 为落地墙之间楼盖的平均宽度。

6 框支柱与相邻落地剪力墙的距离，1~2 层框支层时不宜大于 12m，3 层及 3 层以上框支层时不宜大于 10m；

7 框支框架承担的地震倾覆力矩应小于结构总地震倾覆力矩的 50%；

8 当框支梁承托剪力墙并承托转换次梁及其上剪力墙时，应进行应力分析，按应力校核配筋，并加强构造措施。B 级高度部分框支剪力墙高层建筑的结构转换层，不宜采用框支主、次梁方案。

条文说明： 关于部分框支剪力墙结构布置和设计的基本要求是根据中国建筑科学研究院结构所等进行的底层大空间剪力墙结构 12 层模型拟动力试验和底部为 3~6 层大空间剪力墙结构的振动台试验研究、清华大学土木系的振动台试验研究、近年来工程设计经验及计算分析研究成果而提出来的，满足这些设计要求，可以满足 8 度及 8 度以下抗震设计要求。

由于转换层位置不同，对建筑中落地剪力墙间距作了不同的规定；并规定了框支柱与相邻的落地剪力墙距离，以满足底部大空间层楼板的刚度要求，使转换层上部的剪力能有效地传递给落地剪力墙，框支柱只承受较小的剪力。

相比于 02 规程，此条有两处修改：一是将原来的规定范围限定为部分框支剪力墙结构；二是增加第 7 款对框支框架承担的倾覆力矩的限制，防止落地剪力墙过少。

2.《技术措施》

7.1.5 结构布置

1 平面布置应力求简单规则，均衡对称，宜使水平荷载的合力中心与结构刚度中心重合；避免扭转的不利影响。

2 结构的主要抗震竖向构件应贯通落地，落地纵横剪力墙最好成组布置，结合为落地筒。底层框架承担的地震倾覆力矩，不应大于结构总地震倾覆力矩的 50%。

3 长矩形建筑中，落地剪力墙的最大间距 L 宜符合以下要求：

$$抗震设计\begin{cases} 底部为1～2层框支层时：L\leqslant 2B 且 L\leqslant 24m；\\ 底部为3层及3层以上框支层时：L\leqslant 1.5B且L\leqslant 20m。\end{cases}$$

非抗震设计时：$L\leqslant 3B$ 且 $L\leqslant 36m$；

其中：L——落地剪力墙的间距；

   B——落地墙之间楼盖的平均宽度。

4 落地剪力墙与相邻框支柱的距离，1～2层框支层时不宜大于12m，3层及3层以上框支层时不宜大于10m。

5 为保证下部大空间有合适的刚度，应尽量强化转换层下部主体结构刚度，落地剪力墙和筒体底部墙体应加厚。弱化转换层上部主体结构刚度，结构竖向布置应使框支层下部结构与上层结构的侧向刚度比满足《高层建筑混凝土结构技术规程》JGJ 3－2010 附录 E 的规定。

7.1.6 落地剪力墙在底部尽量不开洞，若必须开洞尽量开小洞，以免刚度削弱太大。如果要开洞时，落地剪力墙和筒体的洞口宜设置在墙体的中部；转换梁上一层墙体内不宜设边门洞，不应在中柱上方开设门洞；底部加强部位的剪力墙洞口宜上下对齐。

7.1.7 转换层楼板不应开大洞口。楼梯间、电梯间处，应将其周边落地剪力墙围成筒体。

7.1.8 转换层上下主体竖向结构，应尽可能使转换结构传力直接，上部的竖向抗侧力构件（墙、柱）宜直接落在转换层的主要转换构件上，尽量避免多级复杂转换，转换层楼盖应采用现浇结构。

7.1.9 框支梁截面中心线宜与框支柱截面中心线重合。上部剪力墙中心线应与转换梁中心重合。

7.1.10 部分框支剪力墙结构的剪力墙设计要求按第5章的相关条款执行。

7.1.11 矩形平面的角部不宜设置框支柱。非落地剪力墙在转换层上一层的楼板处应设暗梁。

三、计 算 要 点

1.《高规》

10.2.6 带转换层的高层建筑结构，其抗震等级应符合本规程第3.9节的有关规定，带托柱转换层的筒体结构，其转换柱和转换梁的抗震等级按部分框支剪力墙结构中的框支框架采纳。对部分框支剪力墙结构，当转换层的位置设置在3层及3层以上时，其框支柱、剪力墙底部加强部位的抗震等级宜按本规程表3.9.3和表3.9.4的规定提高一级采用，已为特一级时可不提高。

10.2.7 转换梁设计应符合下列要求：

1 转换梁上、下部纵向钢筋的最小配筋率，非抗震设计时均不应小于 0.30%；抗震设计时，特一、一、和二级分别不应小于 0.60%、0.50%和 0.40%。

2 离柱边 1.5 倍梁截面高度范围内的梁箍筋应加密，加密区箍筋直径不应小于10mm、间距不应大于100mm。加密区箍筋的最小面积配筋率，非抗震设计时不应小于 $0.9f_t/f_{yv}$；抗震设计时，特一、一和二级分别不应小于 $1.3f_t/f_{yv}$、$1.2f_t/f_{yv}$ 和

1.1 f_{yv}。

3 偏心受拉的转换梁的支座上部纵向钢筋至少应有 **50%** 沿梁全长贯通，下部纵向钢筋应全部直通到柱内；沿梁腹板高度应配置间距不大于 **200mm**、直径不小于 **16mm** 的腰筋。

条文说明： 本次修订将"框支梁"改为更广义的"转换梁"。转换梁包括部分框支剪力墙结构中的框支梁以及上面托柱的框架梁，是带转换层结构中应用最为广泛的转换结构构件。结构分析和试验研究表明，转换梁受力复杂，而且十分重要，因此本条第 1、2 款分别对其纵向钢筋、梁端加密区箍筋的最小构造配筋提出了比一般框架梁更高的要求。

本条第 3 款针对偏心受拉的转换梁（一般为框支梁）顶面纵向钢筋及腰筋的配置提出了更高要求。研究表明，偏心受拉的转换梁（如框支梁），截面受拉区域较大，甚至全截面受拉，因此除了按结构分析配置钢筋外，加强梁跨中区段顶面纵向钢筋以及两侧面腰筋的最低构造配筋要求是非常必要的。非偏心受拉转换梁的腰筋设置应符合本规程第 10.2.8 条的有关规定。

10.2.8 转换梁设计尚应符合下列规定：

1 转换梁与转换柱截面中线宜重合。

2 转换梁截面高度不宜小于计算跨度的 1/8。托柱转换梁截面宽度不应小于其上所托柱在梁宽方向的截面宽度。框支梁截面宽度不宜大于框支柱相应方向的截面宽度，且不宜小于其上墙体截面厚度的 2 倍和 400mm 的较大值。

3 转换梁截面组合的剪力设计值应符合下列规定：

持久、短暂设计状况 $\qquad V \leqslant 0.20\beta_c f_c bh_0$ （10.2.8-1）

地震设计状况 $\qquad V \leqslant \dfrac{1}{\gamma_{RE}}(0.15\beta_c f_c bh_0)$ （10.2.8-2）

4 托柱转换梁应沿腹板高度配置腰筋，其直径不宜小于 12mm、间距不宜大于 200mm。

5 转换梁纵向钢筋接头宜采用机械连接，同一连接区段内接头钢筋截面面积不宜超过全部纵筋截面面积的 50%，接头位置应避开上部墙体开洞部位、梁上托柱部位及受力较大部位。

6 转换梁不宜开洞。若必须开洞时，洞口边离开支座柱边的距离不宜小于梁截面高度；被洞口削弱的截面应进行承载力计算，因开洞形成的上、下弦杆应加强纵向钢筋和抗剪箍筋的配置。

7 对托柱转换梁的托柱部位和框支梁上部的墙体开洞部位，梁的箍筋应加密配置，加密区范围可取梁上托柱边或墙边两侧各 1.5 倍转换梁高度；箍筋直径、间距及面积配筋率应符合本规程第 10.2.7 条第 2 款的规定。

8 框支剪力墙结构中的框支梁上、下纵向钢筋和腰筋（图 10.2.8）应在节点区可靠锚固，水平段应伸至柱边，且非抗震设计时不应小于 $0.4 l_{ab}$，抗震设计时不应小于 $0.4 l_{abE}$，梁上部第一排纵向钢筋应向柱内弯折锚固，且应延伸过梁底不小于 l_a（非抗震设计）或 l_{aE}（抗震设计）；当梁上部配置多排纵向钢筋时，其内排钢筋锚入柱内的长度可适当减小，但水平段长度和弯下段长度之和不应小于钢筋锚固长度 l_a（非抗震设计）或 l_{aE}（抗震设计）。

9　托柱转换梁在转换层宜在托柱位置设置正交方向的框架梁或楼面梁。

条文说明：转换梁受力较复杂，为保证转换梁安全可靠，分别对框支梁和托柱转换梁的截面尺寸及配筋构造等，提出了具体要求。

转换梁承受较大的剪力，开洞会对转换梁的受力造成很大影响，尤其是转换梁端部剪力最大的部位开洞的影响更加不利，因此对转换梁上开洞进行了限制，并规定梁上洞口避开转换梁端部，开洞部位要加强配筋构造。

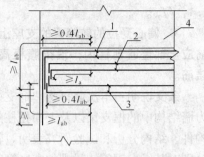

图 10.2.8　框支梁主筋和腰筋的锚固
1—梁上部纵向钢筋；2—梁腰筋；
3—梁下部纵向钢筋；4—上部剪力墙；
抗震设计时图中 l_a、l_{ab} 分别取为 l_{aE}、l_{abE}

研究表明，托柱转换梁在托柱部位承受较大的剪力和弯矩，其箍筋应加密配置（图 12a）。框支梁多数情况下为偏心受拉构件，并承受较大的剪力；框支梁上墙体开有边门洞时，往往形成小墙肢，此小墙肢的应力集中尤为突出，而边门洞部位框支梁应力急剧加大。在水平荷载作用下，上部有边门洞框支梁的弯矩约为上部无边门洞框支梁弯矩的 3 倍，剪力也约为 3 倍，因此除小墙肢应加强外，边门洞墙边部位对应的框支梁的抗剪能力也应加强，箍筋应加密配置（图 12b）。当洞口靠近梁端且剪压比不满足规定时，也可采用梁端加腋提高其抗剪承载力，并加密配箍。

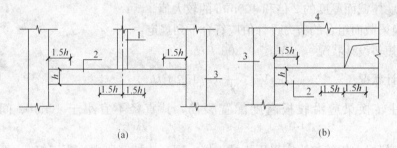

(a)　　　　　　　　　　　　　　　(b)

图 12　托柱转换梁、框支梁箍筋加密区示意
1—梁上托柱；2—转换梁；3—转换柱；4—框支剪力墙

需要注意的是，对托柱转换梁，在转换层尚宜设置承担正交方向柱底弯矩的楼面梁或框架梁，避免转换梁承受过大的扭矩作用。

与 02 规程相比，第 2 款梁截面高度由原来的不应小于计算跨度的 1/6 改为不宜小于计算跨度的 1/8；第 4 款对托柱转换梁的腰筋配置提出要求；图 10.2.8 中钢筋锚固作了调整。

10.2.9　转换层上部的竖向抗侧力构件（墙、柱）宜直接落在转换层的主要转换构件上。

条文说明：带转换层的高层建筑，当上部平面布置复杂而采用框支主梁承托剪力墙并承托转换次梁及其上剪力墙时，这种多次转换传力路径长，框支主梁将承受较大的剪力、扭矩和弯矩，一般不宜采用。中国建筑科学研究院抗震所进行的试验表明，框支主梁易产生受剪破坏，应进行应力分析，按应力校核配筋，并加强配筋构造措施；条件许可时，可采用箱形转换层。

10.2.10　转换柱设计应符合下列要求：

1 柱内全部纵向钢筋配筋率应符合本规程第 **6.4.3** 条中框支柱的规定；

2 抗震设计时，转换柱箍筋应采用复合螺旋箍或井字复合箍，并应沿柱全高加密，箍筋直径不应小于 **10mm**，箍筋间距不应大于 **100mm** 和 6 倍纵向钢筋直径的较小值；

3 抗震设计时，转换柱的箍筋配箍特征值应比普通框架柱要求的数值增加 **0.02** 采用，且箍筋体积配箍率不应小于 **1.5%**。

条文说明： 本次修订将"框支柱"改为"转换柱"。转换柱包括部分框支剪力墙结构中的框支柱和框架-核心筒、框架-剪力墙结构中支承托柱转换梁的柱，是带转换层结构重要构件，受力性能与普通框架大致相同，但受力大，破坏后果严重。计算分析和试验研究表明，随着地震作用的增大，落地剪力墙逐渐开裂、刚度降低，转换柱承受的地震作用逐渐增大。因此，除了在内力调整方面对转换柱作了规定外，本条对转换柱的构造配筋提出了比普通框架柱更高的要求。

本条第 3 款中提到的普通框架柱的箍筋最小配箍特征值要求，见本规程第 6.4.7 条的有关规定，转换柱的箍筋最小配箍特征值应比本规程表 6.4.7 的规定提高 0.02 采用。

10.2.11 转换柱设计尚应符合下列规定：

1 柱截面宽度，非抗震设计时不宜小于 400mm，抗震设计时不应小于 450mm；柱截面高度，非抗震设计时不宜小于转换梁跨度的 1/15，抗震设计时不宜小于转换梁跨度的 1/12。

2 一、二级转换柱由地震作用产生的轴力应分别乘以增大系数 1.5、1.2，但计算柱轴压比时可不考虑该增大系数。

3 与转换构件相连的一、二级转换柱的上端和底层柱下端截面的弯矩组合值应分别乘以增大系数 1.5、1.3，其他层转换柱柱端弯矩设计值应符合本规程第 6.2.1 条的规定。

4 一、二级柱端截面的剪力设计值应符合本规程第 6.2.3 条的有关规定。

5 转换角柱的弯矩设计值和剪力设计值应分别在本条第 3、4 款的基础上乘以增大系数 1.1。

6 柱截面的组合剪力设计值应符合下列规定：

持久、短暂设计状况 $\quad V \leqslant 0.20\beta_c f_c bh_0$ （10.2.11-1）

地震设计状况 $\quad V \leqslant \dfrac{1}{\gamma_{RE}}(0.15\beta_c f_c bh_0)$ （10.2.11-2）

7 纵向钢筋间距均不应小于 80mm，且抗震设计时不宜大于 200mm，非抗震设计时不宜大于 250mm；抗震设计时，柱内全部纵向钢筋配筋率不宜大于 4.0%。

8 非抗震设计时，转换柱宜采用复合螺旋箍或井字复合箍，其箍筋体积配箍率不宜小于 0.8%，箍筋直径不宜小于 10mm，箍筋间距不宜大于 150mm。

9 部分框支剪力墙结构中的框支柱在上部墙体范围内的纵向钢筋应伸入上部墙体内不少于一层，其余柱纵筋应锚入转换层梁内或板内；从柱边算起，锚入梁内、板内的钢筋长度，抗震设计时不应小于 l_{aE}，非抗震设计时不应小于 l_a。

条文说明： 抗震设计时，转换柱截面主要由轴压比控制并要满足剪压比的要求。为增大转换柱的安全性，有地震作用组合时，一、二级转换柱由地震作用引起的轴力值应分别乘以增大系数 1.5、1.2，但计算柱轴压比时可不考虑该增大系数。同时为推迟转换柱的屈服，以免影响整个结构的变形能力，规定一、二级转换柱与转换构件相连的柱上端和底层柱下端截面的弯矩组合值应分别乘以1.5、1.3，剪力设计值也应按规定调整。由于转换柱为重要受力构件，本条对柱截面尺寸、柱内竖向钢筋总配筋率、箍筋配置等提出了相应的要求。

10.2.12　抗震设计时，转换梁、柱的节点核心区应进行抗震验算，节点应符合构造措施的要求。转换梁、柱的节点核心区应按本规程第6.4.10条的规定设置水平箍筋。

10.2.17　部分框支剪力墙结构框支柱承受的水平地震剪力标准值应按下列规定采用：

1　每层框支柱的数目不多于10根时，当底部框支层为1～2层时，每根柱所受的剪力应至少取结构基底剪力的2%；当底部框支层为3层及3层以上时，每根柱所受的剪力应至少取结构基底剪力的3%。

2　每层框支柱的数目多于10根时，当底部框支层为1～2层时，每层框支柱承受剪力之和应至少取结构基底剪力的20%；当框支层为3层及3层以上时，每层框支柱承受剪力之和应至少取结构基底剪力的30%。

框支柱剪力调整后，应相应调整框支柱的弯矩及柱端框架梁的剪力和弯矩，但框支梁的剪力、弯矩、框支柱的轴力可不调整。

条文说明：对于部分框支剪力墙结构，在转换层以下，一般落地剪力墙的刚度远远大于框支柱的刚度，落地剪力墙几乎承受全部地震剪力，框支柱的剪力非常小。考虑到在实际工程中转换层楼面会有显著的面内变形，从而使框支柱的剪力显著增加。12层底层大空间剪力墙住宅模型试验表明：实测框支柱的剪力为按楼板刚度无限大假定计算值的6～8倍；且落地剪力墙出现裂缝后刚度下降，也导致框支柱剪力增加。所以按转换层位置的不同以及框支柱数目的多少，对框支柱剪力的调整增大作了不同的规定。

10.2.18　部分框支剪力墙结构中，特一、一、二、三级落地剪力墙底部加强部位的弯矩设计值应按墙底截面有地震作用组合的弯矩值乘以增大系数1.8、1.5、1.3、1.1采用；其剪力设计值应按本规程第3.10.5条、第7.2.6条的规定进行调整。落地剪力墙墙肢不宜出现偏心受拉。

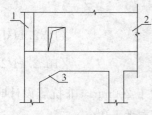

图10.2.22　框支梁上墙体有边门洞时洞边墙体的构造要求
1—翼墙或端柱；2—剪力墙；
3—框支梁加腋

10.2.22　部分框支剪力墙结构框支梁上部墙体的构造应符合下列规定：

1　当梁上部的墙体开有边门洞时（图10.2.22），洞边墙体宜设置翼墙、端柱或加厚，并应按本规程第7.2.15条约束边缘构件的要求进行配筋设计；当洞口靠近梁端部且梁的受剪承载力不满足要求时，可采取框支梁加腋或增大框支墙洞口连梁刚度等措施。

2　框支梁上部墙体竖向钢筋在梁内的锚固长度，抗震设计时不应小于l_{aE}，非抗震设计时不应小于l_a。

3　框支梁上部一层墙体的配筋宜按下列规定进行校核：

1）柱上墙体的端部竖向钢筋面积A_s：

$$A_s = h_c b_w (\sigma_{01} - f_c)/f_y \qquad (10.2.22\text{-}1)$$

2）柱边$0.2l_n$宽度范围内竖向分布钢筋面积A_{sw}：

$$A_{sw} = 0.2l_n b_w (\sigma_{02} - f_c)/f_{yw} \qquad (10.2.22\text{-}2)$$

3）框支梁上部$0.2l_n$高度范围内墙体水平分布筋面积A_{sh}：

$$A_{sh} = 0.2 l_n b_w \sigma_{xmax} / f_{yh} \qquad (10.2.22-3)$$

式中：l_n ——框支梁净跨度（mm）；

$\quad h_c$ ——框支柱截面高度（mm）；

$\quad b_w$ ——墙肢截面厚度（mm）；

$\quad \sigma_{01}$ ——柱上墙体 h_c 范围内考虑风荷载、地震作用组合的平均压应力设计值（N/ mm^2）；

$\quad \sigma_{02}$ ——柱边墙体 $0.2 l_n$ 范围内考虑风荷载、地震作用组合的平均压应力设计值（N/ mm^2）；

$\quad \sigma_{xmax}$ ——框支梁与墙体交接面上考虑风荷载、地震作用组合的水平拉应力设计值（N/mm^2）。

有地震作用组合时，公式(10.2.22-1)～(10.2.22-3)中 σ_{01}、σ_{02}、σ_{xmax} 均应乘以 γ_{RE}，γ_{RE} 取 0.85。

4 框支梁与其上部墙体的水平施工缝处宜按本规程第 7.2.12 条的规定验算抗滑移能力。

条文说明： 根据中国建筑科学研究院结构所等单位的试验及有限元分析，在竖向及水平荷载作用下，框支梁上部的墙体在多个部位会出现较大的应力集中，这些部位的剪力墙容易发生破坏，因此对这些部位的剪力墙规定了多项加强措施。

10.2.24 部分框支剪力墙结构中，抗震设计的矩形平面建筑框支转换层楼板，其截面剪力设计值应符合下列要求：

$$V_f \leqslant \frac{1}{\gamma_{RE}} (0.1 \beta_c f_c b_f t_f) \qquad (10.2.24-1)$$

$$V_f \leqslant \frac{1}{\gamma_{RE}} (f_y A_s) \qquad (10.2.24-2)$$

式中：b_f、t_f ——分别为框支转换层楼板的验算截面宽度和厚度；

$\quad V_f$ ——由不落地剪力墙传到落地剪力墙处按刚性楼板计算的框支层楼板组合的剪力设计值，8 度时应乘以增大系数 2.0，7 度时应乘以增大系数 1.5。验算落地剪力墙时可不考虑此增大系数；

$\quad A_s$ ——穿过落地剪力墙的框支转换层楼盖（包括梁和板）的全部钢筋的截面面积；

$\quad \gamma_{RE}$ ——承载力抗震调整系数，可取 0.85。

10.2.25 部分框支剪力墙结构中，抗震设计的矩形平面建筑框支转换层楼板，当平面较长或不规则以及各剪力墙内力相差较大时，可采用简化方法验算楼板平面内受弯承载力。

条文说明： 部分框支剪力墙结构中，框支转换层楼板是重要的传力构件，不落地剪力墙的剪力需要通过转换层楼板传递到落地剪力墙，为保证楼板能可靠传递面内相当大的剪力（弯矩），规定了转换层楼板截面尺寸要求、抗剪截面验算、楼板平面内受弯承载力验算以及构造配筋要求。

2. 《技术措施》

7.2.1 部分框支剪力墙结构的内力分析应分两步：首先采用三维空间分析方法进行整体结构的内力分析，得到各构件的内力和配筋；然后对框支梁附近楼层进行平面有限元分析，取得详细应力分布，然后决定框支梁和附近墙体内的配筋。（平面有限元分析的范围应为底层框架和框支层以上 3 至 4 层墙。底层框支梁柱的有限单元划分宜选用高精度元，在梁柱全截面高度上可划三至五等分，上层墙体可结合洞口位置均匀划分。）

7.2.2　大空间楼层的分析不应采用楼板平面内刚度无限大的假定。

7.2.3　内力分析以后，应对楼层剪力作如下调整：

　　1　底层落地剪力墙承担该层全部剪力。

　　2　底层框支柱承担 20%～30% 的底层剪力，其分配原则见表 7.2.3。主楼与裙房相连时，不含裙房部分的地震剪力，框支柱不含裙房框架柱。

表 7.2.3　框支柱的最小设计剪力 V_{cj}

柱数 n_c	上层为一般剪力墙结构	
	1～2 层框支层	3 层及 3 层以上框支层
≤10	0.02V	0.03V
>10	$0.2V/n_c$	$0.2V/n_c$

注：1　框支柱剪力调整后，应相应调整框支柱的弯矩及柱端框架梁的剪力、弯矩，但框支梁的剪力、弯矩、轴力可不调整。

　　2　n_c—每层框支柱的数目；

　　　　V—结构基底剪力。

7.2.4　转换构件及框支柱应根据《高层建筑混凝土结构技术规程》JGJ 3－2010 第 3.11 节的规定进行结构抗震性能设计。

7.2.5　部分框支剪力墙结构的落地剪力墙墙肢不应出现偏心受拉。

7.2.6　带转换层的高层建筑结构，其薄弱层调整以后的地震剪力应按《高层建筑混凝土结构技术规程》JGJ 3－2010 第 3.5.8 规定计算乘以 1.25 的增大系数。转换构件应考虑竖向地震的影响。

7.2.7　特一、一、二、三级落地剪力墙底部加强部位的弯矩设计值应按墙底截面有地震作用组合的弯矩值乘以增大系数 1.8、1.5、1.3、1.1 采用；其剪力设计值应按考虑地震作用组合的剪力计算值乘以增大系数 1.9、1.6、1.4、1.2 采用。

7.2.8　框支柱的设计应符合下列规定：

　　1　特一、一、二级框支柱由地震作用产生的轴力应分别乘以增大系数 1.8、1.5、1.2，但计算柱轴压比时可不考虑该增大系数；

　　2　与转换构件相连的特一、一、二级框支柱的上端和底层柱下端截面的弯矩组合值应分别乘以增大系数 1.8、1.5、1.3，其他层框支柱柱端弯矩设计值应分别乘以增大系数 1.68、1.4、1.2。

　　3　特一、一、二级框支柱柱端剪力设计值：与转换构件相连的框支柱和底层柱应分别乘以增大系数 1.8×1.68＝3.02、1.5×1.4＝2.1、1.3×1.2＝1.56，其他层框支柱应分别乘以增大系数 1.68×1.68＝2.82、1.4×1.4＝1.96、1.2×1.2＝1.44。

　　4　框支角柱的弯矩设计值和剪力设计值应分别在本条第 2、3 款的基础上乘以增大系数 1.1。

　　5　柱截面的组合剪力设计值应符合下列规定：

持久、短暂设计状况 $\qquad V \leqslant 0.20\beta_{c}f_{c}bh_{0}$ （7.2.8-1）

地震设计状况 $\qquad V \leqslant (0.15\beta_{c}f_{c}bh_{0})/\gamma_{RE}$ （7.2.8-2）

7.2.9 框支梁上部墙体的构造应满足下列要求：

1 当框支梁上部的墙体开有门洞时，洞边墙体宜设置翼缘墙、端柱或加厚，并按约束边缘构件的要求进行配筋设计；

2 配筋可按下式校核并按图 7.2.9-1，图 7.2.9-2 范围配筋。

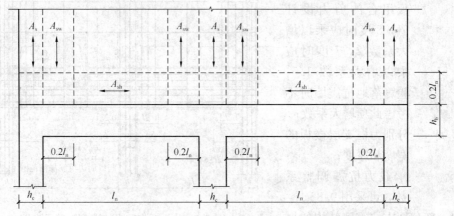

图 7.2.9-1 框支梁上部墙体加强配筋图

柱上墙体的端部竖向钢筋 A_{s}：

$$A_{s} = h_{c}b_{w}(\sigma_{01} - f_{c})/f_{y}$$ （7.2.9-1）

柱边 $0.2l_{n}$ 宽度范围内的竖向分布钢筋 A_{sw}：

$$A_{sw} = 0.2l_{n}b_{w}(\sigma_{02} - f_{c})/f_{yw}$$ （7.2.9-2）

框支梁上方 $0.2l_{n}$ 高度范围内的墙体水平分布钢筋 A_{sh}：

$$A_{sh} = 0.2l_{n}b_{w}\sigma_{x,max}/f_{yh}$$ （7.2.9-3）

式中 l_{n}——框支梁净跨（mm）；

$\qquad h_{c}$——框支柱截面高度（mm）；

$\qquad b_{w}$——墙厚（mm）；

$\qquad \sigma_{01}$——柱上墙体在 h_{c} 范围内，考虑风荷载、地震作用组合的平均压应力（N/mm²）；

$\qquad \sigma_{02}$——柱边墙体在 $0.2l_{n}$ 范围，考虑风荷载、地震作用组合的平均压应力（N/mm²）；

$\qquad \sigma_{x,max}$——框支梁与墙体连接面上考虑风荷载、地震作用组合的水平拉应力（N/mm²）；

$\qquad f_{y}$——剪力墙端部受拉钢筋强度设计值；

$\qquad f_{yw}$——剪力墙墙体竖向分布钢筋强度设计值；

$\qquad f_{yh}$——剪力墙墙体水平分布钢筋强度设计值；

有地震作用时，式（7.2.9-1）、（7.2.9-2）、（7.2.9-3）中 σ_{01}、σ_{02}、$\sigma_{x,max}$ 均应乘以 γ_{RE}，γ_{RE} 取 0.85。在 $0.2l_{n}$ 区段内的竖向和横向钢筋，均应比区段以外相应钢筋的间距加密一倍。

7.2.10 部分框支抗震墙结构的框支层楼板剪力设计值，应符合下列要求：

$$V_f \leqslant \frac{1}{\gamma_{RE}}(0.1f_cb_ft_f)$$

(7.2.10)

式中　V_f——由不落地抗震墙传到落地抗震墙处按刚性楼板计算的框支层楼板组合的剪力设计值，8 度时应乘以增大系数 2，7 度时应乘以增大系数 1.5；验算落地抗震墙时不考虑此项增大系数；

　　　b_f，t_f——分别为框支层楼板的宽度和厚度；

　　　γ_{RE}——承载力抗震调整系数，可采用 0.85。

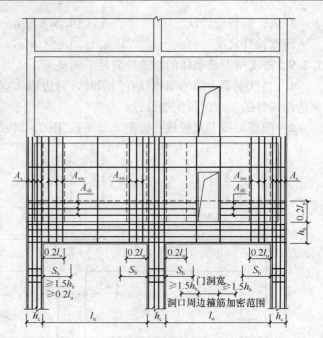

图 7.2.9-2　框支剪力墙典型配筋示意图

注：S_b 为框支梁箍筋加密区范围

7.2.11　部分框支抗震墙结构的框支层楼板与落地抗震墙交接截面的受剪承载力，应按下列公式验算：

$$V_f \leqslant \frac{1}{\gamma_{RE}}(0.7f_yA_s)$$

(7.2.11)

式中　A_s——穿过落地抗震墙的框支层楼盖（包括梁和板）的全部钢筋的截面面积。

四、构　造

1.《高规》

10.2.13　箱形转换结构上、下楼板厚度均不宜小于 180mm，应根据转换柱的布置和建筑功能要求设置双向横隔板；上、下板配筋设计应同时考虑板局部弯曲和箱形转换层整体弯曲的影响，横隔板宜按深梁设计。

　　条文说明： 箱形转换构件设计时要保证其整体受力作用，因此规定箱形转换结构上、下楼板（即顶、底板）厚度不宜小于 180mm，并应设置横隔板。箱形转换层的顶、底板，除产生局部弯曲外，还会产生因箱形结构整体变形引起的整体弯曲，截面承载力设计时应该同时考虑这两种弯曲变形在截面内产生的拉应力、压应力。

10.2.14　厚板设计应符合下列规定：

　　1　转换厚板的厚度可由抗弯、抗剪、抗冲切截面验算确定。

　　2　转换厚板可局部做成薄板，薄板与厚板交界处可加腋；转换厚板亦可局部做成夹心板。

　　3　转换厚板宜按整体计算时所划分的主要交叉梁系的剪力和弯矩设计值进行截面设计并按有限元法分析结果进行配筋校核；受弯纵向钢筋可沿转换板上、下部双层双向配置，每一方向总配筋率不宜小于 0.6％；转换板内暗梁的抗剪箍筋面积配筋率不宜小于 0.45％。

4 厚板外周边宜配置钢筋骨架网。

5 转换厚板上、下部的剪力墙、柱的纵向钢筋均应在转换厚板内可靠锚固。

6 转换厚板上、下一层的楼板应适当加强，楼板厚度不宜小于 150mm。

10.2.15 采用空腹桁架转换层时，空腹桁架宜满层设置，应有足够的刚度。空腹桁架的上、下弦杆宜考虑楼板作用，并应加强上、下弦杆与框架柱的锚固连接构造；竖腹杆应按强剪弱弯进行配筋设计，并加强箍筋配置以及与上、下弦杆的连接构造措施。

条文说明：根据已有设计经验，空腹桁架作转换层时，一定要保证其整体作用，根据桁架各杆件的不同受力特点进行相应的设计构造，上、下弦杆应考虑轴向变形的影响。

10.2.19 部分框支剪力墙结构中，剪力墙底部加强部位墙体的水平和竖向分布钢筋的最小配筋率，抗震设计时不应小于 0.3％，非抗震设计时不应小于 0.25％；抗震设计时钢筋间距不应大于 200mm，钢筋直径不应小于 8mm。

条文说明：部分框支剪力墙结构中，剪力墙底部加强部位是指房屋高度的 1/10 以及地下室顶板至转换层以上两层高度二者的较大值。落地剪力墙是框支层以下最主要的抗侧力构件，受力很大，破坏后果严重，十分重要；框支层上部两层剪力墙直接与转换构件相连，相当于一般剪力墙的底部加强部位，且其承受的竖向力和水平力要通过转换构件传递至框支层竖向构件。因此，本条对部分框支剪力墙底部加强部位剪力墙的分布钢筋最低构造，提出了比普通剪力墙底部加强部位更高的要求。

10.2.20 部分框支剪力墙结构的剪力墙底部加强部位，墙体两端宜设置翼墙或端柱，抗震设计时尚应按本规程第 7.2.15 条的规定设置约束边缘构件。

10.2.21 部分框支剪力墙结构的落地剪力墙基础应有良好的整体性和抗转动的能力。

条文说明：当地基土较弱或基础刚度和整体性较差时，在地震作用下剪力墙基础可能产生较大的转动，对框支剪力墙结构的内力和位移均会产生不利影响。因此落地剪力墙基础应有良好的整体性和抗转动的能力。

10.2.23 部分框支剪力墙结构中，框支转换层楼板厚度不宜小于 180mm，应双层双向配筋，且每层每方向的配筋率不宜小于 0.25％，楼板中钢筋应锚固在边梁或墙体内；落地剪力墙和筒体外围的楼板不宜开洞。楼板边缘和较大洞口周边应设置边梁，其宽度不宜小于板厚的 2 倍，全截面纵向钢筋配筋率不应小于 1.0％。与转换层相邻楼层的楼板也应适当加强。

2. 《技术措施》

7.3.1 框支剪力墙结构构件的混凝土强度等级，按下列规定选用：

1 框支梁、框支柱、转换层楼板不应低于 C30；

2 落地剪力墙在转换层以下的墙体不应低于 C30。

7.3.2 转换层楼板厚度不宜小于 180mm，应双层双向配筋，且每层每方向的配筋率不宜小于 0.25％，如柱网区格内有十字次梁或井字梁时，板厚可减至 150mm，配筋率不变。楼板中钢筋应锚固在边梁内；落地剪力墙和筒体外周围的楼板不宜开洞。楼板边缘构件和较大洞口周边应设置边梁，其宽度不宜小于板厚的 2 倍，纵向钢筋配筋率不应小于 1.0％，钢筋接头宜采用机械连接或焊接。与转换层相邻楼层的楼板也应适当加强，楼板厚度不宜小于 150mm，宜双层双向配筋。

7.3.3 框支剪力墙的截面尺寸和构造除应满足一般剪力墙的要求，尚应满足下列要求：

　　1 落地剪力墙和筒体底部加强部位应加厚，转换构件上部的剪力墙厚度不小于 200mm，当该层作为转换构件时，墙厚不宜小于 300mm。

　　2 框支剪力墙底部加强部位的水平和竖向分布钢筋最小配筋率，抗震设计不应小于 0.30%，非抗震设计不应小于 0.25%；抗震设计钢筋间距不应大于 200mm，水平钢筋直径不应小于 8mm，竖向钢筋直径不宜小于 10mm；

　　3 剪力墙底部加强部位，墙体两侧宜设翼墙或端柱，抗震设计时，应设置约束边缘构件；

7.3.4 框支柱的宽度 b_c，抗震设计时不宜小于 450mm，非抗震设计时不宜小于 400mm；截面高度 h_c 不宜小于 b_c，抗震设计时不宜小于框支梁跨度的 1/12，非抗震设计时不宜小于梁跨度的 1/15。框支柱不宜采用短柱，柱净高与柱截面高度之比不宜小于 4，当不满足此项要求时，宜加大框支楼层的层高。

7.3.5 框支柱柱内全部纵向钢筋配筋率，特一级不应小于 1.6%，一级不应小于 1.1%，二级不应小于 0.9%，非抗震时不应小于 0.7%。纵向钢筋的间距，抗震设计时不宜大于 200mm；非抗震设计时，不宜大于 250mm，且均不应小于 80mm。抗震设计时柱内全部纵向钢筋配筋率不宜大于 4.0%。框支柱在上部墙体范围内的纵向钢筋应伸入墙体内不少于一层，其余柱筋应锚入转换层梁内或板内。锚入梁内的钢筋长度，从柱边算起不应小于 l_{aE}（抗震设计）或 l_a（非抗震设计）。利用上层剪力墙作为转换构件时，框支柱宜伸至上层顶部，且剪力墙不应有边门洞。

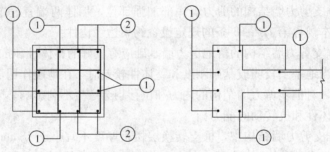

图 7.3.5　框支柱竖向主筋锚固要求

　　注：在上部墙体范围内的①号筋应伸入上部墙体内不少于一层，其余柱钢筋应锚入梁内或板内，并满足锚固长度要求。

7.3.6 框支柱箍筋的配置应符合下列要求：

　　1 抗震设计时，应采用复合螺旋箍或井字复合箍，箍筋直径不应小于 10mm，间距不应大于 100mm 和 6 倍纵向钢筋直径的较小值，并应沿柱全高加密。

　　2 抗震设计时，一、二级框支柱加密区的配箍特征值应比一般框架结构柱的规定值增加 0.02，且箍筋体积配箍率不应小于 1.5%。

　　3 非抗震设计时，宜采用复合螺旋箍和井字复合箍；箍筋体积配筋率不宜小于 0.8%，箍筋直径不应小于 10mm，间距不应大于 150mm。

7.3.7 框支梁的宽度 b_b 不宜大于框支柱相应方向的截面宽度，不宜小于上部墙体厚度的 2 倍，且不宜小于 400mm；当梁上托柱时，尚不应小于梁宽方向的柱截面宽度；梁高不宜小于计算跨度的1/8。当梁高受限时，可以采用加腋梁。当荷载较小时，梁高也可适当减小。

7.3.8 框支梁设计应符合下列要求：

1 梁上、下部纵向钢筋的最小配筋率，非抗震设计时，不应小于0.30%；抗震设计时，特一、一和二级分别不应小于0.60%、0.50%、0.40%。

2 框支梁支座上部纵向钢筋至少应有50%沿全长贯通，下部纵向钢筋应全部直通到柱内；沿梁高应配置间距不大于200mm、直径不小于16mm的腰筋。

3 梁上、下纵向钢筋和腰筋的锚固宜符合图7.3.8的要求。

当梁上部配置多排纵向钢筋时，其内排钢筋锚入柱内的长度可适当减小，但不应小于锚固长度 l_a（非抗震设计）或 l_{aE}（抗震设计）。

注：可仅第一排筋弯起，此时如直筋锚固长度不够 l_{aE}，可采用《混凝土结构设计规范》GB 50010-2010 第9.3.4条的锚固措施。

4 框支梁不宜开洞。若需开洞时，洞口边离开支座柱边的距离不宜小于梁截面高度，被洞口削弱的截面应进行承载力计算。因开洞形成的上、下弦杆应加强纵向钢筋与抗剪箍筋的配置。

5 框支梁支座处（离柱边1.5倍梁截面高度范围内）箍筋应加密，加密区箍筋直径不应小于10mm，间距不应大于100mm；加密区箍筋最小面积配筋率，非抗震设计时不应小于 $0.9f_t/f_{yv}$；抗震

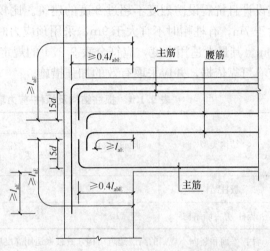

图7.3.8 框支柱主筋与腰筋的锚固

设计时，特一、一和二级分别不应小于 $1.3f_t/f_{yv}$、$1.2f_t/f_{fv}$ 和 $1.1f_1/f_{yv}$。框支墙门洞下方的箍筋也应按上述要求加密。

6 抗震设计时，梁纵向钢筋接头宜采用机械连接，同一连接区段内，接头的钢筋截面面积不宜超过全部钢筋截面面积的50%，接头应避开上部墙体的开洞部位、梁上托柱部位及受力较大部位。

7.3.9 框支柱的轴压比应符合表7.3.9的要求，轴压比不满足要求时，应加大截面尺寸或提高混凝土强度等级。

表 7.3.9 框支柱的轴压比限值

抗震等级	特一级	一级	二级
轴压比限值	0.5	0.6	0.7

注：1 表中数值适用于剪跨比大于2的柱，剪跨比不大于2但不小于1.5的柱，其数值应按表中数值减小0.05；剪跨比小于1.5的柱，其轴压比限值应专门研究并采取特殊构造措施。

2 表中数值适用于混凝土强度等级不高于C60的柱，当混凝土强度等级为C60~C70时，轴压比限值应降低0.05，当混凝土强度等级为C75~C80时，轴压比限值应降低0.10。

第 11 章　板柱-剪力墙结构设计

一、适用高度及抗震等级（《技术措施》）

9.1.1　板柱结构适用于多层非抗震设计的建筑，板柱-剪力墙结构适用于多层、高层非抗震设计且抗震设防烈度不超过 8 度的建筑。比较经济的板的跨度，采用平板时，跨度不宜大于 7m，有柱帽时不宜大于 9m，采用预应力时不宜大于 12m；密肋板和空心板时为 7~10m。其最大适用高度，应符合表 9.1.1 的规定。当房屋高度超过本表数值时，结构设计应有可靠依据，并应采取有效的加强措施。

表 9.1.1　板柱结构及板柱-剪力墙结构的最大适用高度（m）

结构类型	非抗震设计	抗 震 设 计			
		6 度	7 度	8 度	
				0.20g	0.30g
板柱结构	20	—	—	—	—
板柱-剪力墙结构	110	80	70	55	40

注：平面和竖向不规则的高层建筑结构，其最大适用高度应适当降低。

9.1.2　抗震设计时，板柱-剪力墙结构抗震等级见表 9.1.2。

表 9.1.2　板柱-剪力墙结构的抗震等级

建筑类别	场地类别		6 度		7 度				8 度			
	基本地震加速度		0.05g		0.10g		0.15g		0.20g		0.30g	
	构件 ＼ 高度(m)		≤35	>35	≤35	>35	≤35	>35	≤35	>35	≤35	>35
丙类建筑	Ⅰ类	框架、板柱的柱及柱上板带	三	二	二 (三)	二 (三)	二 (三)	二 (三)	一 (二)	一 (二)	一 (二)	一 (二)
		剪力墙	二	二	二	一 (二)	二	一 (二)	一	一	一	一
	Ⅱ类	框架、板柱的柱及柱上板带	三	二					一	一	一	一
		剪力墙	二	二					一	一	一	一
	Ⅲ、Ⅳ类	框架、板柱的柱及柱上板带	三	二			二 (一)	二 (一)			一 (一＊)	一 (一＊)
		剪力墙	二	二	二	二					二 (二＊)	一 (一＊)

续表 9.1.2

建筑类别	场地类别	构件 / 高度(m)	6度 0.05g ≤35	6度 0.05g >35	7度 0.10g ≤35	7度 0.10g >35	7度 0.15g ≤35	7度 0.15g >35	8度 0.20g ≤35	8度 0.20g >35	8度 0.30g ≤35	8度 0.30g >35
乙类建筑	Ⅰ类	框架、板柱的柱及柱上板带	二(三)	二	一(二)	一(二)	一(二)	一(二)	特一(一)	特一(一)	特一(一)	特一(一)
		剪力墙	二	二(二)					一(二)	特一(一)	一(二)	特一(一)
	Ⅱ类	框架、板柱的柱及柱上板带							特一	特一	特一	特一
		剪力墙	二	二	二	二			特一	一	特一	
	Ⅲ、Ⅳ类	框架、板柱的柱及柱上板带					(特一)	(特一)	特一	特一	特一	特一
		剪力墙	二	二	二	二	二(一)	(特一)	特一	一	二(特一)	特一

注：1　接近或等于高度分界时应结合房屋不规则程度及场地、地基条件适当确定抗震等级；

2　当建筑场地为Ⅰ类时，应允许按表中括号内抗震等级采取抗震构造措施；当建筑场地为Ⅲ、Ⅳ类时，宜按表中括号内抗震等级采取抗震构造措施；

3　如果房屋高度超过提高一度后对应的房屋最大适用高度，应采取比对应抗震等级更有效的抗震构造措施。

二、结构布置

1. 《技术措施》

9.1.3　建筑设计应符合抗震概念设计的要求，不规则的建筑方案应按规定采取加强措施；特别不规则的建筑方案应进行专门研究和论证，采取特别的加强措施；不应采用严重不规则的建筑方案。

9.1.4　板柱结构、板柱-剪力墙结构的平面布置，宜符合下列要求：

1　结构布置宜均匀、对称，刚度中心与质量中心宜重合。

2　板柱结构每方向单列柱数不宜少于 3 根。

3　抗震设计时，板柱—剪力墙结构两主轴方向均应布置剪力墙。

4　为减少边跨跨中弯矩和柱的不平衡弯矩，可将沿周边的楼板伸出边柱外侧形成悬挑，伸出长度（从板边缘至外柱中心）不宜超过板沿伸出方向跨度的 0.4 倍；当楼板不伸出边柱外侧时，在板的周围应设边梁，边梁截面高度不应小于板厚的 2.5 倍。边梁应与半个柱上板带共同承受弯矩、剪力和扭矩进行设计，并满足各最小配筋率的要求。

5　抗震设计时，房屋的周边宜采用有梁框架，有楼梯、电梯间等较大开洞时，洞口周围宜设置框架梁、边梁或剪力墙。房屋的地下一层顶板宜采用梁板结构。

9.1.5　板柱-剪力墙结构中剪力墙的布置宜符合下列要求：

1　剪力墙厚度不应小于 180mm；房屋高度大于 12m 时，墙厚不应小于 200mm。

2　剪力墙宜均匀布置在建筑物的楼梯间、电梯间、平面形状变化及恒载较大的部位，剪力墙不宜过分集中，间距不宜过大。

3　平面形状凹凸较大时，宜在凸出部分的端部附近设置剪力墙。

4　纵、横剪力墙宜组成 L 形、T 形和〔形等型式，避免采用单片短肢剪力墙，少数不能避免时，应满足《高层建筑混凝土结构技术规程》JCJ 3 - 2010 第 7.2.2 条及本措施第 5 章有关短肢剪力墙的设计要求。

5　剪力墙不宜过长，每道剪力墙底部承担的水平剪力不宜超过结构底部总水平剪力的 30％。

6　剪力墙宜贯通建筑物的全高，宜避免刚度突变；剪力墙开洞时，洞口宜上下对齐。

7　抗震设计时，剪力墙的布置宜使结构各主轴方向的侧向刚度接近。

9.1.6　剪力墙的布置宜符合下列要求：

1　无大洞的楼（屋）盖剪力墙之间的间距宜满足表 9.1.6 的要求，超过时，应计入楼盖平面内变 形的影响；当这些剪力墙之间的楼盖有较大开洞时，表中的数值应适当减小；

2　纵向剪力墙不宜集中布置在房屋的两尽端。

表 9.1.6　剪力墙间距（m）

楼盖形式	非抗震设计 （取较小值）	抗震设防烈度	
		6 度、7 度（取较小值）	8 度（取较小值）
现浇	5.0B, 60	4.0B, 50	3.0B, 40

注：表中 B 为剪力墙之间的楼盖宽度，单位为 m；

9.1.7　当墙边或梁边有较大洞口时，应采取有效的构造措施，以保证侧向水平力能可靠地传递至剪力墙或梁上。

9.1.8　板柱结构、板柱-剪力墙结构不应有错层，不宜出现短柱。对楼梯间等可能出现的局部短柱，应采取切实可靠的加强措施。

2.《高规》

8.1.9　板柱-剪力墙结构的布置应符合下列规定：

1　应同时布置筒体或两主轴方向的剪力墙以形成双向抗侧力体系，并应避免结构刚度偏心，其中剪力墙或筒体应分别符合本规程第 7 章和第 9 章的有关规定，且宜在对应剪力墙或筒体的各楼层处设置暗梁。

2　抗震设计时，房屋的周边应设置边梁形成周边框架，房屋的顶层及地下室顶板宜采用梁板结构。

3　有楼、电梯间等较大开洞时，洞口周围宜设置框架梁或边梁。

4　无梁板可根据承载力和变形要求采用无柱帽（柱托）板或有柱帽（柱托）板形式。柱托板的长度和厚度应按计算确定，且每方向长度不宜小于板跨度的 1/6，其厚度不宜小于板厚度的 1/4。7 度时宜采用有柱托板，8 度时应采用有柱托板，此时托板每方向长度尚不宜小于同方向柱截面宽度和 4 倍板厚之和，托板总厚度尚不应小于柱纵向钢筋直径的 16 倍。当无柱托板且无梁板受冲切承载力不足时，可采用型钢剪力架（键），此时板的厚度并不应小于 200mm。

5　双向无梁板厚度与长跨之比，不宜小于表 8.1.9 的规定。

表 8.1.9 双向无梁板厚度与长跨的最小比值

非预应力楼板		预应力楼板	
无柱托板	有柱托板	无柱托板	有柱托板
1/30	1/35	1/40	1/45

条文说明： 板柱结构由于楼盖基本没有梁，可以减小楼层高度，对使用和管道安装都较方便，因而板柱结构在工程中时有采用。但板柱结构抵抗水平力的能力差，特别是板与柱的连接点是非常薄弱的部位，对抗震尤为不利。

3.《抗规》

6.6.2 板柱-抗震墙的结构布置，尚应符合下列要求：

1 抗震墙厚度不应小于 180mm，且不宜小于层高或无支长度的 1/20；房屋高度大于 12m 时，墙厚不应小于 200mm。

2 房屋的周边应采用有梁框架，楼、电梯洞口周边宜设置边框梁。

3 8 度时宜采用有托板或柱帽的板柱节点，托板或柱帽根部的厚度（包括板厚）不宜小于柱纵筋直径的 16 倍，托板或柱帽的边长不宜小于 4 倍板厚和柱截面对应边长之和。

4 房屋的地下一层顶板，宜采用梁板结构。

三、计 算 要 点

1.《抗规》

6.6.3 板柱-抗震墙结构的抗震计算，应符合下列要求：

1 房屋高度大于 12m 时，抗震墙应承担结构的全部地震作用；房屋高度不大于 12m 时，抗震墙宜承担结构的全部地震作用。各层板柱和框架部分应能承担不少于本层地震剪力的 20%。

2 板柱结构在地震作用下按等代平面框架分析时，其等代梁的宽度宜采用垂直于等代平面框架方向两侧柱距各 1/4。

3 板柱节点应进行冲切承载力的抗震验算，应计入不平衡弯矩引起的冲切，节点处地震作用组合的不平衡弯矩引起的冲切反力设计值应乘以增大系数，一、二、三级板柱的增大系数可分别取 1.7、1.5、1.3。

2.《高规》

8.1.10 抗风设计时，板柱-剪力墙结构中各层筒体或剪力墙应能承担不小于 80% 相应方向该层承担的风荷载作用下的剪力；抗震设计时，应能承担各层全部相应方向该层承担的地震剪力，而各层板柱部分尚应能承担不小于 20% 相应方向该层承担的地震剪力，且应符合有关抗震构造要求。

8.2.3 板柱-剪力墙结构设计应符合下列规定：

1 结构分析中规则的板柱结构可用等代框架法，其等代梁的宽度宜采用垂直于等代框架方向两侧柱距各 1/4；宜采用连续体有限元空间模型进行更准确的计算分析。

2 楼板在柱周边临界截面的冲切应力，不宜超过 $0.7f$，超过时应配置抗冲切钢筋或抗剪栓钉，当地震作用导致柱上板带支座弯矩反号时还应对反向作复核。板柱节点冲切承载力可按现行国家标准《混凝土结构设计规范》GB 50010 的相关规定进行验算，并应考虑节点不平衡弯矩作用下产生的剪力影响。

3 沿两个主轴方向均应布置通过柱截面的板底连续钢筋，且钢筋的总截面面积应符合下式要求：

$$A_s \geqslant N_G/f_y \qquad (8.2.3)$$

式中：A_s——通过柱截面的板底连续钢筋的总截面面积；

N_G——该层楼面重力荷载代表值作用下的柱轴向压力设计值，8 度时尚宜计入竖向地震影响；

f_y——通过柱截面的板底连续钢筋的抗拉强度设计值。

3.《混凝土规范》

11.9.6 沿两个主轴方向贯通节点柱截面的连续预应力筋及板底纵向普通钢筋，应符合下列要求：

1 沿两个主轴方向贯通节点柱截面的连续钢筋的总截面面积，应符合下式要求：

$$f_{py}A_p + f_yA_s \geqslant N_G \qquad (11.9.6)$$

式中：A_s——贯通柱截面的板底纵向普通钢筋截面面积；对一端在柱截面对边按受拉弯折锚固的普通钢筋，截面面积按一半计算；

A_p——贯通柱截面连续预应力筋截面面积；对一端在柱截面对边锚固的预应力筋，截面面积按一半计算；

f_{py}——预应力筋抗拉强度设计值，对无粘结预应力筋，应按本规范第 10.1.14 条取用无粘结预应力筋的应力设计值 σ_{pu}；

N_G——在本层楼板重力荷载代表值作用下的柱轴向压力设计值。

2 连续预应力筋应布置在板柱节点上部，呈下凹进入板跨中。

3 板底纵向普通钢筋的连接位置，宜在距柱面 l_{aE} 与 2 倍板厚的较大值以外，且应避开板底受拉区范围。

4.《技术措施》

9.2.1 板柱结构、板柱-剪力墙结构在垂直荷载和水平荷载作用下的内力及位移计算，宜优先采用有限元空间模型的计算方法，也可采用等代框架杆系结构有限元法或其他计算方法。

9.2.2 板柱结构、板柱-剪力墙结构的承重柱应按双向偏心受压构件进行截面设计。当按单向计算结构的水平地震作用时，其内力应取地震作用下一个方向为 100% 和另一个方向为 30% 的内力与其他荷载作用下内力的组合值。

9.2.3 符合下列条件时，在垂直荷载作用下板柱结构的平板和密肋板的内力可用经验系数法计算：

1 活荷载为均布荷载，且不大于恒载的 3 倍；

2 每个方向至少有 3 个连续跨；

3 任一区格内的长边与短边之比不大于 1.5；

4 同一方向上的最大跨度与最小跨度之比不大于 1.2。

9.2.4 按经验系数法计算时，应先算出垂直荷载产生的板的总弯矩设计值，然后按表

9.2.4 确定柱上板带和跨中板带的弯矩设计值。

对 X 方向板的总弯矩设计值，按下式计算：$M_x = q l_y (l_x - 2C/3)^2/8$ (9.2.4-1)

对 Y 方向板的总弯矩设计值，按下式计算：$M_y = q l_x (l_y - 2C/3)^2/8$ (9.2.4-2)

式中 q——垂直荷载设计值；

  $l_x、l_y$——等代框架梁的计算跨度，即柱中心线之间的距离；

    C——柱帽在计算弯矩方向的有效宽度，见图 9.2.4；无柱帽时，取 $C=$ 柱截面宽度。

表 9.2.4   柱上板带和跨中板带弯矩分配值 (表中系数乘 M_x 或 M_y)

截面位置	柱上板带	跨中板带
端跨：		
边支座截面负弯矩	0.33	0.04
跨中正弯矩	0.26	0.22
第一个内支座截面负弯矩	0.50	0.17
内跨：		
支座截面负弯矩	0.50	0.17
跨中正弯矩	0.18	0.15

注：1 在总弯矩量不变的条件下，必要时允许将柱上板带负弯矩的 10% 分配给跨中板带。

    2 本表为无悬挑板时的经验系数，有较小悬挑板时仍可采用。当悬挑板较大且负弯矩大于边支座截面负弯矩时，须考虑悬臂弯矩对边支座及内跨的影响。

    3 计算柱上板带负弯矩时，其配筋计算的 h_0 应取柱帽或托板的有效厚度，并应验算变截面处的承载力。

9.2.5 按经验系数法计算时，板柱节点处上柱和下柱弯矩设计值之和 M_c 可采用以下数值：

中柱： $M_c = 0.25 M_x(M_y)$

          (9.2.5-1)

边柱： $M_c = 0.40 M_x(M_y)$

          (9.2.5-2)

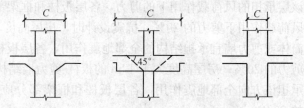

图 9.2.4   柱帽在计算弯矩方向的有效宽度

式中 $M_x(M_y)$——按本措施第 9.2.4 条计算的总弯矩设计值。

中柱或边柱的上柱和下柱的弯矩设计值可根据式 (9.2.5-1) 或 (9.2.5-2) 的值按其线刚度分配。

9.2.6 按其他方法计算时，柱上端和柱下端弯矩设计值取实际计算结果。当有柱帽时，柱上端的弯矩设计值取柱刚域边缘处的值。

9.2.7 当不符合第 9.2.3 条规定时，在垂直荷载作用下，板柱结构的平板和密肋板可采用等代框架法计算其内力：

    1 等代框架的计算宽度，取垂直于计算跨度方向的两个相邻平板中心线的间距；

    2 有柱帽的等代框架梁、柱的线刚度，可按现行国家标准《钢筋混凝土升板结构技术规程》GBJ 130-90 的有关规定确定；

    3 计算中纵向和横向每个方向的等代框架均应承担全部作用荷载；

    4 计算中宜考虑活荷载的不利组合。

9.2.8 按等代框架计算垂直荷载作用下板的弯矩，当平板与密肋板的任一区格长边与短边之比不大于 2 时，可按表 9.2.8 的规定分配给柱上板带和跨中板带；有柱帽时，其支座负弯矩宜取刚域边缘处的值，除边支座弯矩和边跨中弯矩外，分配到各板带上的弯矩应乘以 0.8 的系数。

表 9.2.8　柱上板带和跨中板带弯矩分配比例（％）

截面位置	柱上板带	跨中板带
内跨：		
支座截面负弯矩	75	25
跨中正弯矩	55	45
端跨：		
第一个内支座截面负弯矩	75	25
跨中正弯矩	55	45
边支座截面负弯矩	90	10

注：在总弯矩量不变的条件下，必要时允许将柱上板带负弯矩的 10％分配给跨中板带。

9.2.9　当采用等代框架-剪力墙结构杆系有限元法计算时，其板柱部分可按板柱结构等代框架法确定等代框架梁的计算宽度及等代框架梁、柱的线刚度。

9.2.10　水平荷载作用下，板柱结构的内力及位移，应沿两个主轴方向分别进行计算。当柱网较为规则、板面无大的集中荷载和大开孔时，可按等代框架法进行计算，其等代梁的宽度宜采用垂直于等代平面框架方向两侧柱距各 1/4。

9.2.11　抗风设计时，板柱-剪力墙结中各层筒体或剪力墙应能承担不小于 80％相应方向该层承担的风荷载作用下的剪力，各层板柱和框架部分应能承担不少于各层相应方向全部风荷载作用下剪力的 20％。抗震设计时，房屋高度不超过 12m 的板柱-剪力墙结构，各层筒体或剪力墙宜承担结构的全部地震作用，各层板柱和框架部分应能承担不少于本层地震剪力的 20％；房屋高度大于 12m 的板柱-剪力墙结构，各层筒体或横向及纵向剪力墙应能承担该方向全部地震作用，各层板柱和框架部分应能承担不少于各层相应方向地震剪力的 20％。

9.2.12　板柱结构、板柱-剪力墙结构中的等代框架梁、柱、墙、节点的内力设计值，除应符合本章的有关规定外，还应符合现行国家标准《建筑抗震设计规范》GB 50011－2010 中框架结构或框架—剪力墙结构的有关规定。

9.2.13　板柱结构、板柱-剪力墙结构应有足够的抗侧刚度，在地震作用下其弹性层间位移和薄弱层（部位）的弹塑性层间位移均应符合现行国家标准《建筑抗震设计规范》GB 50011－2010 中框架结构或框架-剪力墙结构的有关规定。

9.2.14　密肋板的肋间距、高度、宽度及面板厚度符合构造要求时，其内力可采用 T 形截面特征按平板计算。

9.2.15　板面有集中荷载时，其配筋应由计算确定。当楼板上某区格内的集中荷载设计值不大于该区格内均布活荷载设计值总量的 10％时，可折算为均布活荷载设计值进行计算。

四、抗冲切计算

1.《混凝土规范》

11.9.1　对一、二、三级抗震等级的板柱节点，应按本规范第 11.9.3 条及附录 F 进行抗震受冲切承载力验算。

附录 F 板柱节点计算用等效集中反力设计值

F.0.1 在竖向荷载、水平荷载作用下的板柱节点，其受冲切承载力计算中所用的等效集中反力设计值 $F_{l,\mathrm{eq}}$ 可按下列情况确定：

1 传递单向不平衡弯矩的板柱节点

当不平衡弯矩作用平面与柱矩形截面两个轴线之一相重合时，可按下列两种情况进行计算：

1）由节点受剪传递的单向不平衡弯矩 $\alpha_0 M_{\mathrm{unb}}$，当其作用的方向指向图 F.0.1 的 AB 边时，等效集中反力设计值可按下列公式计算：

$$F_{l,\mathrm{eq}} = F_l + \frac{\alpha_0 M_{\mathrm{unb}} a_{\mathrm{AB}}}{I_{\mathrm{c}}} u_{\mathrm{m}} h_0 \qquad (\mathrm{F}.0.1\text{-}1)$$

$$M_{\mathrm{unb}} = M_{\mathrm{unb,c}} - F_l e_{\mathrm{g}} \qquad (\mathrm{F}.0.1\text{-}2)$$

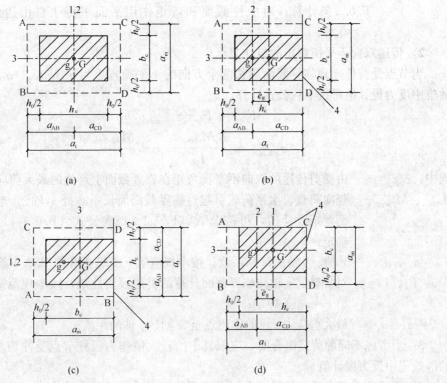

(a) (b)

(c) (d)

图 F.0.1 矩形柱及受冲切承载力计算的几何参数

（a）中柱截面；（b）边柱截面（弯矩作用平面垂直于自由边）

（c）边柱截面（弯矩作用平面平行于自由边）；（d）角柱截面

1—柱截面重心 G 的轴线；2—临界截面周长重心 g 的轴线；

3—不平衡弯矩作用平面；4—自由边

2）由节点受剪传递的单向不平衡弯矩 $\alpha_0 M_{\mathrm{unb}}$，当其作用的方向指向图 F.0.1 的 CD 边时，等效集中反力设计值可按下列公式计算：

$$F_{l,\text{eq}} = F_l + \frac{\alpha_0 M_{\text{unb}} a_{\text{CD}}}{I_c} u_m h_0 \qquad (\text{F.0.1-3})$$

$$M_{\text{unb}} = M_{\text{unb,c}} + F_l e_g \qquad (\text{F.0.1-4})$$

式中：F_l——在竖向荷载、水平荷载作用下，柱所承受的轴向压力设计值的层间差值减去柱顶冲切破坏锥体范围内板所承受的荷载设计值；

α_0——计算系数，按本规范第 F.0.2 条计算；

M_{unb}——竖向荷载、水平荷载引起对临界截面周长重心轴（图 F.0.1 中的轴线 2）处的不平衡弯矩设计值；

$M_{\text{unb,c}}$——竖向荷载、水平荷载引起对柱截面重心轴（图 F.0.1 中的轴线 1）处的不平衡弯矩设计值；

a_{AB}、a_{CD}——临界截面周长重心轴至 AB、CD 边缘的距离；

I_c——按临界截面计算的类似极惯性矩，按本规范第 F.0.2 条计算；

e_g——在弯矩作用平面内柱截面重心轴至临界截面周长重心轴的距离，按本规范第 F.0.2 条计算；对中柱截面和弯矩作用平面平行于自由边的边柱截面，$e_g = 0$。

2　传递双向不平衡弯矩的板柱节点

当节点受剪传递到临界截面周长两个方向的不平衡弯矩为 $\alpha_{0x} M_{\text{unb,x}}$、$\alpha_{0y} M_{\text{unb,y}}$ 时，等效集中反力设计值可按下列公式计算：

$$F_{l,\text{eq}} = F_l + \tau_{\text{unb,max}} u_m h_0 \qquad (\text{F.0.1-5})$$

$$\tau_{\text{unb,max}} = \frac{\alpha_{0x} M_{\text{unb,x}} a_x}{I_{cx}} + \frac{\alpha_{0y} M_{\text{unb,y}} a_y}{I_{cy}} \qquad (\text{F.0.1-6})$$

式中：$\tau_{\text{unb,max}}$——由受剪传递的双向不平衡弯矩在临界截面上产生的最大剪应力设计值；

$M_{\text{unb,x}}$、$M_{\text{unb,y}}$——竖向荷载、水平荷载引起对临界截面周长重心处 x 轴、y 轴方向的不平衡弯矩设计值，可按公式（F.0.1-2）或公式（F.0.1-4）同样的方法确定；

α_{0x}、α_{0y}——x 轴、y 轴的计算系数，按本规范第 F.0.2 条和第 F.0.3 条确定；

I_{cx}、I_{cy}——对 x 轴、y 轴按临界截面计算的类似极惯性矩，按本规范第 F.0.2 条和第 F.0.3 条确定；

a_x、a_y——最大剪应力 τ_{max} 的作用点至 x 轴、y 轴的距离。

3　当考虑不同的荷载组合时，应取其中的较大值作为板柱节点受冲切承载力计算用的等效集中反力设计值。

F.0.2　板柱节点考虑受剪传递单向不平衡弯矩的受冲切承载力计算中，与等效集中反力设计值 $F_{l,\text{eq}}$ 有关的参数和本附录图 F.0.1 中所示的几何尺寸，可按下列公式计算：

1　中柱处临界截面的类似极惯性矩、几何尺寸及计算系数可按下列公式计算（图 F.0.1a）：

$$I_c = \frac{h_0 a_t^3}{6} + 2 h_0 a_m \left(\frac{a_t}{2}\right)^2 \qquad (\text{F.0.2-1})$$

$$a_{\text{AB}} = a_{\text{CD}} = \frac{a_t}{2} \qquad (\text{F.0.2-2})$$

$$e_g = 0 \tag{F.0.2-3}$$

$$\alpha_0 = 1 - \cfrac{1}{1 + \cfrac{2}{3}\sqrt{\cfrac{h_c + h_0}{b_c + h_0}}} \tag{F.0.2-4}$$

2 边柱处临界截面的类似极惯性矩、几何尺寸及计算系数可按下列公式计算：

1）弯矩作用平面垂直于自由边（图 F.0.1b）

$$I_c = \frac{h_0 a_t^3}{6} + h_0 a_m a_{AB}^2 + 2h_0 a_t \left(\frac{a_t}{2} - a_{AB}\right)^2 \tag{F.0.2-5}$$

$$a_{AB} = \frac{a_t^2}{a_m + 2a_t} \tag{F.0.2-6}$$

$$a_{CD} = a_t - a_{AB} \tag{F.0.2-7}$$

$$e_g = a_{CD} - \frac{h_c}{2} \tag{F.0.2-8}$$

$$\alpha_0 = 1 - \cfrac{1}{1 + \cfrac{2}{3}\sqrt{\cfrac{h_c + h_0/2}{b_c + h_0}}} \tag{F.0.2-9}$$

2）弯矩作用平面平行于自由边（图 F.0.1c）

$$I_c = \frac{h_0 a_t^3}{12} + 2h_0 a_m \left(\frac{a_t}{2}\right)^2 \tag{F.0.2-10}$$

$$a_{AB} = a_{CD} = \frac{a_t}{2} \tag{F.0.2-11}$$

$$e_g = 0 \tag{F.0.2-12}$$

$$\alpha_0 = 1 - \cfrac{1}{1 + \cfrac{2}{3}\sqrt{\cfrac{h_c + h_0}{b_c + h_0/2}}} \tag{F.0.2-13}$$

3 角柱处临界截面的类似极惯性矩、几何尺寸及计算系数可按下列公式计算（图 F.0.1d）：

$$I_c = \frac{h_0 a_t^3}{12} + h_0 a_m a_{AB}^2 + h_0 a_t \left(\frac{a_t}{2} - a_{AB}\right)^2 \tag{F.0.2-14}$$

$$a_{AB} = \frac{a_t^2}{2(a_m + a_t)} \tag{F.0.2-15}$$

$$a_{CD} = a_t - a_{AB} \tag{F.0.2-16}$$

$$e_g = a_{CD} - \frac{h_c}{2} \tag{F.0.2-17}$$

$$\alpha_0 = 1 - \cfrac{1}{1 + \cfrac{2}{3}\sqrt{\cfrac{h_c + h_0/2}{b_c + h_0/2}}} \tag{F.0.2-18}$$

F.0.3 在按本附录公式（F.0.1-5）、公式（F.0.1-6）进行板柱节点考虑传递双向不平衡弯矩的受冲切承载力计算中，如将本附录第 F.0.2 条的规定视作 x 轴（或 y 轴）的类似极惯性矩、几何尺寸及计算系数，则与其相应的 y 轴（或 x 轴）的类似极惯性矩、几何尺寸及计算系数，可将前述的 x 轴（或 y 轴）的相应参数进行置换确定。

F.0.4 当边柱、角柱部位有悬臂板时，临界截面周长可计算至垂直于自由边的板端处，按此计算的临界截面周长应与按中柱计算的临界截面周长相比较，并取两者中的较小值。在此基础上，应按本规范第 F.0.2 条和第 F.0.3 条的原则，确定板柱节点考虑受剪传递不平衡弯矩的受冲切承载力计算所用等效集中反力设计值 $F_{l,eq}$ 的有关参数。

11.9.2 8 度设防烈度时宜采用有托板或柱帽的板柱节点，柱帽及托板的外形尺寸应符合本规范第 9.1.10 条的规定。同时，托板或柱帽根部的厚度（包括板厚）不应小于柱纵向钢筋直径的 16 倍，且托板或柱帽的边长不应小于 4 倍板厚与柱截面相应边长之和。

条文说明： 关于柱帽可是否在地震区应用，国外有试验及分析研究认为，若抵抗竖向冲切荷载设计的柱帽较小，在地震作用下，较大的不平衡弯矩将在柱帽附近产生反向的冲切裂缝。因此，按竖向冲切荷载设计的小柱帽或平托板不宜在震区采用。按柱纵向钢筋直径 16 倍控制板厚是为了保证板柱节点的抗弯刚度。

11.9.3 在地震组合下，当考虑板柱节点临界截面上的剪应力传递不平衡弯矩时，其考虑抗震等级的等效集中反力设计值 $F_{l,eq}$ 可按本规范附录 F 的规定计算，此时，F_l 为板柱节点临界截面所承受的竖向力设计值。由地震组合的不平衡弯矩在板柱节点处引起的等效集中反力设计值应乘以增大系数，对一、二、三级抗震等级板柱结构的节点，该增大系数可分别取 1.7、1.5、1.3。

11.9.4 在地震组合下，配置箍筋或栓钉的板柱节点，受冲切截面及受冲切承载力应符合下列要求：

1 受冲切截面

$$F_{l,eq} \leqslant \frac{1}{\gamma_{RE}} \left(1.2 f_t \eta u_m h_0\right) \tag{11.9.4-1}$$

2 受冲切承载力

$$F_{l,eq} \leqslant \frac{1}{\gamma_{RE}} \left[\left(0.3 f_t + 0.15 \sigma_{pc,m}\right) \eta u_m h_0 + 0.8 f_{yv} A_{svu}\right] \tag{11.9.4-2}$$

3 对配置抗冲切钢筋的冲切破坏锥体以外的截面，尚应按下式进行受冲切承载力验算：

$$F_{l,eq} \leqslant \frac{1}{\gamma_{RE}} \left(0.42 f_t + 0.15 \sigma_{pc,m}\right) \eta u_m h_0 \tag{11.9.4-3}$$

式中：u_m——临界截面的周长，公式（11.9.4-1）、公式（11.9.4-2）中的 u_m，按本规范第 6.5.1 条的规定采用；公式（11.9.4-3）中的 u_m，应取最外排抗冲切钢筋周边以外 $0.5 h_0$ 处的最不利周长。

2. 《技术措施》

9.3.1 为增强板柱节点的抗冲切承载力，可采用下列方法：

1 冲切力较大时，将板柱节点附近板的厚度局部加厚，形成柱帽或托板（图 9.4.9）；

2 配置抗冲切栓钉（图 9.4.10-1、图 9.4.10-2）；

3 在板柱节点附近板内配置抗冲切箍筋（图 9.4.11-1）或抗冲切弯起钢筋（图

9.4.11-2);

4 配置互相垂直并通过柱子截面的由型钢（工字钢、槽钢等）焊接而成的型钢剪力架（图9.3.6）。

9.3.2 板柱节点在垂直荷载、水平荷载作用下的受冲切承载力计算，应考虑板柱节点冲切破坏临界截面上的传递不平衡弯矩所产生的剪应力。其集中反力设计值，应以等效集中反力设计值代替。等效集中反力设计值可按《混凝土结构设计规范》CB 50010 - 2010 附录 F 的规定计算。

抗震设计时，节点处地震作用下的不平衡弯矩引起的冲切反力应乘以增大系数，抗震等级为一、二、三级板柱的增大系数分别取 1.7、1.5、1.3。

9.3.3 在竖向荷载、水平荷载作用下不配置抗冲切钢筋的板，其受冲切承载力应符合下列规定（图9.3.3-1）：

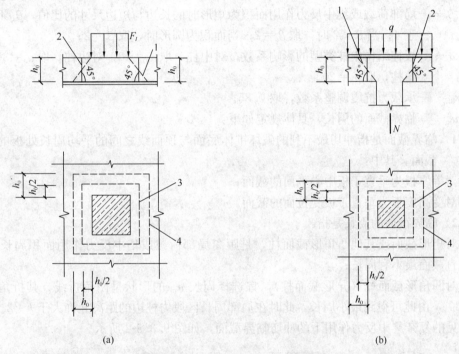

图 9.3.3-1 板受冲切承载力计算

（a）局部荷载作用下；（b）集中反力作用下

1—冲切破坏锥体的斜截面；2—计算截面；3—计算截面周长；4—冲切破坏锥体的底面线

无地震作用组合时： $F_l \leqslant (0.7\beta_h f_t + 0.25\sigma_{pc,m})\eta u_m h_0$ （9.3.3-1）

有地震作用组合时： $F_{l,eq} \leqslant (0.7\beta_h f_t + 0.25\sigma_{pc,m})\eta u_m h_0/\gamma_{RE}$ （9.3.3-2）

式（9.3.3-1）、式（9.3.3-2）中的系数 η，应按下列两个公式计算，并取其较小值：

$$\eta_1 = 0.4 + \frac{1.2}{\beta_s} \qquad (9.3.3-3)$$

$$\eta_2 = 0.5 + \frac{\alpha_s h_0}{4u_m} \qquad (9.3.3-4)$$

式中 F_l——局部荷载设计值或集中反力设计值；对板柱结构的节点，取柱所承受的轴向压力设计值的层间差值减去冲切破坏锥体范围内板所承受的荷载设计值。

$F_{l,eq}$——等效集中反力设计值，当有不平衡弯矩时，可按《混凝土结构设计规范》GB 50010 - 2010 附录 F 的规定计算；

β_h——截面高度影响系数；当 $h \leqslant 800\text{mm}$ 时，取 $\beta_h = 1.0$；当 $h \geqslant 2000\text{mm}$ 时，取 $\beta_h = 0.9$，其间按线性内插法取用；

f_t——混凝土轴心抗拉强度设计值；

$\sigma_{pc,m}$——计算截面周长上两个方向混凝土有效预压应力按长度的加权平均值，其值宜控制在 $1.0\text{N/mm}^2 \sim 3.5\text{N/mm}^2$ 范围内；

h_0——截面有效高度，取两个配筋方向的截面有效高度的平均值；

η_1——局部荷载或集中反力作用面积形状的影响系数；

η_2——临界截面周长与板截面有效高度之比的影响系数；

β_s——局部荷载或集中反力作用面积为矩形时的长边与短边尺寸的比值，β_s 不宜大于 4；当 $\beta_s < 2$ 时，取 $\beta_s = 2$；当面积为圆形时，取 $\beta_s = 2$；

α_s——板柱结构中柱类型的影响系数；对中柱，取 $\alpha_s = 40$，对边柱，取 $\alpha_s = 30$；对角柱，取 $\alpha_s = 20$。

γ_{RE}——承载力抗震调整系数，取 0.85。

u_m——临界截面的周长，具体规定如下：

1）临界截面是指冲切最不利的破坏锥体底面与顶面线之间的平均周长处板的冲切截面。其中：

①对等厚板为垂直于板中心平面的截面；

②对变高度板为垂直于板受拉面的截面。

2）临界截面的周长是指：

①对矩形截面或其他凸角形截面柱，是距离局部荷载或集中反力作用面积周长 $h_0/2$ 处板垂直截面最不利周长；

②对凹角形截面柱（异形截面柱），宜选择周长 u_m 的形状呈凸角折线，其折角不能大于 $180°$，由此可得到最小周长，此时在局部周长区段力柱边的距离允许大于 $h_0/2$。

常见的复杂集中反力作用下的冲切临界截面，如图 9.3.3-2 所示。

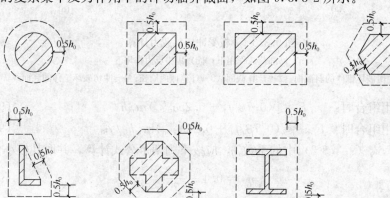

图 9.3.3-2　板的冲切临界截面示例

3）当板开有孔洞且孔洞至局部荷载或集中反力作用面积边缘的距离不大于 $6h_0$ 时，受冲切承载力计算中取用的临界截面周长 u_m，应扣除局部荷载或集中反力作用面中心至开孔外边画出两条切线之间所包含的长度。邻近自由边时，应扣除自由边的长度，见图 9.3.3-3。

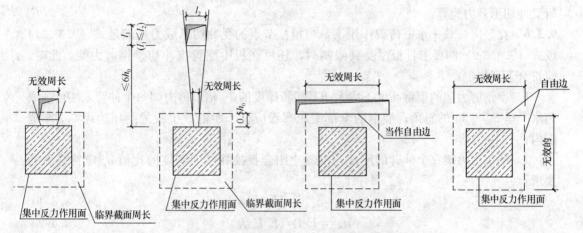

图 9.3.3-3 邻近孔洞或自由边时的临界截面周长

注：当图中 $l_1 > l_2$ 时，孔洞边长 l_2 用 $\sqrt{l_1 l_2}$ 代替

9.3.4 在竖向荷载、水平荷载作用下，当板柱节点板的受冲切承载力不满足式（9.3.3-1）或式（9.3.3-2）的要求且板厚受到限制时，可配置抗冲切栓钉（图 9.4.11-1、9.4.11-2）或抗冲切箍筋（图 9.4.12-1）。此时，应符合下列规定：

1 板的受冲切截面应符合下列条件：

无地震作用组合时：$F_l \leqslant 1.2 f_t \eta u_m h_0$ （9.3.4-1）

有地震作用组合时：$F_{l,eq} \leqslant 1.2 f_t \eta u_m h_0 / \gamma_{RE}$ （9.3.4-2）

2 配置抗冲切栓钉或箍筋的板抗冲切承载力可按下式计算：

1）无地震作用组合时：$F_l \leqslant 0.5 f_t \eta u_m h_0 + 0.8 f_{yv} A_{svu}$ （9.3.4-3）

2）有地震作用组合时：$F_{l,eq} \leqslant (0.3 f_t \eta u_m h_0 + 0.8 f_{yv} A_{svu}) / \gamma_{RE}$ （9.3.4-4）

式中 A_{svu}——与呈 $45°$ 冲切破坏锥体斜截面相交的全部栓钉或箍筋的截面面积；

f_{yv}——栓钉或箍筋的抗拉强度设计值，按《混凝土结构设计规范》CB 50010 - 2010 采用。

3 对配置抗冲切钢筋的冲切破坏锥体以外的截面，尚应按式（9.3.3-1）或式（9.3.3-2）的要求进行受冲切承载力验算。此时，临界截面周长 u_m 应取配置抗冲切钢筋的冲切破坏锥体以外 $0.5h_0$ 处的最不利周长。

9.3.5 在竖向荷载、水平荷载作用下，当板柱节点的受冲切承载力不满足式（9.3.3-1）的要求且板厚受到限制时，也可在板中配置抗冲切弯起钢筋。此时，应符合下列规定：

1 板的受冲切截面控制条件应符合式（9.3.4-1）的规定；

2 受冲切承载力可按下列公式计算：

1）无地震组合时：$F_l \leqslant 0.5 f_t \eta u_m h_0 + 0.8 f_y A_{sbv} \sin\alpha$ （9.3.5）

式中 A_{sbv}——与呈 $45°$ 冲切破坏锥体斜截面相交的全部抗冲切弯起钢筋截面面积；

f_y——弯起钢筋抗拉强度设计值。

　　α——弯起钢筋与板底的夹角。

　　2）抗震设计时，不宜采用配置弯起钢筋抗冲切。

　　3　对配置抗冲切弯起钢筋的冲切破坏锥体以外的截面，尚应按式（9.3.3-1）要求进行受冲切承载力验算。

9.3.6　在竖向荷载、水平荷载作用下，当板柱节点的受冲切承载力不满足式（9.3.3-1）或式（9.3.3-2）的要求且板厚受到限制时，还可在板中配置抗冲切型钢剪力架。此时，应符合下列规定：

　　1　型钢剪力架的型钢高度不应大于其腹板厚度的 70 倍；剪力架每个伸臂末端可削成与水平呈 $30°\sim60°$的斜角；型钢的全部受压翼缘应位于距混凝土板的受压边缘 $0.3h_0$ 范围内；

　　2　型钢剪力架每个伸臂的刚度与混凝土组合板换算截面刚度的比值 a_a 应符合下列要求：

$$a_a \geqslant 0.15 \tag{9.3.6-1}$$
$$a_a = E_a I_a / (E_c I_{o,cr}) \tag{9.3.6-2}$$

式中　I_a——型钢截面惯性矩；

　　$I_{o,cr}$——混凝土组合板裂缝截面的换算截面惯性矩；

　E_a、E_c——分别为剪力架和混凝土的弹性模量。

　　计算惯性矩 $I_{o,cr}$ 时，按型钢和钢筋的换算面积以及混凝土受压区的面积计算确定，此时组合板截面宽度取垂直于所计算弯矩方向的柱宽 b_c 与板有效高度 h_0 之和。

　　3　工字钢焊接剪力架伸臂长度可由下列近似公式确定（图 9.3.6（a））；

$$l_a = u_{m,de} / (3/\sqrt{2}) - b_c / 6 \tag{9.3.6-3}$$
$$u_{m,de} \geqslant F_{l,eq} / (0.7 f_t \eta h_0 \tag{9.3.6-4}$$

上式中的系数 η，应取式（9.3.3-3）、式（9.3.3-4）两者中的较小值。

式中　$u_{m,de}$——设计截面周长，按图 9.3.6 所示计算确定；

　　$F_{l,eq}$——距柱周边 $h_0/2$ 处的等效集中反力设计值；

　　b_c——柱计算弯矩方向的边长。

　　槽钢焊接剪力架的伸臂长度可按（图 9.3.6（b））所示的设计截面周长，用与工字钢焊接剪力架相似方法确定。

　　4　剪力架每个伸臂根部的弯矩设计值及受弯承载力应满足下列要求：

$$M_{de} = \frac{F_{l,eq}}{2n}\left[h_a + a_a\left(l_a - \frac{h_c}{2}\right)\right] \tag{9.3.6-5}$$

$$M_{de}/W \leqslant f_a \tag{9.3.6-6}$$

式中　h_a——剪力架每个伸臂型钢的全高；

　　h_c——计算亦矩方向的柱子尺寸；

　　n——型钢剪力架相同伸臂的数目；

　　W——型钢剪力架截面受拉边缘的弹性抵抗矩；

　　f_a——钢材的抗拉强度设计值，按现行国家标准《钢结构设计规范》GB 50017 - 2003 有关规定取用。

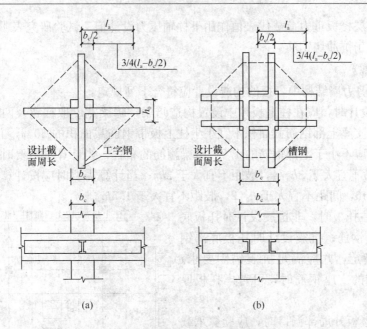

图 9.3.6　剪力架及其计算冲切面

(a) 工字钢焊接剪力架；(b) 槽钢焊接剪力架

5　配置型钢剪力架板的冲切承载力应满足下列要求：

$$F_l \leqslant 1.2 f_t \eta \mu_m h_0 \qquad (9.3.6\text{-}7)$$

6　配置型钢剪力架时，对板及柱内钢筋的配置影响较大，不如栓钉及箍筋有利。

五、构 造 要 求

1.《抗规》

6.6.4　板柱-抗震墙结构的板柱节点构造应符合下列要求：

1　无柱帽平板应在柱上板带中设构造暗梁，暗梁宽度可取柱宽及柱两侧各不大于 1.5 倍板厚。暗梁支座上部钢筋面积应不小于柱上板带钢筋面积的 50%，暗梁下部钢筋不宜少于上部钢筋的 1/2；箍筋直径不应小于 8mm，间距不宜大于 3/4 倍板厚，肢距不宜大于 2 倍板厚，在暗梁两端应加密。

2　无柱帽柱上板带的板底钢筋，宜在距柱面为 2 倍板厚以外连接，采用搭接时钢筋端部宜有垂直于板面的弯钩。

3　沿两个主轴方向通过柱截面的板底连续钢筋的总截面面积，应符合下式要求：

$$A_s \geqslant N_G / f_y \qquad (6.6.4)$$

式中：A_s——板底连续钢筋总截面面积；

N_G——在本层楼板重力荷载代表值（8 度时尚宜计入竖向地震）作用下的柱轴压力设计值；

f_y——楼板钢筋的抗拉强度设计值。

4　板柱节点应根据抗冲切承载力要求，配置抗剪栓钉或抗冲切钢筋。

条文说明：为了防止强震作用下楼板脱落，穿过柱截面的板底两个方向钢筋的受拉承载力应满足该层楼板重力荷载代表值作用下柱轴压力设计值。试验研究表明，抗剪栓钉的抗冲切效果优于抗冲切钢筋。

2. 《高规》

8.2.4 板柱-剪力墙结构中，板的构造设计应符合下列规定：

1 抗震设计时，应在柱上板带中设置构造暗梁，暗梁宽度取柱宽及两侧各 1.5 倍板厚之和，暗梁支座上部钢筋截面积不宜小于柱上板带钢筋截面积的 50%，并应全跨拉通，暗梁下部钢筋应不小于上部钢筋的 1/2。暗梁箍筋的布置，当计算不需要时，直径不应小于 8mm，间距不宜大于 $3h_0/4$，肢距不宜大于 $2h_0$；当计算需要时应按计算确定，且直径不应小于 10mm，间距不宜大于 $h_0/2$，肢距不宜大于 $1.5h_0$。

2 设置柱托板时，非抗震设计时托板底部宜布置构造钢筋；抗震设计时托板底部钢筋应按计算确定，并应满足抗震锚固要求。计算柱上板带的支座钢筋时，可考虑托板厚度的有利影响。

3 无梁楼板开局部洞口时，应验算承载力及刚度要求。当未作专门分析时，在板的不同部位开单个洞的大小应符合图 8.2.4 的要求。若在同一部位开多个洞时，则在同一截面上各个洞宽之和不应大于该部位单个洞的允许宽度。所有洞边均应设置补强钢筋。

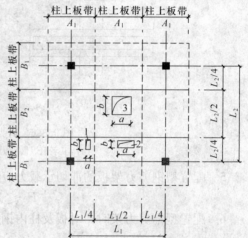

图 8.2.4　无梁楼板开洞要求

注：洞 1：$a \leqslant a_c/4$ 且 $a \leqslant t/2$，$b \leqslant b_c/4$ 且 $b \leqslant t/2$，其中，a 为洞口短边尺寸，b 为洞口长边尺寸，a_c 为相应于洞口短边方向的柱宽，b_c 为相应于洞口长边方向的柱宽，t 为板厚；洞 2：$a \leqslant A_2/4$ 且 $b \leqslant B_1/4$；洞 3：$a \leqslant A_2/4$ 且 $b \leqslant B_2/4$。

3. 《混凝土规范》

11.9.5 无柱帽平板宜在柱上板带中设构造暗梁，暗梁宽度可取柱宽加柱两侧各不大于 1.5 倍板厚。暗梁支座上部纵向钢筋应不小于柱上板带纵向钢筋截面面积的 1/2，暗梁下部纵向钢筋不宜少于上部纵向钢筋截面面积的 1/2。

暗梁箍筋直径不应小于 8mm，间距不宜大于 3/4 倍板厚，肢距不宜大于 2 倍板厚；支座处暗梁箍筋加密区长度不应小于 3 倍板厚，其箍筋间距不宜大于 100mm，肢距不宜大于 250mm。

4. 《技术措施》

9.4.1 板柱结构、板柱-剪力墙结构的混凝土强度等级，均不宜低于 C30。

9.4.2 双向无梁板平板最小厚度不应小于 150mm，配置抗冲切栓钉、抗冲切钢筋或型钢剪力架时，板的厚度不应小于 200mm。

9.4.3 无梁板可根据承载力和变形要求采用托板或平板，7 度抗震设计时宜采用有托板或柱帽的板柱节点，8 度抗震设计时应采用有托板或柱帽的板柱节点。当采用托板或柱帽时，托板或柱帽的几何尺寸应根据板的抗冲切承载力按计算确定，当有受弯要求时，托板或柱帽的边长不宜小于板跨度的 1/6，当有受弯承载力要求时，托板或柱帽根部的厚度不宜小于 1/4 无梁板的厚度。

9.4.4 板柱结构、板柱-剪力墙结构中的柱截面较小边长不应小于 400mm，柱的剪跨比应大于 2，柱截面高度与宽度的比值不宜大于 3。

9.4.5 抗震设计时，板柱-剪力墙结构的边框设置，应符合下列要求：

1 带边框剪力墙应设置边框柱。边框柱截面宜与该榀板柱的其他柱截面相同，混凝土强度等级与剪力墙相同；

2 剪力墙截面宜按"工"字形设计，其端部的纵向受力钢筋应配置在边框柱截面内；边框柱应符合现行国家标准《建筑抗震设计规范》GB 50011 - 2010 有关框架柱构造配筋的规定；剪力墙底部加强部位边框柱的箍筋宜沿全高加密；当带边框剪力墙上的洞口紧邻边框柱时，边框柱的箍筋宜沿全高加密；

3 剪力墙的水平钢筋应全部锚入边框柱内，锚固长度不应小于 l_a（非抗震设计）或 l_{aE}。（抗震设计）；

4 有边框柱时，墙体在楼盖处宜设置暗梁，暗梁的截面高度不宜小于墙厚和 400mm 的较大值，暗梁的配筋可按构造配置且应符合一般框架梁相应抗震等级的最小配筋要求。

9.4.6 板柱-剪力墙结构中，剪力墙的竖向及水平分布钢筋的配筋率，抗震设计时均不应小于 0.25%，钢筋直径不宜小于 10mm，间距不宜大于 300mm；非抗震设计时均不应小于 0.20%；两者皆应双排双向布置。每排分布钢筋之间应设置拉筋拉接，拉筋直径不应小于 6mm，间距不应大于 600mm。

9.4.7 剪力墙开洞应符合下列要求：

1 当剪力墙墙面开有非连续的小洞口（其各边长度不大于 800mm），且在整体计算中不考虑其影响时，应将洞口处被截断的分布筋分别集中布置在洞口上、下和左、右两边，且每侧补强钢筋不应少于 $2\phi12$。

2 当剪力墙墙面开有宽度超过 800mm 的洞口时，洞口边缘至边框柱的净距不宜小于洞口高度的 1/4；洞口顶端至边框梁顶面的距离不宜小于层高的 1/5，且不宜小于 0.75 倍洞口宽度，洞口面积不宜大于柱距与层高乘积的 0.16，洞边应设置构造边缘构件或约束边缘构件。

9.4.8 板柱结构、板柱-剪力墙结构中，板的构造应符合下列规定：

1 抗震设计时无柱帽的板柱-剪力墙结构应在柱上板带中设置暗梁，抗震设计时有柱帽以及非抗震设计时无柱帽的板柱-剪力墙结构宜在柱上板带中设置暗梁。暗梁宽度可取柱宽加上柱宽度以外各 1.5 倍板厚，暗梁配筋应符合下列规定（图 9.4.8-1）。

1）暗梁支座上部纵向钢筋面积应不小于柱上板带上部钢筋总截面面积的 1/2，并应符合 9.4.12 条要求，且下部钢筋不宜小于上部钢筋的 1/2。纵向钢筋应全跨拉通，其直径宜大于暗梁以外板钢筋的直径，但不宜大于柱截面相应边长的 1/20，间距不宜大于 300mm。

2）暗梁箍筋的布置，当计算不需要时，直径不应小于 8mm，间距不宜大于 $3h_0/4$，肢距不宜大于 $2h_0$；当计算需要时应按计算确定，且直径不应小于 10mm，间距不宜大于 $h_0/2$，肢距不宜大于 $1.5h_0$。

2 无柱帽板的配筋及最小延伸长度可按图 9.4.8-2 处理；当相邻跨长不同时，负弯矩钢筋按图 9.4.8-2 从支座的延伸长度，应以长跨为依据；柱上板带的板底钢筋，搭接做法见图 9.4.8-2，采用搭接时钢筋端部宜有垂直于板面的弯钩。

3 边、角区格内板的边支座负筋，应满足在边梁内的抗扭锚固长度。

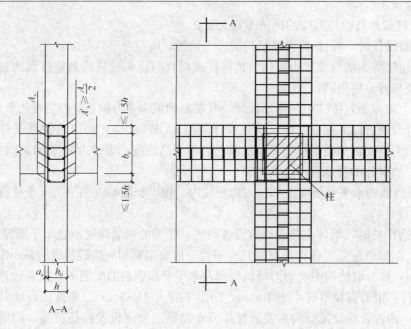

图 9.4.8-1　暗梁构造

4　抗震设计时，柱上板带的板底钢筋可在距柱面为 2 倍纵筋锚固长度以外搭接，钢筋端部宜有垂直于板面的弯钩。

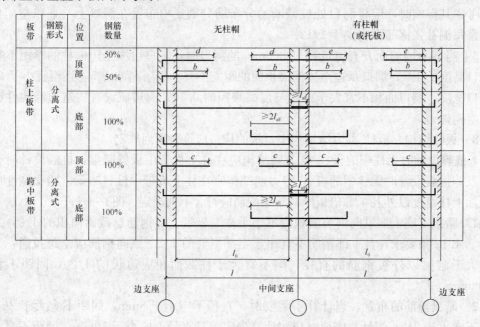

图 9.4.8-2　无梁楼板配筋构造

注：1　l_{aE} 为钢筋锚固长度；l_0 为净跨度。

　　2　跨中板带底部正钢筋应放在柱上板带正钢筋上面。

　　3　本图未表示按规定的暗梁配筋构造。

　　4　图中钢筋的长度应符合下表要求。

b	c	d	e
$0.20l_0$	$0.22l_0$	$0.30l_0$	$0.33l_0$

9.4.9 设置托板或柱帽时，托板底部应布置构造钢筋；计算柱上板带的支座钢筋时，可考虑托板厚度的有利影响。

托板或柱帽配筋构造要求见图9.4.9。

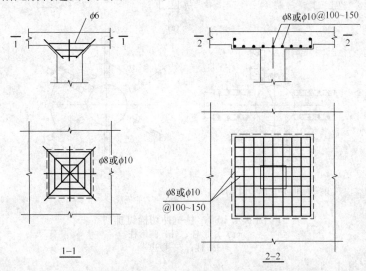

图9.4.9 托板或柱帽配筋构造

9.4.10 在混凝土板中配置栓钉，应符合下列构造要求：

1 混凝土板的厚度不应小于200mm；

2 栓钉的锚头可采用方形或圆形板，其面积不小于栓钉截面面积的10倍；

3 锚头板和底部钢条板的厚度不小于$0.5d$，钢条板的宽度取$2.5d$，d为栓钉的直径（图9.4.10-2（a））；

4 里圈栓钉与柱面之间的距离取$s_0=50$mm（图9.4.10-1）；

5 栓钉圈与圈之间的径向距离s不大于$0.35h_0$；

6 按计算所需的栓钉应配置在与45°冲切破坏锥面相交的范围内，此外尚应按相同间距从计算不需要栓顶的截面再向外延长h_0（图9.4.10-2（b））；

7 栓钉的最小混凝土保护层厚度与纵向受力钢筋相同；栓钉的混凝土保护层不应超过最小混凝土保护层厚度与纵向受力钢筋直径之半的和（图9.4.10-2（c））。

9.4.11 混凝土板中配置抗冲切箍筋或弯起钢筋时，尚应符合下列构造要求：

1 按计算所需的箍筋及相应的架立钢筋应配置在与45°冲切破坏锥体面相交的范围内，此外尚应按相同的箍筋直径和间距从计算不需要箍筋的截面再向外延长h_0。箍筋宜为封闭式，并应箍住架立钢筋和主筋。直径不应小于6mm，间距不应大于$1/3h_0$。（图9.4.11-1）。

抗冲切箍筋宜和暗梁箍筋结合配置，箍筋肢数不应小于4肢。

2 按计算所需的弯起钢筋可由一排或两排组成，其弯起角可根据板的厚度在30°～50°之间选取，弯起钢筋的倾斜段应与冲切破坏斜截面相交，其交点应在离局部荷载或集

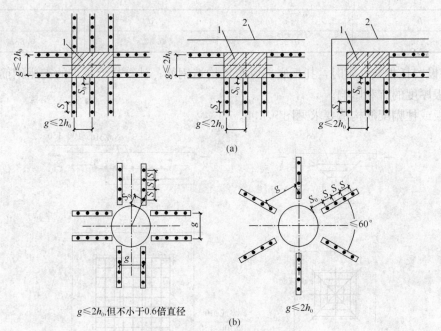

图 9.4.10-1　柱抗冲切栓钉排列

（a）矩形柱；（b）圆形柱

1—柱；2—板边

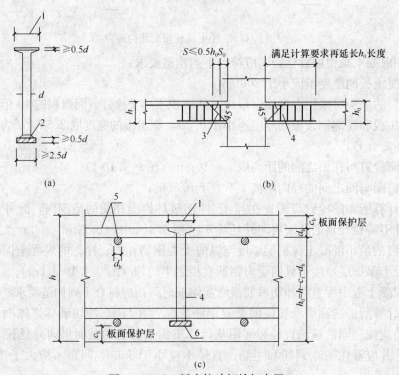

图 9.4.10-2　板中抗冲切栓钉布置

（a）栓钉大样；（b）用栓钉作抗冲切钢筋；（c）栓钉混凝土保护层

1—顶部面积≥10倍栓钉截面面积；2—焊接；3—冲切破坏锥面；

4—栓钉；5—受弯钢筋；6—底部钢条板

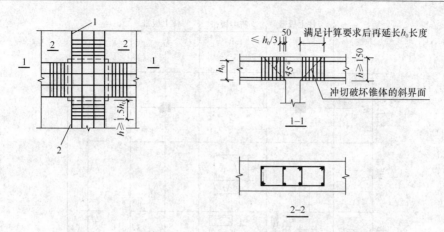

图 9.4.11-1　板中配置抗冲切箍筋

中反力作用面积周边以外（1/2～2/3）h 范围内。弯起钢筋直径不应小于 12mm，且每一方向不应少于 3 根（图 9.4.11-2）。

9.4.12　板柱-剪力墙结构中，沿两个主轴方向通过柱截面的板底连续钢筋的总截面面积应符合下式要求：

$$A_s \geqslant N_G / f_y \qquad (9.4.12)$$

式中　A_s——板底两个方向连续钢筋的总截面面积；

　　　N_G——在该层楼面重力荷载代表值作用下的柱轴向压力设计值；8 度抗震设计时尚宜计入竖向地震作用的影响；

　　　f_y——通过柱截面的板底连续钢筋的抗拉强度设计值。

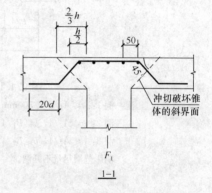

9.4.13　抗震设计时，采用预应力楼板的板柱-剪力墙结构，楼板的纵向受力钢筋应以非预应力钢筋为主，部分预应力钢筋主要用做提高楼板刚度和抗裂能力。

9.4.14　无梁楼板允许开局部洞口，但应满足承载力及刚度要求。当板柱抗震等级不高于二级，且在板的不同部位开单个洞的大小符合图 9.4.14 的要求时；一般可不作专门分析。若在同一部位开多个洞时，则在同一截面上各个洞宽之和不应大于该部位单个洞的允许宽度。所有洞边均应设置等量补强钢筋。

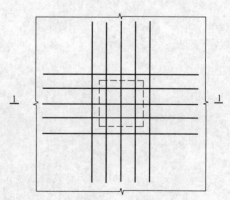

图 9.4.11-2　板中配置抗冲切弯起钢筋

当抗震等级为一级时，暗梁范围内不应开洞，柱上板带相交共有区域尽量不开洞，一个柱上板带与一个跨中板带共有区域也不宜开较大洞。

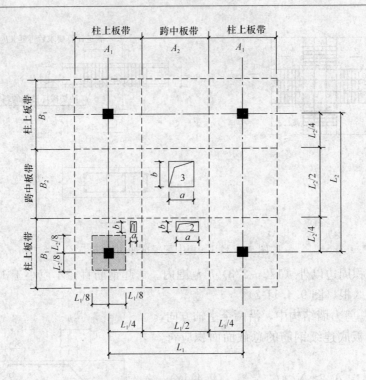

图 9.4.14   无梁楼板开洞要求

注：洞 1：$a \leqslant A_1/8$ 及 300mm，$b \leqslant B_1/8$ 及 300mm；

洞 2：$a \leqslant A_2/4$，$b \leqslant B_1/4$；

洞 3：$a \leqslant A_2/4$，$b \leqslant B_2/4$；

阴影范围尽量不开洞。

第12章 筒体结构设计

一、一般规定

1.《高规》

9.1.1 本章适用于钢筋混凝土框架-核心筒结构和筒中筒结构，其他类型的筒体结构可参照使用。筒体结构各种构件的截面设计和构造措施除应遵守本章规定外，尚应符合本规程第6～8章的有关规定。

条文说明：筒体结构具有造型美观、使用灵活、受力合理，以及整体性强等优点，适用于较高的高层建筑。目前全世界最高的100幢高层建筑约有2/3采用筒体结构；国内100m以上的高层建筑约有一半采用钢筋混凝土筒体结构，所用形式大多为框架-核心筒结构和筒中筒结构，本章条文主要针对这两类筒体结构，其他类型的筒体结构可参照使用。

9.1.2 筒中筒结构的高度不宜低于80m，高宽比不宜小于3。对高度不超过60m的框架-核心筒结构，可按框架-剪力墙结构设计。

条文说明：研究表明，筒中筒结构的空间受力性能与其高度和高宽比有关，当高宽比小于3时，就不能较好地发挥结构的整体空间作用；框架-核心筒结构的高度和高宽比可不受此限制。对于高度较低的框架-核心筒结构，可按框架-抗震墙结构设计，适当降低核心筒和框架的构造要求。

9.1.3 当相邻层的柱不贯通时，应设置转换梁等构件。转换构件的结构设计应符合本规程第10章的有关规定。

9.1.4 筒体结构的楼盖外角宜设置双层双向钢筋（图9.1.4），单层单向配筋率不宜小于

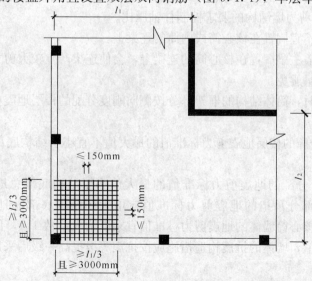

图9.1.4 板角配筋示意

0.3%，钢筋的直径不应小于 8mm，间距不应大于 150mm，配筋范围不宜小于外框架
（或外筒）至内筒外墙中距的 1/3 和 3m。

条文说明：筒体结构的双向楼板在竖向荷载作用下，四周外角要上翘，但受到剪力墙
的约束，加上楼板混凝土的自身收缩和温度变化影响，使楼板外角可能产生斜裂缝。为防
止这类裂缝出现，楼板外角顶面和底面配置双向钢筋网，适当加强。

9.1.5 核心筒或内筒的外墙与外框柱间的中距，非抗震设计大于 15m、抗震设计大于
12m 时，宜采取增设内柱等措施。

9.1.6 核心筒或内筒中剪力墙截面形状宜简单；截面形状复杂的墙体可按应力进行截面
设计校核。

9.1.7 筒体结构核心筒或内筒设计应符合下列规定：

1 墙肢宜均匀、对称布置；

2 筒体角部附近不宜开洞，当不可避免时，筒角内壁至洞口的距离不应小于 500mm
和开洞墙截面厚度的较大值；

3 筒体墙应按本规程附录 D 验算墙体稳定，且外墙厚度不应小于 200mm，内墙厚度
不应小于 160mm，必要时可设置扶壁柱或扶壁墙；

4 筒体墙的水平、竖向配筋不应少于两排，其最小配筋率应符合本规程第 7.2.17 条
的规定；

5 抗震设计时，核心筒、内筒的连梁宜配置对角斜向钢筋或交叉暗撑；

6 筒体墙的加强部位高度、轴压比限值、边缘构件设置以及截面设计，应符合本规
程第 7 章的有关规定。

9.1.8 核心筒或内筒的外墙不宜在水平方向连续开洞，洞间墙肢的截面高度不宜小于
1.2m；当洞间墙肢的截面高度与厚度之比小于 4 时，宜按框架柱进行截面设计。

9.1.9 抗震设计时，框筒柱和框架柱的轴压比限值可按框架-剪力墙结构的规定采用。

条文说明：在筒体结构中，大部分水平剪力由核心筒或内筒承担，框架柱或框筒柱所
受剪力远小于框架结构中的柱剪力，剪跨比明显增大，因此其轴压比限值可比框架结构适
当放松，可按框架-剪力墙结构的要求控制柱轴压比。

9.1.10 楼盖主梁不宜搁置在核心筒或内筒的连梁上。

条文说明：楼盖主梁搁置在核心筒的连梁上，会使连梁产生较大剪力和扭矩，容易产
生脆性破坏，应尽量避免。

9.1.11 抗震设计时，筒体结构的框架部分按侧向刚度分配的楼层地震剪力标准值应符合
下列规定：

1 框架部分分配的楼层地震剪力标准值的最大值不宜小于结构底部总地震剪力标准
值的 10%。

2 当框架部分分配的地震剪力标准值的最大值小于结构底部总地震剪力标准值的
10% 时，各层框架部分承担的地震剪力标准值应增大到结构底部总地震剪力标准值的
15%；此时，各层核心筒墙体的地震剪力标准值宜乘以增大系数 1.1，但可不大于结构底
部总地震剪力标准值，墙体的抗震构造措施应按抗震等级提高一级后采用，已为特一级的
可不再提高。

3 当框架部分分配的地震剪力标准值小于结构底部总地震剪力标准值的 20%，但其

最大值不小于结构底部总地震剪力标准值的 10％时，应按结构底部总地震剪力标准值的 20％和框架部分楼层地震剪力标准值中最大值的 1.5 倍二者的较小值进行调整。

按本条第 2 款或第 3 款调整框架柱的地震剪力后，框架柱端弯矩及与之相连的框架梁端弯矩、剪力应进行相应调整。

有加强层时，本条框架部分分配的楼层地震剪力标准值的最大值不应包括加强层及其上、下层的框架剪力。

10.2.26 抗震设计时，带托柱转换层的筒体结构的外围转换柱与内筒、核心筒外墙的中距不宜大于 12m。

10.2.27 托柱转换层结构，转换构件采用桁架时，转换桁架斜腹杆的交点、空腹桁架的竖腹杆宜与上部密柱的位置重合；转换桁架的节点应加强配筋及构造措施。

2.《抗规》

6.7.3 楼面大梁不宜支承在内筒连梁上。楼面大梁与内筒或核心筒墙体平面外连接时，应符合本规范第 6.5.3 条的规定。

6.7.4 一、二级核心筒和内筒中跨高比不大于 2 的连梁，当梁截面宽度不小于 400mm 时，可采用交叉暗柱配筋，并应设置普通箍筋；截面宽度小于 400mm 但不小于 200mm 时，除配置普通箍筋外，可另增设斜向交叉构造钢筋。

6.7.5 筒体结构转换层的抗震设计应符合本规范附录 E 第 E.2 节的规定。

E.2 筒体结构转换层抗震设计要求

E.2.1 转换层上下的结构质量中心宜接近重合（不包括裙房），转换层上下层的侧向刚度比不宜大于 2。

E.2.2 转换层上部的竖向抗侧力构件（墙、柱）宜直接落在转换层的主结构上。

E.2.3 厚板转换层结构不宜用于 7 度及 7 度以上的高层建筑。

E.2.4 转换层楼盖不应有大洞口，在平面内宜接近刚性。

E.2.5 转换层楼盖与筒体、抗震墙应有可靠的连接，转换层楼板的抗震验算和构造宜符合本附录第 E.1 节对框支层楼板的有关规定。

E.2.6 8 度时转换层结构应考虑竖向地震作用。

E.2.7 9 度时不应采用转换层结构。

二、适用高度及抗震等级(《技术措施》)

8.1.2 筒体结构的最大适用高度应符合下表要求。

表 8.1.2-1 A 级高度筒体结构的最大适用高度（m）

结构体系	非抗震设计	抗震设防烈度				
		6 度	7 度	8 度		9 度
				0.20g	0.30g	
框架-核心筒	160	150	130	100	90	70
筒中筒	200	180	150	120	100	80

注：1 甲类建筑，6、7、8 度时宜按本地区抗震设防烈度提高一度后符合本表的要求，9 度时应专门研究；

2 9 度抗震设防时，当房屋高度超过本表数值时，结构设计应有可靠依据，并采取有效的加强措施。

表 8.1.2-2　B 级高度筒体结构的最大适用高度（m）

结构体系	非抗震设计	抗震设防烈度			
		6 度	7 度	8 度	
				0.20g	0.30g
框架-核心筒	220	210	180	140	120
筒中筒	300	280	230	170	150

注：1　甲类建筑，6、7 度时宜按本地区设防烈度提高一度后符合本表的要求，8 度时应专门研究；

　　2　当房屋高度超过表中数值时，结构设计应有可靠依据，并采取有效措施。

8.1.3　筒中筒结构高宽比不宜小于 3，并宜大于 4，其适用于高度不宜低于 80m。对于高度不超过 60m 的框架-核心筒结构，可按框架-剪力墙结构设计。

8.1.4　筒体构件（剪力墙、外框筒梁、内筒连梁、楼盖）的截面设计和构造措施除应遵守本章的规定外，尚应符合相关设计规范及本措施第 4、5、6 章对于框架结构、剪力墙结构和框架-剪力墙结构的有关规定。

8.1.5　A 级和 B 级高度筒体结构的抗震等级应符合表 8.1.5-1～表 8.1.5-3 的要求。

表 8.1.5-1　A 级高度框架-核心筒结构抗震等级

建筑类别	场地类别	设防烈度 构件	6 度	7 度		8 度		9 度
			0.05g	0.10g	0.15g	0.20g	0.30g	0.40g
丙类建筑	Ⅰ 类	框架	三	二(三)	二(三)	一(二)	一(二)	一(二)
		核心筒	二	二	二	一(二)	一(二)	一(二)
	Ⅱ 类	框架	三	二	二	一	一	一
		核心筒	二	二	二	一	一	一
	Ⅲ　Ⅳ 类	框架	三	二	二(一)	一	一	一
		核心筒	二	二	二(一)	一	一	一
乙类建筑	Ⅰ 类	框架	二(三)	一(二)	一(二)	一	一	特一(一)
		核心筒	二	一(二)	一(二)	一	一	特一(一)
	Ⅱ 类	框架	二	一	一	一	一	特一
		核心筒	二	一	一	一	一	特一
	Ⅲ　Ⅳ 类	框架	二	一	一	特一	特一	特一
		核心筒	二	一	一	特一	特一	特一

注：1　接近或等于高度分界时应结合房屋不规则程度及场地、地基条件适当确定抗震等级；

　　2　当高度不超过 60m 时，其抗震等级允许按框架-剪力墙结构采用；

　　3　当建筑场地为 Ⅰ 类时，应允许按表中括号内抗震等级采取抗震构造措施；当建筑场地为 Ⅲ、Ⅳ 类时，宜按表中括号内抗震等级采取抗震构造措施；

　　4　如果房屋高度超过提高一度后对应的房屋最大适用高度，应采取比对应抗震等级更有效的抗震构造措施。

表 8.1.5-2　B 级高度框架-核心筒结构抗震等级

建筑类别	场地类别	构件	6度 0.05g	7度 0.10g	7度 0.15g	8度 0.20g	8度 0.30g
丙类建筑	Ⅰ类	框架	二	一(二)	一(二)	一	一
		核心筒	二	一(二)	一(二)	特一(一)	特一(一)
	Ⅱ类	框架	二	一	一	一	一
		核心筒	二	一	一	特一	特一
	Ⅲ Ⅳ类	框架	二	一	一	一	一(一*)
		核心筒	二	一	一(特一)	特一	特一
乙类建筑	Ⅰ类	框架	一(二)	一	一	特一(一)	特一(一)
		核心筒	一(二)	特一(一)	特一(一)	特一	特一
	Ⅱ类	框架	一	一	一	特一	特一
		核心筒	一	特一	特一	特一	特一
	Ⅲ Ⅳ类	框架	一	一	一	一(特一)	特一
		核心筒	一	特一	特一	特一	特一

注：1　接近或等于高度分界时应结合房屋不规则程度及场地、地基条件适当确定抗震等级；

2　当建筑场地为Ⅰ类时，应允许按表中括号内抗震等级采取抗震构造措施；当建筑场地为Ⅲ、Ⅳ类时，宜按表中括号内抗震等级采取抗震构造措施；

3　如果房屋高度超过提高一度后对应的房屋最大适用高度，应采取比对应抗震等级更有效的抗震构造措施。

表 8.1.5-3　A、B 级高度筒中筒结构抗震等级

高度类别	建筑类别	场地类别	构件	6度 0.05g	7度 0.10g	7度 0.15g	8度 0.20g	8度 0.30g	9度 0.40g
A级高度	丙类建筑	Ⅰ类	内外筒	三	二(三)	二(三)	一(二)	一(二)	一
		Ⅱ类	内外筒	三	二	二			
		Ⅲ Ⅳ类	内外筒	三	二	二(一)			
	乙类建筑	Ⅰ类	内外筒	二(三)	一(二)	一(二)			特一(一)
		Ⅱ类	内外筒	二					特一
		Ⅲ Ⅳ类	内外筒	二			一(特一)		特一
B级高度	丙类建筑	Ⅰ类	内外筒	二	一(二)	一(二)	特一(一)	特一(一)	
		Ⅱ类	内外筒	二			特一	特一	
		Ⅲ Ⅳ类	内外筒	二		一(特一)	特一	特一	
	乙类建筑	Ⅰ类	内外筒	一(二)	特一(一)	特一(一)	特一	特一	
		Ⅱ类	内外筒	一	特一	特一	特一	特一	
		Ⅲ Ⅳ类	内外筒	一	特一	特一	特一	特一	

注：1　接近或等于高度分界时应结合房屋不规则程度及场地、地基条件适当确定抗震等级；

2　当建筑场地为Ⅰ类时，应允许按表中括号内抗震等级采取抗震构造措施；当建筑场地为Ⅲ、Ⅳ类时，宜按表中括号内抗震等级采取抗震构造措施；

3　如果房屋高度超过提高一度后对应的房屋最大适用高度，应采取比对应抗震等级更有效的抗震构造措施。

三、框架-核心筒结构

1. 《高规》

9.2.1 核心筒宜贯通建筑物全高。核心筒的宽度不宜小于筒体总高的 1/12，当筒体结构设置角筒、剪力墙或增强结构整体刚度的构件时，核心筒的宽度可适当减小。

9.2.2 抗震设计时，核心筒墙体设计尚应符合下列规定：

1 底部加强部位主要墙体的水平和竖向分布钢筋的配筋率均不宜小于 0.30%；

2 底部加强部位约束边缘构件沿墙肢的长度宜取墙肢截面高度的 1/4，约束边缘构件范围内应主要采用箍筋；

3 底部加强部位以上宜按本规程 7.2.15 条的规定设置约束边缘构件。

条文说明： 抗震设计时，核心筒为框架-核心筒结构的主要抗侧力构件，本条对其底部加强部位水平和竖向分布钢筋的配筋率、边缘构件设置提出了比一般剪力墙结构更高的要求。

约束边缘构件通常需要一个沿周边的大箍，再加上各个小箍或拉筋，而小箍是无法勾住大箍的，会造成大箍的长边无支长度过大，起不到应有的约束作用。因此，第 2 款将 02 规程"约束边缘构件范围内全部采用箍筋"的规定改为主要采用箍筋，即采用箍筋与拉筋相结合的配箍方法。

9.2.3 框架-核心筒结构的周边柱间必须设置框架梁。

条文说明： 由于框架-核心筒结构外周框架的柱距较大，为了保证其整体性，外周框架柱间必须要设置框架梁，形成周边框架。实践证明，纯无梁楼盖会影响框架-核心筒结构的整体刚度和抗震性能，尤其是板柱节点的抗震性能较差。因此，在采用无梁楼盖时，更应在各层楼盖沿周边框架柱设置框架梁。

9.2.4 核心筒连梁的受剪截面应符合本规程第 9.3.6 条的要求，其构造设计应符合本规程第 9.3.7、9.3.8 条的有关规定。

9.2.5 对内筒偏置的框架-筒体结构，应控制结构在考虑偶然偏心影响的规定地震力作用下，最大楼层水平位移和层间位移不应大于该楼层平均值的 1.4 倍，结构扭转为主的第一自振周期 T_t 与平动为主的第一自振周期 T_1 之比不应大于 0.85，且 T_1 的扭转成分不宜大于 30%。

条文说明： 内筒偏置的框架-筒体结构，其质心与刚心的偏心距较大，导致结构在地震作用下的扭转反应增大。对这类结构，应特别关注结构的扭转特性，控制结构的扭转反应。本条要求对该类结构的位移比和周期比均按 B 级高度高层建筑从严控制。内筒偏置时，结构的第一自振周期 T_1 中会含有较大的扭转成分，为了改善结构抗震的基本性能，除控制结构扭转为主的第一自振周期 T_t 与平动为主的第一自振周期 T_1 之比不应大于 0.85 外，尚需控制 T_1 的扭转成分不宜大于平动成分之半。

9.2.6 当内筒偏置、长宽比大于 2 时，宜采用框架-双筒结构。

9.2.7 当框架-双筒结构的双筒间楼板开洞时，其有效楼板宽度不宜小于楼板典型宽度的 50%，洞口附近楼板应加厚，并应采用双层双向配筋，每层单向配筋率不应小于 0.25%；双筒间楼板宜按弹性板进行细化分析。

2.《抗规》

6.7.1　框架-核心筒结构应符合下列要求：

　　1　核心筒与框架之间的楼盖宜采用梁板体系；部分楼层采用平板体系时应有加强措施。

　　2　除加强层及其相邻上下层外，按框架-核心筒计算分析的框架部分各层地震剪力的最大值不宜小于结构底部总地震剪力的10%。当小于10%时，核心筒墙体的地震剪力应适当提高，边缘构件的抗震构造措施应适当加强；任一层框架部分承担的地震剪力不应小于结构底部总地震剪力的15%。

　　3　加强层设置应符合下列规定：

　　　　1）9度时不应采用加强层；

　　　　2）加强层的大梁或桁架应与核心筒内的墙肢贯通；大梁或桁架与周边框架柱的连接宜采用铰接或半刚性连接；

　　　　3）结构整体分析应计入加强层变形的影响；

　　　　4）施工程序及连接构造上，应采取措施减小结构竖向温度变形及轴向压缩对加强层的影响。

6.7.2　框架-核心筒结构的核心筒、筒中筒结构的内筒，其抗震墙除应符合本规范第6.4节的有关规定外，尚应符合下列要求：

　　1　抗震墙的厚度、竖向和横向分布钢筋应符合本规范第6.5节的规定；筒体底部加强部位及相邻上一层，当侧向刚度无突变时不宜改变墙体厚度。

　　2　框架-核心筒结构一、二级筒体角部的边缘构件宜按下列要求加强：底部加强部位，约束边缘构件范围内宜全部采用箍筋，且约束边缘构件沿墙肢的长度宜取墙肢截面高度的1/4，底部加强部位以上的全高范围内宜按转角墙的要求设置约束边缘构件。

　　3　内筒的门洞不宜靠近转角。

3.《技术措施》

8.2.1　框架-核心筒结构的周边柱间必须设置框架梁。

8.2.2　框架-核心筒结构的核心筒：

　　1　墙肢宜均匀、对称布置；

　　2　核心筒宜贯通建筑物全高。核心筒的宽度不宜小于筒体总高的12，当筒体结构设置角筒、剪力墙或增强结构整体刚度的构件时，核心筒的宽度可适当减小。

　　3　筒体角部附近不宜开洞，当不可避免时，筒角内壁至洞口的距离不应小于500mm和开洞墙的截面厚度；

　　4　筒体墙应按《高层建筑混凝土结构技术规程》JGJ 3—2010附录D验算墙体稳定，且外墙厚度不应小于200mm，内墙厚度不应小于160mm，必要时可设置扶壁柱或扶壁墙；

　　5　筒体墙的水平、竖向配筋不应少于两排，其最小配筋率应符合《高层建筑混凝土结构技术规程》JGJ 3—2010第7.2.17条的规定；

　　6　抗震设计时，核心筒的连梁宜按本技术措施8.6.1条要求配置对角斜向钢筋或交叉暗撑；

　　7　筒体墙的加强部位高度、轴压比限值、边缘构件设置以及截面设计，应符合《高层建筑混凝土结构技术规程》JGJ 3—2010 第 7 章的有关规定。

8 核心筒的外墙不宜在水平方向连续开洞，洞间墙肢的截面高度不宜小于 1.2m；当洞间墙肢的截面高度与厚度之比小于 4 时，宜按框架柱进行截面设计。

四、筒中筒结构

1.《高规》

9.3.1 筒中筒结构的平面外形宜选用圆形、正多边形、椭圆形或矩形等，内筒宜居中。

9.3.2 矩形平面的长宽比不宜大于 2。

9.3.3 内筒的宽度可为高度的 1/12～1/15，如有另外的角筒或剪力墙时，内筒平面尺寸可适当减小。内筒宜贯通建筑物全高，竖向刚度宜均匀变化。

9.3.4 三角形平面宜切角，外筒的切角长度不宜小于相应边长的 1/8，其角部可设置刚度较大的角柱或角筒；内筒的切角长度不宜小于相应边长的 1/10，切角处的筒壁宜适当加厚。

9.3.5 外框筒应符合下列规定：

1 柱距不宜大于 4m，框筒柱的截面长边应沿筒壁方向布置，必要时可采用 T 形截面；

2 洞口面积不宜大于墙面面积的 60%，洞口高宽比宜与层高和柱距之比值相近；

3 外框筒梁的截面高度可取柱净距的 1/4；

4 角柱截面面积可取中柱的 1～2 倍。

条文说明：研究表明，筒中筒结构的空间受力性能与其平面形状和构件尺寸等因素有关，选用圆形和正多边形等平面，能减小外框筒的"剪力滞后"现象，使结构更好地发挥空间作用，矩形和三角形平面的"剪力滞后"现象相对较严重，矩形平面的长宽比大于 2 时，外框筒的"剪力滞后"更突出，应尽量避免；三角形平面切角后，空间受力性质会相应改善。

除平面形状外，外框筒的空间作用的大小还与柱距、墙面开洞率，以及洞口高宽比与层高和柱距之比等有关，矩形平面框筒的柱距越接近层高、墙面开洞率越小，洞口高宽比与层高和柱距之比越接近，外框筒的空间作用越强；在第 9.3.5 条中给出了矩形平面的柱距，以及墙面开洞率的最大限值。由于外框筒在侧向荷载作用下的"剪力滞后"现象，角柱的轴向力约为邻柱的 1～2 倍，为了减小各层楼盖的翘曲，角柱的截面可适当放大，必要时可采用 L 形角墙或角筒。

9.3.6 外框筒梁和内筒连梁的截面尺寸应符合下列规定：

1 持久、短暂设计状况

$$V_b \leqslant 0.25\beta_c f_c b_b h_{b0} \tag{9.3.6-1}$$

2 地震设计状况

1）跨高比大于 2.5 时

$$V_b \leqslant \frac{1}{\gamma_{RE}}(0.20\beta_c f_c b_b h_{b0}) \tag{9.3.6-2}$$

2）跨高比不大于 2.5 时

$$V_b \leqslant \frac{1}{\gamma_{RE}}(0.15\beta_c f_c b_b h_{b0}) \tag{9.3.6-3}$$

式中：V_b——外框筒梁或内筒连梁剪力设计值；

b_b——外框筒梁或内筒连梁截面宽度；

h_{b0}——外框筒梁或内筒连梁截面的有效高度；

β_c——混凝土强度影响系数，应按本规程第 6.2.6 条规定采用。

9.3.7 外框筒梁和内筒连梁的构造配筋应符合下列要求：

1 非抗震设计时，箍筋直径不应小于 **8mm**；抗震设计时，箍筋直径不应小于 **10mm**。

2 非抗震设计时，箍筋间距不应大于 **150mm**；抗震设计时，箍筋间距沿梁长不变，且不应大于 **100mm**，当梁内设置交叉暗撑时，箍筋间距不应大于 **200mm**。

3 框筒梁上、下纵向钢筋的直径均不应小于 **16mm**，腰筋的直径不应小于 **10mm**，腰筋间距不应大于 **200mm**。

条文说明：在水平地震作用下，框筒梁和内筒连梁的端部反复承受正、负弯矩和剪力，而一般的弯起钢筋无法承担正、负剪力，必须要加强箍筋配筋构造要求；对框筒梁，由于梁高较大、跨度较小，对其纵向钢筋、腰筋的配置也提出了最低要求。跨高比较小的框筒梁和内筒连梁宜增配对角斜向钢筋或设置交叉暗撑；当梁内设置交叉暗撑时，全部剪力可由暗撑承担，抗震设计时箍筋的间距可由 100mm 放宽至 200mm。

9.3.8 跨高比不大于 2 的框筒梁和内筒连梁宜增配对角斜向钢筋。跨高比不大于 1 的框筒梁和内筒连梁宜采用交叉暗撑（图 9.3.8），且应符合下列规定：

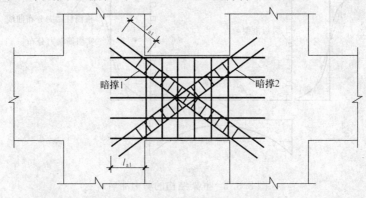

图 9.3.8 梁内交叉暗撑的配筋

1 梁的截面宽度不宜小于 400mm；

2 全部剪力应由暗撑承担，每根暗撑应由不少于 4 根纵向钢筋组成，纵筋直径不应小于 14mm，其总面积 A_s 应按下列公式计算：

1）持久、短暂设计状况

$$A_s \geqslant \frac{V_b}{2f_y \sin \alpha} \tag{9.3.8-1}$$

2）地震设计状况

$$A_s \geqslant \frac{\gamma_{RE} V_b}{2f_y \sin \alpha} \tag{9.3.8-2}$$

式中：α——暗撑与水平线的夹角；

3 两个方向暗撑的纵向钢筋应采用矩形箍筋或螺旋箍筋绑成一体，箍筋直径不应小于 8mm，箍筋间距不应大于 150mm；

4 纵筋伸入竖向构件的长度不应小于 l_{a1}，非抗震设计时 l_{a1} 可取 l_a，抗震设计时 l_{a1} 宜取 $1.15\, l_a$；

5 梁内普通箍筋的配置应符合本规程第 9.3.7 条的构造要求。

2. 《技术措施》

8.3.1 框筒结构是指建筑物周边由间距较密的框架柱（间距一般在 4m 左右）及有一定刚度的裙梁组成的筒体结构。此类结构可以有内筒，称为筒中筒结构。框筒结构是空间整截面工作的，在水平力作用下，不仅平行于水平力作用方向上的框架（腹板框架）起作用，而且垂直于水平力方向上的框架（翼缘框架）也共同受力。理想筒体在水平力作用下，截面保持平面，腹板应力直线分布，翼缘应力均布。但框筒结构虽然整体受力，却与理想筒体的受力有明显的差别，不再保持平截面变形，腹板框架柱的轴力是曲线分布的，翼缘框架柱的轴力也是不均匀分布，靠近角柱的柱子轴力大，远离角柱的柱子轴力小，这种应力分布不再保持直线规律的现象称为"剪力滞后"。

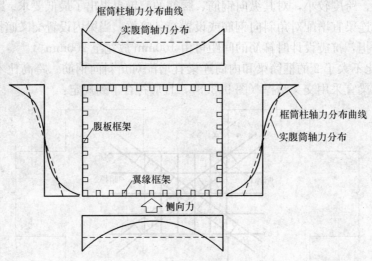

图 8.3.1 框架结构的剪力滞后

8.3.2 筒中筒结构的空间受力性能与其平面形状和构件尺寸等因素有关，平面形状宜选圆形、正多边形、椭圆形或矩形等，以圆形和正方形为最有利的平面形状，可减小外框筒的"剪力滞后"现象，使结构更好地发挥空间作用。

8.3.3 矩形和三角形平面的"剪力滞后"现象相对较严重，矩形平面的长宽比大于 2 时，外框筒的"剪力滞后"更突出，应尽量避免；三角形平面切角后，空间受力性质会相应改善。外筒的切角长度不宜小于相应边长的 1/8，其角部可设置刚度较大的角柱或角筒；内筒的切角长度不宜小于相应边长的 1/10，切角处的筒壁宜适当加厚。

8.3.4 除平面形状外，外框筒的空间作用的大小还与柱距、墙面开洞率，以及洞口高宽比与层高与柱距之比等有关，矩形平面框筒的柱距越接近层高、墙面开洞率越小，洞口高宽比与层高和柱距之比越接近，外框筒的空间作用越强。矩形平面的柱距，以及墙面开洞率的最大限值应符合下列规定：

1 柱距可取 4m 左右；

2 洞口面积不宜大于墙面面积的 60%，洞口高宽比宜与层高与柱距之比值相近；

3 外框筒梁的截面高度可取柱净距的 1/4 左右；

条文说明：某些资料称，框筒结构的柱间距不宜大于 4m，这种限制过严。事实上，如果柱间距大于 4m，只要窗裙梁有足够刚度，也能够形成框筒的立体作用。例如香港的中环大厦（78 层），平面为切角三角形，柱距 4.6m，柱截面（底部）为 1m×1m。香港虽不考虑抗震，但风荷载很大，高层建筑的基底剪力比按抗震 8 度设防时还要大。

8.3.5 由于外框筒在侧向荷载作用下的"剪力滞后"现象，角柱的轴向力约为邻柱的 1～2 倍，为了减小各层楼盖的翘曲，角柱的截面可适当放大，可取中柱的 1～1.5 倍，必要时可采用 L 形角墙或角筒。

第 13 章　复杂高层建筑结构设计

一、一般规定

1.《高规》

10.1.1　本章对复杂高层建筑结构的规定适用于带转换层的结构、带加强层的结构、错层结构、连体结构以及竖向体型收进、悬挑结构。

10.1.2　9 度抗震设计时不应采用带转换层的结构、带加强层的结构、错层结构和连体结构。

10.1.3　7 度和 8 度抗震设计时，剪力墙结构错层高层建筑的房屋高度分别不宜大于 80m 和 60m；框架-剪力墙结构错层高层建筑的房屋高度分别不应大于 80m 和 60m。抗震设计时，B 级高度高层建筑不宜采用连体结构；底部带转换层的 B 级高度筒中筒结构，当外筒框支层以上采用由剪力墙构成的壁式框架时，其最大适用高度应比本规程表 3.3.1-2 规定的数值适当降低。

10.1.4　7 度和 8 度抗震设计的高层建筑不宜同时采用超过两种本规程第 10.1.1 条所规定的复杂高层建筑结构。

10.1.5　复杂高层建筑结构的计算分析应符合本规程第 5 章的有关规定。复杂高层建筑结构中的受力复杂部位，尚宜进行应力分析，并按应力进行配筋设计校核。

　　条文说明：复杂高层建筑结构的计算分析应符合本规程第 5 章的有关规定，并按本规程有关规定进行截面承载力设计与配筋构造。对于复杂高层建筑结构，必要时，对其中某些受力复杂部位尚宜采用有限元法等方法进行详细的应力分析，了解应力分布情况，并按应力进行配筋校核。

2.《技术措施》

12.1.1　复杂高层建筑结构指高层建筑中在结构平面布置和结构竖向布置中存在对抗震不利的不规则性或采用了有较明显的抗震薄弱部位的复杂类型结构。如：带加强层结构、错层结构、连体结构、带转换层结构、多塔结构、竖向体型改进、悬挑结构等。复杂高层建筑结构设计应从抗震概念设计原则出发，尽量减少结构平面不规则和竖向不规则的程度，避免同时采用多种不规则复杂类型的建筑结构，不应采用严重不规则的结构体系。

12.1.2　结构不规则性及对抗震不利的复杂建筑结构的含义：

1　平面不规则：

　　1）凹凸不规则：结构平面尺寸超过表 12.1.2 的限值时，应视为平面凹凸不规则。

表 12.1.2　平面凹凸不规则的比值限值

设防烈度	L/B	l/B_{max}	l/b
6、7 度	6.0	0.35	2.0
8、9 度	5.0	0.30	1.5

2）楼板局部不连续或较大的楼层错层

有效楼板宽度小于该层楼板典型宽度的 50%，或开洞面积大于该层面积的 30%（图 12.1.2-2）。当楼板平面因开洞而使楼板有过大削弱时，应在设计中考虑 楼板变形产生的不利影响，参见本措施 3.1.3 条 11 款。

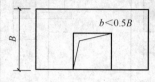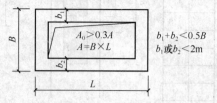

图 12.1.2-2 楼板局部不连续示意

条文说明： 抗震结构中楼板的作用如下：

1 提供建筑物某些构件如隔墙、幕墙的支点，并抵抗水平力，但楼板不属于竖向抗震体系的一部分；

2 传递横向力至竖向抗震体系，可将每层楼板看作一根水平深梁，将风或地震产生的力传递至各种抗侧力构件；

3 将不同的抗震体系中的各组成部分连成一体，并提供适当的强度、刚度，以使整个建筑能整体变形与转动。

因此，应根据楼板开洞的部位是否阻碍了水平力的传递、开洞的尺寸是否已影响了板作为水平放置的深梁的承载力等方面，去衡量该洞口是否可以设置。如楼板开大洞部位不影响地震作用的传递，可以不限开洞百分比。如图 12.1.2-3 所示，有一段楼板，两端为剪力墙，中部为框架。当建筑受到水平力时，其所受力需由楼板传至两端的剪力墙。如果在洞 1 位置有洞口，它将影响楼板所受水平力传至左端剪力墙，因此，即使洞口面积小于楼板面积

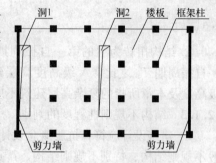

图 12.1.2-3 楼板位置示意

的 30%，也是不宜设置的。对于洞口 2，位于楼板长度的中部，犹如一根梁在中部有洞口，它对于梁的承载力影响是较小的，因而，即使洞口面积大于楼板面积的 30%，只要构造得当，例如在楼板上下两边适当加厚、布置梁以便受力等，也是可以的。

有较大的楼层错层，如图 12.1.2-4 所示。较大错层指楼面错层高度 h_0 大于相邻高侧的梁高 h_1 时，或两侧楼板横向用同一钢筋混凝土梁相连，但楼板间垂直净距 h_2 大于支承梁宽 1.5 倍时，当两侧楼板横向用同一根梁相连，虽然 $h_2 < 1.5b$，但 $h_0 >$ 纵向梁高度 hz 时，此时仍应作为错层，当较大错层面积大于该层总面积 30% 时，应视为楼层错层。

3）扭转不规则

按刚性楼板计算在规定水平地震力作用下楼层的最大弹性水平位移和层间位移，大于该楼层两端弹性水平位移和层间位移的平均值的 1.2 倍时，应视为扭转不规则，如图 12.1.2-5。$\delta_2 > 1.2 \left(\dfrac{\delta_1 + \delta_2}{2} \right)$，则属扭转不规则。

① 高层建筑考虑 偶然偏心影响的规定水平地震力作用下，楼层竖向构件的最大水平

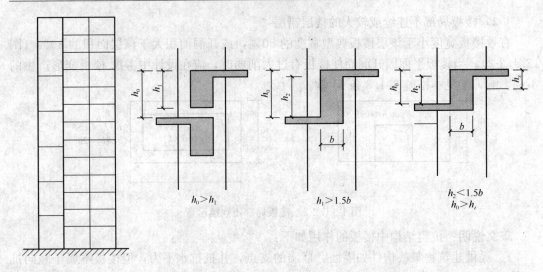

图 12.1.2-4　较大楼层错层示意

位移及层间位移，对于 A 级高度高层建筑不应大于该楼层平均值的 1.5 倍，即 $\delta_2 < 1.5\left(\dfrac{\delta_1+\delta_2}{2}\right)$，对于 B 级高度及本章所指的复杂高层建筑不应大于平均值的 1.4 倍，即 $\delta_2 < 1.4\left(\dfrac{\delta_1+\delta_2}{2}\right)$。

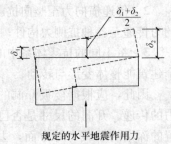

规定的水平地震作用力

图 12.1.2-5　建筑结构平面的扭转不规则示意

② 结构扭转为主的第一自振周期 T_t 与平动为主的第一自振周期 T_1 之比，A 级高度高层建筑不应大于 0.9、B 级高度及本章所指的复杂高层建筑不应大于 0.85。

12.1.3　结构不规则性程度的判别

1　建筑设计应符合抗震概念设计的原则，注意分析判断结构不规则的程度，区分一般不规则结构、特别不规则结构、严重不规则结构，建筑设计时宜采用规则结构或一般不规则结构，不宜采用特别不规则结构，不应采用严重不规则结构；

2　规则的建筑结构体现在体型（平面和立面的形状）简单，抗侧力体系的刚度和承载力上下变化连续、均匀，平面布置基本对称。即在平立面、竖向剖面或抗侧力体系上，没有明显的、实质的不连续（突变）；

3　一般不规则结构是指超过 12.1.2 条平面或竖向不规则规定的个别项不规则指标（但超过不多）的结构；

4　特别不规则结构是指具有较明显的抗震薄弱部位，可能引起不良后果者，通常有三类：

1） 同时有三项及三项以上超过 12.1.2 条规定的平面或竖向不规则指标；

2） 具有较明显抗震薄弱部位，可能引起不良后果，主要表现为：

① 扭转偏大：裙房以上有较多楼层考虑偶然偏心的扭转位移比大于 1.4；

② 抗扭刚度弱：扭转周期比大于 0.9，混合结构扭转周期比大于 0.85；

③ 层刚度突变：本层侧向刚度小于相邻上层的 50%；

④ 高位转换结构：框支墙体的转换构件位置 7 度高于 5 层，8 度高于 3 层；

⑤ 厚板转换：7～9 度设防的厚板转换结构；

⑥ 塔楼偏置：单塔或多塔综合质心与大底盘的质心偏心距大于底盘相应边长的 20%；

⑦ 复杂连接：各部分层数、刚度、布置不同的错层或连体两端塔楼高度、体型或者沿大底盘某个主轴方向的振动周期显著不同的结构；

⑧ 多重复杂：同时具有转换层、加强层、错层、连体和多塔类型中的三种及三种以上。

3）具有两项超过 12.1.2 条规定的平面或竖向不规则指标且其中一项接近第 2）条所列出的指标。

12.6.1 下列高层建筑工程属于超限高层建筑工程，按住房和城乡建设部规定在结构初步设计阶段申报抗震设防专项审查：

1 房屋高度超过《建筑抗震设计规范》GB 50011—2010 第 6 章现浇钢筋混凝土结构和第 8 章钢结构最大适用高度，超过《高层建筑混凝土结构技术规程》JGJ 3—2010 第 11 章混合结构，第 7 章中有较多短肢墙的剪力墙结构，第 10 章中错层结构最大适用高度的高层建筑。

2 建筑结构布置属于第 12.1.3 条规定的特别不规则结构。

12.6.2 不应同时采用多塔、连体、错层、带转换层以及带加强层五种类型中的三种以上的复杂类型。7 度和 8 度抗震设计的高层建筑不宜同时采用超过两种本章所规定的复杂结构。9 度抗震设计时不应采用带转换层的结构、带加强层的结构、错层结构和连体结构。

12.6.3 按复杂或超限程度，针对薄弱部位采取比规范、规程规定的更严格的计算与构造措施。如对局部薄弱部位提高抗震等级，部分重要构件的承载力设计满足中震下处于弹性工作状态，采用静力弹塑性分析或动力弹塑性分析其薄弱部位等。

12.6.4 多塔、连体、错层以及带转换层、加强层等复杂高层结构，应尽量减少不规则的类型和不规则程度；一般不宜超过《高层建筑混凝土结构技术规程》JGJ 3—2010 规定的最大适用高度。

12.6.5 对于严重不规则结构及房屋高度超过《高层建筑混凝土结构技术规程》JGJ 3—2010 的 B 级高度，或在房屋高度、平面、竖向规则性三方面均不满足规范、规程有关规定时，应特别慎重研究，如改变结构类型、改变结构材料或采用抗震新技术等。

12.6.6 结构计算分析时应注意：

1 结构总地震剪力以及各层的地震剪力与其上各层总重力荷载代表值的比值，应符合抗震规范的要求，Ⅲ、Ⅳ类场地条件时尚宜适当增加（如 10% 左右）。竖向不规则结构的薄弱层应乘以 1.25 增大系数。当结构底部的总地震剪力偏小需调整时，其以上各层的剪力也应适当调整。

2 体型复杂、结构布置复杂以及 B 级高度高层建筑结构，应采用至少两个不同力学模型的结构分析软件进行整体计算。

3 抗震设计时，B 级高度的高层建筑结构和复杂高层建筑结构，尚应符合下列规定：

1）宜考虑平扭耦联计算结构的扭转效应，振型数不应小于 15，对多塔楼结构的振型数不应小于塔楼数的 9 倍，且计算振型数应使振型参与质量不小于总质量的 90%；

2）应采用弹性时程分析法进行补充计算；

3）宜采用弹塑性静力或弹塑性动力分析方法补充计算。

4 结构时程分析所用的水平、竖向地震时程曲线应符合规范要求，持续时间一般不小于结构基本周期5倍（即结构屋面对应于基本周期的位移反应不少于5次往复），应按弹性时程分析结果一般取多条波的平均值，超高较多或体型复杂时取多条波的包络。

5 薄弱层地震剪力和不落地竖向构件传给水平转换构件的地震内力的调整系数取值，应依据超限的具体情况大于规范的规定值，楼层刚度比值的控制值仍需符合规范要求。

6 上部墙体开设边门洞等的水平转换构件，应根据具体情况加强；必要时宜采用重力荷载下不考虑墙体共同工作的手算复核。

12.6.7 当建筑房屋高度超过《高层建筑混凝土结构技术规程》JGJ 3—2010的限值，或不规则性超出《建筑抗震设计规范》GB 50011—2010与《高层建筑混凝土结构技术规程》JGJ 3—2010规定时，应按比这两本规范规定更严格的要求采取概念设计与抗震性能设计的方法进行设计。

1) 当房屋高度超过现行规范适用范围较多、或特别不规则的高层建筑结构且不规则的程度超过现行标准限值较多、结构延性变形能力较差时，设计时应满足：

① 全部构件的抗震承载力应满足小震弹性设计要求，层间位移应满足现行规范要求；

② 结构的薄弱部位或重要部位构件的抗震承载力应满足中震弹性设计要求：（计算中应采用各项作用的分项系数、材料分项系数和抗震承载力调整系数，但可不考虑地震内力调整）

③ 大震时可考虑部分构件有中等破坏，但不发生剪切破坏等脆性破坏，应按非线性计算。

2) 当房屋高度和不规则性超过现行标准的限值较小时，结构设计应满足：

① 全部构件的抗震承载力应满足小震弹性设计要求，层间位移应满足现行规范要求；

② 结构的薄弱部位或重要构件应满足中震不屈服（即不考虑内力调整的地震作用、各项作用分项系数、抗震承载力调整系数均取1，材料均取标准值）；但对于已是特一级的墙和柱应满足更严格的要求，结构按非线性计算，允许有些选定部位进入屈服阶段但不得发生剪切破坏等脆性破坏；

③ 大震应满足薄弱部位或重要部位构件允许达到屈服阶段，但结构满足比规范更严格的变形限制（如混凝土结构的层间变形控制在1/200），竖向构件不发生剪切等脆性破坏，结构应进行非线性计算。

二、带加强层高层建筑结构

1.《高规》

10.3.1 当框架-核心筒、筒中筒结构的侧向刚度不能满足要求时，可利用建筑避难层、设备层空间，设置适宜刚度的水平伸臂构件，形成带加强层的高层建筑结构。必要时，加强层也可同时设置周边水平环带构件。水平伸臂构件、周边环带构件可采用斜腹杆桁架、实体梁、箱形梁、空腹桁架等形式。

条文说明：根据近年来高层建筑的设计经验及理论分析研究，当框架-核心筒结构的侧向刚度不能满足设计要求时，可以设置加强层以加强核心筒与周边框架的联系，提高结构整体刚度，控制结构位移。本节规定了设置加强层的要求及加强层构件的类型。

10.3.2 带加强层高层建筑结构设计应符合下列规定：

1 应合理设计加强层的数量、刚度和设置位置。当布置 1 个加强层时，可设置在 0.6 倍房屋高度附近；当布置 2 个加强层时，可分别设置在顶层和 0.5 倍房屋高度附近；当布置多个加强层时，宜沿竖向从顶层向下均匀布置。

2 加强层水平伸臂构件宜贯通核心筒，其平面布置宜位于核心筒的转角、T 字节点处；水平伸臂构件与周边框架的连接宜采用铰接或半刚接；结构内力和位移计算中，设置水平伸臂桁架的楼层宜考虑楼板平面内的变形。

3 加强层及其相邻层的框架柱、核心筒应加强配筋构造。

4 加强层及其相邻层楼盖的刚度和配筋应加强。

5 在施工程序及连接构造上应采取减小结构竖向温度变形及轴向压缩差的措施，结构分析模型应能反映施工措施的影响。

条文说明：根据中国建筑科学研究院等单位的理论分析，带加强层的高层建筑，加强层的设置位置和数量如果比较合理，则有利于减少结构的侧移。本条第 1 款的规定供设计人员参考。

结构模型振动台试验及研究分析表明：由于加强层的设置，结构刚度突变，伴随着结构内力的突变，以及整体结构传力途径的改变，从而使结构在地震作用下，其破坏和位移容易集中在加强层附近，形成薄弱层，因此规定了在加强层及相邻层的竖向构件需要加强。伸臂桁架会造成核心筒墙体承受很大的剪力，上下弦杆的拉力也需要可靠地传递到核心筒上，所以要求伸臂构件贯通核心筒。

加强层的上下层楼面结构承担着协调内筒和外框架的作用，存在很大的面内应力，因此本条规定的带加强层结构设计的原则中，对设置水平伸臂构件的楼层在计算时宜考虑楼板平面内的变形，并注意加强层及相邻层的结构构件的配筋加强措施，加强各构件的连接锚固。

由于加强层的伸臂构件强化了内筒与周边框架的联系，内筒与周边框架的竖向变形差将产生很大的次应力，因此需要采取有效的措施减小这些变形差（如伸臂桁架斜腹杆的滞后连接等），而且在结构分析时就应该进行合理的模拟，反映这些措施的影响。

10.3.3 抗震设计时，带加强层高层建筑结构应符合下列要求：

1 加强层及其相邻层的框架柱、核心筒剪力墙的抗震等级应提高一级采用，一级应提高至特一级，但抗震等级已经为特一级时应允许不再提高；

2 加强层及其相邻层的框架柱，箍筋应全柱段加密配置，轴压比限值应按其他楼层框架柱的数值减小 0.05 采用；

3 加强层及其相邻层核心筒剪力墙应设置约束边缘构件。

条文说明：带加强层的高层建筑结构，加强层刚度和承载力较大，与其上、下相邻楼层相比有突变，加强层相邻楼层往往成为抗震薄弱层；与加强层水平伸臂结构相连接部位的核心筒剪力墙以及外围框架柱受力大且集中。因此，为了提高加强层及其相邻楼层与加强层水平伸臂结构相连接的核心筒墙体及外围框架柱的抗震承载力和延性，本条规定应对此部位结构构件的抗震等级提高一级采用（已经为特一级者可不提高）；框架柱箍筋应全柱段加密，轴压比从严（减小 0.05）控制；剪力墙应设置约束边缘构件。本条第 3 款为本次修订新增加内容。

2. 《技术措施》

12.2.1　带加强层的高层建筑属于竖向不规则的结构，其结构布置、分析计算与抗震措施应满足《高层建筑混凝土结构技术规程》JCJ 3—2010 第 10.3 节要求。

12.2.2　当框架-核心筒、筒中筒结构的侧向刚度不能满足要求时，可利用建筑避难层、设备层空间，设置适宜刚度的水平伸臂构件，形成带加强层的高层建筑结构。必要时，加强层也可同时设置周边水平环带构件。水平伸臂构件、周边环带构件可采用斜腹杆桁架、实体梁、箱形梁、空腹桁架等形式。

条文说明：伸臂对结构受力性能影响是多方面的，增大框架中间柱轴力、增加刚度、减小侧移、减小内筒弯矩是其主要优点，是设置伸臂的主要目的。根据实际工程计算统计，对于一般框架-剪力墙结构，伸臂可以使侧移减小约 15%～20%，有时更多，而筒中筒结构设置伸臂减小侧移的幅度不大，只有 5%～10%左右，原因是：筒中筒结构中框筒结构的密柱深梁与伸臂的作用是重复的，密柱深梁已经使翼缘框架柱承受了较大轴力，可抵抗较大倾覆弯矩，再用伸臂效果就不明显了，而且还会带来沿高度内力突变的不利后果，因此一般来说筒中筒结构没有必要再在内外筒之间设置伸臂。

伸臂也带来一些不利影响，它使内力沿高度发生突变，内力的突变不利于抗震，尤其对柱不利。设置伸臂时，伸臂层所在层的上、下相邻层的柱弯矩、剪力都有突变，不仅增加了柱配筋的困难，上、下柱与一个刚度很大的伸臂相连，地震作用下这些柱子容易出铰或剪坏；核心筒的弯矩、剪力也有突变。结构沿高度的刚度突变对抗震不利，因此在非地震区，设置伸臂的利大于弊，例如非地震区的抗风结构采用伸臂加强结构抗侧刚度是有利的；而在地震区，必须慎重设计，应进行仔细的方案比较，不设置伸臂就能满足侧移要求时就不必设置伸臂，必须设置伸臂时，必须处理好框架柱与核心筒的内力突变，要避免柱出现塑性铰或剪力墙剪切等形成薄弱层的潜在危险。

要慎重选择伸臂的刚度和数量。设置伸臂方案可以有多种选择：①选择有效部位，设置一道刚度不大的伸臂；②设置多道伸臂，每道伸臂本身的刚度不大。选择一道伸臂的内力突变幅度较大，而多道伸臂的用钢量及造价增加，应衡量利弊选择。

12.2.3　应确保加强层构件传力直接、锚固可靠。为充分发挥加强层水平外伸构件的作用，传力直接可靠，利于核心筒结构可靠工作，加强层水平外伸构件应贯通核心筒，与核心筒的转角节点、丁字节点可靠刚接相连，尽量避免与核心筒筒壁丁字相连。构件水平伸臂构件与周边框架柱的连接宜采用铰接或半刚性连接。

12.2.4　为减少和避免水平荷载作用下加强层及相邻层周边框架柱和核心筒处剪力集中、剪力突变、弯矩增大，避免罕遇地震作用下加强层及其相邻层周边框架柱、核心筒先行破坏，加强层水平外伸构件宜优先选用斜腹杆桁架、空腹桁架，当选用实体梁时，宜在腹板中部开孔。尤其应注意内筒外柱在长期重力荷载作用下产生的差异徐变变形对加强层水平外伸构件的影响。水平外伸构件宜采用钢结构。

12.2.5　对带加强层结构应进行细致的计算。应按实际结构的构成采用空间协同的计算分析方法分析计算。尤其应注意对重力荷载作用进行符合实际情况的施工模拟计算。抗震设计时，需进行弹性时程分析补充计算和弹塑性时程分析的计算校核。同时还应注意温差、混凝土徐变、收缩等非荷载效应影响。在结构内力和位移计算中，加强层楼层宜考虑楼板平面内变形影响。

条文说明：在带伸臂的框架-核心筒结构中，要注意在假定楼板无限刚性时，由于楼板不能变形，伸臂桁架的上、下弦没有伸长和缩短，不能得到弦杆、腹杆的正确内力，因此，应将此区域楼板设定为弹性楼板。

12.2.6 加强层及相邻上下层的框架柱和核心筒剪力墙的抗震等级应提高一级采用，若原为特一级应允许不再提高。带加强层框架-核心筒结构的抗震等级应符合表 12.2.6 的要求。

表 12.2.6　带加强层框架-核心筒结构的抗震等级

部　位	抗震设防烈度	6 度			7 度			8 度		
	高度（m）	≤80	80～150	>150	≤80	80～130	>130	≤80	80～100	>100
非加强层区间	核心筒	二	二	一	二	二	一	一	一	特一
	框架	三	三	二	二	二	一	一	一	一
加强层区间	核心筒	二	二	一	一	特一	特一	特一	特一	特一
	框架	二	二	一	一	特一	特一	特一	特一	特一
	水平外伸构件	二	二	一	一	特一	特一	特一	特一	特一
	水平环带构件	二	二	一	一	特一	特一	特一	特一	特一

注：加强层区间指加强层及其相邻各一层的竖向范围。

12.2.7 加强层及相邻上、下层框架柱和核心筒的配筋应加强。

加强层及其相邻上、下层的框架柱，箍筋应全柱段加密。轴压比限值应比其他楼层框架柱的数值减小 0.05。

加强层及其相邻层核心筒剪力墙应设置约束边缘构件。

12.2.8 加强层及其相邻层楼盖刚度和配筋应加强。

12.2.9 在施工顺序上应采取有效措施，减少由于结构竖向温度变形及轴向压缩差对加强层的影响。对混凝土结构应设置后浇带，在主体结构完成后再浇筑后浇带。

三、错　层　结　构

1.《高规》

10.4.1 抗震设计时，高层建筑沿竖向宜避免错层布置。当房屋不同部位因功能不同而使楼层错层时，宜采用防震缝划分为独立的结构单元。

条文说明：中国建筑科学研究院抗震所等单位对错层剪力墙结构做了两个模型振动台试验。试验研究表明，平面规则的错层剪力墙结构使剪力墙形成错洞墙，结构竖向刚度不规则，对抗震不利，但错层对抗震性能的影响不十分严重；平面布置不规则、扭转效应显著的错层剪力墙结构破坏严重。错层框架结构或框架-剪力墙结构尚未见试验研究资料，但从计算分析表明，这些结构的抗震性能要比错层剪力墙结构更差。因此，高层建筑宜避免错层。

相邻楼盖结构高差超过梁高范围的，宜按错层结构考虑。结构中仅局部存在错层构件的不属于错层结构，但这些错层构件宜参考本节的规定进行设计。

10.4.2 错层两侧宜采用结构布置和侧向刚度相近的结构体系。

条文说明：错层结构应尽量减少扭转效应，错层两侧宜采用侧向刚度和变形性能相近的结构方案，以减小错层处墙、柱内力，避免错层处结构形成薄弱部位。

10.4.3   错层结构中，错开的楼层不应归并为一个刚性楼板，计算分析模型应能反映错层影响。

10.4.4   抗震设计时，错层处框架柱应符合下列要求：

　　1   截面高度不应小于 **600mm**，混凝土强度等级不应低于 **C30**，箍筋应全柱段加密配置；

　　2   抗震等级应提高一级采用，一级应提高至特一级，但抗震等级已经为特一级时应允许不再提高。

条文说明：错层结构属于竖向布置不规则结构，错层部位的竖向抗侧力构件受力复杂，容易形成多处应力集中部位。框架错层更为不利，容易形成长、短柱沿竖向交替出现的不规则体系。因此，规定抗震设计时错层处柱的抗震等级应提高一级采用（特一级时允许不再提高），截面高度不应过小，箍筋应全柱段加密配置，以提高其抗震承载力和延性。

10.4.5   在设防烈度地震作用下，错层处框架柱的截面承载力宜符合本规程公式（3.11.3-2）的要求。

条文说明：本条为新增条文。错层结构错层处的框架柱受力复杂，易发生短柱受剪破坏，因此要求其满足设防烈度地震（中震）作用下性能水准 2 的设计要求。

10.4.6   错层处平面外受力的剪力墙的截面厚度，非抗震设计时不应小于 200mm，抗震设计时不应小于 250mm，并均应设置与之垂直的墙肢或扶壁柱；抗震设计时，其抗震等级应提高一级采用。错层处剪力墙的混凝土强度等级不应低于 C30，水平和竖向分布钢筋的配筋率，非抗震设计时不应小于 0.3%，抗震设计时不应小于 0.5%。

条文说明：错层结构在错层处的构件（图13）要采取加强措施。

本规程第 10.4.4 条和本条规定了错层处柱截面高度、剪力墙截面厚度以及剪力墙分布钢筋的最小配筋率要求，并规定平面外受力的剪力墙应设置与其垂直的墙肢或扶壁柱，抗震设计时，错层处框架柱和平面外受力的剪力墙的抗震等级应提高一级采用，以免该类构件先于其他构件破坏。如果错层处混凝土构件不能满足设计要求，则需采取有效措施。框架柱采用型钢混凝土柱或钢管混凝土柱，剪力墙内设置型钢，可改善构件的抗震性能。

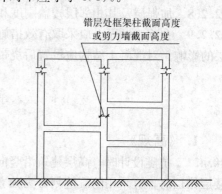

错层处框架柱截面高度
或剪力墙截面高度

图 13   错层结构加强部位示意

2.《技术措施》

12.3.1   错层结构属竖向布置不规则结构，错层部位的竖向抗侧力构件受力复杂，容易产生较多应力集中部位。框架结构错层更不利，容易形成短柱与长柱沿竖向交错出现的不规则体系。因此，高层建筑尽可能不采用错层结构，7 度和 8 度抗震设防的剪力墙结构错层建筑的房屋高度分别不宜大于 80m 和 60m，框架-剪力墙结构不应大于 80m 和 60m。

12.3.2   错层两侧宜采用结构布置和侧向刚度都相近的结构体系，楼板错层处宜用同一钢筋混凝土梁将两侧楼板连成整体，此时梁腹水平截面宜满足因错层产生的水平剪力的要求，必要时可将梁截面加腋，如图 12.3.2，以传递错层的水平剪力。结构计算时若两侧柱高不等，则应考虑两侧柱抗侧刚度不同时引起的影响。

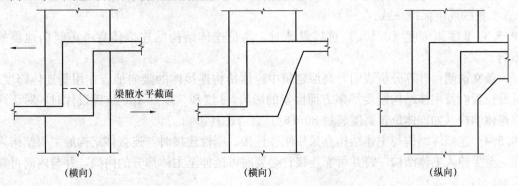

图 12.3.2　错层梁截面加腋示意

12.3.3　在错层位置，平面内和平面外，均宜设置可靠的抗侧力的剪力墙，剪力墙的厚度不应小于 250mm，并应设置与之垂直的墙肢或扶壁柱。

错层处剪力墙的抗震等级均应提高一级，混凝土强度等级不应低于 C30，墙体水平及竖向分布筋配筋率不应低于 0.5％。

12.3.4　错层处框架柱的截面高度不应小于 600mm，混凝土强度等级不应低于 C30，箍筋应全柱段加密，可采用型钢混凝土柱或钢管混凝土柱以提高构件的抗震性能。

框架柱的抗震等级应提高一级，若原为特一级可不再提高。

12.3.5　错层结构计算时，错开的楼层应各自作为一层进行分析。错开的楼层不应归并为一个刚性楼板，计算分析模型应能反映错层影响。

12.3.6　错层结构错层处的框架柱受力复杂，易发生短柱受剪破坏，因此在设防烈度地震作用下，错层处框架柱的截面承载力宜满足设防烈度地震（中震）作用下性能水准 2 的设计要求。

四、连 体 结 构

1. 《高规》

10.5.1　连体结构各独立部分宜有相同或相近的体型、平面布置和刚度；宜采用双轴对称的平面形式。7 度、8 度抗震设计时，层数和刚度相差悬殊的建筑不宜采用连体结构。

条文说明：连体结构各独立部分宜有相同或相近的体型、平面和刚度，宜采用双轴对称的平面形式，否则在地震中将出现复杂的 X、Y、θ 相互耦联的振动，扭转影响大，对抗震不利。

1995 年日本阪神地震和 1999 年我国台湾集集地震的震害表明，连体结构破坏严重，连接体本身塌落的情况较多，同时使主体结构中与连接体相连的部分结构严重破坏，尤其当两个主体结构层数和刚度相差较大时，采用连体结构更为不利，因此规定 7、8 度抗震时层数和刚度相差悬殊的不宜采用连体结构。

10.5.2　**7 度（0.15g）和 8 度抗震设计时，连体结构的连接体应考虑竖向地震的影响。**

条文说明：连体结构的连接体一般跨度较大、位置较高，对竖向地震的反应比较敏感，放大效应明显，因此抗震设计时高烈度区应考虑竖向地震的不利影响。本次修订增加了7度设计基本地震加速度为0.15g抗震设防区考虑竖向地震影响的规定，与本规程第4.3.2条的规定保持一致。

10.5.3 6度和7度（0.10g）抗震设计时，高位连体结构的连接体宜考虑竖向地震的影响。

条文说明：计算分析表明，高层建筑中连体结构连接体的竖向地震作用受连体跨度、所处位置以及主体结构刚度等多方面因素的影响，6度和7度0.10g抗震设计时，对于高位连体结构（如连体位置高度超过80m时）宜考虑其影响。

10.5.4 连接体结构与主体结构宜采用刚性连接。刚性连接时，连接体结构的主要结构构件应至少伸入主体结构一跨并可靠连接；必要时可延伸至主体部分的内筒，并与内筒可靠连接。

当连接体结构与主体结构采用滑动连接时，支座滑移量应能满足两个方向在罕遇地震作用下的位移要求，并应采取防坠落、撞击措施。罕遇地震作用下的位移要求，应采用时程分析方法进行计算复核。

10.5.5 刚性连接的连接体结构可设置钢梁、钢桁架、型钢混凝土梁，型钢应伸入主体结构至少一跨并可靠锚固。连接体结构的边梁截面宜加大；楼板厚度不宜小于150mm，宜采用双层双向钢筋网，每层每方向钢筋网的配筋率不宜小于0.25%。

当连接体结构包含多个楼层时，应特别加强其最下面一个楼层及顶层的构造设计。

条文说明：连体结构的连体部位受力复杂，连体部分的跨度一般也较大，采用刚性连接的结构分析和构造上更容易把握，因此推荐采用刚性连接的连体形式。刚性连接体既要承受很大的竖向重力荷载和地震作用，又要在水平地震作用下协调两侧结构的变形，因此要保证连体部分与两侧主体结构的可靠连接，这两条规定了连体结构与主体结构连接的要求，并强调了连体部位楼板的要求。

根据具体项目的特点分析后，也可采用滑动连接方式。震害表明，当采用滑动连接时，连接体往往由于滑移量较大致使支座发生破坏，因此增加了对采用滑动连接时的防坠落措施要求和需采用时程分析方法进行复核计算的要求。

10.5.6 抗震设计时，连接体及与连接体相连的结构构件应符合下列要求：

1 连接体及与连接体相连的结构构件在连接体高度范围及其上、下层，抗震等级应提高一级采用，一级提高至特一级，但抗震等级已经为特一级时应允许不再提高；

2 与连接体相连的框架柱在连接体高度范围及其上、下层，箍筋应全柱段加密配置，轴压比限值应按其他楼层框架柱的数值减小0.05采用；

3 与连接体相连的剪力墙在连接体高度范围及其上、下层应设置约束边缘构件。

条文说明：中国建筑科学研究院等单位对连体结构的计算分析及振动台试验研究说明，连体结构自振振型较为复杂，前几个振型与单体建筑有明显不同，除顺向振型外，还出现反向振型；连体结构抗扭转性能较差，扭转振型丰富，当第一扭转频率与场地卓越频率接近时，容易引起较大的扭转反应，易造成结构破坏。因此，连体结构的连接体及与连接体相连的结构构件受力复杂，易形成薄弱部位，抗震设计时必须予以加强，以提高其抗震承载力和延性。

本条第 2、3 两款为本次修订新增内容。

10.5.7 连体结构的计算应符合下列规定：

1 刚性连接的连接体楼板应按本规程第 10.2.24 条进行受剪截面和承载力验算；

2 刚性连接的连接体楼板较薄弱时，宜补充分塔楼模型计算分析。

条文说明： 刚性连接的连体部分结构在地震作用下需要协调两侧塔楼的变形，因此需要进行连体部分楼板的验算，楼板的受剪截面和受剪承载力按转换层楼板的计算方法进行验算，计算剪力可取连体楼板承担的两侧塔楼楼层地震作用力之和的较小值。当连体部分楼板较弱时，在强烈地震作用下可能发生破坏，因此建议补充两侧分塔楼的计算分析，确保连体部分失效后两侧塔楼可以独立承担地震作用不致发生严重破坏或倒塌。

2. 《技术措施》

12.4.2 对于连体的各独立部分体型、平面、刚度相近时，连接体与主体结构宜采用刚性连接，连接体结构的主要结构构件应至少伸入主体结构一跨并可靠连接；必要时可延伸至主体部分的内筒，并与内筒可靠连接。连接体与主体结构采用刚性连接时，应注意连接部位的应力集中，应提高节点核心处的受剪承载能力。

刚性连接的连接体结构可设置钢梁、钢桁架、型钢混凝土梁，型钢应伸入主体结构至少一跨并可靠锚固。连接体结构的边梁截面宜加大；楼板厚度不宜小于 150mm，宜采用双层双向钢筋网，每层每方向钢筋网的配筋率不宜小于 0.25%。

当连接体结构包含多个楼层时，应特别加强其最下面一个楼层及顶层的构造设计。

12.4.3 对于各独立部分体型、平面、刚度不同时，则连接体结构与主体结构可采用一端固定、一端滑动连接，但支座滑移量应能满足两个方向在罕遇地震作用下的位移要求，并应采取防坠落、撞击措施。计算罕遇地震作用下的位移时，应采用时程分析方法进行复核计算。

12.4.4 刚性连接的连体部分较薄弱时，需考虑结构整体模型计算和分开计算模型的不利情况。

12.4.5 连体结构自振振型较为复杂。抗震计算时，应进行详细计算分析，分析振型数宜取分析单体结构时振型数乘以独立结构数。

12.4.6 连体结构竖向振动舒适度应符合《高层建筑混凝土结构技术规程》JGJ 3—2010 第 3.7.7 条的规定。

12.4.7 刚性连接的连体部分楼板应符合《高层建筑混凝土结构技术规程》JGJ 3—2010 对框支转换层楼板的截面剪力设计值的验算要求；计算剪力可取最不利工况组合下连体楼板承担的两侧塔楼楼层地震作用力之和。

五、竖向体型收进、悬挑结构

1. 《高规》

10.6.1 多塔楼结构以及体型收进、悬挑程度超过本规程第 3.5.5 条限值的竖向不规则高层建筑结构应遵守本节的规定。

条文说明： 将 02 规程多塔楼结构的内容与新增的体型收进、悬挑结构的相关内容合并，统称为"竖向体型收进、悬挑结构"。对于多塔楼结构、竖向体型收进和悬挑结构，其共同的特点就是结构侧向刚度沿竖向发生剧烈变化，往往在变化的部位产生结构的薄弱部位，因此本节对其统一进行规定。

10.6.2　多塔楼结构以及体型收进、悬挑结构，竖向体型突变部位的楼板宜加强，楼板厚度不宜小于 150mm，宜双层双向配筋，每层每方向钢筋网的配筋率不宜小于 0.25%。体型突变部位上、下层结构的楼板也应加强构造措施。

条文说明： 竖向体型收进、悬挑结构在体型突变的部位，楼板承担着很大的面内应力，为保证上部结构的地震作用可靠地传递到下部结构，体型突变部位的楼板应加厚并加强配筋，板面负弯矩配筋宜贯通。体型突变部位上、下层结构的楼板也应加强构造措施。

10.6.3　抗震设计时，多塔楼高层建筑结构应符合下列规定：

1　各塔楼的层数、平面和刚度宜接近；塔楼对底盘宜对称布置；上部塔楼结构的综合质心与底盘结构质心的距离不宜大于底盘相应边长的 20%。

2　转换层不宜设置在底盘屋面的上层塔楼内。

3　塔楼中与裙房相连的外围柱、剪力墙，从固定端至裙房屋面上一层的高度范围内，柱纵向钢筋的最小配筋率宜适当提高，剪力墙宜按本规程第 7.2.15 条的规定设置约束边缘构件，柱箍筋宜在裙楼屋面上、下层的范围内全高加密；当塔楼结构相对于底盘结构偏心收进时，应加强底盘周边竖向构件的配筋构造措施。

4　大底盘多塔楼结构，可按本规程第 5.1.14 条规定的整体和分塔楼计算模型分别验算整体结构和各塔楼结构扭转为主的第一周期与平动为主的第一周期的比值，并应符合本规程第 3.4.5 条的有关要求。

条文说明： 中国建筑科学研究院结构所等单位的试验研究和计算分析表明，多塔楼结构振型复杂，且高振型对结构内力的影响大，当各塔楼质量和刚度分布不均匀时，结构扭转振动反应大，高振型对内力的影响更为突出。因此本条规定多塔楼结构各塔楼的层数、平面和刚度宜接近；塔楼对底盘宜对称布置，减小塔楼和底盘的刚度偏心。大底盘单塔楼结构的设计，也应符合本条关于塔楼与底盘的规定。

震害和计算分析表明，转换层宜设置在底盘楼层范围内，不宜设置在底盘以上的塔楼内（图 14）。若转换层设置在底盘屋面的上层塔楼内时，易形成结构薄弱部位，不利于结构抗震，应尽量避免；否则应采取有效的抗震措施，包括增大构件内力、提高抗震等级等。

为保证结构底盘与塔楼的整体作用，裙房屋面板应加厚并加强配筋，板面负弯矩配筋

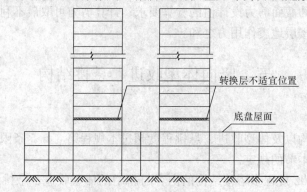

图 14　多塔楼结构转换层不适宜位置示意

宜贯通；裙房屋面上、下层结构的楼板也应加强构造措施。

　　为保证多塔楼建筑中塔楼与底盘整体工作，塔楼之间裙房连接体的屋面梁以及塔楼中与裙房连接体相连的外围柱、墙，从固定端至出裙房屋面上一层的高度范围内，在构造上应予以特别加强（图15）。

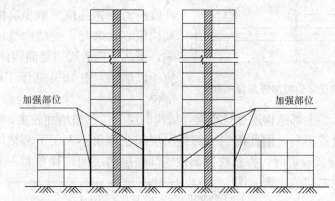

图 15　多塔楼结构加强部位示意

10.6.4　悬挑结构设计应符合下列规定：

　　1　悬挑部位应采取降低结构自重的措施。

　　2　悬挑部位结构宜采用冗余度较高的结构形式。

　　3　结构内力和位移计算中，悬挑部位的楼层宜考虑楼板平面内的变形，结构分析模型应能反映水平地震对悬挑部位可能产生的竖向振动效应。

　　4　7 度（0.15g）和 8、9 度抗震设计时，悬挑结构应考虑竖向地震的影响；6、7 度抗震设计时，悬挑结构宜考虑竖向地震的影响。

　　5　抗震设计时，悬挑结构的关键构件以及与之相邻的主体结构关键构件的抗震等级宜提高一级采用，一级提高至特一级，抗震等级已经为特一级时，允许不再提高。

　　6　在预估罕遇地震作用下，悬挑结构关键构件的截面承载力宜符合本规程公式（3.11.3-3）的要求。

　　条文说明：本条为新增条文，对悬挑结构提出了明确要求。

　　悬挑部分的结构一般竖向刚度较差、结构的冗余度不高，因此需要采取措施降低结构自重、增加结构冗余度，并进行竖向地震作用的验算，且应提高悬挑关键构件的承载力和抗震措施，防止相关部位在竖向地震作用下发生结构的倒塌。

　　悬挑结构上下层楼板承受较大的面内作用，因此在结构分析时应考虑楼板面内的变形，分析模型应包含竖向振动的质量，保证分析结果可以反映结构的竖向振动反应。

10.6.5　体型收进高层建筑结构、底盘高度超过房屋高度 20% 的多塔楼结构的设计应符合下列规定：

　　1　体型收进处宜采取措施减小结构刚度的变化，上部收进结构的底部楼层层间位移角不宜大于相邻下部区段最大层间位移角的 1.15 倍；

　　2　抗震设计时，体型收进部位上、下各 2 层塔楼周边竖向结构构件的抗震等级宜提高一级采用，一级提高至特一级，抗震等级已经为特一级时，允许不再提高；

　　3　结构偏心收进时，应加强收进部位以下 2 层结构周边竖向构件的配筋构造措施。

条文说明： 本条为新增条文，对体型收进结构提出了明确要求。大量地震震害以及相关的试验研究和分析表明，结构体型收进较多或收进位置较高时，因上部结构刚度突然降低，其收进部位形成薄弱部位，因此规定在收进的相邻部位采取更高的抗震措施。当结构偏心收进时，受结构整体扭转效应的影响，下部结构的周边竖向构件内力增加较多，应予以加强。图 16 中表示了应该加强的结构部位。

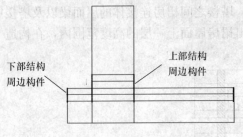

图 16　体型收进结构的加强部位示意

收进程度过大、上部结构刚度过小时，结构的层间位移角增加较多，收进部位成为薄弱部位，对结构抗震不利，因此限制上部楼层层间位移角不大于下部结构层间位移角的1.15 倍，当结构分段收进时，控制收进部位底部楼层的层间位移角和下部相邻区段楼层的最大层间位移角之间的比例（图17）。

2.《技术措施》

12.5.1 对于多塔楼结构、竖向体型收进和悬挑结构，其共同的特点就是结构侧向刚度沿竖向发生剧烈变化，往往在变化的部位产生结构的薄弱部位，应注意分析和加强。

12.5.2 竖向体型收进、悬挑结构在体型突变的部位，楼板承担着很大的面内应力，为保证上部结构的地震作用可靠地传递到下部结构，多塔楼结构以及体型收进、悬挑结构的竖向体型突变部位的楼板宜加强，楼板厚度不宜小于 150mm，宜双层双向配筋，每层每方向钢筋网的配筋率不宜小于 0.25%。体型突变部位上、下层结构的楼板也应加强构造措施。

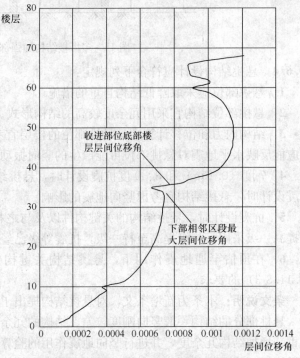

图 17　结构收进部位楼层层间位移角分布

12.5.3 多塔楼高层建筑结构应符合下列规定：

1 大底盘上偏置的单塔或多塔结构属于竖向不规则结构，且扭转反应较大，结构布置时，上部塔楼结构的综合质心宜与底盘质心接近，不宜大于底盘相应边长的 20%，应满足大底盘的层间位移比的要求。

对于多个塔楼仅通过地下室连为一体，地上无裙房或有局部小裙房但不连为一体的情况，一般不属于大底盘多塔楼结构。

2 多塔楼结构的计算

1） 从概念上来说并不存在一个针对整体结构的周期比。只能从整体计算模型中离散分析出各个塔的周期,以此计算出各塔的周期比。也可以把各个塔独立取出并带至少两跨裙房,按照各个单塔计算其周期比。

2)多塔楼结构的位移比控制计算应采用整体模型,考虑各塔之间的相互影响。底盘之上的每层各个塔分别计算最大水平位移与平均位移的比值、最大层间位移和平均位移的比值,底盘各楼层按整体计算位移比。

3)内力分析和截面配筋计算时,应采用整体模型,按楼板的实际情况采用刚性或弹性。

4)对多塔楼结构,宜补充计算各塔楼分开的模型,并采用按整体模型和各塔楼分开的模型两者比较较不利的结果进行结构设计。当塔楼周边的裙楼超过两跨时,分塔楼模型宜至少附带两跨的裙楼结构。

3 抗震设计时带转换层塔楼不宜将转换层设置在底盘顶面之上,转换层宜设置在底盘楼层范围内。

4 对塔楼结构(单塔与多塔)的底部薄弱部位应予以特别加强。塔楼中与裙房连接体相连的外围柱、剪力墙,从固定端至裙房屋面上一层的高度范围内,柱纵向钢筋的最小配筋率宜适当提高,柱箍筋宜在裙楼屋面上、下层的范围内全高加密,剪力墙宜设置约束边缘构件;当塔楼结构与底盘结构偏心收进时,应加强底盘周边竖向构件的配筋构造措施。

5 一幢楼的两部分仅靠一狭窄的板带连接时,尽管在设计中考虑楼板削弱产生的不利影响(包括结构分析和构造加强),但仍按一个结构单元进行设计是不妥的。在地震作用下,连接板带很快会产生裂缝,较早进入塑性状态。这时,宜将两部分分别按大底盘双塔连接和分开为两个独立的结构单元模型计算,各自都应符合承载能力和变形要求,在考虑两者的最不利情况下采取相应的措施。

12.5.4 悬挑结构设计应符合下列规定:

1 悬挑部位应采取降低结构自重的措施;

2 悬挑部位结构宜采用冗余度较高的结构形式;

3 结构内力和位移计算中,悬挑部位的楼层宜考虑楼板平面内的变形,结构分析模型应能反映水平地震对悬挑部位可能产生的竖向振动效应;

4 7度(0.15g)和8、9度抗震设计时,悬挑结构应考虑竖向地震的影响;6、7度抗震设计时,悬挑结构宜考虑竖向地震的影响;

5 抗震设计时,悬挑结构的关键构件以及与之相邻的主体结构关键构件的抗震等级应提高一级采用,一级应提高至特一级,抗震等级已经为特一级时,允许不再提高;

6 在预估罕遇地震作用下.悬挑结构关键构件的承载力宜符合性能水准3的设计要求。

12.5.5 体型收进高层建筑结构、底盘高度超过房屋高度20%的多塔楼结构的设计应符合下列规定:

1 体型收进处宜采取措施减小结构刚度的变化,上部收进结构的底部楼层层间位移角不宜大于相邻下部区段最大层间位移角的1.15倍;

2 抗震设计时,体型收进部位上、下各两层塔楼周边竖向结构构件的抗震等级宜提高一级采用,一级应提高至特一级,抗震等级已经为特一级时,允许不再提高。

3 结构偏心收进时,应加强收进部位以下两层结构周边竖向构件的配筋构造措施。

第14章 混合结构设计

一、一般规定

1.《高规》

11.1.1 本章规定的混合结构，系指由外围钢框架或型钢混凝土、钢管混凝土框架与钢筋混凝土核心筒所组成的框架-核心筒结构，以及由外围钢框筒或型钢混凝土、钢管混凝土框筒与钢筋混凝土核心筒所组成的筒中筒结构。

11.1.2 混合结构高层建筑适用的最大高度应符合表11.1.2的规定。

表11.1.2 混合结构高层建筑适用的最大高度（m）

结构体系		非抗震设计	抗震设防烈度				
			6度	7度	8度		9度
					0.2g	0.3g	
框架-核心筒	钢框架-钢筋混凝土核心筒	210	200	160	120	100	70
	型钢（钢管）混凝土框架-钢筋混凝土核心筒	240	220	190	150	130	70
筒中筒	钢外筒-钢筋混凝土核心筒	280	260	210	160	140	80
	型钢（钢管）混凝土外筒-钢筋混凝土核心筒	300	280	230	170	150	90

注：平面和竖向均不规则的结构，最大适用高度应适当降低。

11.1.3 混合结构高层建筑的高宽比不宜大于表11.1.3的规定。

表11.1.3 混合结构高层建筑适用的最大高宽比

结构体系	非抗震设计	抗震设防烈度		
		6度、7度	8度	9度
框架-核心筒	8	7	6	4
筒中筒	8	8	7	5

11.1.4 抗震设计时，混合结构房屋应根据设防类别、烈度、结构类型和房屋高度采用不同的抗震等级，并应符合相应的计算和构造措施要求。丙类建筑混合结构的抗震等级应按表11.1.4确定。

表 11.1.4 钢-混凝土混合结构抗震等级

结构类型		抗震设防烈度						
		6 度		7 度		8 度		9 度
房屋高度（m）		≤150	>150	≤130	>130	≤100	>100	≤70
钢框架-钢筋混凝土核心筒	钢筋混凝土核心筒	二	一	一	特一	一	特一	特一
型钢（钢管）混凝土框架-钢筋混凝土核心筒	钢筋混凝土核心筒	二	二	二	一	一	特一	特一
	型钢（钢管）混凝土框架	三	二	二	一	一	一	一
房屋高度（m）		≤180	>180	≤150	>150	≤120	>120	≤90
钢外筒-钢筋混凝土核心筒	钢筋混凝土核心筒	二	一	一	特一	一	特一	特一
型钢(钢管)混凝土外筒-钢筋混凝土核心筒	钢筋混凝土核心筒	二	二	二	一	一	特一	特一
	型钢（钢管）混凝土外筒	三	二	二	一	一	一	一

注：钢结构构件抗震等级，抗震设防烈度为6、7、8、9度时应分别取四、三、二、一级。

11.1.5 混合结构在风荷载及多遇地震作用下，按弹性方法计算的最大层间位移与层高的比值应符合本规程第 3.7.3 条的有关规定；在罕遇地震作用下，结构的弹塑性层间位移应符合本规程第 3.7.5 条的有关规定。

11.1.6 混合结构框架所承担的地震剪力应符合本规程第 9.1.11 条的规定。

11.1.7 地震设计状况下，型钢（钢管）混凝土构件和钢构件的承载力抗震调整系数 γ_{RE} 可分别按表 11.1.7-1 和表 11.1.7-2 采用。

表 11.1.7-1 型钢（钢管）混凝土构件承载力抗震调整系数 γ_{RE}

正截面承载力计算				斜截面承载力计算
型钢混凝土梁	型钢混凝土柱及钢管混凝土柱	剪力墙	支撑	各类构件及节点
0.75	0.80	0.85	0.80	0.85

表 11.1.7-2 钢构件承载力抗震调整系数 γ_{RE}

强度破坏（梁，柱，支撑，节点板件，螺栓，焊缝）	屈曲稳定（柱，支撑）
0.75	0.80

11.1.8 当采用压型钢板混凝土组合楼板时，楼板混凝土可采用轻质混凝土，其强度等级不应低于 LC25；高层建筑钢-混凝土混合结构的内部隔墙应采用轻质隔墙。

2.《技术措施》

13.2.1 抗震等级

钢-混凝土混合结构房屋抗震设计时，应根据设防类别、烈度、结构类型和房屋高度采用不同的抗震等级，并应符合相应的计算和构造措施要求。

表 13.2.1-1　丙类建筑钢-混凝土混合结构抗震等级

场地类别	结构类型		6度 0.05g		7度 0.10g		7度 0.15g		8度 0.20g		8度 0.30g		9度 0.40g
场地类别	房屋高度（m）		≤150	>150	≤130	>130	≤130	>130	≤100	>100	≤100	>100	≤70
II类	钢框架-钢筋混凝土核心筒	钢筋混凝土核心筒	二	一	一/(二)	特一/(一)	一/(二)	特一/(一)	一	特一	一	特一	特一/(一)
	型钢（钢管）混凝土框架-钢筋混凝土核心筒	钢筋混凝土核心筒	二	二	二/(二)	一/(一)	二/(二)	一/(一)	特一	特一	特一	特一	特一
		型钢（钢管）混凝土框架	三	二	二/(三)	一/(二)	二/(三)	一/(二)	二	一	二	一	一
场地类别	房屋高度（m）		≤180	>180	≤150	>150	≤150	>150	≤120	>120	≤120	>120	≤90
I类	钢外筒-钢筋混凝土核心筒	钢筋混凝土核心筒	二	一	一/(二)	特一/(一)	一/(二)	特一/(一)	一	特一	一	特一	特一/(一)
	型钢（钢管）混凝土外筒-钢筋混凝土核心筒	钢筋混凝土核心筒	二	二	二/(二)	一/(一)	二/(二)	一/(一)	特一	特一	特一	特一	特一
		型钢（钢管）混凝土外筒	三	二	二/(三)	一/(二)	二/(三)	一/(二)	二	一	二	一	一
场地类别	房屋高度（m）		≤150	>150	≤130	>130	≤130	>130	≤100	>100	≤100	>100	≤70
II类	钢框架-钢筋混凝土核心筒	钢筋混凝土核心筒	二	一	特一	特一	特一	特一	特一	特一	特一	特一	特一
	型钢（钢管）混凝土框架-钢筋混凝土核心筒	钢筋混凝土核心筒	二	二	二	一	二	一	特一	特一	特一	特一	特一
		型钢（钢管）混凝土框架	三	二	二	一	二	一	二	一	二	一	一
场地类别	房屋高度（m）		≤180	>180	≤150	>150	≤150	>150	≤120	>120	≤120	>120	≤90
II类	钢外筒-钢筋混凝土核心筒	钢筋混凝土核心筒	二	一	特一	特一	特一	特一	特一	特一	特一	特一	特一
	型钢（钢管）混凝土外筒-钢筋混凝土核心筒	钢筋混凝土核心筒	二	二	二	一	二	一	特一	特一	特一	特一	特一
		型钢（钢管）混凝土外筒	三	二	二	一	二	一	一	一	一	一	一

续表 13.2.1-1

结构类型		6度 0.05g		7度 0.10g		7度 0.15g		8度 0.20g		8度 0.30g		9度 0.40g
场地类别	房屋高度（m）	≤150	>150	≤130	>130	≤130	>130	≤100	>100	≤100	>100	≤70
Ⅲ、Ⅳ类	钢框架-钢筋混凝土核心筒｜钢筋混凝土核心筒	二		一	特一	一	特一	一	一(特一)	特一	特一	特一
	型钢（钢管）混凝土框架-钢筋混凝土核心筒｜钢筋混凝土核心筒	二			二(一)		特一	一	一(特一)	特一	特一	特一
	型钢（钢管）混凝土框架	三			二(一)		二					

结构类型		6度 0.05g		7度 0.10g		7度 0.15g		8度 0.20g		8度 0.30g		9度 0.40g
场地类别	房屋高度（m）	≤180	>180	≤150	>150	≤150	>150	≤120	>120	≤120	>120	≤90
Ⅲ、Ⅳ类	钢外筒-钢筋混凝土核心筒｜钢筋混凝土核心筒	二		一	特一	一	特一	一	特一	特一	特一	特一
	型钢（钢管）混凝土外筒-钢筋混凝土核心筒｜钢筋混凝土核心筒	二		二	二(一)		一	特一	一	一(特一)	特一	特一
	型钢（钢管）混凝土外筒	三		二	二		二					

注：1　钢结构构件抗震等级，抗震设防烈度为6、7、8、9度时应分别取四、三、二、一级。

　　2　当建筑场地为Ⅰ类时，应允许按表中括号内抗震等级采取抗震构造措施；当建筑场地为Ⅲ、Ⅳ类时，宜按表中括号内抗震等级采取抗震构造措施。

　　3　Ⅲ、Ⅳ类场地且设计基本地震加速度为0.15g和0.30g的丙类建筑按《高层建筑混凝土结构技术规程》JGJ 3—2010第3.9.2条提高一度确定抗震构造措施时，如果房屋高度超过提高一度后对应的房屋最大适用高度，则应采取比对应抗震等级更有效的抗震构造措施。

表 13.2.1-2　乙类建筑钢-混凝土混合结构抗震等级

结构类型		6度 0.05g		7度 0.10g		7度 0.15g		8度 0.20g		8度 0.30g		9度 0.40g
场地类别	房屋高度（m）	≤150	>150	≤130	>130	≤130	>130	≤100	>100	≤100	>100	≤70
Ⅰ类	钢框架-钢筋混凝土核心筒｜钢筋混凝土核心筒	一(二)	特一(一)	一	特一	特一	特一	特一(一)	特一(一)	特一	特一	特一
	型钢（钢管）混凝土外筒-钢筋混凝土核心筒｜钢筋混凝土核心筒	二(二)	(二)	特一(一)	(二)	特一(一)	(一)	特一(一)	(一)	特一	特一	特一
	型钢（钢管）混凝土框架	二(三)	(二)	(二)	(二)							特一(一)

续表 13.2.1-2

结构类型		6度		7度				8度				9度
		0.05g		0.10g		0.15g		0.20g		0.30g		0.40g
场地类别 Ⅰ类	房屋高度（m）	≤180	>180	≤150	>150	≤150	>150	≤120	>120	≤120	>120	≤90
钢框架-钢筋混凝土核心筒	钢筋混凝土核心筒	一(二)	特一(一)		特一		特一	特一(一)	特一	特一(一)	特一	特一
型钢（钢管）混凝土外筒-钢筋混凝土核心筒	钢筋混凝土核心筒	二	一(二)	一(二)	特一(一)	一(二)	特一(一)	特一(一)	特一	特一(一)	特一	特一
	型钢（钢管）混凝土外筒	二(三)	二	二	一(二)	二	一(二)					特一(一)
场地类别 Ⅱ类	房屋高度（m）	≤150	>150	≤130	>130	≤130	>130	≤100	>100	≤100	>100	≤70
钢框架-钢筋混凝土核心筒	钢筋混凝土核心筒	一	特一		特一	一	特一	特一	特一	特一	特一	特一
型钢（钢管）混凝土框架-钢筋混凝土核心筒	钢筋混凝土核心筒	二	一		特一	一	特一	特一	一			特一
	型钢（钢管）混凝土框架	二	一		一	一	一	一	一			特一
场地类别 Ⅱ类	房屋高度（m）	≤180	>180	≤150	>150	≤150	>150	≤120	>120	≤120	>120	≤90
钢外筒-钢筋混凝土核心筒	钢筋混凝土核心筒	一	特一	一	特一	一	特一	特一	特一	特一	特一	特一
型钢（钢管）混凝土外筒-钢筋混凝土核心筒	钢筋混凝土核心筒	二		一	特一	一	特一	特一	一			特一
	型钢（钢管）混凝土外筒	二		一	一	一	一	一	一			特一
场地类别 Ⅲ、Ⅳ类	房屋高度（m）	≤150	>150	≤130	>130	≤130	>130	≤100	>100	≤100	>100	≤70
钢外筒-钢筋混凝土核心筒	钢筋混凝土核心筒	一	特一	一	特一	一(特一)	特一	特一	特一	特一	特一	特一
型钢（钢管）混凝土框架-钢筋混凝土核心筒	钢筋混凝土核心筒	二	一		特一	一(特一)	特一	特一	一			特一
	型钢（钢管）混凝土框架	二	一		一	一	一	一	一			特一

续表 13.2.1-2

结构类型		烈　度						
		6度	7度		8度			9度
		0.05g	0.10g	0.15g	0.20g		0.30g	0.40g
场地类别	房屋高度（m）	≤180 ＞180	≤150 ＞150	≤150 ＞150	≤120 ＞120		≤120 ＞120	≤90
Ⅲ、Ⅳ类	钢外筒-钢筋混凝土核心筒 / 钢筋混凝土核心筒	一　特一	一　特一	（特一）　特一	特一　特一		特一　特一	特一
	型钢（钢管）混凝土外筒-钢筋混凝土核心筒 / 钢筋混凝土核心筒	二　一	特一	（特一）　特一	特一　特一		特一　特一	特一
	型钢（钢管）混凝土外筒	二						特一

注：同表 13.2.1-1。

13.1.1 适用高度和侧移限值

1 混合结构系指外围钢框架或型钢混凝土、钢管混凝土框架与钢筋混凝土核心筒所组成的框架-核心筒结构以及由外围钢框筒或型钢混凝土、钢管混凝土框筒与钢筋混凝土核心筒所组成的筒中筒结构。应注意：为减少柱子尺寸或增加延性而在混凝土柱中设置构造型钢，而框架梁仍为钢筋混凝土梁时，该体系不宜视为混合结构；此外对于体系中局部构件（如框支梁柱）采用型钢梁柱（型钢混凝土梁柱）也不应视为混合结构。

混合结构适用的最大高度应符合表13.1.1-1的要求。

表 13.1.1-1　钢-混凝土混合结构房屋适用的最大高度（m）

结构体系		非抗震设计	抗震设防烈度				
			6度	7度	8度		9度
					0.2g	0.3g	
框架-核心筒	钢框架-钢筋混凝土核心筒	210	200	160	120	100	70
	型钢（钢管）混凝土框架-钢筋混凝土核心筒	240	220	190	150	130	70
筒中筒	钢外筒-钢筋混凝土核心筒	280	260	210	160	140	80
	型钢（钢管）混凝土外筒-钢筋混凝土核心筒	300	280	230	170	150	90

注：1　房屋高度指室外地面到主要屋面板板顶的高度（不包括局部突出屋面的水箱、电梯机房、构架等的高度）。
　　2　平面和竖向均不规则的结构，最大适用高度应适当降低。
　　3　当房屋高度超过表中数值时，结构设计应有可靠依据并采取进一步有效措施。

2 水平侧移的限值

在风荷载及多遇地震标准值作用下，按弹性方法计算的楼层层间最大水平位移与层高的比值 $\Delta u/h$ 不宜超过表13.1.1-2中的规定。

表 13.1.1-2　$\Delta u/h$ 的限值

结构体系	$H \leqslant 150\text{m}$	$H \geqslant 250\text{m}$	$150\text{m} < H < 250\text{m}$
框架-核心筒	1/800	1/500	1/800～1/500线性插入
筒中筒	1/1000		1/1000～1/500线性插入

注：H 指房屋高度。

二、结 构 布 置

1.《高规》

11.2.1　混合结构房屋的结构布置除应符合本节的规定外，尚应符合本规程第 3.4、3.5 节的有关规定。

11.2.2　混合结构的平面布置应符合下列规定：

　　1　平面宜简单、规则、对称、具有足够的整体抗扭刚度，平面宜采用方形、矩形、多边形、圆形、椭圆形等规则平面，建筑的开间、进深宜统一；

　　2　筒中筒结构体系中，当外围钢框架柱采用 H 形截面柱时，宜将柱截面强轴方向布置在外围筒体平面内；角柱宜采用十字形、方形或圆形截面；

　　3　楼盖主梁不宜搁置在核心筒或内筒的连梁上。

11.2.3　混合结构的竖向布置应符合下列规定：

　　1　结构的侧向刚度和承载力沿竖向宜均匀变化、无突变，构件截面宜由下至上逐渐减小。

　　2　混合结构的外围框架柱沿高度宜采用同类结构构件；当采用不同类型结构构件时，应设置过渡层，且单柱的抗弯刚度变化不宜超过 30%。

　　3　对于刚度变化较大的楼层，应采取可靠的过渡加强措施。

　　4　钢框架部分采用支撑时，宜采用偏心支撑和耗能支撑，支撑宜双向连续布置；框架支撑宜延伸至基础。

11.2.4　8、9 度抗震设计时，应在楼面钢梁或型钢混凝土梁与混凝土筒体交接处及混凝土筒体四角墙内设置型钢柱；7 度抗震设计时，宜在楼面钢梁或型钢混凝土梁与混凝土筒体交接处及混凝土筒体四角墙内设置型钢柱。

11.2.5　混合结构中，外围框架平面内梁与柱应采用刚性连接；楼面梁与钢筋混凝土筒体及外围框架柱的连接可采用刚接或铰接。

11.2.6　楼盖体系应具有良好的水平刚度和整体性，其布置应符合下列规定：

　　1　楼面宜采用压型钢板现浇混凝土组合楼板、现浇混凝土楼板或预应力混凝土叠合楼板，楼板与钢梁应可靠连接；

　　2　机房设备层、避难层及外伸臂桁架上下弦杆所在楼层的楼板宜采用钢筋混凝土楼板，并应采取加强措施；

　　3　对于建筑物楼面有较大开洞或为转换楼层时，应采用现浇混凝土楼板；对楼板大开洞部位宜采取设置刚性水平支撑等加强措施。

11.2.7　当侧向刚度不足时，混合结构可设置刚度适宜的加强层。加强层宜采用伸臂桁架，必要时可配合布置周边带状桁架。加强层设计应符合下列规定：

　　1　伸臂桁架和周边带状桁架宜采用钢桁架。

　　2　伸臂桁架应与核心筒墙体刚接，上、下弦杆均应延伸至墙体内且贯通，墙体内宜设置斜腹杆或暗撑；外伸臂桁架与外围框架柱宜采用铰接或半刚接，周边带状桁架与外框架柱的连接宜采用刚性连接。

　　3　核心筒墙体与伸臂桁架连接处宜设置构造型钢柱，型钢柱宜至少延伸至伸臂桁架高度范围以外上、下各一层。

4 当布置有外伸桁架加强层时，应采取有效措施减少由于外框柱与混凝土筒体竖向变形差异引起的桁架杆件内力。

2.《技术措施》

13.1.2 结构布置

1 平面布置宜简单、规则、对称，尽量使刚心与质量中心重合，具有足够的抗扭刚度，避免由于结构的非对称而引起的扭转振动以及在凹角处的应力集中。

2 竖向布置宜符合下列要求

1）结构的侧向刚度和承载力沿竖向宜均匀变化，构件截面宜由下至上逐渐减小，无突变；

2）混合结构的外围框架柱沿高度宜采用同类结构构件；当上部与下部结构的类型和材料不同时，连接处应设置过渡层，且单柱的抗弯刚度变化不宜超过30%，避免刚度和承载力的突变；

3）对于刚度突变的楼层，如转换层、加强层、空旷的顶层、顶部突出部分，应采取可靠的过渡加强措施；

4）钢框架部分采用支撑时，根据需要可采用中心支撑、偏心和耗能支撑，且宜在相互垂直的两个方向连续布置，万相交接；为了保证安全，支撑框架在地下部分，应满足内力的传递要求，并宜延伸至基础。

在支撑框架中对支撑斜杆与梁进行偏心连接的设计意图，是要构成耗能梁段。因此，偏心支撑框架中每一根支撑斜杆的两端，至少有一端与梁相交（不在柱节点处），另一端可在梁与柱交点处进行连接，或偏离另一根支撑斜杆一段长度与梁连接，并在支撑斜杆杆端与柱子之间构成一耗能梁段，或在两根支撑斜杆的杆端之间构成一耗能梁段。偏心支撑的设置能保证塑性铰出现在梁端，其在地震作用下，会产生塑性剪切变形，因而具有良好的耗能能力，同时保证斜杆及柱子的轴向承载力不至于降低很多。还有一些耗能支撑，主要通过增加结构的阻尼来达到耗能的目的，从而减少建筑物顶部的加速度及层间变形。

13.1.3 设计要求

1 混合结构体系的高层建筑，7度抗震设计时，宜在楼面钢梁或型钢混凝土梁与钢筋混凝土筒体交接处及混凝土筒体四角墙内设置型钢柱；8、9度抗震设计时，应在楼面钢梁或型钢混凝土梁与钢筋混凝土筒体交接处及混凝土筒体四角墙内设置型钢柱。

2 混合结构中，外围框架平面内梁与柱应采用刚性连接；楼面梁与钢筋混凝土筒体及外围框架柱的连接可采用铰接或刚接。

3 筒中筒结构体系中，角柱宜采用方形、十字形或圆形截面，并宜采用高强度钢材。

4 较高的高层建筑一般都需设置设备层或避难层，因此可以利用这些楼层位置设置伸臂桁架加强层，混合结构加强层的设置相关要求详本措施第8、12章。

5 楼板体系应具有良好的水平刚度和整体性，其布置应符合下列规定：

1）楼面宜采用压型钢板现浇混凝土组合楼板、现浇钢筋混凝土楼板或预应力混凝土叠合楼板。在压型钢板与混凝土之间需采用焊钉以传递压型钢板与混凝土叠合面之间的剪力。如采用钢梁，楼板与钢梁应设可靠连接措施。压型钢板、现浇钢筋混凝土楼板与钢梁连接可采用剪力栓钉，栓钉数量应通过计算确定。

2）如楼板开洞较大时，或为转换层的楼板时，应采用现浇混凝土楼板。楼板开大洞口时，宜采用考虑楼板变形的程序进行内力和位移的计算，或采取设置刚性水平支撑等加强措施。

3）机房设备层、避难层及外伸臂桁架上下弦杆所在楼层宜采用钢筋混凝土楼板，并应采取加强措施。

三、结 构 计 算

1.《高规》

11.3.1 弹性分析时，宜考虑钢梁与现浇混凝土楼板的共同作用，梁的刚度可取钢梁刚度的 1.5～2.0 倍，但应保证钢梁与楼板有可靠连接。弹塑性分析时，可不考虑楼板与梁的共同作用。

11.3.2 结构弹性阶段的内力和位移计算时，构件刚度取值应符合下列规定：

1 型钢混凝土构件、钢管混凝土柱的刚度可按下列公式计算：

$$EI = E_cI_c + E_aI_a \tag{11.3.2-1}$$

$$EA = E_cA_c + E_aA_a \tag{11.3.2-2}$$

$$GA = G_cA_c + G_aA_a \tag{11.3.2-3}$$

式中：E_cI_c，E_cA_c，G_cA_c——分别为钢筋混凝土部分的截面抗弯刚度、轴向刚度及抗剪刚度；

E_aI_a，E_aA_a，G_aA_a——分别为型钢、钢管部分的截面抗弯刚度、轴向刚度及抗剪刚度。

2 无端柱型钢混凝土剪力墙可近似按相同截面的混凝土剪力墙计算其轴向、抗弯和抗剪刚度，可不计端部型钢对截面刚度的提高作用；

3 有端柱型钢混凝土剪力墙可按 H 形混凝土截面计算其轴向和抗弯刚度，端柱内型钢可折算为等效混凝土面积计入 H 形截面的翼缘面积，墙的抗剪刚度可不计入型钢作用；

4 钢板混凝土剪力墙可将钢板折算为等效混凝土面积计算其轴向、抗弯和抗剪刚度。

11.3.3 竖向荷载作用计算时，宜考虑钢柱、型钢混凝土（钢管混凝土）柱与钢筋混凝土核心筒竖向变形差异引起的结构附加内力，计算竖向变形差异时宜考虑混凝土收缩、徐变、沉降及施工调整等因素的影响。

11.3.4 当混凝土筒体先于外围框架结构施工时，应考虑施工阶段混凝土筒体在风力及其他荷载作用下的不利受力状态；应验算在浇筑混凝土之前外围型钢结构在施工荷载及可能的风载作用下的承载力、稳定及变形，并据此确定钢结构安装与浇筑楼层混凝土的间隔层数。

11.3.5 混合结构在多遇地震作用下的阻尼比可取为 0.04。风荷载作用下楼层位移验算和构件设计时，阻尼比可取为 0.02～0.04。

11.3.6 结构内力和位移计算时，设置伸臂桁架的楼层以及楼板开大洞的楼层应考虑楼板平面内变形的不利影响。

2.《技术措施》

13.2.2 抗震设计时应满足以下要求：

1 混合结构体系，应由钢筋混凝土筒体承受主要的水平力，并采取有效措施，保证钢筋混凝土筒体的延性。

保证筒体的延性可采取下列措施：

1）通过确定合理的墙厚来控制剪力墙的剪应力水平；

2）保证核心筒角部的完整性；

3）剪力墙的端部设置型钢柱，四周配以纵向钢筋及箍筋形成完整暗柱；

4）核心筒的开洞位置尽量对称均匀；

5）连梁采用本措施第 5 章介绍的交叉斜向配筋方式。

2 混合结构体系中，由于钢筋混凝土核心筒抗侧刚度较钢框架大很多，在强烈地震作用下，承担了绝大部分地震力的核心筒墙体可能损伤严重，经内力重分布后，外围框架会承担较大的地震作用，它的破坏和竖向承载力的降低将会危及房屋的安全，因而有必要对钢框架承受的地震力进行调整，使其承担一定比例的地震作用，以形成混凝土核心筒和钢框架的双重抗侧力体系。实际操作时，如果按照《高层建筑混凝土结构技术规程》JGJ 3—2010 第 9.1.11 条的规定调整钢框架的内力，会使钢框架柱的截面太大，为解决这一矛盾，可参照《高层建筑钢-混凝土混合结构设计规程》（CECS 230：2008）第 4.1.3 条来调整钢框架的内力。

条文说明：美国 2000 IBC 有关该内容的新规定是："双重体系的抗弯框架应能至少承受 25% 的设计力，总地震力应由钢框架和剪力墙或支撑框架按刚度比例分配"。经过向美国 UBC 和 IBC 参编专家咨询，此处总地震力和设计力都是指层剪力。《高层建筑钢-混凝土混合结构设计规程》（CECS 230：2008）编制组根据清华大学用推覆分析法对 20 个钢框架-混凝土核心筒计算模型进行的静力弹塑性分析研究，从承载能力、破坏模式、框架破损程度三个方面所做的比较研究表明：上部各楼层框架剪力不应低于本层结构剪力的 13%。考虑了一定安全系数后，《高层建筑钢-混凝土混合结构设计规程》（CECS 230：2008）对 8、9 度地区的双重抗侧力体系结构，提出了框架承担的层剪力不应小于总层剪力 18% 的要求，设防烈度降低后，要求的分担率可适当降低。具体内容详见《高层建筑钢-混凝土混合结构设计规程》（CECS 230：2008）第 4.1.3 条。

13.2.3 计算规定

1 在进行弹性阶段的内力、位移计算时，对钢梁及钢柱可采用钢材的截面计算，对型钢混凝土构件、钢管混凝土柱的刚度可采用型钢部分刚度与钢筋混凝土部分的刚度之和。

$$
\left.
\begin{aligned}
EI &= E_c I_c + E_a I_a \\
EA &= E_c A_c + E_a A_a \\
GA &= G_c A_c + G_a A_a
\end{aligned}
\right\} \tag{13.2.3}
$$

式中　$E_c I_c$、$E_c A_c$、$G_c A_c$——分别为钢筋混凝土部分的截面抗弯刚度、轴向刚度及抗剪刚度；

　　　$E_a I_a$、$E_a A_a$、$G_a A_a$——分别为型钢、钢管部分的截面抗弯刚度、轴向刚度及抗剪刚度。

2 无端柱型钢混凝土剪力墙可近似按相同截面的混凝土剪力墙计算其轴向、抗弯和抗剪刚度，可不计端部型钢对截面刚度的提高作用。

3 有端柱型钢混凝土剪力墙可按 H 形混凝土截面计算其轴向和抗弯刚度，端柱内型钢可折算为等效混凝土面积计入 H 形截面的翼缘面积，墙的抗剪刚度可不计入型钢作用。

4 弹性分析时,宜考虑钢梁与现浇混凝土楼板的共同作用,梁的刚度可取钢梁刚度的 1.5~2.0 倍,但应保证钢梁与楼板有可靠的连接。弹塑性分析时,可不考虑楼板与梁的共同作用。

5 内力及位移计算中,设置外伸臂桁架的楼层以及楼板开大洞的楼层应考虑楼板在平面内的变形。

6 竖向荷载作用计算时,宜考虑钢柱、型钢混凝土(钢管混凝土)柱与钢筋混凝土核心筒竖向变形差异引起的结构附加内力,计算竖向变形差异时宜考虑混凝土收缩、徐变、沉降及施工调整等因素的影响。

7 当混凝土核心筒先于外围框架施工时,应考虑施工阶段混凝土核心筒在风荷载及其他荷载作用下的不利受力状态;应验算在浇注混凝土之前外围型钢结构在施工荷载及可能的风载作用下的承载力、稳定及变形,并据此确定钢框架安装与浇注混凝土楼层的间隔层数。

8 混合结构在多遇地震下的阻尼比可取为 0.04。风荷载作用下楼层位移验算和构件设计时,阻尼比可取为 0.02~0.04。

13.2.4 构件计算

1 混合结构中的钢构件应按《钢结构设计规范》GB 50017—2003 及《高层民用建筑钢结构技术规范》JGJ 99—1998 进行设计;

2 钢筋混凝土构件应按《高层建筑混凝土结构技术规程》JGJ 3—2010、《混凝土结构设计规范》GB 50010—2010 和本措施进行设计;

3 型钢混凝土构件可按《钢骨混凝土结构技术规程》(YB 9082—2006)进行设计;

4 矩形钢管混凝土构件可按《矩形钢管混凝土结构技术规程》CECS 159:2004 及《高层建筑混凝土结构技术规程》JGJ 3—2010 进行设计;

5 钢管混凝土构件可按《钢管混凝土结构设计与施工规程》CECS 28:90 及《高层建筑混凝土结构技术规程》JGJ 3—2010 中的附录 F 进行设计;

6 钢管高强混凝土柱的其他计算,可参考《高强混凝土结构设计与指南》第二版,中国建筑工业出版社 2001;

7 型钢混凝土计算图表可以查《型钢混凝土组合结构构造与计算手册》,中国建筑工业出版社 2004。

四、构 件 设 计

1.《高规》

11.4.1 型钢混凝土构件中型钢板件(图 11.4.1)的宽厚比不宜超过表 11.4.1 的规定。

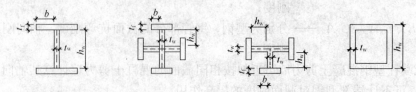

图 11.4.1 型钢板件示意

表 11.4.1 型钢板件宽厚比限值

钢号	梁		柱		
			H、十、T 形截面		箱形截面
	b/t_f	h_w/t_w	b/t_f	h_w/t_w	h_w/t_w
Q235	23	107	23	96	72
Q345	19	91	19	81	61
Q390	18	83	18	75	56

11.4.2 型钢混凝土梁应满足下列构造要求：

1 混凝土粗骨料最大直径不宜大于 25mm，型钢宜采用 Q235 及 Q345 级钢材，也可采用 Q390 或其他符合结构性能要求的钢材。

2 型钢混凝土梁的最小配筋率不宜小于 0.30%，梁的纵向钢筋宜避免穿过柱中型钢的翼缘。梁的纵向的受力钢筋不宜超过两排；配置两排钢筋时，第二排钢筋宜配置在型钢截面外侧。当梁的腹板高度大于 450mm 时，在梁的两侧面应沿梁高度配置纵向构造钢筋，纵向构造钢筋的间距不宜大于 200mm。

3 型钢混凝土梁中型钢的混凝土保护层厚度不宜小于 100mm，梁纵向钢筋净间距及梁纵向钢筋与型钢骨架的最小净距不应小于 30mm，且不小于粗骨料最大粒径的 1.5 倍及梁纵向钢筋直径的 1.5 倍。

4 型钢混凝土梁中的纵向受力钢筋宜采用机械连接。如纵向钢筋需贯穿型钢柱腹板并以 90°弯折固定在柱截面内时，抗震设计的弯折前直段长度不应小于钢筋抗震基本锚固长度 l_{abE} 的 40%，弯折直段长度不应小于 15 倍纵向钢筋直径；非抗震设计的弯折前直段长度不应小于钢筋基本锚固长度 l_{ab} 的 40%，弯折直段长度不应小于 12 倍纵向钢筋直径。

5 梁上开洞不宜大于梁截面总高的 40%，且不宜大于内含型钢截面高度的 70%，并应位于梁高及型钢高度的中间区域。

6 型钢混凝土悬臂梁自由端的纵向受力钢筋应设置专门的锚固件，型钢梁的上翼缘宜设置栓钉；型钢混凝土转换梁在型钢上翼缘宜设置栓钉。栓钉的最大间距不宜大于 200mm，栓钉的最小间距沿梁轴线方向不应小于 6 倍的栓钉杆直径，垂直梁方向的间距不应小于 4 倍的栓钉杆直径，且栓钉中心至型钢板件边缘的距离不应小于 50mm。栓钉顶面的混凝土保护层厚度不应小于 15mm。

11.4.3 型钢混凝土梁的箍筋应符合下列规定：

1 箍筋的最小面积配筋率应符合本规程第 6.3.4 条第 4 款和第 6.3.5 条第 1 款的规定，且不应小于 0.15%。

2 抗震设计时，梁端箍筋应加密配置。加密区范围，一级取梁截面高度的 2.0 倍，二、三、四级取梁截面高度的 1.5 倍；当梁净跨小于梁截面高度的 4 倍时，梁箍筋应全跨加密配置。

3 型钢混凝土梁应采用具有 135°弯钩的封闭式箍筋，弯钩的直段长度不应小于 8 倍箍筋直径。非抗震设计时，梁箍筋直径不应小于 8mm，箍筋间距不应大于 250mm；抗震设计时，梁箍筋的直径和间距应符合表 11.4.3 的要求。

表 11.4.3 梁箍筋直径和间距 (mm)

抗震等级	箍筋直径	非加密区箍筋间距	加密区箍筋间距
一	≥12	≤180	≤120
二	≥10	≤200	≤150
三	≥10	≤250	≤180
四	≥8	250	200

11.4.4 抗震设计时,混合结构中型钢混凝土柱的轴压比不宜大于表 11.4.4 的限值,轴压比可按下式计算:

$$\mu_N = N/(f_c A_c + f_a A_a) \qquad (11.4.4)$$

式中: μ_N ——型钢混凝土柱的轴压比;

N ——考虑地震组合的柱轴向力设计值;

A_c ——扣除型钢后的混凝土截面面积;

f_c ——混凝土的轴心抗压强度设计值;

f_a ——型钢的抗压强度设计值;

A_a ——型钢的截面面积。

表 11.4.4 型钢混凝土柱的轴压比限值

抗震等级	一	二	三
轴压比限值	0.70	0.80	0.90

注: 1 转换柱的轴压比应比表中数值减少 0.10 采用;

2 剪跨比不大于 2 的柱,其轴压比应比表中数值减少 0.05 采用;

3 当采用 C60 以上混凝土时,轴压比宜减少 0.05。

11.4.5 型钢混凝土柱设计应符合下列构造要求:

1 型钢混凝土柱的长细比不宜大于 80。

2 房屋的底层、顶层以及型钢混凝土与钢筋混凝土交接层的型钢混凝土柱宜设置栓钉,型钢截面为箱形的柱子也宜设置栓钉,栓钉水平间距不宜大于 250mm。

3 混凝土粗骨料的最大直径不宜大于 25mm。型钢柱中型钢的保护厚度不宜小于 150mm;柱纵向钢筋净间距不宜小于 50mm,且不应小于柱纵向钢筋直径的 1.5 倍;柱纵向钢筋与型钢的最小净距不应小于 30mm,且不应小于粗骨料最大粒径的 1.5 倍。

4 型钢混凝土柱的纵向钢筋最小配筋率不宜小于 0.8%,且在四角应各配置一根直径不小于 16mm 的纵向钢筋。

5 柱中纵向受力钢筋的间距不宜大于 300mm;当间距大于 300mm 时,宜附加配置直径不小于 14mm 的纵向构造钢筋。

6 型钢混凝土柱的型钢含钢率不宜小于 4%。

11.4.6 型钢混凝土柱箍筋的构造设计应符合下列规定:

1 非抗震设计时,箍筋直径不应小于 8mm,箍筋间距不应大于 200mm。

2 抗震设计时,箍筋应做成 135° 弯钩,箍筋弯钩直段长度不应小于 10 倍箍筋直径。

3 抗震设计时,柱端箍筋应加密,加密区范围应取矩形截面柱长边尺寸(或圆形截面柱直径）、柱净高的 1/6 和 500mm 三者的最大值；对剪跨比不大于 2 的柱，其箍筋均应全高加密，箍筋间距不应大于 100mm。

4 抗震设计时，柱箍筋的直径和间距应符合表 11.4.6 的规定，加密区箍筋最小体积配箍率尚应符合式（11.4.6）的要求，非加密区箍筋最小体积配箍率不应小于加密区箍筋最小体积配箍率的一半；对剪跨比不大于 2 的柱，其箍筋体积配箍率尚不应小于 1.0%，9 度抗震设计时尚不应小于 1.3%。

$$\rho_v \geqslant 0.85\lambda_v f_c / f_y \tag{11.4.6}$$

式中：λ_v——柱最小配箍特征值，宜按本规程表 6.4.7 采用。

表 11.4.6 型钢混凝土柱箍筋直径和间距（mm）

抗震等级	箍筋直径	非加密区箍筋间距	加密区箍筋间距
一	≥12	≤150	≤100
二	≥10	≤200	≤100
三、四	≥8	≤200	≤150

注：箍筋直径除应符合表中要求外，尚不应小于纵向钢筋直径的 1/4。

11.4.7 型钢混凝土梁柱节点应符合下列构造要求：

1 型钢柱在梁水平翼缘处应设置加劲肋，其构造不应影响混凝土浇筑密实；

2 箍筋间距不宜大于柱端加密区间距的 1.5 倍，箍筋直径不宜小于柱端箍筋加密区的箍筋直径；

3 梁中钢筋穿过梁柱节点时，不宜穿过柱型钢翼缘；需穿过柱腹板时，柱腹板截面损失率不宜大于 25%，当超过 25%时，则需进行补强；梁中主筋不得与柱型钢直接焊接。

11.4.8 圆形钢管混凝土构件及节点可按本规程附录 F 进行设计。

11.4.9 圆形钢管混凝土柱尚应符合下列构造要求：

1 钢管直径不宜小于 400mm。

2 钢管壁厚不宜小于 8mm。

3 钢管外径与壁厚的比值 D/t 宜在（20～100）$\sqrt{235/f_y}$ 之间，f_y 为钢材的屈服强度。

4 圆钢管混凝土柱的套箍指标 $\dfrac{f_a A_a}{f_c A_c}$，不应小于 0.5，也不宜大于 2.5。

5 柱的长细比不宜大于 80。

6 轴向压力偏心率 e_0/r_c 不宜大于 1.0，e_0 为偏心距，r_c 为核心混凝土横截面半径。

7 钢管混凝土柱与框架梁刚性连接时，柱内或柱外应设置与梁上、下翼缘位置对应的加劲肋；加劲肋设置于柱内时，应留孔以利混凝土浇筑；加劲肋设置于柱外时，应形成加劲环板。

8 直径大于 2m 的圆形钢管混凝土构件应采取有效措施减小钢管内混凝土收缩对构件受力性能的影响。

11.4.10 矩形钢管混凝土柱应符合下列构造要求：

1 钢管截面短边尺寸不宜小于 400mm；

2 钢管壁厚不宜小于 8mm；

3 钢管截面的高宽比不宜大于 2，当矩形钢管混凝土柱截面最大边尺寸不小于

800mm 时，宜采取在柱子内壁上焊接栓钉、纵向加劲肋等构造措施；

4 钢管管壁板件的边长与其厚度的比值不应大于 $60\sqrt{235/f_y}$；

5 柱的长细比不宜大于 80；

6 矩形钢管混凝土柱的轴压比应按本规程公式（11.4.4）计算，并不宜大于表 11.4.10 的限值。

表 11.4.10　矩形钢管混凝土柱轴压比限值

一级	二级	三级
0.70	0.80	0.90

11.4.11 当核心筒墙体承受的弯矩、剪力和轴力均较大时，核心筒墙体可采用型钢混凝土剪力墙或钢板混凝土剪力墙。钢板混凝土剪力墙的受剪截面及受剪承载力应符合本规程第 11.4.12、11.4.13 条的规定，其构造设计应符合本规程第 11.4.14、11.4.15 条的规定。

11.4.12 钢板混凝土剪力墙的受剪截面应符合下列规定：

1 持久、短暂设计状况

$$V_{cw} \leqslant 0.25 f_c b_w h_{w0} \tag{11.4.12-1}$$

$$V_{cw} = V - \left(\frac{0.3}{\lambda} f_a A_{a1} + \frac{0.6}{\lambda - 0.5} f_{sp} A_{sp} \right) \tag{11.4.12-2}$$

2 地震设计状况

剪跨比 λ 大于 2.5 时

$$V_{cw} \leqslant \frac{1}{\gamma_{RE}} (0.20 f_c b_w h_{w0}) \tag{11.4.12-3}$$

剪跨比 λ 不大于 2.5 时　　$V_{cw} \leqslant \dfrac{1}{\gamma_{RE}} (0.15 f_c b_w h_{w0})$ 　　(11.4.12-4)

$$V_{cw} = V - \frac{1}{\gamma_{RE}} \left(\frac{0.25}{\lambda} f_a A_{a1} + \frac{0.5}{\lambda - 0.5} f_{sp} A_{sp} \right) \tag{11.4.12-5}$$

式中：V——钢板混凝土剪力墙截面承受的剪力设计值；

　　　V_{cw}——仅考虑钢筋混凝土截面承担的剪力设计值；

　　　λ——计算截面的剪跨比。当 $\lambda < 1.5$ 时，取 $\lambda = 1.5$，当 $\lambda > 2.2$ 时，取 $\lambda = 2.2$；当计算截面与墙底之间的距离小于 $0.5h_{w0}$ 时，λ 应按距离墙底 $0.5h_{w0}$ 处的弯矩值与剪力值计算；

　　　f_a——剪力墙端部暗柱中所配型钢的抗压强度设计值；

　　　A_{a1}——剪力墙一端所配型钢的截面面积，当两端所配型钢截面面积不同时，取较小一端的面积；

　　　f_{sp}——剪力墙墙身所配钢板的抗压强度设计值；

　　　A_{sp}——剪力墙墙身所配钢板的横截面面积。

11.4.13 钢板混凝土剪力墙偏心受压时的斜截面受剪承载力，应按下列公式进行验算：

1 持久、短暂设计状况

$$V \leqslant \frac{1}{\lambda - 0.5} \left(0.5 f_t b_w h_{w0} + 0.13 N \frac{A_w}{A} \right) + f_{yv} \frac{A_{sh}}{s} h_{w0}$$

$$+ \frac{0.3}{\lambda} f_a A_{a1} + \frac{0.6}{\lambda - 0.5} f_{sp} A_{sp} \tag{11.4.13-1}$$

2 地震设计状况

$$V \leqslant \frac{1}{\gamma_{RE}} \Big[\frac{1}{\lambda - 0.5} \Big(0.4 f_t b_w h_{w0} + 0.1 N \frac{A_w}{A} \Big) + 0.8 f_{yv} \frac{A_{sh}}{s} h_{w0}$$

$$+ \frac{0.25}{\lambda} f_a A_{a1} + \frac{0.5}{\lambda - 0.5} f_{sp} A_{sp} \Big] \tag{11.4.13-2}$$

式中：N——剪力墙承受的轴向压力设计值，当大于 $0.2 f_c b_w h_w$ 时，取为 $0.2 f_c b_w h_w$。

11.4.14 型钢混凝土剪力墙、钢板混凝土剪力墙应符合下列构造要求：

1 抗震设计时，一、二级抗震等级的型钢混凝土剪力墙、钢板混凝土剪力墙底部加强部位，其重力荷载代表值作用下墙肢的轴压比不宜超过本规程表 7.2.13 的限值，其轴压比可按下式计算：

$$\mu_N = N/(f_c A_c + f_a A_a + f_{sp} A_{sp}) \tag{11.4.14}$$

式中：N——重力荷载代表值作用下墙肢的轴向压力设计值；

A_c——剪力墙墙肢混凝土截面面积；

A_a——剪力墙所配型钢的全部截面面积。

2 型钢混凝土剪力墙、钢板混凝土剪力墙在楼层标高处宜设置暗梁。

3 端部配置型钢的混凝土剪力墙，型钢的保护层厚度宜大于 100mm；水平分布钢筋应绕过或穿过墙端型钢，且应满足钢筋锚固长度要求。

4 周边有型钢混凝土柱和梁的现浇钢筋混凝土剪力墙，剪力墙的水平分布钢筋应绕过或穿过周边柱型钢，且应满足钢筋锚固长度要求；当采用间隔穿过时，宜另加补强钢筋。周边柱的型钢、纵向钢筋、箍筋配置应符合型钢混凝土柱的设计要求。

11.4.15 钢板混凝土剪力墙尚应符合下列构造要求：

1 钢板混凝土剪力墙体中的钢板厚度不宜小于 10mm，也不宜大于墙厚的 1/15；

2 钢板混凝土剪力墙的墙身分布钢筋配筋率不宜小于 0.4%，分布钢筋间距不宜大于 200mm，且应与钢板可靠连接；

3 钢板与周围型钢构件宜采用焊接；

4 钢板与混凝土墙体之间连接件的构造要求可按照现行国家标准《钢结构设计规范》GB 50017 中关于组合梁抗剪连接件构造要求执行，栓钉间距不宜大于 300mm；

5 在钢板墙角部 1/5 板跨且不小于 1000mm 范围内，钢筋混凝土墙体分布钢筋、抗剪栓钉间距宜适当加密。

11.4.16 钢梁或型钢混凝土梁与混凝土筒体应有可靠连接，应能传递竖向剪力及水平力。当钢梁或型钢混凝土梁通过埋件与混凝土筒体连接时，预埋件应有足够的锚固长度，连接做法可按图 11.4.16 采用。

11.4.17 抗震设计时，混合结构中的钢柱及型钢混凝土柱、钢管混凝土柱宜采用埋入式柱脚。采用埋入式柱脚时，应符合下列规定：

1 埋入深度应通过计算确定，且不宜小于型钢柱截面长边尺寸的 2.5 倍；

2 在柱脚部位和柱脚向上延伸一层的范围内宜设置栓钉，其直径不宜小于 19mm，

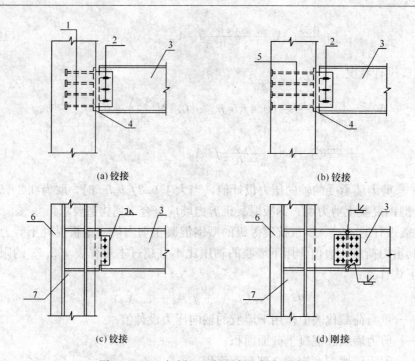

(a) 铰接　　　　　　　　　　　　　　(b) 铰接

(c) 铰接　　　　　　　　　　　　　　(d) 刚接

图 11.4.16　钢梁、型钢混凝土梁与混凝土
核心筒的连接构造示意

1—栓钉；2—高强度螺栓及长圆孔；3—钢梁；4—预埋件端板；

5—穿筋；6—混凝土墙；7—墙内预埋钢骨柱

其竖向及水平间距不宜大于 200mm。

　　注：当有可靠依据时，可通过计算确定栓钉数量。

11.4.18　钢筋混凝土核心筒、内筒的设计，除应符合本规程第 9.1.7 条的规定外，尚应符合下列规定：

　　1　抗震设计时，钢框架-钢筋混凝土核心筒结构的筒体底部加强部位分布钢筋的最小配筋率不宜小于 0.35%，筒体其他部位的分布筋不宜小于 0.30%；

　　2　抗震设计时，框架-钢筋混凝土核心筒混合结构的筒体底部加强部位约束边缘构件沿墙肢的长度宜取墙肢截面高度的1/4，筒体底部加强部位以上墙体宜按本规程第 7.2.15 条的规定设置约束边缘构件；

　　3　当连梁抗剪截面不足时，可采取在连梁中设置型钢或钢板等措施。

11.4.19　混合结构中结构构件的设计，尚应符合国家现行标准《钢结构设计规范》GB 50017、《混凝土结构设计规范》GB 50010、《高层民用建筑钢结构技术规程》JGJ 99、《型钢混凝土组合结构技术规程》JGJ 138 的有关规定。

2.《高规》附录 F　圆形钢管混凝土构件设计

F.1　构　件　设　计

F.1.1　钢管混凝土单肢柱的轴向受压承载力应满足下列公式规定：

　　持久、短暂设计状况　　　　　　　$N \leqslant N_u$　　　　　　　　　(F.1.1-1)

　　地震设计状况　　　　　　　　　　$N \leqslant N_u/\gamma_{RE}$　　　　　　　(F.1.1-2)

式中：N ——轴向压力设计值；

N_u ——钢管混凝土单肢柱的轴向受压承载力设计值。

F.1.2 钢管混凝土单肢柱的轴向受压承载力设计值应按下列公式计算：

$$N_u = \varphi_l \varphi_e N_0 \tag{F.1.2-1}$$

$$N_0 = 0.9 A_c f_c (1 + \alpha \theta) \quad (\text{当 } \theta \leqslant [\theta] \text{ 时}) \tag{F.1.2-2}$$

$$N_0 = 0.9 A_c f_c (1 + \sqrt{\theta} + \theta) \quad (\text{当 } \theta > [\theta] \text{ 时}) \tag{F.1.2-3}$$

$$\theta = \frac{A_a f_a}{A_c f_c} \tag{F.1.2-4}$$

且在任何情况下均应满足下列条件：

$$\varphi_l \varphi_e \leqslant \varphi_0 \tag{F.1.2-5}$$

式中：N_0 ——钢管混凝土轴心受压短柱的承载力设计值；

θ ——钢管混凝土的套箍指标；

α ——与混凝土强度等级有关的系数，按本附录表 F.1.2 取值。

表 F.1.2 系数 α、$[\theta]$ 取值

混凝土等级	≤C50	C55~C80
α	2.00	1.80
$[\theta]$	1.00	1.56

$[\theta]$ ——与混凝土强度等级有关的套箍指标界限值，按本附录表 F.1.2 取值；

A_c ——钢管内的核心混凝土横截面面积；

f_c ——核心混凝土的抗压强度设计值；

A_a ——钢管的横截面面积；

f_a ——钢管的抗拉、抗压强度设计值；

φ_l ——考虑长细比影响的承载力折减系数，按本附录第 F.1.4 条的规定确定；

φ_e ——考虑偏心率影响的承载力折减系数，按本附录第 F.1.3 条的规定确定；

φ_0 ——按轴心受压柱考虑的 φ_l 值。

F.1.3 钢管混凝土柱考虑偏心率影响的承载力折减系数 φ_e，应按下列公式计算：

当 $e_0 / r_c \leqslant 1.55$ 时，

$$\varphi_e = \frac{1}{1 + 1.85 \dfrac{e_0}{r_c}} \tag{F.1.3-1}$$

$$e_0 = \frac{M_2}{N} \tag{F.1.3-2}$$

当 $e_0 / r_c > 1.55$ 时，

$$\varphi_e = \frac{0.3}{\dfrac{e_0}{r_c} - 0.4} \tag{F.1.3-3}$$

式中：e_0 ——柱端轴向压力偏心距之较大者；

r_c ——核心混凝土横截面的半径；

M_2 ——柱端弯矩设计值的较大者；

　　　　　N —— 轴向压力设计值。

F.1.4　钢管混凝土柱考虑长细比影响的承载力折减系数 φ_l，应按下列公式计算：

当 $L_e/D > 4$ 时：

$$\varphi_l = 1 - 0.115\sqrt{L_e/D - 4} \qquad\qquad (F.1.4\text{-}1)$$

当 $L_e/D \leqslant 4$ 时：

$$\varphi_l = 1 \qquad\qquad (F.1.4\text{-}2)$$

式中：D —— 钢管的外直径；

　　　L_e —— 柱的等效计算长度，按本附录 F.1.5 条和第 F.1.6 条确定。

F.1.5　柱的等效计算长度应按下列公式计算：

$$L_e = \mu k L \qquad\qquad (F.1.5)$$

式中：L —— 柱的实际长度；

　　　μ —— 考虑柱端约束条件的计算长度系数，根据梁柱刚度的比值，按现行国家标准《钢结构设计规范》GB 50017 确定；

　　　k —— 考虑柱身弯矩分布梯度影响的等效长度系数，按本附录第 F.1.6 条确定。

F.1.6　钢管混凝土柱考虑柱身弯矩分布梯度影响的等效长度系数 k，应按下列公式计算：

1　轴心受压柱和杆件（图 F.1.6a）：

$$k = 1 \qquad\qquad (F.1.6\text{-}1)$$

2　无侧移框架柱（图 F.1.6b、c）：

$$k = 0.5 + 0.3\beta + 0.2\beta^2 \qquad\qquad (F.1.6\text{-}2)$$

3　有侧移框架柱（图 F.1.6d）和悬臂柱（图 F.1.6e、f）：

当 $e_0/r_c \leqslant 0.8$ 时

$$k = 1 - 0.625\,e_0/r_c \qquad\qquad (F.1.6\text{-}3)$$

当 $e_0/r_c > 0.8$ 时，取 $k = 0.5$。

　(a) 轴心受压　　(b) 无侧移单曲压弯　(c) 无侧移双曲压弯　(d) 有侧移双曲压弯

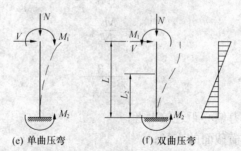

(e) 单曲压弯　　　(f) 双曲压弯

图 F.1.6　框架柱及悬臂柱计算简图

当自由端有力矩 M_1 作用时，

$$k = (1 + \beta_1)/2 \qquad (\text{F. 1. 6-4})$$

并将式（F. 1. 6-3）与式（F. 1. 6-4）所得 k 值进行比较，取其中之较大值。

式中：β——柱两端弯矩设计值之绝对值较小者 M_1 与绝对值较大者 M_2 的比值，单曲压弯时 β 取正值，双曲压弯时 β 取负值；

　　　β_1——悬臂柱自由端弯矩设计值 M_1 与嵌固端弯矩设计值 M_2 的比值，当 β_1 为负值即双曲压弯时，则按反弯点所分割成的高度为 L_2 的子悬臂柱计算（图 F. 1. 6f）。

注：1　无侧移框架系指框架中设有支撑架、剪力墙、电梯井等支撑结构，且其抗侧移刚度不小于框架抗侧移刚度的 5 倍者；有侧移框架系指框架中未设上述支撑结构或支撑结构的抗侧移刚度小于框架抗侧移刚度的 5 倍者；

　　　2　嵌固端系指相交于柱的横梁的线刚度与柱的线刚度的比值不小于 4 者，或柱基础的长和宽均不小于柱直径的 4 倍者。

F. 1. 7　钢管混凝土单肢柱的拉弯承载力应满足下列规定：

$$\frac{N}{N_{\text{ut}}} + \frac{M}{M_{\text{u}}} \leqslant 1 \qquad (\text{F. 1. 7-1})$$

$$N_{\text{ut}} = A_{\text{a}} F_{\text{a}} \qquad (\text{F. 1. 7-2})$$

$$M_{\text{u}} = 0.3 r_{\text{c}} N_0 \qquad (\text{F. 1. 7-3})$$

式中：N——轴向拉力设计值；

　　　M——柱端弯矩设计值的较大者。

F. 1. 8　当钢管混凝土单肢柱的剪跨 a（横向集中荷载作用点至支座或节点边缘的距离）小于柱子直径 D 的 2 倍时，柱的横向受剪承载力应符合下式规定：

$$V \leqslant V_{\text{u}} \qquad (\text{F. 1. 8})$$

式中：V——横向剪力设计值；

　　　V_{u}——钢管混凝土单肢柱的横向受剪承载力设计值。

F. 1. 9　钢管混凝土单肢柱的横向受剪承载力设计值应按下列公式计算：

$$V_{\text{u}} = (V_0 + 0.1 N') \left(1 - 0.45 \sqrt{\frac{a}{D}}\right) \qquad (\text{F. 1. 9-1})$$

$$V_0 = 0.2 A_{\text{c}} f_{\text{c}} (1 + 3\theta) \qquad (\text{F. 1. 9-2})$$

式中：V_0——钢管混凝土单肢柱受纯剪时的承载力设计值；

　　　N'——与横向剪力设计值 V 对应的轴向力设计值；

　　　a——剪跨，即横向集中荷载作用点至支座或节点边缘的距离。

F. 1. 10　钢管混凝土的局部受压应符合下式规定：

$$N_l \leqslant N_{ul} \qquad (\text{F. 1. 10})$$

式中：N_l——局部作用的轴向压力设计值；

　　　N_{ul}——钢管混凝土柱的局部受压承载力设计值。

F. 1. 11　钢管混凝土柱在中央部位受压时（图 F. 1. 11），局部受压承载力设计值应按下式计算：

$$N_{ul} = N_0 \sqrt{\frac{A_l}{A_{\text{c}}}} \qquad (\text{F. 1. 11})$$

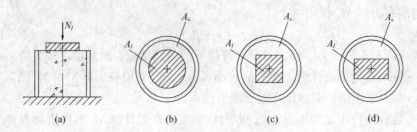

图 F.1.11　中央部位局部受压

式中：N_0 ——局部受压段的钢管混凝土短柱轴心受压承载力设计值，按本附录第 F.1.2
条公式（F.1.2-2）、（F.1.2-3）计算；

　　　A_l ——局部受压面积；

　　　A_c ——钢管内核心混凝土的横截面面积。

F.1.12　钢管混凝土柱在其组合界面附近受压时（图 F.1.12），局部受压承载力设计值应
按下列公式计算：

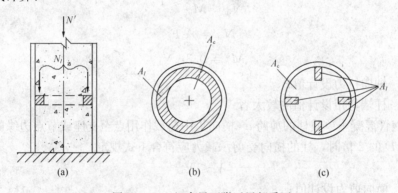

图 F.1.12　组合界面附近局部受压

当 $A_l/A_c \geqslant 1/3$ 时：

$$N_{ul} = (N_0 - N')\omega\sqrt{\frac{A_l}{A_c}} \tag{F.1.12-1}$$

当 $A_l/A_c < 1/3$ 时：

$$N_{ul} = (N_0 - N')\omega\sqrt{3} \cdot \frac{A_l}{A_c} \tag{F.1.12-2}$$

式中：N_0 ——局部受压段的钢管混凝土短柱轴心受压承载力设计值，按本附录第 F.1.2
条公式（F.1.2-2）、（F.1.2-3）计算；

　　　N' ——非局部作用的轴向压力设计值；

　　　ω ——考虑局压应力分布状况的系数，当局压应力为均匀分布时取 1.00；当局压
应力为非均匀分布（如与钢管内壁焊接的柔性抗剪连接件等）时取 0.75。

当局部受压承载力不足时，可将局压区段的管壁进行加厚。

F.2　连　接　设　计

F.2.1　钢管混凝土柱的直径较小时，钢梁与钢管混凝土柱之间可采用外加强环连接（图
F.2.1-1），外加强环应是环绕钢管混凝土柱的封闭的满环（图 F.2.1-2）。外加强环与钢管外壁

应采用全熔透焊缝连接，外加强环与钢梁应采用栓焊连接。外加强环的厚度不应小于钢梁翼缘的厚度，最小宽度 c 不应小于钢梁翼缘宽度的 70%。

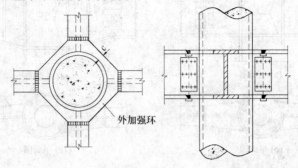

图 F.2.1-1　钢梁与钢管混凝土柱采用外加强环连接构造示意

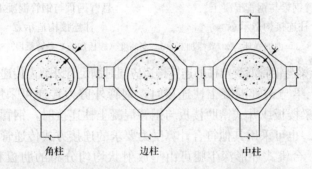

图 F.2.1-2　外加强环构造示意

F.2.2　钢管混凝土柱的直径较大时，钢梁与钢管混凝土柱之间可采用内加强环连接。内加强环与钢管内壁应采用全熔透坡口焊缝连接。梁与柱可采用现场直接连接，也可与带有悬臂梁段的柱在现场进行梁的拼接。悬臂梁段可采用等截面（图 F.2.2-1）或变截面（图 F.2.2-2、图 F.2.2-3）；采用变截面梁段时，其坡度不宜大于 1/6。

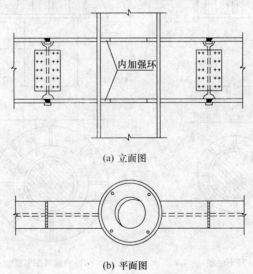

(a) 立面图

(b) 平面图

图 F.2.2-1　等截面悬臂钢梁与钢管混凝土
柱采用内加强环连接构造示意

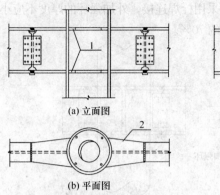

(a) 立面图

(b) 平面图

图 F.2.2-2　翼缘加宽的
悬臂钢梁与钢管混凝土
柱连接构造示意

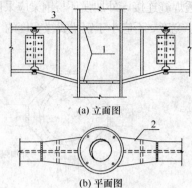

(a) 立面图

(b) 平面图

图 F.2.2-3　翼缘加宽、腹板加腋的
悬臂钢梁与钢管混凝土
柱连接构造示意

1—内加强环；2—翼缘加宽；3—变高度（腹板加腋）悬臂梁段

F.2.3　钢筋混凝土梁与钢管混凝土柱的连接构造应同时满足管外剪力传递及弯矩传递的要求。

F.2.4　钢筋混凝土梁与钢管混凝土柱连接时，钢管外剪力传递可采用环形牛腿或承重销；钢筋混凝土无梁楼板或井式密肋楼板与钢管混凝土柱连接时，钢管外剪力传递可采用台锥式环形深牛腿。也可采用其他符合计算受力要求的连接方式传递管外剪力。

F.2.5　环形牛腿、台锥式环形深牛腿可由呈放射状均匀分布的肋板和上、下加强环组成（图 F.2.5）。肋板应与钢管壁外表面及上、下加强环采用角焊缝焊接，上、下加强

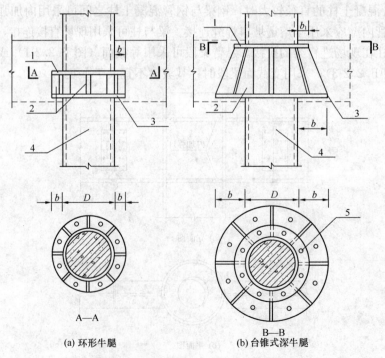

(a) 环形牛腿

(b) 台锥式深牛腿

图 F.2.5　环形牛腿构造示意
1—上加强环；2—腹板或肋板；3—下加强环；4—钢管混凝土柱；5—排气孔

环可分别与钢管壁外表面采用角焊缝焊接。环形牛腿的上、下加强环以及台锥式深牛腿的下加强环应预留直径不小于 50mm 的排气孔。台锥式环形深牛腿下加强环的直径可由楼板的冲切承载力计算确定。

F.2.6 钢管混凝土柱的外径不小于 600mm 时，可采用承重销传递剪力。由穿心腹板和上、下翼缘板组成的承重销（图 F.2.6），其截面高度宜取框架梁截面高度的 50%，其平面位置应根据框架梁的位置确定。翼缘板在穿过钢管壁不少于 50mm 后可逐渐收窄。钢管与翼缘板之间、钢管与穿心腹板之间应采用全熔透坡口焊缝焊接，穿心腹板与对面的钢管壁之间（图 F.2.6a）或与另一方向的穿心腹板之间（图 F.2.6b）应采用角焊缝焊接。

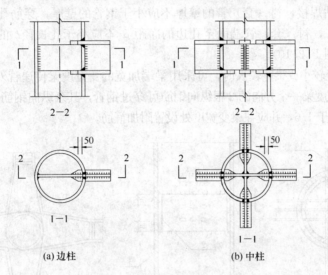

(a) 边柱　　　　　(b) 中柱

图 F.2.6　承重销构造示意

F.2.7 钢筋混凝土梁与钢管混凝土柱的管外弯矩传递可采用井式双梁、环梁、穿筋单梁和变宽度梁，也可采用其他符合受力分析要求的连接方式。

F.2.8 井式双梁的纵向钢筋钢筋可从钢管侧面平行通过，并宜增设斜向构造钢筋（图 F.2.8）；井式双梁与钢管之间应浇筑混凝土。

F.2.9 钢筋混凝土环梁（图 F.2.9）的配筋应由计算确定。环梁的构造应符合下列规定：

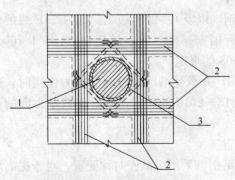

图 F.2.8　井式双梁构造示意
1—钢管混凝土柱；2—双梁的纵向钢筋；
3—附加斜向钢筋

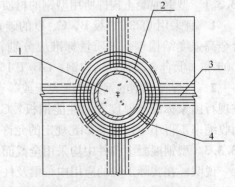

图 F.2.9　钢筋混凝土环梁构造示意
1—钢管混凝土柱；2—环梁的环向钢筋；
3—框架梁纵向钢筋；4—环梁箍筋

1 环梁截面高度宜比框架梁高 50mm；

2 环梁的截面宽度宜不小于框架梁宽度；

3 框架梁的纵向钢筋在环梁内的锚固长度应满足现行国家标准《混凝土结构设计规范》GB 50010 的规定；

4 环梁上、下环筋的截面积，应分别不小于框架梁上、下纵筋截面积的 70%；

5 环梁内、外侧应设置环向腰筋，腰筋直径不宜小于 16mm，间距不宜大于 150mm；

6 环梁按构造设置的箍筋直径不宜小于 10mm，外侧间距不宜大于 150mm。

F.2.10   采用穿筋单梁构造（图 F.2.10）时，在钢管开孔的区段应采用内衬管段或外套管段与钢管壁紧贴焊接，衬（套）管的壁厚不应小于钢管的壁厚，穿筋孔的环向净矩 s 不应小于孔的长径 b，衬（套）管端面至孔边的净距 w 不应小于孔长径 b 的 2.5 倍。宜采用双筋并股穿孔（图 F.2.10）。

F.2.11   钢管直径较小或梁宽较大时，可采用梁端加宽的变宽度梁传递管外弯矩的构造方式（图 F.2.11）。变宽度梁一个方向的 2 根纵向钢筋可穿过钢管，其余纵向钢筋可连续绕过钢管，绕筋的斜度不应大于 1/6，并应在梁变宽度处设置附加箍筋。

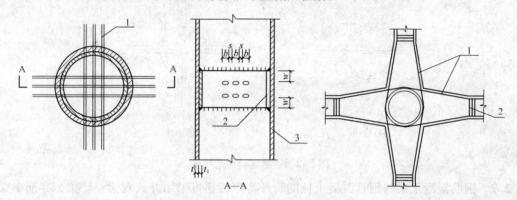

图 F.2.10   穿筋单梁构造示意
1—并股双钢筋；2—内衬加强管段；3—柱钢管

图 F.2.11   变宽度梁构造示意
1—框架梁纵向钢筋；2—框架梁附加箍筋

3. 《技术措施》

13.3.1   型钢混凝土构件所用型钢的材质要求

1   宜采用 Q235 等级 B、C、D 的碳素结构钢，以及 Q345 等级 B、C、D、E 级的低合金高强度结构钢。其质量标准应分别符合现行国家标准《碳素结构钢》GB/T 700—2006 和《低合金高强度结构钢》GB/T 1591—2008 的规定。

2   当焊接型钢的钢板厚度大于或等于 50mm，并承受沿厚度方向的拉力作用时，应按现行国家标准《厚度方向性能钢板》GB/T 5313—2010 的规定，其附加板厚方向的截面收缩率不得小于该标准 Z15 规定的允许值。

13.3.3   型钢混凝土构件中均采用全截面对称配置

说明：在实际工程的应用中，梁及柱子内的型钢都采用全截面对称配置，对于提高承载能力有利。所配置的型钢充分发挥其最大作用，对于减小梁或柱子的截面尺寸，提高梁柱的刚度，节约建筑使用空间，具有实际意义。所以一般不采用配置部分不对称型钢，或仅在受拉区配置型钢的方式，这样在实际工程中毫无疑义，因为这样做起不到减小梁或柱截面面积及增加刚度的作用。

13.3.4 型钢混凝土柱构造要求

1 轴压比要求

当考虑地震作用组合时，钢-混凝土混合结构中型钢混凝土柱的轴压比不宜大于表13.3.4-1值。

表 13.3.4-1 型钢混凝土柱轴压比限值

抗震等级	一	二	三
轴压比限值	0.70	0.80	0.90

注：1 转换柱的轴压比限值应比表中数值减少 0.10 采用；
　　2 剪跨比不大于 2 的柱，其轴压比限值应比表中数值减少 0.05 采用；
　　3 当混凝土强度等级大于 C60 时，表中数值宜减少 0.05；
　　4 钢管混凝土柱可不受本表限制。

型钢混凝土柱的轴压比可按下式计算：

$$\mu_N = N/(f_c A_c + f_a A_a) \tag{13.3.4}$$

式中　μ_N——型钢混凝土柱的轴压比；

　　　N——考虑地震组合的柱轴向力设计值；

　　　A_c——扣除型钢后的混凝土截面面积；

　　　f_c——混凝土的轴心抗压强度设计值；

　　　f_a——型钢的抗压强度设计值；

　　　A_a——型钢的截面面积。

2 混凝土强度等级不宜低于 C30，混凝土内粗骨料最大粒径不宜大于 25mm。型钢柱中型钢的保护层厚度下宜小于 150mm；柱纵向钢筋净间距不宜小于 50mm，且不应小于柱纵向钢筋直径的 1.5 倍；柱纵向钢筋与型钢之间净距离不应小于 30mm，且不应小于粗骨料最大粒径的 1.5 倍；柱中纵向受力钢筋之间的距离不宜大于 300mm，超过 300 时纵筋之间宜附加配置直径不小于 14mm 的纵向构造筋；柱子纵向钢筋最小配筋率不宜小于 0.8%，且在四角各配置一根直径不小于 16mm 的纵向钢筋。

3 房屋的底层、顶层以及型钢混凝土与钢筋混凝土交接层的型钢混凝土柱子宜设置栓钉，型钢截面为箱形的柱子也宜设置栓钉，竖向及水平向栓钉间距按计算确定，水平间距不宜大于 250mm。

4 型钢混凝土柱的含钢率不宜小于 4%。

5 型钢混凝土柱的长细比不宜大于 80。

6 型钢混凝土柱的箍筋要求：

1）宜采用 HRB335 和 HRB400 级热轧钢筋。非抗震设计时，箍筋直径不应小于 8mm，箍筋间距不应大于 200mm。抗震设计时，箍筋端头应做成 135°弯钩，弯钩的直段不小于 8d。

2）抗震设计时，柱端箍筋应加密，加密区范围应取矩形截面柱长边、圆柱的直径、柱净高的 1/6 及 500mm，其中最大值；对剪跨比不大于 2 的柱，其箍筋均应全高加密，箍筋间距不应大于 100mm。

3）型钢混凝土柱箍筋应符合表 13.3.4-2 中的要求，加密区箍筋最小体积配箍率应符合《高层建筑混凝土结构技术规程》JGJ 3—2010 中第 11.4.6 条的要求，非加密区箍筋最小体积配箍率不应小于加密区箍筋最小体积配箍率的一半；对剪跨比不大于 2 的柱，箍筋最小体积配箍率尚不应小于 1.0%，9 度抗震设计时尚不应小于 1.3%；框支柱、一级角柱和剪跨比不大于 2 的柱，箍筋均应全层高加密，箍筋间距不应大于 100mm。

表 13.3.4-2 型钢混凝土柱箍筋直径和间距（mm）

抗震等级	箍筋直径	非加密区箍筋间距	加密区箍筋间距
一	≥12	≤150	≤100
二	≥10	≤200	≤100
三、四	≥8	≤200	≤150

注：箍筋直径除应符合表中要求外，尚不应小于纵向钢筋直径的 1/4；

7　在抗震设计中，为了充分发挥钢筋的作用，同时考虑施工时，便于浇灌柱内混凝土，可采用四角集中配筋，如图 13.3.4-1 所示。

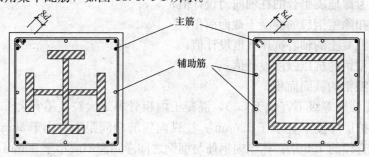

图 13.3.4-1　型钢混凝土柱四角配筋示意

13.3.7　混合结构中的钢柱脚的做法要求

1　抗震设计时，型钢混凝土柱宜采用埋入式柱脚，埋入深度应通过计算确定，且不宜小于型钢柱截面长边尺寸 2.5 倍。当有地下室时，型钢也可锚在基础底板面上。型钢可采用锚板式，采取有效的加强锚固措施来解决，如在锚板上增加钢筋，扩大混凝土内的锚固范围。

2　埋入式柱脚，在柱脚部位和柱脚向上延伸一层的范围内宜设置栓钉，栓钉的直径不宜小于 19mm，其竖向及水平间距不宜大于 200mm，栓钉至型钢边缘距离宜不小于 50mm。当轴力较大时，应通过计算确定栓钉的数量。

3　抗震设计时，应对钢筋混凝土筒体墙加强部位按《高层建筑混凝土结构技术规程》JCJ 3—2010 有关规定进行配筋。

4　采用埋入式柱脚时，柱脚型钢与钢筋混凝土之间的最小保护层厚度规定，如图 13.3.7 所示，中间柱子的混凝土保护层厚度不得小于 180mm，边柱不得小于 250mm。

13.3.8　型钢混凝土梁的构造要求

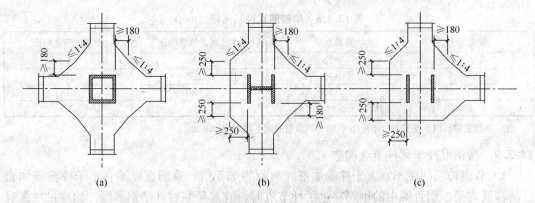

图 13.3.7 柱脚型钢与钢筋混凝土之间保护层厚度示意

1 混凝土等级不宜小于 C30,混凝土粗骨料最大粒径不宜大于 25mm;型钢宜采用 Q235 及 Q345 级钢材,也可采用 Q390 或其他符合结构性能的钢材;型钢混凝土梁的纵向配筋率不宜小于 0.3%;梁中型钢的保护层厚度如图 13.3.8 所示。梁纵向钢筋净间距及梁纵向钢筋与型钢骨架之间净距不应小于 30mm,且不小于粗骨料最大粒径的 1.5 倍及梁纵筋直径的 1.5 倍;梁纵筋不宜超过二排,且第二排只宜在最外侧设置。

2 梁中纵向受力钢筋宜采用机械连接。如纵向钢筋贯穿型钢柱腹板并以 90°弯折固定在柱截面内时,抗震设计的弯折前直段不应小于 0.4 倍的钢筋抗震基本锚固长度 l_{abE},弯折直线段不应小于 15d 倍纵向钢筋直径。非抗震设计的弯折前直段长度不应小于 0.4 倍的钢筋基本锚固长度 l_{ab},弯折直段长度不应小于 12 倍纵向钢筋直径。

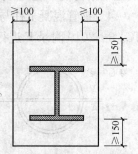

图 13.3.8 型钢梁中型钢保护层厚度示意

3 梁上开洞不宜大于梁截面总高的 0.4 倍,且不宜大于内含型钢截面高度的 0.7 倍,并应位于梁高及型钢高度的中间区域,验算强度后采取加强措施。

4 型钢混凝土悬臂梁自由端的纵向受力钢筋应设置专门的锚固件,型钢梁的上翼缘宜设置栓钉;型钢混凝土转换梁在型钢上翼缘宜设置栓钉,以抵抗混凝土与型钢之间的纵向剪力。栓钉的最大间距不宜大于 200mm,栓钉的最小间距沿梁轴线方向不应小于 6 倍的栓钉杆直径,垂直梁方向的间距不应小于 4 倍的栓钉杆直径,且栓钉中心至型钢板件边缘的距离不应小于 50mm。栓钉顶面的混凝土保护层厚度小应不小于 15mm。

5 型钢混凝土梁沿全长箍筋应满足下列要求。

1) 箍筋的最小面积配筋率应符合《高层建筑混凝土结构技术规程》JGJ 3—2010 的第 11.4.3 条规定。

2) 型钢混凝土梁应采用具有 135°弯钩的封闭式箍筋,弯钩的直段长度不应小于 8 倍箍筋直径。抗震设计时,梁箍筋的直径和间距应符合表 13.3.8 中的要求,且箍筋间距不应大于梁截面高度的 1/2。非抗震设计时,梁箍筋直径不应小于 8mm,箍筋间距不应大于 250mm。抗震设计时,梁端箍筋应加密,加密区范围,一级为 $2.0h$;二、三、四级 $1.5h$,当梁的净跨小于梁截面高度 h 的 4 倍时,应全跨加密。

表 13.3.8　梁箍筋直径和间距（mm）

抗震等级	箍筋直径	非加密区箍筋间距	加密区箍筋间距
一	≥12	≤180	≤120
二	≥10	≤200	≤150
三	≥10	≤250	≤180
四	≥8	250	200

注：非抗震设计时，箍筋直径不应小于 8mm，箍筋间距不应大于 250mm。

13.3.9　型钢混凝土梁柱节点构造

1　节点箍筋间距不宜大于柱端加密区间距的 1.5 倍，箍筋直径不宜小于柱箍筋加密区的箍筋直径；钢骨梁中的钢筋穿过梁柱节点时，宜避免穿过柱型钢翼缘；如穿过柱翼缘时，应考虑型钢柱翼缘损失，并予以补强；如穿过柱腹板时，柱腹板截面损失率不宜大于 25%，超过时应补强。梁中主筋不得与柱型钢直接焊接。

2　型钢柱在梁水平翼缘处应设置加劲肋，其构造不应影响混凝土浇筑密实。

3　钢梁或型钢混凝土梁与钢筋混凝土筒体应可靠连接，应能传递竖向剪力及水平力，当通过埋件与钢筋混凝土筒体连接时，预埋件应有足够的锚固长度，做法可按《高层建筑混凝土结构技术规程》JGJ 3—2010 第 11.4.16 条规定。

4　钢管混凝土柱与型钢混凝土梁的节点连接可按《高层建筑混凝土结构技术规程》JGJ 3—2010 附录 F 进行设计。

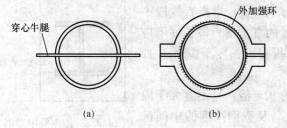

图 13.3.9-1　钢管混凝土柱剪力传递做法示意

一般型钢混凝土梁的竖向剪力由竖向钢牛腿传递，在钢管外圈梁的位置处，设置上下加强环板，挑出上下翼缘传递弯矩，如图 13.3.9-1（b）所示。如果梁的剪力较大时，将承受剪力的钢牛腿的竖向板贯通钢管中心，其做法如图 13.3.9-1（a）所示。

如采用钢梁时，钢梁的上下翼缘与上下加强环的牛腿上下翼缘相焊接。钢梁的腹板与穿心板采用高强螺栓相连接如图 13.3.9-2 所示。

梁的钢筋如图 13.3.9-3 所示直接穿过钢管柱时应注意对钢管进行补强。

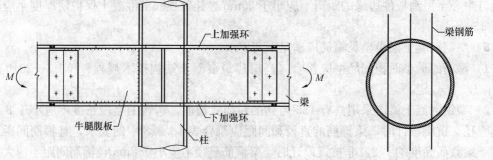

图 13.3.9-2　钢梁与钢管柱节点做法示意　　　图 13.3.9-3　梁筋穿钢管柱示意

参 考 文 献

[1] GB 50011—2010 建筑抗震设计规范 . 北京：中国建筑工业出版社，2010.

[2] GB 50010—2010 混凝土结构设计规范 . 北京：中国建筑工业出版社，2011.

[3] JGJ 3—2010 高层建筑混凝土结构技术规程 . 北京：中国建筑工业出版社，2011.

[4] GB 50009—2012 建筑结构荷载规范 . 北京：中国建筑工业出版社，2012.

[5] GB 50007—2011 建筑地基基础设计规范 . 北京：中国建筑工业出版社，2011.

[6] JGJ 94—2008 建筑桩基技术规范 . 北京：中国建筑工业出版社，2008.

[7] 2009 全国民用建筑工程设计技术措施：结构（混凝土结构）. 北京：中国建筑标准设计研究院，2012.

[8] DBJ 11—501—2009 北京地区建筑地基基础勘察设计规范 . 北京：中国计划出版社，2009.

[9] GB 50153—2008 工程结构可靠性设计统一标准 . 北京：中国建筑工业出版社，2008.

[10] GB 50352—2005 民用建筑设计通则 . 北京：中国建筑工业出版社，2005.